AF608693

Handbuch Betriebliche Kreislaufwirtschaft

Gabi Förtsch • Heinz Meinholz

Handbuch Betriebliche Kreislaufwirtschaft

Gabi Förtsch
Villingen-Schwenningen, Deutschland

Heinz Meinholz
Villingen-Schwenningen, Deutschland

ISBN 978-3-658-06444-0
DOI 10.1007/978-3-658-06445-7

ISBN 978-3-658-06445-7 (eBook)

Die Deutsche Nationalbibliothek verzeichnet diese Publikation in der Deutschen Nationalbibliografie; detaillierte bibliografische Daten sind im Internet über http://dnb.d-nb.de abrufbar.

Springer Spektrum

Gedruckt auf säurefreiem und chlorfrei gebleichtem Papier

Springer Fachmedien Wiesbaden GmbH ist Teil der Fachverlagsgruppe Springer Science+Business Media
(www.springer.com)

Vorwort

In Zukunft wird das gesellschaftliche Umfeld verstärkt Anforderungen an eine umweltorientierte, nachhaltige Unternehmensführung stellen. Grundsätzlich muss dazu das Unternehmen jederzeit die Rechtsvorschriften zum Schutz von Mensch und Umwelt erfüllen. Verstärkt werden die Anforderungen durch spezifische Kundenvorgaben. Nur wenn sich die Unternehmen den entsprechenden Entwicklungen stellen, können sie die sich daraus ergebenden Möglichkeiten als unternehmerische Chancen nutzen.

Die Anforderungen des Umfelds müssen vom Unternehmen aufgenommen und in Strategien umgesetzt werden. Die gesamte Unternehmensorganisation muss, die sich daraus ergebenden Ziele, nach intern und extern kommunizieren. Eine nachhaltige Zielerreichung ist nur mit gut ausgebildeten Mitarbeitern möglich, die sich ihrer arbeitsplatzspezifischen Verantwortung bewusst sind und dieser nachkommen. Dazu müssen sie in ihrem Aufgabenbereich die Umweltaspekte der eingesetzten Technologien erkennen und die resultierenden Umweltauswirkungen verstehen. Durch das Engagement der Mitarbeiter lassen sich Prozesse optimieren, Ressourcen einsparen und somit die Wirtschaftlichkeit des Unternehmens erhöhen, wodurch sich gleichzeitig die Umweltauswirkungen reduzieren.

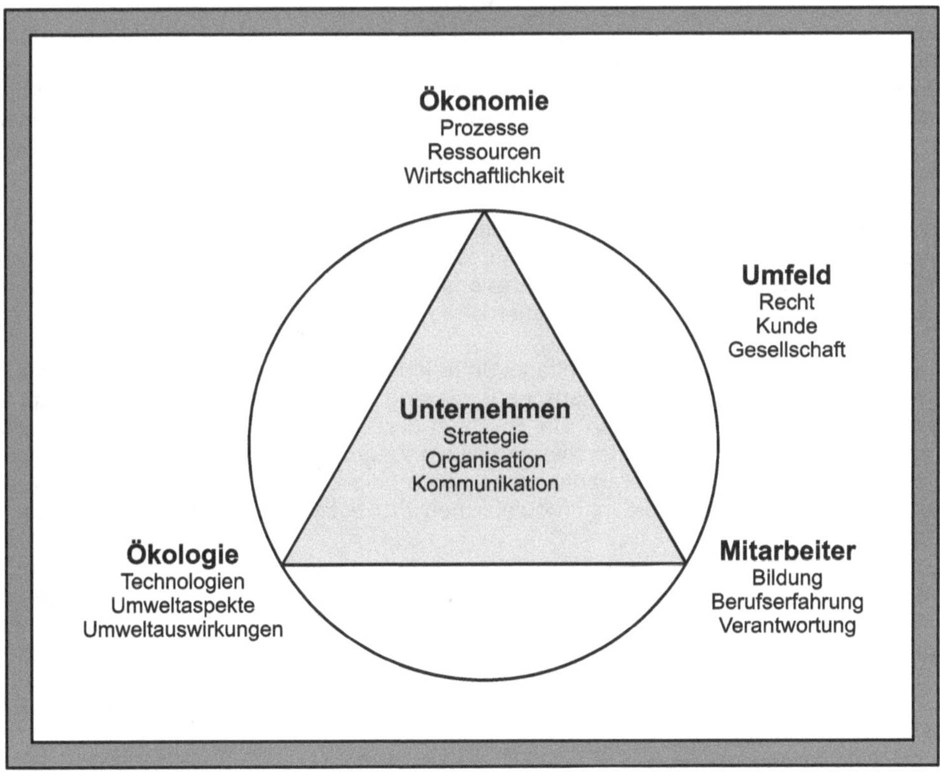

Aspekte einer umweltorientierten, nachhaltigen Unternehmensführung

Die Handbuchreihe zum betrieblichen Umweltschutz besteht aus insgesamt 5 Bänden. Das Basiswerk zum betrieblichen **Umweltmanagement** beschreibt die zielorientierte Realisierung eines Umweltmanagementsystems im Unternehmen. Von daher ist besonderer Wert auf ein gutes Projektmanagement zur Entwicklung und Einführung eines Umweltmanagementsystems zu legen. Als Organisationsprojekt durchleuchtet es alle Prozesse und Tätigkeiten unter rechtlichen, organisatorischen, technologischen und wirtschaftlichen Gesichtspunkten. Um Prozesse zielgerichtet steuern zu können, müssen die Kompetenzen der Prozessverantwortlichen und ihrer Mitarbeiter näher betrachtet werden. Oberstes Ziel eines Managementsystems muss außerdem die Optimierung der Prozesse unter den genannten Gesichtspunkten sein.

Für den Aufbau und die Einführung eines Umweltmanagementsystems existieren zwei wesentliche Regelwerke. Die DIN EN ISO 14001 gilt weltweit, während die EG-Öko-Audit-Verordnung innerhalb der Europäischen Union Anwendung findet. Die EMAS-Verordnung bietet auch einen inhaltlichen Vergleich zur DIN EN ISO 14001. Besondere Bedeutung kommt den Rechtsvorschriften zu. Die Umweltprüfung zur innerbetrieblichen Bestandsaufnahme muss deren Einhaltung gewährleisten. Praxisrelevante Aspekte und Fragestellungen müssen im Vordergrund stehen. Die Dokumentation von Prozessen und Abläufen hat sich in Form eines Praxishandbuches und von Prozessanweisungen auf das notwendige Maß zu beschränken.

Unternehmerische Nachhaltigkeit ist nur mit einer hervorragenden Material- und Energieeffizienz möglich. Dazu bietet das Umweltcontrolling Möglichkeiten, um über Umweltkennzahlen einfache, aber aussagekräftige Informationen zu erhalten. Die Leistungen eines Umweltmanagementsystems müssen in einem internen Audit bzw. in einer externen Zertifizierung erhoben werden. Zur Unterstützung bieten sich praxisorientierte Checklisten an. Die Einführung eines Arbeitsschutzmanagementsystems und eines Energiemanagementsystems nach DIN EN ISO 50001 weisen den Weg zu einem prozessorientierten, integrierten Managementsystem. Die Vorgehensweise ist identisch mit der Realisierung eines Umweltmanagementsystems.

Mit den vier weiteren Bänden zum betrieblichen Gefahrstoffmanagement, Immissionsschutz, Gewässerschutz und zur betrieblichen Kreislaufwirtschaft werden die Bestandteile zur unternehmerischen Nachhaltigkeit unter rechtlichen, organisatorischen, technologischen und naturwissenschaftlichen Gesichtspunkten tiefergehend betrachtet.

Eine langfristig nachhaltige, umweltorientierte Unternehmensentwicklung ist nur über eine **Kreislaufwirtschaft** möglich. Die unternehmerische Basis sind auch hier die europäischen (Kap. 2) und nationalen (Kap. 3) Rechtsvorschriften. Die Pflichten der Erzeuger und Besitzer von Abfällen basieren auf der fünfstufigen Abfallhierarchie. In diesem Zusammenhang legen die Rechtsvorschriften Anforderungen an die Produktverantwortung und an die Entsorgung von Abfällen fest. Abfallvermeidungsprogramme helfen die innerbetrieblichen Prozesse im Sinne einer nachhaltigen Entwicklung zu optimieren.

Die Produktverantwortung (Kap. 4) des Unternehmens umfasst die gesamte Prozesskette von der Entwicklung und Herstellung, über die Verwendung, bis hin zum Recycling und der endgültigen Entsorgung von Reststoffen. In der gesellschaftlichen Diskussion wird dieser Weg zukünftig einen noch höheren Stellenwert einnehmen als heute. Unternehmen und ihre Mitarbeiter müssen sich den entsprechenden Entwicklungen stellen, wobei das prozessorientierte Ökodesign von Produkten und Verfahren als unternehmerische Chance genutzt werden kann.

Anhand ausgewählter Produktbeispiele werden die rechtlichen Anforderungen mit den technisch-naturwissenschaftlichen Aspekten verknüpft. So werden z.B. für Batterien (Kap. 5), Bioabfälle (Kap. 6), Altfahrzeuge (Kap. 7), Altöle (Kap. 9), Elektro- und Elektronikgeräte (Kap. 14), Kunststoffe (Kap. 15) und Metalle (Kap. 16) Wege, Möglichkeiten und Grenzen des Produktrecyclings aufgezeigt.

Stofflich nicht recycelbare Produktanteile sind - soweit wie möglich - thermisch zu verwerten. Die thermische Abfallbehandlung (Kap. 17) bietet heute sichere Möglichkeiten, (gefährliche) Abfälle zu inertisieren und Energie (Strom, Dampf) zu gewinnen. Die letzte Ausfahrt über den gesamten Lebenszyklus ist die langfristige, sichere Deponierung (Kap. 18) der anfallenden Reststoffe.

Eine der größten Herausforderungen besteht im Schutz von Mensch und Umwelt beim sicheren Umgang mit gefährlichen Stoffen. **Gefahrstoffe** finden sich im Unternehmen an den verschiedensten Stellen. So kommen sie in vielen Prozessen zur Herstellung von Produkten zum Einsatz, finden sich selbst in Produkten wieder, fallen als gefährliche Abfälle an, werden als wassergefährdende Stoffe in allen Unternehmensbereichen eingesetzt oder als Schadstoffe in die Luft emittiert. Die potenziellen medienübergreifenden Auswirkungen (Luft, Klima, Wasser, Boden, Tiere, Pflanzen und Mikroorganismen) von Gefahrstoffen erfordern ein fundiertes Wissen bzgl. ihrer Verwendungen und Auswirkungen. Mensch und Umwelt sind unbedingt vor stoffbedingten Schädigungen zu schützen.

Die sich abzeichnenden Klimaveränderungen fordern verstärkte unternehmerische Anstrengungen im Energiebereich. Das Handbuch zum betrieblichen **Immissionsschutz** legt den Schwerpunkt auf das Umweltmedium Luft und beschreibt u.a. die Einführung eines Energiemanagementsystems im Unternehmen. Oberstes Ziel solch eines Managementsystems ist die Verbesserung der energiebezogenen Leistung eines Unternehmens, das so seinen spezifischen Beitrag zum Klimaschutz leisten kann. Ergänzend wird ein Überblick zu verschiedenen fossilen und regenerativen Energieträgern gegeben. Ausführlich beschreibt dieses Handbuch die Herkunft, die Auswirkungen, den Nachweis und die Senken der wichtigsten Luftverunreinigungen. Es werden Technologien zur Luftreinhaltung erläutert und die Auswirkungen von Lärm und Vibrationen auf den Menschen behandelt.

Im Bereich des betrieblichen **Gewässerschutzes** muss das Unternehmen die europäischen und nationalen Anforderungen des Wasserrechts jederzeit erfüllen. Auf europäischer Ebene ist besonders die Wasser-Rahmen-Richtlinie zu beachten. Wesentlich umfangreicher sind die Rechtsanforderungen auf nationaler Ebene. Neben dem Wasserhaushaltsgesetz (WHG) sind grundsätzlich die Abwasserverordnung (AbwV), Indirekteinleiterverordnung (IndVO), Eigenkontrollverordnung (EKVO) und die Anlagenverordnung zum Umgang mit wassergefährdenden Stoffen (VAwS) vom Unternehmen zu beachten. Bei wassergefährdenden Stoffen handelt es sich letztlich um gefährliche Stoffe, womit eine Verknüpfung zum Handbuch Gefahrstoffe gegeben ist. Aufgrund der zahlreichen rechtlichen Anforderungen ist seitens des Unternehmens eine aktive Kommunikation mit Genehmigungsbehörden und Kläranlagenbetreibern zu pflegen.

Mitarbeiter, die prozess- und abwasserrelevante Anlagen entwickeln und betreiben, müssen über naturwissenschaftliche und technologische Kenntnisse verfügen. Das Handbuch zum betrieblichen Gewässerschutz beschreibt daher einige naturwissenschaftliche Grundlagen und summarische Belastungsgrößen. Zur Planung, Steuerung und Optimierung entsprechender Prozesse müssen Kenntnisse über analytische Nachweisverfahren vorhanden sein. Dann sind in der Praxis z.B. Mengenreduzierungen bei Spülwasserkreisläufen und Standzeiterhöhungen bei Prozessbädern möglich.

Bevor Abwässer in die Vorfluter oder öffentliche Kanalisationen eingeleitet werden dürfen, sind sie unternehmensintern einer Abwasserbehandlung zu unterziehen. Notwendige Kenntnisse über den Umgang mit Gefahrstoffen müssen unbedingt vorhanden sein. Die Abwasserbehandlung muss jederzeit die Einhaltung der rechtlichen Grenzwerte seitens des Unternehmens gewährleisten. So bieten sich hier auch Optimierungsmaßnahmen zur Rückgewinnung eingesetzter Chemikalien (z.B. Edelmetalle) an.

Villingen-Schwenningen, Juli 2014 Gabi Förtsch, Heinz Meinholz

Wichtige und hilfreiche Informationen finden sich z.B. unter folgenden Internetadressen:

- Berufsgenossenschaft Rohstoffe und chemische Industrie (BG RCI)
  www.bgrci.de
- Bundesanstalt für Arbeitsschutz und Arbeitsmedizin (BAuA)
  www.baua.de
- Bundesministerium für Umwelt, Naturschutz und Reaktorsicherheit (BMU)
  www.bmu.de
- Deutsche Bundesstiftung Umwelt (DBU)
  www.dbu.de
- Deutsche Gesetzliche Unfallversicherung (DGUV)
  www.dguv.de
- Deutsches Institut für Normung e.V.
  www.din.de
- Europäische Umweltagentur - European Environment Agency (EEA)
  www.eea.europa.eu
- European Chemicals Agency (ECHA)
  www.echa.europa.eu
- International Organization for Standardization (ISO)
  www.iso.org
- Organization for Economic Co-operation and Development (OECD)
  www.oecd.org
- Bundesministerium der Justiz
  www.gesetze-im-internet.de
- Umweltbundesamt (UBA)
  www.umweltbundesamt.de
- United Nations Environment Programme (UNEP)
  www.unep.org
- Verband der chemischen Industrie (VCI)
  www.vci.de
- Verein Deutscher Ingenieure e.V.
  www.vdi.de
- Weiterbildung Umweltakademie
  www.foertsch-meinholz.de
  www.nordschwarzwald.ihk24.de

Ergänzend zu diesem Handbuch sind weitere Werke zum betrieblichen Umweltschutz erschienen:

- Meinholz, H.; Förtsch, G.; *Handbuch für Gefahrstoffbeauftragte,* Vieweg + Teubner, **2010,** 978-3-8348-0916-2
- Förtsch, G.; Meinholz, H.; *Handbuch Betrieblicher Gewässerschutz,* Springer-Spektrum **2014,** 978-3-658-03323-1
- Förtsch, G; Meinholz, H.; *Handbuch Betrieblicher Immissionsschutz,* Springer-Spektrum, **2013,** 978-3-658-00005-9
- Förtsch, G; Meinholz, H.; *Handbuch Betriebliches Umweltmanagement,* Springer-Spektrum, **2014,** 978-3-658-00387-6

Inhalt

1	**Materialeffizienz und Abfallaufkommen**	1
1.1	**Einführung**	1
1.2	**Wissensfragen**	4
1.3	**Weiterführende Literatur**	4
2	**Europäisches Abfallrecht**	6
2.1	**Abfallrichtlinie der Europäischen Gemeinschaft**	6
2.2	**Abfallverbringung**	20
2.3	**Wissensfragen**	29
2.4	**Weiterführende Literatur**	29
3	**Nationales Kreislaufwirtschaftsrecht**	30
3.1	**Allgemeine Vorschriften des Kreislaufwirtschaftsgesetzes (KrWG)**	30
3.2	**Grundsätze und Pflichten der Erzeuger und Besitzer von Abfällen**	34
3.3	**Abfallbeseitigung**	39
3.4	**Produktverantwortung**	40
3.5	**Ordnung und Durchführung der Abfallbeseitigung**	43
3.6	**Abfallwirtschaftspläne und Abfallvermeidungsprogramme**	43
3.7	**Überwachung**	47
3.8	**Anzeige- und Erlaubnisverordnung (AbfAEV)**	52
3.8.1	Allgemeine Vorschriften	52
3.8.2	Anforderungen an Sammler, Beförderer, Händler und Makler von Abfällen	53
3.8.3	Anzeige durch Sammler, Beförderer, Händler und Makler von Abfällen	56
3.8.4	Erlaubnis für Sammler, Beförderer, Händler und Makler von gefährlichen Abfällen	57
3.8.5	Gemeinsame Vorschriften	59
3.9	**Entsorgungsfachbetriebe**	59
3.10	**Betriebsorganisation, Betriebsbeauftragter für Abfall und Erleichterungen für auditierte Unternehmensstandorte**	61
3.11	**Abfallverzeichnisverordnung (AVV)**	64
3.12	**Nachweisverordnung (NachwV)**	67
3.12.1	Nachweisführung über die Entsorgung von Abfällen	67
3.12.2	Nachweisführung über die durchgeführte Entsorgung	72
3.12.3	Elektronische Nachweisführung	76
3.12.4	Registerführung über die Entsorgung von Abfällen	77
3.12.5	Gemeinsame Bestimmungen	80
3.13	**Einstufung und Kennzeichnung von Abfällen nach der TRGS 501**	82
3.13.1	Einführung	82
3.13.2	Einstufung und Kennzeichnung bei Tätigkeiten mit Gefahrstoffen	83
3.13.3	Abfälle	84
3.14	**Entsorgungsfachbetriebeverordnung (EfbV)**	86
3.15	**Wissensfragen**	92
3.16	**Weiterführende Literatur**	93

4 Produktverantwortung und Ökodesign 94
4.1 Ökodesign-Richtlinie 2009/125/EG 94
4.1.1 Einführung 94
4.1.2 Methode zur Festlegung allgemeiner Ökodesign-Anforderungen (Anhang I) 96
4.1.3 Methode zur Festlegung spezifischer Ökodesign-Anforderungen (Anhang II) 99
4.1.4 Interne Entwurfskontrolle (Anhang IV) 100
4.1.5 Managementsystem für die Konformitätsbewertung (Anhang V) 100
4.1.6 Inhalt der Durchführungsmaßnahmen (Anhang VII) 102
4.1.7 Produktgruppen 103
4.2 Umweltaspekte bei der Produktentwicklung 104
4.2.1 Einführung 104
4.2.2 Produktplanung und -entwicklung 105
4.2.2.1 Kunde und Markt 106
4.2.2.2 Entwicklung 107
4.2.2.3 Herstellung 108
4.2.2.4 Transport 108
4.2.2.5 Nutzung 109
4.2.2.6 Recycling 110
4.2.2.7 Entsorgung 112
4.3 Instrumente 112
4.4 Ökobilanz 113
4.4.1 Ziel und Untersuchungsrahmen 114
4.4.2 Sachbilanz 116
4.4.3 Wirkungsabschätzung 117
4.4.4 Wirkungskategorien 118
4.4.5 Auswertung und Bewertung der Umweltrelevanz 128
4.5 Entwicklungsrichtlinien und Checklisten 128
4.6 Life-Cycle-Screening 131
4.7 Wissensfragen 136
4.8 Weiterführende Literatur 136

5 Batterien 139
5.1 Batteriegesetz (BattG) 139
5.2 Recycling von Batterien 145
5.2.1 Einleitung 145
5.2.2 Sammlung und Sortierung 148
5.2.3 Verwertung von Batteriegemischen mit dem Oxyreducer-Prozess 150
5.2.4 Verwertung von zinkhaltigen Primärbatterien 152
5.2.5 Verwertung von nickelhaltigen Sekundärbatterien 156
5.2.6 Verwertung von quecksilberhaltigen Batterien 160
5.2.7 Verwertung von bleihaltigen Sekundärbatterien 161
5.3 Recycling von Lithiumbatterien 164
5.4 Wissensfragen 170
5.5 Weiterführende Literatur 170

6 Bioabfälle 173
6.1 Anlagen zur biologischen Behandlung von Abfällen (30. BImSchV) 173
6.2 Bioabfallverordnung (BioAbfV) 177
6.3 Aerobe Abfallbehandlung/Kompostierung 183
6.3.1 Biochemische Grundlagen der Kompostierung 183
6.3.2 Ausgangsstoffe und Betriebsparameter 185
6.3.3 Allgemeiner Verfahrensablauf 187
6.3.4 Massenbilanz einer Kompostierung 189
6.3.5 Kompostierverfahren 189
6.4 Anaerobe Abfallbehandlung/Vergärung 193
6.4.1 Biochemische Grundlagen der Vergärung 193
6.4.2 Betriebsparameter bei der anaeroben Abfallbehandlung 195
6.4.3 Verfahrenstechnik der anaeroben Abfallbehandlung 200
6.4.4 Vergärungsverfahren 201
6.4.5 Vergärungsprodukte 204
6.5 Mechanisch-biologische Abfallbehandlung 206
6.6 Wissensfragen 209
6.7 Weiterführende Literatur 209

7 Altfahrzeuge 212
7.1 Altfahrzeugverordnung (AltfahrzeugV) 212
7.2 Recycling von Altfahrzeugen 214
7.3 Autoabgaskatalysatoren 223
7.4 Wissensfragen 224
7.5 Weiterführende Literatur 224

8 Verpackungen 227
8.1 Verpackungsverordnung (VerpackV) 227
8.2 Verpackungsmaterialien 232
8.3 Wissensfragen 238
8.4 Weiterführende Literatur 239

9 Altöle 240
9.1 Altölverordnung (AltölV) 240
9.2 Aufbereitung von Altöl 242
9.3 Wissensfragen 247
9.4 Weiterführende Literatur 247

10 Halogenierte Lösemittel 249
10.1 Emissionsbegrenzung von leichtflüchtigen halogenierten organischen Verbindungen (2. BImSchV) 249
10.1.1 Anlagenbetrieb 249
10.1.2 Eigenkontrolle und Überwachung 251
10.2 Entsorgung gebrauchter halogenierter Lösemittel (HKWAbfV) 254
10.3 Wissensfragen 256
10.4 Weiterführende Literatur 256

11 Gewerbeabfallverordnung (GewAbfV) 257
11.1 Wissensfragen 262
11.2 Weiterführende Literatur 262

12 Altholz 263
12.1 Altholzverordnung (AltholzV) 263
12.2 Holzaufkommen und -verwendung 272
12.3 Aufbereitung von Altholz 274
12.4 Wissensfragen 275
12.5 Weiterführende Literatur 275

13 Polychlorierte Biphenyle (PCBs) 276
13.1 PCB/PCT-Abfallverordnung (PCBAbfallV) 276
13.2 Struktur, Eigenschaften, Verwendung 277
13.3 Wissensfragen 282
13.4 Weiterführende Literatur 282

14 Elektro- und Elektronikgeräte 284
14.1 EU-Richtlinie 2011/65/EU 284
14.2 Elektro- und Elektronikgerätegesetz (ElektroG) 290
14.3 Elektro- und Elektronikgeräte-Stoff-Verordnung (ElektroStoffV) 300
14.4 Recycling von Elektro(nik)-Altgeräten 303
14.5 Wissensfragen 314
14.6 Weiterführende Literatur 314

15 Kunststoffe 317
15.1 Einführung 317
15.2 Polyreaktionen 319
15.3 Herstellungsverfahren 322
15.4 Zusätze bei der Verarbeitung von Kunststoffen 324
15.5 Recycling von Kunststoffen 326
15.5.1 Aufbereitungstechnologien 327

15.5.2 Verwertung von Kunststoffen 334
15.5.3 Polymerspezifisches Recycling 337
15.6 Wissensfragen 344
15.7 Weiterführende Literatur 344

16 Metalle 347
16.1 Kritische Rohstoffe 347
16.2 End-of-Life-Recyclingrate 351
16.3 Recycling von Kupfer 354
16.4 Aufbereitung von Anodenschlämmen 358
16.5 Platingruppenmetalle (PGM) 363
16.6 Herstellung und Recycling von Aluminium 367
16.6.1 Primäraluminium 367
16.6.2 Sekundäraluminium 370
16.6.3 Vergleich Primär- und Sekundäraluminium 375
16.7 Wissensfragen 375
16.8 Weiterführende Literatur 376

17 Thermische Abfallbehandlung 380
17.1 Verbrennung und Mitverbrennung von Abfällen (17. BlmSchV) 380
17.2 Prozessschema der thermischen Abfallbehandlung 388
17.3 Abfälle 389
17.4 Abfallannahme und -lagerung 391
17.5 Verbrennungstechnologien 391
17.6 Abgasreinigung 396
17.6.1 Abscheidung von Stäuben 396
17.6.2 Abscheidung von Schadgasen 406
17.6.3 SCR-/SNCR-Verfahren 407
17.6.4 Dioxine und Furane 409
17.7 Verwertung 414
17.8 Verfahrensschema der thermischen Abfallbehandlung 417
17.9 Wissensfragen 419
17.10 Weiterführende Literatur 419

18 Deponierung von Abfällen 422
18.1 Deponieverordnung (DepV) 422
18.2 Anforderungen an Deponien der Klasse 0, I, II und III 429
18.2.1 Standort und geologische Barriere 429
18.2.2 Besondere Anforderungen an die geologische Barriere und das Basisabdichtungssystem 431
18.2.3 Besondere Anforderungen an das Oberflächenabdichtungssystem 432
18.3 Anforderungen an Deponien der Klasse IV im Salzgestein 436
18.4 Zuordnungskriterien für Deponien der Klasse 0, I, II oder III 436

18.5 Information, Dokumentation, Kontrolle, Betrieb 439
18.6 Technische Regeln für Biologische Arbeitsstoffe (TRBA) 443
18.6.1 Einführung 443
18.6.2 Abfallbehandlungsanlagen einschließlich Sortieranlagen in der Abfallwirtschaft 444
18.7 Wissensfragen 450
18.8 Weiterführende Literatur 450

Sachverzeichnis 452

1 Materialeffizienz und Abfallaufkommen

1.1 Einführung

Um eine nachhaltige Unternehmensentwicklung zu fördern, muss sich die Materialeffizienz - und damit die Rohstoffproduktivität - deutlich verbessern. Abbildung 1.1 zeigt die Rohstoffproduktivität. Bezugsgröße ist das Jahr 1994. Hier werden die Werte gleich 100 % gesetzt. Im Betrachtungszeitraum ist die Rohstoffentnahme (incl. Importe) auf 86,0 % des Bezugswertes gefallen. Da sich das Wirtschaftswachstum erhöht hat, ergibt sich eine Rohstoffproduktivität von 148,4 %. Zielgröße der Rohstoffproduktivität für 2020 sind 200 %.

Die erzielten Verbesserungen in Richtung Nachhaltigkeit sind allerdings mit Vorsicht zu betrachten, da der Rohstoffverbrauch von importierten Produkten nicht berücksichtigt wird. Werden Produktionsverlagerungen in die Betrachtung mit einbezogen, fallen die erzielten Verbesserungen deutlich niedriger aus.

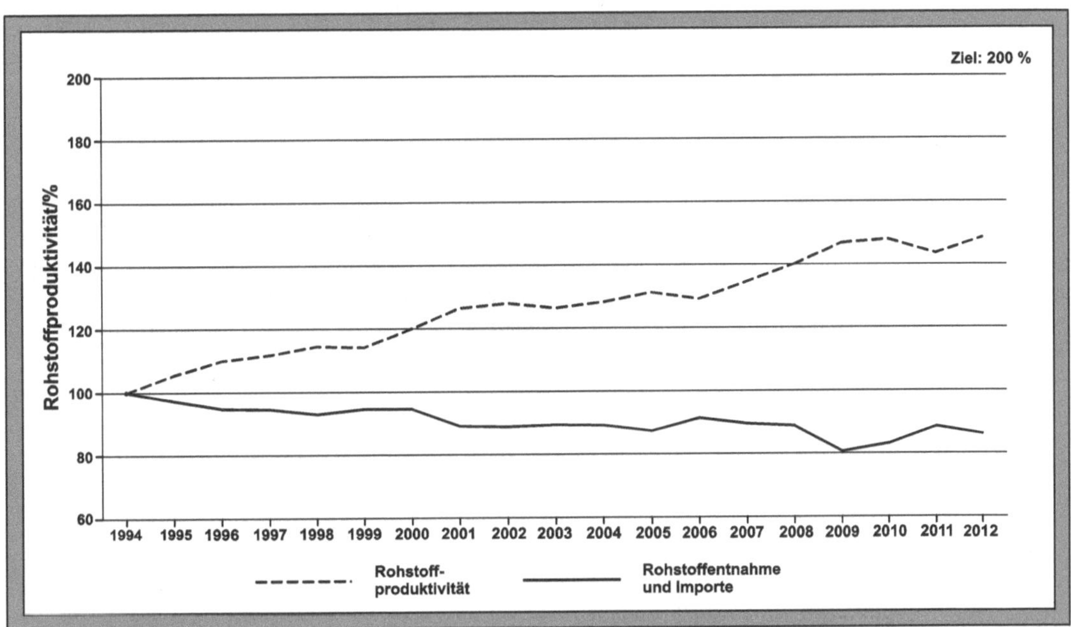

Abb. 1.1: Entwicklung der Rohstoffproduktivität [1.7]

Der weltweite Verbrauch an Rohstoffen läuft einer nachhaltigen Entwicklung sehr deutlich entgegen (Abb. 1.2). Bis 2030 muss mit einer globalen Rohstoffentnahme von 100 Milliarden Tonnen gerechnet werden. Um langfristig das Ziel nachhaltigen Wirtschaftens zu erreichen, ist der Ressourcenverbrauch bis 2050 um einen Faktor 10 zu reduzieren.

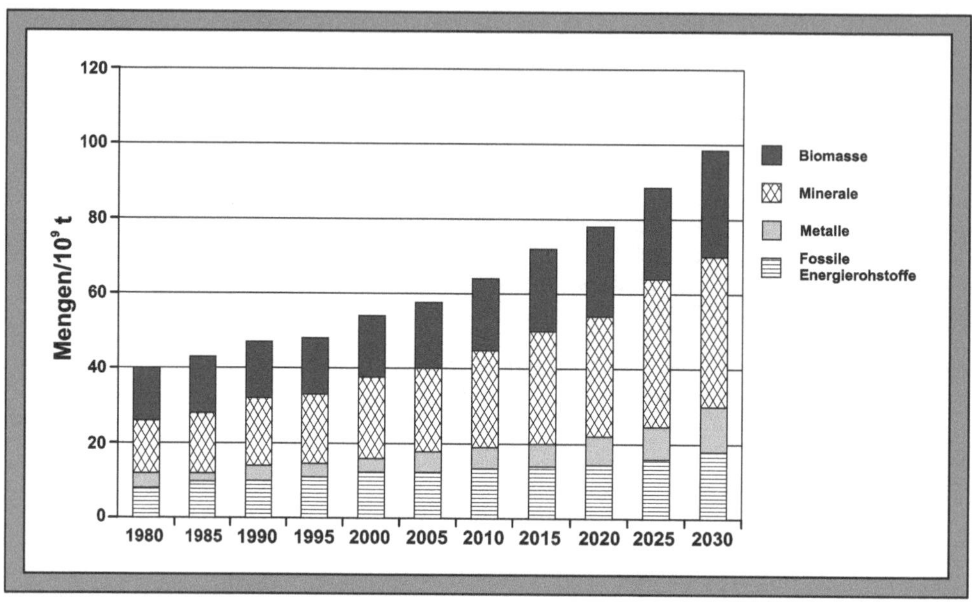

Abb. 1.2: Globale Rohstoffentnahme [1.1]

Wirtschaftliche Aktivitäten sind immer mit einem Verbrauch an Ressourcen verbunden. Alle Produkte werden nach einer mehr oder minder langen Nutzungsdauer zu Abfällen. Abbildung 1.3 zeigt die Entwicklung des Abfallaufkommens in Deutschland. Das Gesamtaufkommen ist über die Jahre hinweg relativ konstant geblieben. Von nachhaltiger Abfallvermeidung kann daher keine Rede sein. Eine deutliche Abnahme ist für Bergematerialien aus dem Bergbau zu verzeichnen. Dies ist der Schließung des Steinkohlebergbaus geschuldet.

	Abfallaufkommen/10^6 t					
	2006	**2007**	**2008**	**2009**	**2010**	**2011**
Siedlungsabfälle	46,4	47,9	48,4	48,5	49,2	50,2
Bergematerialien aus dem Bergbau	42,0	42,9	39,3	27,5	36,9	34,7
Bau- und Abbruchabfälle	197,7	201,8	200,5	195,0	193,3	199,5
Abfälle aus Produktion und Gewerbe	54,8	58,5	56,4	51,3	53,3	58,4
Sekundärabfälle aus Abfallbehandlungsanlagen	32,0	35,8	38,2	37,1	40,3	43,9
Summe	372,9	396,9	382,8	359,4	373,0	386,7

Abb. 1.3: Entwicklung des Abfallaufkommens in Deutschland [1.6]

Die Recyclingquoten der Hauptabfallströme haben sich in den letzten Jahren teilweise sehr deutlich erhöht (Abb. 1.4). Während sie für Bau- und Abbruchabfälle 80 - 90 % beträgt, ist sie für Abfälle aus Produktion und Gewerbe von 30 % (2002) auf ca. 65 % (2009) gestiegen. Auch der anfallende Siedlungsabfall wird kontinuierlich besser verwertet.

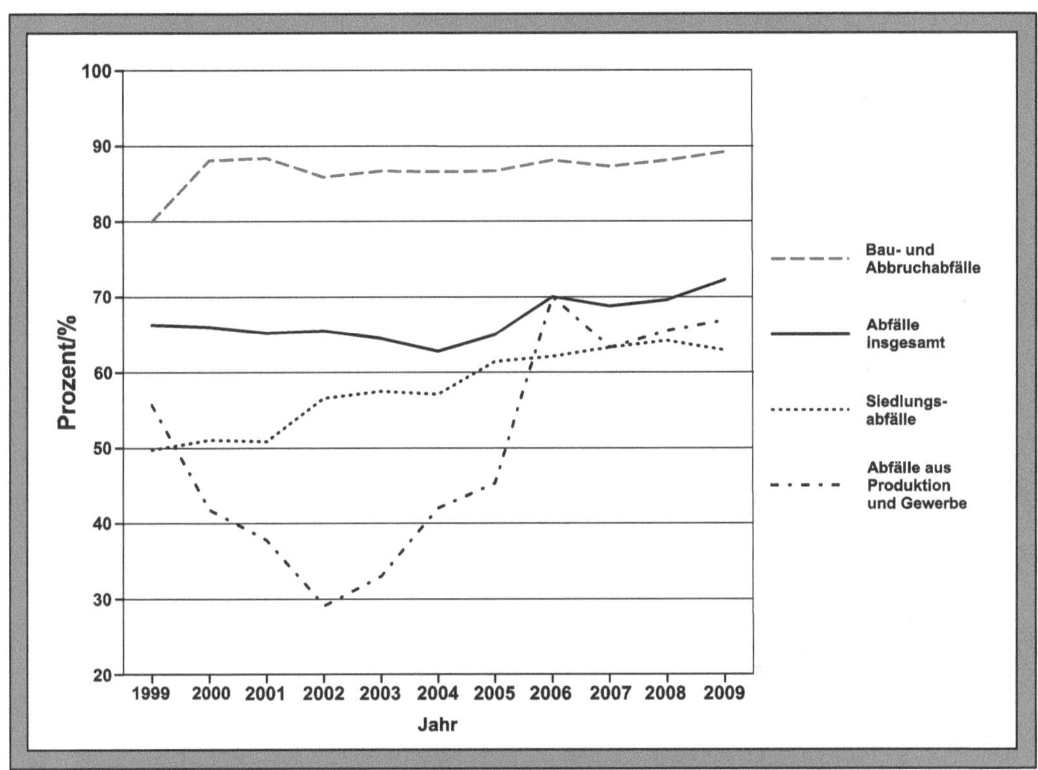

Abb. 1.4: Recyclingquoten der Hauptabfallströme [1.2]

Mit dem Recycling sind teilweise deutlich geringere CO_2-Emissionen verbunden. Abbildung 1.5 vergleicht diese Emissionen für Primär- und Recyclingprozesse. Bei Metallen (Stahl, Aluminium, Kupfer) sind deutliche CO_2-Reduktionen bei den Recyclingprozessen zu identifizieren. Vergleichbares gilt auch für Kunststoffe wie Polyethylen (PE) und Polyethylenterephthalat (PET).

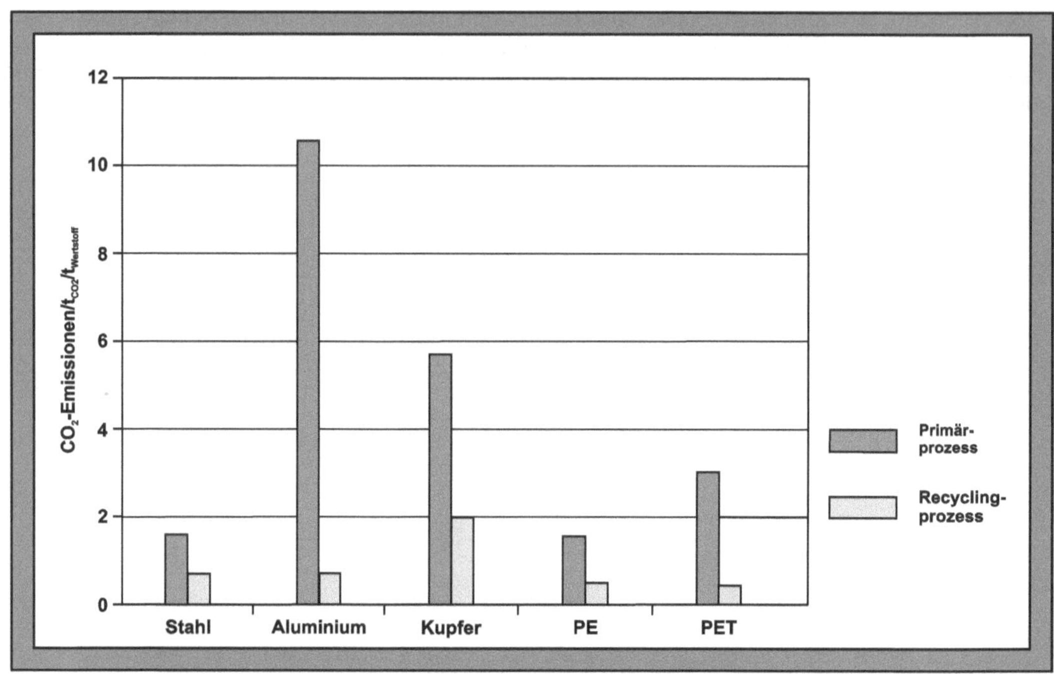

Abb. 1.5: Vergleich von CO_2-Emissionen für Primär- und Recyclingprozessen [1.3]

1.2 Wissensfragen

- Welche Möglichkeiten zur Steigerung der Material- und Energieeffizienz können Sie in ihrem Unternehmen ergreifen?
- Welchen prozentualen Anteil haben gefährliche Abfälle am Gesamtabfallaufkommen in ihrem Unternehmen?

1.3 Weiterführende Literatur

1.1 Aachener Stiftung Kathy Beys (ASKB); *Factsheet Measuring Resource Extraktion - Sustainable Resource Management Needs To Consider Both Used And Unused Extraction,* **2011**

1.2 Bundesministerium für Umwelt, Naturschutz und Reaktorsicherheit (BMU); Umweltbundesamt (UBA); *Umweltwirtschaftsbericht 2011 - Daten und Fakten für Deutschland,* **September 2011**

1.3 KfW Bankengruppe (Hrsg.); *Perspektive Zukunftsfähigkeit - Steigerung der Rohstoff- und Materialeffizienz,* **September 2009**

1.4 Thomé-Kozmiensky, K.; Goldmann, D. (Hrsg.); *Recycling und Rohstoffe, Bd. 5,* TK, **2012,** 978-3-935317-81-8

1.5 Reuter, M. A.; *Limits of Design for Recycling and „Sustainability": A Review,* Waste Biomass Valor 2, **2011,** 183-208

1.6 Statistisches Bundesamt (DeStatis); *Kurzübersicht Abfallbilanz,* **2014**

1.7 Statistisches Bundesamt (DeStatis); *Umweltnutzung und Wirtschaft - Bericht zu den Umweltökonomischen Gesamtrechnungen,* **2013**

2 Europäisches Abfallrecht

2.1 Abfallrichtlinie der Europäischen Gemeinschaft

Das oberste Ziel jeder Abfallpolitik sollte darin bestehen, die nachteiligen Auswirkungen der Abfallerzeugung und -bewirtschaftung auf die menschliche Gesundheit und die Umwelt zu minimieren. Die Abfallpolitik sollte auch auf die Verringerung der Nutzung von Ressourcen abzielen und die praktische Umsetzung der Abfallhierarchie fördern.

Die Abfallrichtlinie 2008/98/EG sollte dazu beitragen, die EU dem Ziel einer „Recycling-Gesellschaft" näher zu bringen, indem die Erzeugung von Abfall vermieden und Abfall als Ressource verwendet wird. Insbesondere werden in dem Sechsten Umweltaktionsprogramm der Europäischen Gemeinschaft Maßnahmen zur Sicherstellung der Getrennthaltung am Anfallort, der Sammlung und des Recyclings vorrangiger Abfallströme gefordert.

Im Einklang mit diesem Ziel und zur Erleichterung oder Verbesserung des Verwertungspotenzials von Abfällen sollten diese getrennt gesammelt werden, falls dies technisch, ökologisch und wirtschaftlich durchführbar ist, bevor sie Verwertungsverfahren unterzogen werden, die insgesamt das beste Ergebnis hinsichtlich des Umweltschutzes erbringen. Die Mitgliedstaaten sollten die Trennung gefährlicher Bestandteile von Abfallströmen fördern, um eine umweltverträgliche Bewirtschaftung zu erreichen.

Um die Mitgliedstaaten bei der Förderung von Abfallvermeidungsaktivitäten zu unterstützen und um die Verbreitung bewährter Verfahren auf diesem Gebiet zu erleichtern, müssen die Bestimmungen über die Abfallvermeidung verschärft und die Mitgliedstaaten verpflichtet werden, Abfallvermeidungsprogramme auszuarbeiten, die sich auf die wichtigsten Umweltfolgen konzentrieren und den gesamten Lebenszyklus von Produkten und Stoffen berücksichtigen. Diese Maßnahmen sollten darauf abzielen, dass das Wirtschaftswachstum von den mit der Abfallerzeugung verbundenen Umweltfolgen entkoppelt wird.

Unmittelbar interessierte Kreise, aber auch die breite Öffentlichkeit sollten bei der Ausarbeitung bestimmter umweltbezogener Pläne und Programme Gelegenheit haben, bei der Aufstellung der Programme mitzuwirken und diese nach Fertigstellung einzusehen. Es sollten Ziele für die Abfallvermeidung und die Entkopplung vom Wirtschaftswachstum aufgestellt werden, die sich auf die Verringerung der nachteiligen Auswirkungen von Abfällen und des Abfallaufkommens beziehen.

Um dem Ziel einer europäischen Recyclinggesellschaft mit einem hohen Maß an Effizienz der Ressourcennutzung näher zu kommen, sollten Zielvorgaben für die Vorbereitung von Abfällen zur Wiederverwendung und zum Recycling aufgestellt werden.

Gegenstand und Anwendungsbereich (Art. 1)

Mit der Richtlinie 2008/98/EG werden Maßnahmen zum Schutz der Umwelt und der menschlichen Gesundheit festgelegt, indem die schädlichen Auswirkungen der Erzeugung und Bewirtschaftung von Abfällen vermieden oder verringert, die Gesamtauswirkungen der Ressourcennutzung reduziert und die Effizienz der Ressourcennutzung verbessert werden.

Begriffsbestimmung (Art. 3)

Im Sinne der Richtlinie 2008/98/EG bezeichnet der Ausdruck:

- **„Abfall":**
  jeden Stoff oder Gegenstand, dessen sich sein Besitzer entledigt, entledigen will oder entledigen muss,

- **„gefährlicher Abfall":**
  Abfall, der eine oder mehrere der in Abbildung 2.1 aufgeführten gefährlichen Eigenschaften aufweist,

Gefahr	Beschreibung
H1: „explosiv"	Stoffe und Zubereitungen, die unter Einwirkung einer Flamme explodieren können oder empfindlicher auf Stöße oder Reibung reagieren als Dinitrobenzol
H2: „brandfördernd"	Stoffe und Zubereitungen, die bei Berührung mit anderen, insbesondere brennbaren Stoffen eine stark exotherme Reaktion auslösen
H3A: „leicht entzündbar"	• Stoffe und Zubereitungen in flüssiger Form mit einem Flammpunkt von unter 21 °C (einschließlich hochentzündbarer Flüssigkeiten), oder • Stoffe und Zubereitungen, die sich bei Raumtemperatur an der Luft ohne Energiezufuhr erhitzen und schließlich entzünden können, oder • feste Stoffe und Zubereitungen, die sich durch kurzzeitigen Kontakt mit einer Zündquelle leicht entzünden und nach deren Entfernung weiterbrennen oder weiterglimmen, oder • unter Normaldruck an der Luft entzündbare gasförmige Stoffe und Zubereitungen, oder • Stoffe und Zubereitungen, die bei Berührung mit Wasser oder feuchter Luft hochentzündliche Gase in gefährlicher Menge entwickeln
H3B: „entzündbar"	flüssige Stoffe und Zubereitungen mit einem Flammpunkt von mindestens 21 °C und höchstens 55 °C
H4: „reizend"	nicht ätzende Stoffe und Zubereitungen, die bei unmittelbarer, länger dauernder oder wiederholter Berührung mit der Haut oder den Schleimhäuten eine Entzündungsreaktion hervorrufen können
H5: „gesundheitsschädlich"	Stoffe und Zubereitungen, die bei Einatmung, Einnahme oder Hautdurchdringung Gesundheitsgefahren von beschränkter Tragweite hervorrufen können
H6: „giftig"	Stoffe und Zubereitungen (einschließlich hochgiftiger Stoffe und Zubereitungen), die bei Einatmen, Einnahme oder Hautdurchdringung schwere, akute oder chronische Gesundheitsgefahren oder sogar den Tod verursachen können
H7: „krebserzeugend"	Stoffe und Zubereitungen, die bei Einatmen, Einnahme oder Hautdurchdringung Krebs erzeugen oder dessen Häufigkeit erhöhen können

Gefahr	Beschreibung
H8: „ätzend"	Stoffe und Zubereitungen, die bei Berührung mit lebenden Geweben zerstörend auf diese einwirken können
H9: „infektiös"	Stoffe und Zubereitungen, die lebensfähige Mikroorganismen oder ihre Toxine enthalten und die im Menschen oder sonstigen Lebewesen erwiesenermaßen oder vermutlich eine Krankheit hervorrufen
H10: „fortpflanzungsgefährdend (reproduktionstoxisch)"	Stoffe und Zubereitungen, die bei Einatmung, Einnahme oder Hautdurchdringung nichterbliche angeborene Missbildungen hervorrufen oder deren Häufigkeit erhöhen können
H11: „mutagen"	Stoffe und Zubereitungen, die bei Einatmung, Einnahme oder Hautdurchdringung Erbschäden hervorrufen oder ihre Häufigkeit erhöhen können
H12	Abfälle, die bei der Berührung mit Wasser, Luft oder einer Säure ein giftiges oder sehr giftiges Gas abscheiden
H13: „sensibilisierend"	Stoffe und Zubereitungen, die bei Einatmung oder Hautdurchdringung eine Überempfindlichkeitsreaktion hervorrufen können, so dass bei künftiger Exposition gegenüber dem Stoff oder der Zubereitung charakteristische Störungen auftreten
H14: „ökotoxisch"	Abfälle, die unmittelbare oder mittelbare Gefahren für einen oder mehrere Umweltbereiche darstellen oder darstellen können
H15	Abfälle, die nach der Beseitigung auf irgendeine Weise die Entstehung eines anderen Stoffes bewirken können z.B. ein Auslaugungsprodukt, das eine oben genannten Eigenschaften aufweist

Abb. 2.1: Gefahrenrelevante Eigenschaften der Abfälle

- **„Altöl":**
  alle mineralischen oder synthetischen Schmier- oder Industrieöle, die für den Verwendungszweck, für den sie ursprünglich bestimmt waren, ungeeignet geworden sind, wie z.B. gebrauchte Verbrennungsmotoren- und Getriebeöle, Schmieröle, Turbinen- und Hydrauliköle,

- **„Bioabfall":**
  biologisch abbaubare Garten- und Parkabfälle, Nahrungs- und Küchenabfälle aus Haushalten, aus dem Gaststätten- und Cateringgewerbe und aus dem Einzelhandel sowie vergleichbare Abfälle aus Nahrungsmittelverarbeitungsbetrieben,

- **„Abfallerzeuger":**
  jede Person, durch deren Tätigkeit Abfälle anfallen (Abfallersterzeuger/Ersterzeuger) oder jede Person, die eine Vorbehandlung, Mischung oder sonstige Behandlung vornimmt, die eine Veränderung der Natur oder der Zusammensetzung dieser Abfälle bewirkt,

- **„Abfallbesitzer":**
  den Erzeuger der Abfälle oder die natürliche oder juristische Person, in deren Besitz sich die Abfälle befinden,

- **„Händler“:**
  jedes Unternehmen, das in eigener Verantwortung handelt, wenn es Abfälle kauft und anschließend verkauft, einschließlich solcher Händler, die die Abfälle nicht physisch in Besitz nehmen,

- **„Makler“:**
  jedes Unternehmen, das für die Verwertung oder die Beseitigung von Abfällen für andere sorgt, einschließlich solcher Makler, die die Abfälle nicht physisch in Besitz nehmen,

- **„Abfallbewirtschaftung“:**
  die Sammlung, den Transport, die Verwertung und die Beseitigung von Abfällen, einschließlich der Überwachung dieser Verfahren sowie der Nachsorge von Beseitigungsanlagen und einschließlich der Handlungen, die von Händlern oder Maklern vorgenommen werden,

- **„Sammlung“:**
  das Einsammeln von Abfällen, einschließlich deren vorläufiger Sortierung und vorläufiger Lagerung zum Zwecke des Transports zu einer Abfallbehandlungsanlage,

- **„getrennte Sammlung“:**
  die Sammlung, bei der ein Abfallstrom nach Art und Beschaffenheit des Abfalls getrennt gehalten wird, um eine bestimmte Behandlung zu erleichtern,

- **„Vermeidung“:**
  Maßnahmen, die ergriffen werden, bevor ein Stoff, ein Material oder ein Erzeugnis zu Abfall geworden ist, und die Folgendes verringern:
  - die Abfallmenge, auch durch die Wiederverwendung von Erzeugnissen oder die Verlängerung ihrer Lebensdauer,
  - die schädlichen Auswirkungen des erzeugten Abfalls auf die Umwelt und die menschliche Gesundheit oder
  - den Gehalt an schädlichen Stoffen in Materialien und Erzeugnissen,

- **„Wiederverwendung“:**
  jedes Verfahren, bei dem Erzeugnisse oder Bestandteile, die keine Abfälle sind, wieder für denselben Zweck verwendet werden, für den sie ursprünglich bestimmt waren,

- **„Behandlung“:**
  Verwertungs- oder Beseitigungsverfahren, einschließlich Vorbereitung vor der Verwertung oder Beseitigung,

- **„Verwertung“:**
  jedes Verfahren, als dessen Hauptergebnis Abfälle innerhalb der Anlage oder in der weiteren Wirtschaft einem sinnvollen Zweck zugeführt werden, indem sie andere Materialien ersetzen, die ansonsten zur Erfüllung einer bestimmte Funktion verwendet worden wären, oder die Abfälle so vorbereitet werden, dass sie diese Funktion erfüllen.

Abbildung 2.2 enthält eine nicht erschöpfende Liste von Verwertungsverfahren.

Verwertungsverfahren	
R1	Hauptverwendung als Brennstoff oder andere Mittel der Energieerzeugung
R2	Rückgewinnung/Regenerierung von Lösemitteln
R3	Recycling/Rückgewinnung organischer Stoffe, die nicht als Lösemittel verwendet werden (einschließlich der Kompostierung und sonstiger biologischer Umwandlungsverfahren)
R4	Recycling/Rückgewinnung von Metallen und Metallverbindungen
R5	Recycling/Rückgewinnung von anderen anorganischen Stoffen
R6	Regenerierung von Säuren und Basen
R7	Wiedergewinnung von Bestandteilen, die der Bekämpfung der Verunreinigungen dienen
R8	Wiedergewinnung von Katalysatorenbestandteilen
R9	Erneute Ölraffination oder andere Wiederverwendungen von Öl
R10	Aufbringung auf den Boden zum Nutzen der Landwirtschaft oder zur ökologischen Verbesserung
R11	Verwendung von Abfällen, die bei einem der unter R1 bis R10 aufgeführten Verfahren gewonnen werden
R12	Austausch von Abfällen, um sie einem der unter R1 bis R11 aufgeführten Verfahren zu unterziehen
R13	Lagerung von Abfällen bis zur Anwendung eines der unter R1 bis R12 aufgeführten Verfahren (ausgenommen zeitweilige Lagerung - bis zur Sammlung - auf dem Gelände der Entstehung der Abfälle)

Abb. 2.2: Verwertungsverfahren

- **„Vorbereitung zur Wiederverwendung“:**
  jedes Verwertungsverfahren der Prüfung, Reinigung oder Reparatur, bei dem Erzeugnisse oder Bestandteile von Erzeugnissen, die zu Abfällen geworden sind, so vorbereitet werden, dass sie ohne weitere Vorbehandlung wiederverwendet werden können,

- **„Recycling“:**
  jedes Verwertungsverfahren, durch das Abfallmaterialien zu Erzeugnissen, Materialien oder Stoffen entweder für den ursprünglichen Zweck oder für andere Zwecke aufbereitet werden. Es schließt die Aufbereitung organischer Materialien ein, aber nicht die energetische Verwertung und die Aufbereitung zu Materialien, die für die Verwendung als Brennstoff oder zur Verfüllung bestimmt sind,

- **„Aufbereitung von Altölen“:**
  jedes Recyclingverfahren, bei dem Basisöle durch Raffination von Altölen gewonnen werden können, insbesondere durch Abtrennung der Schadstoffe, der Oxidationsprodukte und der Additive, die in solchen Ölen enthalten sind,

- **„Beseitigung“:**
jedes Verfahren, das keine Verwertung ist, auch wenn das Verfahren zur Nebenfolge hat, dass Stoffe oder Energie zurück gewonnen werden. Abbildung 2.3 enthält eine nicht erschöpfende Liste von Beseitigungsverfahren,

Beseitigungsverfahren	
D1	Ablagerung in oder auf dem Boden (z.B. Deponien)
D2	Behandlung im Boden (z.B. biologischer Abbau von flüssigen oder schlammigen Abfällen im Erdreich)
D3	Verpressung (z.B. Verpressung pumpfähiger Abfälle in Bohrlöcher, Salzdome oder natürliche Hohlräume)
D4	Oberflächenaufbringung (z.B. flüssiger oder schlammiger Abfälle in Gruben, Teiche oder Lagunen)
D5	Speziell angelegte Deponien (z.B. Ablagerung in abgedichteten, getrennten Räumen, die gegeneinander und gegen die Umwelt verschlossen oder isoliert werden)
D6	Einleitung in ein Gewässer mit Ausnahme von Meeren/Ozeanen
D7	Einleitung in Meere/Ozeane einschließlich Einbringung in den Meeresboden
D8	Biologische Behandlung, durch die Endverbindungen oder Gemische entstehen, die mit einem der in D1 bis D12 aufgeführten Verfahren entsorgt werden
D9	Chemisch/physikalische Behandlung, durch die Endverbindungen oder Gemische entstehen, die mit einem der in D1 bis D12 aufgeführten Verfahren entsorgt werden (z.B. Verdampfen, Trocknen, Kalzinieren)
D10	Verbrennung an Land
D12	Dauerlagerung (z.B. Lagerung von Behältern in einem Bergwerk)
D13	Vermengen oder Vermischen vor Anwendung eines der in D1 bis D12 aufgeführten Verfahren
D14	Neuverpacken vor Anwendung eines der in D1 bis D13 aufgeführten Verfahren
D15	Lagerung bis zur Anwendung eines der in D1 bis D14 aufgeführten Verfahren, (ausgenommen zeitweilige Lagerung - bis zur Sammlung - auf dem Gelände der Entstehung der Abfällen)

Abb. 2.3: Beseitigungsverfahren

- **„beste verfügbare Techniken“:**
bei der Festlegung der besten verfügbaren Techniken ist Folgendes zu berücksichtigen:
  - Einsatz abfallarmer Technologien,
  - Einsatz weniger gefährlicher Stoffe,
  - Förderung der Rückgewinnung und Verwertung der bei den einzelnen Verfahren erzeugten und verwendeten Stoffe und gegebenenfalls der Abfälle,
  - vergleichbare Verfahren, Vorrichtungen und Betriebsmethoden, die mit Erfolg im industriellen Maßstab erprobt wurden,
  - Fortschritte in der Technologie und in den wissenschaftlichen Erkenntnissen,
  - Art, Auswirkungen und Menge der jeweiligen Emissionen,
  - Zeitpunkt der Inbetriebnahme der neuen oder der bestehenden Anlagen,

- für die Einführung einer besseren verfügbaren Technik erforderliche Zeit,
- Verbrauch an Rohstoffen und Art der bei den einzelnen Verfahren verwendeten Rohstoffe (einschließlich Wasser) sowie Energieeffizienz,
- die Notwendigkeit, die Gesamtwirkung der Emissionen und die Gefahren für die Umwelt so weit wie möglich zu vermeiden oder zu verringern,
- die Notwendigkeit, Unfällen vorzubeugen und deren Folgen für die Umwelt zu verringern,
- die von der Kommission oder von internationalen Organisationen veröffentlichten Informationen.

Abfallhierarchie (Art. 4)

Folgende Abfallhierarchie liegt den Rechtsvorschriften und politischen Maßnahmen im Bereich der Abfallvermeidung und -bewirtschaftung als Prioritätenfolge zugrunde:

- Vermeidung,
- Vorbereitung zur Wiederverwendung,
- Recycling,
- sonstige Verwertung, z.B. energetische Verwertung,
- Beseitigung.

Bei Anwendung der Abfallhierarchie treffen die Mitgliedstaaten Maßnahmen zur Förderung derjenigen Optionen, die insgesamt das beste Ergebnis unter dem Aspekt des Umweltschutzes erbringen. Dies kann erfordern, dass bestimmte Abfallströme von der Abfallhierarchie abweichen, sofern dies durch Lebenszyklusdenken hinsichtlich der gesamten Auswirkungen der Erzeugung und Bewirtschaftung dieser Abfälle gerechtfertigt ist.

Die Mitgliedstaaten berücksichtigen die allgemeinen Umweltschutzgrundsätze der Vorsorge und der Nachhaltigkeit, der technischen Durchführbarkeit und der wirtschaftlichen Vertretbarkeit, des Schutzes von Ressourcen, und die Gesamtauswirkungen auf die Umwelt und die menschliche Gesundheit sowie die wirtschaftlichen und sozialen Folgen.

Nebenprodukte (Art. 5)

Ein Stoff oder Gegenstand, der das Ergebnis eines Herstellungsverfahrens ist, dessen Hauptziel nicht die Herstellung dieses Stoffes oder Gegenstands ist, kann nur dann als Nebenprodukt und nicht als Abfall gelten, wenn die folgenden Voraussetzungen erfüllt sind:

- es ist sicher, dass der Stoff oder Gegenstand weiter verwendet wird,
- der Stoff oder Gegenstand kann direkt ohne weitere Verarbeitung, die über die normalen industriellen Verfahren hinausgeht, verwendet werden,
- der Stoff oder Gegenstand wird als integraler Bestandteil eines Herstellungsprozesses erzeugt und
- die weitere Verwendung ist rechtmäßig, d.h. der Stoff oder Gegenstand erfüllt alle einschlägigen Produkt-, Umwelt- und Gesundheitsschutzanforderungen für die jeweilige Verwendung und führt insgesamt nicht zu schädlichen Umwelt- oder Gesundheitsfolgen.

Ende der Abfalleigenschaft (Art. 6)

Bestimmte festgelegte Abfälle sind nicht mehr als Abfälle anzusehen, wenn sie ein Verwertungsverfahren, wozu auch ein Recyclingverfahren zu rechnen ist, durchlaufen haben und spezifische Kriterien erfüllen, die gemäß den folgenden Bedingungen festzulegen sind:

- der Stoff oder Gegenstand wird gemeinhin für bestimmte Zwecke verwendet,
- es besteht ein Markt für diesen Stoff oder Gegenstand oder eine Nachfrage danach,
- der Stoff oder Gegenstand erfüllt die technischen Anforderungen für die bestimmten Zwecke und genügt den bestehenden Rechtsvorschriften und Normen für Erzeugnisse und
- die Verwendung des Stoffs oder Gegenstands führt insgesamt nicht zu schädlichen Umwelt- oder Gesundheitsfolgen.

Die Kriterien enthalten erforderlichenfalls Grenzwerte für Schadstoffe und tragen möglichen nachteiligen Umweltauswirkungen des Stoffes oder Gegenstands Rechnung.

Abfallverzeichnis (Art. 7)

Das Abfallverzeichnis schließt gefährliche Abfälle ein und berücksichtigt den Ursprung und die Zusammensetzung der Abfälle und erforderlichenfalls die Grenzwerte der Konzentration gefährlicher Stoffe. Das Abfallverzeichnis ist hinsichtlich der Festlegung der Abfälle, die als gefährliche Abfälle einzustufen sind, verbindlich.

Ein Mitgliedstaat kann einen Abfall auch dann als gefährlichen Abfall einstufen, wenn er nicht als solcher im Abfallverzeichnis ausgewiesen ist, sofern er eine oder mehrere der in Abbildung 2.1 aufgelisteten Eigenschaften aufweist. Der Mitgliedstaat teilt der Kommission alle einschlägigen Fälle unverzüglich mit. Das Verzeichnis wird unter Berücksichtigung der eingegangenen Mitteilungen überprüft, um über eine etwaige Anpassung zu beschließen.

Kann ein Mitgliedstaat nachweisen, dass ein im Verzeichnis als gefährlich eingestufter Abfall keine der in Abbildung 2.1 aufgelisteten Eigenschaften aufweist, so kann er diesen Abfall als nicht gefährlichen Abfall einstufen. Der Mitgliedstaat teilt der Kommission alle einschlägigen Fälle unverzüglich mit und übermittelt der Kommission alle erforderlichen Nachweise. Das Verzeichnis wird unter Berücksichtigung der eingegangenen Mitteilungen überprüft, um über eine etwaige Anpassung zu beschließen.

Die Neueinstufung von einem gefährlichen Abfall als nicht gefährlicher Abfall darf nicht durch Verdünnung oder Mischung des Abfalls zu dem Zweck, die ursprünglichen Konzentrationen an gefährlichen Stoffen unter die Schwellenwerte zu senken, die einen Abfall zu gefährlichem Abfall machen, erreicht werden.

Erweiterte Herstellerverantwortung (Art. 8)

Zur Verbesserung der Wiederverwendung und der Vermeidung, des Recyclings und der sonstigen Verwertung von Abfällen können die Mitgliedstaaten Maßnahmen mit und ohne Gesetzescharakter erlassen, um sicherzustellen, dass jede natürliche oder juristische Person, die gewerbsmäßig Erzeugnisse entwickelt, herstellt, verarbeitet, behandelt, verkauft oder einführt (Hersteller des Erzeugnisses), eine erweiterte Herstellerverantwortung trägt.

Diese Maßnahmen können die Rücknahme zurückgegebener Erzeugnisse und von Abfällen, die nach der Verwendung dieser Erzeugnisse übrig bleiben, sowie die anschließende Bewirtschaftung der Abfälle und die finanzielle Verantwortung für diese Tätigkeiten umfassen. Diese Maßnahmen können die Verpflichtung umfassen, öffentlich zugängliche Informationen darüber zur Verfügung zu stellen, inwieweit das Produkt wiederverwendbar und recycelbar ist.

Die Mitgliedstaaten können geeignete Maßnahmen ergreifen, damit Erzeugnisse so gestaltet werden, dass bei deren Herstellung und anschließendem Gebrauch die Umweltfolgen und die Entstehung von Abfällen verringert wird, und um zu gewährleisten, dass die Verwertung und Beseitigung der Erzeugnisse, die zu Abfällen geworden sind, stattfinden. Solche Maßnahmen können unter anderem die Entwicklung, Herstellung und das Inverkehrbringen von Erzeugnissen fördern, die mehrfach verwendbar sind, technisch langlebig und, nachdem sie zu Abfällen geworden sind, zur ordnungsgemäßen und schadlosen Verwertung und umweltverträglichen Beseitigung geeignet sind.

Bei Anwendung der erweiterten Herstellerverantwortung berücksichtigen die Mitgliedstaaten die technische und wirtschaftliche Durchführbarkeit und die Gesamtauswirkungen auf die Umwelt und die menschliche Gesundheit sowie die sozialen Folgen, wobei sie darauf achten, dass das ordnungsgemäße Funktionieren des Binnenmarkts gewährleistet bleibt.

Verwertung (Art. 10)

Die Mitgliedstaaten treffen die erforderlichen Maßnahmen, um sicherzustellen, dass Abfälle Verwertungsverfahren durchlaufen. Falls dies zur Erleichterung oder Verbesserung der Verwertung erforderlich ist, werden Abfälle getrennt gesammelt, falls dies technisch, ökologisch und wirtschaftlich durchführbar ist, und werden nicht mit anderen Abfällen oder anderen Materialien mit andersartigen Eigenschaften vermischt.

Wiederverwendung und Recycling (Art. 11)

Die Mitgliedstaaten ergreifen Maßnahmen zur Förderung der Wiederverwendung von Produkten und der Vorbereitung zur Wiederverwendung, insbesondere durch Förderung der Errichtung und Unterstützung von Wiederverwendungs- und Reparaturnetzen sowie durch Einsatz von wirtschaftlichen Instrumenten, Beschaffungskriterien oder quantitativen Zielen oder durch andere Schritte.

Die Mitgliedstaaten ergreifen Maßnahmen zur Förderung eines qualitativ hochwertigen Recyclings; hierzu führen sie die getrennten Sammlungen von Abfällen ein, soweit sie technisch, ökologisch und ökonomisch durchführbar und dazu geeignet ist, die für die jeweiligen Recycling-Sektoren erforderlichen Qualitätsniveaus zu erreichen.

Zur Erfüllung der Ziele der Richtlinie 2008/98/EG und im Interesse der Entwicklung zu einer europäischen Recycling-Gesellschaft mit einem hohen Maß an Effizienz der Ressourcennutzung ergreifen die Mitgliedstaaten die zur Erreichung der folgenden Zielvorgaben nötigen Maßnahmen:

- bis 2020 wird die Vorbereitung zur Wiederverwendung und das Recycling von Abfallmaterialien wie Papier, Metall, Kunststoff und Glas aus Haushalten und gegebenenfalls aus anderen Quellen, soweit die betreffenden Abfallströme Haushaltsabfällen ähnlich sind, auf mindestens 50 Gewichtsprozent insgesamt erhöht,
- bis 2020 wird die Vorbereitung zur Wiederverwendung, des Recyclings und die sonstige stoffliche Verwertung (einschließlich der Verfüllung, bei der Abfälle als Ersatz für andere Materialien genutzt werden) von nicht gefährlichen Bau- und Abbruchabfällen - mit Ausnahme von in der Natur vorkommenden Materialien, die in Kategorie 17 05 04 des Europäischen Abfallkatalogs definiert sind - auf mindestens 70 Gewichtsprozent erhöht.

Spätestens zum 31. Dezember 2014 überprüft die Kommission die aufgeführten Maßnahmen und Zielvorgaben, um nötigenfalls die Zielvorgaben zu erhöhen und die Festlegung von Zielvorgaben für weitere Abfallströme in Betracht zu ziehen. Der Bericht der Kommission, der erforderlichenfalls einen Vorschlag enthält, wird dem Europäischen Parlament und dem Rat übermittelt. In ihrem Bericht berücksichtigt die Kommission die ökologischen, ökonomischen und sozialen Auswirkungen der Festlegung der Zielvorgaben.

Beseitigung (Art. 12)

Die Mitgliedstaaten stellen sicher, dass Abfälle, die nicht verwertet werden, Verfahren der unbedenklichen Beseitigung unterzogen werden, die den Bestimmungen zum Schutz der menschlichen Gesundheit und der Umwelt genügen.

Schutz der menschlichen Gesundheit und der Umwelt (Art. 13)

Die Mitgliedstaaten treffen die erforderlichen Maßnahmen, um sicherzustellen, dass die Abfallbewirtschaftung ohne Gefährdung der menschlichen Gesundheit oder Schädigung der Umwelt erfolgt und insbesondere ohne:

- Gefährdung von Wasser, Luft, Boden, Tieren und Pflanzen,
- Verursachung von Geräusch- oder Geruchsbelästigungen und
- Beeinträchtigung der Landschaft oder von Orten von besonderem Interesse.

Kosten (Art. 14)

Gemäß dem Verursacherprinzip sind die Kosten der Abfallbewirtschaftung von dem Abfallersterzeuger oder von dem derzeitigen Abfallbesitzer oder den früheren Abfallbesitzern zu tragen. Die Mitgliedstaaten können beschließen, dass die Kosten der Abfallbewirtschaftung teilweise oder vollständig von dem Hersteller des Erzeugnisses, dem der Abfall entstammt, zu tragen sind, und dass die Vertreiber eines derartigen Erzeugnisses sich an diesen Kosten beteiligen.

Verantwortung für die Abfallbewirtschaftung (Art. 15)

Die Mitgliedstaaten treffen die erforderlichen Maßnahmen, um sicherzustellen, dass jeder Abfallersterzeuger oder sonstiger Abfallbesitzer die Abfallbehandlung selbst durchführt oder sie durch einen Händler oder eine Einrichtung oder ein Unternehmen, der/die/das auf dem Gebiet der Abfallbehandlung tätig ist, oder durch einen privaten oder öffentlichen Abfallsammler durchführen lässt.

Werden die Abfälle vom Ersterzeuger oder Besitzer zur vorläufigen Behandlung zu einer natürlichen oder juristischen Personen verbracht, endet ihre Verantwortung für die Durchführung eines vollständigen Verwertungs- oder Beseitigungsverfahrens in der Regel nicht.

Unbeschadet der Verordnung (EG) Nr. 1013/2006 können die Mitgliedstaaten die Bedingungen für die Verantwortung im Einzelnen festlegen und entscheiden, in welchen Fällen der Ersterzeuger für die gesamte Behandlungskette verantwortlich bleibt oder in welchen Fällen die Verantwortung des Erzeugers und des Besitzers zwischen den Akteuren der Behandlungskette geteilt oder delegiert werden kann.

Die Mitgliedstaaten können beschließen, dass die Verantwortung für die Durchführung der Abfallbewirtschaftung teilweise oder vollständig beim Hersteller des Erzeugnisses, dem der Abfall entstammt, liegt, und dass Vertreiber eines derartigen Erzeugnisses diese Verantwortung teilen.

Die Mitgliedstaaten ergreifen die erforderlichen Maßnahmen, um in ihrem Hoheitsgebiet sicherzustellen, dass die Einrichtungen oder Unternehmen, die gewerbsmäßig Abfälle sammeln oder befördern, die gesammelten und beförderten Abfälle an geeignete Behandlungsanlagen liefern.

Grundsätze der Entsorgungsautarkie und der Nähe (Art. 16)

Die Mitgliedstaaten treffen - in Zusammenarbeit mit anderen Mitgliedstaaten, wenn dies notwendig oder zweckmäßig ist - geeignete Maßnahmen, um ein integriertes und angemessenes Netz von Abfallbeseitigungsanlagen und Anlagen zur Verwertung von gemischten Siedlungsabfällen, die von privaten Haushaltungen eingesammelt worden sind, zu errichten, auch wenn dabei Abfälle anderer Erzeuger eingesammelt werden; die besten verfügbaren Techniken sind dabei zu berücksichtigen.

Überwachung gefährlicher Abfälle (Art. 17)

Die Mitgliedstaaten ergreifen die erforderlichen Maßnahmen, damit die Erzeugung, die Sammlung und die Beförderung gefährlicher Abfälle sowie ihre Lagerung und ihre Behandlung unter Bedingungen vorgenommen werden, die den Schutz der Umwelt und der menschlichen Gesundheit sicherstellen. Dazu gehören Maßnahmen zur Sicherstellung der Rückverfolgbarkeit gefährlicher Abfälle von der Erzeugung bis zum endgültigen Bestimmungsort und zu ihrer Überwachung.

Verbot der Vermischung gefährlicher Abfälle (Art. 18)

Die Mitgliedstaaten ergreifen alle erforderlichen Maßnahmen, um sicherzustellen, dass gefährliche Abfälle nicht mit anderen Kategorien von gefährlichen Abfällen oder mit anderen Abfällen, Stoffen oder Materialien vermischt werden. Die Vermischung schließt die Verdünnung gefährlicher Stoffe ein.

Kennzeichnung gefährlicher Abfälle (Art. 19)

Die Mitgliedstaaten ergreifen die erforderlichen Maßnahmen, um sicherzustellen, dass gefährliche Abfälle bei der Sammlung, beim Transport und bei der zeitweiligen Lagerung gemäß den geltenden internationalen und gemeinschaftlichen Standards verpackt und gekennzeichnet werden.

Altöl (Art. 21)

Unbeschadet der Verpflichtungen hinsichtlich der Bewirtschaftung gefährlicher Abfälle ergreifen die Mitgliedstaaten alle erforderlichen Maßnahmen, um sicherzustellen, dass:

- Altöl getrennt gesammelt wird, soweit dies technisch durchführbar ist,
- Altöl behandelt wird,
- sofern dies technisch durchführbar und wirtschaftlich vertretbar ist, Altöle mit unterschiedlichen Eigenschaften nicht vermischt werden und Altöle nicht mit anderen Abfallarten oder Stoffen vermischt werden, wenn diese Vermischung ihre Behandlung behindert.

Zum Zwecke der Getrenntsammlung von Altölen und ihrer ordnungsgemäßen Behandlung können die Mitgliedstaaten gemäß ihrer nationalen Gegebenheiten zusätzliche Maßnahmen, wie technische Anforderungen, die Herstellerverantwortung, wirtschaftliche Instrumente oder freiwillige Vereinbarungen, anwenden.

Bioabfall (Art. 22)

Die Mitgliedstaaten treffen geeignete Maßnahmen, um Folgendes zu fördern:

- die getrennte Sammlung von Bioabfällen zu dem Zweck, sie zu kompostieren und vergären zu lassen,
- die Behandlung von Bioabfällen auf eine Art und Weise, die ein hohes Maß an Umweltschutz gewährleistet, sowie
- die Verwendung von umweltverträglichen Materialien aus Bioabfällen.

Die Kommission führt eine Bewertung der Bewirtschaftung von Bioabfällen durch, damit sie erforderlichenfalls einen Vorschlag unterbreiten kann. Bei der Bewertung ist zu prüfen, ob Mindestanforderungen für die Bewirtschaftung von Bioabfällen und Qualitätskriterien für Kompost und Gärrückstände aus Bioabfällen festgelegt werden sollten, um ein hohes Niveau des Schutzes der menschlichen Gesundheit und der Umwelt sicherzustellen.

Erteilung von Genehmigungen (Art. 23)

Die Mitgliedstaaten sorgen dafür, dass Anlagen und Unternehmen, die beabsichtigen, Abfallbehandlungen durchzuführen, bei der zuständigen Behörde eine Genehmigung einholen. In diesen Genehmigungen ist mindestens Folgendes festzulegen:

- Art und Menge der Abfälle, die behandelt werden dürfen,
- für jede genehmigte Tätigkeit die technischen und alle sonstigen Anforderungen an den betreffenden Standort,
- zu ergreifende Sicherheits- und Vorsorgemaßnahmen,
- die für jede Tätigkeit anzuwendende Methode,
- Überwachungs- und Kontrollverfahren, sofern erforderlich,
- Bestimmungen betreffend Schließung und Nachsorge, sofern erforderlich.

Die Genehmigungen können für einen bestimmten Zeitraum erteilt werden und können erneuerbar sein. Ist die zuständige nationale Behörde der Ansicht, dass die beabsichtigte Behandlungsmethode aus Sicht des Umweltschutzes nicht annehmbar ist, so verweigert sie die Genehmigung.

Genehmigungen, die eine Verbrennung oder Mitverbrennung mit energetischer Verwertung umfassen, werden nur unter der Voraussetzung erteilt, dass bei der energetischen Verwertung ein hoher Grad an Energieeffizienz erreicht wird.

Abfallbewirtschaftungspläne (Art. 28)

Die Mitgliedstaaten stellen sicher, dass ihre zuständigen Behörden einen oder mehrere Abfallbewirtschaftungspläne aufstellen. Diese Pläne müssen das gesamte geografische Gebiet des betreffenden Mitgliedstaats abdecken.

Die Abfallbewirtschaftungspläne beinhalten eine Analyse der aktuellen Situation der Abfallbewirtschaftung in der betreffenden geografischen Einheit sowie die erforderlichen Maßnahmen für eine Verbesserung der umweltverträglichen Vorbereitung zur Wiederverwendung, sowie des Recyclings, der Verwertung und der Beseitigung von Abfall und eine Bewertung, wie der Plan die Erfüllung der Ziele und der Bestimmungen der Richtlinie 2008/98/EG unterstützen wird.

Soweit zweckmäßig und unter Berücksichtigung der geografischen Ebene und der geografischen Erfassung des Planungsgebiets enthalten die Abfallbewirtschaftungspläne mindestens Folgendes:

- Art, Menge und Herkunft der im Gebiet erzeugten Abfälle, die Abfälle, die wahrscheinlich aus dem oder in das Hoheitsgebiet verbracht werden, sowie eine Abschätzung der zukünftigen Entwicklung der Abfallströme,
- bestehende Abfallsammelsysteme und bedeutende Beseitigungs- und Verwertungsanlagen, einschließlich spezieller Vorkehrungen für Altöl, gefährliche Abfälle oder Abfallströme, für die spezielle gemeinschaftliche Rechtsvorschriften gelten,
- Beurteilung der Notwendigkeit neuer Sammelsysteme, die Stilllegung bestehender Abfallanlagen, zusätzliche Infrastrukturen für Abfallanlagen und - soweit erforderlich - der diesbezüglichen Investitionen,
- erforderlichenfalls ausreichende Informationen über die Ortsmerkmale für die Standortbestimmung und über die Kapazität künftiger Beseitigungsanlagen oder bedeutender Verwertungsanlagen,
- allgemeine Abfallbewirtschaftungsstrategien, einschließlich geplanter Abfallbewirtschaftungstechnologien und -methoden, oder Strategien für Abfälle, die besondere Bewirtschaftungsprobleme aufwerfen.

Unter Berücksichtigung der geografischen Ebene und des Erfassungsbereichs des Planungsgebiets können die Abfallwirtschaftspläne Folgendes enthalten:

- organisatorische Aspekte der Abfallbewirtschaftung, einschließlich einer Beschreibung der Aufteilung der Verantwortlichkeiten zwischen öffentlichen und privaten Akteuren, die die Abfallbewirtschaftung durchführen,
- eine Bewertung von Nutzen und Eignung des Einsatzes wirtschaftlicher und anderer Instrumente zur Bewältigung verschiedener Abfallprobleme unter Berücksichtigung der Notwendigkeit, ein reibungsloses Funktionieren des Binnenmarkts aufrecht zu erhalten,
- den Einsatz von Sensibilisierungskampagnen und die Bereitstellung von Informationen für die breite Öffentlichkeit oder eine bestimmte Verbrauchergruppe,
- geschlossene kontaminierte Abfallbeseitigungsstandorte und Maßnahmen zu ihrer Sanierung.

Abfallvermeidungsprogramme (Art. 29)

Die Mitgliedstaaten erstellen spätestens bis 12. Dezember 2013 Abfallvermeidungsprogramme. Solche Programme werden gegebenenfalls entweder in die Abfallbewirtschaftungspläne oder in andere umweltpolitische Programme aufgenommen oder als gesonderte Programme durchgeführt. Wird ein solches Programm in den Abfallbewirtschaftungsplan oder in andere Programme aufgenommen, so sind die Abfallvermeidungsmaßnahmen deutlich auszuweisen.

Die Programme legen die Abfallvermeidungsziele fest. Die Mitgliedstaaten beschreiben die bestehenden Vermeidungsmaßnahmen und bewerten die Zweckmäßigkeit der in Abbildung 2.4 angegebenen Beispielsmaßnahmen oder anderer geeigneter Maßnahmen.

Zweck solcher Ziele und Maßnahmen ist es, das Wirtschaftswachstum von den mit der Abfallerzeugung verbundenen Umweltauswirkungen zu entkoppeln.

Die Mitgliedstaaten geben zweckmäßige, spezifische qualitative oder quantitative Maßstäbe für verabschiedete Abfallvermeidungsmaßnahmen vor, anhand derer die bei den Maßnahmen erzielten Fortschritte überwacht und bewertet werden, und können für denselben Zweck spezifische qualitative oder quantitative Zielvorgaben und Indikatoren festlegen.

Maßnahmen, die sich auf die Rahmenbedingungen im Zusammenhang mit der Abfallerzeugung auswirken können:

- Einsatz von Planungsmaßnahmen oder sonstigen wirtschaftlichen Instrumenten, die die Effizienz der Ressourcennutzung fördern.
- Förderung einschlägiger Forschung und Entwicklung mit dem Ziel, umweltfreundlichere und weniger abfallintensive Produkte und Technologien hervorzubringen, sowie Verbreitung und Einsatz dieser Ergebnisse auf Forschung und Entwicklung.
- Entwicklung wirksamer und aussagekräftiger Indikatoren für die Umweltbelastungen im Zusammenhang mit der Abfallerzeugung als Beitrag zur Vermeidung der Abfallerzeugung auf sämtlichen Ebenen, vom Produktvergleich auf Gemeinschaftsebene über Aktivitäten kommunaler Behörden bis hin zu nationalen Maßnahmen.

Maßnahmen, die sich auf die Konzeptions-, Produktions- und Vertriebsphase auswirken können:

- Förderung von Ökodesign (systematische Einbeziehung von Umweltaspekten in das Produktdesign mit dem Ziel, die Umweltbilanz des Produkts über den gesamten Lebenszyklus hinweg zu verbessern).
- Bereitstellung von Informationen über Techniken zur Abfallvermeidung im Hinblick auf einen erleichterten Einsatz der besten verfügbaren Techniken in der Industrie.
- Sensibilisierungsmaßnahmen bzw. Unterstützung von Unternehmen bei der Finanzierung, Entscheidungsfindung o.ä. Besonders wirksam dürften derartige Maßnahmen sein, wenn sie sich gezielt an kleine und mittlere Unternehmen richten und auf diese zugeschnitten sind und auf bewährte Netzwerke des Wirtschaftslebens zurückgreifen.
- Rückgriff auf freiwillige Vereinbarungen, Verbraucher- und Herstellergremien oder branchenbezogene Verhandlungen, damit die jeweiligen Unternehmen oder Branchen eigene Abfallvermeidungspläne bzw. -ziele festlegen oder abfallintensive Produkte oder Verpackungen verbessern.
- Förderung anerkannter Umweltmanagementsysteme, einschließlich EMAS oder ISO 14001.

Maßnahmen, die sich auf die Verbrauchs- und Nutzungsphase auswirken können:

- Wirtschaftliche Instrumente wie zum Beispiel Anreize für umweltfreundlichen Einkauf oder die Einführung eines vom Verbraucher zu zahlenden Aufpreisen für einen Verpackungsartikel oder Verpackungsteil, der sonst unentgeltlich bereitgestellt werden würde.
- Sensibilisierungsmaßnahmen und Informationen für die breite Öffentlichkeit oder eine bestimmte Verbrauchergruppe.
- Förderung glaubwürdiger Ökozeichen.
- Vereinbarungen mit der Industrie, wie der Rückgriff auf Produktgremien etwa nach dem Vorbild der integrierten Produktpolitik, oder mit dem Einzelhandel über die Bereitstellung von Informationen über Abfallvermeidung und umweltfreundliche Produkte.
- Einbeziehung von Kriterien des Umweltschutzes und der Abfallvermeidung in Ausschreibungen des öffentlichen und privaten Beschaffungswesens.
- Förderung der Wiederverwendung und/oder Reparatur geeigneter entsorgter Produkte oder ihrer Bestandteile, vor allem durch den Einsatz pädagogischer, wirtschaftlicher, logistischer oder anderer Maßnahmen wie Unterstützung oder Einrichtung von akkreditierten Zentren und Netzen für Reparatur und Wiederverwendung, insbesondere in dicht besiedelten Regionen.

Abb. 2.4: Beispiele für Abfallvermeidungsmaßnahmen

Bewertung und Überarbeitung der Pläne und Programme (Art. 30)

Die Mitgliedstaaten gewährleisten, dass die Abfallwirtschaftspläne und Abfallvermeidungsprogramme mindestens alle sechs Jahre bewertet und gegebenenfalls - soweit erforderlich - überarbeitet werden. Die Europäische Umweltagentur wird aufgefordert in ihren jährlichen Bericht eine Übersicht der Fortschritte bei der Ergänzung und Umsetzung von Abfallvermeidungsprogrammen aufzunehmen.

Inspektion (Art. 34)

Anlagen oder Unternehmen, die Abfallbehandlungsverfahren durchführen, Anlagen oder Unternehmen, die gewerbsmäßig Abfälle sammeln oder befördern, Makler und Händler sowie Anlagen oder Unternehmen, die gefährliche Abfälle erzeugen, werden in regelmäßigen Abständen angemessenen Inspektionen durch die zuständigen Behörden unterzogen.

Inspektionen bezüglich der Sammlungs- und Beförderungstätigkeiten erstrecken sich auf den Ursprung, die Art, Menge und den Bestimmungsort der gesammelten und transportierten Abfälle. Die Mitgliedstaaten können Eintragungen in das Register des Gemeinschaftssystems für das Umweltmanagement und die Umweltbetriebsprüfung (EMAS), insbesondere in Bezug auf Häufigkeit und Intensität der Inspektionen, berücksichtigen.

Führen von Aufzeichnungen (Art. 35)

Anlagen oder Unternehmen, Erzeuger gefährlicher Abfälle sowie Anlagen und Unternehmen, die gewerbsmäßig gefährliche Abfälle sammeln oder transportieren oder als Händler oder Makler gefährlicher Abfälle fungieren, führen chronologische Aufzeichnungen über Menge, Art und Ursprung der Abfälle und, sofern relevant, über den Bestimmungsort, die Häufigkeit der Sammlung, die Transportart und die vorgesehene Abfallbehandlungsmethode und stellen diese Informationen auf Anfrage den zuständigen Behörden zur Verfügung.

Für gefährliche Abfälle sind die Aufzeichnungen mindestens drei Jahre lang aufzubewahren, mit Ausnahme der Anlagen und Unternehmen, die gefährliche Abfälle transportieren; diese müssen solche Aufzeichnungen mindestens 12 Monate lang aufbewahren. Auf Anfrage der zuständigen Behörden oder eines früheren Besitzers sind Belege über die Durchführung der Bewirtschaftungstätigkeiten vorzulegen. Die Mitgliedstaaten können auch von Erzeugern nicht gefährlicher Abfälle verlangen, dass sie diese Vorgaben einhalten.

2.2 Abfallverbringung

Die Überwachung und Kontrolle der Verbringung von Abfällen innerhalb der Europäischen Union müssen so organisiert und geregelt werden, dass der Notwendigkeit, die Qualität der Umwelt und der menschlichen Gesundheit zu erhalten, zu schützen und zu verbessern, Rechnung getragen und gefördert wird.

Die im Basler Übereinkommen begründete Verpflichtung, die Verbringung gefährlicher Abfälle auf ein Mindestmaß zu beschränken, das mit der umweltgerechten und wirksamen Behandlung solcher Abfälle vereinbar ist, muss auch beachtet werden.

Im Fall von Verbringungen von zur Beseitigung bestimmten Abfällen und von zur Verwertung bestimmten Abfällen, ist es zweckmäßig, ein Höchstmaß an Überwachung und Kontrolle sicherzustellen, indem die vorherige schriftliche Zustimmung solcher Verbringungen vorgeschrieben wird. Ein entsprechendes Verfahren sollte seinerseits die vorherige Notifizierung einschließen, damit die zuständigen Behörden angemessen informiert sind und sie alle zum Schutz der menschlichen Gesundheit und der Umwelt notwendigen Maßnahmen treffen können. Außerdem sollte es den zuständigen Behörden ermöglichen, begründete Einwände gegen eine derartige Verbringung zu erheben.

Im Fall von Verbringungen von zur Verwertung bestimmten Abfällen ist es zweckmäßig, ein Mindestmaß an Überwachung und Kontrolle sicherzustellen, indem vorgeschrieben wird, dass bei solchen Verbringungen bestimmte Informationen mitzuführen sind.

Es sollte vorgeschrieben werden, dass Abfälle, deren Verbringung nicht wie vorgesehen abgeschlossen werden kann, in den Versandstaat zurückzunehmen oder auf andere Weise zu verwerten oder beseitigen sind.

Außerdem sollte verbindlich vorgeschrieben werden, dass eine für die illegale Verbringung von Abfällen verantwortliche Person die betreffenden Abfälle zurücknehmen oder auf andere Weise verwerten oder beseitigen sollte. Unterbleibt dies, so sollten die zuständigen Behörden am Versand- bzw. Bestimmungsort selbst tätig werden.

Die erforderlichen Maßnahmen sollten ergriffen werden, um sicherzustellen, dass die innergemeinschaftliche Verbringung von Abfällen und die Einfuhr von Abfällen in die Gemeinschaft in Übereinstimmung mit der Richtlinie 2006/12/EG und anderen gemeinschaftsrechtlichen Vorschriften über Abfälle so erfolgt, dass während der gesamten Dauer der Verbringung, einschließlich der Verwertung oder Beseitigung im Empfängerstaat, die menschliche Gesundheit nicht gefährdet wird und keine Verfahren oder Methoden verwendet werden, die die Umwelt schädigen könnten. Bei nicht verbotenen Ausfuhren von Abfällen aus der Gemeinschaft sollten Bemühungen unternommen werden, um sicherzustellen, dass die Abfälle während der gesamten Verbringung und der Verwertung oder Beseitigung im Empfängerdrittstaat in umweltgerechter Weise behandelt werden. Die Anlage, die die Abfälle erhält, sollte im Einklang mit Standards zum Schutz der menschlichen Gesundheit und der Umwelt betrieben werden, die den im Gemeinschaftsrecht festgelegten Standards im Wesentlichen entsprechen. Es sollte eine Liste unverbindlicher Leitlinien, die als Anhaltspunkte für umweltgerechte Behandlung von Abfällen herangezogen werden können, erstellt werden.

Geltungsbereich (Art. 1)

In der EG-Verordnung 1013/2006 werden Verfahren und Kontrollregelungen für die Verbringung von Abfällen festgelegt, die von dem Ursprung, der Bestimmung, dem Transportweg, der Art der verbrachten Abfälle und der Behandlung der verbrachten Abfälle am Bestimmungsort abhängen. Sie gilt für die Verbringung von Abfällen:

- zwischen Mitgliedstaaten innerhalb der Gemeinschaft oder mit Durchfuhr durch Drittstaaten,
- aus Drittstaaten in die Gemeinschaft,
- aus der Gemeinschaft in Drittstaaten,
- mit Durchfuhr durch die Gemeinschaft von und nach Drittstaaten.

Notifizierung (Art. 4)

Beabsichtigt der Notifizierende die Verbringung von Abfällen, so muss er bei und über die zuständige Behörde am Versandort eine vorherige schriftliche Notifizierung einreichen. Bei der Einreichung einer Notifizierung sind folgende Voraussetzungen zu erfüllen:

- Die Notifizierung erfolgt anhand des Notifizierungs- und Begleitformulars. Das Notifizierungsformular und das Begleitformular werden an den Notifizierenden von der zuständigen Behörde am Versandort herausgegeben.
- Eine Notifizierung gilt als ordnungsgemäß ausgeführt, wenn die zuständige Behörde am Versandort der Auffassung ist, dass das Notifizierungs- und das Begleitformular ordnungsgemäß ausgefüllt worden sind.
- Ersucht eine der betroffenen zuständigen Behörden um zusätzliche Informationen und Unterlagen, so werden diese vom Notifizierenden zur Verfügung gestellt. Eine Notifizierung gilt als ordnungsgemäß abgeschlossen, wenn die zuständige Behörde am Bestimmungsort der Auffassung ist, dass das Notifizierungs- und das Begleitformular ausgefüllt und etwaige verlangte zusätzliche Informationen und Unterlagen vom Notifizierenden bereitgestellt wurden.
- Der Notifizierende schließt mit dem Empfänger einen Vertrag über die Verwertung oder Beseitigung der notifizierten Abfälle ab. Den beteiligten zuständigen Behörden ist bei der Notifizierung der Nachweis über den Abschluss dieses Vertrags oder eine Erklärung zur Bestätigung seines Bestehens vorzulegen. Der Notifizierende oder der Empfänger hat der zuständigen Behörde auf Ersuchen eine Kopie dieses Vertrags oder den für die betroffene zuständige Behörde als zufrieden stellend geltenden Nachweis zu übermitteln.
- Hinterlegung von Sicherheitsleistungen oder Abschluss entsprechender Versicherungen. Der Notifizierende gibt zu diesem Zweck durch Ausfüllen des entsprechenden Teils des Notifizierungsformulars eine entsprechende Erklärung ab. Die Sicherheitsleistungen oder entsprechenden Versicherungen (oder sofern die zuständige Behörde dies gestattet, der Nachweis über diese Sicherheitsleistungen oder entsprechenden Versicherungen oder eine Erklärung zur Bestätigung ihres Bestehens) sind bei der Notifizierung als Teil des Notifizierungsformulars oder, falls die zuständige Behörde dies auf der Grundlage nationaler Rechtsvorschriften erlaubt, vor Beginn der Verbringung vorzulegen.
- Eine Notifizierung muss die Verbringung der Abfälle vom ursprünglichen Versandort, einschließlich ihrer vorläufigen und nicht vorläufigen Verwertung oder Beseitigung, umfassen. Erfolgen die anschließenden vorläufigen oder nicht vorläufigen Verfahren in einem anderen Staat als dem ersten Empfängerstaat, so sind das nicht vorläufige Verfahren und sein Bestimmungsort in der Notifizierung anzugeben und einzuhalten.

Vertrag (Art. 5)

Jede notifizierungspflichtige Verbringung von Abfällen muss Gegenstand eines Vertrags zwischen dem Notifizierenden und dem Empfänger über die Verwertung oder Beseitigung der notifizierten Abfälle sein. Der Vertrag muss bei der Notifizierung für die Dauer der Verbringung abgeschlossen und wirksam sein. Der Vertrag umfasst die Verpflichtung:

- des Notifizierenden zur Rücknahme der Abfälle, falls die Verbringung, die Verwertung oder Beseitigung nicht in der vorgesehenen Weise abgeschlossen wurde oder illegal erfolgt ist,
- des Empfängers zur Verwertung oder Beseitigung der Abfälle, falls ihre Verbringung illegal erfolgt ist,
- der Anlage zur Vorlage einer Bescheinigung darüber, dass die Abfälle gemäß der Notifizierung und den darin festgelegten Bedingungen sowie den Vorschriften dieser Verordnung verwertet oder beseitigt wurden.

Sind die verbrachten Abfälle zur vorläufigen Verwertung oder Beseitigung bestimmt, so umfasst der Vertrag folgende zusätzliche Verpflichtungen:

- die Verpflichtung der Empfängeranlage zur Vorlage der Bescheinigungen darüber, dass die Abfälle gemäß der Notifizierung und den darin festgelegten Bedingungen sowie den Vorschriften der EG-Verordnung 1013/2006 verwertet oder beseitigt wurden und,

- soweit anwendbar, die Verpflichtung des Empfängers zur Einreichung einer Notifizierung bei der ursprünglich zuständigen Behörde am Versandort des ursprünglichen Versandstaats.

Sicherheitsleistung (Art. 6)

Für jede notifizierungspflichtige Verbringung von Abfällen müssen Sicherheitsleistungen hinterlegt oder entsprechende Versicherungen abgeschlossen werden, die Folgendes abdecken:

- Transportkosten,
- Kosten der Verwertung oder Beseitigung, einschließlich aller erforderlichen vorläufigen Verfahren und
- Lagerkosten für 90 Tage.

Die Sicherheitsleistungen oder entsprechenden Versicherungen sind dazu bestimmt, die Kosten zu decken, die anfallen:

- wenn eine Verbringung oder die Verwertung oder Beseitigung nicht in der vorgesehenen Weise abgeschlossen werden kann,
- wenn eine Verbringung oder die Verwertung oder Beseitigung illegal ist.

Die Sicherheitsleistungen oder entsprechenden Versicherungen müssen von dem Notifizierenden oder von einer anderen in seinem Namen handelnden natürlichen oder juristischen Person bei der Notifizierung oder, falls die zuständige Behörde, die die Sicherheitsleistungen oder entsprechenden Versicherungen genehmigt, dies gestattet, spätestens bei Beginn der Verbringung hinterlegt bzw. abgeschlossen werden, wirksam sein und spätestens bei Beginn der notifizierten Verbringung für diese gültig sein.

Die zuständige Behörde am Versandort genehmigt die Sicherheitsleistungen oder entsprechenden Versicherungen einschließlich Form, Wortlaut und Deckungsbetrag. Bei einer Einfuhr in die Gemeinschaft überprüft die zuständige Behörde am Bestimmungsort jedoch den Deckungsbetrag und genehmigt erforderlichenfalls zusätzliche Sicherheitsleistungen oder entsprechende Versicherungen.

Die Sicherheitsleistungen oder entsprechenden Versicherungen müssen für die notifizierte Verbringung und die Durchführung der Verwertung oder Beseitigung der notifizierten Abfälle gültig sein und diese abdecken.

Übermittlung der Notifizierung durch die zuständige Behörde am Versandort (Art. 7)

Ist die Notifizierung ordnungsgemäß ausgeführt worden, so behält die zuständige Behörde am Versandort eine Kopie der Notifizierung und übermittelt die Notifizierung der zuständigen Behörde am Bestimmungsort, mit Kopien an die für die Durchfuhr zuständige(n) Behörde(n), und setzt den Notifizierenden hiervon in Kenntnis. Dies muss innerhalb von drei Werktagen nach Eingang der Notifizierung erfolgen.

Ist die Notifizierung nicht ordnungsgemäß ausgeführt, so muss die zuständige Behörde am Versandort den Notifizierenden um weitere Informationen und Unterlagen ersuchen. Dies muss innerhalb von drei Werktagen nach Eingang der Notifizierung erfolgen.

Ist die Notifizierung ordnungsgemäß ausgeführt worden, so kann die zuständige Behörde am Versandort innerhalb von drei Werktagen beschließen, nicht mit der Notifizierung fortzufahren, falls sie

Einwände gegen die Verbringung hat. Sie unterrichtet den Notifizierenden unverzüglich von ihrer Entscheidung und diesen Einwänden.

Hat die zuständige Behörde am Versandort die Notifizierung nicht innerhalb von 30 Tagen ab ihrem Eingang weitergeleitet, so hat sie dem Notifizierenden auf dessen Antrag hin eine mit Gründen versehene Erklärung zu übermitteln. Dies gilt nicht, wenn dem Ersuchen um weitere Informationen nicht nachgekommen worden ist.

Ersuchen der betroffenen zuständigen Behörden um Informationen, Unterlagen und Empfangsbestätigung der zuständigen Behörde am Bestimmungsort (Art. 8)

Ist eine der betroffenen zuständigen Behörden nach Übermittlung der Notifizierung durch die zuständige Behörde am Versandort der Auffassung, dass zusätzliche Informationen und Unterlagen erforderlich sind, so ersucht sie den Notifizierenden um diese Informationen und Unterlagen und unterrichtet die anderen zuständigen Behörden von diesem Ersuchen. Dies muss innerhalb von drei Werktagen nach Eingang der Notifizierung erfolgen. In diesen Fällen verfügen die betroffenen zuständigen Behörden über drei Werktage ab Eingang der ersuchten Informationen und Unterlagen, um die zuständige Behörde des Bestimmungsortes zu unterrichten.

Ist die zuständige Behörde am Bestimmungsort der Auffassung, dass die Notifizierung ordnungsgemäß abgeschlossen wurde, so übermittelt sie dem Notifizierenden eine Empfangsbestätigung und den anderen betroffenen zuständigen Behörden Kopien davon. Dies muss innerhalb von drei Werktagen nach Eingang der ordnungsgemäß abgeschlossenen Notifizierung erfolgen.

Hat die zuständige Behörde am Bestimmungsort den Eingang der Notifizierung nicht innerhalb von 30 Tagen ab ihrem Eingang bestätigt, so hat sie dem Notifizierenden auf dessen Antrag hin eine mit Gründen versehene Erklärung zu übermitteln.

Zustimmungen durch die zuständigen Behörden am Versandort und am Bestimmungsort sowie durch die für die Durchfuhr zuständigen Behörden und Fristen für Transport, Verwertung oder Beseitigung (Art. 9)

Die zuständigen Behörden am Bestimmungsort und am Versandort sowie die für die Durchfuhr zuständigen Behörden verfügen nach der Übermittlung der Empfangsbestätigung durch die zuständige Behörde am Bestimmungsort über eine Frist von 30 Tagen, um in Bezug auf die notifizierte Verbringung schriftlich eine der folgenden, ordnungsgemäß mit Gründen versehenen, Entscheidungen zu treffen:

- Zustimmung ohne Auflagen,
- mit Auflagen verbundene Zustimmung oder
- Erhebung von Einwänden.

Werden innerhalb der genannten Frist von 30 Tagen keine Einwände erhoben, so gilt eine stillschweigende Genehmigung der für die Durchfuhr zuständigen Behörde als erteilt.

Die zuständigen Behörden am Bestimmungsort und am Versandort sowie gegebenenfalls die für die Durchfuhr zuständigen Behörden übermitteln dem Notifizierenden innerhalb der genannten Frist von 30 Tagen schriftlich ihre Entscheidung und die Gründe dafür; Kopien der Schreiben werden den anderen betroffenen zuständigen Behörden übersandt.

Die zuständigen Behörden am Bestimmungsort und am Versandort sowie gegebenenfalls die für die Durchfuhr zuständigen Behörden erteilen ihre schriftliche Zustimmung durch entsprechendes Abstempeln, Unterzeichnen und Datieren des Notifizierungsformulars oder der ihnen übermittelten Kopien dieses Formulars.

Die schriftliche Zustimmung zu einer geplanten Verbringung erlischt nach Ablauf von einem Kalenderjahr ab dem Datum ihrer Erteilung oder ab einem in dem Notifizierungsformular angegebenen späteren Datum. Dies gilt jedoch nicht, falls von den betroffenen zuständigen Behörden ein kürzerer Zeitraum angegeben wird.

Eine stillschweigende Zustimmung zu einer geplanten Verbringung erlischt ein Kalenderjahr nach Ablauf der genannten Frist von 30 Tagen.

Die Verwertung oder Beseitigung von Abfällen im Zusammenhang mit einer geplanten Verbringung muss spätestens ein Kalenderjahr nach Erhalt der Abfälle durch die Anlage abgeschlossen sein, sofern von den betroffenen zuständigen Behörden kein kürzerer Zeitraum angegeben wird.

Die zuständigen Behörden widerrufen ihre Zustimmung, wenn sie davon Kenntnis erlangen, dass:

- die Zusammensetzung der Abfälle nicht der Notifizierung entspricht oder
- die mit der Verbringung verbundenen Auflagen nicht erfüllt werden oder
- die Abfälle nicht entsprechend der Genehmigung für die Anlage, in der das betreffende Verfahren durchgeführt wird, verwertet oder beseitigt werden oder
- die Abfälle in einer Weise verbracht, verwertet oder beseitigt werden oder wurden, die nicht den Informationen entspricht, die im Notifizierungsformular und im Begleitformular angegeben oder diesen beigefügt sind.

Jeder Widerruf einer Zustimmung erfolgt mittels einer förmlichen Nachricht an den Notifizierenden, von der den anderen betroffenen zuständigen Behörden sowie dem Empfänger Kopien übermittelt werden.

Sammelnotifizierung (Art. 13)

Der Notifizierende kann eine Sammelnotifizierung, die mehrere Verbringungen abdeckt, einreichen, falls für jede einzelne Verbringung Folgendes gilt:

- die Abfälle weisen im Wesentlichen ähnliche physikalische und chemische Eigenschaften auf,
- die Abfälle werden zum gleichen Empfänger und zur gleichen Anlage verbracht,
- der im Notifizierungsformular angegebene Transportweg ist der gleiche.

Kann aufgrund unvorhergesehener Umstände nicht der gleiche Transportweg eingehalten werden, so teilt der Notifizierende dies den betroffenen zuständigen Behörden so bald wie möglich und nach Möglichkeit vor Beginn der Verbringung mit, falls die Notwendigkeit einer Änderung bereits bekannt ist. Ist die Änderung des Transportwegs vor Beginn der Verbringung bekannt und sind andere als die von der Sammelnotifizierung betroffenen zuständigen Behörden daran beteiligt, so darf die Sammelnotifizierung nicht verwendet werden und es ist eine neue Notifizierung einzureichen.

Nach der Zustimmung zu einer Verbringung greifende Vorschriften (Art. 16)

Nach der Zustimmung zu einer notifizierten Verbringung durch die betroffenen zuständigen Behörden füllen alle beteiligten Unternehmen das Begleitformular oder im Falle einer Sammelnotifizierung die Begleitformulare an den entsprechenden Stellen aus, unterzeichnen es bzw. sie und behalten selbst eine Kopie bzw. Kopien davon. Folgende Anforderungen sind zu erfüllen:

- **Ausfüllen des Begleitformulars durch den Notifizierenden:**
  Sobald der Notifizierende die Zustimmung der zuständigen Behörden am Versandort und am Bestimmungsort sowie der für die Durchfuhr zuständigen Behörden erhalten hat bzw. die stillschweigende Zustimmung der Letzteren voraussetzen kann, trägt er das tatsächliche Datum der Verbringung in das Begleitformular ein und füllt dieses ansonsten soweit wie möglich aus.
- **Vorherige Mitteilung des tatsächlichen Beginns der Verbringung:**
  Der Notifizierende übermittelt den betroffenen zuständigen Behörden und dem Empfänger mindestens drei Werktage vor Beginn der Verbringung unterzeichnete Kopien des ausgefüllten Begleitformulars.
- **Bei jedem Transport mitzuführende Unterlagen:**
  Der Notifizierende behält eine Kopie des Begleitformulars. Bei jedem Transport sind das Begleitformular sowie Kopien des Notifizierungsformulars, die die von den betroffenen zuständigen Behörden erteilten schriftlichen Zustimmungen sowie die entsprechenden Auflagen enthalten, mitzuführen. Das Begleitformular wird von der Anlage, die die Abfälle erhält, aufbewahrt.
- **Schriftliche Bestätigung des Erhalts der Abfälle durch die Anlage:**
  Die Anlage bestätigt die Entgegennahme der Abfälle schriftlich innerhalb von drei Tagen nach deren Erhalt. Diese Bestätigung ist im Begleitformular anzugeben oder diesem beizufügen. Die Anlage übermittelt dem Notifizierenden und den betroffenen zuständigen Behörden unterzeichnete Kopien des um diese Bestätigung ergänzten Begleitformulars.
- **Bescheinigung der nicht vorläufigen Verwertung oder Beseitigung durch die Anlage:**
  Die Anlage, die die nicht vorläufige Verwertung oder Beseitigung vornimmt, bescheinigt unter ihrer Verantwortung so bald wie möglich, spätestens jedoch 30 Tage nach Abschluss der nicht vorläufigen Verwertung oder Beseitigung und nicht später als ein Kalenderjahr nach Erhalt der Abfälle oder innerhalb eines kürzeren Zeitraums, den Abschluss der nicht vorläufigen Verwertung oder Beseitigung der Abfälle. Diese Bescheinigung ist im Begleitformular anzugeben oder diesem beizufügen. Die Anlage übermittelt dem Notifizierenden und den betroffenen zuständigen Behörden unterzeichnete Kopien des um diese Bescheinigung ergänzten Begleitformulars.

Abfälle, für die bestimmte Informationen mitzuführen sind (Art. 18)

Die beabsichtigte Verbringung von Abfällen unterliegt folgenden Verfahrensvorschriften:

- Damit die Verbringung solcher Abfälle besser verfolgt werden kann, hat die der Gerichtsbarkeit des Versandstaats unterliegende Person, die die Verbringung veranlasst, sicherzustellen, dass das enthaltene Dokument mitgeführt wird.
- Das enthaltene Dokument ist von der Person, die die Verbringung veranlasst, vor Durchführung derselben und von der Verwertungsanlage oder dem Labor und dem Empfänger bei der Übergabe der betreffenden Abfälle zu unterzeichnen.

Der genannte Vertrag über die Verwertung der Abfälle zwischen der Person, die die Verbringung veranlasst, und dem Empfänger muss bei Beginn der Verbringung wirksam sein und für den Fall, dass die Verbringung oder Verwertung der Abfälle nicht in der vorgesehenen Weise abgeschlossen werden kann oder dass sie als illegale Verbringung durchgeführt wurde, für die Person, die die Verbringung veranlasst, oder, falls diese zur Durchführung der Verbringung oder der Verwertung der Abfälle nicht in der Lage ist (z.B. bei Insolvenz), für den Empfänger die Verpflichtung enthalten:

- die Abfälle zurückzunehmen oder deren Verwertung auf andere Weise sicherzustellen und
- erforderlichenfalls in der Zwischenzeit für deren Lagerung zu sorgen.

Der betreffenden zuständigen Behörde ist auf Ersuchen von der Person, die die Verbringung veranlasst, oder vom Empfänger eine Kopie dieses Vertrages zu übermitteln.

Verbot der Vermischung von Abfällen bei der Verbringung (Art. 19)

Ab dem Beginn der Verbringung bis zur Entgegennahme in einer Verwertungs- oder Beseitigungsanlage dürfen im Notifizierungsformular genannte Abfälle nicht mit anderen Abfällen vermischt werden.

Aufbewahrung von Unterlagen und Informationen (Art. 20)

Alle in Bezug auf eine notifizierte Verbringung an die zuständigen Behörden gerichteten oder von diesen verschickten Unterlagen sind von den zuständigen Behörden, vom Notifizierenden, vom Empfänger und von der Anlage, die die Abfälle erhält, mindestens drei Jahre lang, gerechnet ab Beginn der Verbringung, innerhalb der Gemeinschaft aufzubewahren.

Alle Informationen sind von der Person, die die Verbringung veranlasst, vom Empfänger und von der Anlage, die die Abfälle erhält, mindestens drei Jahre lang, ab dem Zeitpunkt des Beginns der Verbringung, innerhalb der Gemeinschaft aufzubewahren.

Ausfuhrverbot unter Ausnahme der EFTA-Staaten (Art. 34)

Jegliche Ausfuhr von zur Beseitigung bestimmten Abfällen aus der Gemeinschaft ist verboten. Das Ausfuhrverbot gilt nicht für die Ausfuhr von zur Beseitigung bestimmten Abfällen in EFTA-Staaten, die auch Vertragsparteien des Basler Übereinkommens sind. Die Ausfuhr von zur Beseitigung bestimmten Abfällen in EFTA-Staaten, die auch Vertragsparteien des Basler Übereinkommens sind, ist jedoch auch verboten:

- wenn der betreffende EFTA-Staat die Einfuhr derartiger Abfälle verbietet oder
- wenn die zuständige Behörde am Versandort Grund zu der Annahme hat, dass die Abfälle im betreffenden Empfängerstaat nicht auf umweltgerechte Weise behandelt werden.

Ausfuhren in die Antarktis (Art. 39)

Die Ausfuhr von Abfällen aus der Gemeinschaft in die Antarktis ist verboten.

Ausfuhr in überseeische Länder und Gebiete (Art. 40)

Die Ausfuhr von zur Beseitigung bestimmten Abfällen aus der Gemeinschaft in überseeische Länder und Gebiete ist verboten. Für Ausfuhren von zur Verwertung bestimmten Abfällen in überseeische Länder und Gebiete gelten Einschränkungen.

Umweltschutz (Art. 49)

Der Erzeuger, der Notifizierende und andere an der Verbringung von Abfällen und/oder ihrer Verwertung oder Beseitigung beteiligte Unternehmen treffen die erforderlichen Maßnahmen um sicherzustellen, dass alle verbrachten Abfälle während der gesamten Verbringung und während ihrer Verwertung und Beseitigung ohne Gefährdung der menschlichen Gesundheit und in umweltgerechter Weise behandelt werden.

Dazu gehört insbesondere - wenn die Verbringung innerhalb der Gemeinschaft erfolgt - die Einhaltung der Bestimmungen des Artikels 4 der Richtlinie 2006/12/EG sowie der anderen Abfallgesetzgebung der Gemeinschaft. Im Falle der Ausfuhr aus der Gemeinschaft verfährt die zuständige Behörde am Versandort in der Gemeinschaft folgendermaßen:

- Sie schreibt vor und bemüht sich sicherzustellen, dass alle ausgeführten Abfälle während der gesamten Verbringung, einschließlich der Verwertung oder Beseitigung im Empfängerdrittstaat, in umweltgerechter Weise behandelt werden.
- Sie untersagt die Ausfuhr von Abfällen in Drittstaaten, wenn sie Grund zu der Annahme hat, dass die Abfälle nicht ordnungsgemäß behandelt werden.

Bei dem betroffenen Abfallverwertungs- oder -beseitigungsverfahren kann eine umweltgerechte Behandlung unter anderem dann angenommen werden, wenn der Notifizierende oder die zuständige Behörde im Empfängerstaat nachweisen kann, dass die Anlage, die die Abfälle erhält, im Einklang mit Standards zum Schutz der menschlichen Gesundheit und der Umwelt betrieben wird, die den im Gemeinschaftsrecht festgelegten Standards weitgehend entsprechen.

Diese Annahme lässt die Gesamtbeurteilung der umweltgerechten Behandlung während der gesamten Verbringung, einschließlich der Verwertung oder Beseitigung im Empfängerdrittstaat, unberührt. Im Falle der Einfuhr in die Gemeinschaft verfährt die zuständige Behörde am Bestimmungsort in der Gemeinschaft folgendermaßen:

- Sie schreibt vor und stellt durch Ergreifen der erforderlichen Maßnahmen sicher, dass alle in ihr Zuständigkeitsgebiet verbrachten Abfälle während der gesamten Verbringung, einschließlich der Verwertung oder Beseitigung im Empfängerstaat, gemäß der übrigen Abfallgesetzgebung der Gemeinschaft ohne Gefährdung der menschlichen Gesundheit und ohne Verwendung von Verfahren oder Methoden behandelt werden, die die Umwelt schädigen können.
- Sie untersagt die Einfuhr von Abfällen aus Drittstaaten, wenn sie Grund zu der Annahme hat, dass die Abfälle nicht ordnungsgemäß behandelt werden.

Durchsetzung der Vorschriften in den Mitgliedstaaten (Art. 50)

Die Mitgliedstaaten legen Vorschriften für Sanktionen fest, die bei einem Verstoß gegen die Verordnung 1013/2006 zu verhängen sind, und treffen alle erforderlichen Maßnahmen zur Sicherstellung ihrer Anwendung. Die Sanktionen müssen wirksam, verhältnismäßig und abschreckend sein. Die Mitgliedstaaten unterrichten die Kommission über ihre nationalen Rechtsvorschriften zur Verhinderung und Ermittlung von illegalen Verbringungen und über die für derartige Verbringungen vorgesehenen Sanktionen.

Die Mitgliedstaaten sehen im Zuge der Maßnahmen zur Durchsetzung der Verordnung 1013/2006 unter anderem Kontrollen von Anlagen und Unternehmen und die stichprobenartige Kontrolle von Verbringungen von Abfällen oder der damit verbundenen Verwertung oder Beseitigung vor. Die Kontrolle von Verbringungen kann insbesondere folgendermaßen vorgenommen werden:

- am Herkunftsort mit dem Erzeuger, Besitzer oder Notifizierenden,
- am Bestimmungsort mit dem Empfänger oder der Anlage,
- an den Außengrenzen der Gemeinschaft und/oder
- während der Verbringung innerhalb der Gemeinschaft.

Die Kontrollen von Verbringungen umfassen die Einsichtnahme in Unterlagen, Identitätsprüfungen und gegebenenfalls die Kontrolle der Beschaffenheit der Abfälle.

2.3 Wissensfragen

- Welche Aspekte liegen der Abfallhierarchie und dem Abfallverzeichnis der europäischen Abfallrichtlinie zu Grunde?
- Welche Anforderungen werden an Herstellerverantwortung, Abfallvermeidung, Verwertung und Recycling gestellt?
- Erläutern Sie die grundsätzlichen Verantwortungen für die Abfallbewirtschaftung.
- Wie sind gefährliche Abfälle zu kennzeichnen?
- Welche Abfallvermeidungsprogramme existieren in Ihrem Unternehmen?
- Erläutern Sie die Abfallverbringung im Notifizierungsverfahren nach europäischem Recht.

2.4 Weiterführende Literatur

2.1 AbfVerbrG - Abfallverbringungsgesetz; *Gesetz zur Ausführung der Verordnung (EG) Nr. 1013/2006 des Europäischen Parlaments und des Rates vom 14. Juni 2006 über die Verbringung von Abfällen und des Basler Übereinkommens vom 22. März 1989 über die Kontrolle der grenzüberschreitenden Verbringung gefährlicher Abfälle und ihrer Entsorgung,* **07.08.2013**

2.2 Konzak, O.; Hurst, M.; *EU-Abfallverbringungsverordnung 2007, Praxis-Kommentar,* Schmidt, **2008,** 978-3-503-04014-8

2.3 Raasch, J.; *Die Harmonisierung der Verfahrensstandards im europäischen Abfallrecht,* Schmidt, **2008,** 978-3-503-11085-8

2.4 *Richtlinie 2008/98/EG des Europäischen Parlaments und des Rates vom 19. November 2008 über Abfälle und zur Aufhebung bestimmter Richtlinien,* **26.05.2009**

2.5 *Verordnung (EG) Nr. 1013/2006 des Europäischen Parlaments und des Rates vom 14. Juni 2006 über die Verbringung von Abfällen,* **10.12.2013**

2.6 Wuttke, J.; Baehr, T.; *Praxishandbuch der grenzüberschreitenden Abfallverbringung,* Schmidt, **2008,** 978-3-503-09366-3

3 Nationales Kreislaufwirtschaftsrecht

3.1 Allgemeine Vorschriften des Kreislaufwirtschaftsgesetzes (KrWG)

Zweck des Gesetzes (§ 1)

Zweck des Gesetzes ist es, die Kreislaufwirtschaft zur Schonung der natürlichen Ressourcen zu fördern und den Schutz von Mensch und Umwelt bei der Erzeugung und Bewirtschaftung von Abfällen sicherzustellen.

Geltungsbereich (§ 2)

Die Vorschriften dieses Gesetzes gelten für die:

- Vermeidung von Abfällen,
- Verwertung von Abfällen,
- Beseitigung von Abfällen und
- sonstigen Maßnahmen der Abfallbewirtschaftung.

Begriffsbestimmungen (§ 3)

„Abfälle“ sind alle Stoffe oder Gegenstände, derer sich ihr Besitzer entledigt, entledigen will oder entledigen muss. Abfälle zur Verwertung sind Abfälle, die verwertet werden; Abfälle, die nicht verwertet werden, sind Abfälle zur Beseitigung. Für die Beurteilung der Zweckbestimmung ist die Auffassung des Erzeugers oder Besitzers unter Berücksichtigung der Verkehrsanschauung zugrunde zu legen.

Der **„Besitzer“** muss sich Stoffen oder Gegenständen entledigen, wenn diese nicht mehr entsprechend ihrer ursprünglichen Zweckbestimmung verwendet werden, aufgrund ihres konkreten Zustandes geeignet sind, gegenwärtig oder zukünftig das Wohl der Allgemeinheit, insbesondere die Umwelt, zu gefährden und deren Gefährdungspotenzial nur durch eine ordnungsgemäße und schadlose Verwertung oder gemeinwohlverträgliche Beseitigung ausgeschlossen werden kann.

„Gefährlich“ sind die Abfälle, die durch Rechtsverordnung nach § 48 KrWG oder aufgrund einer solchen Rechtsverordnung bestimmt worden sind. **„Nicht gefährlich“** sind alle übrigen Abfälle.

„Inertabfälle“ sind mineralische Abfälle die:

- keinen wesentlichen physikalischen, chemischen oder biologischen Veränderungen unterliegen,
- sich nicht auflösen, nicht brennen und nicht in anderer Weise physikalisch oder chemisch reagieren,
- sich nicht biologisch abbauen und
- andere Materialien, mit denen sie in Kontakt kommen, nicht in einer Weise beeinträchtigen, die zu nachteiligen Auswirkungen auf Mensch und Umwelt führen könnte.

Die gesamte Auslaugbarkeit und der Schadstoffgehalt der Abfälle sowie die Ökotoxizität des Sickerwassers müssen unerheblich sein und dürfen insbesondere nicht die Qualität von Oberflächen- oder Grundwasser gefährden.

„Bioabfälle" sind biologisch abbaubare pflanzliche, tierische oder aus Pilzmaterialien bestehende:

- Garten- und Parkabfälle,
- Landschaftspflegeabfälle,
- Nahrungs- und Küchenabfälle aus Haushaltungen, aus dem Gaststätten- und Cateringgewerbe, aus dem Einzelhandel und vergleichbare Abfälle aus Nahrungsmittelverarbeitungsbetrieben sowie
- Abfälle aus sonstigen Herkunftsbereichen, die den genannten Abfällen nach Art, Beschaffenheit oder stofflichen Eigenschaften vergleichbar sind.

„Erzeuger" von Abfällen ist jede natürliche oder juristische Person:

- durch deren Tätigkeit Abfälle anfallen **(„Ersterzeuger")** oder
- die Vorbehandlungen, Mischungen oder sonstige Behandlungen vornimmt, die eine Veränderung der Beschaffenheit oder der Zusammensetzung dieser Abfälle bewirken **(„Zweiterzeuger")**.

„Besitzer" von Abfällen ist jede natürliche oder juristische Person, die die tatsächliche Sachherrschaft über Abfälle hat.

„Sammler" von Abfällen ist jede natürliche oder juristische Person, die gewerbsmäßig oder im Rahmen wirtschaftlicher Unternehmen, das heißt, aus Anlass einer anderweitigen gewerblichen oder wirtschaftlichen Tätigkeit, die nicht auf die Sammlung von Abfällen gerichtet ist, Abfälle sammelt.

„Beförderer" von Abfällen ist jede natürliche oder juristische Person, die gewerbsmäßig oder im Rahmen wirtschaftlicher Unternehmen, das heißt, aus Anlass einer anderweitigen gewerblichen oder wirtschaftlichen Tätigkeit, die nicht auf die Beförderung von Abfällen gerichtet ist, Abfälle befördert.

„Händler" von Abfällen ist jede natürliche oder juristische Person, die gewerbsmäßig oder im Rahmen wirtschaftlicher Unternehmen, das heißt, aus Anlass einer anderweitigen gewerblichen oder wirtschaftlichen Tätigkeit, die nicht auf das Handeln mit Abfällen gerichtet ist, oder öffentlicher Einrichtungen in eigener Verantwortung Abfälle erwirbt und weiterveräußert. Die Erlangung der tatsächlichen Sachherrschaft über die Abfälle ist hierfür nicht erforderlich.

„Makler" von Abfällen ist jede natürliche oder juristische Person, die gewerbsmäßig oder im Rahmen wirtschaftlicher Unternehmen, das heißt, aus Anlass einer anderweitigen gewerblichen oder wirtschaftlichen Tätigkeit, die nicht auf das Makeln von Abfällen gerichtet ist, oder öffentlicher Einrichtungen für die Bewirtschaftung von Abfällen für Dritte sorgt. Die Erlangung der tatsächlichen Sachherrschaft über die Abfälle ist hierfür nicht erforderlich.

„Abfallbewirtschaftung" sind die Bereitstellung, die Überlassung, die Sammlung, die Beförderung, die Verwertung und die Beseitigung von Abfällen, einschließlich der Überwachung dieser Verfahren, der Nachsorge von Beseitigungsanlagen sowie der Tätigkeiten, die von Händlern und Maklern vorgenommen werden.

„Sammlung" ist das Einsammeln von Abfällen, einschließlich deren vorläufiger Sortierung und vorläufiger Lagerung zum Zweck der Beförderung zu einer Abfallbehandlungsanlage.

„Getrennte Sammlung“ ist eine Sammlung, bei der ein Abfallstrom nach Art und Beschaffenheit des Abfalls getrennt gehalten wird, um eine bestimmte Behandlung zu erleichtern oder zu ermöglichen.

Eine **„gemeinnützige Sammlung“** von Abfällen ist eine Sammlung, die durch eine steuerbefreite Körperschaft, Personenvereinigung oder Vermögensmasse getragen wird und der Beschaffung von Mitteln zur Verwirklichung ihrer gemeinnützigen, mildtätigen oder kirchlichen Zwecke dient. Um eine gemeinnützige Sammlung von Abfällen handelt es sich auch dann, wenn die Körperschaft, Personenvereinigung oder Vermögensmasse einen gewerblichen Sammler mit der Sammlung beauftragt und dieser den Veräußerungserlös nach Abzug seiner Kosten und eines angemessenen Gewinns vollständig an die Körperschaft, Personenvereinigung oder Vermögensmasse auskehrt.

Eine **„gewerbliche Sammlung“** von Abfällen ist eine Sammlung, die zum Zweck der Einnahmeerzielung erfolgt. Die Durchführung der Sammeltätigkeit auf der Grundlage vertraglicher Bindungen zwischen dem Sammler und der privaten Haushaltung in dauerhaften Strukturen steht einer gewerblichen Sammlung nicht entgegen.

„Kreislaufwirtschaft“ ist die Vermeidung und Verwertung von Abfällen.

„Vermeidung“ ist jede Maßnahme, die ergriffen wird, bevor ein Stoff, Material oder Erzeugnis zu Abfall geworden ist, und dazu dient, die Abfallmenge, die schädlichen Auswirkungen des Abfalls auf Mensch und Umwelt oder den Gehalt an schädlichen Stoffen in Materialien und Erzeugnissen zu verringern. Hierzu zählen insbesondere die anlageninterne Kreislaufführung von Stoffen, die abfallarme Produktgestaltung, die Wiederverwendung von Erzeugnissen oder die Verlängerung ihrer Lebensdauer sowie ein Konsumverhalten, das auf den Erwerb von abfall- und schadstoffarmen Produkten sowie die Nutzung von Mehrwegverpackungen gerichtet ist.

„Wiederverwendung“ ist jedes Verfahren, bei dem Erzeugnisse oder Bestandteile, die keine Abfälle sind, wieder für denselben Zweck verwendet werden, für den sie ursprünglich bestimmt waren.

„Abfallentsorgung“ sind Verwertungs- und Beseitigungsverfahren, einschließlich der Vorbereitung vor der Verwertung oder Beseitigung.

„Verwertung“ ist jedes Verfahren, als dessen Hauptergebnis die Abfälle innerhalb der Anlage oder in der weiteren Wirtschaft einem sinnvollen Zweck zugeführt werden, indem sie entweder andere Materialien ersetzen, die sonst zur Erfüllung einer bestimmten Funktion verwendet worden wären, oder indem die Abfälle so vorbereitet werden, dass sie diese Funktion erfüllen.

„Vorbereitung zur Wiederverwendung“ ist jedes Verwertungsverfahren der Prüfung, Reinigung oder Reparatur, bei dem Erzeugnisse oder Bestandteile von Erzeugnissen, die zu Abfällen geworden sind, so vorbereitet werden, dass sie ohne weitere Vorbehandlung wieder für denselben Zweck verwendet werden können, für den sie ursprünglich bestimmt waren.

„Recycling“ ist jedes Verwertungsverfahren, durch das Abfälle zu Erzeugnissen, Materialien oder Stoffen entweder für den ursprünglichen Zweck oder für andere Zwecke aufbereitet werden. Es schließt die Aufbereitung organischer Materialien ein, nicht aber die energetische Verwertung und die Aufbereitung zu Materialien, die für die Verwendung als Brennstoff oder zur Verfüllung bestimmt sind.

„Beseitigung“ ist jedes Verfahren, das keine Verwertung ist, auch wenn das Verfahren zur Nebenfolge hat, dass Stoffe oder Energie zurückgewonnen werden.

„Deponien“ sind Beseitigungsanlagen zur Ablagerung von Abfällen oberhalb der Erdoberfläche (oberirdische Deponien) oder unterhalb der Erdoberfläche (Untertagedeponien). Zu den Deponien zählen auch betriebsinterne Abfallbeseitigungsanlagen für die Ablagerung von Abfällen, in denen ein Erzeuger von Abfällen die Abfallbeseitigung am Erzeugungsort vornimmt.

„Stand der Technik“ ist der Entwicklungsstand fortschrittlicher Verfahren, Einrichtungen oder Betriebsweisen, der die praktische Eignung einer Maßnahme zur Begrenzung von Emissionen in Luft, Wasser und Boden, zur Gewährleistung der Anlagensicherheit, zur Gewährleistung einer umweltverträglichen Abfallentsorgung oder sonst zur Vermeidung oder Verminderung von Auswirkungen auf die Umwelt zur Erreichung eines allgemein hohen Schutzniveaus für die Umwelt insgesamt gesichert erscheinen lässt. Bei der Bestimmung des Standes der Technik sind insbesondere die in Abbildung 3.1 aufgeführten Kriterien zu berücksichtigen.

Kriterien zur Bestimmung des Standes der Technik	
1.	Einsatz abfallarmer Technologie
2.	Einsatz weniger gefährlicher Stoffe
3.	Förderung der Rückgewinnung und Wiederverwertung der bei den einzelnen Verfahren erzeugten und verwendeten Stoffe und gegebenenfalls der Abfälle
4.	vergleichbare Verfahren, Vorrichtungen und Betriebsmethoden die mit Erfolg im Betrieb erprobt wurden
5.	Fortschritte in der Technologie und in den wissenschaftlichen Erkenntnissen
6.	Art, Auswirkungen und Menge der jeweiligen Emissionen
7.	Zeitpunkt der Inbetriebnahme der neuen oder der bestehenden Anlagen
8.	für die Einführung einer besseren verfügbaren Technik erforderliche Zeit
9.	Verbrauch an Rohstoffen und die Art der bei den einzelnen Verfahren verwendeten Rohstoffen (einschließlich Wasser) sowie Energieeffizienz
10.	Notwendigkeit, die Gesamtwirkung der Emissionen und die Gefahren für den Menschen und die Umwelt so weit wie möglich zu vermeiden oder zu verringern
11.	Notwendigkeit, Unfällen vorzubeugen und deren Folgen für den Menschen und die Umwelt zu verringern
12.	Informationen, die von der Europäischen Kommission gemäß Artikel 17 Abs. 2 der Richtlinie 2008/1/EG des Europäischen Parlaments und des Rates vom 15. Januar 2008 über die integrierte Vermeidung und Verminderung der Umweltverschmutzungen, die durch die Richtlinie 2009/31/EG geändert worden sind oder von internationalen Organisationen veröffentlicht werden
13.	Informationen, die in BVT-Merkblättern enthalten sind

Abb. 3.1: Kriterien zur Bestimmung des Standes der Technik

Nebenprodukte (§ 4)

Fällt ein Stoff oder Gegenstand bei einem Herstellungsverfahren an, dessen hauptsächlicher Zweck nicht auf die Herstellung dieses Stoffes oder Gegenstandes gerichtet ist, ist er als Nebenprodukt und nicht als Abfall anzusehen, wenn:

- sichergestellt ist, dass der Stoff oder Gegenstand weiter verwendet wird,
- eine weitere, über ein normales industrielles Verfahren hinausgehende Vorbehandlung hierfür nicht erforderlich ist,
- der Stoff oder Gegenstand als integraler Bestandteil eines Herstellungsprozesses erzeugt wird und
- die weitere Verwendung rechtmäßig ist. Dies ist der Fall, wenn der Stoff oder Gegenstand alle für seine jeweilige Verwendung anzuwendenden Produkt-, Umwelt- und Gesundheitsschutzanforderungen erfüllt und insgesamt nicht zu schädlichen Auswirkungen auf Mensch und Umwelt führt.

Die Bundesregierung wird ermächtigt, durch Rechtsverordnung Kriterien zu bestimmen, nach denen bestimmte Stoffe oder Gegenstände als Nebenprodukt anzusehen sind und Anforderungen zum Schutz von Mensch und Umwelt festzulegen.

Ende der Abfalleigenschaft (§ 5)

Die Abfalleigenschaft eines Stoffes oder Gegenstandes endet, wenn dieser ein Verwertungsverfahren durchlaufen hat und so beschaffen ist, dass:

- er üblicherweise für bestimmte Zwecke verwendet wird,
- ein Markt für ihn oder eine Nachfrage nach ihm besteht,
- er alle für seine jeweilige Zweckbestimmung geltenden technischen Anforderungen sowie alle Rechtsvorschriften und anwendbaren Normen für Erzeugnisse erfüllt sowie
- seine Verwendung insgesamt nicht zu schädlichen Auswirkungen auf Mensch oder Umwelt führt.

Die Bundesregierung wird ermächtigt, durch Rechtsverordnung die Bedingungen näher zu bestimmen, unter denen für bestimmte Stoffe und Gegenstände die Abfalleigenschaft endet und Anforderungen zum Schutz von Mensch und Umwelt, insbesondere durch Grenzwerte für Schadstoffe, festzulegen.

3.2 Grundsätze und Pflichten der Erzeuger und Besitzer von Abfällen

Abfallhierarchie (§ 6)

Maßnahmen der Vermeidung und der Abfallbewirtschaftung stehen in folgender Rangfolge:

- Vermeidung,
- Vorbereitung zur Wiederverwendung,
- Recycling,
- sonstige Verwertung, insbesondere energetische Verwertung und Verfüllung,
- Beseitigung.

Ausgehend von der Rangfolge soll diejenige Maßnahme Vorrang haben, die den Schutz von Mensch und Umwelt bei der Erzeugung und Bewirtschaftung von Abfällen unter Berücksichtigung des Vorsorge- und Nachhaltigkeitsprinzips am besten gewährleistet. Für die Betrachtung der Auswirkungen auf Mensch und Umwelt ist der gesamte Lebenszyklus des Abfalls zugrunde zu legen. Hierbei sind insbesondere zu berücksichtigen:

- die zu erwartenden Emissionen,
- das Maß der Schonung der natürlichen Ressourcen,
- die einzusetzende oder zu gewinnende Energie sowie
- die Anreicherung von Schadstoffen in Erzeugnissen, in Abfällen zur Verwertung oder in daraus gewonnenen Erzeugnissen.

Die technische Möglichkeit, die wirtschaftliche Zumutbarkeit und die sozialen Folgen der Maßnahme sind zu beachten.

Grundpflichten der Kreislaufwirtschaft (§ 7)

Die Erzeuger oder Besitzer von Abfällen sind zur Verwertung ihrer Abfälle verpflichtet. Die Verwertung von Abfällen hat Vorrang vor deren Beseitigung. Der Vorrang entfällt, wenn die Beseitigung der Abfälle den Schutz von Mensch und Umwelt am besten gewährleistet. Der Vorrang gilt nicht für Abfälle, die unmittelbar und üblicherweise durch Maßnahmen der Forschung und Entwicklung anfallen.

Die Verwertung von Abfällen, insbesondere durch ihre Einbindung in Erzeugnisse, hat ordnungsgemäß und schadlos zu erfolgen. Die Verwertung erfolgt ordnungsgemäß, wenn sie im Einklang mit den Vorschriften des KrWG und anderen öffentlich-rechtlichen Vorschriften steht. Sie erfolgt schadlos, wenn nach der Beschaffenheit der Abfälle, dem Ausmaß der Verunreinigungen und der Art der Verwertung Beeinträchtigungen des Wohls der Allgemeinheit nicht zu erwarten sind, insbesondere keine Schadstoffanreicherung im Wertstoffkreislauf erfolgt.

Die Pflicht zur Verwertung von Abfällen ist zu erfüllen, soweit dies technisch möglich und wirtschaftlich zumutbar ist, insbesondere für einen gewonnenen Stoff oder gewonnene Energie ein Markt vorhanden ist oder geschaffen werden kann. Die Verwertung von Abfällen ist auch dann technisch möglich, wenn hierzu eine Vorbehandlung erforderlich ist. Die wirtschaftliche Zumutbarkeit ist gegeben, wenn die mit der Verwertung verbundenen Kosten nicht außer Verhältnis zu den Kosten stehen, die für eine Abfallbeseitigung zu tragen wären.

Rangfolge und Hochwertigkeit der Verwertungsmaßnahmen (§ 8)

Bei der Erfüllung der Verwertungspflicht hat diejenige Verwertungsmaßnahme Vorrang, die den Schutz von Mensch und Umwelt nach der Art und Beschaffenheit des Abfalls am besten gewährleistet. Zwischen mehreren gleichrangigen Verwertungsmaßnahmen besteht ein Wahlrecht des Erzeugers oder Besitzers von Abfällen. Bei der Ausgestaltung der durchzuführenden Verwertungsmaßnahme ist eine den Schutz von Mensch und Umwelt am besten gewährleistende, hochwertige Verwertung anzustreben.

Die Bundesregierung bestimmt durch Rechtsverordnung für bestimmte Abfallarten:

- den Vorrang oder Gleichrang einer Verwertungsmaßnahme und
- Anforderungen an die Hochwertigkeit der Verwertung.

Durch Rechtsverordnung kann insbesondere bestimmt werden, dass die Verwertung des Abfalls entsprechend seiner Art, Beschaffenheit, Menge und Inhaltsstoffe durch mehrfache, hintereinander geschaltete stoffliche und anschließende energetische Verwertungsmaßnahmen (Kaskadennutzung) zu erfolgen hat.

Soweit der Vorrang oder Gleichrang der energetischen Verwertung nicht in einer Rechtsverordnung festgelegt wird, ist anzunehmen, dass die energetische Verwertung einer stofflichen Verwertung gleichrangig ist, wenn der Heizwert des einzelnen Abfalls, ohne Vermischung mit anderen Stoffen, mindestens 11.000 Kilojoule pro Kilogramm beträgt. Die Bundesregierung überprüft auf der Grundlage der abfallwirtschaftlichen Entwicklung bis zum 31. Dezember 2016, ob und inwieweit der Heizwert zur effizienten und rechtssicheren Umsetzung der Abfallhierarchie noch erforderlich ist.

Getrennthalten von Abfällen zur Verwertung, Vermischungsverbot (§ 9)

Soweit dies zur Erfüllung der Anforderungen erforderlich ist, sind Abfälle getrennt zu halten und zu behandeln.

Die Vermischung, einschließlich der Verdünnung, gefährlicher Abfälle mit anderen Kategorien von gefährlichen Abfällen oder mit anderen Abfällen, Stoffen oder Materialien ist unzulässig. Eine Vermischung ist ausnahmsweise dann zulässig, wenn:

- sie in einer nach dem KrWG oder nach dem Bundes-Immissionsschutzgesetz hierfür zugelassenen Anlage erfolgt,
- die Anforderungen an eine ordnungsgemäße und schadlose Verwertung eingehalten und schädliche Auswirkungen der Abfallbewirtschaftung auf Mensch und Umwelt durch die Vermischung nicht verstärkt werden sowie
- das Vermischungsverfahren dem Stand der Technik entspricht.

Soweit gefährliche Abfälle in unzulässiger Weise vermischt worden sind, sind diese zu trennen, soweit dies erforderlich ist, um eine ordnungsgemäße und schadlose Verwertung sicherzustellen, und die Trennung technisch möglich und wirtschaftlich zumutbar ist.

Anforderungen an die Kreislaufwirtschaft (§ 10)

Die Bundesregierung wird ermächtigt, durch Rechtsverordnung:

- die Einbindung oder den Verbleib bestimmter Abfälle in Erzeugnisse/Erzeugnissen nach Art, Beschaffenheit oder Inhaltsstoffen zu beschränken oder zu verbieten,

- Anforderungen an das Getrennthalten, die Zulässigkeit der Vermischung sowie die Beförderung und Lagerung von Abfällen festzulegen,

- Anforderungen an das Bereitstellen, Überlassen, Sammeln und Einsammeln von Abfällen durch Hol- und Bringsysteme, jeweils auch in einer einheitlichen Wertstofftonne oder durch eine einheitliche Wertstofferfassung in vergleichbarer Qualität gemeinsam mit gleichartigen Erzeugnissen oder mit auf dem gleichen Wege zu verwertenden Erzeugnissen, festzulegen,

- für bestimmte Abfälle, deren Verwertung aufgrund ihrer Art, Beschaffenheit oder Menge in besonderer Weise geeignet ist, Beeinträchtigungen des Wohls der Allgemeinheit herbeizuführen, nach Herkunftsbereich, Anfallstelle oder Ausgangsprodukt festzulegen, dass diese:
  - nur in bestimmter Menge oder Beschaffenheit oder nur für bestimmte Zwecke in Verkehr gebracht oder verwertet werden dürfen,
  - mit bestimmter Beschaffenheit nicht in Verkehr gebracht werden dürfen,

- Anforderungen an die Verwertung von mineralischen Abfällen in technischen Bauwerken festzulegen.

Durch Rechtsverordnung können auch Verfahren zur Überprüfung bestimmt werden, insbesondere:

- dass Nachweise oder Register zu führen und vorzulegen sind,
- dass die Entsorger von Abfällen diese bei Annahme oder Weitergabe in bestimmter Art und Weise zu überprüfen und das Ergebnis dieser Prüfung in den Nachweisen oder Registern zu verzeichnen haben,
- dass die Beförderer und Entsorger von Abfällen ein Betriebstagebuch zu führen haben, in dem bestimmte Angaben zu den Betriebsabläufen zu verzeichnen sind, die nicht schon in die Register aufgenommen werden,
- dass die Erzeuger, Besitzer oder Entsorger von Abfällen bei Annahme oder Weitergabe der Abfälle auf die Anforderungen, die sich aus der Rechtsverordnung ergeben, hinzuweisen oder die Abfälle oder die für deren Beförderung vorgesehenen Behältnisse in bestimmter Weise zu kennzeichnen haben,
- die Entnahme von Proben, der Verbleib und die Aufbewahrung von Rückstellproben und die hierfür anzuwendenden Verfahren,
- die Analyseverfahren, die zur Bestimmung von einzelnen Stoffen oder Stoffgruppen erforderlich sind,
- dass der Verpflichtete mit der Durchführung der Probenahme und der Analysen einen von der zuständigen Landesbehörde bekannt gegebenen Sachverständigen, eine von dieser Behörde bekannt gegebene Stelle oder eine sonstige Person, die über die erforderliche Sach- und Fachkunde verfügt, zu beauftragen hat,
- welche Anforderungen an die Sach- und Fachkunde der Probenehmer zu stellen sind sowie
- dass Nachweise, Register und Betriebstagebücher elektronisch zu führen und Dokumente in elektronischer Form vorzulegen sind.

Durch Rechtsverordnung kann vorgeschrieben werden, dass derjenige, der bestimmte Abfälle, an deren schadlose Verwertung aufgrund ihrer Art, Beschaffenheit oder Menge besondere Anforderungen zu stellen sind, in Verkehr bringt oder verwertet:

- dies anzuzeigen hat,
- dazu einer Erlaubnis bedarf,
- bestimmten Anforderungen an seine Zuverlässigkeit genügen muss oder
- seine notwendige Sach- oder Fachkunde in einem näher festzulegenden Verfahren nachzuweisen hat.

Kreislaufwirtschaft für Bioabfälle und Klärschlämme (§ 11)

Soweit dies zur Erfüllung der Anforderungen erforderlich ist, sind Bioabfälle spätestens ab dem 01. Januar 2015 getrennt zu sammeln.

Die Bundesregierung wird ermächtigt, durch Rechtsverordnung zur Förderung der Verwertung von Bioabfällen und Klärschlämmen insbesondere festzulegen:

- welche Abfälle als Bioabfälle oder Klärschlämme gelten,
- welche Anforderungen an die getrennte Sammlung von Bioabfällen zu stellen sind,
- ob und auf welche Weise Bioabfälle und Klärschlämme zu behandeln, welche Verfahren hierbei anzuwenden und welche anderen Maßnahmen hierbei zu treffen sind,
- welche Anforderungen an die Art und Beschaffenheit der unbehandelten, der zu behandelnden und der behandelten Bioabfälle und Klärschlämme zu stellen sind sowie
- dass bestimmte Arten von Bioabfällen und Klärschlämmen nach Ausgangsstoff, Art, Beschaffenheit, Herkunft, Menge, Art oder Zeit der Aufbringung auf den Boden, Beschaffenheit des

Bodens, Standortverhältnissen und Nutzungsart nicht, nur in bestimmten Mengen, nur in einer bestimmten Beschaffenheit oder nur für bestimmte Zwecke in Verkehr gebracht oder verwertet werden dürfen.

Durch Rechtsverordnung können Anforderungen für die gemeinsame Verwertung von Bioabfällen und Klärschlämmen mit anderen Abfällen, Stoffen oder Materialien festgelegt werden.

Durch Rechtsverordnung können auch Verfahren zur Überprüfung der dort festgelegten Anforderungen an die Verwertung von Bioabfällen und Klärschlämmen bestimmt werden, insbesondere:

- Untersuchungspflichten hinsichtlich der Wirksamkeit der Behandlung, der Beschaffenheit der unbehandelten und behandelten Bioabfälle und Klärschlämme, der anzuwendenden Verfahren oder der anderen Maßnahmen,
- Untersuchungsmethoden, die zur Überprüfung der Maßnahmen erforderlich sind,
- Untersuchungen des Bodens.

Durch Rechtsverordnung kann vorgeschrieben werden, dass derjenige, der bestimmte Bioabfälle oder Klärschlämme, an deren schadlose Verwertung aufgrund ihrer Art, Beschaffenheit oder Menge besondere Anforderungen zu stellen sind, in Verkehr bringt oder verwertet:

- dies anzuzeigen hat,
- dazu einer Erlaubnis bedarf,
- bestimmten Anforderungen an seine Zuverlässigkeit genügen muss oder
- seine notwendige Sach- oder Fachkunde in einem näher festzulegenden Verfahren nachzuweisen hat.

Pflichten der Anlagenbetreiber (§ 13)

Die Pflichten der Betreiber von genehmigungsbedürftigen und nicht genehmigungsbedürftigen Anlagen nach dem Bundes-Immissionsschutzgesetz, diese so zu errichten und zu betreiben, dass Abfälle vermieden, verwertet oder beseitigt werden, richten sich nach den Vorschriften des Bundes-Immissionsschutzgesetzes.

Förderung des Recyclings und der sonstigen stofflichen Verwertung (§ 14)

Zum Zweck des ordnungsgemäßen, schadlosen und hochwertigen Recyclings sind Papier-, Metall-, Kunststoff- und Glasabfälle spätestens ab dem 1. Januar 2015 getrennt zu sammeln, soweit dies technisch möglich und wirtschaftlich zumutbar ist.

Die Vorbereitung zur Wiederverwendung und das Recycling von Siedlungsabfällen sollen spätestens ab dem 1. Januar 2020 mindestens 65 Gewichtsprozent insgesamt betragen.

Die Vorbereitung zur Wiederverwendung, das Recycling und die sonstige stoffliche Verwertung von nicht gefährlichen Bau- und Abbruchabfällen mit Ausnahme von in der Natur vorkommenden Materialien, die in der Anlage zur Abfallverzeichnisverordnung mit dem Abfallschlüssel 17 05 04 gekennzeichnet sind, sollen spätestens ab dem 1. Januar 2020 mindestens 70 Gewichtsprozent betragen. Die sonstige stoffliche Verwertung schließt die Verfüllung, bei der Abfälle als Ersatz für andere Materialien genutzt werden, ein. Die Bundesregierung überprüft diese Zielvorgabe vor dem Hintergrund der bauwirtschaftlichen Entwicklung und der Rahmenbedingungen für die Verwertung von Bauabfällen bis zum 31. Dezember 2016.

3.3 Abfallbeseitigung

Grundpflichten der Abfallbeseitigung (§ 15)

Die Erzeuger oder Besitzer von Abfällen, die nicht verwertet werden, sind verpflichtet, diese zu beseitigen. Durch die Behandlung von Abfällen sind deren Menge und Schädlichkeit zu vermindern. Energie oder Abfälle, die bei der Beseitigung anfallen, sind hochwertig zu nutzen.

Abfälle sind so zu beseitigen, dass das Wohl der Allgemeinheit nicht beeinträchtigt wird. Eine Beeinträchtigung liegt insbesondere dann vor, wenn:

- die Gesundheit der Menschen beeinträchtigt wird,
- Tiere oder Pflanzen gefährdet werden,
- Gewässer oder Böden schädlich beeinflusst werden,
- schädliche Umwelteinwirkungen durch Luftverunreinigungen oder Lärm herbeigeführt werden,
- die Ziele oder Grundsätze und sonstigen Erfordernisse der Raumordnung nicht beachtet oder die Belange des Naturschutzes, der Landschaftspflege sowie des Städtebaus nicht berücksichtigt werden oder
- die öffentliche Sicherheit oder Ordnung in sonstiger Weise gefährdet oder gestört wird.

Anforderungen an die Abfallbeseitigung (§ 16)

Die Bundesregierung wird ermächtigt, durch Rechtsverordnung entsprechend dem Stand der Technik Anforderungen an die Beseitigung von Abfällen nach Herkunftsbereich, Anfallstelle sowie nach Art, Menge und Beschaffenheit festzulegen, insbesondere:

- Anforderungen an das Getrennthalten und die Behandlung von Abfällen,
- Anforderungen an das Bereitstellen, Überlassen, Sammeln und Einsammeln, die Beförderung, Lagerung und Ablagerung von Abfällen.

Durch Rechtsverordnung kann vorgeschrieben werden, dass derjenige, der bestimmte Abfälle, an deren Behandlung, Sammlung, Einsammlung, Beförderung, Lagerung und Ablagerung aufgrund ihrer Art, Beschaffenheit oder Menge besondere Anforderungen zu stellen sind, in Verkehr bringt oder beseitigt:

- dies anzuzeigen hat,
- dazu einer Erlaubnis bedarf, bestimmten Anforderungen an seine Zuverlässigkeit genügen muss oder
- seine notwendige Sach- oder Fachkunde in einem näher festzulegenden Verfahren nachzuweisen hat.

Überlassungspflichten (§ 17)

Erzeuger oder Besitzer von Abfällen aus privaten Haushaltungen sind verpflichtet, diese Abfälle den nach Landesrecht zur Entsorgung verpflichteten juristischen Personen (öffentlich-rechtliche Entsorgungsträger) zu überlassen, soweit sie zu einer Verwertung auf den von ihnen im Rahmen ihrer privaten Lebensführung genutzten Grundstücken nicht in der Lage sind oder diese nicht beabsichtigen. Dies gilt auch für Erzeuger und Besitzer von Abfällen zur Beseitigung aus anderen Herkunftsbereichen, soweit sie diese nicht in eigenen Anlagen beseitigen. Die Befugnis zur Beseitigung der Abfälle in eigenen Anlagen besteht nicht, soweit die Überlassung der Abfälle an den öffentlich-rechtlichen Entsorgungsträger aufgrund überwiegender öffentlicher Interessen erforderlich ist.

Die Überlassungspflicht besteht nicht für Abfälle:

- die einer Rücknahme- oder Rückgabepflicht aufgrund einer Rechtsverordnung unterliegen, soweit nicht die öffentlich-rechtlichen Entsorgungsträger an der Rücknahme mitwirken; hierfür kann insbesondere eine einheitliche Wertstofftonne oder eine einheitliche Wertstofferfassung in vergleichbarer Qualität vorgesehen werden, durch die werthaltige Abfälle aus privaten Haushaltungen in effizienter Weise erfasst und einer hochwertigen Verwertung zugeführt werden,
- die in Wahrnehmung der Produktverantwortung freiwillig zurückgenommen werden, soweit dem zurücknehmenden Hersteller oder Vertreiber ein Freistellungs- oder Feststellungsbescheid erteilt worden ist,
- die durch gemeinnützige Sammlung einer ordnungsgemäßen und schadlosen Verwertung zugeführt werden,
- die durch gewerbliche Sammlung einer ordnungsgemäßen und schadlosen Verwertung zugeführt werden, soweit überwiegende öffentliche Interessen dieser Sammlung nicht entgegenstehen.

3.4 Produktverantwortung

Produktverantwortung (§ 23)

Wer Erzeugnisse entwickelt, herstellt, be- oder verarbeitet oder vertreibt, trägt zur Erfüllung der Ziele der Kreislaufwirtschaft die Produktverantwortung. Erzeugnisse sind möglichst so zu gestalten, dass bei ihrer Herstellung und ihrem Gebrauch das Entstehen von Abfällen vermindert wird und sichergestellt ist, dass die nach ihrem Gebrauch entstandenen Abfälle umweltverträglich verwertet oder beseitigt werden.

Die Produktverantwortung umfasst insbesondere:

- die Entwicklung, die Herstellung und das Inverkehrbringen von Erzeugnissen, die mehrfach verwendbar, technisch langlebig und nach Gebrauch zur ordnungsgemäßen, schadlosen und hochwertigen Verwertung sowie zur umweltverträglichen Beseitigung geeignet sind,
- den vorrangigen Einsatz von verwertbaren Abfällen oder sekundären Rohstoffen bei der Herstellung von Erzeugnissen,
- die Kennzeichnung von schadstoffhaltigen Erzeugnissen, um sicherzustellen, dass die nach Gebrauch verbleibenden Abfälle umweltverträglich verwertet oder beseitigt werden, den Hinweis auf Rückgabe-, Wiederverwendungs- und Verwertungsmöglichkeiten oder -pflichten und Pfandregelungen durch Kennzeichnung der Erzeugnisse sowie
- die Rücknahme der Erzeugnisse und der nach Gebrauch der Erzeugnisse verbleibenden Abfälle sowie deren nachfolgende umweltverträgliche Verwertung oder Beseitigung.

Die Bundesregierung bestimmt durch Rechtsverordnungen welche Verpflichteten die Produktverantwortung wahrzunehmen haben. Sie legt zugleich fest, für welche Erzeugnisse und in welcher Art und Weise die Produktverantwortung wahrzunehmen ist.

Anforderungen an Verbote, Beschränkungen und Kennzeichnungen (§ 24)

Zur Festlegung von Anforderungen nach § 23 KrWG wird die Bundesregierung ermächtigt, durch Rechtsverordnung zu bestimmen, dass:

- bestimmte Erzeugnisse, insbesondere Verpackungen und Behältnisse, nur in bestimmter Beschaffenheit oder für bestimmte Verwendungen, bei denen eine umweltverträgliche Verwertung oder Beseitigung der anfallenden Abfälle gewährleistet ist, in Verkehr gebracht werden dürfen,
- bestimmte Erzeugnisse nicht in Verkehr gebracht werden dürfen, wenn bei ihrer Entsorgung die Freisetzung schädlicher Stoffe nicht oder nur mit unverhältnismäßig hohem Aufwand verhindert werden könnte und die umweltverträgliche Entsorgung nicht auf andere Weise sichergestellt werden kann,
- bestimmte Erzeugnisse nur in bestimmter, die Abfallentsorgung spürbar entlastender Weise in Verkehr gebracht werden dürfen, insbesondere in einer Form, die die mehrfache Verwendung oder die Verwertung erleichtert,
- bestimmte Erzeugnisse in bestimmter Weise zu kennzeichnen sind, um insbesondere die Erfüllung der Pflichten zur Rücknahme zu sichern oder zu fördern,
- bestimmte Erzeugnisse wegen des Schadstoffgehalts der nach dem bestimmungsgemäßen Gebrauch in der Regel verbleibenden Abfälle nur mit einer Kennzeichnung in Verkehr gebracht werden dürfen, die insbesondere auf die Notwendigkeit einer Rückgabe an die Hersteller, Vertreiber oder bestimmte Dritte hinweist,
- für bestimmte Erzeugnisse an der Stelle der Abgabe oder des Inverkehrbringens Hinweise auf die Wiederverwendbarkeit oder den Entsorgungsweg der Erzeugnisse zu geben oder die Erzeugnisse entsprechend zu kennzeichnen sind,
- für bestimmte Erzeugnisse, für die eine Rücknahme- oder Rückgabepflicht verordnet wurde, an der Stelle der Abgabe oder des Inverkehrbringens auf die Rückgabemöglichkeit hinzuweisen ist oder die Erzeugnisse entsprechend zu kennzeichnen sind,
- bestimmte Erzeugnisse, für die die Erhebung eines Pfandes verordnet wurde, entsprechend zu kennzeichnen sind, gegebenenfalls mit Angabe der Höhe des Pfandes.

Anforderungen an Rücknahme- und Rückgabepflichten (§ 25)

Zur Festlegung von Anforderungen nach § 23 KrWG wird die Bundesregierung ermächtigt, durch Rechtsverordnung zu bestimmen, dass Hersteller oder Vertreiber:

- bestimmte Erzeugnisse nur bei Eröffnung einer Rückgabemöglichkeit abgeben oder in Verkehr bringen dürfen,
- bestimmte Erzeugnisse zurückzunehmen und die Rückgabe durch geeignete Maßnahmen sicherzustellen haben, insbesondere durch die Einrichtung von Rücknahmesystemen, die Beteiligung an Rücknahmesystemen oder durch die Erhebung eines Pfandes,
- bestimmte Erzeugnisse an der Abgabe- oder Anfallstelle zurückzunehmen haben,
- gegenüber dem Land, der zuständigen Behörde, dem öffentlich-rechtlichen Entsorgungsträger, einer Industrie- und Handelskammer oder, mit dessen Zustimmung, gegenüber einem Zusammenschluss von Industrie- und Handelskammern Nachweis zu führen haben über die in Verkehr gebrachten Produkte und deren Eigenschaften, über die Rücknahme von Abfällen, über die Beteiligung an Rücknahmesystemen und über Art, Menge, Verwertung und Beseitigung der zurückgenommenen Abfälle sowie
- Belege beizubringen, einzubehalten, aufzubewahren, auf Verlangen vorzuzeigen sowie bei einer Behörde, einem öffentlich-rechtlichen Entsorgungsträger, einer Industrie- und Handelskammer oder, mit dessen Zustimmung, bei einem Zusammenschluss von Industrie- und Handelskammern zu hinterlegen haben.

Durch Rechtsverordnung kann zur Festlegung von Anforderungen nach § 23 KrWG sowie zur ergänzenden Festlegung von Pflichten sowohl der Erzeuger und Besitzer von Abfällen als auch der öffentlich-rechtlichen Entsorgungsträger im Rahmen der Kreislaufwirtschaft weiter bestimmt werden:

- wer die Kosten für die Rücknahme, Verwertung und Beseitigung der zurückzunehmenden Erzeugnisse zu tragen hat,
- dass die Besitzer von Abfällen diese den verpflichteten Herstellern, Vertreibern oder eingerichteten Rücknahmesystemen zu überlassen haben,
- auf welche Art und Weise die Abfälle überlassen werden, einschließlich der Maßnahmen zum Bereitstellen, Sammeln und Befördern sowie der Bringpflichten der Besitzer von Abfällen. Für die genannten Tätigkeiten kann auch eine einheitliche Wertstofftonne oder eine einheitliche Wertstofferfassung in vergleichbarer Qualität vorgesehen werden,
- dass die öffentlich-rechtlichen Entsorgungsträger durch Erfassung der Abfälle als ihnen übertragene Aufgabe bei der Rücknahme mitzuwirken und die erfassten Abfälle den Verpflichteten zu überlassen haben.

Freiwillige Rücknahme (§ 26)

Das Bundesministerium für Umwelt, Naturschutz und Reaktorsicherheit wird ermächtigt, durch Rechtsverordnung Zielfestlegungen für die freiwillige Rücknahme von Abfällen zu treffen, die innerhalb einer angemessenen Frist zu erreichen sind.

Hersteller und Vertreiber, die Erzeugnisse und die nach Gebrauch der Erzeugnisse verbleibenden Abfälle freiwillig zurücknehmen, haben dies der zuständigen Behörde vor Beginn der Rücknahme anzuzeigen, soweit die Rücknahme gefährliche Abfälle umfasst.

Die für die Anzeige zuständige Behörde soll auf Antrag den Hersteller oder Vertreiber, der von ihm hergestellte oder vertriebene Erzeugnisse nach deren Gebrauch als gefährliche Abfälle in eigenen Anlagen oder Einrichtungen oder in Anlagen oder Einrichtungen von ihm beauftragter Dritter freiwillig zurücknimmt, von Pflichten zur Nachweisführung nach § 50 KrWG über die Entsorgung gefährlicher Abfälle bis zum Abschluss der Rücknahme der Abfälle sowie von Verpflichtungen nach § 54 KrWG freistellen, wenn:

- die freiwillige Rücknahme erfolgt, um die Produktverantwortung im Sinne des § 23 KrWG wahrzunehmen,
- durch die Rücknahme die Kreislaufwirtschaft gefördert wird und
- die umweltverträgliche Verwertung oder Beseitigung der Abfälle gewährleistet bleibt.

Die Rücknahme gilt spätestens mit der Annahme der Abfälle an einer Anlage zur weiteren Entsorgung, ausgenommen Anlagen zur Zwischenlagerung der Abfälle, als abgeschlossen, soweit in der Freistellung kein früherer Zeitpunkt bestimmt wird.

Die Freistellung gilt für die Bundesrepublik Deutschland, soweit keine beschränkte Geltung beantragt oder angeordnet wird. Die für die Freistellung zuständige Behörde übersendet je eine Kopie des Freistellungsbescheides an die zuständigen Behörden der Länder, in denen die Abfälle zurückgenommen werden.

Erzeuger, Besitzer, Beförderer oder Entsorger von gefährlichen Abfällen sind bis zum Abschluss der Rücknahme von den Nachweispflichten nach § 50 KrWG befreit, soweit sie die Abfälle an einen Hersteller oder Vertreiber zurückgeben oder in dessen Auftrag entsorgen, der für solche Abfälle von Nachweispflichten freigestellt ist. Die zuständige Behörde kann die Rückgabe oder Entsorgung von Bedingungen abhängig machen, sie zeitlich befristen oder Auflagen für sie vorsehen, soweit dies erforderlich ist, um die umweltverträgliche Verwertung und Beseitigung sicherzustellen.

Besitzerpflichten nach Rücknahme (§ 27)

Hersteller und Vertreiber, die Abfälle aufgrund einer Rechtsverordnung nach § 25 KrWG oder freiwillig zurücknehmen, unterliegen den Pflichten eines Besitzers von Abfällen.

3.5 Ordnung und Durchführung der Abfallbeseitigung

Ordnung der Abfallbeseitigung (§ 28)

Abfälle dürfen zum Zweck der Beseitigung nur in den dafür zugelassenen Anlagen oder Einrichtungen (Abfallbeseitigungsanlagen) behandelt, gelagert oder abgelagert werden. Abweichend ist die Behandlung von Abfällen zur Beseitigung auch in solchen Anlagen zulässig, die überwiegend einem anderen Zweck als der Abfallbeseitigung dienen und die einer Genehmigung nach § 4 des Bundes-Immissionsschutzgesetzes bedürfen. Die Lagerung oder Behandlung von Abfällen zur Beseitigung in den diesen Zwecken dienenden Abfallbeseitigungsanlagen ist auch zulässig, soweit diese nach dem Bundes-Immissionsschutzgesetz aufgrund ihres geringen Beeinträchtigungspotenzials keiner Genehmigung bedürfen. Flüssige Abfälle, die kein Abwasser sind, können unter den Voraussetzungen des § 55 des Wasserhaushaltsgesetzes mit Abwasser beseitigt werden.

Durchführung der Abfallbeseitigung (§ 29)

Die zuständige Behörde kann dem Betreiber einer Abfallbeseitigungsanlage, der Abfälle wirtschaftlicher als die öffentlich-rechtlichen Entsorgungsträger beseitigen kann, auf seinen Antrag die Beseitigung dieser Abfälle übertragen. Die Übertragung kann insbesondere mit der Auflage verbunden werden, dass der Antragsteller alle Abfälle, die in dem von den öffentlich-rechtlichen Entsorgungsträgern erfassten Gebiet angefallen sind, gegen Erstattung der Kosten beseitigt, wenn die öffentlich-rechtlichen Entsorgungsträger die verbleibenden Abfälle nicht oder nur mit unverhältnismäßigem Aufwand beseitigen können. Dies gilt nicht, wenn der Antragsteller darlegt, dass es unzumutbar ist, die Beseitigung auch dieser verbleibenden Abfälle zu übernehmen.

Die zuständige Behörde kann den Abbauberechtigten oder den Unternehmer eines Mineralgewinnungsbetriebs sowie den Eigentümer, Besitzer oder in sonstiger Weise Verfügungsberechtigten eines zur Mineralgewinnung genutzten Grundstücks verpflichten, die Beseitigung von Abfällen in freigelegten Bauen in seiner Anlage oder innerhalb seines Grundstücks zu dulden, während der üblichen Betriebs- oder Geschäftszeiten den Zugang zu ermöglichen und dabei, soweit dies unumgänglich ist, vorhandene Betriebsanlagen oder Einrichtungen oder Teile derselben zur Verfügung zu stellen. Die dem Verpflichteten entstehenden Kosten hat der Beseitigungspflichtige zu erstatten. Kommt eine Einigung über die Erstattung der Kosten nicht zustande, werden sie auf Antrag durch die zuständige Behörde festgesetzt. Der Vorrang der Mineralgewinnung gegenüber der Abfallbeseitigung darf nicht beeinträchtigt werden. Für die aus der Abfallbeseitigung entstehenden Schäden haftet der Duldungspflichtige nicht.

3.6 Abfallwirtschaftspläne und Abfallvermeidungsprogramme

Abfallwirtschaftspläne (§ 30)

Die Länder stellen für ihr Gebiet Abfallwirtschaftspläne nach überörtlichen Gesichtspunkten auf. Die Abfallwirtschaftspläne stellen Folgendes dar:

- die Ziele der Abfallvermeidung, der Abfallverwertung, insbesondere der Vorbereitung zur Wiederverwendung und des Recyclings, sowie der Abfallbeseitigung,
- die bestehende Situation der Abfallbewirtschaftung,
- die erforderlichen Maßnahmen zur Verbesserung der Abfallverwertung und Abfallbeseitigung einschließlich einer Bewertung ihrer Eignung zur Zielerreichung sowie
- die Abfallentsorgungsanlagen, die zur Sicherung der Beseitigung von Abfällen sowie der Verwertung von gemischten Abfällen aus privaten Haushaltungen einschließlich solcher, die dabei auch in anderen Herkunftsbereichen gesammelt werden, im Inland erforderlich sind.

Die Abfallwirtschaftspläne enthalten mindestens:

- Angaben über Art, Menge und Herkunft der im Gebiet erzeugten Abfälle und der Abfälle, die voraussichtlich aus dem oder in das deutsche Hoheitsgebiet verbracht werden, sowie eine Abschätzung der zukünftigen Entwicklung der Abfallströme,
- Angaben über bestehende Abfallsammelsysteme und bedeutende Beseitigungs- und Verwertungsanlagen, einschließlich spezieller Vorkehrungen für Altöl, gefährliche Abfälle oder Abfallströme, für die besondere Bestimmungen gelten,
- eine Beurteilung der Notwendigkeit neuer Sammelsysteme, der Stilllegung bestehender oder der Errichtung zusätzlicher Abfallentsorgungsanlagen,
- ausreichende Informationen über die Ansiedlungskriterien zur Standortbestimmung und über die Kapazität künftiger Beseitigungsanlagen oder bedeutender Verwertungsanlagen,
- allgemeine Abfallbewirtschaftungsstrategien, einschließlich geplanter Abfallbewirtschaftungstechnologien und -verfahren, oder Strategien für Abfälle, die besondere Bewirtschaftungsprobleme aufwerfen.

Abfallwirtschaftspläne können weiterhin enthalten:

- Angaben über organisatorische Aspekte der Abfallbewirtschaftung, einschließlich einer Beschreibung der Aufteilung der Verantwortlichkeiten zwischen öffentlichen und privaten Akteuren, die die Abfallbewirtschaftung durchführen,
- eine Bewertung von Nutzen und Eignung des Einsatzes wirtschaftlicher und anderer Instrumente zur Bewältigung verschiedener Abfallprobleme unter Berücksichtigung der Notwendigkeit, ein reibungsloses Funktionieren des Binnenmarkts aufrechtzuerhalten,
- den Einsatz von Sensibilisierungskampagnen sowie Informationen für die Öffentlichkeit oder eine bestimmte Verbrauchergruppe,
- Angaben über geschlossene kontaminierte Abfallbeseitigungsstandorte und Maßnahmen für deren Sanierung.

Abfallvermeidungsprogramme (§ 33)

Der Bund erstellt ein Abfallvermeidungsprogramm. Die Länder können sich an der Erstellung des Abfallvermeidungsprogramms beteiligen. In diesem Fall leisten sie für ihren jeweiligen Zuständigkeitsbereich eigenverantwortliche Beiträge. Diese Beiträge werden in das Abfallvermeidungsprogramm des Bundes aufgenommen.

Soweit die Länder sich nicht an einem Abfallvermeidungsprogramm des Bundes beteiligen, erstellen sie eigene Abfallvermeidungsprogramme.

Das Abfallvermeidungsprogramm:

- legt die Abfallvermeidungsziele fest. Die Ziele sind darauf gerichtet, das Wirtschaftswachstum und die mit der Abfallerzeugung verbundenen Auswirkungen auf Mensch und Umwelt zu entkoppeln,
- stellt die bestehenden Abfallvermeidungsmaßnahmen dar und bewertet die Zweckmäßigkeit der in Abbildung 3.2 angegebenen oder anderer geeigneter Abfallvermeidungsmaßnahmen,
- legt, soweit erforderlich, weitere Abfallvermeidungsmaßnahmen fest und
- gibt zweckmäßige, spezifische, qualitative oder quantitative Maßstäbe für festgelegte Abfallvermeidungsmaßnahmen vor, anhand derer die bei den Maßnahmen erzielten Fortschritte überwacht und bewertet werden. Als Maßstab können Indikatoren oder andere geeignete spezifische qualitative oder quantitative Ziele herangezogen werden.

Maßnahmen, die sich auf die Rahmenbedingungen im Zusammenhang mit der Abfallerzeugung auswirken können:

- **Einsatz von Planungsmaßnahmen oder sonstigen wirtschaftlichen Instrumenten, die die Effizienz der Ressourcennutzung fördern,**
- **Förderung einschlägiger Forschung und Entwicklung mit dem Ziel, umweltfreundlichere und weniger abfallintensive Produkte und Technologien hervorzubringen, sowie Verbreitung und Einsatz dieser Ergebnisse aus Forschung und Entwicklung,**
- **Entwicklung wirksamer und aussagekräftiger Indikatoren für die Umweltbelastungen im Zusammenhang mit der Abfallerzeugung als Beitrag zur Vermeidung der Abfallerzeugung auf sämtlichen Ebenen, vom Produktvergleich auf Gemeinschaftsebene über Aktivitäten kommunaler Behörden bis hin zu nationalen Maßnahmen.**

Maßnahmen, die sich auf die Konzeptions-, Produktions- und Vertriebsphase auswirken können:

- Förderung von Ökodesign (systematische Einbeziehung von Umweltaspekten in das Produktdesign mit dem Ziel, die Umweltbilanz des Produkts über den gesamten Lebenszyklus hinweg zu verbessern),
- Bereitstellung von Informationen über Techniken zur Abfallvermeidung im Hinblick auf einen erleichterten Einsatz der besten verfügbaren Techniken in der Industrie,
- Schulungsmaßnahmen für die zuständigen Behörden hinsichtlich der Einbeziehung der Abfallvermeidungsanforderungen bei der Erteilung von Genehmigungen aufgrund des KrWG sowie des Bundes-Immissionsschutzgesetzes und der auf Grundlage des Bundes-Immissionsschutzgesetzes erlassenen Rechtsverordnungen,
- Einbeziehung von Maßnahmen zur Vermeidung der Abfallerzeugung in Anlagen, die keiner Genehmigung nach § 4 des Bundes-Immissionsschutzgesetzes bedürfen. Hierzu könnten gegebenenfalls Maßnahmen zur Bewertung der Abfallvermeidung und zur Aufstellung von Plänen gehören,
- Sensibilisierungsmaßnahmen oder Unterstützung von Unternehmen bei der Finanzierung oder der Entscheidungsfindung. Besonders wirksam dürften derartige Maßnahmen sein, wenn sie sich gezielt an kleine und mittlere Unternehmen richten, auf diese zugeschnitten sind und auf bewährte Netzwerke des Wirtschaftslebens zurückgreifen,
- Rückgriff auf freiwillige Vereinbarungen, Verbraucher- und Herstellergremien oder branchenbezogene Verhandlungen, damit die jeweiligen Unternehmen oder Branchen eigene Abfallvermeidungspläne oder -ziele festlegen oder abfallintensive Produkte oder Verpackungen verbessern,
- Förderung anerkannter Umweltmanagementsysteme.

Maßnahmen, die sich auf die Verbrauchs- und Nutzungsphase auswirken können:

- Wirtschaftliche Instrumente wie zum Beispiel Anreize für umweltfreundlichen Einkauf oder die Einführung eines vom Verbraucher zu zahlenden Aufpreises für einen Verpackungsartikel oder Verpackungsteil, der sonst unentgeltlich bereitgestellt werden würde,
- Sensibilisierungsmaßnahmen und Informationen für die Öffentlichkeit oder eine bestimmte Verbrauchergruppe,
- Förderung von Ökozeichen,
- Vereinbarungen mit der Industrie, wie der Rückgriff auf Produktgremien etwa nach dem Vorbild der integrierten Produktpolitik, oder mit dem Einzelhandel über die Bereitstellung von Informationen über Abfallvermeidung und umweltfreundliche Produkte,
- Einbeziehung von Kriterien des Umweltschutzes und der Abfallvermeidung in Ausschreibungen des öffentlichen und privaten Beschaffungswesens im Sinne des Handbuchs für eine umweltgerechte öffentliche Beschaffung, das von der Kommission veröffentlicht wurde,
- Förderung der Wiederverwendung und Reparatur geeigneter entsorgter Produkte oder ihrer Bestandteile, vor allem durch den Einsatz pädagogischer, wirtschaftlicher, logistischer oder anderer Maßnahmen wie Unterstützung oder Einrichtung von akkreditierten Zentren und Netzen für Reparatur und Wiederverwendung, insbesondere in dicht besiedelten Regionen.

Abb. 3.2: Abfallvermeidungsmaßnahmen in den verschiedenen Lebensphasen

Die Abfallvermeidungsprogramme sind erstmals zum 12. Dezember 2013 zu erstellen, alle sechs Jahre auszuwerten und bei Bedarf fortzuschreiben. Bei der Aufstellung oder Änderung von Abfallvermeidungsprogrammen ist die Öffentlichkeit von der zuständigen Behörde zu beteiligen.

3.7 Überwachung

Allgemeine Überwachung (§ 47)

Die zuständige Behörde überprüft in regelmäßigen Abständen und in angemessenem Umfang Erzeuger von gefährlichen Abfällen, Anlagen und Unternehmen, die Abfälle entsorgen, sowie Sammler, Beförderer, Händler und Makler von Abfällen. Die Überprüfung der Tätigkeiten der Sammler und Beförderer von Abfällen erstreckt sich auch auf den Ursprung, die Art, die Menge und den Bestimmungsort der gesammelten und beförderten Abfälle.

Auskunft über Betrieb, Anlagen, Einrichtungen und sonstige der Überwachung unterliegende Gegenstände haben den Bediensteten und Beauftragten der zuständigen Behörde auf Verlangen zu erteilen:

- Erzeuger und Besitzer von Abfällen,
- zur Abfallentsorgung Verpflichtete,
- Betreiber sowie frühere Betreiber von Unternehmen oder Anlagen, die Abfälle entsorgen oder entsorgt haben, auch wenn diese Anlagen stillgelegt sind, sowie
- Sammler, Beförderer, Händler und Makler von Abfällen.

Betreiber von Verwertungs- und Abfallbeseitigungsanlagen oder von Anlagen, in denen Abfälle mitverwertet oder mitbeseitigt werden, haben diese Anlagen den Bediensteten oder Beauftragten der zuständigen Behörde zugänglich zu machen, die zur Überwachung erforderlichen Arbeitskräfte, Werkzeuge und Unterlagen zur Verfügung zu stellen und nach Anordnung der zuständigen Behörde Zustand und Betrieb der Anlage auf eigene Kosten prüfen zu lassen.

Für alle zulassungspflichtigen Deponien stellen die zuständigen Behörden in ihrem Zuständigkeitsbereich Überwachungspläne und Überwachungsprogramme auf. Zur Überwachung gehören insbesondere auch die Überwachung der Errichtung, Vor-Ort-Besichtigungen, die Überwachung der Emissionen und die Überprüfung interner Berichte, Folgedokumente sowie Messungen und Kontrollen, die Überprüfung der Eigenkontrolle, die Prüfung der angewandten Techniken und der Eignung des Umweltmanagements der Deponie.

Abfallbezeichnung, gefährliche Abfälle (§ 48)

An die Entsorgung sowie die Überwachung gefährlicher Abfälle sind nach Maßgabe des KrWG besondere Anforderungen zu stellen. Zur Umsetzung von Rechtsakten der Europäischen Union wird die Bundesregierung ermächtigt, durch Rechtsverordnung die Bezeichnung von Abfällen sowie gefährliche Abfälle zu bestimmen und die Bestimmung gefährlicher Abfälle durch die zuständige Behörde im Einzelfall zuzulassen.

Registerpflichten (§ 49)

Die Betreiber von Anlagen oder Unternehmen, die Abfälle in einem Verfahren nach Abbildung 3.3 oder Abbildung 3.4 entsorgen (Entsorger von Abfällen), haben ein Register zu führen, in dem folgende Angaben verzeichnet sind:

- die Menge, die Art und der Ursprung sowie
- die Bestimmung, die Häufigkeit der Sammlung, die Beförderungsart sowie die Art der Verwertung oder Beseitigung, einschließlich der Vorbereitung vor der Verwertung oder Beseitigung, soweit diese Angaben zur Gewährleistung einer ordnungsgemäßen Abfallbewirtschaftung von Bedeutung sind.

Entsorger, die Abfälle behandeln oder lagern haben die erforderlichen Angaben, insbesondere die Bestimmung der behandelten oder gelagerten Abfälle, auch für die weitere Entsorgung zu verzeichnen, soweit dies erforderlich ist, um aufgrund der Zweckbestimmung der Abfallentsorgungsanlage eine ordnungsgemäße Entsorgung zu gewährleisten.

Beseitigungsverfahren	
D1	Ablagerung in oder auf dem Boden (z.B. Deponien)
D2	Behandlung im Boden (z.B. biologischer Abbau von flüssigen oder schlammigen Abfällen im Erdreich)
D3	Verpressung (z.B. Verpressung pumpfähiger Abfälle in Bohrlöcher, Salzdome oder natürliche Hohlräume)
D4	Oberflächenaufbringung (z.B. Ableitung flüssiger oder schlammiger Abfälle in Gruben, Teiche oder Lagunen)
D5	Speziell angelegte Deponien (z.B. Ablagerung in abgedichteten, getrennten Räumen, die gegeneinander und gegen die Umwelt verschlossen oder isoliert werden)
D6	Einleitung in ein Gewässer mit Ausnahme von Meeren und Ozeanen
D7	Einleitung in Meere und Ozeane einschließlich Einbringung in den Meeresboden
D8	Biologische Behandlung, die nicht an anderer Stelle beschrieben ist und durch die Endverbindungen oder Gemische entstehen, die mit einem der in D1 bis D12 aufgeführten Verfahren entsorgt werden
D9	Chemisch-physikalische Behandlung, die nicht an anderer Stelle beschrieben ist und durch die Endverbindungen oder Gemische entstehen, die mit einem der in D1 bis D12 aufgeführten Verfahren entsorgt werden (z.B. Verdampfen, Trocknen, Kalzinieren)
D10	Verbrennung an Land
D11	Verbrennung auf See (nach EU-Recht und internationalen Übereinkünften verbotenes Verfahren)
D12	Dauerlagerung (z.B. Lagerung von Behältern in einem Bergwerk)
D13	Vermengen oder Vermischen vor Anwendung eines der in D1 bis D12 aufgeführten Verfahren
D14	Neuverpacken vor Anwendung eines der in D1 bis D13 aufgeführten Verfahren
D15	Lagerung bis zur Anwendung eines der in D1 bis D14 aufgeführten Verfahren (ausgenommen zeitweilige Lagerung bis zum Sammlung auf dem Gelände der Entstehung der Abfällen)

Abb. 3.3: Beseitigungsverfahren für Abfälle

Die Pflicht, ein Register zu führen, gilt auch für die Erzeuger, Besitzer, Sammler, Beförderer, Händler und Makler von gefährlichen Abfällen. Auf Verlangen der zuständigen Behörde sind die Register vorzulegen oder Angaben aus diesen Registern mitzuteilen.

In ein Register eingetragene Angaben oder eingestellte Belege über gefährliche Abfälle haben die Erzeuger, Besitzer, Händler, Makler und Entsorger von Abfällen mindestens drei Jahre, die Beförderer von Abfällen mindestens zwölf Monate jeweils ab dem Zeitpunkt der Eintragung oder Einstellung in das Register gerechnet aufzubewahren, soweit eine Rechtsverordnung keine längere Frist vorschreibt.

Verwertungsverfahren	
R1	Hauptverwendung als Brennstoff oder andere Mittel der Energieerzeugung
R2	Rückgewinnung und Regenerierung von Lösemittel
R3	Recycling und Rückgewinnung organischer Stoffe, die nicht als Lösemittel verwendet werden (einschließlich der Kompostierung und sonstiger biologischer Umwandlungsverfahren)
R4	Recycling und Rückgewinnung von Metallen und Metallverbindungen
R5	Recycling und Rückgewinnung von anderen anorganischen Stoffen
R6	Regenerierung von Säuren und Basen
R7	Wiedergewinnung von Bestandteilen, die der Bekämpfung der Verunreinigungen dienen
R8	Wiedergewinnung von Katalysatorenbestandteilen
R9	Erneute Ölraffination oder andere Wiederverwendungen von Öl
R10	Aufbringung auf den Boden zum Nutzen der Landwirtschaft oder zur ökologischen Verbesserung
R11	Verwendung von Abfällen, die bei einem der in R1 bis R10 aufgeführten Verfahren gewonnen werden
R12	Austausch von Abfällen, um sie einem der in R1 bis R11 aufgeführten Verfahren zu unterziehen
R13	Ansammlung von Abfällen, um sie einem der in R1 bis R12 aufgeführten Verfahren zu unterziehen (ausgenommen zeitweilige Lagerung bis zur Sammlung auf dem Gelände der Entstehung der Abfälle)

Abb. 3.4: Verwertungsverfahren für Abfälle

Nachweispflichten (§ 50)

Die Erzeuger, Besitzer, Sammler, Beförderer und Entsorger von gefährlichen Abfällen haben sowohl der zuständigen Behörde gegenüber als auch untereinander die ordnungsgemäße Entsorgung gefährlicher Abfälle nachzuweisen. Der Nachweis wird geführt:

- vor Beginn der Entsorgung in Form einer Erklärung des Erzeugers, Besitzers, Sammlers oder Beförderers von Abfällen zur vorgesehenen Entsorgung, einer Annahmeerklärung des Abfallentsorgers sowie der Bestätigung der Zulässigkeit der vorgesehenen Entsorgung durch die zuständige Behörde und

- über die durchgeführte Entsorgung oder Teilabschnitte der Entsorgung in Form von Erklärungen der Verpflichteten über den Verbleib der entsorgten Abfälle.

Die Nachweispflichten gelten nicht für die Entsorgung gefährlicher Abfälle, welche die Erzeuger oder Besitzer von Abfällen in eigenen Abfallentsorgungsanlagen entsorgen, wenn diese Entsorgungsanlagen in einem engen räumlichen und betrieblichen Zusammenhang mit den Anlagen oder Stellen stehen, in denen die zu entsorgenden Abfälle angefallen sind. Die Registerpflichten nach § 49 KrWG bleiben unberührt.

Die Nachweispflichten gelten nicht bis zum Abschluss der Rücknahme oder Rückgabe von Erzeugnissen oder der nach Gebrauch der Erzeugnisse verbleibenden gefährlichen Abfälle, die einer verordneten Rücknahme oder Rückgabe nach § 25 KrWG unterliegen. Eine Rücknahme oder Rückgabe von Erzeugnissen und der nach Gebrauch der Erzeugnisse verbleibenden Abfälle gilt spätestens mit der Annahme an einer Anlage zur weiteren Entsorgung, ausgenommen Anlagen zur Zwischenlagerung der Abfälle, als abgeschlossen, soweit die Rechtsverordnung, welche die Rückgabe oder Rücknahme anordnet, keinen früheren Zeitpunkt bestimmt.

Anforderungen an Nachweise und Register (§ 52)

Die Bundesregierung wird ermächtigt, durch Rechtsverordnung die näheren Anforderungen an die Form, den Inhalt sowie das Verfahren zur Führung und Vorlage der Nachweise, Register und der Mitteilung bestimmter Angaben aus den Registern festzulegen sowie die verpflichteten Anlagen oder Unternehmen zu bestimmen. Durch Rechtsverordnung kann auch bestimmt werden, dass:

- der Nachweis nach § 50 KrWG nach Ablauf einer bestimmten Frist als bestätigt gilt oder eine Bestätigung entfällt, soweit jeweils die ordnungsgemäße Entsorgung gewährleistet bleibt,
- auf Verlangen der zuständigen Behörde oder eines früheren Besitzers Belege über die Durchführung der Entsorgung der Behörde oder dem früheren Besitzer vorzulegen sind,
- für bestimmte Kleinmengen, die nach Art und Beschaffenheit der Abfälle auch unterschiedlich festgelegt werden können, oder für einzelne Abfallbewirtschaftungsmaßnahmen, Abfallarten oder Abfallgruppen bestimmte Anforderungen nicht oder abweichende Anforderungen gelten, soweit jeweils die ordnungsgemäße Entsorgung gewährleistet bleibt,
- die zuständige Behörde unter dem Vorbehalt des Widerrufs auf Antrag oder von Amts wegen Verpflichtete ganz oder teilweise von der Führung von Nachweisen oder Registern freistellen kann, soweit die ordnungsgemäße Entsorgung gewährleistet bleibt,
- die Register in Form einer sachlich und zeitlich geordneten Sammlung der vorgeschriebenen Nachweise oder der Belege, die in der Entsorgungspraxis gängig sind, geführt werden,
- die Nachweise und Register bis zum Ablauf bestimmter Fristen aufzubewahren sind sowie
- bei der Beförderung von Abfällen geeignete Angaben zum Zweck der Überwachung mitzuführen sind.

Sammler, Beförderer, Händler und Makler von Abfällen (§ 53)

Sammler, Beförderer, Händler und Makler von Abfällen haben die Tätigkeit ihres Betriebes vor Aufnahme der Tätigkeit der zuständigen Behörde anzuzeigen, es sei denn, der Betrieb verfügt über eine Erlaubnis nach § 54 KrWG. Die zuständige Behörde bestätigt dem Anzeigenden unverzüglich schriftlich den Eingang der Anzeige. Zuständig ist die Behörde des Landes, in dem der Anzeigende seinen Hauptsitz hat.

Der Inhaber eines Betriebes sowie die für die Leitung und Beaufsichtigung des Betriebes verantwortlichen Personen müssen zuverlässig sein. Der Inhaber, soweit er für die Leitung des Betriebes verantwortlich ist, die für die Leitung und Beaufsichtigung des Betriebes verantwortlichen Personen und das sonstige Personal müssen über die für ihre Tätigkeit notwendige Fach- und Sachkunde verfügen.

Die zuständige Behörde kann die angezeigte Tätigkeit von Bedingungen abhängig machen, sie zeitlich befristen oder Auflagen für sie vorsehen, soweit dies zur Wahrung des Wohls der Allgemeinheit erforderlich ist. Sie kann Unterlagen über den Nachweis der Zuverlässigkeit und der Fach- und Sachkunde vom Anzeigenden verlangen. Sie hat die angezeigte Tätigkeit zu untersagen, wenn Tatsachen bekannt sind, aus denen sich Bedenken gegen die Zuverlässigkeit des Inhabers oder der für die Leitung und Beaufsichtigung des Betriebes verantwortlichen Personen ergeben, oder wenn die erforderliche Fach- oder Sachkunde nicht nachgewiesen wurde.

Die Bundesregierung wird ermächtigt, durch Rechtsverordnung für die Anzeige und Tätigkeit der Sammler, Beförderer, Händler und Makler von Abfällen, für Sammler und Beförderer von Abfällen insbesondere unter Berücksichtigung der Besonderheiten der jeweiligen Verkehrsträger, Verkehrswege oder der jeweiligen Beförderungsart:

- Vorschriften zu erlassen über die Form, den Inhalt und das Verfahren zur Erstattung der Anzeige, über Anforderungen an die Zuverlässigkeit, die Fach- und Sachkunde und deren Nachweis,
- anzuordnen, dass das Verfahren zur Erstattung der Anzeige elektronisch zu führen ist und Dokumente in elektronischer Form vorzulegen sind,
- bestimmte Tätigkeiten von der Anzeigepflicht auszunehmen, soweit eine Anzeige aus Gründen des Wohls der Allgemeinheit nicht erforderlich ist, sowie
- Anforderungen an die Anzeigepflichtigen und deren Tätigkeit zu bestimmen, die sich aus Rechtsvorschriften der Europäischen Union ergeben.

Sammler, Beförderer, Händler und Makler von gefährlichen Abfällen (§ 54)

Sammler, Beförderer, Händler und Makler von gefährlichen Abfällen bedürfen der Erlaubnis. Die zuständige Behörde hat die Erlaubnis zu erteilen, wenn:

- keine Tatsachen bekannt sind, aus denen sich Bedenken gegen die Zuverlässigkeit des Inhabers oder der für die Leitung und Beaufsichtigung des Betriebes verantwortlichen Personen ergeben, sowie
- der Inhaber, soweit er für die Leitung des Betriebes verantwortlich ist, die für die Leitung und Beaufsichtigung des Betriebes verantwortlichen Personen und das sonstige Personal über die für ihre Tätigkeit notwendige Fach- und Sachkunde verfügen.

Von der Erlaubnispflicht ausgenommen sind:

- öffentlich-rechtliche Entsorgungsträger sowie
- Entsorgungsfachbetriebe im Sinne von § 56 KrWG, soweit sie für die erlaubnispflichtige Tätigkeit zertifiziert sind.

Die Bundesregierung wird ermächtigt, durch Rechtsverordnung für die Erlaubnispflicht und Tätigkeit der Sammler, Beförderer, Händler und Makler von gefährlichen Abfällen, für Sammler und Beförderer von gefährlichen Abfällen, insbesondere unter Berücksichtigung der Besonderheiten der jeweiligen Verkehrsträger, Verkehrswege oder Beförderungsart:

- Vorschriften zu erlassen über die Antragsunterlagen, die Form, den Inhalt und das Verfahren zur Erteilung der Erlaubnis, die Anforderungen an die Zuverlässigkeit, Fach- und Sachkunde sowie deren Nachweis, die Fristen, nach denen das Vorliegen der Voraussetzungen erneut zu überprüfen ist,
- anzuordnen, dass das Erlaubnisverfahren elektronisch zu führen ist und Dokumente in elektronischer Form vorzulegen sind,
- bestimmte Tätigkeiten von der Erlaubnispflicht auszunehmen, soweit eine Erlaubnis aus Gründen des Wohls der Allgemeinheit nicht erforderlich ist,
- Anforderungen an die Erlaubnispflichtigen und deren Tätigkeit zu bestimmen, die sich aus Rechtsvorschriften der Europäischen Union ergeben, sowie
- anzuordnen, dass bei der Beförderung von Abfällen geeignete Unterlagen zum Zweck der Überwachung mitzuführen sind.

Kennzeichnung der Fahrzeuge (§ 55)

Sammler und Beförderer haben Fahrzeuge, mit denen sie Abfälle in Ausübung ihrer Tätigkeit auf öffentlichen Straßen befördern, vor Antritt der Fahrt mit zwei rückstrahlenden weißen Warntafeln zu versehen (A-Schilder). Dies gilt nicht für Sammler und Beförderer, die im Rahmen wirtschaftlicher Unternehmen Abfälle sammeln oder befördern.

3.8 Anzeige- und Erlaubnisverordnung (AbfAEV)

3.8.1 Allgemeine Vorschriften

Anwendungsbereich (§ 1)

Diese Verordnung gilt für:

- Anzeigen der Aufnahme der betrieblichen Tätigkeit durch Sammler, Beförderer, Händler und Makler von Abfällen nach § 53 des Kreislaufwirtschaftsgesetzes und
- Erlaubnisse für Sammler, Beförderer, Händler und Makler von gefährlichen Abfällen nach § 54 des Kreislaufwirtschaftsgesetzes.

Diese Verordnung gilt auch für anzeige- und erlaubnispflichtige Tätigkeiten, die auf dem Gebiet der Bundesrepublik Deutschland durchgeführt werden im Rahmen einer Verbringung von Abfällen im Sinne der Verordnung (EG) Nr. 1013/2006.

Begriffsbestimmungen (§ 2)

- **„Inhaber“:**
  ist diejenige natürliche oder juristische Person oder Personenvereinigung, die den die Sammler-, Beförderer-, Händler- oder Maklertätigkeit ausübenden Betrieb betreibt. Sofern es sich bei dem Inhaber um eine juristische Person oder Personenvereinigung handelt, kommt es für die Erfüllung der personenbezogenen Anforderungen dieser Verordnung an den Inhaber auf die nach Gesetz, Satzung oder Gesellschaftsvertrag zur Vertretung oder Geschäftsführung des Betriebes berechtigten Personen an.

- **„Für die Leitung und Beaufsichtigung des Betriebes verantwortliche Personen“:**
  sind diejenigen natürlichen Personen, die vom Inhaber mit der fachlichen Leitung, Überwachung und Kontrolle der vom Betrieb durchgeführten Tätigkeiten insbesondere im Hinblick auf

die Beachtung der hierfür geltenden Vorschriften und Anordnungen beauftragt worden sind. Die Beauftragung setzt die Übertragung der für die beschriebenen Aufgaben erforderlichen Entscheidungs- und Mitwirkungsbefugnisse voraus.

- **„Sonstiges Personal“:**
  sind diejenigen Arbeitnehmerinnen und Arbeitnehmer und andere im Betrieb des Sammlers, Beförderers, Händlers oder Maklers von Abfällen beschäftigte Personen, die bei der Ausübung dieser betrieblichen Tätigkeiten mitwirken.

3.8.2 Anforderungen an Sammler, Beförderer, Händler und Makler von Abfällen

Zuverlässigkeit (§ 3)

Die nach § 53 und § 54 des Kreislaufwirtschaftsgesetzes erforderliche Zuverlässigkeit ist gegeben, wenn der Inhaber des Betriebes und die für die Leitung und Beaufsichtigung des Betriebes verantwortlichen Personen aufgrund ihrer persönlichen Eigenschaften, ihres Verhaltens und ihrer Fähigkeiten zur ordnungsgemäßen Erfüllung der ihnen obliegenden Aufgaben geeignet sind.

Die erforderliche Zuverlässigkeit ist in der Regel nicht gegeben, wenn eine der genannten Personen:

- wegen Verletzung von Vorschriften:
  - des Strafrechts über gemeingefährliche Delikte oder Delikte gegen die Umwelt,
  - des Immissionsschutz-, Abfall-, Wasser-, Natur- und Landschaftsschutz-, Chemikalien-, Gentechnik- oder Atom- und Strahlenschutzrechts,
  - des Lebensmittel-, Arzneimittel-, Pflanzenschutz- oder Infektionsschutzrechts,
  - des Gewerbe-, Arbeitsschutz- oder Gefahrgutrechts oder
  - des Betäubungsmittel-, Waffen- oder Sprengstoffrechts

  innerhalb der letzten fünf Jahre vor Anzeige der Aufnahme der betrieblichen Tätigkeit oder der Beantragung der Erlaubnis mit einer Geldbuße in Höhe von mehr als zweitausendfünfhundert Euro belegt oder zu einer Strafe verurteilt worden ist oder

- wiederholt oder grob pflichtwidrig gegen die oben genannten Vorschriften verstoßen hat.

Fachkunde von Anzeigepflichtigen (§ 4)

Im Falle einer gewerbsmäßigen Tätigkeit des anzeigenden Sammlers, Beförderers, Händlers oder Maklers von Abfällen setzt die nach § 53 des Kreislaufwirtschaftsgesetzes notwendige Fachkunde des Inhabers, soweit er für die Leitung des Betriebes verantwortlich ist, und der für die Leitung und Beaufsichtigung des Betriebes verantwortlichen Personen während einer zweijährigen praktischen Tätigkeit erworbene Kenntnisse über die vom Betrieb angezeigte Tätigkeit voraus.

Abweichend reichen während einer einjährigen praktischen Tätigkeit erworbene Kenntnisse über die vom Betrieb angezeigte Tätigkeit aus, wenn die betroffene Person auf einem Fachgebiet, dem der Betrieb hinsichtlich seiner Betriebsvorgänge zuzuordnen ist:

- ein Hochschul- oder Fachhochschulstudium abgeschlossen hat,
- eine kaufmännische oder technische Fachschul- oder Berufsausbildung besitzt oder
- eine Qualifikation als Meister vorweisen kann.

Die Voraussetzung ist auch erfüllt, wenn sich im Falle der Anzeige einer gewerbsmäßigen Tätigkeit:

- des Sammelns oder Beförderns von Abfällen die erworbenen Kenntnisse des Betroffenen nicht auf die angezeigte, sondern auf die jeweils andere Tätigkeit beziehen,
- des Handelns mit Abfällen die erworbenen Kenntnisse des Betroffenen nicht auf die angezeigte, sondern auf die Tätigkeit des Sammelns oder Beförderns beziehen oder
- des Makelns von Abfällen die erworbenen Kenntnisse des Betroffenen nicht auf die angezeigte, sondern auf die Tätigkeit des Sammelns, Beförderns oder Handelns von Abfällen beziehen.

Liegen die Voraussetzungen nicht vor, kann die nach § 53 des Kreislaufwirtschaftsgesetzes notwendige Fachkunde auch durch den Besuch eines Lehrgangs, in dem die entsprechenden Kenntnisse vermittelt werden, erworben werden (Abb. 3.5). Der Lehrgang muss vor Aufnahme der Tätigkeit abgeschlossen sein.

Lehrgangsinhalte

Die Lehrgänge sollen Grundkenntnisse über folgende Bereiche vermitteln:

- das Kreislaufwirtschaftsgesetz, insbesondere:
  - den Anwendungsbereich,
  - die wichtigsten Begriffsbestimmungen,
  - die Abfallhierarchie,
  - die Grundpflichten (Vermeiden, Verwerten, Beseitigen),
  - die Getrennthaltungspflichten und Vermischungsverbote,
  - das Verhältnis des Abfallrechts zum Immissionsschutzrecht,
  - das Verhältnis des Abfallrechts zum Chemikalienrecht,
  - die Überlassungspflichten,
  - das Anzeigeverfahren für gemeinnützige und gewerbliche Sammlungen,
  - die Beauftragung Dritter,
  - die Register- und Nachweispflichten,
  - das Anzeige- und Erlaubnisverfahren für Sammler, Beförderer, Händler und Makler von Abfällen,
  - die Kennzeichnung von Fahrzeugen und
  - die Bußgeldvorschriften,
- die aufgrund des Kreislaufwirtschaftsgesetzes ergangenen Rechtsverordnungen, insbesondere, die
  - Anzeige- und Erlaubnisverordnung,
  - Nachweisverordnung,
  - Entsorgungsfachbetriebeverordnung und
  - Abfallverzeichnis-Verordnung,
- das Recht der Abfallverbringung,
- Art und Beschaffenheit von gefährlichen Abfällen,
- schädliche Umwelteinwirkungen und sonstige Gefahren, erhebliche Nachteile und erhebliche Belästigungen, die von Abfällen ausgehen können, und Maßnahmen zu ihrer Verhinderung oder Beseitigung,
- sonstige Vorschriften des Umweltrechts, die im Zusammenhang mit der Sammlung, der Beförderung, dem Handeln oder dem Makeln von Abfällen von Bedeutung sind,
- Bezüge zum Güterkraftverkehrs- und Gefahrgutrecht sowie
- Vorschriften der betrieblichen Haftung.

Abb. 3.5: Lehrgangsinhalte für die Fachkunde

Im Falle von im Rahmen wirtschaftlicher Unternehmen tätigen Sammlern, Beförderern, Händlern und Maklern von Abfällen setzt die nach § 53 des Kreislaufwirtschaftsgesetzes notwendige Fachkunde des Inhabers, soweit er für die Leitung des Betriebes verantwortlich ist, und der für die Leitung und Beaufsichtigung des Betriebes verantwortlichen Personen voraus, dass die betroffene Person über die für die vom Unternehmen im Hauptzweck ausgeübte Tätigkeit erforderliche berufliche Qualifikation verfügt.

Soweit es zur Wahrung des Wohls der Allgemeinheit erforderlich ist, kann die zuständige Behörde zusätzlich die Teilnahme an einem von der zuständigen Behörde anerkannten Lehrgang, in dem die entsprechenden Kenntnisse vermittelt werden, und eine regelmäßige entsprechende Fortbildung anordnen.

Fachkunde von Erlaubnispflichtigen (§ 5)

Die nach § 54 des Kreislaufwirtschaftsgesetzes notwendige Fachkunde des Inhabers, soweit er für die Leitung des Betriebes verantwortlich ist, und der für die Leitung und Beaufsichtigung des Betriebes verantwortlichen Personen setzt Folgendes voraus:

- während einer zweijährigen praktischen Tätigkeit erworbene Kenntnisse über die Tätigkeit, für die der Betrieb die Erlaubnis beantragt, sowie
- die Teilnahme an einem oder mehreren von der zuständigen Behörde anerkannten Lehrgängen, in denen die entsprechenden Kenntnisse vermittelt werden (Abb. 3.5).

Abweichend reichen während einer einjährigen praktischen Tätigkeit erworbene Kenntnisse über die vom Betrieb beantragte Tätigkeit aus, sofern die betroffene Person auf einem Fachgebiet, dem der Betrieb hinsichtlich seiner Betriebsvorgänge zuzuordnen ist:

- ein Hochschul- oder Fachhochschulstudium abgeschlossen hat,
- eine kaufmännische oder technische Fachschul- oder Berufsausbildung besitzt oder
- eine Qualifikation als Meister vorweisen kann.

Die Voraussetzung ist auch erfüllt, wenn sich im Falle der Beantragung einer Erlaubnis für die Tätigkeit:

- des Sammelns oder Beförderns von gefährlichen Abfällen die erworbenen Kenntnisse des Betroffenen nicht auf die beantragte, sondern auf die jeweils andere Tätigkeit beziehen,
- des Handelns mit gefährlichen Abfällen die erworbenen Kenntnisse des Betroffenen nicht auf die beantragte, sondern auf die Tätigkeit des Sammelns oder Beförderns von gefährlichen Abfällen beziehen oder
- des Makelns von gefährlichen Abfällen die erworbenen Kenntnisse des Betroffenen nicht auf die beantragte, sondern auf die Tätigkeit des Sammelns, Beförderns oder Handelns von gefährlichen Abfällen beziehen.

Der Inhaber, soweit er für die Leitung des Betriebes verantwortlich ist, und die für die Leitung und Beaufsichtigung des Betriebes verantwortlichen Personen müssen durch geeignete Fortbildung über den für ihre Tätigkeit notwendigen aktuellen Wissensstand verfügen. Dazu haben sie regelmäßig, mindestens alle drei Jahre, an von der zuständigen Behörde anerkannten Lehrgängen (Abb. 3.5), teilzunehmen und dies der zuständigen Behörde unaufgefordert nachzuweisen.

Sachkunde des sonstigen Personals (§ 6)

Die Sachkunde des sonstigen Personals nach § 53 und § 54 des Kreislaufwirtschaftsgesetzes erfordert, dass das sonstige Personal auf der Grundlage eines Einarbeitungsplanes betrieblich eingearbeitet wird und über den für die jeweilige Tätigkeit notwendigen aktuellen Wissensstand verfügt. Den Fortbildungsbedarf des sonstigen Personals ermitteln der Inhaber, soweit er für die Leitung des Betriebes verantwortlich ist, oder die für die Leitung und Beaufsichtigung des Betriebes verantwortlichen Personen. Soweit es zur Wahrung des Wohls der Allgemeinheit erforderlich ist, kann die zuständige Behörde anordnen, dass der Einarbeitungsplan schriftlich erstellt und ihr vorgelegt wird.

3.8.3 Anzeige durch Sammler, Beförderer, Händler und Makler von Abfällen

Anzeigeverfahren (§ 7)

Die Anzeige der Aufnahme der betrieblichen Tätigkeit durch Sammler, Beförderer, Händler und Makler von Abfällen nach § 53 des Kreislaufwirtschaftsgesetzes ist bei der zuständigen Behörde zu erstatten; dabei ist der Vordruck nach Anlage 2 der Anzeige- und Erlaubnisverordnung zu verwenden. Entsorgungsfachbetriebe, die nach § 54 des Kreislaufwirtschaftsgesetzes von der Erlaubnispflicht ausgenommen sind, haben der Anzeige das aktuell gültige Zertifikat nach § 56 des Kreislaufwirtschaftsgesetzes beizufügen. Sammler, Beförderer, Händler und Makler von gefährlichen Abfällen, die einen Standort des Gemeinschaftssystems für das Umweltmanagement und die Umweltbetriebsprüfung (EMAS) betreiben und die von der Erlaubnispflicht nach § 54 des Kreislaufwirtschaftsgesetzes ausgenommen sind, haben der Anzeige die aktuell gültige Registrierungsurkunde beizufügen. Folgezertifikate und Folgeregistrierungsurkunden sind der zuständigen Behörde unaufgefordert vorzulegen.

Hat der Anzeigende seinen Hauptsitz nicht im Inland, ist diejenige Behörde des Landes zuständig, in dessen Bezirk das Sammeln, Befördern, Handeln oder Makeln von Abfällen erstmals vorgenommen wird.

Nach Eingang der Anzeige überprüft die zuständige Behörde deren Vollständigkeit. Die zuständige Behörde vergibt eine Kennnummer entsprechend § 28 der Nachweisverordnung, soweit eine solche Kennnummer noch nicht zugewiesen wurde. Außerdem vergibt die zuständige Behörde jeweils eine nicht personenbezogene Vorgangsnummer. Das Nähere über die bundesweit einheitliche Vergabe der Kennnummern entsprechend § 28 der Nachweisverordnung und der Vorgangsnummern regeln die Länder durch Vereinbarung.

Sofern die Anzeige unvollständig ist, fordert die zuständige Behörde den Anzeigenden unverzüglich nach Eingang der unvollständigen Anzeige auf, die Angaben zu ergänzen.

Die Bestätigung des Eingangs der vollständigen Anzeige durch die zuständige Behörde erfolgt durch Übersendung des ausgefüllten und unterschriebenen Anzeigevordrucks an den Anzeigenden.

Ändern sich wesentliche Angaben, so ist die Anzeige erneut zu erstatten. Die Vorlage der Folgezertifikate und Folgeregistrierungsurkunden ist hiervon nicht betroffen.

Soweit Hersteller oder Vertreiber aufgrund einer Rechtsverordnung nach § 25 des Kreislaufwirtschaftsgesetzes nicht gefährliche Abfälle als im Rahmen wirtschaftlicher Unternehmen tätige

Sammler, Beförderer, Händler und Makler von Abfällen zurücknehmen, sind sie von der Anzeigepflicht ausgenommen.

Sammler und Beförderer, die Abfälle im Rahmen wirtschaftlicher Unternehmen, aber nicht gewöhnlich und nicht regelmäßig sammeln oder befördern, sind von der Anzeigepflicht ausgenommen. Es ist anzunehmen, dass das Sammeln oder Befördern gewöhnlich und regelmäßig erfolgt, wenn die Summe der während eines Kalenderjahres gesammelten oder beförderten Abfallmengen bei nicht gefährlichen Abfällen 20 Tonnen oder bei gefährlichen Abfällen zwei Tonnen übersteigt.

3.8.4 Erlaubnis für Sammler, Beförderer, Händler und Makler von gefährlichen Abfällen

Antrag und beizufügende Unterlagen (§ 9)

Der Antrag auf Erteilung einer Erlaubnis zum Sammeln, Befördern, Handeln und Makeln von gefährlichen Abfällen nach § 54 des Kreislaufwirtschaftsgesetzes ist schriftlich bei der zuständigen Behörde zu stellen; dabei ist der Vordruck nach Anlage 3 der Anzeige- und Erlaubnisverordnung zu verwenden.

Hat der Antragsteller seinen Hauptsitz nicht im Inland, ist diejenige Behörde des Landes zuständig, in dessen Bezirk das Sammeln, Befördern, Handeln oder Makeln von gefährlichen Abfällen erstmals vorgenommen wird.

Dem Antrag sind folgende Unterlagen beizufügen:

- die Gewerbeanmeldung,
- ein Auszug aus dem Handels-, Vereins- oder Genossenschaftsregister, sofern eine Eintragung erfolgt ist,
- eine firmenbezogene Auskunft aus dem Gewerbezentralregister, sofern es sich bei dem Unternehmen um eine juristische Person oder Personenvereinigung handelt,
- eine personenbezogene Auskunft aus dem Gewerbezentralregister für:
  - den Inhaber und
  - die für die Leitung und Beaufsichtigung des Betriebes verantwortlichen Personen, sofern solche vorhanden sind,
- ein Führungszeugnis:
  - des Inhabers und
  - der für die Leitung und Beaufsichtigung des Betriebes verantwortlichen Personen, sofern solche vorhanden sind,
- ein Nachweis über die Fachkunde:
  - des Inhabers, soweit er für Leitung des Betriebes verantwortlich ist, und
  - der für die Leitung und Beaufsichtigung des Betriebes verantwortlichen Personen, sofern solche vorhanden sind,
- der Nachweis einer Betriebshaftpflichtversicherung und einer auf die jeweilige Tätigkeit bezogenen Umwelthaftpflichtversicherung, sofern solche Versicherungen vorhanden sind, sowie

- der Nachweis der Kraftfahrzeug-Haftpflichtversicherung bei Sammlern und Beförderern von Abfällen, die gefährliche Abfälle auf öffentlichen Straßen befördern.

Erlaubnisverfahren und -erteilung (§ 10)

Nach Eingang des Antrages überprüft die zuständige Behörde die Vollständigkeit des Antrages. Sie stellt dem Antragsteller im Falle der Vollständigkeit unverzüglich nach Eingang des Antrages eine Empfangsbestätigung aus. Die Empfangsbestätigung hat zu enthalten:

- das Datum des Eingangs des vollständigen Antrages,
- einen Hinweis auf die Genehmigungsfiktion nach § 54 des Kreislaufwirtschaftsgesetzes in Verbindung mit § 42a des Verwaltungsverfahrensgesetzes,
- das Datum des Beginns und des Endes der Frist für die Genehmigungsfiktion sowie
- einen Hinweis auf mögliche Rechtsbehelfe im Zusammenhang mit der Erlaubnis.

Sofern der Antrag unvollständig ist, teilt die zuständige Behörde dem Antragsteller unverzüglich mit, welche Unterlagen nachzureichen sind. Nach § 71b des Verwaltungsverfahrensgesetzes hat die Mitteilung den Hinweis zu enthalten, dass die Frist für die Genehmigungsfiktion nach § 54 des Kreislaufwirtschaftsgesetzes in Verbindung mit § 42a des Verwaltungsverfahrensgesetzes erst mit Übersendung des vollständigen Antrages beginnt.

Die Erlaubnis nach § 54 des Kreislaufwirtschaftsgesetzes wird schriftlich unter Verwendung des Vordrucks nach Anlage 4 der Anzeige- und Erlaubnisverordnung und unter Vergabe einer Kennnummer entsprechend § 28 der Nachweisverordnung, soweit eine solche Kennnummer noch nicht zugewiesen wurde, erteilt. Außerdem vergibt die zuständige Behörde jeweils eine nicht personenbezogene Vorgangsnummer.

Ändern sich wesentliche Umstände, die der Erlaubnis zu Grunde liegen, so ist insoweit eine neue Erlaubnis erforderlich. Ändern sich die im Antrag angegebenen mit der Leitung und Beaufsichtigung des Betriebes beauftragten Personen, so ist dies der zuständigen Behörde anzuzeigen.

Ausnahmen von der Erlaubnispflicht (§ 12)

Ungeachtet des § 54 des Kreislaufwirtschaftsgesetzes, des § 2 des Elektro- und Elektronikgerätegesetzes und des § 1 des Batteriegesetzes sind von der Erlaubnispflicht nach § 54 des Kreislaufwirtschaftsgesetzes auch ausgenommen:

- Sammler, Beförderer, Händler und Makler von gefährlichen Abfällen, die im Rahmen wirtschaftlicher Unternehmen tätig sind,

- Sammler, Beförderer, Händler und Makler von gefährlichen Abfällen, die solche Abfälle sammeln, befördern, mit diesen handeln oder diese makeln, die von einem Hersteller oder Vertreiber freiwillig oder aufgrund einer Rechtsverordnung zurückgenommen werden,

- Sammler, Beförderer, Händler und Makler von gefährlichen Abfällen, die Altfahrzeuge im Rahmen ihrer Überlassung nach § 4 der Altfahrzeug-Verordnung sammeln, befördern, mit diesen handeln oder diese makeln,

- Sammler, Beförderer, Händler und Makler von gefährlichen Abfällen, die einen EMAS-Standort betreiben und bei denen der EMAS-registrierte Tätigkeitsbereich in:
    - Klasse 38.12 (Sammlung gefährlicher Abfälle),

- Klasse 38.22 (Behandlung und Beseitigung gefährlicher Abfälle) oder
- Klasse 46.77 (Großhandel mit Altmaterialien und Reststoffen)

des Anhangs I der Verordnung (EG) Nr. 1893/2006 eingeordnet ist, wobei die Ausnahme jeweils nur für den Tätigkeitsbereich gilt, für den die EMAS-Registrierung vorliegt,

- Sammler und Beförderer von gefährlichen Abfällen, die Abfälle mit Seeschiffen sammeln oder befördern, sowie

- Sammler und Beförderer von gefährlichen Abfällen, die Abfälle im Rahmen von Paket-, Express- und Kurierdiensten sammeln oder befördern, soweit diese in ihren Beförderungsbedingungen Rechtsvorschriften berücksichtigen, die aus Gründen der Sicherheit im Zusammenhang mit der Beförderung gefährlicher Güter erlassen sind.

Soweit es zur Wahrung des Wohls der Allgemeinheit erforderlich ist, kann die zuständige Behörde abweichend die Durchführung eines Erlaubnisverfahrens nach § 54 des Kreislaufwirtschaftsgesetzes anordnen.

3.8.5 Gemeinsame Vorschriften

Mitführungspflicht (§ 13)

Soweit die Tätigkeit anzeigepflichtig ist, haben Sammler und Beförderer von Abfällen bei Ausübung ihrer Tätigkeit eine Kopie und im Falle einer elektronischen Anzeige einen Ausdruck der von der Behörde bestätigten Anzeige mitzuführen. Sofern die Behörde die Anzeige noch nicht bestätigt hat, ist dies von dem Anzeigenden auf der Kopie oder dem Ausdruck der Anzeige zu vermerken. In diesem Fall ist die mit dem Vermerk versehene Kopie oder der mit dem Vermerk versehene Ausdruck der Anzeige mitzuführen. Als Entsorgungsfachbetriebe zertifizierte Sammler und Beförderer von gefährlichen Abfällen, haben zudem eine Kopie des aktuell gültigen Zertifikats nach § 56 des Kreislaufwirtschaftsgesetzes mitzuführen. Sammler und Beförderer von gefährlichen Abfällen, die einen EMAS-Standort betreiben und von der Erlaubnispflicht ausgenommen sind, haben zudem eine Kopie der aktuell gültigen Registrierungsurkunde mitzuführen.

Soweit die Tätigkeit erlaubnispflichtig ist, haben Sammler und Beförderer von gefährlichen Abfällen eine Kopie oder einen Ausdruck der Erlaubnis mitzuführen. Im Falle des Eintritts der Genehmigungsfiktion nach § 54 des Kreislaufwirtschaftsgesetzes in Verbindung mit § 42a des Verwaltungsverfahrensgesetzes ist eine Kopie des Antrags und sofern die Behörde eine Bestätigung ausgestellt hat, auch diese als Kopie oder Ausdruck mitzuführen.

3.9 Entsorgungsfachbetriebe

Zertifizierung von Entsorgungsfachbetrieben (§ 56)

Entsorgungsfachbetriebe wirken an der Förderung der Kreislaufwirtschaft und der Sicherstellung des Schutzes von Mensch und Umwelt bei der Erzeugung und Bewirtschaftung von Abfällen nach Maßgabe der hierfür geltenden Rechtsvorschriften mit.

Entsorgungsfachbetrieb ist ein Betrieb, der:

- gewerbsmäßig, im Rahmen wirtschaftlicher Unternehmen oder öffentlicher Einrichtungen Abfälle sammelt, befördert, lagert, behandelt, verwertet, beseitigt, mit diesen handelt oder makelt und

- in Bezug auf eine oder mehrere der genannten Tätigkeiten durch eine technische Überwachungsorganisation oder eine Entsorgergemeinschaft als Entsorgungsfachbetrieb zertifiziert ist.

Das Zertifikat darf nur erteilt werden, wenn der Betrieb die für die ordnungsgemäße Wahrnehmung seiner Aufgaben erforderlichen Anforderungen an seine Organisation, seine personelle, gerätetechnische und sonstige Ausstattung, seine Tätigkeit sowie die Zuverlässigkeit und Fach- und Sachkunde seines Personals erfüllt. In dem Zertifikat sind die zertifizierten Tätigkeiten des Betriebes, insbesondere bezogen auf seine Standorte und Anlagen sowie die Abfallarten, genau zu bezeichnen. Das Zertifikat ist zu befristen. Die Gültigkeitsdauer darf einen Zeitraum von 18 Monaten nicht überschreiten. Das Vorliegen der Voraussetzungen wird mindestens jährlich von der technischen Überwachungsorganisation oder der Entsorgergemeinschaft überprüft.

Mit Erteilung des Zertifikats ist dem Betrieb von der technischen Überwachungsorganisation oder Entsorgergemeinschaft die Berechtigung zum Führen eines Überwachungszeichens zu erteilen, das die Bezeichnung „Entsorgungsfachbetrieb" in Verbindung mit dem Hinweis auf die zertifizierte Tätigkeit und die das Überwachungszeichen erteilende technische Überwachungsorganisation oder Entsorgergemeinschaft aufweist. Ein Betrieb darf das Überwachungszeichen nur führen, soweit und solange er als Entsorgungsfachbetrieb zertifiziert ist.

Technische Überwachungsorganisation und Entsorgergemeinschaft haben sich für die Überprüfung der Betriebe Sachverständiger zu bedienen, die die für die Durchführung der Überwachung erforderliche Zuverlässigkeit, Unabhängigkeit sowie Fach- und Sachkunde besitzen.

Entfallen die Voraussetzungen für die Erteilung des Zertifikats, hat die technische Überwachungsorganisation oder die Entsorgergemeinschaft dem Betrieb das von ihr erteilte Zertifikat und die Berechtigung zum Führen des Überwachungszeichens zu entziehen sowie den Betrieb aufzufordern, das Zertifikat zurückzugeben und das Überwachungszeichen nicht weiterzuführen. Kommt der Betrieb dieser Aufforderung innerhalb einer von der technischen Überwachungsorganisation oder Entsorgergemeinschaft gesetzten Frist nicht nach, kann die zuständige Behörde dem Betrieb das erteilte Zertifikat und die Berechtigung zum Führen des Überwachungszeichens entziehen sowie die sonstige weitere Verwendung der Bezeichnung „Entsorgungsfachbetrieb" untersagen.

Anforderungen an Entsorgungsfachbetriebe, technische Überwachungsorganisationen und Entsorgergemeinschaften (§ 57)

Die Bundesregierung wird ermächtigt, durch Rechtsverordnung Anforderungen an Entsorgungsfachbetriebe, technische Überwachungsorganisationen und Entsorgergemeinschaften zu bestimmen. In der Rechtsverordnung können insbesondere:

- Anforderungen an die Organisation, die personelle, gerätetechnische und sonstige Ausstattung und die Tätigkeit eines Entsorgungsfachbetriebes bestimmt sowie ein ausreichender Haftpflichtversicherungsschutz gefordert werden,
- Anforderungen an den Inhaber und die im Entsorgungsfachbetrieb beschäftigten Personen, insbesondere Mindestanforderungen an die Fach- und Sachkunde und die Zuverlässigkeit sowie an deren Nachweis, bestimmt werden,
- Anforderungen an die Tätigkeit der technischen Überwachungsorganisationen, insbesondere Mindestanforderungen an den Überwachungsvertrag sowie dessen Abschluss, Durchführung, Auflösung und Erlöschen, bestimmt werden,
- Anforderungen an die Tätigkeit der Entsorgergemeinschaften, insbesondere an deren Bildung, Auflösung, Organisation und Arbeitsweise, einschließlich der Bestellung, Aufgaben und Befug-

nisse der Prüforgane sowie Mindestanforderungen an die Mitglieder dieser Prüforgane, bestimmt werden,

- Mindestanforderungen an die für die technischen Überwachungsorganisationen oder für die Entsorgergemeinschaften tätigen Sachverständigen sowie deren Bestellung, Tätigkeit und Kontrolle bestimmt werden,
- Anforderungen an das Überwachungszeichen und das zugrunde liegende Zertifikat, insbesondere an die Form und den Inhalt, sowie Anforderungen an ihre Erteilung, ihre Aufhebung, ihr Erlöschen und ihren Entzug bestimmt werden,
- die besonderen Voraussetzungen, das Verfahren, die Erteilung und Aufhebung der Zustimmung zum Überwachungsvertrag durch die zuständige Behörde geregelt werden sowie der Anerkennung der Entsorgergemeinschaften durch die zuständige Behörde geregelt werden. Dabei kann die Anerkennung der Entsorgergemeinschaften bei drohenden Beschränkungen des Wettbewerbes widerrufen werden,
- die näheren Anforderungen an den Entzug des Zertifikats und der Berechtigung zum Führen des Überwachungszeichens sowie an die Untersagung der sonstigen weiteren Verwendung der Bezeichnung „Entsorgungsfachbetrieb" durch die zuständige Behörde bestimmt werden sowie
- für die erforderlichen Erklärungen, Nachweise, Benachrichtigungen oder sonstigen Daten die elektronische Führung und die Vorlage von Dokumenten in elektronischer Form angeordnet werden.

3.10 Betriebsorganisation, Betriebsbeauftragter für Abfall und Erleichterungen für auditierte Unternehmensstandorte

Mitteilungspflichten zur Betriebsorganisation (§ 58)

Besteht bei Kapitalgesellschaften das vertretungsberechtigte Organ aus mehreren Mitgliedern oder sind bei Personengesellschaften mehrere vertretungsberechtigte Gesellschafter vorhanden, so ist der zuständigen Behörde anzuzeigen, wer von ihnen nach den Bestimmungen über die Geschäftsführungsbefugnis für die Gesellschaft die Pflichten des Betreibers einer genehmigungsbedürftigen Anlage im Sinne des § 4 des Bundes-Immissionsschutzgesetzes oder die Pflichten des Besitzers im Sinne des § 27 KrWG wahrnimmt, die ihm nach diesem Gesetz und nach den aufgrund dieses Gesetzes erlassenen Rechtsverordnungen obliegen. Die Gesamtverantwortung aller Organmitglieder oder Gesellschafter bleibt hiervon unberührt.

Der Betreiber einer genehmigungsbedürftigen Anlage im Sinne des § 4 des Bundes-Immissionsschutzgesetzes, der Besitzer im Sinne des § 27 KrWG oder im Rahmen ihrer Geschäftsführungsbefugnis die anzuzeigende Person hat der zuständigen Behörde mitzuteilen, auf welche Weise sichergestellt ist, dass die Vorschriften und Anordnungen, die der Vermeidung, Verwertung und umweltverträglichen Beseitigung von Abfällen dienen, beim Betrieb beachtet werden.

Bestellung eines Betriebsbeauftragten für Abfall (§ 59)

Betreiber von genehmigungsbedürftigen Anlagen im Sinne des § 4 des Bundes-Immissionsschutzgesetzes, Betreiber von Anlagen, in denen regelmäßig gefährliche Abfälle anfallen, Betreiber ortsfester Sortier-, Verwertungs- oder Abfallbeseitigungsanlagen sowie Besitzer im Sinne des § 27 KrWG haben unverzüglich einen oder mehrere Betriebsbeauftragte für Abfall (Abfallbeauftragte) zu bestellen, sofern dies im Hinblick auf die Art oder die Größe der Anlagen erforderlich ist wegen der:

- in den Anlagen anfallenden, verwerteten oder beseitigten Abfälle,

- technischen Probleme der Vermeidung, Verwertung oder Beseitigung oder
- Eignung der Produkte oder Erzeugnisse, die bei oder nach bestimmungsgemäßer Verwendung Probleme hinsichtlich der ordnungsgemäßen und schadlosen Verwertung oder umweltverträglichen Beseitigung hervorrufen.

Das Bundesministerium für Umwelt, Naturschutz und Reaktorsicherheit bestimmt durch Rechtsverordnung die Anlagen, deren Betreiber Abfallbeauftragte zu bestellen haben. Die zuständige Behörde kann anordnen, dass Betreiber von Anlagen, für die die Bestellung eines Abfallbeauftragten nicht durch Rechtsverordnung vorgeschrieben ist, einen oder mehrere Abfallbeauftragte zu bestellen haben, soweit sich im Einzelfall die Notwendigkeit der Bestellung ergibt. Ist nach § 53 des Bundes-Immissionsschutzgesetzes ein Immissionsschutzbeauftragter oder nach § 64 des Wasserhaushaltsgesetzes ein Gewässerschutzbeauftragter zu bestellen, so können diese auch die Aufgaben und Pflichten eines Abfallbeauftragten wahrnehmen.

Aufgaben des Betriebsbeauftragten für Abfall (§ 60)

Der Abfallbeauftragte berät den Betreiber und die Betriebsangehörigen in Angelegenheiten, die für die Abfallvermeidung und Abfallbewirtschaftung bedeutsam sein können. Er ist berechtigt und verpflichtet:

- den Weg der Abfälle von ihrer Entstehung oder Anlieferung bis zu ihrer Verwertung oder Beseitigung zu überwachen,
- die Einhaltung der Vorschriften des KrWG und der aufgrund dieses Gesetzes erlassenen Rechtsverordnungen sowie die Erfüllung erteilter Bedingungen und Auflagen zu überwachen, insbesondere durch Kontrolle der Betriebsstätte und der Art und Beschaffenheit der in der Anlage anfallenden, verwerteten oder beseitigten Abfälle,
- er ist verpflichtet in regelmäßigen Abständen, Mitteilung über festgestellte Mängel und Vorschläge zur Mängelbeseitigung zu unterbreiten,
- die Betriebsangehörigen aufzuklären über Beeinträchtigungen des Wohls der Allgemeinheit, welche von den Abfällen ausgehen können, die in der Anlage anfallen, verwertet oder beseitigt werden und über Einrichtungen und Maßnahmen zur Verhinderung von Beeinträchtigungen des Wohls der Allgemeinheit unter Berücksichtigung der für die Vermeidung, Verwertung und Beseitigung von Abfällen geltenden Gesetze und Rechtsverordnungen,
- bei genehmigungsbedürftigen Anlagen im Sinne des § 4 des Bundes-Immissionsschutzgesetzes oder solchen Anlagen, in denen regelmäßig gefährliche Abfälle anfallen, zudem hinzuwirken auf die Entwicklung und Einführung umweltfreundlicher und abfallarmer Verfahren, einschließlich Verfahren zur Vermeidung, ordnungsgemäßen und schadlosen Verwertung oder umweltverträglichen Beseitigung von Abfällen, sowie umweltfreundlicher und abfallarmer Erzeugnisse, einschließlich Verfahren zur Wiederverwendung, Verwertung oder umweltverträglichen Beseitigung nach Wegfall der Nutzung, sowie
- bei der Entwicklung und Einführung umweltfreundlicher und abfallarmer Verfahren und Erzeugnisse mitzuwirken, insbesondere durch Begutachtung der Verfahren und Erzeugnisse unter den Gesichtspunkten der Abfallbewirtschaftung,
- bei Anlagen, in denen Abfälle verwertet oder beseitigt werden, zudem auf Verbesserungen des Verfahrens hinzuwirken.

Der Abfallbeauftragte erstattet dem Betreiber jährlich einen schriftlichen Bericht über die getroffenen und beabsichtigten Maßnahmen.

Auf das Verhältnis zwischen dem zur Bestellung Verpflichteten und dem Abfallbeauftragten finden § 55 und die §§ 56 bis 58 des Bundes-Immissionsschutzgesetzes entsprechende Anwendung. Das Bundesministerium für Umwelt, Naturschutz und Reaktorsicherheit wird ermächtigt, durch Rechtsverordnung vorzuschreiben, welche Anforderungen an die Fachkunde und Zuverlässigkeit des Abfallbeauftragten zu stellen sind. Abbildung 3.6 enthält ein Ernennungsschreiben für den Betriebsbeauftragten für Abfall.

Betriebsbeauftragter für Abfall

Herr/Frau (Name, Vorname) ______________________

wird mit Wirkung vom ______________________

für das Unternehmen (Name, Sitz, Werk) ______________________

____

zum/zur Betriebsbeauftragten für Abfall gemäß §§ 59 KrWG bestellt.

Er/Sie nimmt gemäß § 60 KrWG folgende Aufgaben wahr:

- **Überwachung der Abfälle von ihrer Entstehung oder Anlieferung bis zu ihrer Verwertung oder Beseitigung.**
- **Überwachung der Einhaltung der Vorschriften des KrWG, der aufgrund dieses Gesetzes erlassenen Rechtsvorschriften sowie der erteilten Bedingungen und Auflagen.**
- **Beratung des Betreibers und der Betriebsangehörigen in Angelegenheiten, die für die Kreislaufwirtschaft bedeutsam sein können.**
- **Hinwirkung auf die Entwicklung, Einführung und Begutachtung umweltfreundlicher Produkte und Verfahren.**
- **Jährliche Berichterstattung über die getroffenen und beabsichtigten Maßnahmen in der Kreislaufwirtschaft.**

Der/Die Betriebsbeauftragte für Abfall berichtet Herrn/Frau

____

als Verantwortlichem(r) der Geschäftsleitung.

Je eine Kopie dieser Bestellungsurkunde erhalten die zuständige Behörde, der Betriebsrat und die Personalabteilung unseres Unternehmens.

______________________	______________________
Datum, Ort	**Unternehmer/Bevollmächtigter**
______________________	______________________
Abfallbeauftragte/r	**Betriebsrat**

Abb. 3.6: Ernennungsschreiben „Betriebsbeauftragter für Abfall“

3.11 Abfallverzeichnisverordnung (AVV)

Anwendungsbereich (§ 1)

Diese Verordnung gilt für die Bezeichnung von Abfall und die Einstufung von Abfällen nach ihrer Gefährlichkeit.

Gefährlichkeit von Abfällen (§ 3)

Die mit einem Sternchen (*) versehenen gefährlichen Abfallarten im Abfallverzeichnis sind gefährlich im Sinne des § 48 des Kreislaufwirtschaftsgesetzes. Von als gefährlich eingestuften Abfällen wird angenommen, dass sie eine oder mehrere der in der Richtlinie 2008/98/EG des Europäischen Parlaments und des Rates vom 19. November 2008 über gefährliche Abfälle aufgeführten Eigenschaften und hinsichtlich der dort aufgeführten Eigenschaften H3 bis H8, H10 und H11 eines oder mehrere der folgenden Merkmale aufweisen:

- Flammpunkt ≤ 55 °C,
- Gesamtkonzentration von ≥ 0,1 % an einem oder mehreren als sehr giftig eingestuften Stoffen,
- Gesamtkonzentration von ≥ 3 % an einem oder mehreren als giftig eingestuften Stoffen,
- Gesamtkonzentration von ≥ 25 % an einem oder mehreren als gesundheitsschädlich eingestuften Stoffen,
- Gesamtkonzentration von ≥ 1 % an einem oder mehreren nach R35 als ätzend eingestuften Stoffen,
- Gesamtkonzentration von ≥ 5 % an einem oder mehreren nach R34 als ätzend eingestuften Stoffen,
- Gesamtkonzentration von ≥ 10 % an einem oder mehreren nach R41 als reizend eingestuften Stoffen,
- Gesamtkonzentration von ≥ 20 % an einem oder mehreren nach R36, R37, R38 als reizend eingestuften Stoffen,
- Konzentration von ≥ 0,1 % an einem als krebserzeugend bekannten Stoff der Kategorie 1 oder 2,
- Konzentration von ≥ 1 % an einem als krebserzeugend bekannten Stoff der Kategorie 3,
- Konzentration von ≥ 0,5 % an einem nach R60 oder R61 als fortpflanzungsgefährdend eingestuften Stoff der Kategorie 1 oder 2,
- Konzentration von ≥ 5 % an einem nach R62 oder R63 als fortpflanzungsgefährdend eingestuften Stoff der Kategorie 3,
- Konzentration von ≥ 0,1 % an einem nach R46 als erbgutverändernd eingestuften Stoff der Kategorie 1 oder 2,
- Konzentration von ≥ 1 % an einem nach R40 als erbgutverändernd eingestuften Stoff der Kategorie 3.

Die Einstufung sowie die R-Nummern beziehen sich auf die Richtlinie 67/548/EWG zur Angleichung der Rechts- und Verwaltungsvorschriften für die Einstufung, Verpackung und Kennzeichnung gefährlicher Stoffe.

Abfallarten (Anlage)

Die verschiedenen Abfallarten im Verzeichnis (Abb. 3.7) sind vollständig definiert durch den sechsstelligen Abfallschlüssel und die entsprechenden zwei- bzw. vierstelligen Kapitelüberschriften. Deshalb ist ein Abfall im Verzeichnis in den folgenden vier Schritten zu bestimmen:

1. Bestimmung der Herkunft der Abfälle in den Kapiteln 01 bis 12 bzw. 17 bis 20 und des entsprechenden sechsstelligen Abfallschlüssels (ausschließlich der auf 99 endenden Schlüssel dieser Kapitel). Eine bestimmte Anlage muss ihre Abfälle je nach der Tätigkeit gegebenenfalls auf mehrere Kapitel aufteilen. So kann z.B. ein Automobilhersteller seine Abfälle je nach Prozessstufe unter Kapitel 12 (Abfälle aus Prozessen der mechanischen Formgebung und Oberflächenbearbeitung von Metallen), 11 (anorganische metallhaltige Abfälle aus der Metallbearbeitung und -beschichtung) und 08 (Abfälle aus der Anwendung von Überzügen) finden. Anmerkung: Getrennt gesammelte Verpackungsabfälle (einschließlich Mischverpackungen aus unterschiedlichen Materialien) werden nicht in 20 01, sondern in 15 01 eingestuft.

2. Lässt sich in den Kapiteln 01 bis 12 und 17 bis 20 kein passender Abfallschlüssel finden, dann müssen zur Bestimmung des Abfalls die Kapitel 13, 14 und 15 geprüft werden.

3. Trifft keiner dieser Abfallschlüssel zu, dann ist der Abfall gemäß Kapitel 16 zu bestimmen.

4. Fällt der Abfall auch nicht unter Kapitel 16, dann ist der auf 99 endende Schlüssel (Abfälle anders nicht genannt, a.n.g.) in dem Teil des Verzeichnisses zu verwenden, der der in Schritt 1 bestimmten abfallerzeugenden Tätigkeit entspricht.

Für die Zwecke dieser Verordnung bedeutet „gefährlicher Stoff" jeder Stoff, der gemäß der Gefahrstoffverordnung als gefährlich eingestuft wurde oder künftig so eingestuft wird, „Schwermetall" bedeutet jede Verbindung von Antimon, Arsen, Kadmium, Chrom (VI), Kupfer, Blei, Quecksilber, Nickel, Selen, Tellur, Thallium und Zinn sowie diese Stoffe in metallischer Form, sofern sie als gefährliche Stoffe eingestuft sind.

01	Abfälle, die beim Aufsuchen, Ausbeuten und Gewinnen sowie bei der physikalischen und chemischen Behandlung von Bodenschätzen entstehen
02	Abfälle aus Landwirtschaft, Gartenbau, Teichwirtschaft, Forstwirtschaft, Jagd und Fischerei sowie der Herstellung und Verarbeitung von Nahrungsmittel
03	Abfälle aus der Holzbearbeitung und der Herstellung von Platten, Möbeln, Zellstoffen, Papier und Pappe
04	Abfälle aus der Leder-, Pelz- und Textilindustrie
05	Abfälle aus der Erdölraffination, Erdgasreinigung und Kohlepyrolyse
06	Abfälle aus anorganisch-chemischen Prozessen
07	Abfälle aus organisch-chemischen Prozessen
08	Abfälle aus Herstellung, Zubereitung, Vertrieb und Anwendung (HZVA) von Beschichtungen (Farben, Lacke, Email), Klebstoffen, Dichtmassen und Druckfarben
09	Abfälle aus der fotografischen Industrie
10	Abfälle aus thermischen Prozessen
11	Abfälle aus der chemischen Oberflächenbearbeitung und Beschichtung von Metallen und anderen Werkstoffen; Nichteisen-Hydrometallurgie
12	Abfälle aus Prozessen der mechanischen Formgebung sowie der physikalischen und mechanischen Oberflächenbehandlung von Metallen und Kunststoffen
13	Ölabfälle und Abfälle aus flüssigen Brennstoffen (außer Speiseöle und Ölabfälle, die unter 05, 12 und 19 fallen)
14	Abfälle aus organischen Lösemitteln, Kühlmitteln und Treibgasen (außer 07 und 08)
15	Verpackungsabfall, Aufsaugmassen, Wischtücher, Filtermaterialien und Schutzkleidung (a.n.g.)
16	Abfälle, die nicht anderswo im Verzeichnis aufgeführt sind
17	Bau- und Abbruchabfälle (einschließlich Aushub von verunreinigten Standorten)
18	Abfälle aus der humanmedizinischen oder tierärztlichen Versorgung und Forschung (ohne Küchen- und Restaurantabfälle, die nicht aus der unmittelbaren Krankenpflege stammen)
19	Abfälle aus Abfallbehandlungsanlagen, öffentlichen Abwasserbehandlungsanlagen sowie der Aufbereitung von Wasser für den menschlichen Gebrauch und Wasser für industrielle Zwecke
20	Siedlungsabfälle (Haushaltsabfälle und ähnliche gewerbliche und industrielle Abfälle sowie Abfälle aus Einrichtungen), einschließlich getrennt gesammelter Fraktionen

Abb. 3.7: Verzeichnis von Abfällen

3.12 Nachweisverordnung (NachwV)

Anwendungsbereich (§ 1)

Die Verordnung gilt für die Führung von Nachweisen und Registern über die Entsorgung von gefährlichen und nicht gefährlichen Abfällen elektronisch oder unter Verwendung von Formblättern durch:

- Erzeuger oder Besitzer von Abfällen (Abfallerzeuger),
- Einsammler oder Beförderer von Abfällen (Abfallbeförderer),
- Betreiber von Anlagen oder Unternehmen, welche Abfälle in einem Verfahren nach Abbildung 3.3 oder Abbildung 3.4 des Kreislaufwirtschaftsgesetzes entsorgen (Abfallentsorger), sowie
- Händler und Makler von Abfällen.

3.12.1 Nachweisführung über die Entsorgung von Abfällen

Kreis der Nachweispflichtigen und Form der Nachweisführung (§ 2)

Zur Nachweisführung verpflichtet sind Abfallerzeuger, Abfallbeförderer und Abfallentsorger, soweit eine Pflicht zur Führung von Nachweisen nach:

- § 50 des Kreislaufwirtschaftsgesetzes über die Entsorgung gefährlicher Abfälle oder
- § 51 des Kreislaufwirtschaftsgesetzes über die Entsorgung nicht gefährlicher Abfälle auf Anordnung der zuständigen Behörde

besteht. Von der Nachweispflicht ausgenommen sind Abfallerzeuger, wenn bei ihnen nicht mehr als insgesamt zwei Tonnen gefährlicher Abfälle (Kleinmengen) jährlich anfallen. Die Pflichten zur Führung der Übernahmescheine nach § 12 NachwV sowie nach § 16 NachwV bleiben unberührt. Die Verfahren und Inhalte zur Führung der Nachweise gelten für die elektronische Nachweisführung und unter Verwendung von Formblättern, soweit nichts anderes bestimmt ist.

Entsorgungsnachweis (§ 3)

Wer nachweispflichtige Abfälle zur Entsorgung in eine Abfallentsorgungsanlage bringen oder solche Abfälle dort annehmen will, hat vor Beginn der Abfallentsorgung die Zulässigkeit der vorgesehenen Entsorgung durch einen Entsorgungsnachweis unter Verwendung der hierfür vorgesehenen Formblätter zu belegen. Der Entsorgungsnachweis besteht aus dem Deckblatt Entsorgungsnachweise, der verantwortlichen Erklärung des Abfallerzeugers einschließlich der Deklarationsanalyse und der Annahmeerklärung des Abfallentsorgers (Nachweiserklärungen) sowie, soweit keine Freistellung von der Pflicht zur Einholung einer Bestätigung nach § 5 NachwV vorliegt, der Bestätigung der für die zur Entsorgung vorgesehenen Anlage (Entsorgungsanlage) zuständigen Behörde.

Der Abfallerzeuger hat vor Zuleitung der Nachweiserklärungen an die für die Entsorgungsanlage zuständige Behörde das Deckblatt „Entsorgungsnachweise" sowie den Teil „Verantwortliche Erklärung" einschließlich der „Deklarationsanalyse" des Entsorgungsnachweises auszufüllen und dem Abfallentsorger zuzuleiten. Eine Deklarationsanalyse ist nicht erforderlich, soweit die Art, Beschaffenheit und die den Abfall bestimmenden Parameter und Konzentrationswerte bekannt sind oder das Verfahren, bei dem der Abfall anfällt, und im Falle der Vorbehandlung des Abfalls, die Art der Vorbehandlung des Abfalls angegeben wird und sich aus diesen Angaben die Art, Beschaffenheit und Zusammensetzung in einem für die weitere Durchführung des Nachweisverfahrens ausreichenden Umfang ergeben. Die Angaben sind im Feld „Weitere Angaben“ des Formblattes „Deklarationsanalyse“ einzutragen.

Der Abfallentsorger hat vor Zuleitung der Nachweiserklärungen an die für die Entsorgungsanlage zuständige Behörde den Teil „Annahmeerklärung“ auszufüllen und eine Ablichtung dem Abfallerzeuger zuzuleiten. Das Original der Nachweiserklärungen übersendet der Abfallentsorger mit dem Teil „Behördliche Bestätigung“ der für die Entsorgungsanlage zuständigen Behörde.

Der Abfallerzeuger kann mit der Abgabe der verantwortlichen Erklärung einen Vertreter bevollmächtigen. Die Vollmacht ist schriftlich zu erteilen und auf Verlangen der für den Erzeuger oder der für den Entsorger zuständigen Behörde vorzulegen. Im Formblatt „Deckblatt Entsorgungsnachweise DEN“ sind sowohl der Abfallerzeuger als auch der bevollmächtigte Vertreter anzugeben.

Eingangsbestätigung (§ 4)

Die für den Abfallentsorger zuständige Behörde hat dem Abfallerzeuger und dem Abfallentsorger innerhalb von zwölf Kalendertagen den Eingang der Nachweiserklärungen unter Angabe des Eingangsdatums zu bestätigen (Eingangsbestätigung), sofern sie nicht bereits innerhalb dieser Frist die Zulässigkeit der vorgesehenen Entsorgung gemäß § 5 NachwV bestätigt. Sie hat nach Eingang unverzüglich zu prüfen, ob die Nachweiserklärungen den Anforderungen entsprechen. Entsprechen die Nachweiserklärungen nicht den Anforderungen, so hat die für den Abfallentsorger zuständige Behörde den Abfallerzeuger und den Abfallentsorger unverzüglich aufzufordern, die Nachweiserklärungen innerhalb einer angemessenen Frist zu ergänzen oder weitere für die Prüfung erforderliche Unterlagen vorzulegen.

Bestätigung des Entsorgungsnachweises (§ 5)

Die für die Entsorgungsanlage zuständige Behörde bestätigt innerhalb von 30 Kalendertagen nach Eingang der Nachweiserklärungen die Zulässigkeit der vorgesehenen Entsorgung, wenn:

- die Abfälle in der vorgesehenen Entsorgungsanlage behandelt, stofflich oder energetisch verwertet, gelagert oder abgelagert werden,
- die Ordnungsgemäßheit und Schadlosigkeit der Verwertung oder die Gemeinwohlverträglichkeit der Beseitigung der Abfälle gewährleistet ist und
- im Falle einer Lagerung der Abfälle die weitere Entsorgung durch entsprechende Entsorgungsnachweise bereits festgelegt ist.

Der Lauf der Frist wird durch eine Aufforderung zur Ergänzung der Nachweiserklärungen oder zur Vorlage weiterer Unterlagen nach § 4 NachwV unterbrochen, soweit die Ergänzung oder die weiteren Unterlagen zur Bearbeitung der Nachweiserklärungen unerlässlich sind. Mit Eingang der ergänzten Nachweiserklärungen oder der weiteren Unterlagen bei der Behörde wird eine neue Frist in Gang gesetzt.

Bei der Entscheidung über die Zulässigkeit der Entsorgung ist nicht zu prüfen, ob es sich bei der vorgesehenen Entsorgungsmaßnahme um eine Verwertung oder Beseitigung von Abfällen handelt oder die im Übrigen aus dem Kreislaufwirtschaftsgesetz und sonstigen Rechtsvorschriften des Bundes und der Länder folgenden Pflichten des Abfallerzeugers eingehalten sind.

Die Bestätigung gilt längstens fünf Jahre. Sie kann unter Bedingungen erteilt und mit Auflagen verbunden werden sowie einen kürzeren Geltungszeitraum vorsehen. Trifft die für die Entsorgungsanlage zuständige Behörde innerhalb der bestimmten Frist keine Entscheidung über die beantragte Bestätigung, so gilt die Bestätigung als erteilt.

Handhabung nach Entscheidung (§ 6)

Die für die Entsorgungsanlage zuständige Behörde übersendet das Original des bestätigten Entsorgungsnachweises dem Abfallerzeuger sowie eine Ablichtung dem Abfallentsorger. Das Original des Entsorgungsnachweises verbleibt beim Abfallerzeuger, der eine Ablichtung spätestens vor Beginn der Entsorgung der für ihn zuständigen Behörde zuzuleiten hat.

Gilt die Bestätigung nach § 5 NachwV als erteilt, so hat der Abfallerzeuger vor Übersendung der Nachweiserklärungen an die für ihn zuständige Behörde auf der ihm nach § 3 NachwV übersandten Ablichtung der Nachweiserklärungen den Ablauf der Frist nach § 5 NachwV zu vermerken. Er übersendet spätestens vor Beginn der Entsorgung die Ablichtung der Nachweiserklärungen sowie der Eingangsbestätigung nach § 4 der für ihn zuständigen Behörde.

Der Abfallerzeuger hat dem Abfallbeförderer eine Ablichtung des Entsorgungsnachweises zu übergeben oder, soweit die Bestätigung nach § 5 NachwV als erteilt gilt, eine Ablichtung der Nachweiserklärungen sowie der Eingangsbestätigung nach § 4 NachwV. Der Beförderer, auch jeder weitere Beförderer, hat die genannten Unterlagen bei der Beförderung mitzuführen und diese Unterlagen auf Verlangen den zur Kontrolle und Überwachung Befugten vorzulegen.

Erfolgt die Beförderung mittels schienengebundener Fahrzeuge, so entfällt die Pflicht zur Mitführung von Unterlagen. In diesem Fall hat der Abfallbeförderer in geeigneter Weise sicherzustellen, dass bei einem Wechsel des Abfallbeförderers die genannten Unterlagen übergeben werden.

Wird die Bestätigung abgelehnt, fertigt die für die Entsorgungsanlage zuständige Behörde für sich eine Ablichtung der Originalunterlagen an. Sie übersendet die Originalunterlagen unmittelbar an den Abfallerzeuger sowie eine Ablichtung an die für den Abfallerzeuger zuständige Behörde und den Abfallentsorger.

Der Laufweg der einzelnen Bestandteile des Entsorgungsnachweises ist in Abbildung 3.8 dargestellt.

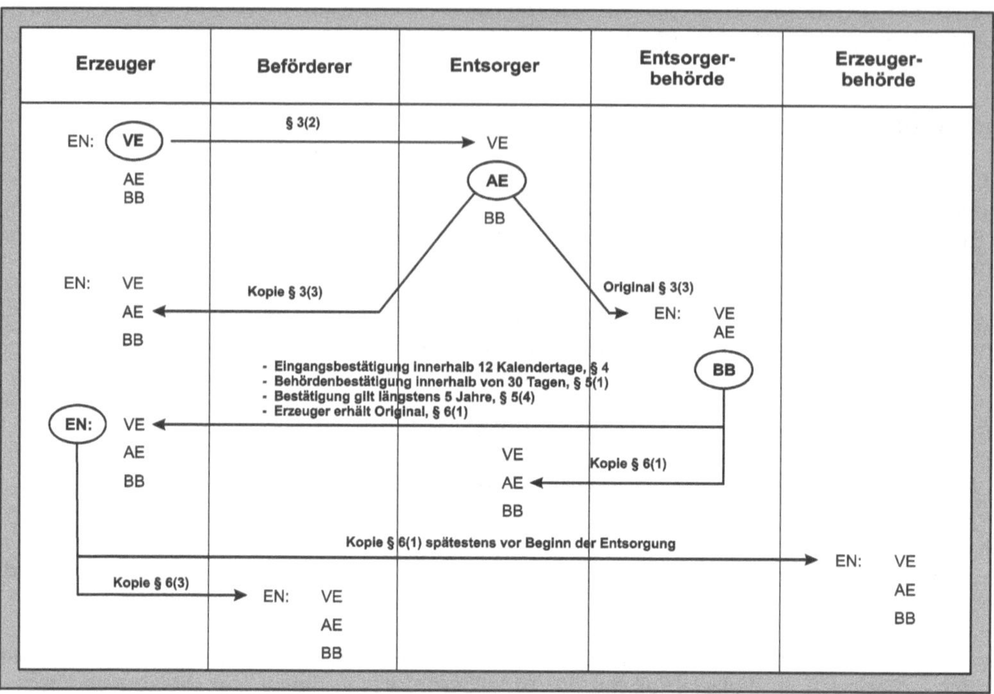

Abb. 3.8: Prozessablauf Entsorgungsnachweis (EN)

Freistellung und Privilegierung (§ 7)

Die Pflicht zur Erteilung einer Eingangsbestätigung nach § 4 NachwV und zur Einholung einer Bestätigung nach § 5 NachwV entfällt, soweit der Abfallentsorger für die von ihm betriebene Abfallentsorgungsanlage und dort durchzuführende Behandlung, stoffliche oder energetische Verwertung, Lagerung oder Ablagerung:

- als Entsorgungsfachbetrieb zertifiziert,
- auf Antrag durch die zuständige Behörde von der Bestätigungspflicht freigestellt worden ist oder
- die betriebene Abfallentsorgungsanlage zu einem nach der Verordnung (EG) Nr. 761/2001 vom 19. März 2001 über die freiwillige Beteiligung von Organisationen an einem Gemeinschaftssystem für das Umweltmanagement und die Umweltbetriebsprüfung (EMAS) und nach dem Umweltauditgesetz in das EMAS-Register eingetragenen Standort oder Teilstandort eines Unternehmens gehört. Eine Eintragung ist der zuständigen Behörde mitzuteilen.

Die Freistellung gilt nur, wenn der für die Entsorgungsanlage zuständigen Behörde ein gültiges Überwachungszertifikat vorliegt, in dem die zertifizierten Tätigkeiten des Betriebes bezogen auf seine Standorte und Anlagen einschließlich der jeweiligen Abfallarten und dazugehörigen Abfallschlüssel bezeichnet sind. Hat der Entsorgungsfachbetrieb seine Fachbetriebstätigkeit nach § 2 der Entsorgungsfachbetriebeverordnung beschränkt, so sind im Überwachungszertifikat zusätzlich die von der Fachbetriebstätigkeit umfassten Abfälle nach ihrem jeweiligen Herkunftsbereich sowie die umfassten Verwertungs- oder Beseitigungsverfahren zu bezeichnen. Die Freistellung gilt nur, wenn in der für gültig erklärten Umwelterklärung Angaben zur Abfallentsorgungsanlage und zu den

Abfallschlüsseln der in der Anlage entsorgten Abfälle enthalten sind und diese Angaben mit den entsprechenden Angaben aus den Nachweiserklärungen übereinstimmen.

Die zuständige Behörde hat auf Antrag unter Verwendung der hierfür vorgesehenen Formblätter den Abfallentsorger von der Bestätigungspflicht freizustellen, wenn:

- die Einhaltung der in § 5 NachwV genannten Voraussetzungen hinsichtlich der im Antrag aufgelisteten Abfälle gewährleistet ist und
- keine Anhaltspunkte vorliegen oder Tatsachen bekannt sind, dass der Abfallentsorger gegen die ihm bei der Entsorgung oder im Rahmen der Überwachung obliegenden Pflichten verstößt oder verstoßen hat.

Soweit die Bestätigungspflicht entfällt, übersendet der Abfallentsorger die nach § 3 NachwV zu erbringenden Nachweiserklärungen vor Beginn der vorgesehenen Entsorgung an die für die Entsorgungsanlage zuständige Behörde. Der Abfallerzeuger übersendet vor Beginn der Entsorgung eine Ablichtung der vollständigen Nachweiserklärungen an die für ihn zuständige Behörde. Die Nachweiserklärungen gelten längstens fünf Jahre ab dem Datum der Annahmeerklärung des Abfallentsorgers. Die für die Entsorgungsanlage zuständige Behörde kann in entsprechender Anwendung des § 5 NachwV eine kürzere Geltungsdauer der Nachweiserklärungen sowie Auflagen für die Durchführung der Tätigkeiten bestimmen.

Der Abfallentsorger hat dem Abfallerzeuger unverzüglich mitzuteilen, wenn die erteilte Freistellung unwirksam wird, die Voraussetzungen der Freistellung entfallen sind oder gegenüber dem Abfallentsorger eine Anordnung oder ein Widerruf nach § 8 NachwV ergangen ist. Soweit die Voraussetzungen für eine Freistellung entfallen, hat dies der Abfallentsorger auch der für ihn zuständigen Behörde mitzuteilen.

Sammelentsorgungsnachweis (§ 9)

Abweichend von § 3 NachwV kann der Nachweis über die Zulässigkeit der vorgesehenen Entsorgung vom Einsammler durch einen Sammelentsorgungsnachweis geführt werden, wenn die einzusammelnden Abfälle:

- denselben Abfallschlüssel haben,
- den gleichen Entsorgungsweg haben,
- in ihrer Zusammensetzung den im Sammelentsorgungsnachweis genannten Maßgaben für die Sammelcharge entsprechen und
- die bei dem einzelnen Abfallerzeuger am jeweiligen Standort anfallende Abfallmenge 20 Tonnen je Abfallschlüssel und Kalenderjahr nicht übersteigt.

Im Falle der Einsammlung von Altölen oder Althölzern kann der Nachweis über die Zulässigkeit der Entsorgung durch den die Altölsammelkategorie oder die Altholzkategorie prägenden Abfallschlüssel geführt werden.

Auf die Führung des Sammelentsorgungsnachweises findet die NachwV entsprechende Anwendung mit der Maßgabe, dass die den Abfallerzeuger nach diesen Bestimmungen treffenden Pflichten entsprechend durch den Einsammler zu erfüllen sind.

Soweit der Einsammlungsbereich die Grenzen des Landes überschreitet, in dem die für den Einsammler zuständige Behörde ihren Sitz hat, hat der Einsammler den Sammelentsorgungsnachweis oder bei Entfallen der Bestätigungspflicht die Nachweiserklärungen spätestens vor Beginn der Einsammlung zusätzlich auch den zuständigen Behörden der anderen Länder zur Kenntnis zu geben.

Der Einsammler hat über die Zulässigkeit der vorgesehenen Entsorgung auch dann einen Sammelentsorgungsnachweis zu führen, wenn die Erzeuger der eingesammelten Abfälle nach § 2 NachwV von Nachweispflichten ausgenommen sind. Der Sammelentsorgungsnachweis ist nicht übertragbar.

Der Laufweg der einzelnen Bestandteile des Entsorgungsnachweises ist in Abbildung 3.9 dargestellt.

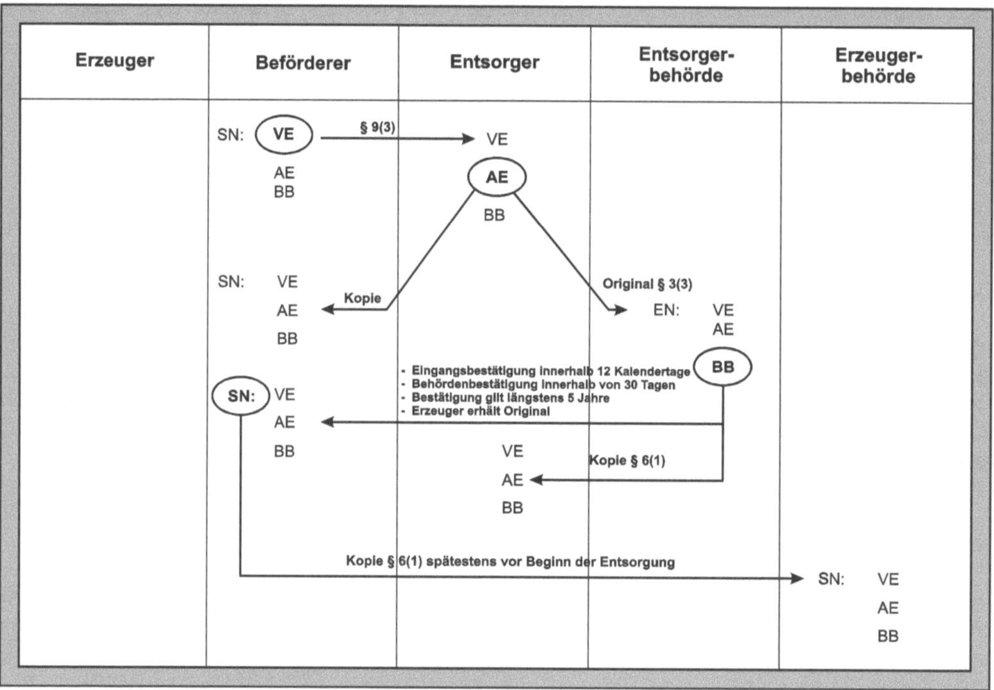

Abb. 3.9: Prozessablauf Sammelentsorgungsnachweis

3.12.2 Nachweisführung über die durchgeführte Entsorgung

Begleitschein (§ 10)

Der Nachweis über die durchgeführte Entsorgung nachweispflichtiger Abfälle wird mit Hilfe der Begleitscheine unter Verwendung der hierfür vorgesehenen Formblätter geführt.

Bei der Übergabe von Abfällen aus dem Besitz eines Abfallerzeugers ist für jede Abfallart ein gesonderter Satz von Begleitscheinen zu verwenden, der aus sechs Ausfertigungen besteht. Die Zahl der auszufüllenden Ausfertigungen verringert sich, sobald Abfallerzeuger oder Abfallbeförderer und Abfallentsorger ganz oder teilweise personengleich sind. Bei einem Wechsel des Abfallbeförderers ist die Übergabe der Abfälle dem Übergebenden vom übernehmenden Abfallbeförderer mittels Übernahmeschein in entsprechender Anwendung des § 12 NachwV oder in anderer geeigneter Weise zu bescheinigen. Dies gilt entsprechend für die Übergabe der Abfälle an den Betreiber eines Geländes zur kurzfristigen Lagerung oder zum Umschlag und von diesem Betreiber an den weiteren Beförderer.

Von den Ausfertigungen der Begleitscheine sind:

- die Ausfertigungen 1 (weiß) und 5 (altgold) als Belege für das Register des Abfallerzeugers,
- die Ausfertigungen 2 (rosa) und 3 (blau) zur Vorlage an die zuständige Behörde,
- die Ausfertigung 4 (gelb) als Beleg für das Register des Abfallbeförderers, bei einem Wechsel des Abfallbeförderers für das Register des letzten Abfallbeförderers,
- die Ausfertigung 6 (grün) als Beleg für das Register des Abfallentsorgers

bestimmt.

Ausfüllen und Handhabung der Begleitscheine (§ 11)

Die Begleitscheine sind nach Maßgabe der für die jeweilige Person bestimmten Aufdrucke auf den Ausfertigungen auszufüllen und zu unterschreiben, und zwar:

- vom Abfallerzeuger: spätestens bei Übergabe,
- vom Beförderer oder Einsammler sowie von jedem weiteren Beförderer: spätestens bei Übernahme,
- vom Betreiber eines Geländes zur kurzfristen Lagerung oder zum Umschlag: spätestens bei Übernahme und
- vom Abfallentsorger: unverzüglich nach Annahme der Abfälle zur ordnungsgemäßen Entsorgung.

Liegt ein Entsorgungsnachweis für die Entsorgung von Altölen oder Althölzern mit mehr als einem Abfallschlüssel vor, hat der Abfallerzeuger im Abfallschlüsselfeld des Begleitscheins den prägenden Abfallschlüssel einzutragen und im Mehrzweckfeld „Frei für Vermerke" die Abfallschlüssel der tatsächlich auf der Grundlage dieses Begleitscheins entsorgten Abfälle. Zu bezeichneten Zwecken sind die Begleitscheine als Begleitscheinsatz im Durchschreibeverfahren zu verwenden.

Der Begleitscheinsatz beginnt mit der Ausfertigung 2 (rosa). Es folgen in numerischer Reihenfolge die Ausfertigungen 3 (blau) bis 6 (grün). Als letzte Ausfertigung wird die Ausfertigung 1 (weiß) angefügt. Der Abfallerzeuger, der Einsammler oder der Beförderer füllt entsprechend den Anforderungen die für ihn bestimmten Aufdrucke der Ausfertigung 1 (weiß) aus, in dem er die entsprechenden Aufdrucke der Ausfertigung 2 (rosa) ausfüllt und die Angaben bis zur Ausfertigung 1 (weiß) durchschreibt.

Bei Übernahme der Abfälle übergibt der Abfallbeförderer dem Abfallerzeuger die Ausfertigung 1 (weiß) der Begleitscheine als Beleg für das Register, nachdem er die ordnungsgemäße Beförderung versichert und die erforderlichen Ergänzungen vorgenommen hat. Die Ausfertigungen 2 bis 6 hat der Abfallbeförderer während des Beförderungsvorganges mitzuführen und dem Abfallentsorger bei Übergabe der Abfälle auszuhändigen sowie auf Verlangen den zur Überwachung und Kontrolle Befugten vorzulegen. Dies gilt entsprechend für weitere an der Beförderung Beteiligte. Bei einer kurzfristigen Lagerung oder einem Umschlag sind die Ausfertigungen 2 bis 6 vom Abfallbeförderer dem Betreiber des Lager- oder Umschlagplatzes und von diesem dem übernehmenden Beförderer jeweils bei Übergabe der Abfälle auszuhändigen.

Spätestens zehn Kalendertage nach Annahme der Abfälle vom Abfallbeförderer übergibt oder übersendet der Abfallentsorger die Ausfertigungen 2 (rosa) und 3 (blau) der für die Entsorgungsanlage zuständigen Behörde als Beleg über die Annahme der Abfälle, die Ausfertigung 4 (gelb) übergibt oder übersendet er dem Abfallbeförderer, die Ausfertigung 5 (altgold) dem Abfallerzeuger als Beleg zu deren Registern. Die Ausfertigung 6 (grün) behält der Abfallentsorger als Beleg für sein Register.

Spätestens zehn Kalendertage nach Erhalt übersendet die für die Entsorgungsanlage zuständige Behörde die Ausfertigung 2 (rosa) an die für den Abfallerzeuger zuständige Behörde; im Falle der Sammelentsorgung erfolgt die Übersendung an die für das jeweilige Einsammlungsgebiet zuständige Behörde.

Erfolgt die Beförderung mittels schienengebundener Fahrzeuge, so entfällt die Pflicht zur Mitführung der genannten Ausfertigungen während des Beförderungsvorganges. In diesem Fall hat der Beförderer sicherzustellen, dass bei einem Wechsel des Beförderers die genannten Ausfertigungen übergeben werden.

Wird der Begleitschein geändert oder ergänzt, muss der geänderte oder ergänzte Begleitschein unverzüglich erneut den zuständigen Behörden und den übrigen am Begleitscheinverfahren Beteiligten übersandt werden.

Der Laufweg der einzelnen Begleitscheine ist in Abbildung 3.10 dargestellt.

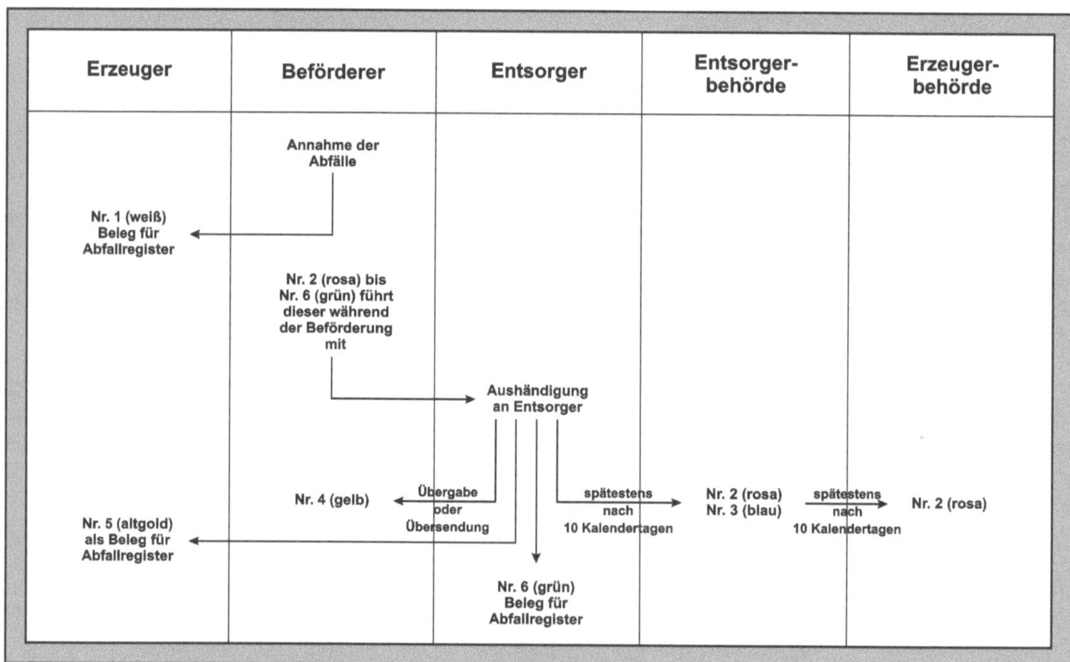

Abb. 3.10: Prozessablauf Begleitscheinverfahren nach § 11 NachwV

Übernahmeschein bei Sammelentsorgung (§ 12)

Bei der Verwendung eines Sammelentsorgungsnachweises oder der Nachweiserklärungen bei Entfallen der Bestätigungspflicht nach § 9 NachwV wird der Nachweis über die durchgeführte Entsorgung mit Hilfe der Übernahmescheine unter Verwendung der hierfür vorgesehenen Formblätter, die im Durchschreibverfahren als Übernahmescheinsatz zu verwenden sind, und der Begleitscheine im Sinne des § 10 NachwV geführt. Auf dem Übernahmeschein finden die Bestimmungen des § 10 NachwV entsprechende Anwendung.

Der Übernahmeschein besteht aus zwei Ausfertigungen. Davon sind:

- die Ausfertigung 1 (weiß) als Beleg für das Register des Abfallerzeugers,
- die Ausfertigung 2 (gelb) als Beleg für das Register des Einsammlers

bestimmt.

Der Abfallerzeuger sowie der Einsammler haben die Übernahmescheine nach Maßgabe der für ihn bestimmten Aufdrucke auf den Ausfertigungen spätestens bei Übernahme der Abfälle durch den Einsammler auszufüllen. Liegt ein Sammelentsorgungsnachweis für die Entsorgung von Altölen oder Althölzern mit mehr als einem Abfallschlüssel vor, haben der Einsammler und der Abfallerzeuger im Abfallschlüsselfeld des Übernahmescheins den prägenden Abfallschlüssel einzutragen und im Mehrzweckfeld „Frei für Vermerke" die Abfallschlüssel der tatsächlich auf der Grundlage dieses Übernahmescheins übernommenen Abfälle.

Bei der Übernahme der Abfälle übergibt der Einsammler dem Abfallerzeuger die Ausfertigung 1 (weiß) des Übernahmescheins als Beleg für dessen Register. Die Ausfertigung 2 (gelb) hat der Einsammler während des Beförderungsvorganges mitzuführen, auf Verlangen den zur Überwachung und Kontrolle Befugten vorzulegen und nach Übergabe der Abfälle an den Abfallentsorger zusammen mit der Ausfertigung 4 (gelb) des Begleitscheins in sein Register einzustellen.

Handhabung des Begleitscheins bei Sammelentsorgung (§ 13)

Der Einsammler hat mit Beginn der Einsammlung nach Maßgabe des § 11 NachwV die Begleitscheine auszufüllen und sich dabei als Abfallbeförderer einzutragen sowie insbesondere die Sammelentsorgungsnachweisnummer anzugeben. Der Einsammler hat im Erzeugerfeld ausschließlich eine fiktive Erzeugernummer einzutragen. Diese beginnt mit dem Landeskenner gemäß den Vorgaben des § 28 NachwV, es folgt ein „S", in die restlichen Felder werden Nullen eingetragen. Vor Übergabe der Abfälle hat er in das Mehrzweckfeld des Begleitscheines „Frei für Vermerke" die Nummern der Übernahmescheine einzutragen, aus denen sich die Sammelladung zusammensetzt. Das weitere Verfahren richtet sich nach den Bestimmungen über die Begleitscheine.

Erstreckt sich die Einsammlung über die Grenzen eines Landes hinaus, so ist für jedes Land, in dem gesammelt wird, ein separater Begleitschein zu führen. Die Kennung des Einsammlungsgebietes ist, wie beschrieben, einzutragen. Nach Annahme der Abfälle durch den Abfallentsorger ist die Begleitscheinausfertigung 2 (rosa) in entsprechender Anwendung von § 11 NachwV der für das jeweilige Land, in dem gesammelt wurde, der zuständigen Behörde zuzuleiten.

Kleinmengen (§ 16)

Den Nachweis über die ordnungsgemäße Entsorgung von Kleinmengen gefährlicher Abfälle im Sinne des § 2 NachwV hat der Abfallerzeuger und der Abfallentsorger durch die Führung eines Übernahmescheins entsprechend den Bestimmungen des § 12 NachwV zu führen.

Vorlage von Belegen auf Verlangen eines früheren Besitzers (§ 16 a)

Sofern keine Nachweispflichten nach § 2 bestehen, sind dem Erzeuger oder früheren Besitzer von gefährlichen Abfällen auf dessen Verlangen bei der Übergabe Belege über die Durchführung der Abfallbewirtschaftung von demjenigen vorzulegen, dem der Erzeuger oder Besitzer die gefährlichen Abfälle zur weiteren Bewirtschaftung übergibt. Der Erzeuger oder frühere Besitzer von gefährlichen Abfällen kann die Belege auch noch innerhalb von drei Jahren nach der Übergabe der gefährlichen Abfälle verlangen.

Der Beleg wird mit Hilfe des Formblatts „Begleitschein" in einfacher Ausfertigung vorgelegt.

Verlangt der Erzeuger oder der frühere Besitzer der Abfälle die Vorlage eines Belegs erst nach Übergabe der Abfälle, so füllt er den Begleitschein nach Maßgabe der für den Abfallerzeuger bestimmten Aufdrucke aus, unterschreibt und übersendet ihn an denjenigen, dem er die Abfälle zur weiteren Bewirtschaftung übergeben hat. Dieser füllt den übersandten Begleitschein im Falle der Beförderung nach Maßgabe der für den Abfallbeförderer bestimmten Aufdrucke und in allen anderen Fällen nach Maßgabe der für den Abfallentsorger bestimmten Aufdrucke aus, unterschreibt ihn und übersendet ihn spätestens zehn Kalendertage nach Eingang dem Erzeuger oder früheren Besitzer der Abfälle.

Die Vorlagepflicht kann auch durch die Vorlage von Praxisbelegen, wie Wiege- oder Lieferscheinen erfüllt werden, wenn diese die im Begleitschein vorgesehenen Angaben enthalten.

Mitführungspflicht (§ 16 b)

Bei der Beförderung nicht nachweispflichtiger gefährlicher Abfälle hat der Abfallbeförderer Unterlagen mit folgenden Angaben mitzuführen und auf Verlangen den zur Überwachung und Kontrolle Befugten vorzulegen:

- Menge des beförderten Abfalls in Tonnen,
- Bezeichnung des Abfalls und der Abfallschlüssel laut Abfallverzeichnis-Verordnung,
- Angaben zum Beförderer, insbesondere Name und Anschrift sowie die Beförderernummer, sofern vorhanden,
- Datum der Übernahme der Abfälle zur Beförderung,
- Angaben zum Abfallerzeuger oder Abfallbesitzer, von dem die Abfälle zur Beförderung übernommen wurden, insbesondere Name und Anschrift sowie die Erzeugernummer, sofern vorhanden, und
- Angaben zur Entsorgungsanlage oder zum Gelände zur kurzfristigen Lagerung oder zum Umschlag, zu der oder zu dem die Abfälle befördert werden, insbesondere Anschrift und Inhaber sowie dessen Entsorgernummer, sofern vorhanden.

3.12.3 Elektronische Nachweisführung

Grundsatz (§ 17)

Die zur Führung von Nachweisen über die Entsorgung gefährlicher Abfälle Verpflichteten sowie die zuständigen Behörden haben die zur Nachweisführung erforderlichen Erklärungen, Vermerke zum Fristablauf, Bestätigungen und Entscheidungen, Ablichtungen, Anträge und Freistellungen elektronisch zu übermitteln, mit einer qualifizierten elektronischen Signatur im Sinne des Signaturgesetzes zu versehen sowie die für den Empfang erforderlichen Zugänge zu eröffnen und zu unterhalten, soweit nicht eine andere Form der Übermittlung unter Verwendung von Formblättern ausdrücklich zugelassen wird.

Signatur, Übermittlung (§ 19)

Die zur Nachweisführung Verpflichteten sowie die zuständigen Behörden haben die zu übermittelnden elektronischen Dokumente mit einer qualifizierten elektronischen Signatur unter Angabe des Unterzeichnenden in Klarschrift in der zeitlichen Abfolge zu versehen, welche für die zur Nachweisführung erforderliche Abgabe von Erklärungen, Erstattung von Anzeigen, Fertigung von Vermerken, Erteilung von Bestätigungen und Entscheidungen, Übergabe oder Übersendung von Ausfertigungen oder Ablichtungen, Stellung von Anträgen sowie Erteilung von Freistellungen vorgesehen ist. Insbesondere haben Abfallerzeuger, Abfallbeförderer und Abfallentsorger:

- gemäß § 3 NachwV vor Einholung einer Bestätigung nach § 5 oder Übersendung von Nachweiserklärungen und Ablichtungen nach § 7 NachwV die den Nachweiserklärungen entsprechenden elektronischen Dokumente sowie
- die den Begleitscheinen entsprechenden elektronischen Dokumente spätestens zu den für das Ausfüllen und Unterschreiben der Begleitscheine gemäß § 11 NachwV vorgesehenen Zeitpunkten

qualifiziert elektronisch zu signieren.

3.12.4 Registerführung über die Entsorgung von Abfällen

Kreis der Registerpflichtigen (§ 23)

Zur Führung von Registern nach den Bestimmungen dieses Abschnitts verpflichtet sind Erzeuger, Einsammler, Beförderer, Händler, Makler und Entsorger von Abfällen, soweit eine Pflicht zur Führung von Registern nach:

- § 49 des Kreislaufwirtschaftsgesetzes oder
- § 51 des Kreislaufwirtschaftsgesetzes auf Anordnung der zuständigen Behörde

besteht.

Führung der Register (§ 24)

Die Register bestehen aus einer den Anforderungen des § 49 des Kreislaufwirtschaftsgesetzes sowie der NachwV entsprechend sachlich und zeitlich geordneten Darstellung der registerpflichtigen Entsorgungsvorgänge, wobei die entsprechenden Belege oder Angaben vollständig und in der jeweils aktuellen Version im Register enthalten sein müssen.

Die Register über nachweispflichtige Abfälle werden geführt, indem:

- die Abfallerzeuger, Einsammler und Abfallentsorger die für sie bestimmten Ausfertigungen der Begleitscheine, insoweit der Abfallerzeuger die für ihn bestimmten Ausfertigungen 5 (altgold) und 1 (weiß) einander ohne Rücksicht auf die zeitliche Reihenfolge zugeordnet, spätestens innerhalb von zehn Kalendertagen nach Erhalt den jeweiligen Entsorgungsnachweisen, und Sammelentsorgungsnachweisen in zeitlicher Reihenfolge zuordnen,
- die Einsammler darüber hinaus die für ihn bestimmten Ausfertigungen der Übernahmescheine spätestens zehn Kalendertage nach Erhalt den jeweiligen für ihn bestimmten Ausfertigungen der Begleitscheine in zeitlicher Reihenfolge zuordnen und
- die Abfallbeförderer die für sie bestimmten Ausfertigungen der Begleitscheine spätestens zehn Kalendertage nach Erhalt und nach Abfallarten getrennt und in zeitlicher Reihenfolge ordnen

und abheften und in die Register einstellen. Ist der Abfallerzeuger zugleich Abfallbeförderer, so hat er die Ausfertigungen 4 und 5 (gelb und altgold) des Begleitscheins, ist er zugleich Abfallentsorger, so hat er nur die Ausfertigung 6 (grün) abzuheften und in sein Register einzustellen. Entsorgt der Abfallbeförderer die Abfälle selbst, so hat er die Ausfertigung 6 (grün) abzuheften und in sein Register einzustellen.

Die Erzeuger von Kleinmengen gefährlicher Abfälle, die Abfallerzeuger, die gefährliche Abfälle einem Einsammler übergeben sowie die Abfallentsorger, welche Kleinmengen gefährlicher Abfälle annehmen, führen die Register, indem sie die für sie bestimmten Ausfertigungen der Übernahmescheine spätestens zehn Kalendertage nach Erhalt nach Abfallarten getrennt und in zeitlicher Reihenfolge geordnet abheften und in die Register einstellen. Dies gilt entsprechend, soweit die zuständige Behörde die Pflicht zur Führung von Übernahmescheinen nach § 51 des Kreislaufwirtschaftsgesetzes angeordnet hat.

Abfallentsorger, die zur Führung von Nachweisen nicht verpflichtet sind, registrieren die Anlieferungen von Abfällen, indem sie für jede Abfallart und jede Entsorgungsanlage ein eigenes Verzeichnis erstellen, in welchem sie:

- als Überschrift den Abfallschlüssel dieser Abfallart laut Abfallverzeichnis-Verordnung, den Firmennamen und die Anschrift, die Bezeichnung und Anschrift der Entsorgungsanlage und (soweit vorhanden) die Entsorgernummer angeben und
- unterhalb dieser Angaben fortlaufend für jede angenommene Abfallcharge spätestens zehn Kalendertage nach ihrer Annahme ihre Menge, das Datum ihrer Annahme und den Namen und die Anschrift der Person, von der die Abfälle angenommen wurden, angeben und diese Angaben unterschreiben.

Die Angaben und die Unterschrift können in Praxisbelegen, insbesondere Liefer- oder Wiegescheinen, enthalten sein, wenn diese den Abfall erkennen lassen und den genannten Angaben sachlich und zeitlich geordnet zugeordnet werden. Die Abfallentsorger können für die Erfassung der genannten Angaben auch das Formblatt „Annahmeerklärung AE" und das Formblatt „Begleitschein" verwenden. Soweit Abfallentsorger die Register elektronisch führen, müssen sie die Register unter Zugrundelegung dieser Formblätter in entsprechender Anwendung der §§ 17 bis 20 NachwV führen.

Abfallentsorger, die Abfälle behandeln und lagern und zur Führung von Nachweisen nicht verpflichtet sind, registrieren zusätzlich jede Abgabe von behandelten und gelagerten Abfällen. Die Registrierungspflichten gelten nicht für Abfallentsorger, welche:

- die behandelten oder gelagerten Abfälle in eigenen, in einem engen räumlichen Zusammenhang mit der Behandlung oder Lagerung stehenden Entsorgungsanlagen verwerten oder beseitigen oder
- infolge des Einsatzes von Abfällen in Produktionsprozessen lediglich nicht gefährliche Abfälle in mengenmäßig unbedeutendem Umfang erzeugen.

Dies gilt nicht für Abfallentsorger, welche in ihren Anlagen Abfälle im Hauptzweck verwerten oder beseitigen.

Abfallerzeuger, die zur Führung von Nachweisen nicht verpflichtet sind, registrieren jede Abgabe von Abfällen, indem sie für jede Abfallart und jede Anfallstelle des Abfalls ein eigenes Verzeichnis erstellen, in welchem sie:

- als Überschrift den Abfallschlüssel dieser Abfallart laut Abfallverzeichnis-Verordnung, den Firmennamen und die Anschrift, die Bezeichnung und Anschrift der Anfallstelle des Abfalls und (soweit vorhanden) die Erzeugernummer angeben und

- unterhalb dieser Angaben fortlaufend für jede abgegebene Abfallcharge spätestens zehn Kalendertage nach ihrer Abgabe ihre Menge, das Datum ihrer Abgabe und die die Abfallcharge übernehmende Person angeben und diese Angaben unterschreiben.

Die Abfallerzeuger können für die Erfassung der genannten Angaben auch das Formblatt „Deckblatt Entsorgungsnachweise DEN“ in Verbindung mit dem Formblatt „Verantwortliche Erklärung VE“ und das Formblatt „Begleitschein“ verwenden. Soweit Abfallerzeuger die Register elektronisch führen, müssen sie die Register unter Zugrundelegung dieser Formblätter führen, wobei im elektronischen Begleitschein die die Abfallcharge übernehmende Person im Feld „Frei für Vermerke" anzugeben ist.

Abfallbeförderer, die zur Führung von Nachweisen nicht verpflichtet sind, registrieren jede Beförderung von Abfällen, indem sie für jede Abfallart ein eigenes Verzeichnis erstellen, in welchem sie:

- als Überschrift den Abfallschlüssel dieser Abfallart laut Abfallverzeichnis-Verordnung, den Firmennamen und die Anschrift und (soweit vorhanden) die Beförderernummer angeben und
- unterhalb dieser Angaben fortlaufend spätestens zehn Kalendertage nach Abschluss der Beförderung für jede übergebene Abfallcharge ihre Menge und das Datum ihrer Übergabe angeben und diese Angaben unterschreiben.

Die Abfallbeförderer können für die Erfassung der genannten Angaben auch das Formblatt „Deckblatt Entsorgungsnachweise DEN“ in Verbindung mit dem Formblatt „Verantwortliche Erklärung VE“ und das Formblatt „Begleitschein“ verwenden. Soweit Abfallbeförderer die Register elektronisch führen, müssen sie die Register unter Zugrundelegung dieser Formblätter in entsprechender Anwendung der §§ 17 bis 20 NachwV führen.

Dauer der Registrierung, elektronische Registerführung (§ 25)

Die zur Einrichtung und Führung der Register Verpflichteten haben die in die Register einzustellenden Belege oder Angaben drei Jahre, jeweils vom Datum ihrer Einstellung in das Register an gerechnet, in dem Register aufzubewahren oder zu belassen. Der Zulassungsbescheid für die Abfallentsorgungsanlage kann eine längere Dauer bestimmen.

Die Register über nachweispflichtige Abfälle sind elektronisch zu führen, soweit für die in die Register einzustellenden Nachweise die elektronische Nachweisführung zwingend bestimmt ist. Im Übrigen können die Register elektronisch geführt werden. Werden die Register elektronisch geführt, so sind jeweils die aktuellen Versionen der Belege oder Angaben in entsprechender Anwendung des § 24 NachwV dauerhaft und geordnet zu speichern. Dies gilt für die vom Einsammler in sein Register einzustellenden Ausfertigungen des Übernahmescheins auch dann, wenn der Übernahmeschein nach § 21 NachwV unter Verwendung der hierfür vorgesehenen Formblätter geführt wird.

Registerführung durch Händler und Makler (§ 25 a)

Die Händler registrieren die von ihnen erworbenen Abfälle, indem sie für jede Abfallart ein eigenes Verzeichnis erstellen, in welchem sie:

- als Überschrift den Abfallschlüssel dieser Abfallart laut Abfallverzeichnis-Verordnung, den Firmennamen und die Anschrift und (soweit vorhanden) die Händlernummer angeben und
- unterhalb dieser Angaben fortlaufend für jede erworbene Abfallcharge spätestens zehn Kalendertage nach ihrem Erwerb ihre Menge, das Datum ihres Erwerbs und den Namen und die An-

schrift der Person, von der die Abfälle erworben wurden, angeben und diese Angaben unterschreiben.

Die Händler registrieren ferner die von ihnen veräußerten Abfälle, indem sie für jede Abfallart ein eigenes Verzeichnis erstellen, in welchem sie:

- als Überschrift die aufgeführten Angaben angeben und
- unterhalb dieser Angaben fortlaufend für jede Abfallcharge spätestens zehn Kalendertage nach ihrer Veräußerung ihre Menge, das Datum ihrer Veräußerung und den Namen und die Anschrift der Person, an die die Abfälle veräußert wurden, angeben und diese Angaben unterschreiben.

Die Makler von Abfällen registrieren in zeitlicher Reihenfolge jeden vermittelten Vertragsabschluss über die Bewirtschaftung von Abfällen und geben dabei das Datum des Vertragsabschlusses an. Spätestens zehn Kalendertage nach Abschluss verzeichnen sie zu jedem registrierten Vertrag:

- die Vertragsparteien mit Namen und Anschrift,
- die Art, den Umfang und die voraussichtliche Dauer der vermittelten Bewirtschaftungstätigkeit sowie
- die Art und die Beschaffenheit der Abfälle unter Angabe des Abfallschlüssels, auf die sich die vermittelte Bewirtschaftungstätigkeit bezieht.

Die Richtigkeit der in das Register eingestellten Angaben hat der Makler durch Unterschrift zu bestätigen.

Die Verpflichteten haben die in das Register eingestellten Angaben drei Jahre, jeweils vom Datum der Einstellung in das Register an gerechnet, in dem Register zu belassen. Anschließend sind die Daten unverzüglich beziehungsweise im Falle der Speicherung in elektronischer Form automatisiert zu löschen.

3.12.5 Gemeinsame Bestimmungen

Befreiung, Anordnung von Nachweis- und Registerpflichten (§ 26)

Die zuständige Behörde kann einen nach § 49 oder § 50 des Kreislaufwirtschaftsgesetzes Verpflichteten auf Antrag oder von Amts wegen ganz oder teilweise unter dem Vorbehalt des Widerrufs von der Führung von Nachweisen oder Registern freistellen, soweit hierdurch eine Beeinträchtigung des Wohls der Allgemeinheit nicht zu befürchten ist. Die zuständige Behörde kann die Erbringung anderer geeigneter Nachweise verlangen.

Die zuständige Behörde kann gegenüber einem nach § 49 des Kreislaufwirtschaftsgesetzes zur Führung von Registern über die Entsorgung nicht gefährlicher Abfälle Verpflichteten die Registrierung weiterer Angaben anordnen.

Nachweisführung in besonderen Fällen (§ 27)

Wer Abfälle, für die er Nachweise führen muss, von einem anderen übernimmt, der hinsichtlich dieser Abfälle nicht zur Führung von Nachweisen verpflichtet ist, hat auch dessen Namen und Anschrift auf den für ihn bestimmten und auf den von ihm weiter zu übermittelnden oder weiter zu gebenden Ausfertigungen oder Dokumenten der nach dieser Verordnung zu führenden Nachweise anzugeben. Wer Abfälle einem anderen übergibt, der insoweit nicht zur Führung von Nachweisen verpflichtet ist, hat dessen Namen und Anschrift in den nach dieser Verordnung zu führenden Nachweisen anzugeben.

Ist wegen anderen genannten Besonderheiten eine uneingeschränkte Anwendung der Bestimmungen über die Führung von Nachweisen nicht möglich, so hat der betroffene Nachweispflichtige die Nachweise in einer von der zuständigen Behörde bestimmten Weise zu verwenden. Sind mehrere Behörden zuständig, so treffen diese die Entscheidung im Einvernehmen.

Vergabe von Kennnummern (§ 28)

Die zur Führung von Nachweisen und Registern erforderlichen Identifikations-, Erzeuger-, Beförderer-, Sammler-, Händler-, Makler- und Entsorgernummern werden durch die zuständige Behörde erteilt.

Die zur Unterscheidung der einzelnen Nachweisvorgänge erforderlichen Nummern sowie die Freistellungsnummern erteilt die für den Entsorger zuständige Behörde. Die im Falle der Ersetzung von Einzelnachweisen nach § 50 des Kreislaufwirtschaftsgesetzes erforderliche Registriernummer erteilt die für den Erzeuger zuständige Behörde. Die zuständige Behörde kann zulassen, dass die erforderlichen Kennnummern von einem Dritten, insbesondere einem freigestellten Entsorger, erteilt werden. Die zu erteilenden Kennnummern erhalten in den ersten beiden Stellen folgende Kennbuchstaben:

1. „EN" für Entsorgungsnachweis,
2. „SN" für Sammelentsorgungsnachweis,
3. „FR" für Freistellung,
4. „RE" für Register.

In die dritte Stelle ist die Landeskennung aufzunehmen:

- A Schleswig-Holstein,
- B Hamburg,
- C Niedersachsen,
- D Bremen,
- E Nordrhein-Westfahlen,
- F Hessen,
- G Rheinland-Pfalz,
- H Baden-Württemberg,
- I Bayern,
- K Saarland,
- L Berlin,
- M Mecklenburg-Vorpommern,
- N Sachsen-Anhalt,
- P Brandenburg,
- R Thüringen,
- S Sachsen.

Die Formblätter sind wie folgt zu verwenden:

- zur Führung des Entsorgungsnachweises (§ 3 NachwV) sowie des Sammelentsorgungsnachweises (§ 9 NachwV) die Formblätter:
  - Deckblatt Entsorgungsnachweise (DEN),
  - Verantwortliche Erklärung (VE),

  - Deklarationsanalyse (DA),
  - Annahmeerklärung (AE),
  - Behördenbestätigung (BB),

- zur Führung des Entsorgungsnachweises ohne behördliche Bestätigung (§ 7 NachwV) die Formblätter:
  - Deckblatt Entsorgungsnachweise (DEN),
  - Verantwortliche Erklärung (VE),
  - Deklarationsanalyse (DA),
  - Annahmeerklärung (AE),

- zur Freistellung (§ 7 NachwV) die Formblätter:
  - Deckblatt Antrag (DAN),
  - Annahmeerklärung (AE),
  - Behördenbestätigung (BB),

- zur Führung des Nachweises über die durchgeführte Entsorgung (§§ 10, 12 NachwV) die Formblätter:
  - Begleitschein,
  - Übernahmeschein,

- zur Führung der Register (§ 24 NachwV) die Formblätter:
  - Deckblatt Entsorgungsnachweise (DEN),
  - Verantwortliche Erklärung (VE),
  - Annahmeerklärung (AE),
  - Begleitschein.

3.13 Einstufung und Kennzeichnung von Abfällen nach der TRGS 201

3.13.1 Einführung

Die TRGS 201 beschreibt die Vorgehensweisen zur Einstufung und Kennzeichnung von Gefahrstoffen bei Tätigkeiten nach der Gefahrstoffverordnung (GefStoffV).

Die TRGS 201 soll dem Arbeitgeber Hilfestellung geben, wie Stoffe und Gemische selbst einzustufen und zu kennzeichnen sind. Sie enthält für bestimmte Fälle vereinfachte Vorgehensweisen und Erleichterungen bei der innerbetrieblichen Einstufung und Kennzeichnung.

Unbeschadet abfallrechtlicher Vorschriften regelt die TRGS 201 die Anwendung der Kennzeichnungsvorschriften der Gefahrstoffverordnung auf Abfälle, soweit es sich um gefährliche Stoffe und Gemische handelt und Tätigkeiten mit ihnen ausgeübt werden.

Im Rahmen der Beurteilung der Arbeitsbedingungen hat der Arbeitgeber festzustellen, ob Tätigkeiten mit Gefahrstoffen ausgeübt werden. Dazu zählen auch gefährliche Abfälle. Hierzu hat er die notwendigen Informationen für die Gefährdungsbeurteilung zu beschaffen.

Der Arbeitgeber darf eine Tätigkeit mit Gefahrstoffen erst dann aufnehmen lassen, wenn alle aus der Gefährdungsbeurteilung resultierenden Schutzmaßnahmen getroffen wurden. Im Rahmen dieser Verpflichtungen hat der Arbeitgeber auch zu gewährleisten, dass:

- alle verwendeten Stoffe und Gemische einschließlich Abfälle identifizierbar sind und
- alle verwendeten gefährlichen Stoffe und Gemische mit einer Kennzeichnung versehen sind, die ausreichende Informationen über die Einstufung enthält und aus der die Gefahren bei der Handhabung und die zu beachtenden Schutzmaßnahmen hervorgehen oder abgeleitet werden können.

3.13.2 Einstufung und Kennzeichnung bei Tätigkeiten mit Gefahrstoffen

Informationsermittlung und Einstufung

Stoffe und Gemische, die nicht oder nicht ausreichend eingestuft und gekennzeichnet wurden, hat der Arbeitgeber selbst einzustufen, z.B. im Unternehmen synthetisierte Stoffe, Zwischenprodukte oder gefährliche Abfälle.

Wenn für Stoffe oder Gemische keine Daten oder entsprechende aussagekräftige Informationen zur akut toxischen, reizenden, hautsensibilisierenden oder erbgutverändernden Wirkung oder zur Wirkung bei wiederholter Exposition vorliegen, sind diese Stoffe oder Gemische bei der Gefährdungsbeurteilung gemäß TRGS 400 „Gefährdungsbeurteilung für Tätigkeiten mit Gefahrstoffen" zu behandeln.

Vorgaben zur Kennzeichnung

Bei Tätigkeiten mit Gefahrstoffen sind die Kennzeichnungsvorschriften der GefStoffV anzuwenden. Vorzugsweise ist dabei eine Kennzeichnung zu wählen, die der Verordnung (EG) Nr. 1272/2008 (CLP-Verordnung) entspricht.

Eine vollständige Kennzeichnung bei Tätigkeiten enthält neben der Identifikation des Stoffes oder Gemisches die auf der Einstufung basierenden Kennzeichnungselemente; auf Grundlage der CLP-Verordnung sind dies:

- Gefahrenpiktogramme,
- Signalwort,
- Gefahren- und Sicherheitshinweise (H- und P-Sätze) sowie
- ggf. ergänzende Informationen.

Ergibt die Gefährdungsbeurteilung, dass eine vollständige Kennzeichnung bei Tätigkeiten nicht notwendig ist, kann eine vereinfachte Kennzeichnung angewendet werden. Vereinfachungen, d.h. Abweichungen von der vollständigen Kennzeichnung setzen eine entsprechende Betriebsanweisung mit der zugehörigen Unterweisung der Beschäftigten über die an den Arbeitsplätzen auftretenden Gefahren und die Beachtung der notwendigen Schutzmaßnahmen voraus.

Bei der vereinfachten Kennzeichnung sind mindestens die Bezeichnung des Stoffes bzw. Gemisches sowie die Gefahrenpiktogramm(e) (CLP-Verordnung) der jeweiligen Hauptgefahr(en) durch:

- die physikalisch-chemischen,
- die gesundheitsgefährdenden und
- die umweltgefährlichen

Wirkungen des Stoffes oder Gemisches anzugeben.

Ist bei vereinfachter Kennzeichnung die Aussagekraft der Gefahrenpiktogramme zu unspezifisch, um die Gefahr zu beschreiben, kann es erforderlich sein, den Gefahrenhinweis, ggf. in geeigneter Weise verkürzt, oder durch andere Kurzinformationen (z.B. Bezeichnung der Gefahrenklasse) zu ergänzen. Bei Gemischen ist die zusätzliche Angabe der Gefahr(en) auslösenden Komponente(n) in Abhängigkeit von der Gefährdungsbeurteilung sinnvoll.

Werden bei der Gefährdungsbeurteilung mehr als eine Hauptgefahr je Art der Gefahr (physikalisch-chemische Gefahren, Gesundheits- oder Umweltgefahren) ermittelt kann eine Reduzierung der Gefahrenpiktogramme erfolgen. Es wird folgende Rangfolge vorgeschlagen:

- physikalisch-chemische Gefahren: GHS01 > GHS02 > GHS03 > GHS04,
- Gesundheitsgefahren: GHS06 und/oder GHS05 > GHS08 > GHS07,
- Umweltgefahren: GHS09 > GHS07.

Ist bei Kleinstgebinden, z.B. Ampullen, Probenahmeröhrchen, Vials für die Analytik, das Anbringen der Gefahrenpiktogramme aus Platzgründen nicht möglich, reicht die Angabe des Stoffnamens oder einer betriebsinternen Probenbezeichnung aus, wenn die Identifizierbarkeit gewährleistet ist.

Eine Kennzeichnung auf einer entleerten Verpackung ist solange aufrecht zu erhalten, bis die Verpackung gereinigt worden ist.

Etiketten oder Kennzeichnungsschilder sind deutlich sichtbar und dauerhaft anzubringen und dürfen nicht überschrieben werden. Ungültig gewordenen Etiketten und Schilder sind zu entfernen, zu überkleben oder anderweitig unkenntlich zu machen. Etiketten sollten gegenüber Wasser und Lösemitteln beständig sein. Die Größe von Kennzeichnungen sollte sich nach der Erkennungsweite richten (siehe Technische Regel für Arbeitsstätten ASR A1.3).

3.13.3 Abfälle

Abfälle, die gefährliche Stoffe oder Gemische im Sinne der GefStoffV sind, unterliegen den Kennzeichnungsvorschriften nach § 8 GefStoffV, soweit Tätigkeiten mit ihnen verrichtet werden. Erfassung, Sammlung und Aufbewahrung sowie die innerbetriebliche Beförderung sind solche Tätigkeiten. Als innerbetrieblich gelten auch Betriebsgelände mit Werkszaun und Zugangskontrolle, einschließlich mehrerer verbundener Betriebsgelände (Industrieparks). Dies gilt unabhängig davon, ob es sich um Abfälle zur Verwertung oder zur Beseitigung handelt.

In welcher Weise und in welchem Umfang eine Kennzeichnung erfolgt, ist auch bei Abfällen vom Ergebnis der Gefährdungsbeurteilung abzuleiten.

Einstufung von Abfällen

Auch bei Abfällen basiert die Kennzeichnung auf einer Einstufung. Diese soll in der Regel auf bekannte Daten zurückgeführt werden. Bei Gefahrstoffen, die beispielsweise wegen Überschreitung der Mindesthaltbarkeit ungebraucht als Abfall entsorgt werden, ist die Einstufung unverändert zu übernehmen. Die Ausgangsstoffe bzw. mögliche Inhaltsstoffe sowie deren Anteil im Abfall und deren Einstufung sind - soweit möglich - zu ermitteln. Kann die Abwesenheit einstufungsrelevanter, gefährlicher Stoffe nicht ausgeschlossen bzw. das Unterschreiten von Konzentrationsgrenzwerten nicht sichergestellt werden, ist die jeweils schärfere Einstufung (Gefahrenkategorie) heranzuziehen.

Für die Einstufung des Abfalls können folgende Informationen bezüglich der enthaltenen Inhaltsstoffe verwendet werden:

- Einstufung der Stoffe und Gemische sowie der Inhaltsstoffe der Gemische in den Abschnitten 2 und 3 der Sicherheitsdatenblätter,
- harmonisierte Einstufungen in Anhang VI der CLP-Verordnung (Stoffliste),
- Einstufungs- und Kennzeichnungsverzeichnis der ECHA,
- Kennzeichnung auf den Etiketten von Originalgebinden,
- Einstufungen im Gefahrstoffverzeichnis nach § 6 GefStoffV,
- eigene Einstufungen aufgrund von Testergebnissen, betrieblichen Erfahrungen und Analogieschlüssen oder
- abfallrechtliche Deklarationsanalyse.

Liegt eine gefahrgutrechtliche Einstufung vor, kann diese bzgl. der physikalisch-chemischen, akut toxischen und umweltgefährlichen Eigenschaften unmittelbar für die gefahrstoffrechtliche Einstufung herangezogen werden.

Kennzeichnung von Abfällen

Als gefährlich eingestufte Abfälle bzw. die Gefäße/Behälter zur Erfassung, Sammlung und Aufbewahrung dieser Abfälle sind der Einstufung entsprechend zu kennzeichnen. Abfallsammelbehälter sind vor der ersten Befüllung zu kennzeichnen.

Bei Gefahrstoffen, die beispielsweise wegen Überschreitung der Mindesthaltbarkeit ungebraucht als Abfall entsorgt werden, ist die Kennzeichnung des Gefahrstoffs beizubehalten. Der Produktidentifikator kann durch den Zusatz „Abfall" ergänzt werden.

Soweit Abfälle mit gleichbleibender und bekannter Zusammensetzung anfallen, kann die Kennzeichnung der Sammelbehälter vorgegeben werden. Dies kann z.B. über die Bildung verschiedener Abfallfraktionen erfolgen.

Eine vorhandene Kennzeichnung auf einer (entleerten) Verpackung, die als Abfall entsorgt werden soll, gilt weiter, solange die Verpackung nicht gereinigt worden ist.

Es wird empfohlen, bei hautätzenden oder korrosiven Abfällen mittels geeigneter Kennzeichnung zusätzlich anzugeben, ob der Abfall sauer oder alkalisch reagiert.

Asbesthaltige Abfälle sind nach Anhang XVII der Verordnung (EG) Nr. 1906/2007 (REACH-Verordnung) zu kennzeichnen. Abfälle von Mineralfasererzeugnissen sind nach der TRGS 521 „Abbruch-, Sanierungs- und Instandhaltungsarbeiten mit alter Mineralwolle" zu kennzeichnen.

Wenn vorgesehen ist, dass Abfälle das Betriebsgelände verlassen und daher in Behältern gesammelt werden, die bereits den transportrechtlichen Vorschriften genügen, so reicht die transportrechtliche Kennzeichnung aus. Durch Gefahrenzettel nicht erfasste Gesundheitsgefahren (z.B. chronische, sensibilisierende und reizende Eigenschaften) sind jedoch zusätzlich zu kennzeichnen, wenn diese Eigenschaften als Hauptgefahr identifiziert wurden.

3.14 Entsorgungsfachbetriebeverordnung (EfbV)

Anwendungsbereich (§ 1)

Diese Verordnung regelt die Anforderungen an Entsorgungsfachbetriebe, die nach § 56 des Kreislaufwirtschaftsgesetzes mit einer technischen Überwachungsorganisation einen Überwachungsvertrag abgeschlossen haben oder die Berechtigung erlangen wollen, das Überwachungszeichen einer anerkannten Entsorgergemeinschaft zu führen. Sie regelt darüber hinaus die Überwachung und Zertifizierung von Entsorgungsfachbetrieben auf der Grundlage eines mit einer technischen Überwachungsorganisation geschlossenen Überwachungsvertrages. Für die Überwachung und Zertifizierung von Entsorgungsfachbetrieben durch Entsorgergemeinschaften findet die Richtlinie für die Tätigkeit und Anerkennung von Entsorgergemeinschaften Anwendung.

Entsorgungsfachbetrieb, Begriffsbestimmungen (§ 2)

Entsorgungsfachbetrieb kann ein Betrieb werden, der:

- gewerbsmäßig oder im Rahmen wirtschaftlicher Unternehmen oder öffentlicher Einrichtungen Abfälle einsammelt, befördert, lagert, behandelt, verwertet oder beseitigt,
- aufgrund seiner organisatorischen, personellen und technischen Ausstattung in der Lage ist, die genannten Tätigkeiten selbständig wahrzunehmen und
- hinsichtlich einer oder mehrerer der genannten Tätigkeiten die in der Verordnung genannten Anforderungen an Organisation, Ausstattung und Tätigkeit sowie an die Zuverlässigkeit, Fach- und Sachkunde des Inhabers und der im Betrieb beschäftigten Personen erfüllt.

Der Entsorgungsfachbetrieb kann seine Fachbetriebstätigkeit beschränken auf:

- bestimmte Abfallarten oder Abfälle aus bestimmten Herkunftsbereichen,
- bestimmte Verwertungs- oder Beseitigungsverfahren oder
- bestimmte Standorte.

Die Verwendung der Bezeichnung „Entsorgungsfachbetrieb" ist verboten:

- für Standorte, für die ein Unternehmen kein wirksames Überwachungszertifikat einer technischen Überwachungsorganisation nach § 14 EfbV oder einer nach § 56 des Kreislaufwirtschaftsgesetzes anerkannten Entsorgergemeinschaft besitzt,
- für Anlagen, für die ein Unternehmen kein wirksames Zertifikat besitzt,
- für Tätigkeiten, für die ein Unternehmen kein wirksames Zertifikat besitzt.

Betriebsinhaber sind diejenigen natürlichen oder juristischen Personen oder die nicht rechtsfähige Personenvereinigung, die den Entsorgungsbetrieb betreiben. Für die Leitung und Beaufsichtigung des Betriebes verantwortliche Personen sind diejenigen natürlichen Personen, die vom Betriebsinhaber mit der fachlichen Leitung, Überwachung und Kontrolle der vom Betrieb durchgeführten abfallwirtschaftlichen Tätigkeiten, insbesondere im Hinblick auf die Beachtung der hierfür geltenden Vorschriften und Anordnungen, bestellt worden sind. Sonstiges Personal im Sinne dieser Verordnung sind Arbeitnehmer und andere im Betrieb beschäftigte Personen, die bei der Ausführung der abfallwirtschaftlichen Tätigkeiten mitwirken.

Anforderungen an die Betriebsorganisation (§ 3)

Die Organisation des Entsorgungsfachbetriebes ist so auszugestalten, dass die erforderliche Überwachung und Kontrolle der vom Betrieb durchgeführten abfallwirtschaftlichen Tätigkeiten sichergestellt ist. Bei der Gestaltung der Organisation sind insbesondere der Zweck, die Tätigkeit und die Größe des Betriebes, die Tätigkeit der im Betrieb beschäftigten Personen und die Art, insbesondere Gefährlichkeit, Beschaffenheit und Menge der Abfälle, auf die sich die Tätigkeit bezieht, zu berücksichtigen. Für die im Betrieb vorgenommenen abfallwirtschaftlichen Tätigkeiten sind Verantwortung und Entscheidungs- und Mitwirkungsbefugnisse:

- des Betriebsinhabers oder bei juristischen Personen oder nicht rechtsfähigen Personenvereinigungen der nach Gesetz, Satzung oder Gesellschaftsvertrag zur Vertretung oder Geschäftsführung Berechtigten,
- der für die Leitung und Beaufsichtigung verantwortlichen Personen,
- der Betriebsbeauftragten, die nach Umwelt- oder Gefahrgutvorschriften im Betrieb zu bestellen sind, sowie
- des sonstigen Personals

festzulegen und in Form von Funktionsbeschreibungen und Organisationsplänen darzustellen. Soweit es die sach- und fachgerechte Durchführung der im Betrieb vorgenommenen abfallwirtschaftlichen Tätigkeiten erfordert, sind für diese Tätigkeiten Arbeitsabläufe durch Arbeitsanweisungen festzulegen.

Anforderungen an die personelle Ausstattung (§ 4)

Der Entsorgungsfachbetrieb hat für jeden Standort mindestens eine für die Leitung und Beaufsichtigung des Betriebes verantwortliche Person zu bestellen. Der Betriebsinhaber kann selbst die Stelle einer verantwortlichen Person einnehmen. Hat ein Entsorgungsfachbetrieb mehrere Standorte oder sind mehrere Entsorgungsfachbetriebe Teile des gleichen Unternehmens, so kann für diese eine gemeinsame verantwortliche Person bestellt werden, wenn hierdurch eine sachgemäße Erfüllung der genannten Aufgaben nicht gefährdet wird.

Der Entsorgungsfachbetrieb muss neben den für die Leitung und Beaufsichtigung des Betriebes verantwortlichen Personen über ausreichend sonstiges Personal verfügen. Diese Voraussetzung ist erfüllt, wenn mit dem vorhandenen Personal ein sach- und fachgerechter Betriebsablauf sichergestellt werden kann. Der Nachweis der ausreichenden Personalstärke erfolgt auf der Grundlage eines Einsatzplanes. Dabei sind übliche Ausfälle einzelner Personen durch Urlaub, Krankheit und Fortbildungsmaßnahmen zu berücksichtigen.

Betriebstagebuch (§ 5)

Der Entsorgungsfachbetrieb hat für jeden Standort zum Nachweis einer sach- und fachgerechten Durchführung der abfallwirtschaftlichen Tätigkeiten ein Betriebstagebuch zu führen. Das Betriebstagebuch hat alle für den Nachweis eines ordnungsgemäßen Verbleibs der Abfälle wesentlichen Daten zu enthalten, insbesondere:

- Angaben über Art, Menge, Herkunft und Verbleib der vom Entsorgungsfachbetrieb eingesammelten, beförderten, gelagerten, behandelten, verwerteten oder beseitigten Abfälle einschließlich der Dokumentation der durchgeführten Leistung,

- besondere Vorkommnisse, insbesondere Betriebsstörungen, die Auswirkungen auf die ordnungsgemäße Entsorgung haben können, einschließlich der möglichen Ursachen und erfolgter Abhilfemaßnahmen,
- die Dokumentation einer fehlenden Übereinstimmung des übernommenen Abfalls mit den Angaben des Abfallerzeugers sowie die Angabe der getroffenen Maßnahmen,
- die Angabe der mit dem Vorgang des Einsammelns, Beförderns, Lagerns, Behandelns, Verwertens oder Beseitigens beauftragten Person sowie im Falle der Beauftragung eines nicht zertifizierten Betriebes gemäß § 7 EfbV der jeweilige Umfang der Beauftragung und
- die Ergebnisse von anlagen- und stoffbezogenen Kontrolluntersuchungen einschließlich Funktionskontrollen (Eigen- und Fremdkontrollen).

Das Betriebstagebuch ist von der für die Leitung und Beaufsichtigung des Betriebes verantwortlichen Person regelmäßig zu überprüfen. Es kann mittels elektronischer Datenverarbeitung oder in Form von Einzelblättern für verschiedene Tätigkeitsbereiche oder Betriebsteile geführt werden, wenn die Blätter täglich zusammengefasst werden. Es ist dokumentensicher anzulegen und vor unbefugtem Zugriff zu schützen. Das Betriebstagebuch muss jederzeit einsehbar sein und in Klarschrift vorgelegt werden können. Das Betriebstagebuch ist fünf Jahre lang aufzubewahren.

Versicherungsschutz (§ 6)

Der Entsorgungsfachbetrieb muss über einen für seine abfallwirtschaftlichen Tätigkeiten ausreichenden Versicherungsschutz verfügen. Art und Umfang des erforderlichen Versicherungsschutzes sind auf der Grundlage einer betrieblichen Risikoabschätzung zu bestimmen. Der Versicherungsschutz muss:

- bei Betrieben, die Abfälle lagern, behandeln, verwerten oder beseitigen, mindestens eine Umwelthaftpflichtversicherung und eine Betriebshaftpflichtversicherung,
- bei Betrieben, die Abfälle einsammeln oder befördern, Kraftfahrzeug-Haftpflichtversicherungen einschließlich einer auf den Einsammlungs- und Beförderungsvorgang bezogenen Umwelthaftpflichtversicherung

umfassen.

Anforderungen an die Tätigkeit (§ 7)

Der Entsorgungsfachbetrieb hat die für seine abfallwirtschaftliche Tätigkeit geltenden öffentlich-rechtlichen Vorschriften zu beachten. Der Betriebsinhaber hat den Nachweis zu erbringen, dass die für die Tätigkeit des Entsorgungsfachbetriebes erforderlichen behördlichen Entscheidungen, insbesondere Planfeststellungen, Genehmigungen, Zulassungen, Erlaubnisse und Bewilligungen, vorliegen und die mit ihnen verbundenen Auflagen und sonstigen Anordnungen der zuständigen Behörden erfüllt werden.

Der Entsorgungsfachbetrieb darf im Rahmen der zertifizierten Tätigkeit einen Dritten nur dann beauftragen, wenn dieser hinsichtlich der übernommenen Tätigkeit ebenfalls als Entsorgungsfachbetrieb zertifiziert ist oder die entsprechenden Voraussetzungen erfüllt. Die Verantwortlichkeit des Entsorgungsfachbetriebes für die ordnungsgemäße Ausführung der Tätigkeiten bleibt hiervon unberührt. Der Entsorgungsfachbetrieb darf Dritte, die hinsichtlich ihrer jeweiligen Tätigkeiten nicht als Entsorgungsfachbetrieb zertifiziert sind, in einem insgesamt unerheblichen Umfang mit der Ausführung von zertifizierten Tätigkeiten beauftragen. Der Entsorgungsfachbetrieb hat in jedem Fall durch eine sorgfältige Auswahl und ausreichende Kontrolle eine fach- und sachgerechte Ausführung dieser Tätigkeiten sicherzustellen. Dies setzt insbesondere voraus, dass:

- der Entsorgungsfachbetrieb sich vor der Beauftragung vergewissert, dass:
  - der Dritte bei dieser Tätigkeit die Voraussetzungen erfüllt,
  - beim Dritten die erforderliche Überwachung und Kontrolle der durchzuführenden Tätigkeit sichergestellt ist,
  - der Dritte und sein Personal die für diese Tätigkeit notwendige Zuverlässigkeit, Sach- und Fachkunde besitzen,

- der Versicherungsschutz des Entsorgungsfachbetriebes sich auch auf die Tätigkeit des Dritten erstreckt oder der Dritte ihm einen eigenen, ausreichenden Versicherungsschutz nachweist,

- vertraglich oder in anderer Weise verbindlich festgelegt ist, in welcher Weise die jeweilige Tätigkeit ausgeführt werden soll und wo die Abfälle verbleiben sollen,

- der Entsorgungsfachbetrieb gegenüber dem Dritten vertraglich zu Weisungen hinsichtlich der Art und Weise der ordnungsgemäßen Ausführung der jeweiligen Tätigkeit berechtigt ist,

- dem Entsorgungsfachbetrieb vertraglich entsprechende Kontrollbefugnisse eingeräumt werden und

- der Dritte sich verpflichtet, nach § 5 EfbV entsprechende Nachweise über die Durchführung seiner Tätigkeit und des ordnungsgemäßen Verbleibs der Abfälle zu führen und dem Entsorgungsfachbetrieb unaufgefordert eine Kopie dieser Nachweise zu überlassen.

Anforderungen an den Betriebsinhaber (§ 8)

Der Betriebsinhaber muss zuverlässig sein. Die Zuverlässigkeit erfordert, dass der Betriebsinhaber, seine gesetzlichen Vertreter und bei juristischen Personen oder nicht rechtsfähigen Personenvereinigungen die nach Gesetz, Satzung oder Gesellschaftsvertrag zur Vertretung oder Geschäftsführung Berechtigten aufgrund ihrer persönlichen Eigenschaften, ihres Verhaltens und ihrer Fähigkeiten zur ordnungsgemäßen Erfüllung der ihnen obliegenden Aufgaben geeignet sind. Die erforderliche Zuverlässigkeit ist in der Regel nicht gegeben, wenn eine der genannten Personen:

- wegen Verletzung der Vorschriften:
  - des Strafrechts über gemeingefährliche Delikte oder Delikte gegen die Umwelt,
  - des Immissionsschutz-, Abfall-, Wasser-, Natur- und Landschaftsschutz-, Chemikalien-, Gentechnik- oder Atom- und Strahlenschutzrechts,
  - des Lebensmittel-, Arzneimittel-, Pflanzenschutz- oder Seuchenrechts,
  - des Gewerbe- oder Arbeitsschutzrechts,
  - des Betäubungsmittel-, Waffen- oder Sprengstoffrechts

mit einer Geldbuße in Höhe von mehr als zweitausendfünfhundert Euro oder mit einer Strafe belegt worden ist oder

- wiederholt oder grob pflichtwidrig gegen entsprechende Vorschriften verstoßen hat.

Zum Nachweis der Zuverlässigkeit sind bei der erstmaligen Überprüfung und bei einem Wechsel der genannten Personen, oder wenn eine Überprüfung der Zuverlässigkeit aus anderen Gründen erforderlich ist, ein Führungszeugnis und eine Auskunft aus dem Gewerbezentralregister vorzulegen.

Anforderungen an die für die Leitung und Beaufsichtigung des Betriebes verantwortlichen Personen (§ 9)

Die für die Leitung und Beaufsichtigung des Betriebes verantwortlichen Personen müssen zuverlässig sein. Die für die Leitung und Beaufsichtigung des Betriebes verantwortlichen Personen müssen die für ihren Tätigkeitsbereich erforderliche Fachkunde besitzen. Die Fachkunde erfordert:

- den Abschluss eines Studiums auf den Gebieten des Ingenieurwesens, der Chemie, der Biologie oder der Physik an einer Hochschule, eine technische Fachschulausbildung oder die Qualifikation als Meister auf einem Fachgebiet, dem der Betrieb hinsichtlich seiner Anlagen- und Verfahrenstechnik oder seiner Betriebsvorgänge zuzuordnen ist,
- während einer zweijährigen praktischen Tätigkeit erworbene Kenntnisse über die abfallwirtschaftliche Tätigkeit, für die eine Leitungs- oder Beaufsichtigungsfunktion beabsichtigt ist, und
- die Teilnahme an einem oder mehreren von der zuständigen Behörde anerkannten Lehrgängen, in denen Kenntnisse vermittelt worden sind, die für die Aufgaben der genannten Personen erforderlich sind.

Soweit unter Berücksichtigung der in § 3 EfbV genannten Umstände die ordnungsgemäße Erfüllung der Aufgaben der für die Leitung und Beaufsichtigung des Betriebes verantwortlichen Personen gewährleistet ist, kann als Voraussetzung für die Fachkunde auch anerkannt werden:

- eine abgeschlossene Berufsausbildung in einem Fachgebiet, dem der Betrieb hinsichtlich seiner Anlagen- und Verfahrenstechnik oder seiner Betriebsvorgänge zuzuordnen ist, und zusätzlich
- während einer vierjährigen praktischen Tätigkeit erworbene Kenntnisse über die abfallwirtschaftliche Tätigkeit, für die eine Leitungs- oder Beaufsichtigungsfunktion beabsichtigt ist.

Fachkunde

Die Kenntnisse müssen sich auf folgende Bereiche erstrecken:

- anlagen-, verfahrenstechnische und sonstige Maßnahmen der Vermeidung, der ordnungsgemäßen und schadlosen Verwertung und der gemeinwohlverträglichen Beseitigung von Abfällen,
- schädliche Umwelteinwirkungen und sonstige Gefahren, erhebliche Nachteile und erhebliche Belästigungen, die von Abfällen ausgehen können, und Maßnahmen zu ihrer Verhinderung oder Beseitigung,
- Art und Beschaffenheit von gefährlichen Abfällen,
- Vorschriften des Abfallrechts und des für die abfallwirtschaftlichen Tätigkeiten geltenden sonstigen Umweltrechts,
- Bezüge zum Gefahrgutrecht,
- Vorschriften der betrieblichen Haftung.

Anforderungen an das sonstige Personal (§ 10)

Das sonstige Personal muss zuverlässig sein und eine für die jeweils wahrgenommene Tätigkeit erforderliche Sachkunde besitzen. Hinsichtlich der Zuverlässigkeit findet § 8 EfbV entsprechende Anwendung. Die Sachkunde erfordert eine betriebliche Einarbeitung auf der Grundlage eines Einarbeitungsplanes.

Anforderungen an die Fortbildung (§ 11)

Der Betriebsinhaber hat dafür Sorge zu tragen, dass die für die Leitung und Beaufsichtigung des Betriebes verantwortlichen Personen sowie das sonstige Personal durch geeignete Fortbildung über den für die Tätigkeit erforderlichen aktuellen Wissensstand verfügen. Die für die Leitung und Beaufsichtigung verantwortlichen Personen haben regelmäßig, mindestens alle zwei Jahre, an Lehrgängen im Sinne des § 9 EfbV teilzunehmen. Die Fortbildungsmaßnahmen erstrecken sich auf die genannten Sachgebiete. Hinsichtlich des sonstigen Personals hat der Betriebsinhaber den Fortbildungsbedarf zu ermitteln.

Überwachung des Betriebes (§ 13)

Die technische Überwachungsorganisation muss sich im Überwachungsvertrag verpflichten:

- die in der Verordnung festgelegten Anforderungen an die Organisation, Ausstattung und Tätigkeit des Betriebes, die Zuverlässigkeit, Fach- und Sachkunde des Betriebsinhabers, der für die Leitung und Beaufsichtigung des Betriebes verantwortlichen Personen und des sonstigen Personals vor der erstmaligen Zertifizierung, nach wesentlichen Änderungen des Betriebes, im Übrigen jährlich zu überprüfen,
- den Verlauf und das Ergebnis der Prüfung gegenüber dem Betrieb schriftlich zu dokumentieren,
- soweit aufgrund der Prüfung festgestellt wird, dass die in dieser Verordnung genannten Anforderungen nicht erfüllt sind, dem Betrieb gegenüber die festgestellten Mängel konkret zu bezeichnen und
- alle Unterlagen und Informationen einschließlich Inhalt und Ergebnissen von Gesprächen, Untersuchungen und Prüfungen, von denen die technische Überwachungsorganisation oder die von ihr beauftragten Sachverständigen im Rahmen der Durchführung des Überwachungsvertrages Kenntnis erlangt haben, vertraulich zu behandeln und Dritten gegenüber nicht zugänglich zu machen.

Der Betrieb muss sich verpflichten:

- den beauftragten Sachverständigen der technischen Überwachungsorganisation alle für die Prüfung der in dieser Verordnung genannten Anforderungen benötigten Informationen, Unterlagen und Nachweise zur Verfügung zu stellen,
- den beauftragten Sachverständigen der technischen Überwachungsorganisation, soweit dies zur Prüfung der in dieser Verordnung genannten Anforderungen erforderlich ist, das Betreten des Grundstücks, der Geschäfts- oder Betriebsräume, die Einsicht in Unterlagen und die Vornahme von technischen Ermittlungen und Prüfungen zu gestatten sowie Arbeitskräfte und Werkzeuge zur Verfügung zu stellen und
- der technischen Überwachungsorganisation alle Änderungen im Betrieb, die für die Erfüllung der in dieser Verordnung genannten Anforderungen erheblich sind, unverzüglich anzuzeigen.

Die technische Überwachungsorganisation ist verpflichtet, bei der Überprüfung neben den einschlägigen Rechtsvorschriften auch die hierzu ergangenen amtlich veröffentlichten Verwaltungsvorschriften des Bundes und der Länder zu berücksichtigen.

Zertifizierung des Entsorgungsfachbetriebes (§ 14)

Soweit aufgrund der Prüfung nach § 13 EfbV festgestellt wurde, dass die genannten Anforderungen erfüllt sind, und die zuständige Behörde dem Überwachungsvertrag zugestimmt hat, ist die technische Überwachungsorganisation verpflichtet, dem Betrieb ein schriftliches Überwachungszertifikat mit folgenden Angaben auszustellen:

- Name und Sitz des Betriebes und seiner zertifizierten Standorte,
- die Bezeichnung der zertifizierten Tätigkeiten des Betriebes bezogen auf seine Standorte und Anlagen, im Falle des § 2 EfbV unter Angabe der jeweiligen Abfallarten, Herkunftsbereiche, Verwertungs- oder Beseitigungsverfahren,
- Angabe des Namens der technischen Überwachungsorganisation, das Datum der Ausstellung und die Unterschrift des beauftragten Sachverständigen und des Leiters der technischen Überwachungsorganisation oder seines Beauftragten.

Das Überwachungszertifikat ist zu befristen. Die Gültigkeitsdauer darf einen Zeitraum von 18 Monaten nicht überschreiten. Mit dem Überwachungszertifikat ist dem Betrieb ein Überwachungszeichen zu erteilen. Das Überwachungszeichen muss die Bezeichnung „Entsorgungsfachbetrieb" in Verbindung mit dem Hinweis auf die zertifizierte Tätigkeit und die das Überwachungszeichen erteilende technische Überwachungsorganisation aufweisen.

3.15 Wissensfragen

- Belegen Sie den „Stand der Technik“ im Abfallbereich mit Praxisbeispielen.
- Welche Grundsätze und Pflichten haben Erzeuger und Besitzer von Abfällen zu erfüllen?
- Wie ist eine sichere Abfallbeseitigung zu gewährleisten?
- Welche Anforderungen werden an die Produktverantwortung gestellt?
- Erläutern Sie die Anforderungen an Abfallwirtschaftspläne und -vermeidungsprogramme.
- Welche Abfallvermeidungsprogramme existieren in Ihrem Unternehmen?
- Wie ist die Abfallentsorgung zu überwachen?
- Welche Anforderungen werden an die Beförderung von Abfällen gestellt?
- Erläutern Sie die Anforderungen an Entsorgungsfachbetriebe.
- Erläutern Sie die Aufgaben des Betriebsbeauftragten für Abfall anhand von Praxisbeispielen.
- Welche Einstufungsmerkmale sind für gefährliche Abfälle maßgebend?
- Erläutern Sie die Nachweisführung für die Entsorgung von Abfällen.
- Welche Anforderungen werden an die Nachweisführung über die durchgeführte Entsorgung gestellt?
- Erläutern Sie die Registerführung über die Entsorgung von Abfällen.
- Welche Anforderungen werden an Entsorgungsfachbetriebe gestellt?

3.16 Weiterführende Literatur

3.1 AbfAEV - Anzeige- und Erlaubnisverordnung; *Verordnung über das Anzeige- und Erlaubnisverfahren für Sammler, Beförderer, Händler und Makler von Abfällen,* **05.12.2013**

3.2 AVV - Abfallverzeichnis-Verordnung; *Verordnung über das Europäische Abfallverzeichnis,* **24.02.2012**

3.3 Becker, R.; Donnevert, G.; Römbke, J.; *Biologische Testverfahren zur ökotoxikologischen Charakterisierung von Abfällen,* Umweltbundesamt, **2007**

3.4 Bund/Länder-Arbeitsgemeinschaft Abfall (LAGA); *Vollzugshilfe „Entsorgungsfachbetriebe“,* Erich Schmidt, **2006,** 978-3-503-09013-6

3.5 DIN 19747; *Untersuchung von Feststoffen - Probenvorbehandlung, -vorbereitung und -aufarbeitung für chemische, biologische und physikalische Untersuchungen,* Beuth, **Juli 2009**

3.6 Edelbluth, P.; *Gewährleistungsaufsicht,* Nomos, **2008,** 978-3-8329-3170-4

3.7 EfbV - Entsorgungsfachbetriebeverordnung; *Verordnung über Entsorgungsfachbetriebe,* **05.12.2013**

3.8 Fricke, K. et al; *Kosten- und Ressourceneffizienz in der Abfallwirtschaft,* ORBIT e.V., **2007,** 3-935974-13-2

3.8 Giegrich, J.; Liebich, A.; Fehrenbach, H.; *Ableitung von Kriterien zur Beurteilung einer hochwertigen Verwertung gefährlicher Abfälle,* Umweltbundesamt, **2007**

3.9 Hendler, R.; *Abfallrecht in Bewegung,* Schmidt, **2008,** 978-3-503-10039-2

3.10 KrWG - Kreislaufwirtschaftsgesetz, *Gesetz zur Förderung der Kreislaufwirtschaft und Sicherung der umweltverträglichen Bewirtschaftung von Abfällen,* **22.05.2013**

3.11 Lenz, K.; *Pflichtenheft Abfallrecht,* Ecomed, **2013,** 978-3-609-69035-3

3.12 NachwV - Nachweisverordnung; *Verordnung über die Nachweisführung bei der Entsorgung von Abfällen,* **05.12.2013**

3.13 Piehl, Th.; Süselbeck, G.; *Abfall-Entsorgungs-Trainer,* Storck, **2013,** 978-3-86897-217-7

3.14 Richly, W.; *Mess- und Analyseverfahren,* Vogel, **1992,** 3-8023-0299-0

3.15 Rüdiger, J.; *Nachweisverordnung,* Erich Schmidt, **2009,** 978-3-503-11469-6

3.16 TRGS 201; *Einstufung und Kennzeichnung bei Tätigkeiten mit Gefahrstoffen,* **Oktober 2011**

3.17 Umweltbundesamt (UBA); *Merkblatt über die besten verfügbaren Techniken für Abfallbehandlungsanlagen,* **August 2006**

3.18 VDI 4413; *Entsorgungslogistik in produzierenden Unternehmen,* Beuth, **November 2003**

4 Produktverantwortung und Ökodesign

4.1 Ökodesign-Richtlinie 2009/125/EG

4.1.1 Einführung

Die umweltgerechte Gestaltung von Produkten ist wesentlicher Bestandteil der Gemeinschaftsstrategie zur integrierten Produktpolitik. Sie bietet als vorbeugender Ansatz zur Optimierung der Umweltverträglichkeit von Produkten und zur gleichzeitigen Erhaltung ihrer Gebrauchsqualität neue konkrete Chancen für Hersteller, Verbraucher und die Allgemeinheit.

Maßnahmen sollten auf der Stufe der Gestaltung energieverbrauchsrelevanter Produkte ergriffen werden, da sich zeigt, dass auf dieser Stufe die während des Lebenszyklus auftretenden Umweltbelastungen vorgezeichnet und die meisten Kosten festgelegt werden.

Mit dieser Richtlinie soll durch eine Minderung der potenziellen Umweltauswirkungen energieverbrauchsrelevanter Produkte ein hohes Umweltschutzniveau erreicht werden, was letztlich den Verbrauchern und anderen Produktnutzern zu Gute kommt. Eine nachhaltige Entwicklung erfordert auch die angemessene Berücksichtigung der gesundheitlichen, gesellschaftlichen und wirtschaftlichen Auswirkungen der geplanten Maßnahmen. Die Verbesserung der Energie- und Ressourceneffizienz von Produkten trägt zur Sicherheit der Energieversorgung und zur Verringerung der Nachfrage nach natürlichen Ressourcen bei, die beide Voraussetzungen für eine gesunde Wirtschaft und damit für eine nachhaltige Entwicklung sind.

Mit dem in der Mitteilung der Kommission vom 18. Juni 2003 mit dem Titel „Integrierte Produktpolitik - Auf den ökologischen Lebenszyklus-Ansatz aufbauen" beschriebenen Konzept, das ein wichtiger und innovativer Teil des Sechsten Umweltaktionsprogramms der Gemeinschaft ist, wird das Ziel verfolgt, die Umweltauswirkungen von Produkten während ihres gesamten Lebenszyklus einschließlich Auswahl und Einsatz von Rohmaterialien, Fertigung, Verpackung, Transport und Vertrieb, Installierung und Wartung, Nutzung und Ende der Lebensdauer zu verringern. Durch die Berücksichtigung der Umweltauswirkungen während des gesamten Lebenszyklus bei der Gestaltung eines Produkts ist es möglich, den Umweltschutz einschließlich bezüglich der Ressourcen- und Materialeffizienz auf kostengünstige Weise zu verbessern und somit dazu beizutragen, die Ziele der thematischen Strategie für die nachhaltige Nutzung natürlicher Ressourcen zu erreichen. Die Regelungen sollten so flexibel sein, dass die Umwelterfordernisse in die Produktgestaltung unter Berücksichtigung technischer, funktionaler und wirtschaftlicher Erfordernisse einbezogen werden können.

Es kann notwendig und gerechtfertigt sein, für bestimmte Produkte oder deren Umweltaspekte spezifische quantitative Ökodesign-Anforderungen festzulegen, um die von den Produkten verursachten Umweltauswirkungen auf ein Minimum zu begrenzen.

Der Energieverbrauch energieverbrauchsrelevanter Produkte im Bereitschafts- oder ausgeschalteten Zustand sollte grundsätzlich, soweit angebracht, auf das für ihren ordnungsgemäßen Betrieb erforderliche Mindestmaß gesenkt werden.

Die - auch auf internationaler Ebene - leistungsfähigsten auf dem Markt anzutreffenden Produkte und Technologien sollten als Referenz dienen und die Höhe von Ökodesign-Anforderungen sollte auf der Grundlage einer technischen, wirtschaftlichen und ökologischen Analyse festgelegt werden.

Gegenstand und Geltungsbereich (Art. 1)

Diese Richtlinie schafft einen Rahmen für die Festlegung gemeinschaftlicher Ökodesign-Anforderungen für energieverbrauchsrelevante Produkte mit dem Ziel, den freien Verkehr solcher Produkte im Binnenmarkt zu gewährleisten.

Diese Richtlinie sieht die Festlegung von Anforderungen vor, die die von den Durchführungsmaßnahmen erfassten energieverbrauchsrelevanten Produkte erfüllen müssen, damit sie in Verkehr gebracht und/oder in Betrieb genommen werden dürfen. Sie trägt zur nachhaltigen Entwicklung bei, indem sie die Energieeffizienz und das Umweltschutzniveau erhöht und zugleich die Sicherheit der Energieversorgung verbessert.

Begriffsbestimmungen (Art. 2)

- **„energieverbrauchsrelevantes Produkt" („Produkt"):**
  einen Gegenstand, dessen Nutzung den Verbrauch von Energie in irgendeiner Weise beeinflusst und der in Verkehr gebracht und/oder in Betrieb genommen wird, einschließlich Teilen, die zum Einbau in ein unter diese Richtlinie fallendes energieverbrauchsrelevantes Produkt bestimmt sind, als Einzelteile für Endnutzer in Verkehr gebracht und/oder in Betrieb genommen werden und getrennt auf ihre Umweltverträglichkeit geprüft werden können,
- **„Umweltaspekt":**
  einen Bestandteil oder eine Funktion eines Produkts, der (die) während des Lebenszyklus des Produkts mit der Umwelt in Wechselwirkung treten kann,
- **„Umweltauswirkung":**
  eine einem Produkt während seines Lebenszyklus ganz oder teilweise zurechenbare Veränderung der Umwelt,
- **„Lebenszyklus":**
  die Gesamtheit der aufeinander folgenden und miteinander verknüpften Existenzphasen eines Produkts von der Verarbeitung des Rohmaterials bis zur Entsorgung,
- **„ökologisches Profil":**
  die Beschreibung - gemäß der für das Produkt einschlägigen Durchführungsmaßnahme - der einem Produkt während seines Lebenszyklus zurechenbaren, für seine Umweltauswirkung bedeutsamen Zufuhren und Abgaben (z.B. von Materialien, Emissionen und Abfällen), ausgedrückt in messbaren physikalischen Größen,
- **„Umweltverträglichkeit":**
  eines Produkts das in den technischen Unterlagen dokumentierte Ergebnis der Bemühungen des Herstellers um die Umweltaspekte des Produkts,
- **„Verbesserung der Umweltverträglichkeit":**
  den sich über mehrere Produktgenerationen erstreckenden Prozess der Verbesserung der Umweltverträglichkeit eines Produkts, wenn auch nicht unbedingt aller Umweltaspekte zugleich,
- **„umweltgerechte Gestaltung" („Ökodesign"):**
  die Berücksichtigung von Umwelterfordernissen bei der Produktgestaltung mit dem Ziel, die Umweltverträglichkeit des Produkts während seines gesamten Lebenszyklus zu verbessern,
- **„Ökodesign-Anforderung":**
  eine Anforderung an ein Produkt oder an seine Gestaltung, die zur Verbesserung seiner Umweltverträglichkeit bestimmt ist, oder die Anforderung, über Umweltaspekte des Produkts Auskunft zu geben,
- **„allgemeine Ökodesign-Anforderung":**
  eine Ökodesign-Anforderung, die das gesamte ökologische Profil eines Produkts ohne Grenzwerte für einen bestimmten Umweltaspekt betrifft,

- **„spezifische Ökodesign-Anforderung“:**
eine Ökodesign-Anforderung in Form einer messbaren Größe für einen bestimmten Umweltaspekt eines Produkts wie etwa den Energieverbrauch im Betrieb bei einer bestimmten Ausgangsleistung.

Durchführungsmaßnahmen (Art. 15)

Bei der Ausarbeitung eines Entwurfs einer Durchführungsmaßnahme geht die Kommission wie folgt vor:

- Sie prüft den Lebenszyklus des Produkts sowie alle seine bedeutsamen Umweltaspekte, unter anderem die Energieeffizienz. Der Umfang der Untersuchung der Umweltaspekte und der Durchführbarkeit von deren Verbesserungen steht im Verhältnis zu ihrer Bedeutung. Die Festlegung von Ökodesign-Anforderungen an die bedeutenden Umweltaspekte eines Produkts darf nicht aufgrund einer Unsicherheit bei anderen Aspekten unangemessen verzögert werden.
- Sie führt eine Bewertung der Auswirkungen auf die Umwelt, die Verbraucher und die Hersteller, einschließlich KMU, in Bezug auf Wettbewerbsfähigkeit (auch auf Märkten außerhalb der Gemeinschaft), Innovation, Marktzugang sowie Kosten und Nutzen durch.
- Sie trägt den von den Mitgliedstaaten für relevant erachteten nationalen Umweltvorschriften Rechnung.
- Sie führt eine geeignete Konsultation der Beteiligten durch.
- Sie erstellt auf der Grundlage der genannten Bewertung eine Begründung für den Entwurf der Durchführungsmaßnahme.
- Sie macht Terminvorgaben für die Durchführung, legt abgestufte Maßnahmen oder Übergangsmaßnahmen oder -zeiträume fest und berücksichtigt dabei insbesondere die möglichen Auswirkungen auf KMU oder auf spezifische, hauptsächlich von KMU hergestellte Produktgruppen.

Durchführungsmaßnahmen müssen alle nachstehenden Kriterien erfüllen:

- Es darf aus Sicht des Benutzers keine nennenswerten nachteiligen Auswirkungen auf die Funktionsweise des Produkts geben.
- Gesundheit, Sicherheit und Umwelt dürfen nicht beeinträchtigt werden.
- Es darf keine nennenswerten nachteiligen Auswirkungen für die Verbraucher geben, insbesondere hinsichtlich der Erschwinglichkeit und der Lebenszykluskosten des Produkts.
- Es darf keine nennenswerten nachteiligen Auswirkungen auf die Wettbewerbsfähigkeit der Industrie geben.
- Eine spezifische Ökodesign-Anforderung darf grundsätzlich nicht dazu führen, dass die Technik eines bestimmten Herstellers von allen anderen Herstellern übernommen werden muss.
- Sie dürfen den Herstellern keine übermäßige administrative Belastung aufbürden.

4.1.2 Methode zur Festlegung allgemeiner Ökodesign-Anforderungen (Anhang I)

Die allgemeinen Ökodesign-Anforderungen stellen auf die Verbesserung der Umweltverträglichkeit des Produkts ab und sind vor allem auf wesentliche Umweltaspekte des Produkts ausgerichtet, ohne Grenzwerte festzulegen. Das in diesem Anhang genannte Verfahren wird angewandt, wenn die Festlegung von Grenzwerten für das untersuchte Produkt ungeeignet ist.

Ökodesign-Parameter für Produkte

Die wesentlichen Umweltaspekte, soweit sie die Produktgestaltung betreffen, werden unter Berücksichtigung der nachstehenden Phasen des Lebenszyklus des Produkts festgelegt:

4

- Auswahl und Einsatz von Rohmaterial,
- Fertigung,
- Verpackung, Transport und Vertrieb,
- Installierung und Wartung,
- Nutzung und
- Ende der Lebensdauer, d.h. der Zustand eines Produkts am Ende seiner Erstnutzung bis zur endgültigen Entsorgung.

Für jede dieser Phasen ist - soweit relevant - Folgendes abzuschätzen:

- voraussichtlicher Verbrauch an Material, Energie und anderen Ressourcen wie etwa Frischwasser,
- voraussichtliche Immissionen in Luft, Wasser und Boden,
- voraussichtliche Umweltbelastung durch physikalische Einwirkungen wie Lärm, Schwingungen, Strahlung, elektromagnetische Felder,
- Menge der voraussichtlich entstehenden Abfallstoffe und
- Möglichkeiten der Wiederverwendung, des Recyclings und der Verwertung von Material und/ oder Energie unter Berücksichtigung der Richtlinie 2002/96/EG.

Die Verbesserung der genannten Umweltaspekte eines Produkts ist insbesondere nach folgenden Kriterien zu beurteilen, die bei Bedarf durch andere Kriterien ergänzt werden können:

- Masse und Volumen des Produkts,

- Verwendung von Recyclingmaterial,

- Verbrauch an Energie, Wasser und anderen Ressourcen während des Produktlebenszyklus,

- Verwendung von Stoffen, die gesundheits- und/oder umweltschädlich sind,

- Art und Menge der für die bestimmungsgemäße Nutzung und die ordnungsgemäße Wartung benötigten Verbrauchsmaterialien,

- Indikatoren der Wiederverwendbarkeit und Recycelbarkeit:
  - Zahl der verwendeten Materialien und Bauteile,
  - Verwendung von Normteilen,
  - Zeitaufwand für das Zerlegen,
  - Komplexität der zum Zerlegen benötigten Werkzeuge,
  - Verwendung von Kennzeichnungsnormen für wieder verwendbare und recycelbare Bauteile und Materialien (einschließlich der Kennzeichnung von Kunststoffteilen nach ISO-Norm),
  - Verwendung leicht recycelbarer Materialien,
  - leichte Zugänglichkeit von wertvollen und anderen recycelbaren Bauteilen und Materialien,
  - leichte Zugänglichkeit von Bauteilen und Materialien, die gefährliche Stoffe enthalten,

- Verwendung gebrauchter Teile,

- Vermeidung technischer Lösungen, die der Wiederverwendung und dem Recycling von Bauteilen und vollständigen Geräten entgegenstehen,

- Indikatoren der Produktlebensdauer: garantierte Mindestlebensdauer, Mindestzeitraum der Lieferbarkeit von Ersatzteilen, Modularität, Nachrüstbarkeit, Reparierbarkeit,

- entstehende Mengen von Abfällen und gefährlichen Abfällen,

- Immissionen in die Atmosphäre (Treibhausgase, Säurebildner, flüchtige organische Verbindungen, Ozon abbauende Stoffe, persistente organische Schadstoffe, Schwermetalle, Fein- und Schwebstaubpartikel),

- Immissionen in das Wasser (Schwermetalle, Stoffe mit nachteiligen Auswirkungen auf die Sauerstoffbilanz, persistente organische Schadstoffe) und

- Immissionen in den Boden (insbesondere durch Austritt gefährlicher Stoffe bei der Nutzung von Produkten und durch Auswaschung von Schadstoffen nach ihrer Deponierung).

Anforderungen an die Bereitstellung von Informationen

In den Durchführungsmaßnahmen kann vorgeschrieben werden, dass der Hersteller Angaben zu machen hat, die den Umgang mit dem Produkt, seine Nutzung oder sein Recycling durch andere Stellen als den Hersteller beeinflussen können, wozu gegebenenfalls folgende Angaben gehören:

- Informationen des Konstrukteurs zum Herstellungsprozess,
- Informationen für Verbraucher über die wesentlichen Umweltaspekte und die Eigenschaften des Produkts; diese Informationen sind dem Produkt beizufügen, wenn es in Verkehr gebracht wird, damit der Verbraucher verschiedene Produkte in ihren Umweltaspekten vergleichen kann,
- Informationen für Verbraucher darüber, wie das Produkt mit möglichst geringer Umweltbelastung zu installieren, zu nutzen und zu warten ist, wie es eine möglichst hohe Lebensdauer erreicht und wie es zu entsorgen ist, sowie gegebenenfalls Informationen über den Zeitraum der Lieferbarkeit von Ersatzteilen und die Nachrüstbarkeit der Geräte und
- Informationen über Entsorgungsbetriebe zu Zerlegung, Recycling oder Deponierung des Altprodukts. Die Informationen sind am Produkt selbst anzubringen, wo immer das möglich ist.

Anforderungen an den Hersteller

Hersteller von Produkten nehmen eine Analyse des Modells des Produkts für dessen gesamten Lebenszyklus vor, die die in der Durchführungsmaßnahme festgelegten, durch die Gestaltung des Produkts wesentlich beeinflussbaren Umweltaspekte prüft und auf realistischen Annahmen der üblichen Nutzungsbedingungen und der Verwendungszwecke des Produkts beruht. Weitere Umweltaspekte können freiwillig geprüft werden.

Anhand der Ergebnisse dieser Analyse erstellt der Hersteller das ökologische Profil des Produkts. In ihm sind alle umweltrelevanten Produkteigenschaften und alle dem Produkt während seines Lebenszyklus zurechenbaren und als physikalische Größen messbaren Aufwendungen/Abgaben zu berücksichtigen.

Anhand der Ergebnisse dieser Analyse bewerten die Hersteller Entwurfsalternativen und die erreichte Umweltverträglichkeit des Produkts anhand von Referenzwerten. Die Referenzwerte werden von der Kommission in der Durchführungsmaßnahme auf der Grundlage der während der Ausarbeitung dieser Maßnahme gesammelten Informationen ermittelt.

Bei der Wahl einer bestimmten konstruktiven Lösung ist unter Beachtung aller geltenden Rechtsvorschriften ein sinnvoller Kompromiss zwischen den verschiedenen Umweltaspekten und zwischen den Erfordernissen des Umweltschutzes und anderen Erfordernissen wie Sicherheit und Gesundheitsschutz, funktionalen Erfordernissen, Qualität, Leistung und wirtschaftlichen Aspekten, einschließlich Herstellungskosten und Marktfähigkeit, zu erreichen.

4.1.3 Methode zur Festlegung spezifischer Ökodesign-Anforderungen (Anhang II)

Spezifische Ökodesign-Anforderungen werden mit dem Ziel festgelegt, ausgewählte Umweltaspekte des Produkts zu verbessern. Es kann sich dabei gegebenenfalls um Anforderungen für die reduzierte Verwendung eines bestimmten Materials handeln, wie etwa der Begrenzung der Verwendung dieses Materials in den verschiedenen Stadien des Lebenszyklus des Produkts (z.B. Begrenzung des Wasserverbrauchs bei der Nutzung oder des Verbrauchs eines bestimmten Materials bei der Herstellung oder Mindestanforderungen für die Verwendung von Recyclingmaterial).

Bei der Ausarbeitung der Durchführungsmaßnahmen mit spezifischen Ökodesign-Anforderungen ermittelt die Kommission je nach dem Produkt, das von der Durchführungsmaßnahme erfasst wird, die entsprechenden Ökodesign-Parameter und legt die Höhe dieser Anforderungen fest.

In einer technischen, ökologischen und wirtschaftlichen Analyse ist eine Reihe auf dem Markt befindlicher Modelle auszuwählen, die für das betreffende Produkt repräsentativ sind; an ihnen sind die wirtschaftlich tragfähigen technischen Möglichkeiten zur Verbesserung der Umweltverträglichkeit des Produkts zu ermitteln, wobei darauf zu achten ist, dass die Leistung und der Verbrauchernutzen des Produkts nicht wesentlich gemindert werden.

Im Rahmen der technischen, ökologischen und wirtschaftlichen Analyse werden zudem in Bezug auf die geprüften Umweltaspekte die besten auf dem Markt befindlichen Produkte und Technologien ermittelt.

Das Abschneiden von auf internationalen Märkten verfügbaren Produkten und in der Gesetzgebung anderer Länder bestehende Referenzwerte sollten sowohl bei der Analyse als auch bei der Festlegung von Anforderungen berücksichtigt werden.

Anhand der Ergebnisse dieser Analyse sind unter Berücksichtigung der technischen und wirtschaftlichen Machbarkeit und des Verbesserungspotenzials konkrete Maßnahmen zur Minimierung der Umweltauswirkung des Produkts zu treffen.

Die Anforderungen an die Energieeffizienz oder den Energieverbrauch im Betrieb sind so festzusetzen, dass die Lebenszykluskosten repräsentativer Modelle des Produkts für den Endnutzer möglichst niedrig sind, wobei die Auswirkungen auf die anderen Umweltaspekte zu berücksichtigen sind. Der Analyse der Lebenszykluskosten sind ein realer Diskontsatz, der auf den Angaben der Europäischen Zentralbank beruht, sowie eine realistische Produktlebensdauer zugrunde zu legen. Zu betrachten ist die Summe der Veränderungen des Kaufpreises (entsprechend den Veränderungen der Herstellungskosten) und der Betriebskosten, die sich aus den entsprechenden Möglichkeiten der technischen Verbesserung der als repräsentativ ausgewählten Modelle des Produkts über deren Lebensdauer ergeben. Die Betriebskosten sind in erster Linie Energiekosten und Kosten für andere Ressourcen wie Wasser und Waschmittel.

Eine, die maßgeblichen Faktoren, wie etwa Kosten für Energie, andere Ressourcen, Rohmaterial und Fertigung sowie Diskontsätze, und bei Bedarf die externen Umweltkosten, einschließlich der vermiedenen Treibhausgasemissionen, betreffende Sensibilitätsanalyse ist vorzunehmen, um festzustellen, ob sich wesentliche Änderungen ergeben, und um die Schlussfolgerungen zu überprüfen. Die Anforderung ist entsprechend anzupassen. Der Verbrauch anderer Ressourcen wie Wasser kann auf ähnliche Weise analysiert werden.

Bei der Ausarbeitung der technischen, ökologischen und wirtschaftlichen Analysen kann auf Informationen zurückgegriffen werden, die im Rahmen anderer Maßnahmen der Gemeinschaft gewonnen wurden. Gleiches gilt für Informationen aus bestehenden Programmen, die außerhalb der Gemeinschaft durchgeführt werden und auf die Festlegung spezifischer Ökodesign-Anforderungen an Produkte, die mit Wirtschaftspartnern der Europäischen Union gehandelt werden, abstellen.

Die Anforderung darf erst nach Ablauf der für die Entwicklung eines neuen Produkts üblichen Zeit in Kraft treten.

4.1.4 Interne Entwurfskontrolle (Anhang IV)

In diesem Anhang wird das Verfahren beschrieben, nach dem der Hersteller oder sein Bevollmächtigter gewährleistet und erklärt, dass ein Produkt die Anforderungen der jeweils geltenden Durchführungsmaßnahme erfüllt. Die EG-Konformitätserklärung kann für ein Produkt oder mehrere Produkte ausgestellt werden und ist vom Hersteller aufzubewahren.

Der Hersteller muss technische Unterlagen zusammenstellen, anhand deren es möglich ist, die Übereinstimmung des Produkts mit den Anforderungen der jeweils geltenden Durchführungsmaßnahme zu beurteilen.

Die technischen Unterlagen enthalten insbesondere:

- eine allgemeine Beschreibung des Produkts und der Verwendung, für die es vorgesehen ist,
- die Ergebnisse der vom Hersteller durchgeführten Analyse der Umweltauswirkungen und/oder Verweise auf einschlägige Literatur oder Fallstudien, auf die der Hersteller sich bei der Bewertung, Dokumentierung und Gestaltung des Produkts gestützt hat,
- das ökologische Profil, sofern dies die Durchführungsmaßnahme verlangt,
- die Beschreibung der Umweltaspekte der Gestaltung des Produkts,
- eine Liste der Normen, die ganz oder teilweise angewandt wurden, und eine Beschreibung der Lösungen, mit denen den Anforderungen der jeweils geltenden Durchführungsmaßnahme entsprochen wird,
- die Angaben zu den umweltrelevanten Gestaltungsmerkmalen des Produkts und
- die Ergebnisse der Messungen zur Prüfung der Übereinstimmung des Produkts mit den Ökodesign-Anforderungen einschließlich Angaben zur Konformität dieser Messungen im Vergleich zu den Ökodesign-Anforderungen der jeweils geltenden Durchführungsmaßnahme.

Der Hersteller hat den Fertigungsprozess so zu gestalten und zu überwachen, dass das Produkt den genannten Angaben entspricht und die Anforderungen der jeweils geltenden Durchführungsmaßnahme erfüllt.

4.1.5 Managementsystem für die Konformitätsbewertung (Anhang V)

In diesem Anhang wird das Verfahren beschrieben, nach dem der Hersteller den Verpflichtungen nachkommt, gewährleistet und erklärt, dass ein Produkt die Anforderungen der jeweils geltenden Durchführungsmaßnahme erfüllt. Die EG-Konformitätserklärung kann für ein Produkt oder mehrere Produkte ausgestellt werden und ist vom Hersteller aufzubewahren. Für die Bewertung der Konformität des Produkts kann ein Managementsystem herangezogen werden, sofern der Hersteller die beschriebenen Umweltkomponenten darin einbezieht.

In den nachfolgenden Abschnitten werden die Umweltkomponenten des Managementsystems und die Verfahren beschrieben, mit denen der Hersteller nachweisen kann, dass das Produkt die Anforderungen der jeweils geltenden Durchführungsmaßnahme erfüllt.

Umweltorientierte Produktpolitik

Der Hersteller muss nachweisen können, dass die Anforderungen der maßgebenden Durchführungsmaßnahme erfüllt sind. Ferner muss der Hersteller zur Verbesserung der Umweltverträglichkeit der Produkte ein Rahmenkonzept für die Festlegung von Umweltverträglichkeitszielen und -indikatoren und deren Überprüfung vorlegen können.

Alle Maßnahmen, die der Hersteller trifft, um die Umweltverträglichkeit insgesamt durch Produktgestaltung und Gestaltung des Herstellungsprozesses zu verbessern und das Umweltprofil zu ermitteln, müssen strukturiert und schriftlich in Form von Verfahren und Anweisungen dokumentiert sein.

Diese Verfahren und Anweisungen müssen insbesondere Folgendes in der Dokumentation hinreichend ausführlich beschreiben:

- die Liste der Dokumente, die zum Nachweis der Konformität des Produkts zu erstellen und gegebenenfalls bereitzustellen sind,
- die Umweltverträglichkeitsziele und -indikatoren sowie die Organisationsstruktur, die Verteilung der Zuständigkeiten und die Befugnisse der Geschäftsleitung und die Mittelausstattung in Bezug auf die Erfüllung und Beibehaltung dieser Ziele und Indikatoren,
- die nach der Fertigung durchzuführenden Prüfungen des Produkts auf Übereinstimmung mit den Umweltverträglichkeitsvorgaben,
- die Verfahren zur Kontrolle der vorgeschriebenen Dokumentation und zur Sicherstellung ihrer regelmäßigen Aktualisierung und
- das Verfahren, mit dem die Einbeziehung und Wirksamkeit der Umweltkomponenten des Managementsystems überprüft wird.

Planung

Der Hersteller hat Folgendes auszuarbeiten und zu aktualisieren:

- Verfahren zur Ermittlung des ökologischen Profils des Produkts,
- Umweltverträglichkeitsziele und -indikatoren, die bei der Wahl technischer Lösungen neben technischen und wirtschaftlichen Erfordernissen zu berücksichtigen sind, und
- ein Programm zur Erreichung dieser Ziele.

Durchführung und Unterlagen

Die Unterlagen zum Managementsystem müssen insbesondere Folgendes einhalten:

- Zuständigkeiten und Befugnisse sind festzulegen und zu dokumentieren, damit die umweltorientierte Produktpolitik wirksam durchgeführt werden kann, damit ihre Umsetzung schriftlich festgehalten wird und damit Kontrollen und Verbesserungsmaßnahmen möglich sind,
- die Methoden der Entwurfskontrolle und der Prüfung nach der Fertigung sowie die bei der Produktgestaltung zur Anwendung kommenden Verfahren und systematischen Maßnahmen sind schriftlich festzuhalten und

- der Hersteller muss Unterlagen erstellen und aktualisieren, in denen die wesentlichen Umweltkomponenten des Managementsystems und die Verfahren zur Prüfung aller benötigten Unterlagen beschrieben sind.

Die Unterlagen zu dem Produkt müssen insbesondere Angaben zu folgenden Aspekten enthalten:

- eine allgemeine Beschreibung des Produkts und der Verwendung, für die es vorgesehen ist,
- die Ergebnisse der vom Hersteller durchgeführten Analyse der Umweltauswirkungen und/oder Verweise auf einschlägige Literatur oder Fallstudien, auf die der Hersteller sich bei der Bewertung, Dokumentierung und Gestaltung des Produkts gestützt hat,
- das ökologische Profil, sofern dies die Durchführungsmaßnahme verlangt,
- die Ergebnisse der Messungen zur Prüfung der Übereinstimmung des Produkts mit den Ökodesign-Anforderungen einschließlich Angaben zur Konformität dieser Messungen im Vergleich zu den Ökodesign-Anforderungen der jeweils geltenden Durchführungsmaßnahme,
- Spezifikationen des Herstellers, in denen insbesondere angegeben wird, welche harmonisierten Normen angewandt wurden,
- die Angaben zu den umweltrelevanten Gestaltungsmerkmalen des Produkts.

Prüfungen und Abstellung von Mängeln

Der Hersteller muss:

- alle erforderlichen Maßnahmen ergreifen, um sicherzustellen, dass das Produkt in Einklang mit den Gestaltungsspezifikationen und den Anforderungen der für das Produkt geltenden Durchführungsmaßnahme hergestellt wird,
- Verfahren ausarbeiten und aufrechterhalten, mit denen er auf Nichtkonformität reagiert und die dokumentierten Verfahren im Anschluss an die Abstellung der Mängel ändert, und
- mindestens alle drei Jahre eine umfassende interne Prüfung (Audit) des Managementsystems in Bezug auf dessen Umweltkomponenten durchführen.

4.1.6 Inhalt der Durchführungsmaßnahmen (Anhang VII)

In einer Durchführungsmaßnahme ist insbesondere Folgendes festzulegen:

- die genaue Definition der von ihr erfassten Produktart(en),

- die Ökodesign-Anforderung(en) an das (die) von ihr erfasste(n) Produkt(e), den Zeitpunkt des Inkrafttretens, eventuelle Stufen- oder Übergangsregelungen oder -fristen:
  - bei allgemeinen Ökodesign-Anforderungen die relevanten Phasen und Einzelaspekte als Richtschnur für die Bewertung der Verbesserungen in Bezug auf die festgelegten Umweltaspekte,
  - bei spezifischen Ökodesign-Anforderungen deren Höhe,

- die in Anhang I genannten Ökodesign-Parameter, für die keine Ökodesign-Anforderung erforderlich ist,

- die Anforderungen an die Installation des Produkts, wenn diese einen unmittelbaren Einfluss auf dessen Umweltverträglichkeit hat,

- die anzuwendenden Messnormen und/oder Messverfahren; soweit verfügbar, sind harmonisierte Normen, deren Fundstellen im Amtsblatt der Europäischen Union veröffentlicht sind, anzuwenden,
- Angaben zur Konformitätsbewertung (CE-Kennzeichnung),
- die Informationen, die der Hersteller zu übermitteln hat, namentlich über die Einzelheiten der technischen Unterlagen, die erforderlich sind, um die Prüfung der Übereinstimmung der Produkte mit der Durchführungsmaßnahme zu erleichtern,
- die Länge der Übergangsfrist, während deren die Mitgliedstaaten das Inverkehrbringen und/oder die Inbetriebnahme von Produkten zulassen müssen, die zum Zeitpunkt der Verabschiedung der Durchführungsmaßnahme den in ihrem Hoheitsgebiet geltenden Vorschriften entsprechen,
- das Datum für die Bewertung und mögliche Änderung der Durchführungsmaßnahme unter Berücksichtigung der Schnelligkeit des technischen Fortschritts.

Die Durchführungsmaßnahmen müssen die in Anhang VII genannten Elemente umfassen. Die von der Kommission bei der Ausarbeitung der Durchführungsmaßnahmen herangezogenen einschlägigen Studien und Analysen sollten der Öffentlichkeit zugänglich gemacht werden, wobei vor allem der leichte Zugang für und die leichte Benutzung durch interessierte KMU berücksichtigt werden sollte.

4.1.7 Produktgruppen

Im Rahmen der Ökodesign-Richtlinie wurden in den zurückliegenden Jahren mehrere EG-Verordnungen für verschiedene Produktgruppen erlassen, in denen Energieeffizienzwerte festgeschrieben wurden. In Abbildung 4.1 sind diese Produktgruppen in einer Übersicht zusammen gestellt.

4

EG-Verordnung	Produktgruppe
1275/2008/EG	Bereitschafts- und Aus-Zustand (stand by)
278/2009/EG	externe Netzteile
643/2009/EG	Haushaltskühlgeräte
859/2009/EG	Haushaltslampen
347/2010/EU	Hochdruckentladungslampen
1015/2010/EU	Haushaltswaschmaschinen
1016/2010/EU	Haushaltsgeschirrspülmaschinen
327/2011/EU	Ventilatoren
206/2012/EU	Raumklimageräte und Komfort-Ventilatoren
547/2012/EU	Wasserpumpen
622/2012/EU	Umwälzpumpen
932/2012/EU	Haushaltswäschetrockner
1194/2012/EU	Lampen
617/2013/EU	Computer und Computerserver
666/2013/EU	Staubsauger
801/2013/EU	Fernsehgeräte
814/2013/EU	Warmwasserbereiter, -speicher
4/2014/EU	Elektromotoren

Abb. 4.1: Verordnungen und Produktgruppen im Rahmen der Ökodesign-Richtlinie - Auszug

4.2 Umweltaspekte bei der Produktentwicklung

4.2.1 Einführung

Umweltorientierte Produktverantwortung wird zu einer immer größeren Herausforderung für die Unternehmen. Während in der Vergangenheit die technologische Funktionalität und die ökonomische Nutzung des Produktes im Vordergrund standen, wird zukünftig die umweltverträgliche Produktverantwortung über den gesamten Lebenszyklus ein weiterer wettbewerbsentscheidender Faktor sein. Für die Entwicklung, Herstellung, Be- und Verarbeitung oder den Vertrieb von Produkten muss die Verantwortung zur Erfüllung der Ziele der Kreislaufwirtschaft übernommen werden:

- Entwicklung mehrfach verwendbarer, technisch langlebiger und nach der Nutzungsphase ordnungsgemäß und für die Umwelt schadlos zu beseitigender Produkte,
- vorrangiger Einsatz verwertbarer Abfälle oder Sekundärrohstoffe bei der Herstellung,
- Kennzeichnung der schadstoffhaltigen Erzeugnisse,
- Hinweise auf die Möglichkeiten der Rückgabe, Wiederverwertung und Verwertung,
- Rücknahme der Erzeugnisse und der nach Gebrauch verbleibenden Abfälle.

Die Pflicht zur Verwertung von Abfällen ist jedoch nur einzuhalten, soweit dies technisch möglich und wirtschaftlich zumutbar ist. Deshalb müssen bereits in der Produktplanung die Umweltauswirkungen von Materialien, Fertigungsprozessen, Produktnutzung und Recyclingmöglichkeiten berücksichtigt werden. Die Bedeutung der Produktplanung und Produktentwicklung wird besonders an folgenden Aspekten klar. Sie legt:

- 100 % der Produktfunktionen,
- 60 - 80 % der Produktlebenszykluskosten,
- die Herstellungsverfahren und den Fertigungsablauf,
- die Umweltauswirkungen

fest. Die folgenden Ausführungen betrachten daher einige Produktaspekte, beginnend von der Produktplanung bis hin zum Produktrecycling.

4.2.2 Produktplanung und -entwicklung

Der Lebenszyklus eines Produktes lässt sich in die einzelnen Phasen:

1. Kunde und Markt,
2. Entwicklung,
3. Herstellung,
4. Transport,
5. Nutzung,
6. Recycling,
7. Entsorgung

unterteilen (Abb. 4.2). Grundsätzlich ergeben sich aus allen Phasen des Produktlebenszyklus Anforderungen an ökologisch optimierte Produkte. Der Grundsatz des Vermeidens und Verminderns negativer Umwelteinwirkungen, des Wiederverwendens, Weiterverwendens, der schadstoffarmen Beseitigung, usw. ist somit auf alle Lebenszyklusphasen anzuwenden.

Eine gesamtheitliche Betrachtungsweise hilft:

- gesetzliche Vorgaben einzuhalten,
- eine Verbesserung der Umweltverträglichkeit zu erzielen,
- Kosten über die Produktlebensdauer zu reduzieren,
- Marktchancen zu verbessern.

Die Berücksichtigung von Umweltschutzbelangen bei der Produktentwicklung und -normung kann das Risiko möglicher Einsatzbeschränkungen oder Verbote begrenzen. Vergabekriterien für Umweltzeichen stellen bereits heute konkrete Umweltanforderungen an Produkte und beeinflussen dadurch das Marktgeschehen.

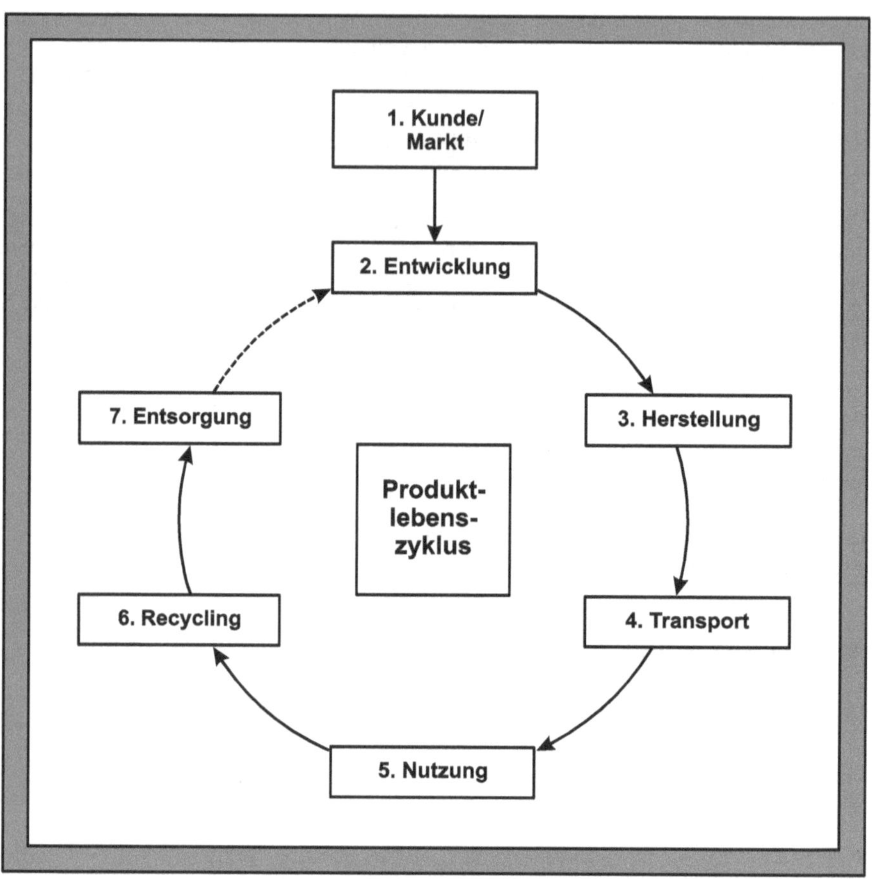

Abb. 4.2: Lebenszyklus von Produkten

4.2.2.1 Kunde und Markt

Ausgehend von Marktanforderungen werden in dieser Vorphase grundsätzliche Aufgaben an ein neues oder geändertes Produkt erarbeitet und definiert. Die Studie findet zweckmäßig in einem interdisziplinär zusammengesetzten Team statt. Hier ist eine enge Zusammenarbeit der Bereiche Marketing/Vertrieb, Entwicklung/Konstruktion, Materialwirtschaft/Lieferanten, Produktion und Umweltschutz notwendig. Mit Unterstützung einer Richtlinie für umweltgerechte Produktentwicklung können ökologische Anforderungen Berücksichtigung finden. Die Richtlinie kann Aussagen zu:

- produktspezifischen Umweltgesetzen und Produktnormen,
- Materialauswahl und -kennzeichnung,
- Baugruppen und -teile,
- Verbinde- und Zerlegetechniken,
- Berücksichtigung von Fertigungstechnologien,
- Produktnutzung und -service,
- Recycling- und Entsorgungsstrategien

enthalten.

4.2.2.2 Entwicklung

In der Entwicklungsphase erfolgt die Konkretisierung der Anforderungen und Aufgaben und die Umsetzung der Produktidee in ein realisierbares Produkt.

Als erster Schritt in der Konzeptphase werden die an das Produkt gestellten Aufgaben, Anforderungen und Zusammenhänge möglichst umfassend geklärt und präzisiert. Diese Aufgabenstellungen können als externer oder interner Entwicklungsauftrag, konkrete Bestellung oder z.B. durch Verbesserungsvorschläge seitens anderer Unternehmensbereiche herangetragen werden. Wesentlich ist in diesem Prozessschritt die enge Zusammenarbeit mit dem Auftraggeber, um alle wichtigen Informationen zusammenzutragen und mögliche Informationslücken zu erkennen und zu schließen. Aus den Ergebnissen wird eine Anforderungsliste bzw. ein Pflichtenheft erarbeitet. Die Anforderungen sollten dabei als unbedingt zu erfüllende Forderungen und zu beachtende Wünsche festgelegt werden. Die Zielvorgaben der Anforderungen sind möglichst detailliert und quantifiziert festzuschreiben.

Mögliche Lösungsansätze können schon gegeben werden, dürfen aber den weiteren Entwicklungsprozess nicht zu sehr einschränken. Die Anforderungsliste dient während der Entwicklung als Informationsspeicher. Sie wird über den Entwicklungsablauf modifiziert, konkretisiert und gegebenenfalls nach Abstimmung mit dem Auftraggeber geändert. Eine Änderung der Ziele findet jedoch nur bis zu einem bestimmten Punkt statt. Danach wird die Anforderungsliste eingefroren. Insbesondere bei Neuentwicklungen werden aus den Vorgaben der Anforderungsliste die Gesamtfunktion und wesentliche Teilfunktionen des Produktes ermittelt, strukturiert und zu einer Gesamtstruktur zusammengefügt. Auf der Grundlage der abstrakten Funktionsstruktur wird nun systematisch nach prinzipiellen Lösungen gesucht. Diese umfasst grundsätzlich rechtliche, technische, naturwissenschaftliche und umweltrelevante Aspekte.

Ausgehend von der im Konzeptschritt gefundenen, prinzipiellen Lösung werden jetzt die Produktstruktur gestaltet, die Dimensionierung festgelegt und die Werkstoffe ausgewählt. Die Gestaltung eines Produktes beeinflusst direkt die Recyclingmöglichkeiten. Hier lässt sich durch eine demontage- und aufarbeitungsgerechte Produktentwicklung die Wieder- oder Weiterverwendung von Baugruppen und -teilen optimieren. Dazu sind die Vielfalt von Baugruppen zu reduzieren und leicht lösbare Demontageverbindungen zu verwenden. Demontagegerechte Verbindungstechniken führen auch bei Instandhaltungen oder Reparaturen zu Kostensenkungen. Für eine angestrebte Aufarbeitung muss eine Reinigung der Komponenten mit umweltgerechten und aus Sicht der Arbeitssicherheit unbedenklichen Reinigungsmedien möglich sein. Gefahrstoffhaltige Baugruppen sind zum Schutz von Mensch und Umwelt zu kennzeichnen.

Das Produktrecycling ist nicht zwangsläufig eine einfache Umkehrung der Montage. Durch entsprechende Prototypen können geeignete Montage-/Demontageverfahren entwickelt werden. Maßnahmen zur Reduzierung des Materialeinsatzes (Dimensionierung) und der Materialvielfalt (Werkstoffauswahl) sind geeignet, die natürlichen Ressourcen zu schonen und zukünftige Entsorgungsprobleme zu minimieren. Eine systematische Bewertung und Standardisierung der Werkstoffe verringert die Vielfalt der eingesetzten Materialien. Eine durchgängige Materialkennzeichnung nach entsprechenden Normen erleichtert ein Materialrecycling. Bewertungsgrundlagen können rechtliche Vorgaben, Rohstoffgewinnung, Umweltgefährdung, Recyclingfähigkeit, usw. sein. Hilfreich sind deshalb Werkstoff-Auswahllisten. Die Gestaltung der Baustruktur, die Auslegung der Komponenten und die Auswahl der Werkstoffe legt nicht nur die Produktfunktionen, sondern auch die zur Herstellung benötigten Produktionsverfahren fest.

Nach einer weiteren abschließenden technischen, wirtschaftlichen und ökologischen Überprüfung erfolgt bei einer positiven Entscheidung die Herstellungsfreigabe.

4.2.2.3 Herstellung

Die Auswahl und der Einsatz umweltfreundlicher Technologien ist neben der Entwicklung von umweltfreundlichen Produkten eine der weiteren Herausforderungen für den betrieblichen Umweltschutz in einem modernen Unternehmen. Der Kunde kann erwarten, dass die als umweltfreundlich deklarierten Produkte auch mit umweltschonenden Produktionsverfahren hergestellt wurden. Gerade den Fertigungsabteilungen kommt eine besondere Verantwortung zu, da sich hier die potenziellen Auswirkungen auf die Umwelt konzentrieren. Umweltfreundliche Produktion bedeutet jedoch nicht, dass überhaupt keine Emissionen entstehen und keine Ressourcen verbraucht werden. Umweltfreundliche Produktion heißt ein bewussterer Umgang mit Ressourcen während der Produktion sowie ein sachgerechter Umgang mit entstehenden Abfällen, Abwässern und sonstigen Emissionen.

Besonders für den Herstellungsprozess bestehen heute vielfältige technische und rechtliche Vorgaben. Zur Einhaltung der Umweltvorschriften werden heute noch vorzugsweise nachgeschaltete Umweltschutztechnologien verwendet. Deren Einsatz ist immer mit zusätzlichen Kosten verbunden und daher auf lange Sicht nicht wirtschaftlich und sinnvoll. Vielmehr ist darauf zu achten, dass bei der Entwicklung und Auswahl neuer Produktionstechnologien verstärkt integrierte Technologien zum Einsatz kommen. Für das Produkt „Neue Fertigungstechnologien“ und die Auswahl durch den Kunden „Unternehmen“ gelten prinzipiell die gleichen Kriterien bezüglich Qualität, Kosten und Umwelt wie für jede andere Produktentwicklung auch. Eine Bewertung von Produktionsverfahren unter Gesichtspunkten des Umweltschutzes und der Arbeitssicherheit (Schutz des Menschen) müssen folgende Aspekte berücksichtigen:

- Stand der Technik und Wirkungsgrad des Verfahrens (Ausbeute, Qualität),
- Umweltverträglichkeit und Recycelbarkeit der eingesetzten Hilfs- und Betriebsstoffe,
- Ressourcenverbrauch (Material, Energie, Wasser),
- Reduzierung und Aufarbeitungsmöglichkeiten der Nebenprodukte (Abfall, Abwasser, Emissionen),
- Anlagenbedienung und -wartung im laufenden Betrieb,
- Gefährdungsbeurteilung für den laufenden Anlagenbetrieb,
- Aufarbeitungs- bzw. Verwertungsmöglichkeiten der Anlagen nach Stilllegung.

Selten ist die Produktentwicklung gleichzeitig mit der Einführung neuer Produktionstechnologien verbunden. In den meisten Fällen wird auf bestehende Fertigungsanlagen und -verfahren zurückgegriffen. Damit spielt die Anlagenbedienung und -wartung durch den Mitarbeiter im Rahmen seiner täglichen Arbeit eine wichtige Rolle. Um eine umweltfreundliche Produktion zu gewährleisten, müssen die Mitarbeiter hinsichtlich der Umweltauswirkungen ihres Arbeitsplatzes geschult und informiert werden.

4.2.2.4 Transport

Als Bindeglied zwischen dem Unternehmen und dem Kunden lässt sich die Transport- und Logistikkette von der Umweltbetrachtung nicht ausnehmen. Unter den Tätigkeiten innerhalb der speditiven Abwicklung wie z.B. Erstellen von Versandaufträgen, Verhandeln von Frachtraten, Optimierung der Fahrzeugauslastung, usw. spielt in erster Linie die Auswahl der Verkehrsträger bzw. -mittel eine umweltrelevante Rolle. Auswahlkriterien für verschiedene Verkehrsmittel sind Laufzeit zum Bestimmungsort und Kosten unter Berücksichtigung der Dringlichkeit und dem Warenwert. Zwischen diesen Auswahlkriterien und dem Einsatz umweltfreundlicher Verkehrsmittel bestehen häufig Zielkonflikte. Die gesamte Abwicklungsorganisation muss fortlaufend an die Kundenstruktur, das Mengenaufkommen, Änderungen des Transportgutes, usw. angepasst werden. Im täglichen Betrieb lässt sich so eine Optimierung ökonomischer Kriterien und der Umweltverträglichkeit erzielen.

Die Zusammenstellung der Produkte zum Versand umfasst Kommissionieren und Verpacken. Bei der Auswahl der Transportverpackungen ist dem optimalen Schutz der Güter, aber ebenso auch dem minimalen Aufwand an Verpackungsmaterial, Rechnung zu tragen. Wenn möglich sind Mehrwegverpackungen einzusetzen oder Mehrfachverwendung der Verpackungsmaterialien anzustreben. Die verwendeten Verpackungsmaterialien müssen eindeutig identifizierbar sein und stofflich wiederverwertet werden können. Bei grundsätzlichen Entscheidungen in der Auswahl von Verpackungsmaterialien oder -methoden sind rechtliche Vorgaben oder vorliegende Ökobilanzen von Verpackungen zu berücksichtigen.

4.2.2.5 Nutzung

Ein Großteil der Umweltbelastungen durch Produkte entsteht in der Nutzungs- und Gebrauchsphase. Davon ist der Kunde direkt betroffen. Er erwartet, dass neben der Produktqualität und -sicherheit zunehmend Aspekte wie:

- Nutzungsdauer und Langlebigkeit,
- Instandhaltungs- und Reparaturmöglichkeit,
- Modernisier- und Aufrüstbarkeit,
- Produktrecycling und -entsorgung

gewährleistet sind. Vordergründig scheint ein Problemfeld zwischen Produktqualität, Nutzungsdauer und Langlebigkeit auf der einen Seite und Produktions-/Absatzzahlen auf der anderen Seite zu existieren. Dies ist immer dann der Fall, wenn man in Stückzahlen und überwiegend unternehmensbezogen denkt. Der Kunde braucht jedoch kein Produkt, er braucht eine Serviceleistung für sein Problem. Kundenorientierung stellt den Nutzen der Lösung für den Kunden in den Vordergrund. Diese Sichtweise führt fast zwangsläufig weg vom Stückzahldenken hin zu einem Servicedenken. Dies muss auch zu einem neuen Denken in der Produktentwicklung führen.

Ein erheblicher Teil der Umweltbelastungen fällt in dieser Lebensphase an. Eine sachgemäße Nutzung von Produkten ist daher unerlässlich. Für die richtige Handhabung der Geräte sind Bedienungsanleitungen, Einweisung und Schulungen durchzuführen. Nur die volle Funktionsfähigkeit des Gerätes/der Anlage einerseits und die verantwortungsvolle Handhabung durch den Nutzer/ Mitarbeiter andererseits garantiert eine umweltverträgliche Nutzung.

Eine Erhöhung der Nutzungsdauer und der Langlebigkeit von Produkten reduziert den Ressourcenverbrauch und die Umweltbelastungen. Die Zuverlässigkeit und die Qualität des Produktes müssen jedoch über den gesamten Lebenszyklus gewährleistet sein. Fragen der Produkthaftung spielen hier eine Rolle. Die Länge der Lebensdauer und die Verfügbarkeit während der Nutzungsphase kann durch ein wartungs- und reparaturfreundliches Produkt unterstützt werden. Die notwendigen Einrichtungen sind bereitzustellen, damit der Reparaturservice den Qualitäts-, Arbeitsschutz- und Umweltvorschriften gerecht wird. Ein kompetenter, schneller und preisgünstiger Service trägt erheblich zur Kundenzufriedenheit bei. Die Reparaturkosten müssen dabei in einem vernünftigen Verhältnis zum Neupreis eines Produktes stehen, so dass sich eine Reparatur wirtschaftlich lohnt. Besonders im Gebrauchsgütersektor ist dies aufgrund eines mangelhaften Produktdesigns selten der Fall.

Eine Weiterentwicklung des Reparaturservice stellt die Aufarbeitung und Modernisierung von Produkten dar. Sie können dadurch dem Stand der Technik angepasst werden. Über eine Rücknahmegarantie für Produkte lässt sich der Rücknahmefluss organisieren. Standardbauteile und Modulbauweise erleichtern die Überholung. Nach der Modernisierung steht das Gerät wieder für einen neuen Lebenszyklus zur Verfügung.

4.2.2.6 Recycling

Über das Kreislaufwirtschaftsgesetz mit seiner Produktverantwortung hat sich der Gesetzgeber eine Verpflichtungsmöglichkeit zur Produktrücknahme geschaffen. Damit steht dem Kunden des Unternehmens eine Möglichkeit offen, die Verantwortung für das Produktrecycling bzw. die Produktentsorgung an den Hersteller oder Inverkehrbringer zurückzugeben. Mögliche logistische Probleme sollen dabei nicht außer Acht bleiben, denn auch die Rückführung der Produkte verursacht entsprechende Umweltbelastungen. Die Phase „Recycling" des Produktlebenszyklus lässt sich in Aufarbeitung und Aufbereitung unterscheiden.

Die Aufarbeitung des Produktes ist die höherwertige Form des Recyclings. Hier werden durch gezielte Maßnahmen wie Wiederverwendung von Produktteilen oder Gerätenachrüstung die Produkteigenschaften erhalten oder verbessert. Die Wiederverwendung von Produkten oder Produktteilen stellt eine hohe Form der Ressourcenschonung dar. Sie vermeidet überflüssigen Ressourcenverbrauch und kommt in der Zielhierarchie der Kreislaufwirtschaft dem Vermeidungsgedanken sehr nahe.

Prinzipiell sind alle Produkte aufarbeitungsfähig. Unter Umweltschutz-, Qualitäts- und Kostenaspekten gibt es jedoch einige Kriterien, die für eine Entscheidung Produktrecycling vs. Materialrecycling herangezogen werden können:

- Technologien und Produktion,
- Mengen und Wert,
- Innovationen und Produktdesign,
- Produkthaftung und Patente.

Unter technologischen Aspekten muss die Aufarbeitung machbar sein. Die einzelnen Produktgruppen müssen zerstörungsfrei demontierbar sein und für den weiteren Aufarbeitungsprozess einer Reinigung unterzogen werden. Damit spielen die ursprünglich verwendeten Werkstoffe und ihre Identifizierbarkeit eine Rolle. Unter Qualitätsgesichtspunkten müssen die aufgearbeiteten Teile Neuprodukten ebenbürtig sein. Unter Kostengesichtspunkten spielen die Komplexität der Baustruktur, die Art und Anzahl der Bauteile, die verwendeten Werkstoffe, der Wert des Neuproduktes, usw. eine Rolle.

Um eine stärkere Marktdurchdringung aufgearbeiteter Produkte zu erreichen, sollte es ca. 30 - 50 % billiger als ein entsprechendes Neuprodukt sein. Dies ist u.a. auch deshalb notwendig, da Produktaufarbeitung und Neuproduktion von verschiedenen Unternehmen vorgenommen werden können. Hier kann es zu einer Abwehrhaltung des Originalproduzenten kommen. Ein Teil der ausgetauschten Baugruppen und -teile wird sich nicht mehr aufarbeiten lassen. Eventuell lassen sie sich noch einem Materialrecycling zuführen. Dann sind rechtliche Aspekte der Abfallentsorgung zu berücksichtigen. Für die Produktaufarbeitung lassen sich zwei Zielgruppen identifizieren:

- Unternehmen und Investitionsgüter,
- Privatverbraucher und Gebrauchsgüter.

Unter Berücksichtigung der Wertschöpfung lohnt sich eine Aufarbeitung eher bei Investitionsgütern. Niedrige Stückzahlen korrespondieren hier mit technologischem Nutzen und entsprechendem Produkt- und Produktions-Know-how. Dem relativ niedrigen Wert von Gebrauchsgütern stehen größere Mengen gegenüber. Standardisierte Produkte oder -teile erlauben hier eine wirtschaftliche Aufarbeitung. Vielfach existiert in diesem Sektor jedoch heute ein Materialrecycling.

Wenn man von einer Produktnutzung von 5 - 10 Jahren ausgeht, stellt sich die Frage nach dem technischen Fortschritt jedes Produktes. Die technologischen, wirtschaftlichen und ökologischen Innovationen sind in einigen Produktsektoren gravierend. Bei neuen Produktentwicklungen lassen sich potenzielle Innovationen teilweise berücksichtigen. Bei Altprodukten ist dies nicht der Fall. Hier sind nur Einzelfallentscheidungen für jedes Produkt möglich. Eine Verwendungsmöglichkeit im Ersatzteilgeschäft ist jedoch immer gegeben.

Für den Wiederverkauf der aufgearbeiteten Produkte spielt neben deren Funktionalität das Design eine Rolle. Recycelten Produkten haftet immer noch ein „graues" bzw. „minderwertiges" Image an. Hier muss bei den Nutzern ein Bewusstseinswandel erreicht werden. Nicht unterschätzt werden dürfen die Auswirkungen der gesetzlichen Produkthaftung, Patent- und Lizenzfragen sowie die Verabschiedung entsprechender Normen durch interessierte Kreise. Besonders die Normenausschüsse müssen in ihren Arbeiten Umweltaspekte viel stärker berücksichtigen.

Neben den Entscheidungskriterien für die Eignung eines Produktes zur Aufarbeitung ist die praktische Durchführung der Produktaufarbeitung wichtig. Sie lässt sich grundsätzlich in die 4 Schritte:

- Demontage und Reinigung,
- Sortierung und Prüfung,
- Aufarbeitung und Ersatz,
- Wiedermontage und Abnahme

unterteilen. Erst die zerstörungsfreie Demontage bereitet das Produkt für die weiteren Aufarbeitungsschritte vor. Heute muss bei der Produktentwicklung die demontagegerechte Konstruktion berücksichtigt werden. Andernfalls verbleibt nur die Alternative des Materialrecyclings. Aber auch hier ist die Demontage ein erster Schritt zur Entfrachtung schadstoffhaltiger Komponenten im Zuge einer ordnungsgemäßen Entsorgung. Die im Anschluss an die Demontage durchzuführende Reinigung ist ein besonders umweltrelevanter Schritt. Ob mit physikalischen oder chemischen Mitteln durchgeführt, es fallen Stoffe an, die ordnungsgemäß zu entsorgen sind. Aufgrund der nicht oder nur schwer identifizierbaren Bestandteile ist hier mit dem Anfall von gefährlichen Abfällen zu rechnen. Erst nach dem Reinigungsschritt ist eine Beurteilung und Prüfung der Bauteile möglich. Sie lassen sich in die drei Gruppen:

- direkt wiederverwendbar,
- nach Aufarbeitung wiederverwendbar,
- nicht wiederverwendbar

klassifizieren. Nicht wiederverwendbare Teile lassen sich dem Materialrecycling oder der Entsorgung zuführen. Durch die Aufarbeitung der Bauteile und den Einbau neuer Teile wird für das Produkt ein neuer Lebenszyklus erreicht. Im gesamten Aufarbeitungszyklus muss ein Qualitätssicherungsprogramm Anwendung finden. Nach einer abschließenden Abnahme des Produktes ist es in seinen Funktionen, Eigenschaften und Qualitäten Neuprodukten ebenbürtig.

Eine Produktaufarbeitung kann nicht beliebig oft wiederholt werden. In allen Aufarbeitungsschritten fallen Reststoffe an. Wann immer möglich werden sie einem Materialrecycling zur Rückgewinnung von Werkstoffen zugeführt. Bei dieser Aufbereitung handelt es sich um physikalische und/oder chemische verfahrenstechnische Prozesse. Für die Verwertung der rückgewonnenen Stoffe ist eine sortenreine Trennung der Materialien notwendig. Kenntnisse über die Produkt- und Materialzusammensetzung aus der Entwicklungsphase und eine systematische Kennzeichnung sind hier hilfreich. Die für eine Trennung notwendigen verfahrenstechnischen Prozesse sind heute so ausgereift, dass sich sortenreine Materialfraktionen gewinnen lassen. Die Wiederverwertung von Metallen und -legierungen ist problemlos möglich. Zwischen Alt- und Neuware gibt es keinen Unterschied bezüglich Qualität und Eigenschaften.

Kunststoffe gewinnen erst durch verschiedene Zusätze definierte, gewünschte Eigenschaften. Während Metalle beliebig oft recycelt und in Einzelkomponenten aufgetrennt werden können, liegen die Verhältnisse bei Kunststoffen anders. Jeder Aufarbeitungsschritt führt zu einem Abbau der

Polymerkette und damit zu einer Verschlechterung von Produktqualitäten und -eigenschaften. In gewissen Grenzen lassen sich diese Minderungen durch Zusätze auffangen. Dem Kunststoffrecycling sind daher stoffspezifische Grenzen gesetzt. Im Extremen gedacht, schreitet der irreversible Kettenabbau über stoffliches, pyrolytisches bis hin zum energetischen Verwerten fort. Der zuletzt genannte Verwertungsprozess liefert die Oxidationsprodukte der im Kunststoff enthaltenen Elemente.

4.2.2.7 Entsorgung

Alle vom Menschen erzeugten Produkte gelangen eines Tages in die Umwelt, sei es in die Atmosphäre, das Wasser oder den Boden. Es ist nur eine Frage der Zeit und der Form. Der Faktor Zeit lässt sich über die Nutzungsdauer und die Langlebigkeit von Produkten beeinflussen. Heute werden aus Kosten-, Umsatz- und Stückzahldenken heraus Produkte vernichtet, die noch einen hohen Anteil an voll funktionsfähigen Teilen enthalten. Der Gesetzgeber ist hier gefordert, den Erzeuger von Produkten noch stärker in die Verantwortung zu nehmen. Als Inverkehrbringer muss er auch die letztendliche Verantwortung für die umweltgerechte Entsorgung tragen.

Schwieriger zu lösen ist die Frage nach der Form, in der ausgediente Produkte entsorgt werden und damit in die Umwelt gelangen sollten. Eine der schlechtesten Formen ist die Deponierung. Die hier abgelagerten Stoffe sind aufgrund ihrer unnatürlichen Zusammensetzung über längere Zeiträume als potenzielle Altlasten zu betrachten. Sie stellen eine Bedrohung für Luft, Wasser und Boden dar. Idealerweise werden Reststoffe durch verfahrenstechnische Prozesse in naturidentische Materialien umgewandelt. Thermische Prozesse (Verbrennung, Verschwelung, Pyrolyse, Verhüttung, usw.) und physikalisch-chemische Prozesse können diese Umwandlung gewährleisten.

4.3 Instrumente

Bei der Bewertung eines Produktes sind drei wesentliche Faktoren zu berücksichtigen:

- ökologische Auswirkungen,
- ökonomische Chancen,
- soziale Fragen.

Eine nur auf die ökologischen Auswirkungen fixierte Bewertung greift zu kurz. Schließlich sind nicht nur die Umweltauswirkungen zu betrachten, sondern der Schutz von Mensch und Umwelt muss gewährleistet werden. Im gesamten Ablauf des Produktlebenszyklus sind daher auch Arbeitsschutzaspekte zu berücksichtigen. Bezüglich der ökonomischen Chancen und Risiken herrscht heute eine starke Fokussierung auf diesen Faktor vor. Langfristig müssen die ökologischen Auswirkungen und die sozialen Fragen einen gleichgewichtigen Stellenwert erreichen.

Bezüglich der Produktbewertung kann man sich nicht nur auf naturwissenschaftliche Fakten abstützen. Es fließen immer die Wertvorstellungen des Menschen ein. Damit spielen kulturelle, ethische und politische Meinungen und Werte eine Rolle. Solange der Mensch auf diesem Planeten existiert wird er durch jede seiner Aktivitäten Veränderungen hervorrufen. Während einige Aktivitäten globale Veränderungen bewirken (z.B. CO_2-Emissionen) beschränken sich andere auf regionale Bereiche (z.B. Abfalldeponierung). Oft werden in diesem Zusammenhang lineare Schlussfolgerungen der Art „hoher Energieverbrauch = hohe CO_2-Emissionen = hoher Beitrag zum Treibhauseffekt“ bezüglich der Umweltauswirkungen gezogen. Solche linearen Schlussfolgerungen sind aufgrund der Komplexität der Zusammenhänge zwischen Mensch und Umwelt schlicht falsch. Lokale und regionale Gegebenheiten, z.B. Art der Energieerzeugung durch Wasserkraft, usw. sind in einer Bewertung mit zu berücksichtigen.

Damit bei der Produktentwicklung die ökologischen Produktanforderungen und die Forderungen der produktbezogenen Umweltpolitik, -ziele und -programme des Unternehmens von den Entwicklern und Konstrukteuren konsequent beachtet und in den Entwicklungsablauf integriert werden können, müssen ihnen entsprechende Hilfsmittel zur Verfügung stehen. Diese Instrumente sollten möglichst gut handhabbar und auch in kleinen und mittelständischen Unternehmen ohne großen Aufwand bei der Entwicklungstätigkeit einsetzbar sein.

In den folgenden Abschnitten werden drei Instrumente und Methoden zur ökologischen Produktbewertung skizziert:

- Produkt-Ökobilanz,
- Entwicklungsrichtlinien und Checklisten,
- Life-Cycle-Screening.

Die Produkt-Ökobilanz stellt den umfassendsten und aufwendigsten Ansatz dar. Checklisten sind ein sehr einfaches und grobes Instrumentarium. Das Life-Cycle-Verfahren erlaubt mit vernünftigem Aufwand Schwachstellen im Produktlebenszyklus zu identifizieren, gute Entscheidungen zu treffen und praktikable, praxisnahe Verbesserungen zu erzielen.

4.4 Ökobilanz

Die Idee der Ökobilanz ist die systematische Bewertung von Umwelteinwirkungen, die im Zusammenhang mit Produkten und Dienstleistungen entstehen. Bei der Bilanzierung werden alle Stoff- und Energieströme über den gesamten Lebensweg erfasst, d.h. von der Rohstoffgewinnung über die Herstellung und Nutzung bis hin zur Entsorgung. Durch eine systematische Erfassung aller Daten lassen sich die Auswirkungen der einzelnen Umweltaspekte (z.B. Materialien, Wasser, Energie, etc.) erfassen und bewerten. Über den gesamten Lebensweg lassen sich so in einzelnen Phasen Optimierungspotenziale identifizieren.

Für Unternehmen können durch Ökobilanzen vielfältige Aufgabenbereiche abgedeckt werden. So können sie für die strategische Produktpolitik als Informations-, Planungs- und Kontrollinstrument dienen. Unter Einbeziehung ökonomischer und sozialer Aspekte kommt das Unternehmen seiner Verantwortung nach.

Eine Ökobilanz gliedert sich in vier Phasen (Abb. 4.3):

- Festlegung von Ziel und Untersuchungsrahmen,
- Sachbilanz,
- Wirkungsabschätzung,
- Auswertung.

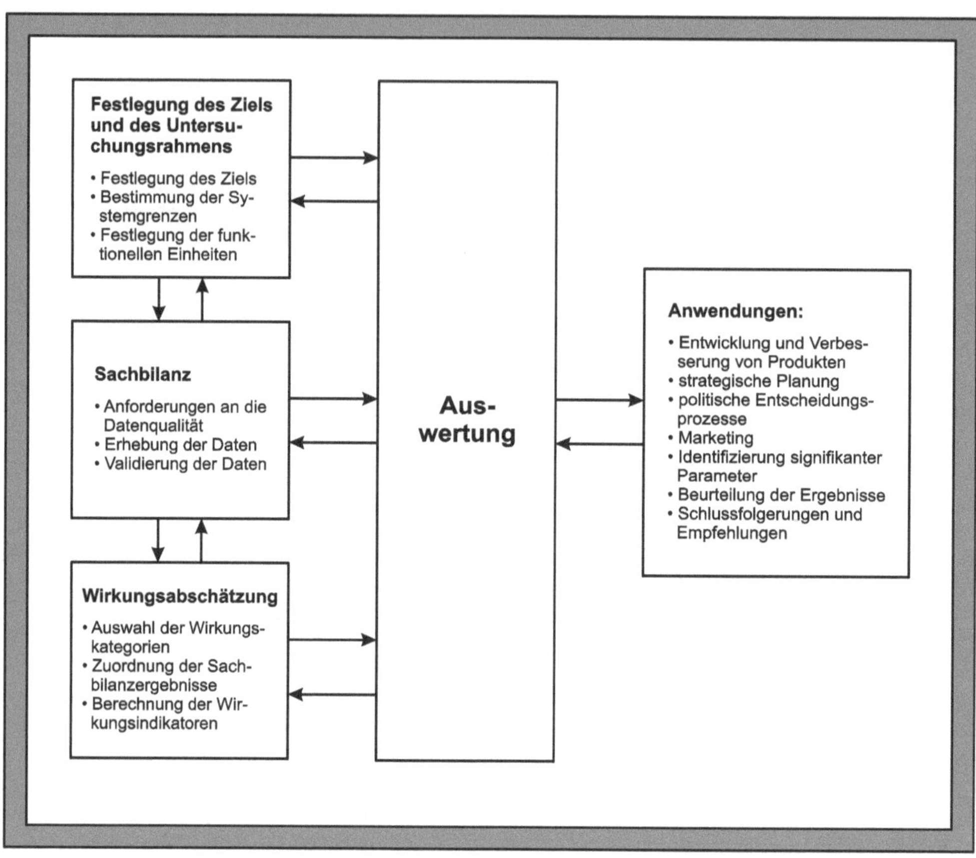

Abb. 4.3: Phasen einer Ökobilanz

4.4.1 Ziel und Untersuchungsrahmen

Die erste Phase einer Ökobilanz ist die Festlegung des Ziels und des Untersuchungsrahmens. Das Ziel einer Ökobilanz muss enthalten:

- Zielgruppe - Wer soll angesprochen werden?
- Gründe für die Durchführung.
- Anwendungszweck - Was soll erreicht werden?

Der Untersuchungsrahmen basiert auf dem Systemgedanken. Das System grenzt die einzelnen Prozessmodule gegenüber der Umgebung ab. Deren Auswahl hängt vom Ziel und dem damit verbundenen Untersuchungsrahmen ab. In Abbildung 4.4 enthält das System beispielhaft die drei Prozessmodule „Entwicklung", „Produktion" und „Auslieferung". Weitere Prozessmodule befinden sich außerhalb der festgelegten Systemgrenzen.

Jedes Prozessmodul hat eine Input- und Outputseite und steht mit weiteren Prozessmodulen in einem Austausch. Der Detaillierungsgrad einer Ökobilanz bestimmt die Größe des Prozessmoduls. So lässt sich z.B. das Prozessmodul „Produktion" in weitere Anlagenmodule aufspalten. Damit lassen sich einzelne Anlagen als funktionelle Einheit erfassen, bewerten und optimieren.

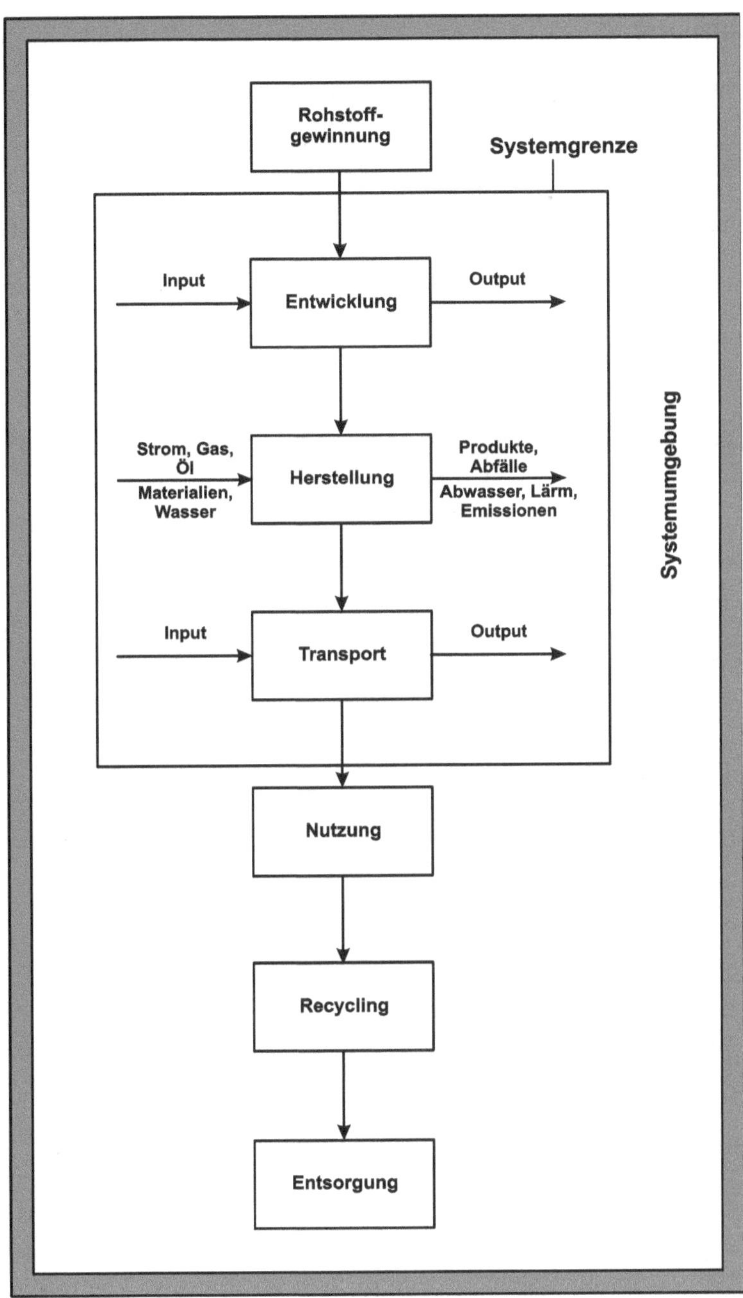

Abb. 4.4: Beispiele für Prozessmodule

Wie bei Verfahrensfließbildern sollte auch das System mit seinen einzelnen Prozessmodulen, Input-Output-Flüssen und Austauschprozessen in einem Systemfließbild dargestellt werden. Damit lassen sich alle Abhängigkeiten und Wechselwirkungen zwischen den einzelnen Systembestandteilen darstellen.

4

4.4.2 Sachbilanz

Datenerhebungen und die Verfahren zur Berechnung der Daten sind Hauptbestandteile der Sachbilanz. Sie ermöglichen eine Quantifizierung wichtiger Eingangs- und Ausgangsgrößen in einem Prozessmodul und im gesamten System. Die Daten können gemessen, berechnet oder geschätzt werden und beeinflussen damit die Qualität und Genauigkeit der Sachbilanz.

Die Daten lassen sich in verschiedene Klassen strukturieren. Abbildung 4.5 zeigt dazu ein Beispiel. Zu den Inputgrößen zählen z.B. Materialien, Energien, Wasser, etc.; zu den Outputgrößen z.B. (Koppel-)produkte, Wärme, Abwasser, Emissionen, Lärm, etc. Die Daten der Sachbilanz lassen sich als absolute oder spezifische Werte darstellen. Bei spezifischen Kenngrößen muss eine Bezugsgröße als funktionelle Einheit (z.B. Stückzahl) definiert werden.

Input	**Prozessmodul**	**Output**
Material: • Eisen/Stahl • Gussteile • Aluminium • Glysantin • Bremsflüssigkeit • Fette/Öle • technische Gase • Laugen/Säuren • Lösemittel • Farben/Lacke **Energie:** • elektrische Energie • Erdgas • Fernwärme • Heizöl EL • Heizöl S • Kraftstoffe **Wasser:** • Fremdwasser • Eigenbezug **Boden:** • Werksgelände • bebaute Flächen • Grünflächen	Unternehmen Standort Betrieb Anlage Arbeitsplatz	**Abfall:** • gefährliche Abfälle • Lackschlämme • Abwasserschlämme • Emulsionen • Altöl • Wertstoffe • Metallschrott • Papier/Pappe • Holz • Gewerbeabfall **Abwasser:** • Sanitärabwasser • Produktionsabwasser • Frachten **Abluft:** • Schwefeldioxid • Stickoxide • Kohlendioxid • Staub • Lösemittel **Altlasten** **Lärm**

Abb. 4.5: Bestandteile der Sachbilanz

Die Sachbilanz beruht auf naturwissenschaftlichen Grundlagen und kann anhand von Massen- und Energiebilanzen überprüft werden. Für jedes Prozessmodul muss eine ausgeglichene Bilanz vorhanden sein, andernfalls ist die Qualität der Datenerfassung nicht gegeben. Massen- und Energiebilanzen eignen sich daher sehr gut zur Validierung der verwendeten Daten.

4.4.3 Wirkungsabschätzung

Die Wirkungsabschätzung steht in Zusammenhang mit der Sachbilanz und beurteilt die potenziellen Umweltauswirkungen. Die in der Sachbilanz erhaltenen Informationen und Daten müssen mit Wirkungskategorien und Wirkungsindikatoren verknüpft werden. Zu den Wirkungskategorien zählen:

- Humantoxizitätspotenzial,
- Treibhauspotenzial (GWP),
- aquatisches Toxizitätspotenzial,
- Versauerungspotenzial,
- Eutrophierungspotenzial,
- Ozonzerstörungspotenzial,
- Fotooxidantienbildung,
- kumulierter Energieaufwand (KEA).

Aus den Ergebnissen der Sachbilanz und den zugeordneten Wirkungskategorien werden Wirkungsindikatoren berechnet. Abbildung 4.6 zeigt dies am Beispiel der globalen Erwärmung.

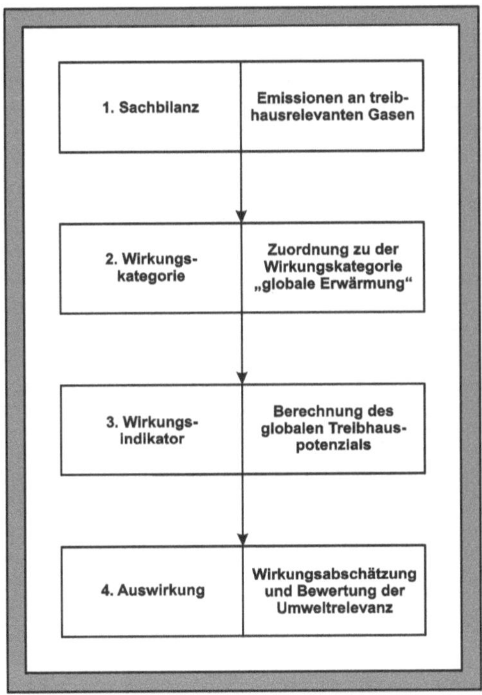

Abb. 4.6: Von der Sachbilanz zur Wirkungsabschätzung

4.4.4 Wirkungskategorien

Um die Umweltwirkungen der in der Sachbilanz erhobenen Daten zu bewerten, werden sie verschiedenen Wirkungskategorien zugeordnet. Dadurch können verschiedene Stoffe in ihren Auswirkungen miteinander verglichen werden.

Humantoxizitätspotenzial

Über das Chemikaliengesetz und die Gefahrstoffverordnung werden in Zusammenhang mit der Technischen Regel für Gefahrstoffe „TRGS 900 Arbeitsplatzgrenzwerte“ für die verschiedensten

Stoff	Humantoxizitätspotenzial
Aceton	12.000
Ammoniak	350
Antimon und seine Verbindungen	5
Arsen	1
Beryllium und seine Verbindungen	0,02
Blei (Bezugsgröße)	1,0
Cadmium und seine Verbindungen	0,15
Chlor	15
Chrom(VI)-verbindungen	0,5
Dichlormethan	3.500
Ethanol	9.600
Fluoride	25
Formaldehyd	6,2
Methanol	2.700
Ozon	2
Phosgen	0,82
Quecksilber und seine Verbindungen	0,1
Schwefelwasserstoff	140
Stickstoffdioxid	95

Abb. 4.7: Humantoxizitätspotenziale [4.25]

Gefahrstoffe Grenzwerte festgelegt. Auf der Basis dieser Grenzwerte lässt sich das Gesamtpotenzial für die Humantoxizität berechnen. Bezugsgröße ist der entsprechende Grenzwert für Blei. Das Potenzial für die Humantoxizität wird in „kg Bleiäquivalente“ nach folgender Formel berechnen:

$$\text{Humantoxizitätspotenzial (kg Bleiäquivalente)} = \sum \frac{\text{Menge des freigesetzten Schadstoffs (kg)}}{\text{Toxizitätsfaktor des Schadstoffs}}$$

Aufgrund des relativen Vergleichs zu Blei ist der Toxizitätsfaktor des Schadstoffs eine dimensionslose Zahl. In Abbildung 4.7 sind Humantoxizitätsfaktoren für einige Stoffe aufgeführt. Je kleiner der angegebene Toxizitätsfaktor ist, umso größer ist die Humantoxizität des Stoffes.

Humantoxizitätsfaktoren stellen eine starke Vereinfachung dar und sind nur zum Vergleich technischer Alternativen gedacht. Das komplexe Gebiet der Toxizität mit Abhängigkeiten und Synergien lässt sich dadurch nicht betrachten.

Auswirkungen auf die menschliche Gesundheit haben nicht nur Chemikalien, sondern auch Lärmimmissionen. Hier sind für eine Bewertung die rechtlich festgelegten Grenzwerte für den Lärmschutz zu berücksichtigen.

Treibhauspotenzial (GWP)

Für das Treibhauspotenzial (Greenhouse Warming Potential, GWP) hat das Intergovernmental Panel of Climate Change (IPCC) den verschiedenen Treibhausgasen entsprechende Werte zugeordnet. Als Bezugsgröße wurde Kohlendioxid gewählt, dessen GWP (CO_2) = 1 gesetzt wurde. Je höher der GWP-Wert, umso stärker trägt der Stoff zum Treibhauseffekt bei. Das Treibhauspotenzial berechnet sich zu:

$$\text{globales Treibhauspotenzial (kg } CO_2\text{-Äquivalente)} = \sum \text{GWP (Schadstoff)} \times \text{Menge des Schadstoffes (kg)}$$

Durch diese Berechnung werden alle Stoffe in CO_2-Äquivalente umgerechnet. In Abbildung 4.8 sind einige Treibhausgase mit ihren GWP-Faktoren aufgeführt. Je größer der GWP-Wert ist, umso stärker ist das Treibhauspotenzial des Stoffes. Das Treibhauspotenzial ist eine Funktion der Verweildauer der Verbindung in der Atmosphäre. Üblicherweise werden GWP-Werte daher für verschiedene Zeiträume angegeben.

Verbindung			Treibhauspotenzial (GWP)			Lebens-zeit/ Jahren
Kenn-zeichnung	Formel	Name	20 Jahre	100 Jahre	500 Jahre	
	CO_2	Kohlendioxid	1	1	1	-
	CH_4	Methan	63	23	7	12,0
	N_2O	Distickstoffmonoxid	275	296	156	120
FCKW 11	CCl_3F	Trichlorfluormethan	6330	4680	1630	45
FCKW 12	CCl_2F_2	Dichlordifluormethan	10340	10720	5230	100
FCKW 113	$CCl_2F - CClF_2$	1,1,2-Trichlor-1,2,2-trifluorethan	6150	6030	2700	85
FCKW 114	$CClF_2 - CClF_2$	1,2-Dichlor-1,1,2,2,-tetrafluorethan	7560	9880	8780	300
H-FCKW 22	$CHClF_2$	Chlordifluormethan	4850	1780	552	12
H-FCKW 123	$CHCl_2 - CF_3$	2,2-Dichlor-1,1,1-trifluorethan	257	76	24	1,3
H-FCKW 124	$CHClF - CF_3$	2-Chlor-1,1,1,2,-tetrafluorethan	1950	599	186	5,8
H-FCKW 141b	$CH_3 - CCl_2F$	1,1-Dichlor-1-fluorethan	2120	713	222	9,3
H-FCKW 142b	$CH_3 - CClF_2$	1-Chlor-1,1-difluorethan	5170	2270	709	17,9
Halon 1301	$CBrF_3$	Bromtrifluormethan	-	7030	-	65
Halon 1211	$CBrClF_2$	Bromchlordifluormethan	-	1860	-	16
	SF_6	Schwefelhexafluorid	15290	22450	32780	3200
	CCl_4	Tetrachlormethan	2540	1380	437	26
	$CH_3 - CCl_3$	1,1,1-Trichlorethan	476	144	45	5,0
	CH_3Cl	Chlormethan	55	16	5	1,3
	CH_2Cl_2	Dichlormethan	35	10	3	0,38
	CH_3Br	Brommethan	16	5	1	0,7
	NF_3	Stickstofftrifluorid	7780	10970	13240	740
FKW 14	CF_4	Tetrafluormethan	3920	5820	9000	50000
FKW 116	$CF_3 - CF_3$	Hexafluorethan	8110	12010	18280	10000
H-FKW 23	CHF_3	Trifluormethan	11100	14310	12100	270
H-FKW 32	CH_2F_2	Difluormethan	2220	670	210	4,9
H-FKW 125	$CHF_2 - CF_3$	Pentafluorethan	5970	3450	1110	29
H-FKW 134a	$CH_2F - CF_3$	Tetrafluorethan	3590	1410	440	14
H-FKW 143a	$CH_3 - CF_3$	1,1,1-Trifluorethan	5540	4400	1600	52
H-FKW 152a	$CH_3 - CHF_2$	1,1-Difluorethan	411	122	38	1,4

Abb. 4.8: Treibhausgase und ihr Treibhauspotenzial [4.16]

Aquatische Toxizität

Von vielen Stoffen ist deren aquatische Toxizität bekannt. Um die Gesamttoxizität eines Gemisches zu bestimmen, wird wie folgt vorgegangen. Für jeden Stoff gibt es einen Schwellenwert

4

Stoff	Aquatische Toxizitätspotenziale/mgL^{-1}
1,1,1-Trichlorethan	2,1
2-Chlorphenol	0,003
Ammoniak	0,0016
Arsen	0,024
Benzol	2,4
Blei	0,011
Cadmium	$3{,}4 \cdot 10^{-4}$
Chlorbenzol	0,69
Chrom	0,0085
Chrom (III)	0,034
Chrom (VI)	0,0085
DDT	$5 \cdot 10^{-6}$
Ethylbenzol	0,37
Formaldehyd	0,0021
Kohlenstoffdisulfid	0,0021
Kupfer	0,0011
Nickel	0,0018
PCB-118	0,0038
PCB-153	0,027
Phenol	$9 \cdot 10^{-4}$
Quecksilber	$2{,}4 \cdot 10^{-4}$
Toluol	0,73
Trichlormethan	5,9
p-Xylol	0,33

Abb. 4.9: Aquatische Toxizitätspotenziale [4.25]

(Predicted no effect concentration, PNEC) unterhalb dessen keine Schadwirkung mehr festgestellt werden kann. Die Menge des freigesetzten Schadstoffes wird durch den PNEC-Wert dividiert und über alle Schadstoffe summiert:

$$\text{Aquatische Toxizität (m}^3\text{)} = \sum \frac{\text{Menge freigesetztes Schadstoff (kg)}}{\text{PNEC-Wert des Schadstoffes (mg/L)} \times 10^{-6}}$$

Die aquatische Toxizität gibt somit die Wassermenge in m³ an, bei der kein Effekt mehr auftritt. In Abbildung 4.9 sind aquatische Toxizitätspotenziale aufgeführt. Je kleiner der angegebene PNEC-Wert ist, umso größer ist dessen aquatische Toxizität.

Versauerungspotenziale

An die Umwelt abgegebene säurebildende Gase (z.B. SO_2, NO_x, NH_3) führt zu einer Versauerung des betreffenden Umweltkompartimentes. Das Versauerungspotenzial lässt sich leicht in Schwefeldioxid (SO_2)-Äquivalenten berechnen:

$$\text{Versauerungspotenzial (kg } SO_2\text{-Äquivalente)} = \sum \text{Versauerungspotenzial (Schadstoff)} \times \text{Menge des freigesetzten Schadstoffs (kg)}$$

In Abbildung 4.10 sind die Versauerungspotenziale für die wichtigsten Gase zusammengestellt. Bezugsgröße ist Schwefeldioxid (Versauerungspotenzial = 1).

Stoff	Versauerungspotenzial (kg SO_2-Äquivalente)
Schwefeldioxid (SO_2)	1
Ammoniak (NH_3)	1,6
Stickstoffdioxid (NO_2)	0,5
Chlorwasserstoff (HCl)	0,88
Schwefelwasserstoff (H_2S)	1,88
Schwefelsäure (H_2SO_4)	0,65
Fluorwasserstoff (HF)	1,60
Salpetersäure (HNO_3)	0,51
Phosphorsäure (H_3PO_4)	0,98

Abb. 4.10: Versauerungspotenzial [4.14]

Eutrophierungspotenziale

Bei übermäßigem Nährstoffeintrag kommt es zu einer Schädigung von Gewässern und Böden. Bestimmte Pflanzenarten können davon profitieren, während die normalerweise vorkommenden Pflanzen verdrängt werden. Das Eutrophierungspotenzial lässt sich in Phosphat (PO_4^{3-})-Äquivalenten berechnen:

4

$$\text{Eutrophierungspotenzial (kg } PO_4^{3-}\text{-Äquivalente)} = \sum \text{Eutrophierungspotenzial (Schadstoff)} \times \text{Menge des freigesetzten Schadstoffs (kg)}$$

In Abbildung 4.11 sind die Eutrophierungspotenziale für einige stickstoff- und phosphorhaltige Verbindungen aufgeführt. Bezugsgröße ist das Phosphation (PO_4^{3-}) mit einem Eutrophierungspotenzial von eins. Je größer der Wert für das Eutrophierungspotenzial, umso stärker trägt dieser Stoff zur Eutrophierung bei.

Stoff	Formel	Eutrophierungspotenzial (kg PO_4^{3-}-Äquivalente)
Ammoniak	NH_3	0,35
Ammonium	NH_4^+	0,33
Nitrat	NO_3^-	0,1
Salpetersäure	HNO_3	0,1
Stickstoff	N_2	0,42
Stickstoffdioxid	NO_2	0,13
Stickstoffmonoxid	NO	0,2
Phosphat	PO_4^{3-}	1
Phosphorsäure	H_3PO_4	0,97
Phosphor	P	3,06
Phosphorpentoxid	P_2O_5	1,34

Abb. 4.11: Eutrophierungspotenziale [4.25]

Ozonzerstörungspotenzial (ODP)

Insbesondere halogenierte Kohlenwasserstoffe führen zu einer Zerstörung der Ozonschicht. Wie beim Treibhauspotenzial existiert heute eine internationale Übereinkunft bzgl. des Ozonzerstörungspotenzials (Ozone Depletion Potential, ODP) einzelner Stoffe. Als Bezugsgröße wurde Trichlorfluormethan (FCKW 11) gewählt, dessen ODP (FCKW 11) = 1 gesetzt wurde. Je höher der

Stoff			Ozonabbau-potenzial
$CFCl_3$	FCKW-11	Trichlorfluormethan	1,0
CF_2Cl_2	FCKW-12	Dichlordifluormethan	1,0
$C_2F_3Cl_3$	FCKW-113	Trichlortrifluorethan	0,8
$C_2F_4Cl_2$	FCKW-114	Dichlortetrafluorethan	1,0
C_2F_5Cl	FCKW-115	Chlorpentafluorethan	0,6
CF_2BrCl	Halon-1211	Bromchlordifluormethan	3,0
CF_3Br	Halon-1301	Bromtrifluormethan	10,0
$C_2F_4Br_2$	Halon-2402	Dibromtetrafluorethan	6,0
CCl_4	CTC	Tetrachlormethan (Tetrachlorkohlenstoff)	1,1
$C_2H_3Cl_3$	1,1,1-TCA	1,1,1-Trichlorethan (Methylchloroform)	0,1
CH_3Br	Methylbromid	Brommethan	0,6
$CHFCl_2$	HFCKW-21	Dichlorfluormethan	0,040
CHF_2Cl	HFCKW-22	Chlordifluormethan	0,055
CH_2FCl	HFCKW-31	Chlorfluormethan	0,020
C_2HFCl_4	HFCKW-121	Tetrachlorfluorethan	0,040
$C_2HF_2Cl_3$	HFCKW-122	Trichlordifluorethan	0,080
$C_2HF_3Cl_2$	HFCKW-123	Dichlortrifluorethan	0,020
C_2HF_4Cl	HFCKW-124	Chlortetrafluorethan	0,022
$C_2H_2FCl_3$	HFCKW-131	Trichlorfluorethan	0,050
$C_2H_2F_2Cl_2$	HFCKW-132	Dichlordifluorethan	0,050
CBr_2F_2	Dibromdifluormethan (Halon-1202)		1,25
C_3H_7Br	1-Brompropan (n-Propylbromid)		0,02 - 0,10
C_2H_5Br	Brommethan (Ethylbromid)		0,1 - 0,2
CF_3I	Trifluoriodmethan (Trifluormethyliodid)		0,01 - 0,02
CH_3Cl	Chlormethan (Methylchlorid)		0,02

Abb. 4.12: Ozonabbaupotenziale [4.30]

ODP-Wert, umso stärker trägt der Stoff zum Ozonabbau bei. Das Ozonzerstörungspotenzial berechnet sich zu:

Ozonzerstörungspotenzial (kg FCKW 11-Äquivalent)	= Σ	ODP-Potenzial (Schadstoff) x Menge des Schadstoff (kg)

Durch diese Berechnung werden alle Stoffe in FCKW 11-Äquivalente umgerechnet. In Abbildung 4.12 sind einige Stoffe mit ihren ODP-Werten zusammengestellt.

Fotooxidantienbildung

Während Ozon in der höheren Atmosphäre (Stratosphäre) schützend wirkt, ist Ozon in der unteren Atmosphäre (Troposphäre) ein Schadstoff. Hier wird es über leicht flüchtige organische Verbindungen (Volatile Organic Compounds, VOC) durch Sonneneinstrahlung gebildet. Zu hohe troposphärische Ozonkonzentrationen können zu Gesundheitsschäden führen.

Das Potenzial zur Bildung troposphärischen Ozons hängt von der Reaktionsgeschwindigkeit der einzelnen Stoffe ab. Als Bezugsgröße für das Fotooxidantienbildungspotenzial (photochemical ozon creation potential, POCP) wurde Ethen (Ethylen) gewählt, dessen POCP (Ethen) = 1 gesetzt wurde. Je höher der POCP-Wert, umso stärker trägt der Stoffe zur troposphärischen Ozonbildung bei. Das entsprechende Potenzial berechnet sich zu:

Potenzial Fotooxidantienbildung (kg Ethen-Äquivalente)	= Σ	POCP-Wert (Schadstoff) x Menge des Schadstoffs (kg)

Durch diese Berechnung werden alle Stoffe in Ethen-Äquivalente umgerechnet. In Abbildung 4.13 sind einige Stoffe mit ihren POCP-Werten aufgeführt.

Stoff	Potenzial fotochemische Ozonbildung
1,3-Butadien	0,851
Acetaldehyd	0,641
Aceton	0,094
Benzol	0,218
Cyclohexan	0,29
Dichlormethan	0,068
Diethylether	0,4452
Essigsäure	0,097
Ethan	0,123
Ethanol	0,3992
Ethen	1
Ethylacetat	0,2092
Formaldehyd	0,519
Isopren	1,092
Methan	0,006
Methanol	0,1402
n-Octan	0,453
Propen	1,123
Styrol	0,142
Toluol	0,637

Abb. 4.13: Fotooxidantienbildungspotenzial [4.14]

Kumulierter Energieaufwand (KEA)

Mit dem kumulierten Energieaufwand lassen sich summarisch die gesamten Primärenergieaufwendungen eines Prozesses erfassen. Dazu lassen sich entsprechenden Produkten oder Dienstleistungen KEA-Werte zuweisen. Der kumulierte Energieaufwand berechnet sich dann zu:

$$\text{kumulierter Energieaufwand (MJ)} = \sum \text{KEA-Wert (Produkt, Dienstleistung)} \times \text{Menge}$$

In Abbildung 4.14 sind verschiedene KEA-Werte zusammengestellt.

Produkt oder Dienstleistung	Einheit	KEA-Wert in MJ/Einheit
Strom aus öffentlichem Netz	MWh	789
Diesel	kg	42,8
Erdgas	m³	40,3
Holzpellets	kg	8,9
Natriumhydroxid	kg	19,9
Ammoniak	kg	36
Ethanol	kg	56
Benzol	kg	61,9
Eisen	kg	14,4
Primäraluminium	kg	196
Sekündäraluminium	kg	25,8
Zement	kg	4,29
Beton	kg	0,66
Polyethylen (HDPE)	kg	65,3
Polypropylen (PP)	kg	71,6
Polyvinylchlorid (PVC)	kg	54
LKW-Transport (voll beladen)	t/km	0,81
Verbrennung gefährlicher Abfälle (niedriger Brennwert)	kg	5

Abb. 4.14: Kumulierter Energieaufwand [4.25]

4.4.5 Auswertung und Bewertung der Umweltrelevanz

Die abschließende Phase der Ökobilanz ist die Auswertung der Sachbilanzdaten, der Wirkungsabschätzung und der berechneten Wirkungsindikatoren. Mit der Auswertung sollten die signifikanten Parameter bekannt sein, die die größte Umweltrelevanz besitzen. Es sind Schlussfolgerungen zu ziehen und Empfehlungen zur Reduzierung der Umweltauswirkungen zu geben. Diese Empfehlungen können sich z.B. auf die Entwicklung von Produkten oder die Verbesserung von Produktionsprozessen beziehen.

Die Ergebnisse der Ökobilanz sind in einem nachvollziehbaren Bericht zusammen zu stellen. Dies betrifft insbesondere das Ziel und den Untersuchungsrahmen, die gewählten Systemgrenzen und alle Sachbilanzdaten mit den daraus gezogenen Schlussfolgerungen und Empfehlungen.

4.5 Entwicklungsrichtlinien und Checklisten

Entwicklungsrichtlinien sind strategische Planungsinstrumente, die für den gesamten Entwicklungsprozess gültig sind. In ihnen werden die allgemeingültigen Zielvorgaben für alle vom Unternehmen hergestellten Produkte verbindlich festgeschrieben und sind für diese auch gültig. Für das Unternehmen stellen die Richtlinien einen wertvollen Informations- und Wissenspool dar. Einerseits werden darin interne und externe Anforderungen, die sich auf die Produkte beziehen, für den Entwickler aufbereitet und verwendbar gemacht.

Zum anderen können mit diesem Hilfsmittel die bei vorangegangenen Entwicklungen gemachten Erfahrungen für neue Produkte nutzbar gemacht werden. Um die Entwicklungsrichtlinien effektiv einsetzen zu können, müssen sie kontinuierlich gepflegt und auf dem aktuellen Stand der Technik gehalten werden. Die in den Richtlinien aufgeführten Punkte müssen vom Entwickler auf jeden Fall beachtet und in die Gestaltung der Produkte einbezogen werden. Um die Einhaltung der vom Unternehmen für seine Produkte aufgestellten Ziele über den gesamten Produktentstehungszyklus zu gewährleisten, werden die Richtlinien auch den für das Unternehmen tätigen Zulieferern verbindlich zur Verfügung gestellt und müssen von diesen ebenfalls befolgt werden.

Bei der Erstellung von umweltschutzbezogenen Entwicklungsrichtlinien werden interne Vorgaben aus der Umweltstrategie des Unternehmens und den Umweltzielen und Erfahrungen, die bei vorangegangenen Entwicklungen gemacht wurden, herangezogen. Weitere Hilfsmittel sind einschlägige Normen und Richtlinien von Verbänden. Die Richtlinien sollten von einer bereichsübergreifenden Arbeitsgruppe erarbeitet und in regelmäßigen Abständen überarbeitet und angepasst werden. Um die angestrebte Gültigkeit für alle vom Unternehmen hergestellten Erzeugnisse zu gewährleisten, sollte eine inhaltliche Überfrachtung vermieden werden. Bei der Erstellung zu beachtende Aspekte können u.a. folgende Punkte abdecken:

- Materialauswahl,
- Werkstoffverträglichkeit,
- Materialkennzeichnung,
- Verbindungstechniken,
- Baustruktur,
- Lebensdauerverlängerung,
- Produktionsverfahren,
- Verpackung.

Der Aufwand, der zur Erstellung und Pflege von Entwicklungsrichtlinien notwendig ist, hängt von der Komplexität der Produkte und der Technologien ab. Die Überarbeitung und Anpassung einer einmal festgeschriebenen Entwicklungsrichtlinie ist jedoch mit weitaus weniger Aufwand verbunden. Sie „lebt“ mit den Erfahrungen, die im Laufe weiterer Entwicklungsarbeiten gemacht werden, und wird mit jedem neuen Projekt weiterentwickelt. In der Anwendung im Entwicklungsprozess ist das Instrument mit sehr geringem Aufwand verbunden. Da die Richtlinien jedoch nur generell zu beachtende Aspekte abdecken, müssen die produktspezifischen Anforderungen im Pflichtenheft konkret festgeschrieben und vom Entwickler den jeweiligen Gegebenheiten angepasst werden.

Aus dem Einsatz von Entwicklungsrichtlinien kann ein Unternehmen einen mehrfachen Nutzen ziehen. Es können z.B. generelle, produktbezogene Umweltziele des Unternehmens transparent gemacht und sowohl intern zum eigenen Entwicklungsteam, als auch extern zu Zulieferern transportiert werden. Damit kann gewährleistet werden, dass die gesetzten Ziele eingehalten und Fehler vermieden werden. Zudem werden die bei vorangegangenen Entwicklungen gemachten Erfahrungen für zukünftige Projekte nutzbar gemacht. Somit geht wertvolles, selbsterarbeitetes Know-how nicht verloren. Durch die Festlegung der allgemeinen ökologischen Produktanforderungen in der Entwicklungsrichtlinie wird die Anforderungsliste entlastet.

Wenn die Entwicklungsrichtlinie im Unternehmen und bei den für das Unternehmen tätigen Zulieferern Gültigkeit besitzt, kann sichergestellt werden, dass die festgelegten ökologischen Aspekte bei der Entwicklung des gesamten Produkts beachtet werden. Aufgrund des geringen Aufwands bei der Erstellung, Pflege und Nutzung sowie des hohen Nutzens, der mit dem Einsatz einer ökologischen Produktentwicklungsrichtlinie verbunden ist, sollte das Instrument auch von kleinen und mittelständischen Unternehmen bei der Entwicklung von Produkten verwendet werden. Da die Entwicklungsrichtlinie verschiedenste ökologische Aspekte beachtet, kann sie in allen Phasen des Produktentwicklungsprozesses zum Einsatz kommen.

Ergänzt werden die Entwicklungsrichtlinien durch Checklisten. Sie sind ein relativ einfach zu handhabendes und flexibel einsetzbares Instrument sowohl für den Entwickler zur Integration ökologischer Anforderungen in den Entwicklungsprozess, als auch für den Entscheidungsakteur bei der Bewertung. Sie beinhalten eine Aufzählung von Tätigkeiten und Faktoren, welche im Rahmen der Abwicklung eines Vorhabens zu erledigen bzw. zu beachten sind. Durch den Einsatz von Checklisten soll sichergestellt werden, dass alle wichtigen Faktoren und Arbeitsschritte beachtet werden. Die zu überprüfenden Tätigkeiten/Faktoren ergeben sich primär aus den Anforderungen der Umweltpolitik, -ziele und -programme, sowie sonstiger interner bzw. externer Vorgaben. Um die schnelle Problemerkennung und einfache Anwendung dieses Instrumentes zu gewährleisten sollten sich die Checklisten auf wesentliche Tätigkeiten, Faktoren und Probleme beschränken und nicht überfrachtet werden.

Umweltbezogene Checklisten können in jeder Phase des Produktentwicklungsprozesses Anwendung finden. Für jede Station des Entwicklungsablaufes müssen spezifische Checklisten erstellt und eingesetzt werden. Der Einsatz einer generellen phasenübergreifenden Checkliste ist nicht möglich, da die Aufgaben und Anforderungen aus den einzelnen Phasen unterschiedlich zu berücksichtigende Aspekte beinhalten. Für die einzelnen Phasen können beispielsweise Fragen zu folgenden Punkten abgeklärt werden (Abb. 4.15):

1. Kunde/Markt	• **Produktstrategie** • **Lastenheft** • **Planung**
2. Entwicklung	• **Rechtliche Vorgaben** • **funktionelle Struktur** • **Baustruktur** • **Materialien** • **Dokumentation** • **Pflichtenheft**
3. Herstellung	• **Arbeitsschutz** • **Fertigungsverfahren** • **Nebenprodukte**
4. Transport	• **Logistik** • **Kundenbetreuung** • **Verpackung**
5. Nutzung	• **Produktinformationen** • **Serviceleistungen**
6. Recycling	• **Produktrücknahme** • **Produktaufarbeitung** • **Materialrecycling**
7. Entsorgung	• **Auswirkungen** • **Entsorgung**

Abb. 4.15: Beispielhafte Aspekte in Checklisten für die verschiedenen Produktphasen

Vom Entwickler werden die in den Checklisten aufgeführten Faktoren während der Entwicklungstätigkeit auf die Erfüllung und Einhaltung hin überprüft. Bei der Erstellung kann auf verschiedene veröffentlichte Checklisten zurückgegriffen werden. In der Literatur sind eine Vielzahl unterschiedlicher produkt- und entwicklungsbezogener Umweltchecklisten zu finden. Ein standardisiertes Vorgehen besteht jedoch nicht. Der Aufwand beim Einsatz der Checklisten ist sehr gering. Er ist jedoch davon abhängig, wie viele Punkte abgeklärt werden sollen und wie komplex die Checklisten gestaltet wurden. Die Überprüfung der Einhaltung der aufgeführten Aspekte kann einfach in den Arbeitsablauf integriert werden.

Der Einsatz von Checklisten bei der Produktentwicklung ist unabhängig von der Größe des Unternehmens empfehlenswert. Der vielfältige Nutzen, die einfache Handhabbarkeit und der geringe finanzielle Aufwand bei der Erstellung und Nutzung ermöglicht es selbst kleinen Unternehmen, dieses Instrument in ihren Produktentwicklungsprozess zu integrieren. Je nach Komplexität und Aufbau der Checklisten können sie in jeder Phase der Produktentwicklung, sowohl bei der direkten Entwicklungstätigkeit, als auch bei der Bewertung und Entscheidung, zum Einsatz kommen.

Die Erstellung der Checklisten ist mit mehr Zeit- und Arbeitsaufwand verbunden. Sie müssen jedoch nur einmalig erstellt und können für weitere Projekte angepasst und aktualisiert werden. Außerdem kann bei der Erstellung auf eine Vielzahl bereits bestehender und veröffentlichter Checklisten zurückgegriffen werden. Sie sollten jedoch an die speziellen Anforderungen der betrachteten Produkte angepasst werden.

Der Nutzen bei der Verwendung von Checklisten ist vielfältig. Einerseits ermöglicht der Einsatz den Entwicklern eine systematische, selbständige Überprüfung der Arbeitsergebnisse auf deren Übereinstimmung mit den gestellten Aufgaben. Er hat so die Absicherung, dass er „nichts vergessen“ hat. Außerdem muss er sich zwangsläufig mit Umweltschutzaspekten auseinandersetzen und erhält Anregungen für Optimierungen und Verbesserungen. Andererseits können bei den zwischen den einzelnen Entwicklungsphasen durchgeführten Entwicklungsbesprechungen und Design-Reviews die dokumentierten Ergebnisse der Checklisten den Entscheidungsakteuren wichtige Hinweise zum Stand der Entwicklung und zu bestehenden ökologischen Mängeln geben. Die Entscheidungsakteure können ihrerseits selbst Checklisten zur Entscheidungsfindung einsetzen. Durch die systematische und dokumentierte Überprüfung und Ermittlung von Mängeln und Fehlern wird die gezielte Einleitung und Durchführung von Korrekturmaßnahmen erleichtert.

4.6 Life-Cycle-Screening

Die komplexe Zusammensetzung moderner Produkte erfordert für eine vollständige Ökobilanzierung entsprechend große Datenmengen und die Bewertung vielfältiger Wechselwirkungen. Basis dafür bilden naturwissenschaftliche Grundlagen und Aussagen. Vielfach liegen entsprechende umfangreiche Kenntnisse jedoch nicht vor. Hinzu kommen die individuellen Bewertungsmassstäbe, die eine einheitliche, objektive Bewertung verhindern. Für die unternehmerische Praxis sind daher vollständige Ökobilanzen zu zeit- und kostenaufwendig, andererseits sind reine Checklisten zu grob.

Ein vereinfachtes Life-Cycle-Screening-Verfahren sollte die Identifizierung von ökonomischen und ökologischen Handlungspotenzialen ermöglichen. Für jede Phase im Lebenszyklus eines Produktes (Abb. 4.16) werden Bewertungskriterien festgelegt. So sind beispielsweise für die Phase 1 „Planung“ Grundlagen in Form einer Entwicklungsrichtlinie und Anweisungen/Informationen für den Benutzer/Kunden erforderlich. Alle Kriterien werden mit einem Faktor versehen. Das Kriterium „Entwicklungsrichtlinie“ erhält den Faktor 3, das Kriterium „Anweisungen/Informationen“ den Faktor 7. Die Summe aller Faktoren über den gesamten Lebenszyklus beträgt 100, d.h. die Produktplanung fließt zu 10 % in die Bewertung ein. Die Festlegung der Bewertungskriterien und der Gewichtungsfaktoren enthält selbstverständlich subjektive Einflüsse. Es kommt im Screening-Verfahren auch nicht auf absolute Maßstäbe an, sondern relatives Verbesserungspotenzial muss identifiziert werden. Wohin werden Personal, Zeit und Gelder gelenkt, um Schwachstellen zu verbessern? Eine Ergänzung, Änderung und Anpassung der Kriterien und Faktoren ist unternehmensindividuell jederzeit möglich.

Produktphase	Bewertungskriterien	Faktor/%
1. Kunde/Markt (10 %)	1.1 Entwicklungsrichtlinie 1.2 Anweisungen/Informationen	3 7
2. Entwicklung (20 %)	2.1 Materialgewinnung/-auswahl 2.2 Umweltbelastung 2.3 Recyclingfähigkeit	5 7 8
3. Herstellung (15 %)	3.1 Ressourcenverbrauch 3.2 Nebenprodukte 3.3 Hilfs-, Betriebs-, Gefahrstoffe 3.4 Arbeitssicherheit	4 3 3 5
4. Transport (5 %)	4.1 Verkehrsträger/Logistik 4.2 Verpackungen	3 2
5. Nutzung (20 %)	5.1 Lebens-, Gebrauchsdauer 5.2 Reparatur 5.3 Verbräuche 5.4 Produktsicherheit	5 5 5 5
6. Recycling (20 %)	6.1 Produktrücknahme 6.2 Produktaufarbeitung 6.3 Recyclingverfahren	6 7 7
7. Entsorgung (10 %)	7,1 Reststoffentsorgung	10

Abb. 4.16: Bewertungskriterien für den Produktlebenszyklus

Für jedes einzelne Bewertungskriterium ist eine Beschreibung hinterlegt (Abb. 4.17). Die Beschreibungen bilden die Grundlage für die Bewertung und die Umwelteinstufung des Kriteriums. Die Einstufung erfolgt zwischen 0 und 10:

0: geringe Umweltverträglichkeit; gesetzliches Verbot; geringe Erfüllung
10: hohe Umweltverträglichkeit; volle Erfüllung

Die Bewertungsgrundlage lässt sich beliebig weit vertiefen. So ist z.B. für das Bewertungskriterium „2.2 Umweltbelastung" bezüglich der Auswahl von Materialien die Gefahrstoffverordnung heranzuziehen, das Treibhauspotenzial eines Stoffes zu erheben bzw. es sind Gesundheitsgefährdungen zu berücksichtigen.

Bewertungskriterien	Grundlage der Bewertung
1. Kunde/Markt	
1.1 Entwicklungsrichtlinie	Aussagen zu: • Baustruktur, -gruppen, -teil • demontagegerechter Konstruktion • Verbindungs- und Zerlegetechnik • Materialvielfalt und Werkstoffverträglichkeit • Vermeidung von Verbundwerkstoffen • Aufarbeitungsmöglichkeiten • Wiedermontage • Produktsicherheit und -haftung • Entscheidungsverfahren für die Produktfreigabe
1.2 Anweisungen/ Informationen	• Benutzerhinweise • Demontageanweisungen • Weiterverwendungsmöglichkeiten durch Produktrecycling • Entsorgungshinweise • Rückgabemöglichkeiten • Angaben zu Materialrecycling
2. Entwicklung	
2.1 Materialgewinnung	• Ressourcen des Rohstoffes • Abbau und Aufbereitung • Herkunft und Transport • Energie-, Wasser-, Ressourcenverbrauch • Umweltbelastung durch Abfall, Abwasser und Emissionen • Auswirkungen für den Boden • Einsatz von Recyclingmaterial/Sekundärrohstoffen
2.2 Umweltbelastung	Einstufungen, Bewertungen der einzelnen Materialien nach: • Arbeitsplatzgrenzwert (AGW) • Biologischer Grenzwert (BGW) • Wassergefährdungsklasse (WGK) • Ozonzerstörungspotenzial (ODP) • Treibhauspotenzial (GWP) • rechtliche Regelungen • Gesundheitsgefährdungen • Verbots-, Auflagen-, Positivliste

Bewertungskriterien	Grundlage der Bewertung
2.3 Recyclingfähigkeit	• Werkstoffauswahllisten und Materialkennzeichnungen • Kennzeichnung wieder- oder weiterverwendbarer Baugruppen, -teile • Kennzeichnung gefahrstoffhaltiger, umweltschädlicher, entsorgungsunfreundlicher Materialien, Baugruppen, -teile • Einsatz von Verbund-, Mischmaterial • Reduzierung der Materialvielfalt • Anteil an Sonderabfall nach Produktrecycling • Wiederverwertbarkeit des recycelten Materials • Werkstoffverträglichkeit
3. Herstellung	
3.1 Ressourcenverbrauch	• Energie-, Wasser-, Materialverbrauch • Wirkungsgrad des Verfahrens • Stand der Technik der eingesetzten Fertigungstechnologien • Produktausbeuten und -qualitäten • Möglichkeiten der Wärmerückgewinnung • Anlagenbedienung durch die Mitarbeiter • Anlagenwartung und Instandhaltung
3.2 Nebenprodukte	• Verwertung/Entsorgung der Fertigungsrückstände • produktions- und prozessinternes Recycling bzw. Kreislaufführung • Vermeidungs-, Verminderungspotenzial für Abfälle und Abwasser • Umweltschutzmaßnahmen • Sondermüllaufkommen und -entsorgung • Emissionen wie Abluft und Lärm
3.3 Hilfs-, Betriebs-, Gefahrstoffe	• Vermeidung des Gefahrstoffeinsatzes • Reduzierung der Anzahl an Hilfs- und Betriebsstoffen und Minimierung des Risikopotenzials • Recyclingmöglichkeiten • Maßnahmen zur Standzeitverlängerung
3.4 Arbeitssicherheit	• Gefährdungsanalysen und Überprüfung der Anlagen • Sicherheitsunterweisungen der Mitarbeiter • Anzahl der Arbeitsunfälle • rechtliche Vorschriften und Auflagen

Bewertungskriterien	Grundlage der Bewertung
4. Transport	
4.1 Verkehrsträger/ Logistik	• Art und Auswahl des Verkehrsmittels • Tourenplanung • Dispositionsverfahren
4.2 Verpackungen	• Materialauswahl • Mehrwegverpackungen • Recyclingfähigkeit
5. Nutzung	
5.1 Lebens- Gebrauchs- dauer	• geplante Nutzungsdauer • Zuverlässigkeit der einzelnen Baugruppen und -teile • Schwachstellenanalyse von Verschleißteilen • Produktqualität und Ausfallraten
5.2 Reparatur	• Produktservice und Gewährleistung • modulare Bauweise und Demontierbarkeit • Instandhaltungsmaßnahmen • Reparaturaufwand
5.3 Verbräuche	• Energie-, Wasser-, Betriebsmittelverbrauch
5.4 Produktsicherheit	• Abgabe und Freisetzung von Schadstoffen • Verhalten im Brand- oder Schadensfall
6. Recycling	
6.1 Produktrücknahme	• Rücknahmelogistik und -verpflichtungen
6.2 Produktaufarbeitung	• Durchführung von Demontagetests • Aufrüstungsmöglichkeiten • Verwertungsstrategien und Wiedereinsatz in der laufenden Produktion
6.3 Recyclingverfahren	• Angaben über den geplanten Recyclingkreislauf • einsetzbare Aufarbeitungs- und Aufbereitungs-technologien • wirtschaftliche Situation des Recyclingmarktes • Umweltbelastung des Recyclingverfahrens • sortenreine Materialerfassung
7. Entsorgung	
7.1 Reststoffentsorgung	• Freisetzung gesundheitsgefährdender und umweltbelastender Stoffe • Entsorgungsmöglichkeiten von Reststoffen • Abfallschlüsselnummer (AVV) • rechtliche Regelungen

Abb. 4.17: Beschreibung der Bewertungskriterien

4.7 Wissensfragen

- Welche Anforderungen werden an das Ökodesign von Produkten gestellt?
- Wie setzen Sie die Ökodesign-Richtlinie in Ihrem Unternehmen um?
- Welche Anforderungen stellt das Kreislaufwirtschaftsgesetz an die Produktverantwortung?
- Erläutern Sie wesentliche Anforderungen an den Lebenszyklus von Produkten.
- Was verstehen Sie unter einer Ökobilanz?
- Erläutern Sie verschiedene Wirkungskategorien zur Bewertung einer Ökobilanz.
- Welche Rolle können unternehmensinterne Richtlinien für eine umweltgerechte Produktentwicklung spielen?
- Beschreiben Sie das Prinzip des „Life-Cycle-Screenings".

4.8 Weiterführende Literatur

4.1 Abele, E. et al. (Hrsg.); *EcoDesign,* Springer, **2008,** 978-3-540-75437-4

4.2 Betz, G.; Vogl, H.; *Das umweltgerechte Produkt,* Luchterhand, **1996,** 3-472-02230-2

4.3 Bilitewski, B.; Härdtle, G.; Marek, K.; *Abfallwirtschaft,* Springer, **2013,** 978-3-540-79530-8

4.4 Bundesanstalt für Arbeitsschutz und Arbeitsmedien (Hrsg.); *Recycling - Alles im Griff?,* Dortmund, **2002,** 3-89701-921-3

4.5 Bundesministerium für Umwelt, Naturschutz und Reaktorsicherheit (BMU), Umweltbundesamt (UBA); *Umweltwirtschaftsbericht 2011 - Daten und Fakten für Deutschland,* **September 2011**

4.6 Deutsches Institut für Normen (DIN) e.V.; *Umweltmanagement - Integration von Umweltaspekten in Produktdesign und -entwicklung,* Beuth, **2003,** 3-410-15480-9

4.7 DIN EN ISO 14006; *Umweltmanagementsysteme - Leitlinie zur Berücksichtigung umweltverträglicher Produktgestaltung,* Beuth, **Oktober 2011**

4.8 DIN EN ISO 14021; *Umweltbezogene Anbietererklärungen (Umweltkennzeichnungen Typ II),* Beuth, **Januar 2010**

4.9 DIN EN ISO 14040; *Umweltmanagement - Ökobilanz - Grundsätze und Rahmenbedingungen,* Beuth, **November 2009**

4.10 DIN EN ISO 14044; *Umweltmanagement - Ökobilanz - Anforderungen und Anleitungen,* Beuth, **Oktober 2006**

4.11 DIN-Fachbericht 59; *Leitfaden für die Berücksichtigung von Umweltaspekten in Produktnormen,* Beuth, **1997,** 3-410-13866-8

4.12 DIN-Fachbericht ISO/TR 14062; *Umweltmanagement - Integration von Umweltaspekten in Produktdesign und -entwicklung,* Beuth, **2003,** 3-410-15480-9

4.13 Fleischer, G. (Hrsg.) *Eco-Design,* Springer, **2000,** 3-540-65814-9

4.14 Guinée, J. (Ed.); *Handbook of Life Cycle Assessment,* Kluwer Academic Publishers, **2002,** 1-4020-0228-9

4.15 Härtwik, J.; *Verfahren und Systeme zur Demontage komplexer technischer Gebrauchsgüter,* IRB, **2005,** 3-8167-6963-2

4.16 Intergovernmental Panel on Climate Change (IPCC); *IPCC/TEAP Special Report: Safeguarding the Ozone Layer and the Global Climate System,* Cambridge University Press, **2006,** 978-0-512-689206-0

4.17 Kahmeyer, M.; Rupprecht, R.; *Recyclinggerechte Produktgestaltung,* Vogel, **1996,** 3-8023-1560-x

4.18 Pelĕs-Dobbern, S.; *Systematische Entwicklung von Recyclinganforderungen in der Produktentwicklung, Technische* Universität Kaiserslautern, **2006,** 978-3-939432-08-1

4.19 Pollmann, O.; *Optimierung anthropogener Stoffströme am Beispiel des Papierrecyclings,* WAR, **2006,** 3-932518-85-3

4.20 *Richtlinie 2009/125/EG des Europäischen Parlaments und des Rates vom 21. Oktober 209 zur Schaffung eines Rahmens für die Festlegung von Anforderungen an die umweltgerechte Gestaltung energieverbrauchsrelevanter Produkte (Ökodesign-Richtlinie),* **14.11.2012**

4.21 Rombach, G.; *Grenzen des Recyclings,* Shaker, **2003,** 3-8322-1429-1

4.22 Schmitz, St. et al; *Bewertung in Ökobilanzen - Methode des Umweltbundesamtes zur Normierung von Wirkungsindikatoren, Ordnung (Rangbildung) von Wirkungskategorien und zur Auswertung nach ISO 14042 und 14043 (Version 99),* Umweltbundesamt, Texte 92/99, **1999**

4.23 Siegenthaler, C.P.; *Ökologische Rationalität durch Ökobilanzierung,* Metropolis, **2006,** 3-89518-571-X

4.24 Thomé-Kozmiensky, K.; Goldmann, D. (Hrsg.); *Recycling und Rohstoffe, Bd. 3,* TK, **2010,** 978-3-935317-50-4

4.25 Umweltbundesamt; *Integrierte Vermeidung und Verminderung der Umweltverschmutzung - BVT-Merkblatt zu ökonomischen und medienübergreifenden Effekten,* **Juni 2005**

4.26 VDI 2243; *Recyclingorientierte Produktentwicklung,* **Juli 2002**

4.27 VDI 4600; *Kumulierter Energieaufwand - Begriffe, Definitionen, Berechnungsmethoden,* Beuth, **Juni 1997**

4.28 VDI 4600 Blatt 1; *Kumulierter Energieaufwand - Beispiele,* Beuth, **Juni 1998**

4.29 Verein Deutscher Ingenieure (Hrsg.); *Wege des Abfalls,* VDI, **2000,** 3-18-091540-4

4.30 *Verordnung (EG) Nr. 1005/2009 des Europäischen Parlaments und des Rates vom 16. September 2009 über Stoffe, die zum Abbau der Ozonschicht führen,* **05.11.2013**

4.31 Wagner, J. et al.; *Ermittlung des Beitrages der Abfallwirtschaft zur Steigerung der Ressourcenproduktivität, sowie des Anteils des Recyclings an der Wertschöpfung unter Darstellung der Verwertungs- und Beseitigungspfade des ressourcenrelevanten Abfallaufkommens*, Umweltbundesamt, Texte 14/2012, **2012**

4.32 Wagner, K.; *Abfall- und Kreislaufwirtschaft,* Springer-VDI, **1995,** 3-18-401435-5

5 Batterien

5.1 Batteriegesetz (BattG)

Anwendungsbereich (§ 1)

Dieses Gesetz gilt für alle Arten von Batterien, unabhängig von Form, Größe, Masse, stofflicher Zusammensetzung oder Verwendung. Es gilt auch für Batterien, die in andere Produkte eingebaut oder anderen Produkten beigefügt sind. Das Elektro- und Elektronikgerätegesetz und die Altfahrzeug-Verordnung in der jeweils geltenden Fassung bleiben unberührt.

Soweit das Batteriegesetz und die auf Grundlage dieses Gesetzes erlassenen Rechtsverordnungen keine abweichenden Vorschriften enthalten, sind das Kreislaufwirtschaftsgesetz und die auf Grundlage des Kreislaufwirtschaftsgesetzes erlassenen Rechtsverordnungen in der jeweils geltenden Fassung anzuwenden.

Begriffsbestimmungen (§ 2)

- **„Batterien":**
  sind aus einer oder mehreren nicht wieder aufladbaren Primärzellen oder aus wiederaufladbaren Sekundärzellen bestehende Quellen elektrischer Energie, die durch unmittelbare Umwandlung chemischer Energie gewonnen wird.

- **„Fahrzeugbatterien":**
  sind Batterien, die für den Anlasser, die Beleuchtung oder für die Zündung von Fahrzeugen bestimmt sind.

- **„Industriebatterien":**
  sind Batterien, die ausschließlich für industrielle, gewerbliche oder landwirtschaftliche Zwecke, für Elektrofahrzeuge jeder Art oder zum Vortrieb von Hybridfahrzeugen bestimmt sind. Fahrzeugbatterien sind keine Industriebatterien. Auf Batterien, die keine Fahrzeug-, Industrie- oder Gerätebatterien sind, sind die Vorschriften dieses Gesetzes über Industriebatterien anzuwenden.

- **„Gerätebatterien":**
  sind Batterien, die gekapselt sind und in der Hand gehalten werden können. Fahrzeug- und Industriebatterien sind keine Gerätebatterien.

- **„Knopfzellen":**
  sind kleine, runde Gerätebatterien, deren Durchmesser größer ist als ihre Höhe.

- **„Schnurlose Elektrowerkzeuge":**
  sind handgehaltene, mit einer Batterie betriebene Elektro- und Elektronikgeräte im Anwendungsbereich des Elektro- und Elektronikgerätegesetzes, die für Instandhaltungs-, Bau-, Garten- oder Montagearbeiten bestimmt sind.

- **„Altbatterien":**
  sind Batterien, die Abfall im Sinne des Kreislaufwirtschaftsgesetzes sind.

- **„Gewerbliche Altbatterieentsorger":**
sind für den Umgang mit Altbatterien zertifizierte Entsorgungsfachbetriebe im Sinne des § 56 des Kreislaufwirtschaftsgesetzes, deren Geschäftsbetrieb die getrennte Erfassung, Behandlung, Verwertung oder Beseitigung von Altbatterien umfasst.

- **„Sammelquote":**
ist der Prozentsatz, den die Masse der Altbatterien, die im Geltungsbereich des Batteriegesetzes in einem Kalenderjahr zurückgenommen werden, im Verhältnis zur Masse der Batterien ausmacht, die im Durchschnitt des betreffenden und der beiden vorangegangenen Kalenderjahre im Geltungsbereich des Batteriegesetzes erstmals in den Verkehr gebracht worden sind und dort für eine getrennte Erfassung zur Verfügung stehen.

- **„Verwertungsquote":**
ist der Prozentsatz, den die Masse der in einem Kalenderjahr einer ordnungsgemäßen stofflichen Verwertung zugeführten Altbatterien im Verhältnis zur Masse der in diesem Kalenderjahr gesammelten Altbatterien ausmacht.

Verkehrsverbote (§ 3)

Das Inverkehrbringen von Batterien, die mehr als 0,0005 Gewichtsprozent Quecksilber enthalten, ist verboten. Von dem Verbot ausgenommen sind Knopfzellen und aus Knopfzellen aufgebaute Batteriesätze mit einem Quecksilbergehalt von höchstens 2 Gewichtsprozent.

Das Inverkehrbringen von Gerätebatterien, die mehr als 0,002 Gewichtsprozent Cadmium enthalten, ist verboten. Von dem Verbot ausgenommen sind Gerätebatterien, die für Not- oder Alarmsysteme einschließlich Notbeleuchtung, medizinische Ausrüstung oder schnurlose Elektrowerkzeuge bestimmt sind.

Hersteller dürfen Batterien im Geltungsbereich des Batteriegesetzes nur in den Verkehr bringen, wenn sie dies zuvor angezeigt haben und durch Erfüllung Rücknahmepflichten sicherstellen, dass Altbatterien nach Maßgabe dieses Gesetzes zurückgegeben werden können. Vertreiber dürfen Batterien für den Endnutzer nur anbieten, wenn sie durch Erfüllung der Rücknahmepflichten sicherstellen, dass der Endnutzer Altbatterien zurückgeben kann. Batterien, die entgegen den vorgenannten Erläuterungen in den Verkehr gebracht werden, sind durch den jeweiligen Hersteller wieder vom Markt zu nehmen.

Anzeigepflichten der Hersteller (§ 4)

Jeder Hersteller ist verpflichtet, bevor er Batterien in den Verkehr bringt, dies gegenüber dem Umweltbundesamt unter Angabe der festgelegten Daten anzuzeigen. Das Umweltbundesamt veröffentlicht die übermittelten Angaben. Die Veröffentlichung ist nach Herstellern von Fahrzeug-, Geräte- und Industriebatterien zu untergliedern.

Rücknahmepflichten der Hersteller (§ 5)

Die Hersteller sind verpflichtet, die von den Vertreibern zurückgenommenen Altbatterien und die von öffentlich-rechtlichen Entsorgungsträgern erfassten Geräte-Altbatterien unentgeltlich zurückzunehmen und zu verwerten. Nicht verwertbare Altbatterien sind zu beseitigen. Dies gilt auch für Altbatterien, die bei der Behandlung von Altgeräten nach den Vorschriften des Elektro- und Elektronikgerätegesetzes und bei der Behandlung von Altfahrzeugen nach den Vorschriften der Altfahrzeug-Verordnung anfallen.

Gemeinsames Rücknahmesystem für Geräte-Altbatterien (§ 6)

Die Hersteller von Gerätebatterien stellen die Erfüllung ihrer Pflichten aus § 5 dadurch sicher, dass sie ein gemeinsames, nicht gewinnorientiertes und flächendeckend tätiges Rücknahmesystem für Geräte-Altbatterien (Gemeinsames Rücknahmesystem) einrichten und sich an diesem beteiligen. Jeder teilnehmende Hersteller ist verpflichtet, dem Gemeinsamen Rücknahmesystem die zur Erfüllung der Berichtspflichten erforderlichen Informationen auf Verlangen bereitzustellen. Hersteller, die aus dem Gemeinsamen Rücknahmesystem austreten, haben dies unverzüglich anzuzeigen.

Das Gemeinsame Rücknahmesystem muss:

- für alle Hersteller von Gerätebatterien zu gleichen Bedingungen zugänglich sein,
- allen Vertreibern von Gerätebatterien, allen öffentlich-rechtlichen Entsorgungsträgern und allen Behandlungseinrichtungen die unentgeltliche Abholung von Geräte-Altbatterien anbieten,
- die flächendeckende Rücknahme von Geräte-Altbatterien bei allen Vertreibern von Gerätebatterien, allen öffentlich-rechtlichen Entsorgungsträgern und allen Behandlungseinrichtungen gewährleisten,
- die von den angeschlossenen Rücknahmestellen bereitgestellten Geräte-Altbatterien, unabhängig von ihrer Art, Marke oder Herkunft unentgeltlich abholen und einer Verwertung zuführen,
- den angeschlossenen Rücknahmestellen unentgeltlich geeignete Transportbehälter bereitstellen,
- Entsorgungsleistungen wie Rücknahme, Transport, Sortierung und Verwertung von Geräte-Altbatterien sowie die Beseitigung nicht verwertbarer Geräte-Altbatterien in einem Verfahren, das eine Vergabe im Wettbewerb sichert, für maximal fünf Jahre ausschreiben,
- seine Finanzierung dadurch sicherstellen, dass die nach Rücknahme, Verwertung und Beseitigung verbleibenden Kosten einschließlich Umsatzsteuer und notwendiger Gemeinkosten im Verhältnis ihres Anteils am jeweiligen Jahresabsatz, gemessen an der Masse der Batterien und untergliedert nach chemischen Systemen und Typengruppen, auf die einzelnen Hersteller aufgeteilt und von den einzelnen Herstellern entsprechende Beiträge eingezogen werden,
- jährlich die Kosten für Rücknahme, Sortierung, Verwertung und Beseitigung der zurückgenommenen Geräte-Altbatterien einschließlich der Gemeinkosten, untergliedert nach chemischen Systemen und Typengruppen, gegenüber dem Umweltbundesamt offenlegen,
- die Geheimhaltung der ihm vorliegenden Daten insoweit sicherstellen, als es sich um herstellerspezifische oder um einzelnen Herstellern unmittelbar zurechenbare Informationen handelt.

Das Gemeinsame Rücknahmesystem kann Herstellern von Gerätebatterien, die weder dem Gemeinsamen Rücknahmesystem angehören noch ein herstellereigenes Rücknahmesystem betreiben, die Kosten für die Rücknahme, Sortierung und Verwertung oder Beseitigung der Geräte-Altbatterien in Rechnung stellen, die von diesen Herstellern in den Verkehr gebracht und vom Gemeinsamen Rücknahmesystem erfasst worden sind. Der Anspruch umfasst auch die anteiligen Gemeinkosten des Gemeinsamen Rücknahmesystems. Ist das Gemeinsame Rücknahmesystem nicht festgestellt, so ist jeder Hersteller von Gerätebatterien verpflichtet, die Erfüllung seiner Pflichten durch Einrichtung eines herstellereigenen Rücknahmesystems sicherzustellen.

Rücknahme von Fahrzeug- und Industrie-Altbatterien (§ 8)

Die Hersteller von Fahrzeug- und Industriebatterien stellen die Erfüllung ihrer Pflichten dadurch sicher, dass sie:

- eine zumutbare und kostenfreie Möglichkeit der Rückgabe anbieten und die zurückgenommenen Altbatterien verwerten. Eine Verpflichtung der Vertreiber oder der Behandlungseinrichtungen zur Überlassung dieser Altbatterien an die Hersteller besteht nicht. Für Industrie-Altbatterien können die jeweils betroffenen Hersteller, Vertreiber, Behandlungseinrichtungen und Endnutzer abweichende Vereinbarungen treffen.

Pflichten der Vertreiber (§ 9)

Jeder Vertreiber ist verpflichtet, vom Endnutzer Altbatterien an oder in unmittelbarer Nähe der Verkaufsstelle unentgeltlich zurückzunehmen. Die Rücknahmeverpflichtung beschränkt sich auf Altbatterien der Art, die der Vertreiber als Neubatterien in seinem Sortiment führt oder geführt hat, sowie auf die Menge, derer sich Endnutzer üblicherweise entledigen. Dies erstreckt sich nicht auf Produkte mit eingebauten Altbatterien. Das Elektro- und Elektronikgerätegesetz und die Altfahrzeug-Verordnung bleiben unberührt.

Die Vertreiber sind verpflichtet, zurückgenommene Geräte-Altbatterien dem Gemeinsamen Rücknahmesystem zur Abholung bereitzustellen. Die Kosten für die Rücknahme, Sortierung, Verwertung und Beseitigung von Geräte-Altbatterien dürfen beim Vertrieb neuer Gerätebatterien gegenüber dem Endnutzer nicht getrennt ausgewiesen werden.

Pfandpflicht für Fahrzeugbatterien (§ 10)

Vertreiber, die Fahrzeugbatterien an Endnutzer abgeben, sind verpflichtet, je Fahrzeugbatterie ein Pfand in Höhe von 7,50 Euro einschließlich Umsatzsteuer zu erheben, wenn der Endnutzer zum Zeitpunkt des Kaufs einer neuen Fahrzeugbatterie keine Fahrzeug-Altbatterie zurückgibt. Das Pfand ist bei Rückgabe einer Fahrzeug-Altbatterie zu erstatten. Der Vertreiber kann bei der Pfanderhebung eine Pfandmarke ausgeben und die Pfanderstattung von der Rückgabe der Pfandmarke abhängig machen. Werden in Fahrzeuge eingebaute Fahrzeugbatterien an den Endnutzer ab- oder weitergegeben, so entfällt die Pfandpflicht.

Pflichten des Endnutzers (§ 11)

Besitzer von Altbatterien haben diese einer vom unsortierten Siedlungsabfall getrennten Erfassung zuzuführen. Dies gilt nicht für Altbatterien, die in andere Produkte eingebaut sind. Das Elektro- und Elektronikgerätegesetz und die Altfahrzeug-Verordnung bleiben unberührt.

Geräte-Altbatterien werden ausschließlich über Sammelstellen, die dem Gemeinsamen Rücknahmesystem oder einem herstellereigenen Rücknahmesystem angeschlossen sind, erfasst. Endnutzer, die gewerbliche oder sonstige wirtschaftliche Unternehmen oder öffentliche Einrichtungen sind, können für die bei ihnen anfallenden Geräte-Altbatterien mit dem Gemeinsamen Rücknahmesystem oder einem herstellereigenen Rücknahmesystem abweichende Vereinbarungen über die Art und den Ort der Rückgabe treffen.

Fahrzeug-Altbatterien werden ausschließlich über die Vertreiber, die öffentlich-rechtlichen Entsorgungsträger und über die Behandlungseinrichtungen erfasst. Endnutzer, die gewerbliche oder sonstige wirtschaftliche Unternehmen oder öffentliche Einrichtungen sind, können die bei ihnen anfallenden Fahrzeug-Altbatterien unmittelbar den Herstellern oder gewerblichen Altbatterieentsorgern überlassen.

Industrie-Altbatterien werden ausschließlich über die Vertreiber, die Behandlungseinrichtungen und über gewerbliche Altbatterieentsorger erfasst, soweit nicht abweichende Vereinbarungen getroffen worden sind.

Überlassungs- und Verwertungspflichten Dritter (§ 12)

Die Betreiber von Behandlungseinrichtungen für Altgeräte nach dem Elektro- und Elektronikgerätegesetz sind verpflichtet, bei der Behandlung anfallende Geräte-Altbatterien dem Gemeinsamen Rücknahmesystem zur Abholung bereitzustellen. Die Betreiber von Behandlungseinrichtungen für Altfahrzeuge nach der Altfahrzeug-Verordnung sind verpflichtet, bei der Behandlung anfallende Geräte-Altbatterien dem Gemeinsamen Rücknahmesystem zur Abholung bereitzustellen.

Mitwirkung der öffentlich-rechtlichen Entsorgungsträger (§ 13)

Soweit sich öffentlich-rechtliche Entsorgungsträger an der Sammlung von Geräte-Altbatterien beteiligen, sind die erfassten Geräte-Altbatterien dem Gemeinsamen Rücknahmesystem zur Abholung bereitzustellen. Soweit sich öffentlich-rechtliche Entsorgungsträger an der Sammlung von Fahrzeug-Altbatterien beteiligen, sind sie verpflichtet, die erfassten Fahrzeug-Altbatterien zu verwerten.

Verwertung und Beseitigung (§ 14)

Alle gesammelten und identifizierbaren Altbatterien sind, soweit technisch möglich und wirtschaftlich zumutbar, nach dem Stand der Technik zu behandeln und stofflich zu verwerten. Identifizierbare Altbatterien, deren Behandlung und Verwertung technisch nicht möglich oder wirtschaftlich nicht zumutbar ist, nicht identifizierbare Altbatterien sowie Rückstände von zuvor ordnungsgemäß behandelten und stofflich verwerteten Altbatterien sind nach dem Stand der Technik gemeinwohlverträglich zu beseitigen. Die Beseitigung von Fahrzeug- und Industrie-Altbatterien durch Verbrennung oder Deponierung ist untersagt. Dies gilt nicht für Rückstände von zuvor ordnungsgemäß behandelten und stofflich verwerteten Altbatterien.

Erfolgskontrolle (§ 15)

Das Gemeinsame Rücknahmesystem legt dem Umweltbundesamt jährlich bis zum 30. April eine Dokumentation vor, die Auskunft gibt über:

- die Masse der im vorangegangenen Jahr von seinen Mitgliedern in Verkehr gebrachten und verbliebenen Gerätebatterien, untergliedert nach chemischen Systemen und Typengruppen,
- die Masse der von ihm im vorangegangenen Jahr zurückgenommenen Geräte-Altbatterien, untergliedert nach chemischen Systemen und Typengruppen,
- die Masse der von ihm im vorangegangenen Jahr stofflich verwerteten Geräte-Altbatterien, untergliedert nach chemischen Systemen und Typengruppen, wobei ausgeführte und außerhalb des Geltungsbereichs des Batteriegesetzes verwertete Geräte-Altbatterien gesondert auszuweisen sind,
- die im eigenen System erreichte Sammelquote für Gerätebatterien,
- die im eigenen System erreichte Verwertungsquote für Geräte-Altbatterien,

- die qualitativen und quantitativen Verwertungs- und Beseitigungsergebnisse sowie
- die für die Rücknahme, Sortierung, Verwertung und Beseitigung jeweils insgesamt gezahlten Preise, untergliedert nach chemischen Systemen und Typengruppen.

Die Dokumentation ist auf Verlangen des Umweltbundesamtes in einer von einem unabhängigen Sachverständigen geprüften und bestätigten Fassung vorzulegen. Das Gemeinsame Rücknahmesystem veröffentlicht die vorzulegende Dokumentation binnen eines Monats nach Vorlage beim Umweltbundesamt auf seiner Internetseite.

Sammelziele (§ 16)

Das Gemeinsame Rücknahmesystem und die herstellereigenen Rücknahmesysteme müssen jeweils im eigenen System für Geräte-Altbatterien folgende Sammelquoten erreichen und dauerhaft sicherstellen:

- spätestens für das Kalenderjahr 2012 eine Sammelquote von mindestens 35 Prozent,
- spätestens für das Kalenderjahr 2014 eine Sammelquote von mindestens 40 Prozent und
- spätestens für das Kalenderjahr 2016 eine Sammelquote von mindestens 45 Prozent.

Kennzeichnung (§ 17)

Der Hersteller ist verpflichtet, Batterien vor dem erstmaligen Inverkehrbringen mit dem folgenden Symbol zu kennzeichnen.

Der Hersteller ist verpflichtet, Batterien, die mehr als 0,0005 Masseprozent Quecksilber, mehr als 0,002 Masseprozent Cadmium oder mehr als 0,004 Masseprozent Blei enthalten, vor dem erstmaligen Inverkehrbringen mit den chemischen Zeichen der Metalle (Hg, Cd, Pb) zu kennzeichnen, bei denen der Grenzwert überschritten wird.

Symbol und Zeichen müssen gut sichtbar, lesbar und dauerhaft aufgebracht werden. Der Hersteller ist verpflichtet, Fahrzeug- und Gerätebatterien vor dem erstmaligen Inverkehrbringen mit einer sichtbaren, lesbaren und unauslöschlichen Kapazitätsangabe zu versehen. Zusätzliche freiwillige Kennzeichnungen sind zulässig.

Hinweispflichten (§ 18)

Vertreiber haben ihre Kunden durch gut sicht- und lesbare, im unmittelbaren Sichtbereich des Hauptkundenstroms platzierte Schrift- oder Bildtafeln darauf hinzuweisen:

- dass Batterien nach Gebrauch an der Verkaufsstelle unentgeltlich zurückgegeben werden können,

- dass der Endnutzer zur Rückgabe von Altbatterien gesetzlich verpflichtet ist und
- welche Bedeutung das Symbol und die Zeichen nach § 17 haben.

Wer Batterien im Versandhandel an den Endnutzer abgibt, hat die Hinweise in den von ihm verwendeten Darstellungsmedien anzugeben oder sie der Warensendung schriftlich beizufügen. Die Hersteller sind verpflichtet, die Endnutzer, über die möglichen Auswirkungen der in Batterien enthaltenen Stoffe auf die Umwelt und die menschliche Gesundheit sowie über die Bedeutung der getrennten Sammlung und der Verwertung von Altbatterien für Umwelt und Gesundheit zu informieren.

5.2 Recycling von Batterien

5.2.1 Einführung

Unser Handy betreiben wir mit einem Lithium-Ionen-Akku; unser Auto wird mit einem Bleiakkumulator betrieben. Ob Laptop oder elektrische Zahnbürste, täglich benutzen wir mobile Energiespeicher. Im allgemeinen Sprachgebrauch nennen wir sie „Batterien", wenn sie wieder aufladbar sind, werden sie als Akkumulator („Akku") bezeichnet. Eine Universalbatterie gibt es nicht. Jedes Gerät stellt unterschiedliche Anforderungen an die Stromversorgung, so dass sich im Laufe der Jahre die unterschiedlichsten Batteriesysteme entwickelt haben.

Batterien speichern chemische Energie, die während des Entladevorgangs in elektrische Energie umgewandelt wird und somit den netzunabhängigen Betrieb unterschiedlichster Geräte ermöglicht, Primärzellen sind die klassischen Batterien. Sie können nur einmal verwendet werden. Sind sie entladen, lassen sie sich nicht wieder aufladen. Bei Sekundärzellen („Akkumulatoren") ist der Energieumwandlungsprozess hingegen reversibel. Sie können wieder aufgeladen werden.

Batterien enthalten folgende grundlegende Bestandteile:

- **Anode/anodische Halbzelle:**
  An der Anode findet die oxidierende Reaktion statt. Sie bildet den negativen Pol der galvanischen Zelle.

- **Katode/katodische Halbzelle:**
  An der Katode findet die reduzierende Reaktion statt. In der galvanischen Zelle ist dies der positive Pol.

- **Elektrolyt:**
  Er verbindet die beiden Halbzellen miteinander. Die Elektronen fließen aus der anodischen Halbzelle über einen äußeren elektrischen Leiter in die katodische Halbzelle. Der Kreislauf des Elektronenflusses wird über den Transport von Ionen geschlossen.

- **Separator:**
  Der Separator trennt die anodische Halbzelle von der katodischen Halbzelle und verhindert so batterieinterne Kurzschlüsse. Andernfalls kann es bei einem inneren Kurzschluss in der Batterie zu heftigen chemischen Reaktionen kommen.

- **Stromkollektor:**
  Je nach Bauweise der Batterie ist es nicht möglich einen direkten Kontakt zwischen Verbraucher und Elektroden herzustellen. Zur Abhilfe werden Stromkollektoren aus Metall - ähnlich Nägeln - in das Elektrodenmaterial (d.h. in die Halbzellen) gesteckt und so der Stromfluss ermöglicht.

- **Gehäuse:**
  Gehäuse, bestehend aus Becher und Deckel, schützt die Batteriebestandteile vor Stößen und anderen Beschädigungen.

In Abbildung 5.1 und 5.2 sind einige Batteriesysteme mit ihrer Zusammensetzung nach Angaben der European Portable Battery Association aufgeführt. Batterien und Akkumulatoren enthalten giftige Schwermetalle (z.B. Quecksilber, Blei, Cadmium, Nickel), deren Rückgewinnung besondere Lösungen erfordert. Durch die rechtlichen Vorgaben wurde ein Rücknahmesystem für verbrauchte Primär- und Sekundärbatterien gefordert und durch die Stiftung „Gemeinsames Rücknahmesystem Batterien, GRS-Batterien" aufgebaut. Sie hat eine Organisationsstruktur zur Rücknahme, Sortierung und Verwertung gebrauchter Batterien geschaffen. Zwischenzeitlich wurden geeignete Technologien entwickelt, mit denen sich nahezu alle Batteriesysteme recyceln lassen.

Inhaltsstoffe	Zink-Kohle-Batterien	Alkali-Mangan-Batterien	Zink-Sauerstoff-Knopfzellen	Zink-Silberoxid-Knopfzellen	Lithium-Mangandioxid-Batterien
Eisen	15 - 30	40 - 60	42 - 48	38 - 48	37 - 57
Lithium	-	-	-	-	2 - 3
Mangandioxid	33 - 34	17 - 22	-	1 - 13	27 - 37
Nickel	-	-	-	2	-
Quecksilber	-	-	0,8 - 1	0,4 - 0,6	-
Silberoxid	-	-	-	12 - 33	-
Zink	17 - 20	5 - 11	23 - 30	5 - 10	-
andere Metalle	0 - 1	3 - 4	-	3 - 6	2 - 7
Kohlenstoff	10 - 11	1 - 3	1 - 2	1 - 2	2 - 4
Kunststoffe, Papier, etc.	12 - 13	9 - 11	7 - 8	3 - 8	3 - 5
Elektrolyt	23	5 - 11	8 - 10	4 - 8	7 - 15

Abb. 5.1: Prozentuale Zusammensetzung verschiedener Primärbatterien („Batterien") [5.3; 5.34]

Inhaltsstoffe	Nickel-Cadmium-Akkumulatoren	Nickel-Metallhydrid-Akkumulatoren	Lithium-Ionen-Akkumulatoren	Blei-Akkumulatoren
Aluminium	-	-	5	-
Blei	-	-	-	50 - 70
Cadmium	16 - 18	-	-	-
Cobalt	-	2 - 4	15 - 20	-
Eisen	40 - 45	22 - 25	20	-
Lithium	-	-	2 - 3	-
Nickel	18 - 22	36 - 42	-	-
Lanthanoide	-	6 - 10	-	-
Kupfer	-	-	7	-
Kohlenstoff	-	2 - 3	-	-
Kunststoffe, Papier, etc.	1 - 4	1 - 4	-	8 - 25
Elektrolyt	18 - 20	10 - 15	-	-
Schwefelsäure	-	-	-	16 - 25

Abb. 5.2: Prozentuale Zusammensetzung verschiedener Sekundärbatterien („Akkumulatoren") [5.3; 5.34]

Die gebräuchlichsten Primärbatterien sind:

- Zink-Kohle-Batterien,
- Alkali-Mangan-Batterien,
- Zink-Sauerstoff-Batterien,
- Silberoxid-Batterien,
- Lithium-Mangandioxid-Batterien.

Den größten Marktanteil davon haben die beiden erstgenannten Batterien. Die Zink-Kohle-Batterie wurde bereits 1860 entwickelt. Sie ist eine der preisgünstigsten Batterien. Aufgrund ihrer geringen Kapazität wird sie in Geräten mit geringen Anforderungen eingesetzt. Die Alkali-Mangan-Batterie hat eine wesentlich höhere Leistung als vergleichbare Zink-Kohle-Batterien. Sie zeichnet sich durch lange Betriebszeiten und einen besonders weiten Temperaturbereich aus. In Deutschland ist sie die am häufigsten verwendete Batterie.

Besondere Kennzeichen der Zink-Sauerstoff-Batterie sind die hohe Energiedichte, die hohe Kapazität und die unbegrenzte Lagerfähigkeit. Silberoxid-Batterien bieten auf kleinstem Raum eine hohe Kapazität und Belastbarkeit. Wegen der teuren Rohstoffe werden sie nur beschränkt eingesetzt.

In Lithium-Mangandioxid-Batterien besteht die negative Elektrode aus Lithium. Als positive Elektrode wird Mangandioxid eingesetzt. Dem organischen oder anorganischen Elektrolyten werden zur Erhöhung der Leitfähigkeit verschiedene Salze (z.B. $LiClO_4$) zugesetzt.

Im Gegensatz zu Primärbatterien können Sekundärbatterien („Akkumulatoren“) durch eine externe Spannungsquelle aufgeladen werden. Die gebräuchlichsten Akkumulatoren sind:

- Nickel-Cadmium-Akkumulatoren,
- Nickel-Metallhydrid-Akkumulatoren,
- Lithium-Ionen-Akkumulatoren,
- Bleiakkumulatoren.

Nickel-Cadmium-Akkumulatoren sind einerseits sehr robust, andererseits stellen sie wegen des giftigen Cadmiums ein besonderes Umweltproblem dar. Bei einer Dauerentladung mit niedrigen Strömen oder bei der Aufladung vor einer vollständigen Entladung entsteht der sogenannte Memoryeffekt, wodurch die Kapazität deutlich erniedrigt wird. Als Ersatzstoff für Cadmium wird in Nickel-Metallhydrid-Akkumulatoren Wasserstoff verwendet, der in Metallhydridspeichern aus Titan-Nickel- oder Lanthan-Nickel-Legierungen gespeichert wird. Gegenüber den herkömmlichen Nickel-Cadmium-Akkumulatoren ergibt sich eine deutlich höhere Energiedichte.

Der Lithium-Ionen-Akkumulator hat die höchste Energiedichte von allen Sekundärsystemen. Der Lithium-Polymer-Akkumulator ist eine Weiterentwicklung mit wesentlich höherer Energiedichte. Allerdings hat er bei höheren Temperaturen eine geringere Leitfähigkeit als der Lithium-Ionen-Akkumulator.

Der Bleiakkumulator ist der älteste unter allen elektrochemischen Energiespeichern. Durch sein günstiges Preis-Leistungs-Verhältnis ist er der weltweit am meisten genutzte Akkumulator, denn Blei ist in großen Mengen verfügbar und leicht zu recyceln. Nachteile sind seine geringe Energiedichte und die Toxizität von Blei.

5.2.2 Sammlung und Sortierung

Durch die rechtlich notwendige Rücknahme und Entsorgung gebrauchter Batterien und Akkumulatoren sind Verbraucher und Unternehmen verpflichtet, Primär- und Sekundärbatterien zurückzunehmen. Die Rücknahme über Sammelstellen soll eine umweltgerechte Verwertung sicherstellen. Unabhängig von der Marke müssen Batterien und Akkumulatoren zurückgenommen werden.

In Deutschland ist u.a. die Stiftung „Gemeinsames Rücknahmesystem Batterien, GRS-Batterien“ für die Rücknahme und Verwertung zuständig. Mitglieder sind Hersteller, die abhängig vom Gewicht und dem elektrochemischen System der in Verkehr gebrachten Batterien einen Entsorgungsbeitrag bezahlen.

GRS-Batterien sind in die Lose:

- Sammlung und Transport,
- Sortierung der Batteriegemische,
- Transport nach der Sortierung,
- Beseitigung und
- Verwertung

eingeteilt. Bundesweit gibt es ca. 170.000 Sammelstellen der GRS-Batterien, die nicht gewinnorientiert arbeitet. Gewinnorientiert arbeitet die Vfw-REBAT AG mit ca. 15.000 Sammelstellen. Sie bietet für Hersteller, Importeure und Händler, die eigene Rücknahmesysteme betreiben, Rücknahme-, Sortierungs- und Verwertungsdienstleistungen an. Im Elektrowerkzeugfachhandel hat die Robert Bosch GmbH ein Rücknahmesystem organisiert. Bei ca. 7.600 Sammelstellen werden die in Elektrowerkzeuge eingebauten Akkumulatoren manuell nach Hersteller und elektrochemischem System sortiert.

Heute werden in Deutschland nur ca. 35 - 40 % der gebrauchten Gerätebatterien zurückgebracht. Damit gelangt ein großer Teil in den Hausmüll und so u.a. in Hausmüllverbrennungsanlagen. Schwerflüchtige Metalle wie Mangan, Eisen, Nickel und Blei findet man dann hauptsächlich in der Schlacke. Leichtflüchtige Metalle (Quecksilber, Cadmium) gehen fast vollständig ins Rauchgas über. Diese lassen sich durch eine entsprechende Abgasreinigung (Feinstaubabscheidung, Nasswäsche, Aktivkohlefilter) abscheiden.

Abbildung 5.3 zeigt eine Übersicht über die Masse in Verkehr gebrachter Batterien und die zugehörige jährliche Sammelquote. Diese liegt in den letzten Jahren bei ca. 40 % und hat sich kaum verändert. Ein Großteil der Batterien landet daher immer noch im Hausmüll. Hier sind zwingende Maßnahmen, z.B. über ein Pfandsystem, zur Erhöhung der Sammelquoten notwendig.

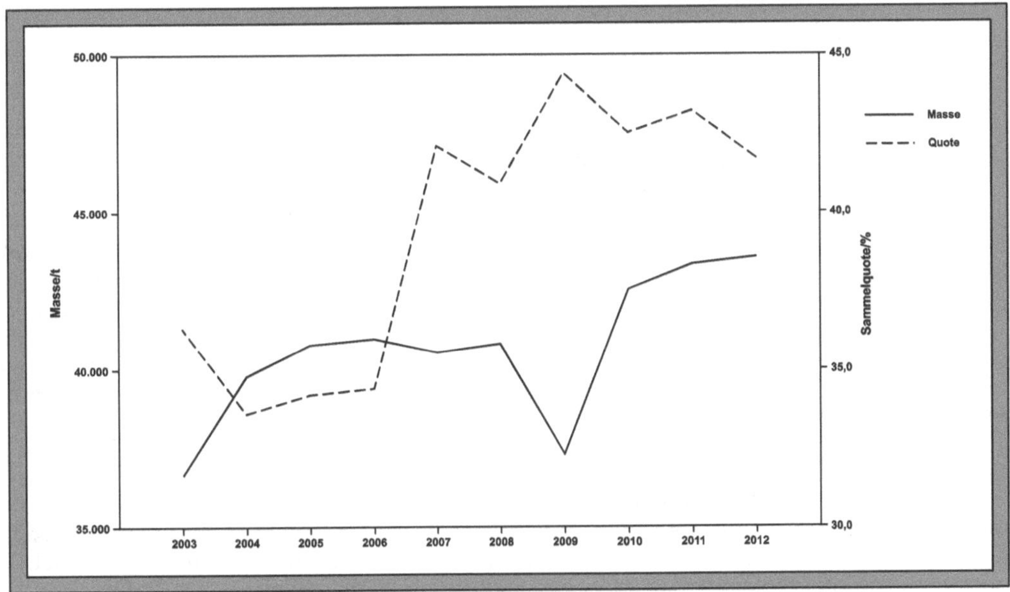

Abb. 5.3: Masse der in Verkehr gebrachten und gesammelten Batterien [5.40]

In den Rücknahme- und Sammelbehältern liegen die Batterien und Akkumulatoren als Gemisch vor. Da nur wenige Recyclinganlagen diese Batteriegemische aufbereiten können, müssen diese vorsortiert werden. Zum Beispiel würde das Cadmium aus Nickel-Cadmium-Akkumulatoren das Quecksilber aus quecksilberhaltigen Batterien verunreinigen.

Alle Sortierverfahren führen zuerst eine manuelle Vorsortierung der angelieferten Batteriegemische durch. Im Anschluss kommen zwei unterschiedliche Sortierverfahren, das:

- Röntgenverfahren und
- elektromagnetische Verfahren

zum Einsatz. Mit Hilfe des Röntgenverfahrens werden quecksilberhaltige Batterien aussortiert. In einem ersten Schritt werden die Batterien nach ihrer Größe sortiert und durchlaufen dann einen Röntgensensor. Anhand der Grauabstufung auf dem Röntgenbild erkennt der Sensor das Batteriesystem. Alkali-Mangan- und Zink-Kohle-Batterien durchlaufen im Anschluss einen UV-Sensor, der quecksilberhaltige und -freie Batterien voneinander trennt. Von den europäischen Batterieproduzenten werden quecksilberfreie Batterien mit einem UV-sensiblen Lack versehen. Diese werden vom UV-Sensor erkannt und aussortiert.

Mit dem elektromagnetischen Verfahren können Lithium-, Nickel-Cadmium-, Nickel-Metallhydrid-Akkumulatoren sowie Zink-Kohle-, Alkali-Mangan- und quecksilberhaltige Batterien voneinander getrennt werden. Die Batterien passieren einen elektromagnetischen Sensor, dessen elektromagnetisches Feld je nach Batterietyp unterschiedlich gestört wird. Der so erhaltene elektromagnetische Fingerabdruck wird mit einer Datenbank für die verschiedenen Batterietypen abgeglichen und diese so voneinander getrennt.

Nach der Sortierung werden die Batterien an Verwertungsanlagen weitergegeben. Zum Recycling von Batterien werden hydrometallurgische, pyrometallurgische und mechanische Prozesse eingesetzt. Letztere kommen vor allem in der Vorbehandlung der Batterien zum Aufbrechen des Batteriegehäuses zum Einsatz. Pyrometallurgische Verfahren sind trockenchemische Verfahren und zersetzen die Batterien bei Temperaturen zwischen 200 und 3000 °C. Hydrometallurgische Verfahren sind nasschemische Verfahren und lösen die Metallverbindungen in wässrigen Lösungen auf.

5.2.3 Verwertung von Batteriegemischen mit dem Oxyreducer-Prozess

Die meisten Verfahren und Anlagen verwerten nur bestimmte Batteriesysteme. Mit dem Oxyreducer-Prozess können dagegen unsortierte Gemische aufgearbeitet werden. Letzteres gilt allerdings etwas eingeschränkt. Durch einen vorsortierten, chargenweisen Einsatz von Batterien werden bessere Produktqualitäten erzielt, so dass diese Verfahrensvariante bevorzugt zum Einsatz kommt. Verwertet werden nicht nur Batterien sondern auch Katalysatoren, Schredderrückstände aus der Altautoverwertung, schwermetallhaltige Abfälle wie Schleifschlämme, etc. Blei- und cadmiumhaltige Batterien werden vorher aussortiert und separat verwertet.

Die verschiedenen Einsatzstoffe werden aus Qualitätsgründen zu verschiedenen Chargen zusammengefasst, aufbereitet (Schreddern, Trocknen, etc.) und mit Zuschlagsstoffen (Kohle, Kalk) versetzt. Das zentrale Element des Oxyreducer-Prozesses ist ein Drehherdofen (Abb. 5.4). Auf die Teller des Ofens werden die Einsatzmaterialen aufgebracht und auf max. 1400 °C erhitzt. Einsatzmaterial und Verbrennungsluft werden im Gleichstrom geführt. Papier, Kunststoffe und andere organische Materialien werden dabei verbrannt. Im Drehherdofen herrschen am Anfang reduzierende Reaktionsbedingungen. Durch kontinuierliche Erhöhung der Luftzufuhr über dem Reaktionsraum werden am Ofenende oxidierende Bedingungen eingestellt. Niedrigsiedende Metalle (Zn, Cd, Pb, Hg) verdampfen und verlassen als Oxide den Oxyreducer. Sie werden bei ca. 1100 °C in einem Schwerkraftabscheider als stark zinkhaltiger Staub abgeschieden.

Die Abscheidetemperatur ist so hoch, dass Quecksilber und seine Verbindungen weiter in der Gasphase verbleiben. Das quecksilberhaltige Abgas wird über Quenche, Elektronassabscheider und alkalische Wäsche gereinigt. Die Quecksilberschlämme werden abgetrennt und daraus das Quecksilber destillativ abgetrennt. Die Destillationsrückstände werden wieder auf den Drehherdofen aufgegeben und das Abwasser behandelt.

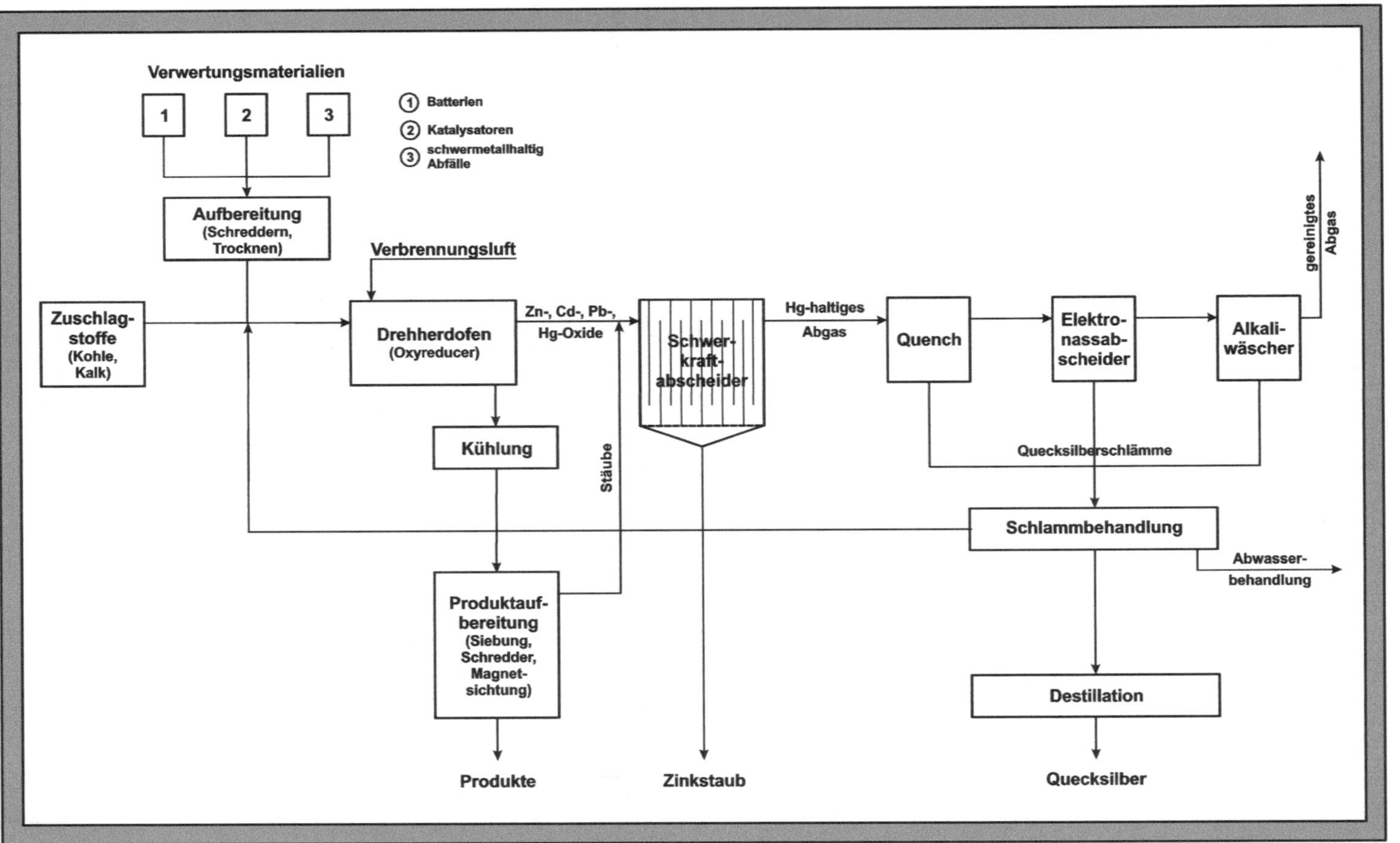

Abb. 5.4: Schematische Darstellung des Oxyreducer-Verfahrens [5.30]

Die schwerflüchtigen Metalle werden aus dem Oxyreducer ausgeschleust und gekühlt, wodurch eine Reoxidation vermieden wird. Je nach Art der verarbeiteten Einsatzstoffe werden verschiedene Techniken (Sieben, Schreddern, Magnetabscheidung) zur Produktaufbereitung eingesetzt.

Beim Einsatz von Primärbatterien werden hauptsächlich Eisen, Quecksilber, Zinkoxid und Manganoxid gewonnen. Die Verarbeitung von Nickel-Metallhydrid- oder Lithium-Ionen-Akkumulatoren liefert Fe/Ni/Co-Konzentrate.

5.2.4 Verwertung von zinkhaltigen Primärbatterien

Bei den Recyclingverfahren für zinkhaltige Primärbatterien (Zink-Kohle-, Alkali-Mangan-, Zink-Sauerstoff-Batterien) steht die Wiedergewinnung des Zinks im Vordergrund. Während früher der Quecksilberanteil in einem Teil dieser Batterietypen relativ hoch war, werden sie heute in Europa quecksilberfrei hergestellt. Für die Verwertung zinkhaltiger Primärbatterien stehen mehrere Verfahren zur Verfügung. In diesem Zusammenhang werden folgende Prozesse näher betrachtet:

- Batrec-Sumitomo-Verfahren,
- SDH-Wälzrohrverfahren,
- VALDI-Elektrolichtbogenofen,
- DK-Prozess.

Batrec-Sumitomo-Verfahren

Dieses Verfahren wurde von der japanischen Sumitomo Heavy Industries im Pilotmaßstab entworfen und von der schweizerischen Batrec AG weiterentwickelt. In einem ersten Verfahrensschritt werden die Batterien chargenweise in einen Pyrolyseschachtofen gegeben (Abb. 5.5) und vier Stunden bei 600 °C bis 850 °C erhitzt. Papier und Kunststoffe werden zersetzt und Quecksilberverbindungen verdampft.

Die Abgase des Pyrolyseschachtofens enthalten hauptsächlich Kohlenmonoxid (CO), Kohlendioxid (CO_2), Metalloxidstäube und Quecksilber (Hg). In einer Nachverbrennung wird das Pyrolysegas auf ca. 1000 - 1200 °C erhitzt. In einer mehrstufigen Abgasreinigung wird das Gas mit Wasser gewaschen. Quecksilber, Halogenwasserstoffe (HX) und Schwefeldioxid (SO_2) scheiden sich ab. Das überwiegend aus Kohlendioxid und Stickstoff bestehende Abgas wird über einen Sackfilter und Aktivkohlefilter gereinigt. Das Abwasser enthält fein verteilte Metalloxide und Quecksilber, die durch Dekantieren und Zentrifugieren zurückgewonnen werden. Aus dem daraus entstehenden Schlamm wird Quecksilber durch Destillation mit einer Reinheit von 99,995 % gewonnen. Die zurückbleibenden Schlämme werden in den Pyrolyseschachtofen zurückgeführt.

Die Batterierückstände aus dem Pyrolyse-Schachtofen werden in einem Induktionsschmelzofen unter Zugabe von Koks und Schlackebildnern auf ca. 1500 °C erhitzt und im Wesentlichen zu Ferromangan (Fe/Mn) reduziert, das auch noch andere Metalle wie Nickel, Chrom und Kupfer enthält. Weiterhin entsteht Schlacke, die leichter ist als Ferromangan und aufgrund der geringen Dichte abgetrennt werden kann. Sie kann wie Bauschutt deponiert oder zum Straßenbau verwendet werden.

Die aus dem Induktionsofen austretenden Metalldämpfe enthalten überwiegend Zink und Anteile von Blei, Cadmium und Silber. Sie werden in einen Sprühkondensator geleitet, wo die Zinkdämpfe mit aufgewirbeltem, flüssigem Zink in Kontakt kommen und kondensieren. Das verbleibende Abgas ist mit Kohlenmonoxid angereichert und wird nach einer Reinigung als Heizgas für den Pyrolyse-Schachtofen verwendet. Die in dieser Waschstufe entstehenden Schlämme werden ebenfalls in die Pyrolyse zurückgeführt. Das im Wäscher entstehende Abwasser wird einer Abwassereinigung unterzogen.

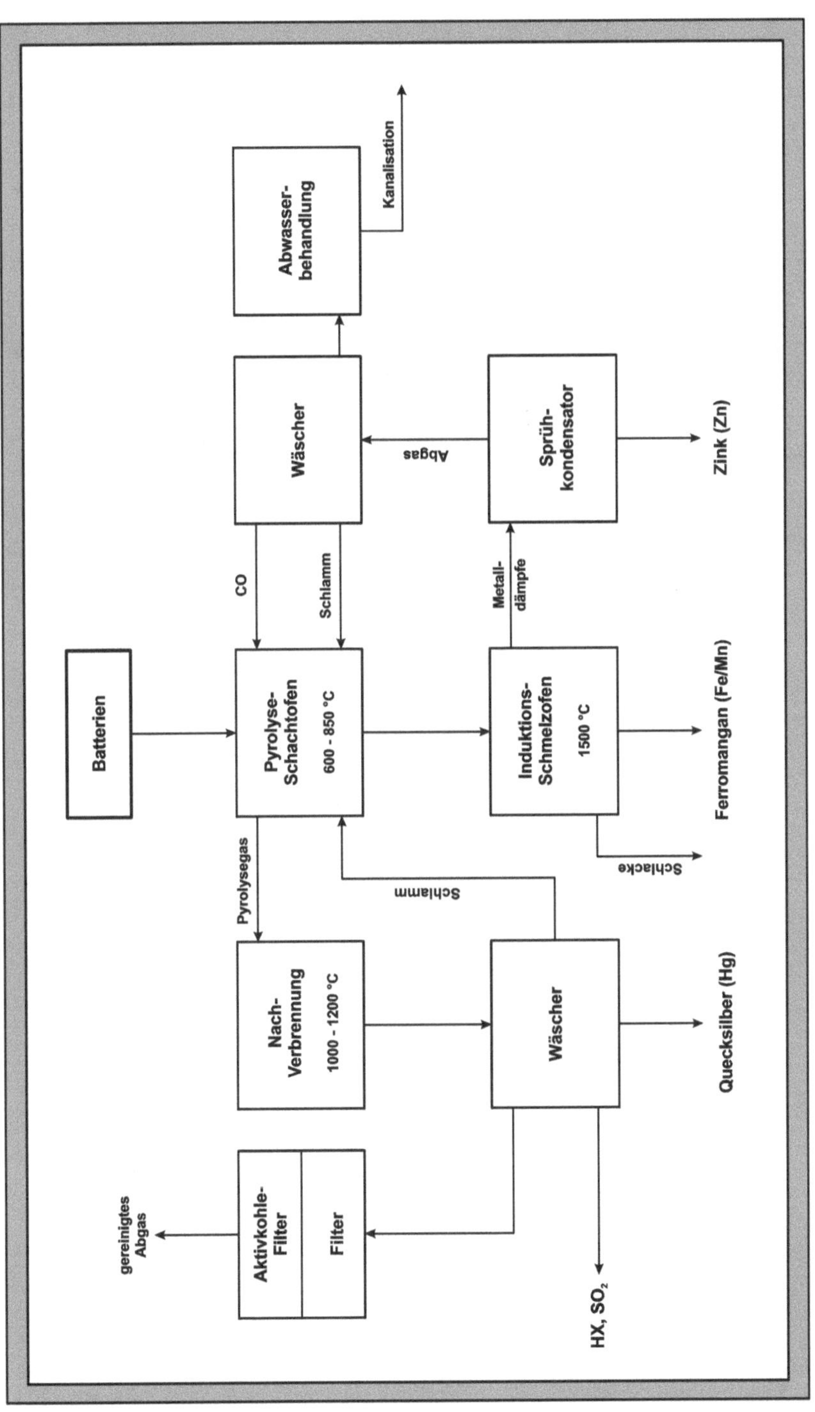

Abb. 5.5: Schematische Darstellung des Bartec-Sumitoma-Prozesses [5.19; 5.30]

SDHL-Wälzrohrverfahren

Das SDHL-Verfahren (Abb. 5.6) basiert auf einem Drehrohrofen (Wälzrohr). In diesem Verfahren können sowohl staubförmige als auch granulierte Einsatzstoffe verarbeitet werden. Die Einsatzstoffe werden mit Koks und anderen Zuschlagstoffen (Schlackebildner) vermischt und über einen Ofeneintragsbunker direkt in den Drehrohrofen gebracht. Dieser ist bis zu 40 m lang und hat einen Außendurchmesser von 3,6 m. In leicht geneigter Lage dreht er sich mit einer Umdrehung pro Minute. Die Verweilzeit liegt bei vier bis sechs Stunden. Am Rohranfang wird das Einsatzmaterial getrocknet und danach auf 1100 - 1200 °C erhitzt. Zink und Blei verdampfen und verlassen mit dem Abgas den Ofen. Durch den überschüssigen Sauerstoff aus der Prozessluft werden die Metalle oxidiert.

In einer Staubkammer setzen sich die schweren Partikel ab und werden in den Drehrohrofen zurückgeführt. Die den Drehrohrofen verlassende Schlacke wird im Nassentschlacker abgekühlt und kann entsprechend verwendet werden (z.B. Straßenbau). In Gasmischkammern wird das Gas aus den Staubkammern mit dem Abgas aus der Nassentschlackung zusammengeführt und von 800 °C auf 350 °C abgekühlt. In Flachrohrkühlern erfolgt eine weitere Abkühlung auf 135 °C. Das abgetrennte Wälzoxid enthält 50 - 60 % Zink und 7 - 13 % Blei und wird zu den entsprechenden Metallen aufgearbeitet. In nachfolgenden Filtern/Aktivkohlefiltern wird die Abluft gereinigt. Die Gesamtausbeute an Zink beträgt 91 - 93 %.

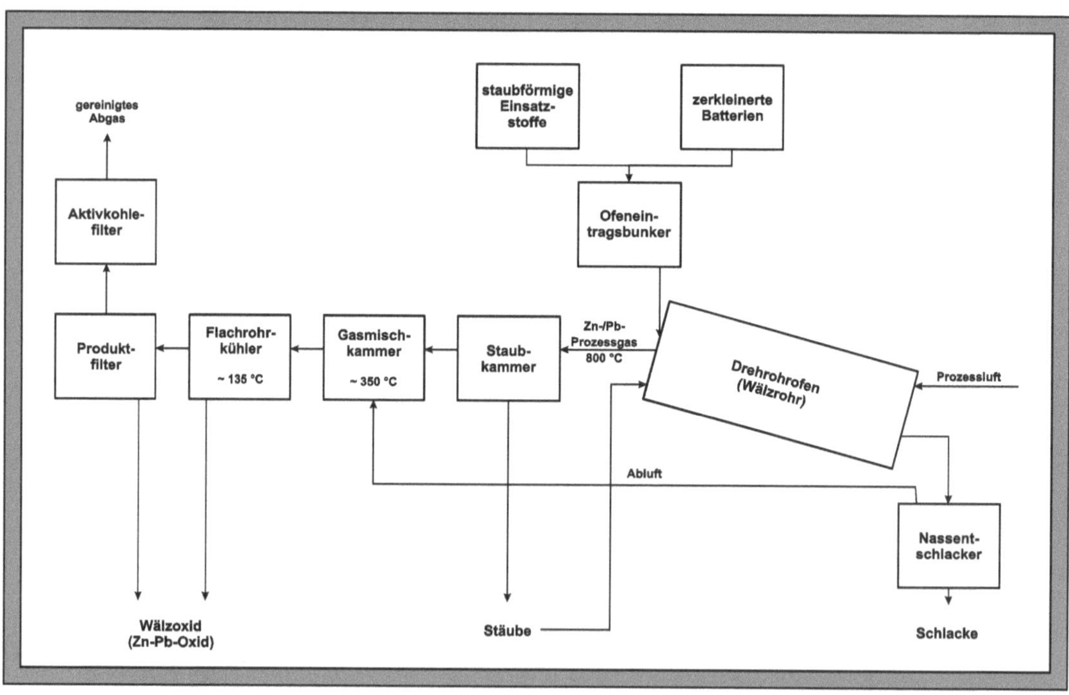

Abb. 5.6: Schematische Darstellung des SDHL-Verfahrens [5.30; 5.31]

VALDI-Elektrolichtbogenofen

In diesem Verfahren werden vorsortierte, zinkhaltige Primärbatterien, die größer als 50 mm sind, in einem ersten Schritt zerkleinert. Zusammen mit Schlackebildnern (z.B. Kalk, Aluminosilikate) erfolgt über eine Schleuse eine chargenweise Beschickung des Elektrolichtbogenofens (Abb. 5.7). Dieser ist das zentrale Element des Verfahrens und verfügt über eine Leistung von 3 MW. Bei 1600 °C erfolgt die pyrometallurgische Umsetzung, bei der das Zink verdampft. Aus dem Ofen wird Ferromangan mit einem Gehalt von 65 - 80 % Eisen und 20 - 35 % Mangan abgezogen. Die glasartige Schlacke wird entsprechend verwertet.

Das den Elektrolichtbogenofen verlassende, zinkhaltige Abgas wird in einer Kaltluftquenche unter Zusatz von Aktivkohle von 1100 °C auf 200 °C abgekühlt, wodurch die Bildung von Dioxinen verhindert wird. Die im Staubfilter abgeschiedenen Produktstäube enthalten 60 % Zink (Zn), aus dem Reinzink gewonnen wird.

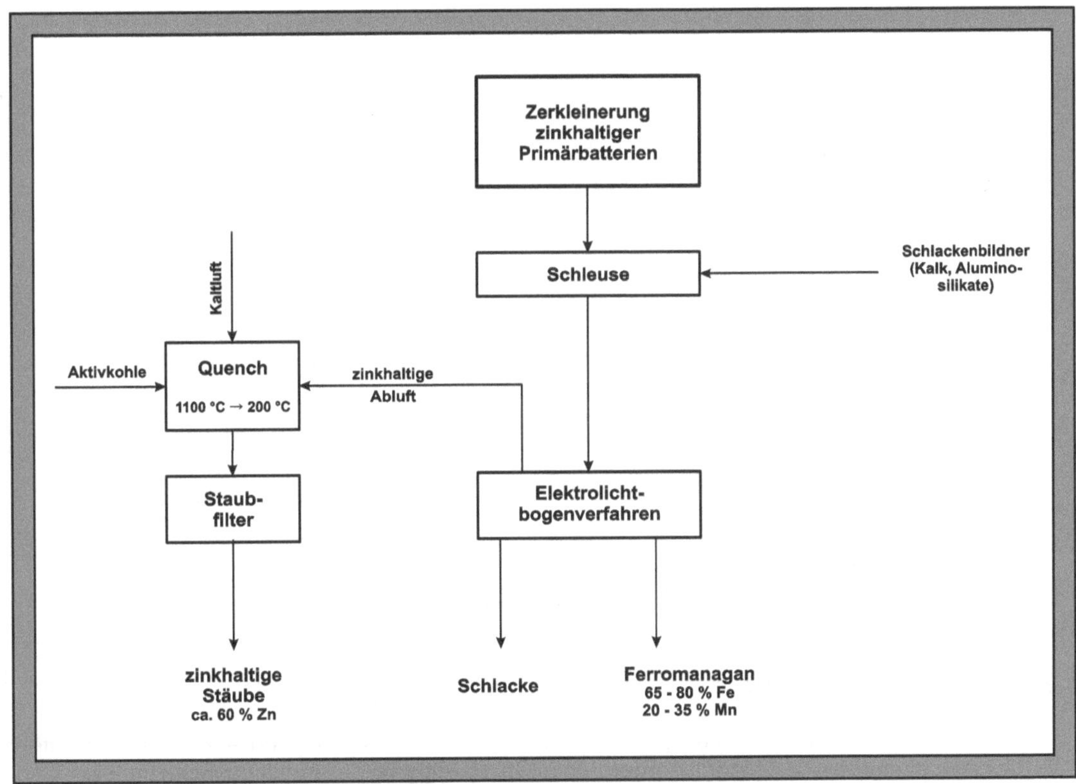

Abb. 5.7: Schematische Darstellung des VALDI-Elektrolichtbogenofenverfahrens [5.30]

DK-Prozess

Der DK-Prozess ermöglicht die Aufarbeitung eisenhaltiger Reststoffe (z.B. Gichtgas- und Konverterstaub, Walzzunder, eisenhaltige Reststoffe, etc.). Abbildung 5.8 zeigt das Verfahrensschema der Anlage. Sie ist auch zur Verarbeitung zinkhaltiger Batterien geeignet.

Eisenhaltige Sekundärreststoffe werden entsprechend den Anforderungen zusammengestellt und gesintert. Die Abgase des Sinterbandes werden zuerst über einen Elektrofilter gereinigt, dem sich ein Sprühabsorber anschließt. Das eingedüste Calciumhydroxid (Kalkmilch) bindet chemisch die sauren Bestandteile des Abgases. Nach dem Absorber wird Herdofenkoksstaub eingeblasen, um

Dioxine, Furane und andere organische Verbindungen zu adsorbieren. Die staubhaltigen Bestandteile werden in einem Gewebefilter abgeschieden.

Der erzeugte Sinter wird mit Koks und Zuschlägen versetzt und der Hochofen beschickt. An dieser Stelle können auch zinkhaltige Batterien zugesetzt werden. Das Roheisen wird in einem nachgeschalteten Induktionsofen mit Legierungselementen auf die kundenspezifischen Anforderungen eingestellt und als Roheisenmasseln verkauft. Das am Kopf des Ofens abgezogene Gichtgas enthält auch Zinkdämpfe. Diese werden in einem Wäscher ausgewaschen und der Zinkschlamm in einem Absetzbecken abgeschieden. Nach weiteren Reinigungsstufen kann das Gichtgas im Kraftwerk zur Erzeugung von Strom und Dampf genutzt werden.

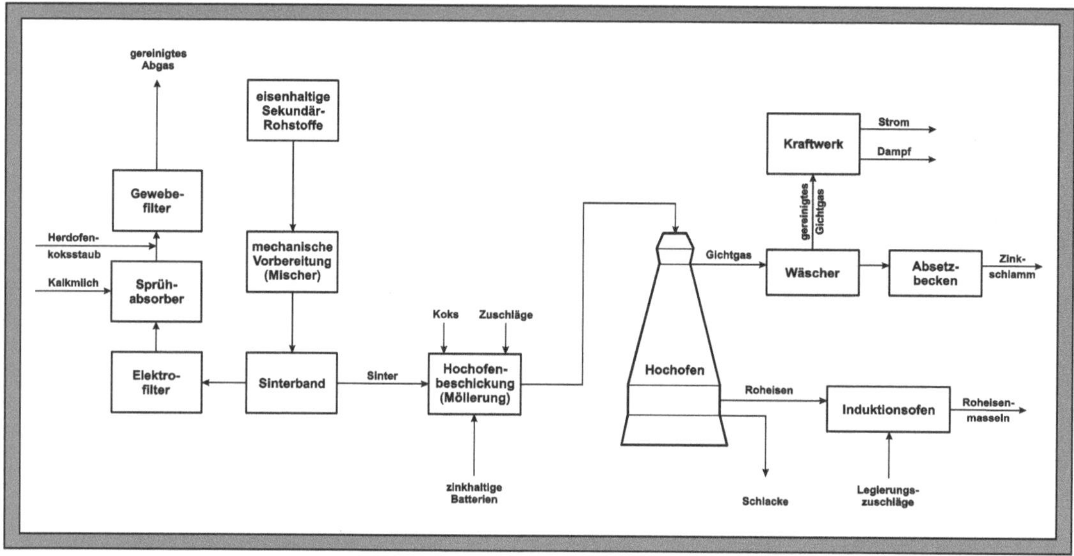

Abb. 5.8: Schematische Darstellung des DK-Prozesses [5.30]

5.2.5 Verwertung von nickelhaltigen Sekundärbatterien

Bei nickelhaltigen Sekundärbatterien (Nickel-Cadmium-, Nickel-Metallhydrid-Akkumulatoren) steht die Rückgewinnung des Nickels im Vordergrund. Gleichzeitig wird das giftige Schwermetall Cadmium recycelt. Aufgrund der potenziellen Umweltgefährdung ist der Gebrauch von Nickel-Cadmium-Akkumulatoren rückläufig. Für die Verwertung nickelhaltiger Sekundärbatterien stehen mehrere Verfahren zur Verfügung. In diesem Zusammenhang werden folgende Prozesse näher betrachtet:

- Ni/Cd-Recyclingprozess,
- RVD-Verfahren,
- Verwertung von Nickel-Metallhydrid-Akkumulatoren.

Ni/Cd-Recyclingprozess

Das französische Unternehmen „Société de Nouvelle D´Affinage des Métaux, SNAM“ recycelt in seinem Verfahren neben Nickel-Cadmium-Akkumulatoren auch cadmiumhaltige Hydroxidschlämme und Produktionsabfälle. Industriebatterien und Batteriepacks werden vorbehandelt, um möglichst nur die cadmiumhaltigen Bestandteile zu erhalten. Dazu werden die Plastikhüllen entfernt, der alkalische Elektrolyt (KOH) entleert und die Elektroden ausgebaut. Die nickelhaltigen Anoden gehen in die Stahlindustrie und die cadmiumhaltigen Katoden werden im Prozess weiter verarbeitet. Bei Batteriepacks werden die Kunststoffumhüllungen mit einer Hammermühle aufgebrochen und mittels Magnetscheidung die nickelhaltigen Bestandteile abgetrennt. Haushaltsübliche Nickel-Cadmium-Einzelzellen können direkt verarbeitet werden (Abb. 5.9).

Die cadmiumhaltigen Komponenten werden in einen Pyrolyseofen eingebracht und in sauerstoffarmer Atmosphäre 14 Stunden bei 350 - 500 °C behandelt. Die Abgase aus dem Pyrolyseofen werden bei 900 °C in sauerstoffreicher Atmosphäre nachverbrannt und über einen Nasswäsche, Tuchfilter und Aktivkohlefilter gereinigt.

Aus den cadmiumhaltigen Pyrolyseresten sowie weiteren cadmiumhaltigen Abfällen wird unter Zugabe von Holzkohle in einem Destillationsofen bei 900 °C und 24 Stunden Verweilzeit Cadmium abdestilliert. Zunächst werden Wasser und entstehende Öle abgeschieden. Bei diesen Bedingungen werden vorhandene Nickel- und Cadmiumoxide zu metallischem Nickel und Cadmium reduziert. Cadmium verdampft bei 767 °C und kondensiert an eingebauten Kühlelementen aus. In einer weiteren Destillationsstufe wird es zu einem verkaufsfähigen Produkt mit einer Reinheit von 99,95 % aufgearbeitet. Die Rückstände aus dem Destillationsofen bestehen größtenteils aus Eisen und Nickel, die geringe Mengen an Cadmium (0,1 - 0,5 %) enthalten und zu Ferronickel verarbeitet werden.

Einen ähnlichen Recyclingprozess betreibt das schwedische Unternehmen SAFT AB. Neben den pyrometallurgischen Prozessschritten Pyrolyse und Destillation werden in einem nachgeschalteten hydrometallurgischen Verfahren die Abgasfilter des Destillationsofens aufbereitet. Bei 60 °C werden mit Schwefelsäure die Schwermetalle herausgelöst und das enthaltene Cadmium elektrolytisch abgeschieden. In einer Fällungsstufe wird Eisen als Eisenhydroxid ausgefällt und nicht abgeschiedene Cadmiumionen anschließend als Sulfide gefällt. Das Cadmiumsulfid (CdS) wird wieder aufgelöst und in die Elektrolyse eingebracht. Nach einer Filtration erhält man eine Nickel- und Kobaltsulfatlösung, die wieder zur Akkumulatorproduktion eingesetzt werden kann.

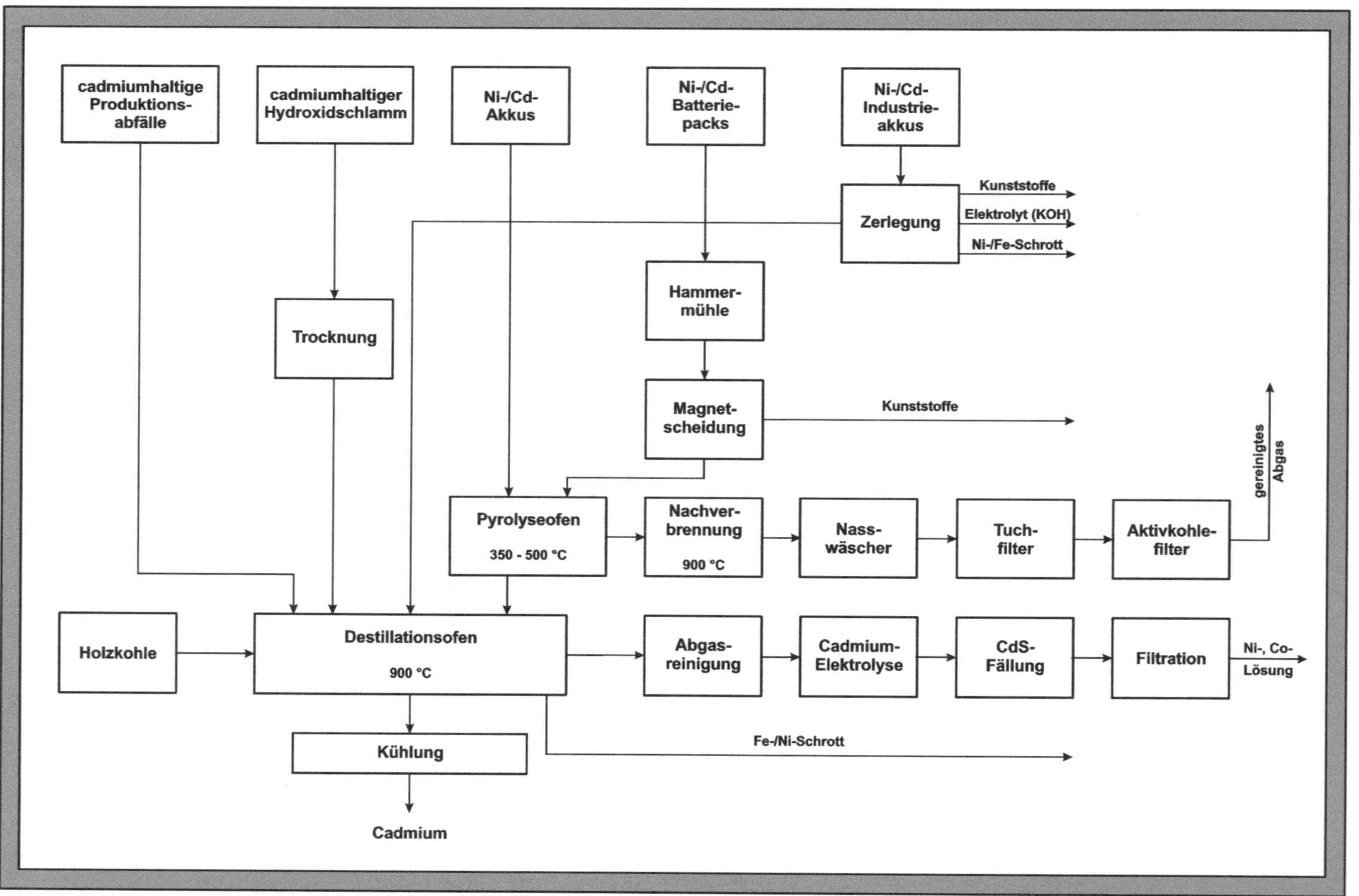

Abb. 5.9: Schematische Darstellung des Ni-/Cd-Recyclingprozesses [5.30]

RVD-Verfahren

Das RVD-Verfahren (Recycling durch Vakuumdestillation) wird zum Recycling von Nickel-Cadmium-Akkumulatoren und cadmiumhaltiger Produktionsabfälle eingesetzt. Bei der Verwertung von Nickel-Metallhydrid-Akkumulatoren muss dementsprechend Wasserstoff aus dem Hydridspeicher entfernt werden.

Wie in den vorhergehenden Verfahren beschrieben, werden auch hier Industrieakkumulatoren und Batteriepacks zerlegt (Abb. 5.10). Die verschiedenen cadmiumhaltigen Fraktionen werden chargenweise in den Vakuumofen eingebracht, der induktiv beheizt wird. Während der Destillation herrscht ein Druck von 30 mbar. Bei Temperaturen von 100 - 150 °C verdampfen zuerst noch vorhandene Elektrolyte und Kohlenwasserstoffe. Anschließend wird der Induktionsofen auf 750 °C aufgeheizt. Oxid- und Hydroxidverbindungen werden durch zugesetztes Reduktionsmittel (Kohle) zu den Metallen reduziert. Unter den Destillationsbedingungen verdampft Cadmium und wird in einem wassergekühlten Kondensator verflüssigt. Um den Cadmiumgehalt im zurückbleibenden Eisen-Nickel-Schrott auf 5 - 300 ppm Cd zu verringern, wird der Prozess 5 Stunden aufrechterhalten. Aufgrund des Arbeitens unter Vakuum sind die anfallenden Abluftströme sehr gering.

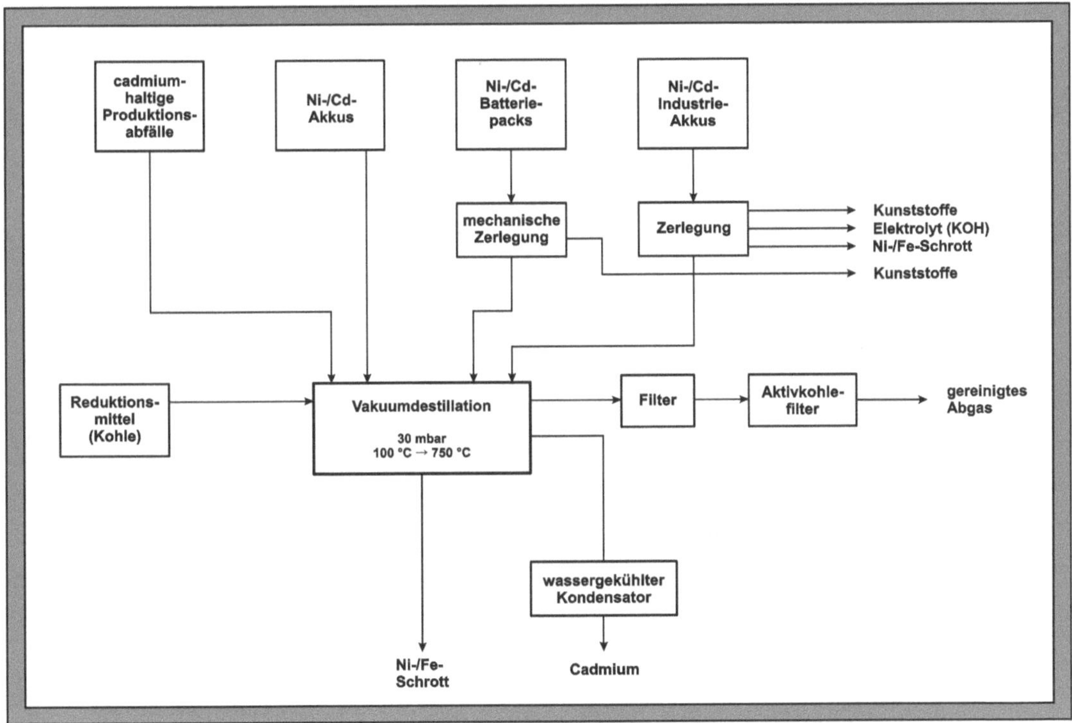

Abb. 5.10: Schematische Darstellung des RVD-Verfahrens

Verwertung von Nickel-Metallhydrid-Akkumulatoren

Einer der teuersten Verfahrensschritte beim Recycling von Ni-Cd-Akkus ist die Entfernung des giftigen Cadmiums. Dieser Prozess entfällt bei der Aufarbeitung von Nickel-Metallhydrid-Akkumulatoren. Kunststoffe und Elektrolyt werden in einer Aufbereitungsanlage entfernt. Die erhaltenen Metallrückstände lassen sich mit anderem nickelhaltigen Schrott mischen und zur Herstellung von Edelstahl einsetzen.

5.2.6 Verwertung von quecksilberhaltigen Batterien

Quecksilber hat unter Normalbedingungen einen Siedepunkt von 357 °C. Es bietet sich daher an, quecksilberhaltige Produkte und Abfallstoffe destillativ aufzubereiten. Insofern ähneln sich alle Verfahren zur Aufbereitung von quecksilberhaltigen Batterien und Rückständen. Abbildung 5.11 zeigt das Prozessschema des VTR-Verfahrens (VTR, Vakuumtechnisches Recycling).

Quecksilberhaltige Abfälle (z.B. Thermometer, Batterien, Leuchtstofflampen, Amalgamverbindungen, etc.) werden mechanisch vorbehandelt und dabei bereits ein Großteil des Quecksilbers abgetrennt. Die vorbehandelten Materialien werden chargenweise in die Vakuumdestillationsanlage gegeben und bei einigen Millibar Druck auf 340 - 650 °C erhitzt. Unter diesen Bedingungen platzen die Batterien auf, Flüssigkeiten und Quecksilber verdampfen. Das Rohquecksilber wird auskondensiert und das Abgas über einen Aktivkohlefilter gereinigt. Das Rohquecksilber wird weiter zu einer Reinheit von 99,999 % aufgearbeitet. Die in der Vakuumdestillation verbleibenden quecksilberfreien Rückstände (c_{Hg} < 10 ppm) werden entweder weiter aufgearbeitet (z.B. Metallgewinnung) oder deponiert.

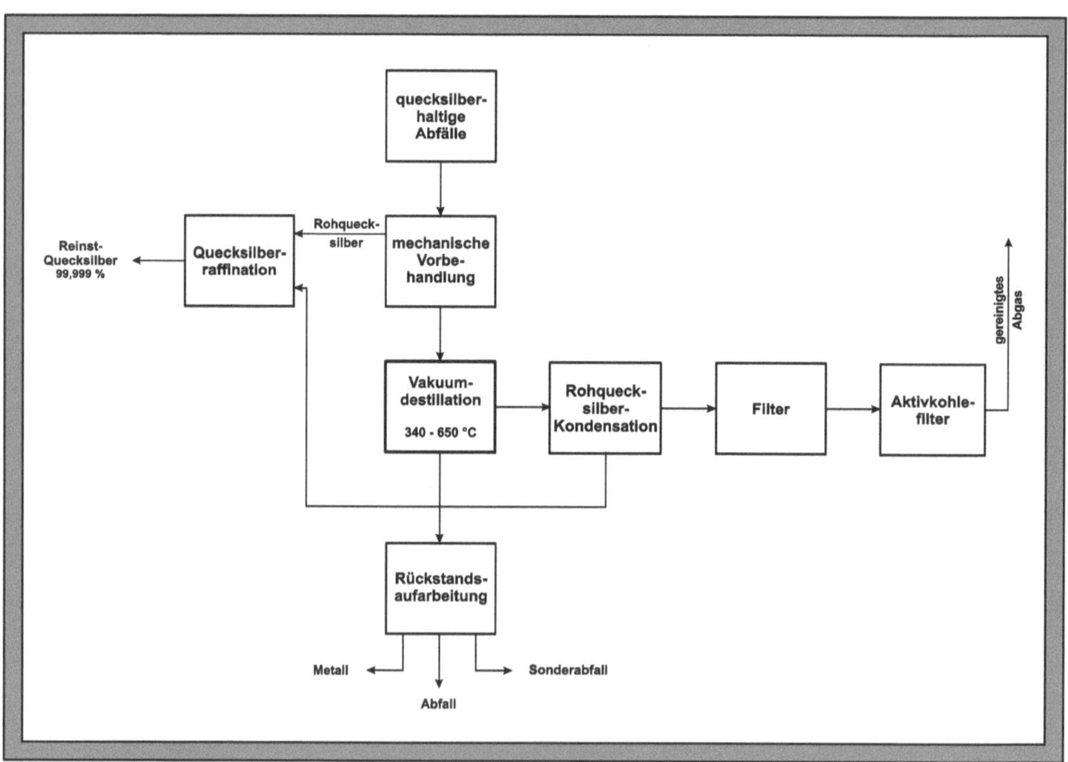

Abb. 5.11: Schematische Darstellung des VTR-Verfahrens

5.2.7 Verwertung von bleihaltigen Sekundärbatterien

Schon seit Jahrzehnten gibt es Verfahren, um gebrauchte Bleiakkumulatoren zu recyceln. Primärer Beweggrund ist die Rückgewinnung des Schwermetalls Blei. Gegenüber der Aufbereitung von anderen Batteriesystemen hat das Recycling von Bleiakkus einen entscheidenden Vorteil. In diesen befindet sich nur eine einzige Metallsorte und kein Metallgemisch wie z.B. bei Nickel-Cadmium-Akkumulatoren.

Weltweit werden ca. 60 - 70 % des Bleis zur Herstellung von Bleiakkumulatoren verwendet. Der Recyclinganteil ist mit 95 % sehr hoch. Unterstützt wird dies noch durch die Pfandpflicht für Bleiakkus. Für die Verwertung bleihaltiger Sekundärbatterien stehen mehrere Verfahren zur Verfügung. In diesem Zusammenhang werden folgende Prozesse näher betrachtet:

- VARTA-Schachtofenverfahren,
- KTO-Verfahren,
- QSL-Verfahren.

Varta-Schachtofenverfahren

In einem ersten Verfahrensschritt werden die Bleiakkumulatoren aufgebrochen, so dass die Schwefelsäure (H_2SO_4) entfernt werden kann (Abb. 5.12). Zusammen mit anderen bleihaltigen Abfällen wird der Schachtofen beschickt. Als Zuschlagsstoffe werden Koks, Kalkstein, Eisenschrott und rückgeführte Schachtofenschlacke zugegeben. Die in den Bleiakkus enthaltenen Kunststoffe und der Koks werden zu Kohlenmonoxid (CO) umgesetzt und wirken als Reduktionsmittel.

Aus vorhandenem PVC bildet sich Chlorwasserstoff (HCl), der mit den Bleibestandteilen zu Bleidichlorid ($PbCl_2$) reagiert. Das $PbCl_2$ verdampft bei ca. 900 °C und wird mit dem Abgas aus dem Schachtofen ausgetragen. Das Abgas wird mit einem geringen Luftüberschuss nachverbrannt. Beim Abkühlen scheiden sich $PbCl_2$-Partikel ab, die mit einem Gewebefilter abgeschieden werden. Der bleihaltige Filterstaub wird zu Blei bzw. Bleiverbindungen aufgearbeitet.

Im Schachtofen sinken die eingesetzten bleihaltigen Komponenten im Gegenstrom zur Prozessluft ab und werden durch die Reduktionsmittel zu metallischem Rohblei reduziert. In der Abstichzone des Ofens werden Rohblei und eine Eisensilikatschlacke abgestochen. Das Rohblei wird in einem nachgeschalteten Prozess raffiniert und auf die für die Akkumulatorherstellung notwendige Zusammensetzung gebracht. Während des Abkühlens der Schlacke entstehen zwei Phasen. Als erste Phase entsteht eine Eisensilikatschlacke, die teilweise in den Prozess zurückgeführt bzw. verwertet wird. Als zweite Phase bildet sich Bleistein, der u.a. Kupfer, Blei und Schwefel (aus H_2SO_4-Resten) enthält und zur Verwertung abgegeben wird.

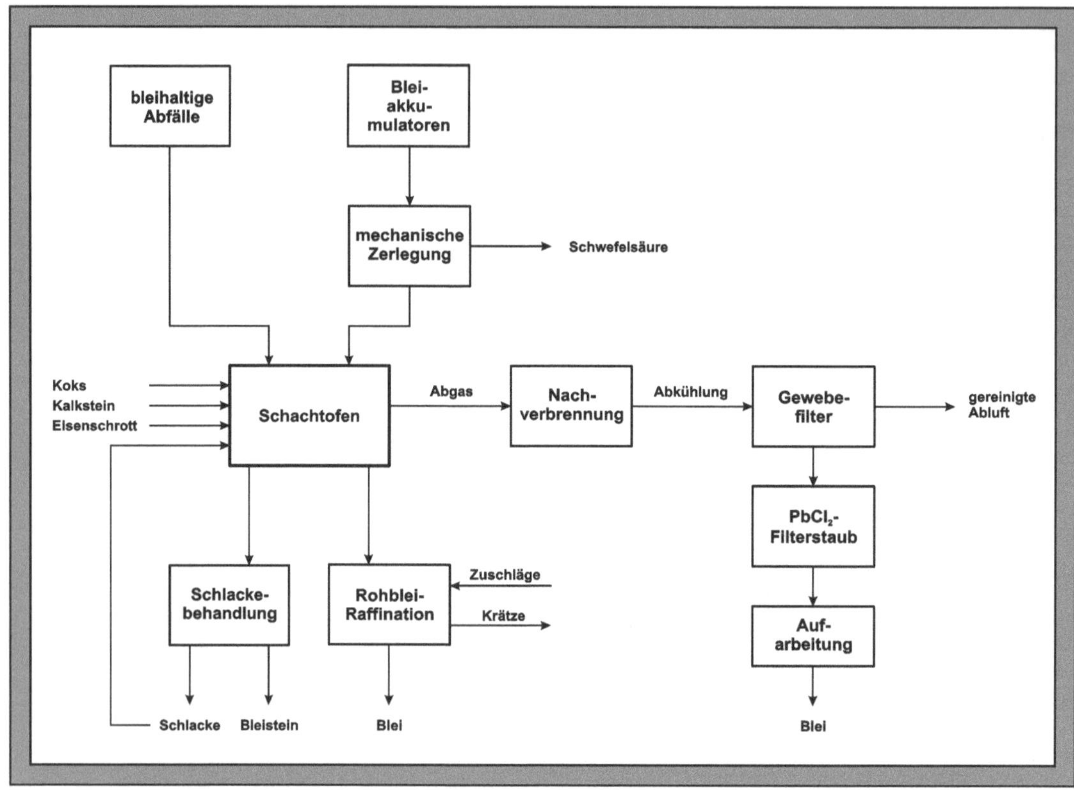

Abb. 5.12: Schematische Darstellung des VARTA-Schachtofenverfahrens [5.31; 5.32]

KTO-Verfahren

Sekundärbleihütten verwenden oft das Kurztrommelverfahren (KTO-Verfahren). Die Bleiakkumulatoren werden aufgebrochen und die Schwefelsäure läuft aus (Abb. 5.13). In einer Hammermühle werden die entleerten Akkumulatoren auf 50 mm große Stücke zerkleinert. Pulverförmiges Bleioxid (PbO) und Bleisulfat ($PbSO_4$) werden mit einem Rüttelsieb abgeschieden. Diese sogenannte Paste bildet mit noch vorhandener Schwefelsäure einen braunen Schlamm.

In einer chemischen Behandlung wird die schwefelsäurehaltige Paste mit Natronlauge neutralisiert und das Bleisulfat zu Bleioxidhydrat umgesetzt. Nach einer Aufschlämmung des Bleioxidhydrats in einer Natriumsulfatlösung wird der Schlamm filtriert. Die stark alkalische Lösung wird neutralisiert, wobei weiteres Bleioxidhydrat ausfällt und abfiltriert wird. Die verbleibende wässrige Phase wird eingedampft und das ausgefällte Natriumsulfat mit einer Zentrifuge abgetrennt.

Nach dem Verfahrensschritt der chemischen Behandlung bleiben Batteriegitter und Kunststoffe zurück. Sie werden in einem hydrodynamischen Separator weiter in bleihaltige Bestandteile, Polypropylen und in ein Gemisch aus Hartgummi, PVC und anderen Kunststoffen aufgetrennt. Das Trennprinzip beruht auf einer turbulent nach oben strömenden Wassersäule. Die schwermetallhaltigen Bleikomponenten sinken nach unten, das Polypropylen schwimmt auf der Oberfläche und die Restfraktion wird dazwischen abgezogen.

Die verschiedenen bleihaltigen Fraktionen werden mit Zuschlagstoffen (Koks, Eisenschrott, Soda, Glasbruch) im Kurztrommelofen zu metallischem Blei reduziert. Die entstehende Schlacke wird deponiert. Der Filterstaub aus der Abgasbehandlung kann in den Drehrohrofen zurückgeführt werden. Beim KTO-Verfahren wird sämtlicher Schwefel aus der Schwefelsäure in verschiedenen Verfahrensschritten abgetrennt, bevor es zur pyrometallurgischen Behandlung kommt. Somit entsteht kein Schwefeldioxid und es kann auf eine teure Rauchgasreinigung verzichtet werden.

5

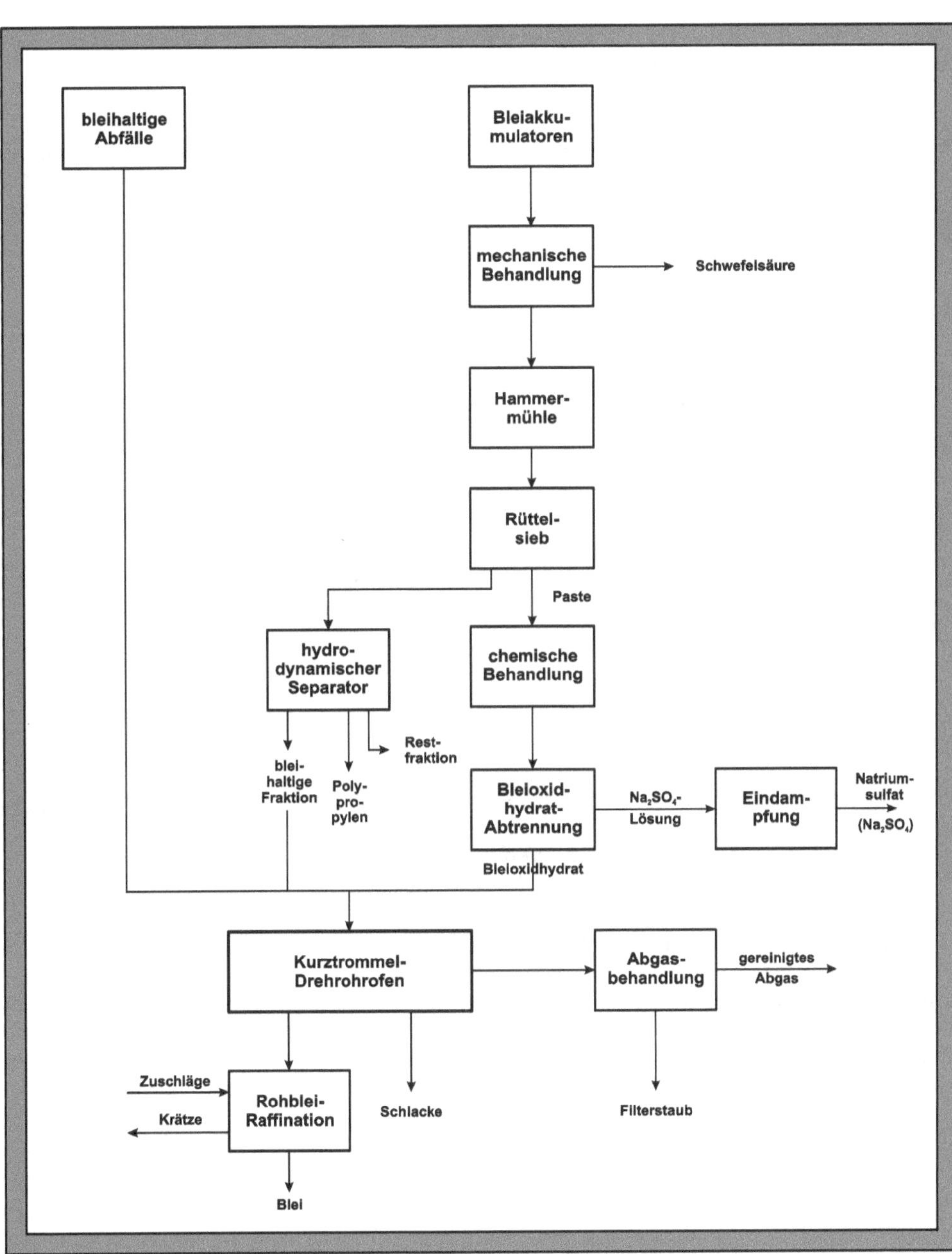

Abb. 5.13: Schematische Darstellung des KTO-Verfahrens [5.30 - 5.32]

QSL-Verfahren

Im QSL-Verfahren (Queneau, Schuhmann, Lurgi) werden bleihaltige Materialien (z.B. aus dem VARTA-Schachtofenverfahren oder dem KTO-Verfahren) mit verschiedenen Zuschlagstoffen wie Kalk, Sand und Eisenoxide in den leicht geneigten QSL-Reaktor gegeben (Abb. 5.14). In der Oxidationszone werden sulfidische Bleierzbestandteile (PbS) mit technischem Sauerstoff oxidiert. Es entsteht Rohblei und Schwefeldioxid. Zu der sich bildenden bleihaltigen Schlacke wird in der Reduktionszone Kohlenstaub eingeblasen. In der Schlacke enthaltenes Bleioxid wird reduziert und zusammen mit dem Blei der Oxidationszone als Werkblei (Rohblei) abgezogen. Am Reaktorende wird die Schlacke abgezogen und weiter verwertet.

Das schwefeldioxidhaltige Abgas wird zur Dampferzeugung im Abhitzekessel von 1100 °C auf 700 °C abgekühlt. Im sich anschließenden Elektrofilter werden Feinstäube abgeschieden, die wieder in den Prozess zurückgeführt werden. Nach einem weiteren Reinigungsschritt (Wäscher) werden Quecksilberspuren mit einer $HgCl_2$-Lösung ausgewaschen. Das gereinigte SO_2-haltige Gas wird nach dem Schwefelsäurekontaktverfahren zu H_2SO_4 verarbeitet.

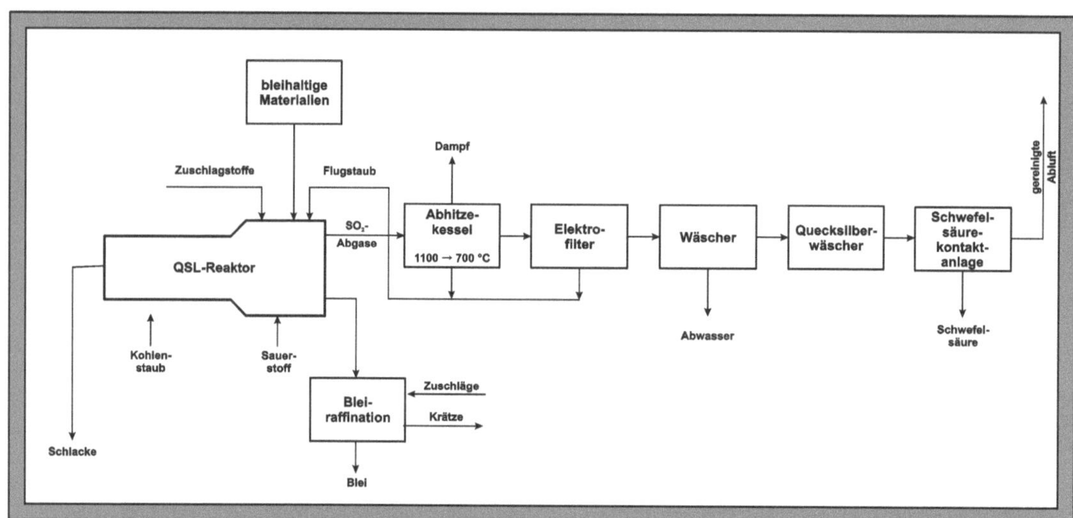

Abb. 5.14: Schematische Darstellung des QSL-Verfahrens [5.30 - 5.32]

5.3 Recycling von Lithiumbatterien

Zunehmende Anforderungen an die Elektromobilität werden einen höheren Bedarf an Lithiumbatterien hervorrufen. Im Vergleich zu anderen Batterietypen liegt dies u.a. an ihrer hohen Energiedichte. Lithiumbatterien enthalten die wertvollen Metalle Lithium (Li) und Cobalt (Co), die sich über entsprechende Recyclingverfahren zurückgewinnen lassen. Dafür wurden zwei Verfahren entwickelt:

- Recycling von Lithium-Ionen-Batterien (LithoRec),
- Lithium Battery Recycling (LiBRi)-Initiative.

LithoRec-Prozess

In Abbildung 5.15 ist der prinzipielle Aufbau einer Lithiumionen-Batterie dargestellt. Die Katode besteht aus Aluminium (Al), die Anode aus Kupfer (Cu) als Stromsammler. Anodenseitig ist die Kupferelektrode mit einer porösen Graphitschicht, katodenseitig die Aluminiumelektrode mit Lithiummischoxiden (z.B. $LiNi_{1/3}$, $Co_{1/3}$, $Mn_{1/3}$, O_2) beschichtet. Beide Halbzellen sind durch einen permeablen Separator voneinander getrennt. Gefüllt ist die Batterie mit einem brennbaren Lösungsmittel (Mischungen aus Diethylcarbonat/Kohlensäurediethylester oder Dimethylcarbonat/Kohlen-säuredimethylester) und einem korrosiven Lithiumleitsalz (Lithiumhexafluorophosphat, $LiPF_6$). Der Elektrolyt ermöglicht die Wanderung von Lithiumionen (Li^+) zwischen den Elektroden. Im Entladungsprozess wandern Li-Ionen von der Anode zur Katode. Hier nehmen sie ein Elektron auf und lagern sich in der Metallgitterstruktur des Lithiummischoxides ab.

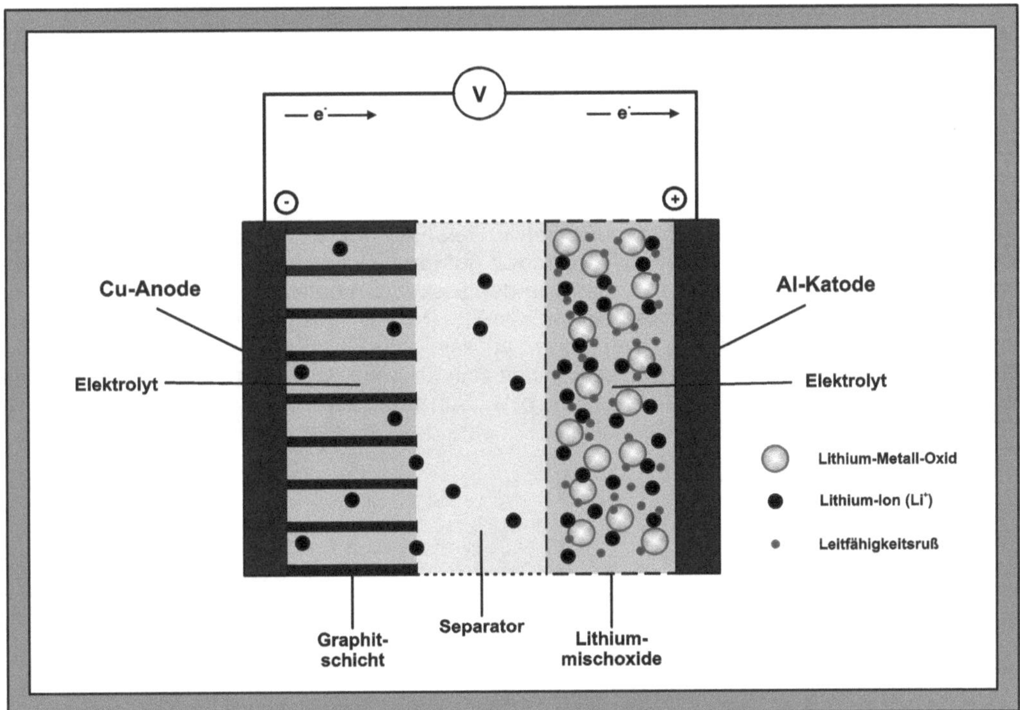

Abb. 5.15: Aufbau einer Lithium-Ionen-Batterie [5.38]

In Abbildung 5.16 ist die Zusammensetzung von Lithiumionen-Batterien aufgeführt.

Bestandteil	Anteil/%
Cu-Elektrode	14
Anodenmaterial	17
Al-Elektrode	5
Katodenmaterial	25
Elektrolyt	10
Separator	4
Gehäuse und weitere Bauteile	25

Abb. 5.16: Durchschnittliche Zusammensetzung von Lithiumionen-Batterien [5.12]

Im LithoRec-Prozess werden die Batterien nach Anlieferung geprüft, entladen und in die Fraktionen Gehäuse, Elektrolyt, Separator und Elektroden getrennt. Durch die Behandlung mit N-Methyl-2-pyrrolidon lassen sich die Beschichtungen von den Elektroden entfernen. Am Elektrodenmaterial wird Lithium mit Salzsäure (HCl) oder Schwefelsäure (H_2SO_4) ausgelaugt. Mittels Ionenaustauschern lassen sich die erhaltenen Lithiumlaugen auf reinigen. Eine Salzspaltung durch Elektrodialyse liefert hochreines Lithiumhydroxid (LiOH), das sich für neue Katodenmaterialien und Leitsalze verwenden lässt. Die freiwerdende Salzsäure bzw. Schwefelsäure kehrt in den Prozess zurück. Abbildung 5.17 zeigt das verfahrenstechnische Schema des LithoRec-Prozesses.

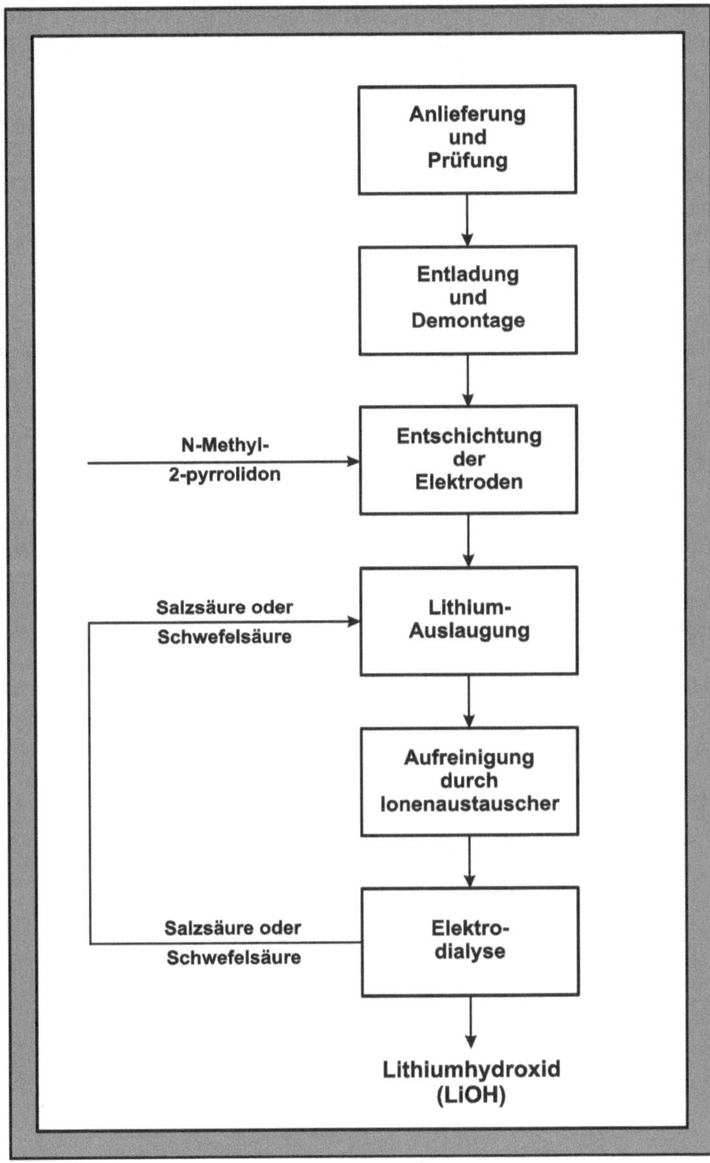

Abb. 5.17: Verfahrensprinzip des LithoRec-Prozesses [5.12]

LiBRi-Verfahren

Das LiBRi-Verfahren basiert auf dem von Umicore entwickelten Prozess zur Verwertung von Lithiumionen- und Nickel-Metallhydrid-Batterien. Mit dem Umicore-Verfahren wird hauptsächlich eine Cobalt-Nickel-Kupfer-Legierung aus Altbatterien gewonnen. Aus den anfallenden Schlacken und Flugstäuben lassen sich Lithium und andere Wertmetalle gewinnen. Die Weiterentwicklung des Umicore-Verfahrens führt zum LiBRi-Prozess (Abb. 5.18). Um eine sichere Handhabung zu gewährleisten, werden die angelieferten Lithium-Batterien im ersten Schritt auf Beschädigungen überprüft und entsprechende Sicherheitsmaßnahmen getroffen. Wenn notwendig werden die Batterien entladen und anschließend bis auf die einzelnen Zellen zerlegt. Aus Sicherheitsgründen (Brandgefahr) werden die einzelnen Lithiumionenzellen nicht geöffnet.

Zusammen mit Schlackebildner (SiO_2, CaO) werden im bereits existierenden Umicore-Prozess Lithiumionen- und Nickel-Metallhydrid-Batterien im Schachtofen behandelt und eine Co-Ni-Cu-Legierung gewonnen, die hydrometallurgisch weiterverarbeitet wird. In der Schachtofenschlacke sammeln sich Lithium (Li) und - je nach Ausgangsmaterial - Mangan (Mn) an. Die Schlacke findet heute in der Zementherstellung Verwendung. Obwohl sie zahlreiche Metalle wie Kupfer, Silber, Cobalt und Nickel enthalten, werden die anfallenden Flugstäube heute entsorgt.

Aus den anfallenden Schlacken lässt sich Lithium gewinnen. Die Schlacken werden gemahlen und noch enthaltene Metalle (Co, Ni) über Magnetabscheidung entfernt. Durch Laugen mit 1 - 1,5 molarer Schwefelsäure (ϑ = 60 °C, t = 60 - 90 min) lassen sich 80 - 95 % des Lithiums in Lösung bringen. Um ein vorzeitiges Ausfällen von Lithiumcarbonat (Li_2CO_3) zu verhindern, wird die Lösung verdünnt. Sich durch die Schwefelsäure-Laugung bildender Gips und weitere Feststoffe (z.B. Silikate) werden abfiltriert.

Durch Zugabe von Calciumoxid (CaO) wird in einem 1. Schritt ein pH-Wert von 7 eingestellt. Nach der Filtration wird der pH-Wert in einem 2. Schritt auf 12 angehoben. Durch diese Erhöhung des pH-Werts fallen Metallionen (z.B. Al^{3+}, Mg^{2+}, Mn^{2+}, Fe^{3+}) als Hydroxide und Nichtmetallionen (z.B. SO_4^{2-}) als Calciumsulfat aus. Um überschüssige Calciumionen (Ca^{2+}) zu entfernen, schließt sich ein weiterer Fällungsschritt mit Soda (Na_2CO_3) an, bei dem Calciumcarbonat ($CaCO_3$) ausfällt.

Die lithiumhaltige Lösung wird eingedampft und Lithiumcarbonat (Li_2CO_3) durch weitere Zugabe von Na_2CO_3 ausfällt und mit Ethanol gewaschen. Das anfallende Li_2CO_3 besitzt eine Reinheit von ca. 98 % und wird weiter aufgearbeitet. Insgesamt ist mit einer Lithiumausbeute von 54 - 72 % zu rechnen.

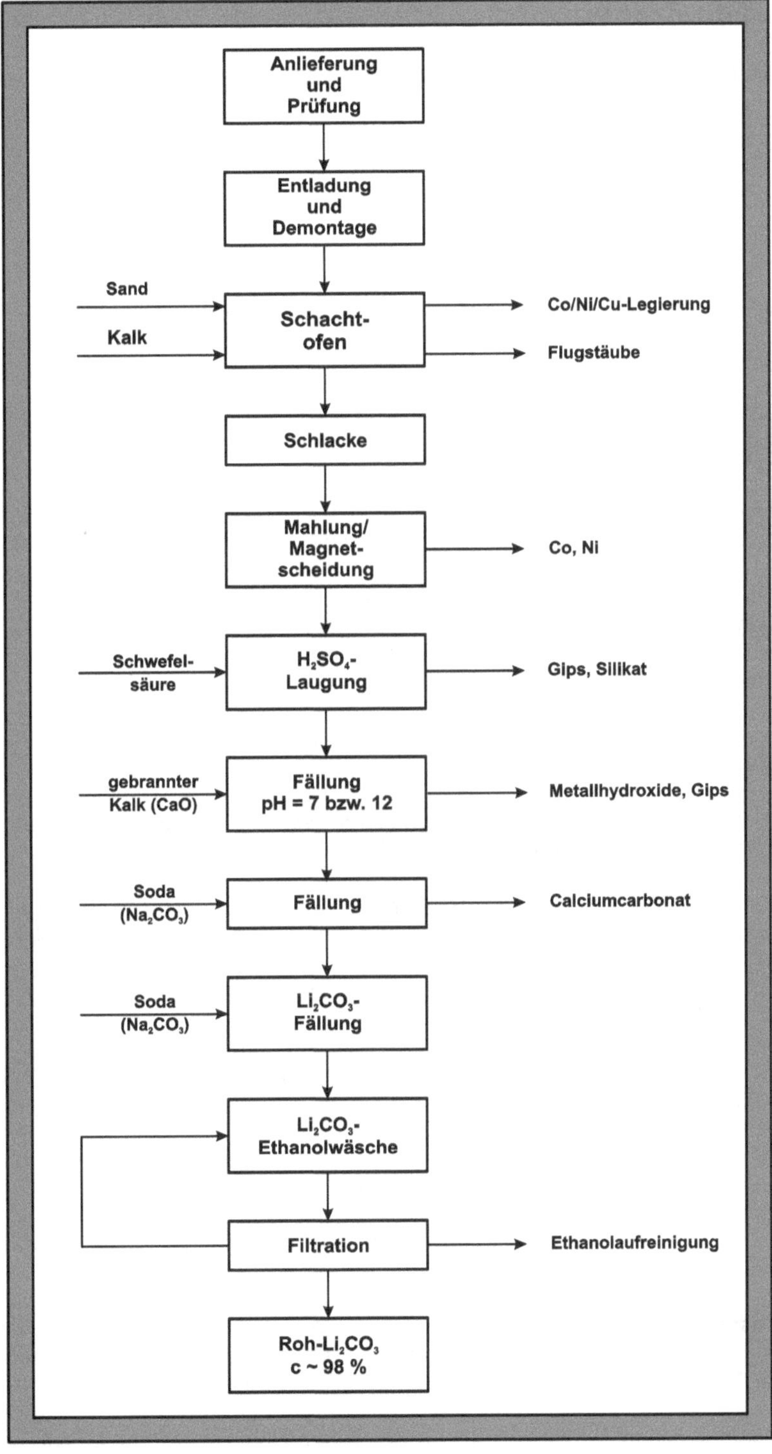

Abb. 5.18: Verfahrensfließbild LiBRi-Prozess [5.11]

5.4 Wissensfragen

- Erläutern Sie die wesentlichen Anforderungen des Batteriegesetzes.
- Wie lassen sich Batteriegemische aufarbeiten?
- Welche Möglichkeiten zur Verwertung von zinkhaltigen Primärbatterien existieren?
- Wie lassen sich nickelhaltige Sekundärbatterien verwerten?
- Beschreiben Sie Verfahren zur Verwertung bleihaltiger Sekundärbatterien.
- Erläutern Sie den LithoRec-Prozess.

5.5 Weiterführende Literatur

5.1 Angerer, G. et al.; *Lithium für Zukunftstechnologien - Nachfrage und Angebot unter besonderer Berücksichtigung der Elektromobilität,* Fraunhofer ISI, **Dezember 2009**

5.2 BattG - Batteriegesetz; *Gesetz über das Inverkehrbringen, die Rücknahme und die umweltverträgliche Entsorgung von Batterien und Akkumulatoren,* **24.02.2012**

5.3 Baumann, W.; Muth, A.; *Batterien,* Springer, **1997,** 3-540-61594-6

5.4 Behrendt, H.-P.; *Technology of Processing of Lead Acid Batteries*, Erzmetall 54, **2001,** 439-445

5.5 Berghöfer, A.: *Direkte Verarbeitung von zink- und bleihaltigen Feinstäuben im Imperial Smelting Ofen,* Mainz, **2000,** 978-3-89653-695-2

5.6 Bernardes, A.M.; Espinosa, D.C.R.; Tenorio, J.A.S.; *Recycling of batteries: a review of current processes and technologies,* Journal of Power Sources, 130, **2004,** 291-298

5.7 Besenhard, J. O. (ED.); *Handbook of Battery Materials,* Wiley-VCH, **1999,** 3-527-29469-4

5.8 Bräutigam, A.; *Ökologische Bilanzierung von Verwertungsverfahren für Trockenbatterien,* TU Dresden, **2002,** 3-934253-13-x

5.9 Bräutigam, K.-R. et al.; *Ressourcen- und Abfallmanagement von Cadmium in Deutschland,* Forschungszentrum Karlsruhe, FZKA 7315, **2008**

5.10 Briffaerts, K. et al.; *Waste battery treatment options: Comparing their environmental performance,* Waste Management, 29, **2009,** 2321-2331

5.11 Bundesministerium für Umwelt, Naturschutz und Reaktorsicherheit (BMU); *Entwicklung eines realisierbaren Recyclingkonzeptes für die Hochleistungsbatterien zukünftiger Elektrofahrzeuge* - Lithium-Ionen Batterierecycling Initiative (LiBRI), **Oktober 2011**

5.12 Bundesministerium für Umwelt, Naturschutz und Reaktorsicherheit (BMU); *Recycling von Lithium-Ionen-Batterien (LithoRec),* **April 2012**

5.13 Daniel, C.; Besenhard, J. (Eds.); *Handbook of Battery Materials,* Wiley-VHC, **2011,** 978-3-527-32695-2

5.14 Dewulf, J. et al.; *Recycling rechargeable lithium ion batteries: critical analysis of natural resource savings,* Resources, Conservation and Recycling 54, **2010,** 229-234

5.15 Engels, B.; *Integrierte Logistik- und Verwertungsplanung beim Produktrecycling - dargestellt am Beispiel von Gerätebatterien,* VDI, **2003,** 3-18-315016-6

5.16 Erdmann, L. et al; *Nachhaltige Bestandsbewirtschaftung nicht erneuerbarer Ressourcen - Handlungsoptionen und Steuerungsinstrumente am Beispiel von Kupfer und Blei,* IZT, **2004,** 3-929173-68-9

5.17 Fachausschuss für Metallurgische Aus- und Weiterbildung der GDMB Hrsg.); *NE-Metall-Recycling - Grundlagen und aktuelle Entwicklungen,* **2008,** 978-3-940276-11-7

5.18 Fischer, K.; Wallén, E.; Laenen, P.; Collins, M.; *Battery Waste Management Life Cycle Assessment,* Environmental Resources Management, **2006**

5.19 Friedrich, B. et al; *Verfahrensentwicklung zur Verwertung von Zink-Kohle- und Alkali-Mangan-Altbatterien mit optimierter Recyclingeffizienz,* Deutsche Bundesstiftung Umwelt, **September 2008**

5.20 Georgi-Maschler, T.; *Entwicklung eines Recyclingverfahrens für portable Li-Ion-Gerätebatterien,* Shaker, **2011,** 978-3-8322-9953-8

5.21 Heegn, H.; Rutz, M.; *Rückgewinnung der Rohstoffe aus Li-Ionen-Akkumulatoren Teilvorhaben 3: Batterie- und Schlackenaufbereitung,* UVR-FIA GmbH, **März 2008**

5.22 Huggins, R.; *Advanced Batteries,* Springer, **2009,** 978-0-387-76423-8

5.23 Khoury, A.; *Bewertungsproblematik von Aufbereitungsprozessen am Beispiel der Magnetscheidung von Batterien,* Shaker, **2007,** 978-3-8322-6256-3

5.24 Kiehne, H.-A. et al; *Batterien,* expert, **2003,** 3-8169-2275-9

5.25 Linden, D.; Reddy, Th.; *Handbook of Batteries,* McGraw-Hill, **2002,** 0-07-135978-8

5.26 Müller, T.; *Entwicklung eines Recyclingprozesses für Nickel-Metallhydridbatterien,* Shaker, **2004,** 3-8322-3438-1

5.27 Müller, T.; Friedrich, B.; *Development of a recycling process for nickel-metal hydride batteries,* Journal of Power Sources, 185, **2006,** 1498-1509

5.28 Pistoia, G.; Wiaux, J.-P.; Wolsky, S.P. (Ed.); *Used Battery Collection and Recycling,* Elsevier, **2001,** 0-444-50562-8

5.29 Recknagel, S.; Richter, A.; *Überprüfung der Schwermetallgehalte von Batterien - Analyse von repräsentativen Proben handelsüblicher Batterien und in Geräten verkaufter Batterien - Erstellung eines Probenahmeplans, Probenbeschaffung und Analytik (Hg, Pb, Cd),* Umweltbundesamt, **2007**

5.30 Rentz, O.; Engels, B.; Schaltmann, F.; *Untersuchung von Batterieverwertungsverfahren und -anlagen hinsichtlich ökologischer und ökonomischer Relevanz unter besonderer Berücksichtigung des Cadmiumproblems,* Umweltbundesamt, **Juli 2001**

5.31 Rentz, O.; Hähre, St.; Schultmann, F.; *Report on Best Available Techniques (BAT) in German Zinc and Lead Production,* Umweltbundesamt, **1999**

5.32 Rentz, O. et al; *Exemplarische Untersuchung zum Stand der praktischen Umsetzung des integrierten Umweltschutzes in der Metallindustrie und Entwicklung von generellen Anforderungen,* Umweltbundesamt, **1999**

5.33 *Richtlinie 2006/66/EG des Europäischen Parlaments und des Rates vom 6. September 2006 über Batterien und Akkumulatoren sowie Altbatterien und Altakkumulatoren und zur Aufhebung der Richtlinie 91/157/EWG,* **10.12.2013**

5.34 Rombach, E. et al.; *Altbatterien als sekundäre Rohstoffressourcen für die Metallgewinnung,* World of Metallurgy-Erzmetall 61, **2008,** 180-185

5.35 Sáchez-Alvarado, R.-G.; *Optimierung der EAF-Schlacke bei der Herstellung von Ferromangan und Zink aus Primärbatterieschrott,* Shaker, **2009,** 978-3-8322-7837-3

5.36 Sayilgan, E. et al.; *A review of technologies for the recovery of metals from spent akaline and zinc-carbon batteries,* Hydrometallurgy, 97, **2009,** 158-166

5.37 The European Portable Battery Association; *Product Information - Primary and Rechargeable Batteries,* Brussels, **2008**

5.38 Thomé-Kozmiensky, K.J.; Goldmann, D.; *Recycling und Rohstoffe, Bd. 5;* TK Verlag, **2012,** 978-3-935317-81-8

5.39 Trueb, L.; Rüetschi, P.; *Batterien und Akkumulatoren,* Springer, **1998,** 3-540-62997-1

5.40 Umweltbundesamt (UBA); *Sammelquote für Geräte-Altbatterien über 40 Prozent,* **2014**

5.41 *Verordnung (EU) Nr. 493/2012 der Kommission vom 11. Juni 2012 mit Durchführungsbestimmungen zur Berechnung der Recyclingeffizienzen von Recyclingverfahren für Altbatterien und Altakkumulatoren gemäß der Richtlinie 2006/66/EG des Europäischen Parlaments und des Rates,* **12.06.2012**

5.42 Weltin, D.; Bräutigam, A.; *Verwertung von quecksilberhaltigen Knopfzellen, Silberoxid-, Lithium- und Nickel-Metallhydrid-Batterien,* Erich Schmidt, Müllhandbuchdigital.de

5.43 Weyhe, R. Th.; *Recycling von Nickel-Cadmium-Batterien durch Vakuumdestillation,* RWTH Aachen, **2002**

5.44 Xu, J. et al.; *A review of processes and technologies for the recycling of lithium-ion secondary batteries,* Journal of Power Sources, 177, **2008,** 512-527

6 Bioabfälle

6.1 Anlagen zur biologischen Behandlung von Abfällen (30. BImSchV)

Anwendungsbereich (§ 1)

Diese Verordnung gilt für die Errichtung, die Beschaffenheit und den Betrieb von Anlagen, in denen Siedlungsabfälle und Abfälle, die wie Siedlungsabfälle entsorgt werden können, mit biologischen oder einer Kombination von biologischen mit physikalischen Verfahren behandelt werden, soweit:

- biologisch stabilisierte Abfälle als Vorbehandlung zur Ablagerung oder vor einer thermischen Behandlung erzeugt,
- heizwertreiche Fraktionen oder Ersatzbrennstoffe gewonnen oder
- Biogase zur energetischen Nutzung erzeugt

werden (biologische Abfallbehandlungsanlagen) und sie nach § 4 des Bundes-Immissionsschutzgesetzes in Verbindung mit der Verordnung über genehmigungsbedürftige Anlagen genehmigungsbedürftig sind. Diese Verordnung gilt nicht für Anlagen, die:

- für die Erzeugung von verwertbarem Kompost oder Biogas ausschließlich aus Bioabfällen, Erzeugnissen oder Nebenerzeugnissen aus der Land-, Forst- oder Fischwirtschaft oder Klärschlämmen, sowie des Einsatzes eines Gemisches der vorgenannten Stoffe in Kofermentationsanlagen oder
- für die Ausfaulung von Klärschlamm bestimmt sind.

Mindestabstand (§ 3)

Bei der Errichtung von biologischen Abfallbehandlungsanlagen soll ein Mindestabstand von 300 Meter zur nächsten vorhandenen oder in einem Bebauungsplan festgesetzten Wohnbebauung nicht unterschritten werden.

Emissionsbezogene Anforderungen für Anlieferung, Aufbereitung, Stofftrennung, Lagerung und Transport (§ 4)

Entladestellen, Aufgabe- oder Aufnahmebunker oder andere Einrichtungen für Anlieferung, Transport und Lagerung der Einsatzstoffe sind in geschlossenen Räumen mit Schleusen zu errichten, in denen der Luftdruck durch Absaugung im Schleusenbereich oder im Bereich der Be- und Entladung und der Lagerung kleiner als der Atmosphärendruck zu halten ist. Das abgesaugte Abgas ist einer Abgasreinigungseinrichtung zuzuführen. Maschinen, Geräte oder sonstige Einrichtungen zur mechanischen Aufbereitung oder zur physikalischen Trennung der Einsatzstoffe oder der anfallenden Abfälle (zum Beispiel durch Zerkleinern, Klassieren, Sortieren, Mischen, Homogenisieren, Entwässern, Trocknen, Pelletieren, Verpressen) sind zu kapseln. Soweit eine abgasdichte Ausführung, insbesondere an den Aufgabe-, Austrags- oder Übergabestellen, nicht oder nur teilweise möglich ist, sind die Abgasströme dieser Einrichtungen zu erfassen und einer Abgasreinigungseinrichtung zuzuführen. Die Abgasströme können auch als Zuluft für die beim Rottevorgang benötigte Prozessluft dienen. Für den Abtransport staubender Güter sind geschlossene Behälter zu verwenden. Die Fahrwege im Bereich der biologischen Abfallbehandlungsanlage sind mit einer Deckschicht aus Asphalt-Straßenbaustoffen, in Zementbeton oder gleichwertigem Material auszuführen und entsprechend dem Verschmutzungsgrad zu säubern. Es ist sicherzustellen, dass erhebliche Verschmutzungen durch Fahrzeuge nach Verlassen des Anlagenbereichs vermieden oder beseitigt werden, zum Beispiel durch Reifenwaschanlagen oder regelmäßiges Säubern der Fahrwege.

Emissionsbezogene Anforderungen für biologische Behandlung, Prozesswässer und Brüdenkondensate (§ 5)

Einrichtungen zur biologischen Behandlung von Einsatzstoffen oder von anfallenden Abfällen unter aeroben Bedingungen (Verrottung) oder unter anaeroben Bedingungen (Vergärung) sind zu kapseln oder in geschlossenen Räumen mit Schleusen zu errichten, in denen der Luftdruck durch Absaugung im Schleusenbereich oder im Bereich der biologischen Behandlung kleiner als der Atmosphärendruck zu halten ist. Soweit eine abgasdichte Ausführung an den Aufgabe-, Austrags- oder Übergabestellen und beim Umsetzen des Rottegutes nicht oder nur teilweise möglich ist, sind die Abgasströme zu erfassen und einer Abgasreinigungseinrichtung zuzuführen. Das beim Rottevorgang in den Rottesystemen entstehende Abgas ist vollständig einer Abgasreinigungseinrichtung zuzuführen. Die beim Vergärungsvorgang in Einrichtungen zur Nass- oder Trockenfermentation entstehenden Biogase sind einer Gasreinigungsanlage zur Umwandlung in ein nutzbares Gas zuzuführen, soweit sie nicht unmittelbar in einer Verbrennungsanlage energetisch genutzt werden können. Möglichkeiten, die Emissionen durch den Einsatz emissionsarmer Verfahren und Technologien, zum Beispiel durch eine Mehrfachnutzung von Abgas als Prozessluft beim Rottevorgang oder eine prozessintegrierte Rückführung anfallender Prozesswässer oder schlammförmiger Rückstände zu mindern, sind auszuschöpfen. Die Förder- und Lagersysteme sowie die anlageninternen Behandlungseinrichtungen für Prozesswässer und Brüdenkondensate sind so auszulegen und zu betreiben, dass hiervon keine relevanten diffusen Emissionen ausgehen können.

Emissionsgrenzwerte (§ 6)

Der Betreiber hat die biologische Abfallbehandlungsanlage so zu errichten und zu betreiben, dass in den zur Ableitung in die Atmosphäre bestimmten Abgasströmen:

- kein Tagesmittelwert die folgenden Emissionsgrenzwerte überschreitet:
  - Gesamtstaub — 10 mg/m³
  - organische Stoffe, angegeben als Gesamtkohlenstoff — 20 mg/m³
- kein Halbstundenmittelwert die folgenden Emissionsgrenzwerte überschreitet:
  - Gesamtstaub — 30 mg/m³
  - organische Stoffe, angegeben als Gesamtkohlenstoff — 40 mg/m³
- kein Monatsmittelwert, bestimmt als Massenverhältnis, die folgenden Emissionsgrenzwerte überschreitet:
  - Distickstoffoxid — 100 g/Mg
  - organische Stoffe, angegeben als Gesamtkohlenstoff — 55 g/Mg
- kein Messwert einer Probe den folgenden Emissionsgrenzwert überschreitet:
  - Geruchsstoffe — 500 GE/m³

und

- kein Mittelwert, der über die jeweilige Probenahmezeit gebildet ist, den folgenden Emissionsgrenzwert überschreitet:
  - Dioxine/Furane, angegeben als Summenwert gemäß Anhang zur 17. BImSchV. — 0,1 ng/m³

Ableitbedingungen für Abgase (§ 7)

Der Betreiber hat die Abgasströme so abzuleiten, dass ein ungestörter Abtransport mit der freien Luftströmung erfolgt. Eine Ableitung über Schornsteine ist erforderlich.

Messverfahren und Messeinrichtungen (§ 8)

Für die Messungen sind nach näherer Bestimmung der zuständigen Behörde Messplätze einzurichten. Diese sollen ausreichend groß, leicht zugänglich und so beschaffen sein sowie so ausgewählt werden, dass repräsentative und einwandfreie Messungen gewährleistet sind. Für Messungen zur Feststellung der Emissionen und zur Ermittlung der Bezugs- und Betriebsgrößen sind die dem Stand der Messtechnik entsprechenden Messverfahren und geeignete Messeinrichtungen nach näherer Bestimmung der zuständigen Behörde anzuwenden oder zu verwenden. Über den ordnungsgemäßen Einbau von Messeinrichtungen zur kontinuierlichen Überwachung ist eine Bescheinigung einer von der nach Landesrecht zuständigen Behörde bekannt gegebenen Stelle zu erbringen. Der Betreiber hat Messeinrichtungen, die zur kontinuierlichen Feststellung der Emissionen eingesetzt werden, durch eine von der nach Landesrecht zuständigen Behörde bekannt gegebenen Stelle vor Inbetriebnahme der Anlage kalibrieren und jährlich einmal auf Funktionsfähigkeit prüfen zu lassen. Die Kalibrierung ist vor Inbetriebnahme einer wesentlich geänderten Anlage, im Übrigen im Abstand von drei Jahren zu wiederholen. Die Berichte über das Ergebnis der Kalibrierung und der Prüfung der Funktionsfähigkeit sind der zuständigen Behörde innerhalb von acht Wochen nach Eingang der Berichte vorzulegen.

6

Kontinuierliche Messungen (§ 9)

Der Betreiber hat:

- die Massenkonzentrationen der Emissionen,
- die Massenkonzentrationen der Emissionen an Distickstoffoxid und
- die zur Auswertung und Beurteilung des ordnungsgemäßen Betriebes erforderlichen Bezugsgrößen, insbesondere Abgastemperatur, Abgasvolumenstrom, Druck, Feuchtegehalt an Wasserdampf sowie Masse der zugeführten Einsatzstoffe im Anlieferungszustand

kontinuierlich zu ermitteln, zu registrieren und auszuwerten. Messeinrichtungen für den Feuchtegehalt an Wasserdampf sind nicht notwendig, soweit das Abgas vor der Ermittlung der Massenkonzentration der Emissionen getrocknet wird.

Auswertung und Beurteilung von kontinuierlichen Messungen (§ 10)

Während des Betriebes der biologischen Abfallbehandlungsanlage ist aus den Messwerten für jede aufeinanderfolgende halbe Stunde der Halbstundenmittelwert zu bilden. Aus den Halbstundenmittelwerten ist für jeden Tag der Tagesmittelwert, bezogen auf die tägliche Betriebszeit einschließlich der Anfahr- oder Abstellvorgänge, zu bilden. Aus den gebildeten Tagesmittelwerten der Massenkonzentrationen für organische Stoffe, angegeben als Gesamtkohlenstoff, und für Distickstoffoxid und der Abgasmenge als Tagessumme der Abgasströme sind die emittierten Tagesmassen dieser Luftverunreinigungen zu ermitteln. Aus den emittierten Tagesmassen sind die während des Betriebes der biologischen Abfallbehandlungsanlage emittierten Monatsmassen zu bilden. Die monatliche Einsatzstoffmenge ist als Monatssumme der zugeführten Einsatzstoffe im Anlieferungszustand zu erfassen. Über die Auswertung der kontinuierlichen Messungen und die Bestimmung der Massenverhältnisse hat der Betreiber einen Messbericht zu erstellen und innerhalb von drei Monaten nach Ablauf eines jeden Kalenderjahres der zuständigen Behörde vorzulegen. Der Betreiber muss die Aufzeichnungen der Messgeräte nach dem Erstellen des Messberichtes fünf Jahre aufbewahren.

Einzelmessungen (§ 11)

Der Betreiber hat nach Errichtung oder wesentlicher Änderung der biologischen Abfallbehandlungsanlage Messungen einer nach § 26 des Bundes-Immissionsschutzgesetzes bekannt gegebenen Stelle zur Feststellung, ob die Anforderungen erfüllt werden, durchführen zu lassen. Die Messungen sind im Zeitraum von zwölf Monaten nach Inbetriebnahme alle zwei Monate mindestens an einem Tag und anschließend wiederkehrend spätestens alle zwölf Monate mindestens an drei Tagen durchführen zu lassen. Diese sollen vorgenommen werden, wenn die Anlagen mit der höchsten Leistung betrieben werden, für die sie bei den während der Messung verwendeten Einsatzstoffen für den Dauerbetrieb zugelassen sind. Für jede Einzelmessung sollen je Emissionsquelle mindestens drei Proben genommen werden. Die olfaktometrische Analyse hat unmittelbar nach der Probenahme zu erfolgen. Nach Errichtung oder wesentlicher Änderung der biologischen Abfallbehandlungsanlage kann die zuständige Behörde vom Betreiber die Durchführung von Messungen einer nach § 26 des Bundes-Immissionsschutzgesetzes bekannt gegebenen Stelle zur Feststellung, ob durch den Betrieb der Anlage in der Nachbarschaft Geruchsimmissionen hervorgerufen werden, die eine erhebliche Belästigung darstellen, verlangen. Für die Ermittlung der Immissionsbelastung sind olfaktorische Feststellungen im Rahmen von Begehungen vorzunehmen. Die Messungen sind nach Erreichen des ungestörten Betriebes, jedoch spätestens zwölf Monate nach Inbetriebnahme durchführen zu lassen. Diese sollen vorgenommen werden, wenn die Anlagen mit der höchsten Leistung betrieben werden, für die sie bei den während der Messung verwendeten Einsatzstoffen für den Dauerbetrieb zugelassen sind.

Störungen des Betriebes (§ 13)

Ergibt sich aus Messungen und sonstigen offensichtlichen Wahrnehmungen, dass Anforderungen an den Betrieb der Anlagen oder zur Begrenzung von Emissionen nicht erfüllt werden, hat der Betreiber dies den zuständigen Behörden unverzüglich mitzuteilen. Er hat unverzüglich die erforderlichen Maßnahmen für einen ordnungsgemäßen Betrieb zu treffen. Die Behörde soll für technisch unvermeidbare Abschaltungen, Störungen oder Ausfälle der Abgasreinigungseinrichtungen den Zeitraum festlegen, währenddessen von den Emissionsgrenzwerten unter bestimmten Voraussetzungen abgewichen werden darf. Der Weiterbetrieb der biologischen Abfallbehandlungsanlage darf unter den genannten Bedingungen acht aufeinanderfolgende Stunden und innerhalb eines Kalenderjahres 96 Stunden nicht überschreiten. Die Emission von Gesamtstaub darf eine Massenkonzentration von 100 Milligramm je Kubikmeter Abgas, gemessen als Halbstundenmittelwert, nicht überschreiten. Bei Stillstand der Abgasreinigungseinrichtungen ist das abgesaugte Abgas abzuleiten. Sind Stillstandszeiten von mehr als acht Stunden zu erwarten, hat der Betreiber zusätzliche Maßnahmen zu treffen und die zuständige Behörde hierüber unverzüglich zu unterrichten.

Unterrichtung der Öffentlichkeit (§ 15)

Der Betreiber der biologischen Abfallbehandlungsanlage hat die Öffentlichkeit nach erstmaliger Kalibrierung der Messeinrichtung zur kontinuierlichen Feststellung der Emissionen und erstmaligen Einzelmessungen einmal jährlich zu unterrichten. Die zuständige Behörde kann Art und Form der Öffentlichkeitsunterrichtung festlegen.

6.2 Bioabfallverordnung (BioAbfV)

Anwendungsbereich (§ 1)

Die Bioabfallverordnung gilt für:

- unbehandelte und behandelte Bioabfälle und Gemische, die zur Verwertung als Düngemittel auf landwirtschaftlich, forstwirtschaftlich oder gärtnerisch genutzte Böden aufgebracht oder zum Zweck der Aufbringung abgegeben werden sowie
- die Behandlung und Untersuchung solcher Bioabfälle und Gemische.

Die Bioabfallverordnung gilt für:

- öffentlich-rechtliche Entsorgungsträger und Dritte, Verbände oder Selbstverwaltungskörperschaften der Wirtschaft, denen Pflichten zur Verwertung von Bioabfällen übertragen worden sind (Entsorgungsträger),
- Erzeuger oder Besitzer von Bioabfällen oder Gemischen, soweit sie diese Abfälle nicht einem Entsorgungsträger überlassen,
- denjenigen, der Bioabfälle einsammelt und transportiert (Einsammler),
- denjenigen, der Bioabfälle behandelt (Bioabfallbehandler),
- Hersteller von Gemischen unter Verwendung von Bioabfällen (Gemischhersteller),
- denjenigen, der Bioabfälle oder Gemische zur Aufbringung annimmt und diese ohne weitere Veränderung abgibt (Zwischenabnehmer) sowie
- Bewirtschafter von landwirtschaftlich, gärtnerisch oder forstwirtschaftlich genutzten Böden, auf denen unbehandelte oder behandelte Bioabfälle oder Gemische aufgebracht werden sollen oder aufgebracht werden.

Begriffsbestimmungen (§ 2)

Im Sinne dieser Verordnung bedeuten die Begriffe:

- **„Bioabfälle“:**
  Abfälle tierischer oder pflanzlicher Herkunft oder aus Pilzmaterialien zur Verwertung, die durch Mikroorganismen, bodenbürtige Lebewesen oder Enzyme abgebaut werden können, einschließlich Abfälle zur Verwertung mit hohem organischen Anteil tierischer oder pflanzlicher Herkunft oder an Pilzmaterialien, Bodenmaterial ohne wesentliche Anteile an Bioabfällen gehört nicht zu den Bioabfällen; Pflanzenreste, die auf forst- oder landwirtschaftlich genutzten Flächen anfallen und auf diesen Flächen verbleiben, sind keine Bioabfälle,

- **„Hygienisierende Behandlung“:**
  Biotechnologische Aufbereitung biologisch abbaubarer Materialien zum Zweck der Hygienisierung durch:
  - Pasteurisierung,
  - aerobe hygienisierende Behandlung (thermophile Kompostierung),
  - anaerobe hygienisierende Behandlung (thermophile Vergärung) oder
  - anderweitige hygienisierende Behandlung,

- **„Biologisch stabilisierende Behandlung“:**
  Biotechnologische Aufbereitung biologisch abbaubarer Materialien zum Zweck des biologischen Abbaus der organischen Substanz unter aeroben Bedingungen (Kompostierung) oder anaeroben Bedingungen (Vergärung) oder andere Maßnahmen zur biologischen Stabilisierung der organischen Substanz.

Anforderungen an die hygienisierende Behandlung (§ 3)

Entsorgungsträger, Erzeuger und Besitzer haben Bioabfälle vor einer Aufbringung oder vor der Herstellung von Gemischen einer hygienisierenden Behandlung zuzuführen, welche die seuchen- und phytohygienische Unbedenklichkeit gewährleistet.

Die seuchen- und phytohygienische Unbedenklichkeit ist gegeben, wenn keine Beeinträchtigung der Gesundheit von Mensch oder Tier durch Freisetzung oder Übertragung von Krankheitserregern und keine Schäden an Pflanzen, Pflanzenerzeugnissen oder Böden durch die Verbreitung von Schadorganismen zu besorgen sind.

Der Bioabfallbehandler hat die hygienisierende Behandlung der Bioabfälle nach festgelegten Vorgaben durchzuführen, um die seuchen- und phytohygienische Unbedenklichkeit der Bioabfälle nach der Behandlung und bei der Abgabe oder der Aufbringung auf selbst bewirtschaftete Betriebsflächen sicherzustellen.

Der Bioabfallbehandler hat Untersuchungen durchführen zu lassen auf:

- die Wirksamkeit des Hygienisierungsverfahrens durch eine Prozessprüfung, davon abweichend bei Pasteurisierungsanlagen durch eine technische Abnahme,
- die Einhaltung der erforderlichen Temperatur über die notwendige Dauer während der hygienisierenden Behandlung durch Prozessüberwachung und
- die Einhaltung der höchstzulässigen Grenzwerte für Krankheitserreger, keimfähige Samen und austriebsfähige Pflanzenteile nach der hygienisierenden Behandlung am abgabefertigen Material durch Prüfungen der hygienisierten Bioabfälle.

Die Untersuchungen bei der Prozessprüfung und bei den Prüfungen der hygienisierten Bioabfälle sind durch unabhängige, von der zuständigen Behörde bestimmte Untersuchungsstellen durchzuführen. Der Bioabfallbehandler hat die Untersuchungsergebnisse innerhalb von vier Wochen nach Durchführung der Untersuchung der zuständigen Behörde vorzulegen und zehn Jahre aufzubewahren. Die Aufzeichnungen über die Prozessüberwachung und die Dokumentationen über die Kalibrierung der Temperaturmessgeräte hat der Bioabfallbehandler drei Jahre aufzubewahren und der zuständigen Behörde auf Verlangen vorzulegen.

Anforderungen an die biologisch stabilisierende Behandlung (§ 3a)

Entsorgungsträger, Erzeuger und Besitzer haben Bioabfälle vor einer Aufbringung oder vor der Herstellung von Gemischen einer biologisch stabilisierenden Behandlung zuzuführen. Die Bioabfälle sind unter Berücksichtigung der vorgesehenen Verwendung so weit biologisch zu stabilisieren, dass das Wohl der Allgemeinheit insbesondere durch Zersetzungsprozesse und Geruchsbelastungen der aufgebrachten Bioabfälle oder Gemische nicht beeinträchtigt wird.

Behandlung von Bioabfällen in Betrieben mit Nutztierhaltung (§ 3b)

In Betrieben mit Nutztierhaltung ist das Verbringen von Bioabfällen tierischer Herkunft nur nach einer hygienisierenden Behandlung zulässig.

Eine Behandlung von Bioabfällen tierischer Herkunft darf in Betrieben mit Nutztierhaltung nur durchgeführt werden, wenn sich die Behandlungsanlage in einem zum Schutz vor der Übertragung von Seuchenerregern ausreichenden Abstand von dem Betriebsbereich befindet, in dem die Tiere gehalten werden.

Der Betriebsbereich zur Behandlung der Bioabfälle einschließlich Annahme, Aufbereitung, Aufbewahrung und Abgabe ist von dem Bioabfallbehandler von Tieren, Futtermitteln und Einstreu vollständig räumlich zu trennen, um sicherzustellen, dass die Nutztiere weder unmittelbar noch mittelbar mit den Bioabfällen tierischer Herkunft in Berührung kommen.

Anforderungen hinsichtlich der Schadstoffe und weiterer Parameter (§ 4)

Der Bioabfallbehandler darf nur Bioabfälle verwenden, von denen in unvermischter Form aufgrund ihrer Art, Beschaffenheit oder Herkunft angenommen werden kann, dass sie nach einer Behandlung die Anforderungen einhalten und bei denen keine Anhaltspunkte für überhöhte Gehalte an anderen erfassten Schadstoffen bestehen.

Die folgenden Schwermetallgehalte (Milligramm je Kilogramm Trockenmasse des aufzubringenden Materials) dürfen bei Aufbringung nicht überschritten werden (Abb. 6.1 und 6.2).

Schwermetall	Schwermetallgehalte in mg/kg Trockenmasse
Blei	150
Cadmium	1,5
Chrom	100
Kupfer	100
Nickel	50
Quecksilber	1
Zink	400

Abb. 6.1: Schwermetallgehalte bei Aufbringung von max. 20 Tonnen Trockenmasse Bioabfälle/Hektar in 3 Jahren

Schwermetall	Schwermetallgehalte in mg/kg Trockenmasse
Blei	100
Cadmium	1
Chrom	70
Kupfer	70
Nickel	35
Quecksilber	0,7
Zink	300

Abb. 6.2: Schwermetallgehalte bei Aufbringung von max. 30 Tonnen Trockenmasse Bioabfälle/Hektar in 3 Jahren

Der Anteil an Fremdstoffen, insbesondere Glas, Kunststoff, Metall, mit einem Siebdurchgang von mehr als 2 Millimetern darf einen Höchstwert von 0,5 vom Hundert, bezogen auf die Trockenmasse des aufzubringenden Materials, nicht überschreiten. Der Anteil an Steinen mit einem Siebdurchgang von mehr als 10 Millimetern darf einen Anteil von 5 vom Hundert, bezogen auf die Trockenmasse des aufzubringenden Materials, nicht überschreiten.

Der Bioabfallbehandler hat Untersuchungen der behandelten Bioabfälle durchführen zu lassen auf:

- die Gehalte der Schwermetalle Blei, Cadmium, Chrom, Kupfer, Nickel, Quecksilber und Zink sowie
- den pH-Wert, den Salzgehalt, den Gehalt der organischen Substanz (Glühverlust), den Trockenrückstand und den Anteil an Fremdstoffen und Steinen.

Beschränkungen und Verbote der Aufbringung (§ 6)

Unbeschadet düngemittelrechtlicher Regelungen dürfen auf Böden innerhalb von drei Jahren nicht mehr als 20 Tonnen Trockenmasse Bioabfälle oder Gemische je Hektar aufgebracht werden. Die zulässige Aufbringungsmenge kann bis zu 30 Tonnen je Hektar innerhalb von drei Jahren betragen, wenn die festgelegten Grenzwerte nicht überschritten werden.

Auf Tabakanbauflächen, Tomatenanbauflächen im Freiland sowie für Gemüse- und Zierpflanzenarten im geschützten Anbau dürfen nur aerob hygienisierend behandelte Bioabfälle und Gemische, die solche Bioabfälle enthalten, aufgebracht werden.

Bioabfälle und Gemische dürfen auf oder in der Nähe der Aufbringungsfläche nur bereitgestellt werden, soweit dies für die Aufbringung erforderlich ist.

Das Aufbringen von Bioabfällen und Gemischen auf forstwirtschaftlich genutzte Böden darf nur im begründeten Ausnahmefall mit Zustimmung der zuständigen Behörde im Einvernehmen mit der zuständigen Forstbehörde erfolgen.

Zusätzliche Anforderungen bei der Aufbringung auf Grünlandflächen sowie Feldfutter- und Feldgemüseanbauflächen (§ 7)

Auf Feldgemüseflächen dürfen Bioabfälle und Gemische aufgebracht werden, wenn sie vor dem Anbau des Feldgemüses aufgebracht und in den Boden eingearbeitet werden.

Bioabfälle und Gemische dürfen bei Aufbringung auf Grünlandflächen oder auf Feldfutterflächen keine Gegenstände enthalten, die bei der Aufnahme durch Haus- oder Nutztiere zu Verletzungen führen können.

Werden Bioabfälle tierischer Herkunft oder Gemische, die solche Bioabfälle enthalten, auf Grünlandflächen oder auf Feldfutterflächen aufgebracht, darf eine Beweidung durch Nutztiere oder eine Futtermittelgewinnung erst 21 Tage nach der Aufbringung erfolgen.

Zusammentreffen von Bioabfall- und Klärschlammaufbringung (§ 8)

Innerhalb des 3-Jahreszeitraumes ist auf derselben Fläche nur die Aufbringung von Bioabfällen und Gemischen nach dieser Verordnung oder die Aufbringung von Klärschlamm nach der Klärschlammverordnung zulässig.

Bodenuntersuchungen (§ 9)

Der Bewirtschafter oder ein beauftragter Dritter hat der zuständigen Behörde die Aufbringungsflächen anzugeben. Die zuständige Behörde teilt der zuständigen landwirtschaftlichen Fachbehörde diese Flächen mit.

Bei der erstmaligen Aufbringung von Bioabfällen oder Gemischen ist eine Bodenuntersuchung auf Schwermetalle und auf den pH-Wert durchzuführen. Bestehen Anhaltspunkte, dass die Bodenwerte einer Aufbringungsfläche die Vorsorgewerte für Böden der Bundes-Bodenschutz- und Altlastenverordnung überschreiten, soll die zuständige Behörde im Einvernehmen mit der zuständigen landwirtschaftlichen Fachbehörde die erneute Aufbringung von Bioabfällen oder Gemischen untersagen.

Zusätzliche Anforderungen an die Verwertung von bestimmten Bioabfällen (§ 9a)

Entsorgungsträger, Erzeuger und Besitzer dürfen Bioabfälle nur mit Zustimmung der für sie zuständigen Behörde abgeben oder auf selbst bewirtschaftete Betriebsflächen aufbringen. Die Bioabfälle sind der zuständigen Behörde nach Art, Beschaffenheit, Bezugsquelle und Anfallstelle vor der erstmaligen Abgabe oder erstmaligen Aufbringung auf selbst bewirtschaftete Betriebsflächen sowie bei sich erheblich verändernder Zusammensetzung nach Art, Beschaffenheit oder Herkunft anzugeben. Die zuständige Behörde kann zur Bewertung der Eignung dieser Bioabfälle für die Verwertung verlangen, dass Untersuchungsergebnisse über Schwermetallgehalte und Fremdstoffanteile und über zusätzliche Inhaltsstoffe sowie weitere Unterlagen vorgelegt werden.

Nachweispflichten (§ 11)

Der Bioabfallbehandler hat die bei der Behandlung verwendeten Materialien nach Art, Bezugsquelle, -menge und Anfallstelle von der ursprünglichen Anfallstelle bis zum letzten Besitzer sowie aufgeteilt nach Chargen behandelten Bioabfalls aufzulisten. Jede Charge behandelten Bioabfalls ist mit einer fortlaufenden Chargennummer zu versehen, die mindestens das Jahr und den Monat der Behandlung sowie eine für das Behandlungsjahr fortlaufende Nummerierung enthalten muss.

Der Gemischhersteller hat die bei den Mischvorgängen verwendeten Materialien aufgeteilt nach Chargen hergestellten Gemisches aufzulisten.

Die Verpflichteten haben den Listen die bei der Übernahme der Materialien erhaltenen Lieferscheine, Handelspapiere oder sonstige geeignete Unterlagen sowie die Kopie der vollständigen Formblätter beizufügen. Sie haben die Listen und die beizufügenden Unterlagen ab dem Zeitpunkt der Erstellung der Listen zehn Jahre lang aufzubewahren.

Bioabfallbehandler und Gemischhersteller haben bei jeder Abgabe von Bioabfällen oder Gemischen zur Aufbringung auf Flächen einen Lieferschein auszustellen und dem Bewirtschafter der Aufbringungsfläche oder einem Zwischenabnehmer auszuhändigen. Der Lieferschein muss folgende Angaben enthalten:

- Name und Anschrift des abgebenden Bioabfallbehandlers oder Gemischherstellers (Aussteller),
- Name und Anschrift des Bewirtschafters der Aufbringungsfläche oder des Zwischenabnehmers,
- Chargennummer und abgegebene Menge,
- Abgabe als unbehandelter, hygienisierend behandelter oder biologisch stabilisierend behandelter Bioabfall, als behandelter Bioabfall oder als Gemisch sowie Beschreibung des Bioabfalls oder Gemisches nach Art der unvermischt verwendeten Materialien,
- Versicherung der Einhaltung der Anforderungen:
  - zur seuchen- und phytohygienischen Unbedenklichkeit,
  - an die Schwermetallgehalte,
- gemessene Schwermetallgehalte und gemessener pH-Wert, Salzgehalt, Glühverlust, Trockenrückstand und Anteil an Fremdstoffen und Steinen,
- Untersuchungsstellen und Zeitpunkt der Durchführung der Untersuchungen,
- höchstzulässige Aufbringungsmenge,
- Zulässigkeit der Aufbringung auf Grünlandflächen und auf mehrschnittigen Feldfutterflächen,
- Datum der Abgabe und der Annahme sowie Unterschriften des abgebenden Bioabfallbehandlers oder Gemischherstellers (Aussteller) und des Bewirtschafters der Aufbringungsfläche oder des Zwischenabnehmers.

Der Bioabfallbehandler, der Gemischhersteller und der Zwischenabnehmer, der die Bioabfälle und Gemische an den Bewirtschafter der Aufbringungsfläche abgibt, haben der für die Aufbringungsfläche zuständigen Behörde sowie der zuständigen landwirtschaftlichen Fachbehörde unverzüglich nach der Abgabe eine Kopie des vollständig ausgefüllten Lieferscheines zu übersenden. Der Bewirtschafter der Aufbringungsfläche hat unverzüglich nach der Aufbringung im Original des Lieferscheines die eindeutige Bezeichnung der Aufbringungsfläche mit den Angaben Gemarkung, Flur, Flurstücksnummer oder alternativ Schlagbezeichnung und die Größe in Hektar sowie die Bodenuntersuchung einzutragen und der für die Aufbringungsfläche zuständigen Behörde sowie der zuständigen landwirtschaftlichen Fachbehörde eine Kopie des vollständig ausgefüllten Lieferscheines zu übersenden. Der Bioabfallbehandler, der Gemischhersteller, der Zwischenabnehmer und der Bewirtschafter der Aufbringungsfläche haben die bei ihnen verbleibenden Ausfertigungen des Lieferscheines ab dem Zeitpunkt der Übersendung der Kopie an die zuständige Behörde zehn Jahre lang aufzubewahren.

6.3 Aerobe Abfallbehandlung/Kompostierung

Die Kompostierung ist ein lange bekanntes biologisches Verfahren zur Behandlung organischer Abfälle, bei dem im Biomüll vorhandene Mikroorganismen die organischen Anteile unter Anwesenheit von Sauerstoff zu mineralischen Verbindungen und Kohlendioxid oxidieren. Endprodukt dieser aeroben Behandlung ist Kompost, der je nach erreichter Qualität zur Bodenverbesserung oder Düngung Anwendung findet.

6.3.1 Biochemische Grundlagen der Kompostierung

Die während der aeroben Umsetzung stattfindenden Prozesse werden allgemein als Rotte bezeichnet. Neben Kompost entstehen aus den organischen Anteilen des Biomülls auch Nebenprodukte wie z.B. Kohlendioxid und Ammoniak. Das Schema des aeroben Abbaus ist in Abbildung 6.3 dargestellt.

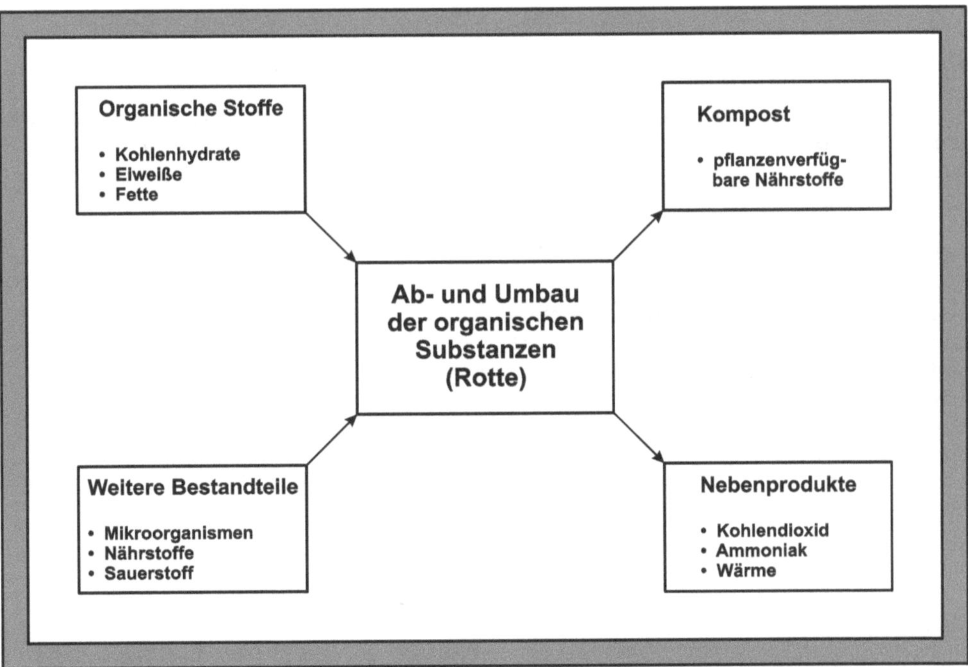

Abb. 6.3: Schema des aeroben Abbaus bei der Kompostierung

Beim Abbau der organischen Stoffe werden nur die Hälfte der entstandenen Energie von den Mikroorganismen selbst genutzt, der Rest wird als Wärme abgegeben. Dadurch kommt es zu einer Selbsterhitzung des Rottematerials und damit zu einer Änderung der Zusammensetzung der verschiedenen Arten an Mikroorganismen. In der Kompostiertechnik werden daher drei verschiedene Phasen der Rotte unterschieden:

Vorrotte

Der Beginn der Rotte ist durch eine starke Vermehrung mesophiler Mikroorganismen, die bei Temperaturen von 33 - 37 °C optimal gedeihen, gekennzeichnet. Die Dauer dieser Anlaufphase beträgt zwischen 12 und 24 Stunden. Ab einer Selbsterhitzungstemperatur von 45 °C nimmt die Anzahl der mesophilen Mikroorganismen durch zunehmende Hitzeschädigung ab und die Vermehrung der thermophilen Organismen, die ein Temperaturoptimum von 55 - 60 °C besitzen, nimmt stark zu. Es kommt zu Temperaturspitzen von bis zu 70 °C, bei der pathogene (krankheitserregende) Keime abgetötet werden und damit zu einer Hygienisierung des Rottematerials.

Da während der Vorrotte die Abbaugeschwindigkeit des organischen Materials am höchsten ist, wird sie auch als Abbauphase bezeichnet. Sind alle leicht verfügbaren organischen Anteile im Biomüll verstoffwechselt, nimmt die Temperatur des Rottematerials wieder ab und die Anzahl der mesophilen Organismen wieder zu. Am Ende der Vorrotte ist der Biomüll zu Frischkompost abgebaut worden, der zwar entseucht, aber noch nicht bis zur Wurzelverträglichkeit verrottet ist. Durch den hohen Gehalt an organischem Material kann es bei unsachgemäßer Lagerung von Frischkompost zu Faulprozessen kommen.

Hauptrotte

Durch das Absinken der Temperatur entfalten sich vielfältige höhere Mikroorganismen wie z.B. Schimmelpilze und Bakterien die fadenförmige Geflechte bilden. Deshalb wird diese Phase auch Umbauphase genannt, an deren Ende Reifekompost vorliegt.

Nachrotte

Die abschließende Nachrotte dient der Stabilisierung des Komposts und Verbesserung der Wurzel- bzw. Pflanzenverträglichkeit. Erst wenn alle biologischen Aktivitäten im Kompost abgeschlossen sind und keine leicht verfügbaren organischen Stoffe mehr vorliegen, spricht man von Fertigkompost.

Der charakteristische Temperaturverlauf einer Rotte macht eine kontinuierliche Kontrolle des Rottefortschritts anhand der Temperatur möglich. Abbildung 6.4 zeigt das Beispiel einer solchen Temperaturkurve.

Erkennbar ist der starke Temperaturanstieg zu Beginn der Rotte (Vorrotte) und das langsame Absinken der Temperatur mit zunehmender Reife des Komposts (Haupt- und Nachrotte). Zum Testen der Kompostqualität kann also die Selbsterhitzungstemperatur herangezogen werden. Liegt stabilisierter Fertigkompost vor, erhitzt sich die Kompostprobe nur wenig bzw. überhaupt nicht. Steigt die Temperatur auf Werte um 50 - 70 °C ist der Kompost noch nicht fertig ausgereift.

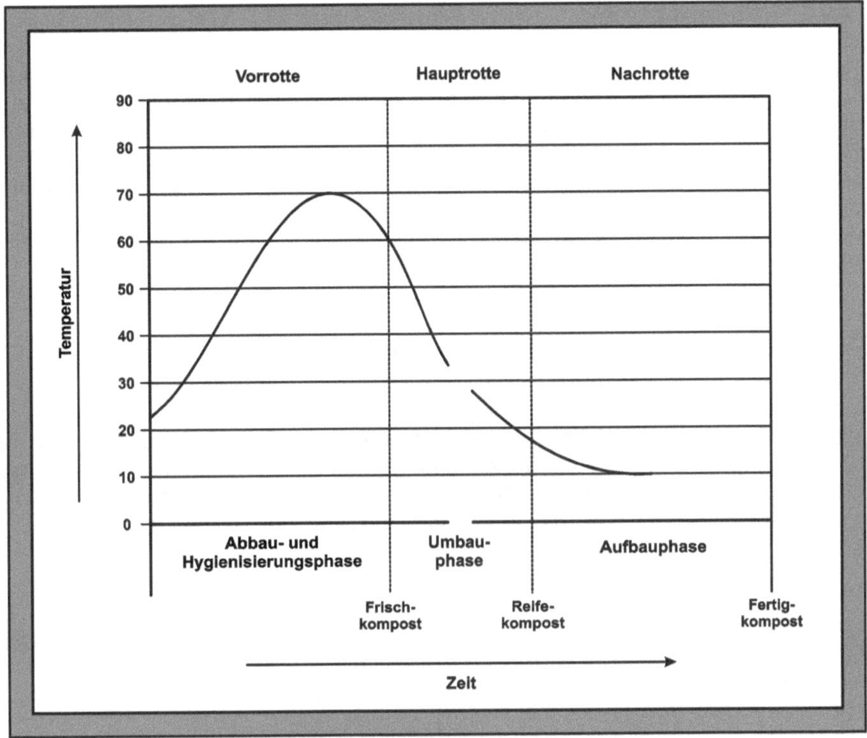

Abb. 6.4: Temperaturkurve des Rotteverlaufs [6.17]

6.3.2 Ausgangsstoffe und Betriebsparameter

Nicht jeder Biomüll ist gleich gut für den aeroben Abbau geeignet. Bestimmte Eigenschaften der Ausgangsstoffe müssen eingehalten werden. Für einen optimalen Verlauf der Rotte müssen außerdem die Betriebsparameter während der Rotte ständig überwacht und eingehalten werden.

Ausgangsstoffe

Diese müssen überwiegend organisch zusammengesetzt sein und dürfen keine bzw. nur sehr geringe Mengen an Schadstoffen wie z.B. Schwermetalle enthalten. In Deutschland nehmen:

- Küchenabfälle,
- Garten- und Parkabfälle,
- Klärschlamm,
- und organische Rückstände des Gewerbes und der Industrie

den größten Anteil des Biomülls ein. Ob eine Abfallart für die Kompostierung geeignet ist, hängt vor allem vom Nährstoffverhältnis, dem pH-Wert und der Zusammensetzung der organischen Substanzen ab. In den meisten Fällen kann eine Abfallart alleine nicht oder nur schlecht kompostiert werden, so dass es notwendig ist verschiedene Abfallarten im richtigen Verhältnis miteinander zu mischen.

Nährstoffverhältnis und pH-Wert

Die an der aeroben Umsetzung beteiligten Mikroorganismen benötigen für ihr Wachstum und die Vermehrung ein ausgewogenes Nährstoffverhältnis. Neben Spurenelementen werden zum Aufbau der Zellen vor allem Stickstoff, Phosphor und Kalium benötigt. Besonders hervorzuheben ist das Kohlenstoff/Stickstoff-Verhältnis (C/N-Verhältnis). Für eine optimal ablaufende aerobe Abfallbehandlung sollte das C/N-Verhältnis 35:1 betragen. Durch Beimischung von Abfallarten mit bekanntem C/N-Verhältnis lässt sich dieses Nährstoffverhältnis steuern. Der pH-Wert der Ausgangsstoffe bzw. der homogenen Mischung des Rohkompostmaterials sollte für ein optimales Wachstum der Mikroorganismen zwischen 7 und 9 liegen.

Zusammensetzung der organischen Substanzen

Abfälle, die biologisch verwertet werden sollen, müssen eine ausreichende Menge an gut abbaubarer organischer Substanz enthalten. So sind Kohlenhydrate, Eiweiße und Zucker in Bioabfällen sehr gut abbaubar, Lignin jedoch nur sehr schlecht. Je nach Verhältnis der gesamten organischen Substanz (TOS) zur abbaubaren organischen Substanz (WOS) in einer Abfallart ergibt sich eine entsprechende Volumenreduzierung des Bioabfalls während der Rotte. Abbildung 6.5 gibt einen kurzen Überblick über verschiedene Abfallarten und ihre Eigenschaften.

Abfallart	Wassergehalt	Struktur	C/N-Verhältnis
Papier	niedrig	schwach	170 - 800
Holzhäcksel	niedrig	stark	400 - 500
Laub	mittel - niedrig	schwach	20 - 60
Bioabfälle	hoch	schwach	14 - 36
Grünabfälle	mittel - niedrig	stark	15 - 76

Abb. 6.5: Übersicht verschiedener Abfallarten und ihrer Eigenschaften

Oberfläche des Rottematerials

Je größer die Oberfläche des Kompostrohstoffes pro Volumen ist, desto schneller geht der aerobe Abbau vonstatten. Die Mikroorganismen können leichter an alle organischen Stoffe im Bioabfall gelangen und eine größere Oberfläche besiedeln. Eine vorhergehende Zerkleinerung des Ausgangsmaterials ist vor der Kompostierung daher in den meisten Fällen notwendig. Vor allem strukturreiche Materialien (Holzschnitt) müssen gut zerkleinert und aufgefasert werden.

Betriebsparameter während der Rotte

Mikroorganismen nehmen Nährstoffe nur in gelöster Form auf. Ein Wassergehalt von ca. 55 bis 65 % im Rottematerial ist deshalb optimal. Unterhalb von 20 % Feuchte sind keine biologischen

Vorgänge mehr möglich; der Rotteprozess würde zum Erliegen kommen. Bioabfälle enthalten im Schnitt einen Wassergehalt von 20 bis 40 % und in den meisten Fällen muss Wasser zugegeben werden. Im Zuge der Abwasservermeidung ist es empfehlenswert, anstatt Frischwasser zu verwenden, ausgetretenes Sickerwasser aus den Mieten wieder in diese zurückzuführen.

Für einen zügigen aeroben Abbau ist eine gleichmäßige und ausreichende Versorgung mit Sauerstoff notwendig. In unbelüfteten, statischen Mieten findet eine Verteilung des Sauerstoffs nur durch Diffusion und Thermik sowie bei Umsetzungen der Mieten statt. Die Eindringtiefe des Sauerstoffs beträgt nur 70 cm, eine häufige Umsetzung und geringe Mietenhöhen sind Voraussetzung für einen ausreichenden aeroben Abbau. Bei zwangsbelüfteten Mieten besteht die Gefahr der Austrocknung durch den Wasseraustrag von verdunstetem Wasser über abgeführte Luft sowie die Ausbildung von Luftkanälen innerhalb der Miete durch schlechte Homogenisierung von strukturreichem und strukturschwachem Rottematerial. Grundsätzlich sollte möglichst immer mehr Sauerstoff zugeführt werden als theoretisch gebraucht wird, um den aeroben Abbau in jedem Fall sicherzustellen.

Sauerstoffversorgung und Wassergehalt innerhalb der Kompostmiete stehen zueinander in Konkurrenz, da die Diffusion von Sauerstoff in luftgefüllten Poren schneller vonstattengeht, als in wassergefüllten. Je besser die Sauerstoffversorgung, desto geringer der Wassergehalt und umgekehrt. Ziel einer Kompostierung ist es, einen optimalen Kompromiss zwischen diesen beiden Faktoren zu finden und im Verlauf der Rotte einzuhalten. Strukturreiche Zumischungen wie z.B. Häckselgut zu strukturschwachen Bioabfällen wie z.B. Rasenschnitt und eine ausreichende Homogenisierung des Rottematerials verbessern die Porosität innerhalb der Miete und gewährleisten eine optimale Sauerstoffversorgung.

6.3.3 Allgemeiner Verfahrensablauf

Die in der Kompostierung angewendeten Verfahren unterscheiden sich in ihrem Rottesystem und der Steuerung des Rotteverlaufs, sowie in verschiedenen Anordnungen und Arten der Aufbereitung. Abbildung 6.6 zeigt einen beispielhaften Verfahrensablauf einer Kompostieranlage im Überblick.

Angelieferter Biomüll wird vor der Rotte mechanisch aufbereitet. Dabei werden Störstoffe wie z.B. Steine, Glas und Metall aussortiert und entfernt. Das aufbereitete und zerkleinerte Rohmaterial wird dem jeweiligen Rottesystem zugeführt und nach erfolgter Rotte nochmals aufbereitet, um einen qualitativ hochwertigen Kompost zu erhalten, der auch den Produktanforderungen des Marktes gerecht wird. Je nach zu erwartender Zusammensetzung und Menge des zu behandelnden Biomülls bzw. Grünschnitts werden die einzelnen Aufarbeitungsschritte anders angeordnet. Werden z.B. viele Plastiktüten mit organischem Inhalt erwartet, empfiehlt es sich, den Biomüll zuerst zu zerkleinern bzw. die Plastiktüten aufzureißen und dann erst eine Siebung durchzuführen.

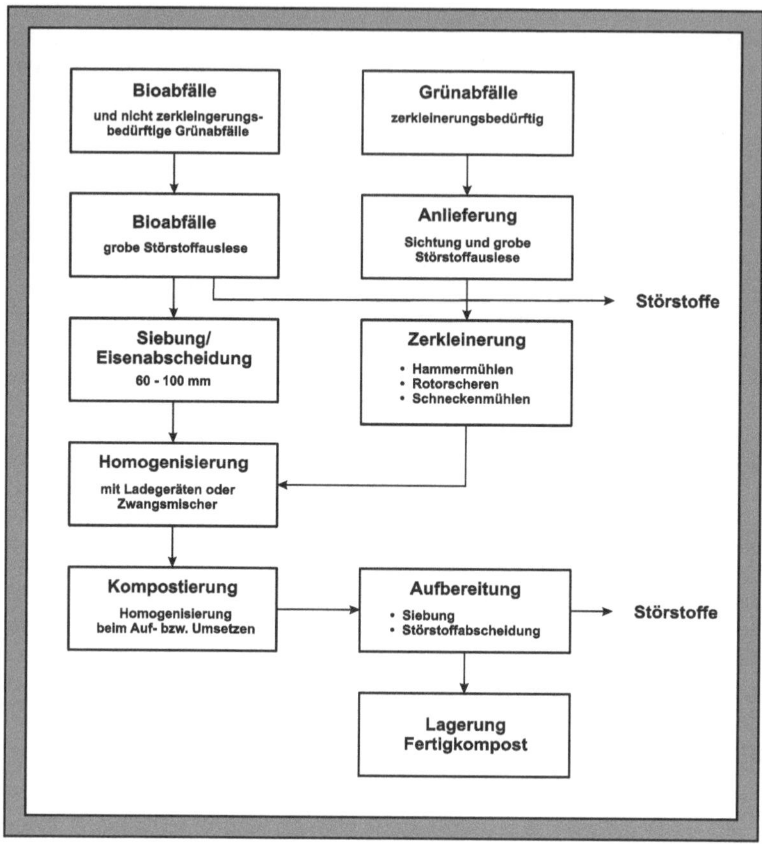

Abb. 6.6: Allgemeines Fliessschema einer Kompostieranlage

Größere Bestandteile im Biomüll, die zu Beschädigungen der nachfolgenden Maschinen führen können (z.B. Steine oder Metallteile), werden bei einer manuellen Sichtkontrolle durch Sortierpersonal aussortiert.

Bei der Siebung wird das Rotterohmaterial in zwei Stoffströme geteilt: eine Grobfraktion und eine Feinfraktion. Verwendung finden hier Trommel- oder Spannwellensiebe, wobei der Abfall durch Drehen oder Schütteln der Siebe getrennt wird. Der Durchsatz an Biomüll und die Trennleistung der Siebe ist in der Hauptsache abhängig von der Lochart und -weite, der Dreh- bzw. Schwingungszahl und der Verweilzeit des Mülls auf dem Sieb. Da sich ca. 80 % der Störstoffe in einer Kornklasse > 80 mm befinden, wird in der Siebtechnik eine entsprechende Lochweite verwendet.

Mit Hilfe von Trommel-, Überband- oder Walzenmagneten werden Metallteile sowie schwermetallhaltige Batterien aus dem Rottematerial entfernt. Der Biomüll wird durch Schlagmühlen, Schneidmühlen, Kugelmühlen oder Schneckenmühlen auf die gewünschte Korngröße gebracht. Welcher der Zerkleinerungsapparate zum Einsatz kommt, muss individuell je nach Zusammensetzung und Menge des Biomülls entschieden werden.

Unmittelbar vor der biologischen Behandlung wird der zerkleinerte und von Störstoffen befreite Biomüll homogenisiert, um optimale Voraussetzungen für die biologische Behandlung zu gewährleisten. Zum Einsatz kommen hier Langzeitmischer wie Mischbunker und Trommelmischer oder

Kurzzeitmischer wie z.B. Doppelwellenmischer. Bei der Homogenisierung können Wasser sowie Materialien zur Strukturverbesserung zugegeben werden.

6.3.4 Massenbilanz einer Kompostierung

Wie bereits angesprochen, steht nicht alles eingesetzte Rottematerial nach der aeroben Umsetzung als Kompost zur Verfügung. Durch die Entstehung von Kohlendioxid und Wasser aus der Umwandlung der organischen Stoffe kommt es zu einem Masseverlust, der 55 - 60 % betragen kann.

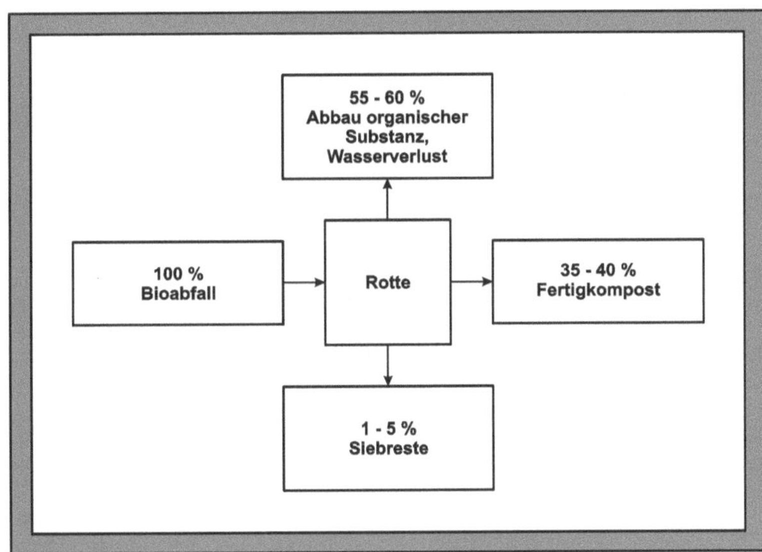

Abb. 6.7: Massenbilanz der Kompostierung

Bei der Vor- und Nachbereitung des Biomülls bzw. Komposts werden im Schnitt 5 % der eingetragenen Masse als Störstoffe wie z.B. Steine, Metalle und Folien entfernt. Der entstandene Fertigkompost weist somit nur noch einen prozentualen Massenanteil von 35 - 40 % auf (Abb. 6.7).

6.3.5 Kompostierverfahren

Die gängigen Kompostierverfahren unterscheiden sich hauptsächlich in den verschiedenen Rottesystemen und der Rottesteuerung für die Vor- und Hauptrotte. Die vor- bzw. nachgeschalteten Bereiche der mechanischen Aufbereitung und Lagerung sind in der Regel nicht verfahrensspezifisch. Eine Unterscheidung der Verfahren findet nachfolgenden Merkmalen statt:

- Gestaltung des Rotteraums,
- Mietengeometrie,
- Art der Belüftung,
- Dauer der Intensivrotte,
- Art des Eintrags- und Umsetzsystems.

Die noch häufig angewendete Gliederung der Verfahren nach der Art des Umsetzens in statische (ohne Umsetzen), quasi-dynamische (mit Umsetzen) und dynamische Verfahren (Dauerbewegung) ist nach heutigen Gesichtspunkten nicht mehr geeignet, da fast alle gängigen Verfahren Umsetzschritte integriert haben. Eine Unterteilung der Kompostierverfahren in Baumuster, bei der hauptsächlich die Gestaltung des Rotteraumes und die Art der Belüftung ausschlaggebend ist, eignet sich besser (Abb. 6.8).

Baumuster	Verfahren
I	Boxen- und Containerkompostierung
II	Tunnel- und Zeilenkompostierung
III	Rottetrommel
IV	Mietenkompostierung - belüftet
V	Mietenkompostierung - unbelüftet
VI	Sonderverfahren

Abb. 6.8: Unterscheidung der Kompostierverfahren nach Baumuster

Im folgenden Abschnitt werden beispielhaft für jede Verfahrensvariante gängige Verfahren beschrieben, beginnend mit einfachen Verfahren. Zusätzlich zu der Art des Baumusters wird noch die Umsetzart angegeben.

Offene Dreiecksmietenkompostierung

Ca. 60 % der in Deutschland betriebenen Kompostieranlagen verwenden dieses einfache Verfahren zur Behandlung von Bio- und Grünabfällen. In den meisten Fällen werden die Mieten überdacht oder teilüberdacht, um eine Vernässung der Mieten auszuschließen bzw. hohen Sickerwasseranfall zu vermeiden. Das Rottegut wird zu Dreiecksmieten mit einer Höhe von 1 bis 2,5 m und einer Breite von 2 bis 4 m aufgesetzt. Diese Mietenform weist kurze Diffusionswege bei gleichzeitig großer Oberfläche pro Volumen auf. Wenn das Luftporenvolumen des Rottematerials ausreichend groß ist, ist eine Zwangsbelüftung nicht zwingend erforderlich. Der Sauerstoffeintrag wird dann rein durch Diffusion sowie mehrmaliges Umsetzen der Mieten gewährleistet. Das Umsetzen der Mieten geschieht mit Radladern oder speziellen Umsetzaggregaten, die eine optimale Homogenisierung des Kompostmaterials bei gleichzeitiger Bewässerung ermöglichen (Abb. 6.9).

Durch parallel zur gesamten Mietenlänge eingelassene Rohre kann die Miete aktiv druck- oder saugbelüftet werden. Damit wird vor allem während der intensiven Vorrotte eine ausreichende Sauerstoffversorgung erreicht und die Bildung von anaeroben Zonen in der Miete verhindert.

Rottezeit	Vorteile	Nachteile
8 - 12 Wochen	• geringer Investitionsbedarf • flexible Steuerung der Kompostqualität	• hoher Platzbedarf • geringer Massendurchsatz • Abhängigkeit von Außentemperaturen

Abb. 6.9: Zusammenfassung der Rottezeit sowie der Vor- und Nachteile des Dreiecksmietenverfahrens

Zeilenkompostierung

Bei dieser Form der Kompostierung wird das Rottematerial zu Tafelmieten aufgeschichtet, wobei die Mieten durch Betonwände voneinander getrennt und gekapselt sind. Jede dieser Zeilen wird durch ein Umsetzsystem 1- bis 3-mal pro Woche umgesetzt und kann individuell belüftet werden. Die Zeilenbreite beträgt ca. 5 m, die Zeilenhöhe 2,70 m bei einer Füllhöhe von 2,50 m. Das Umsetzen des Materials erfolgt mit Fräswalzen oder Schaufelrädern, wobei die Aufnahme über die gesamte Mietenbreite erfolgt. Das Rottegut wird unmittelbar hinter dem Umsetzapparat wieder aufgesetzt. Da die Mietenhöhe immer identisch bleibt, wird der Volumenverlust ausgeglichen (Abb. 6.10).

Rottezeit	Vorteile	Nachteile
ca. 6 Wochen	• verschiedene Kompostrohstoffe können nebeneinander verarbeitet werden • geringer Platzbedarf • hohe Flexibilität durch Anschluss weiterer Segmente	• hohe Investitionskosten • hoher Überwachungs- und Steuerungsbedarf

Abb. 6.10: Zusammenfassung der Rottezeit sowie der Vor- und Nachteile der Zeilenkompostierung

Tunnel- bzw. Boxenkompostierung

Die Rotte erfolgt hier in einem geschlossenen, meistens zwangsbelüfteten Raum mit einem Füllvermögen von 20 - 800 m³. Je nach Bauweise spricht man von Tunnelkompostierung (länglicher Rotteraum) oder von Boxenkompostierung (rechteckiger Rotteraum). Die Rottetunnel oder -boxen werden von unten z.B. durch einen Stahlbetonlochboden belüftet, wobei die Belüftungsfläche in Segmente eingeteilt ist, deren Luftstrom getrennt voneinander gesteuert werden kann. Damit ist eine gleichmäßige Belüftung des gesamten Rotteraums gewährleistet. Die gekapselte Bauweise ermöglicht eine nahezu verlustfreie Kreislaufführung des Prozesswassers und die Belüftung über ein Umluftsystem mit Frischluftversorgung über einen Wärmetauscher (Abb. 6.11).

In den meisten Fällen wird in Tunnel- bzw. Boxenkompostierungsanlagen der Biomüll nur einer Intensivrotte (Vorrotte) unterzogen und eine Nachrotte mit einfachen Verfahren (Dreiecksmieten) angeschlossen.

Rottezeit	Vorteile	Nachteile
1 - 2 Wochen (Frischkompost) 5 - 9 Wochen (Fertigkompost)	• verschiedene Kompostrohstoffe können nebeneinander verarbeitet werden • geringer Platzbedarf • hohe Flexibilität durch Erweiterung der Boxen/Tunnel • Kreislaufführung Prozesswasser/Luft ist möglich	• hohe Investitionskosten • hoher Überwachungs- und Steuerungsbedarf • nur Vorrotte wird durchgeführt

Abb. 6.11: Zusammenfassung der Rottezeit sowie der Vor- und Nachteile der Tunnel- bzw. Boxenkompostierung

Rottetrommelverfahren

Die gekapselte, belüftbare Rottetrommel mit Nutzvolumina von 20 - 150 m³ befindet sich in einer ständigen Drehbewegung. Während der 20 bis 72-stündigen Aufenthaltszeit werden der Biomüll und eventuelle Zusätze homogenisiert und durch mechanische Kräfte weiter zerkleinert. Die Rottetrommel kann kontinuierlich oder diskontinuierlich betrieben werden. Bei kontinuierlicher Betriebsweise wird der Biomüll über Öffnungen an der Stirnseite der Trommel beschickt und eine äquivalente Menge an Rottegut am Ende der Trommel ausgetragen. Wird die Rottetrommel nur einmal befüllt und nach Abschluss der Rotte vollständig entleert, spricht man von diskontinuierlicher Betriebsweise. Es findet nur eine Intensivrotte (Vorrotte) des Biomülls statt, so dass zum Erreichen von Fertigkompost eine weitergehende Nachrotte angeschlossen werden muss. Abbildung 6.12 zeigt eine Prinzipskizze für die Trommelkompostierung.

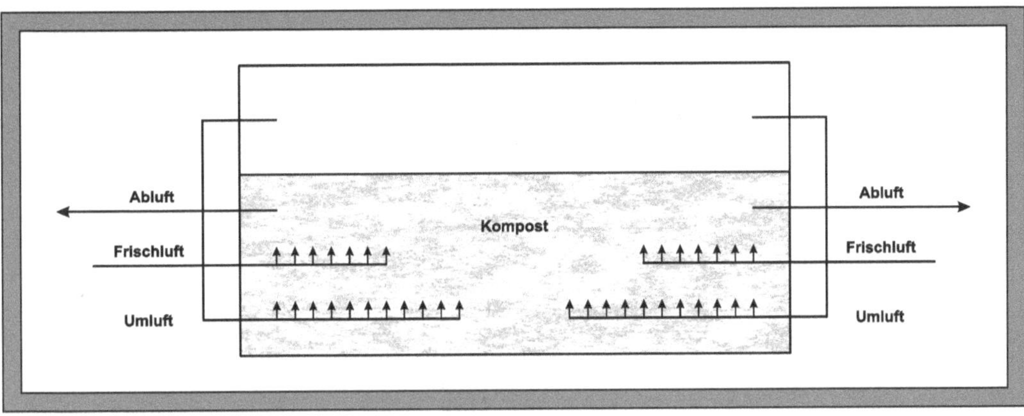

Abb. 6.12: Kompostierung in der Rottetrommel [6.16]

6

6.4 Anaerobe Abfallbehandlung/Vergärung

Die Vergärung wird vor allem bei der Schlammfaulung in Kläranlagen angewendet. In der Bioabfallbehandlung wird sie erst seit kurzem industriell eingesetzt. Im Gegensatz zur Kompostierung werden die organischen Bestandteile des Biomülls unter Sauerstoffabschluss durch ein komplexes Zusammenspiel verschiedener Bakterienarten zu Methan (Biogas) und Kohlendioxid reduziert. Die vergärten Reste werden abschließend einer aeroben Kompostierung zugeführt, so dass als Produkt der Vergärung ebenfalls Kompost anfällt. Das entstandene Biogas kann energetisch verwertet werden.

6.4.1 Biochemische Grundlagen der Vergärung

Der Abbau von organischen Abfällen zu Biogas erfolgt in vier Phasen, wobei der Abbau bestimmter Moleküle nicht immer nur einer Stufe bzw. bestimmten Mikroorganismen zugeordnet werden kann. Es handelt sich vielmehr um einen komplexen Vorgang, an dem Organismen verschiedener Phasen beteiligt sind. Die spezialisierten methanbildenden Organismen können nur wenige Stoffe zu Methan umwandeln und sind daher nicht in der Lage Abfälle, die überwiegend aus Polymeren wie Cellulose und Polysacchariden bestehen, direkt in Methan umzuwandeln. Sie sind beim Abbau auf andere Mikroorganismen angewiesen, die ihnen die nötigen Substrate durch Abbau der komplexen Verbindungen bereitstellen. Abbildung 6.13 gibt einen Überblick über den vierstufigen anaeroben Abbau von komplexen polymeren Substanzen zu Methan.

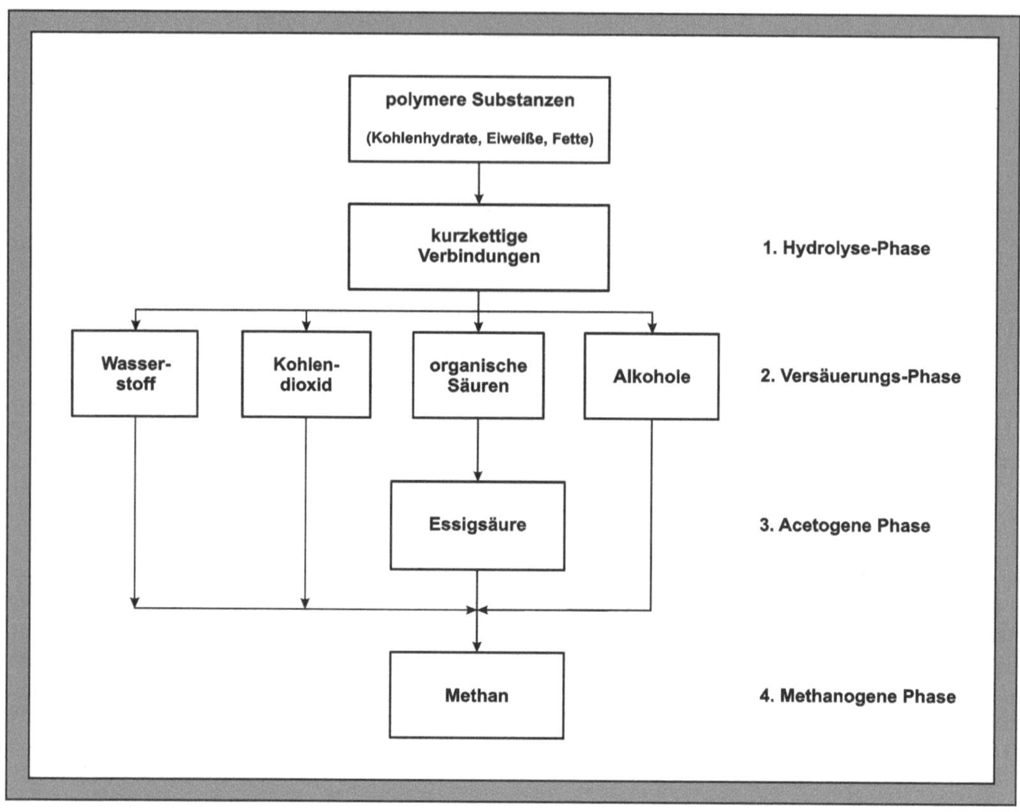

Abb. 6.13: 4-stufiger anaerober Abbau

Hydrolyse-Phase

In der Hydrolyse-Phase, die den ersten Abbauschritt im anaeroben Abbauprozess beschreibt, werden komplexe Polymere zu kurzkettigen Verbindungen abgebaut. In organischen Abfällen ist eine Vielzahl verschiedener Polymere (Kohlenhydrate, Eiweiße, Fette) enthalten. Kohlenhydrate kommen in organischen Abfällen in Form von Zuckern, Hemizellulose, Zellulose, Pektin, Stärke und Lignin vor, die überwiegend zu Monosacchariden wie Glucose abgebaut werden. Die unterschiedlichen Kohlenhydrate sind unterschiedlich effizient hydrolisierbar. Während zum Beispiel Hemizellulose sehr schnell zerlegt wird, kann Lignin nahezu nicht hydrolysiert werden.

Die Eiweißverbindungen unterscheiden sich in ihrem Abbau hinsichtlich des breiteren Spektrums an möglichen Abbauprodukten. Hierbei können ca. 20 verschiedene Aminosäuren entstehen. Aufgrund ihrer molekularen Komplexität erfolgt der Abbau von Eiweißen allerdings wesentlich langsamer als der Abbau von Kohlenhydraten.

Die Gruppe der Fette, deren Anteil in organischen Abfällen nicht unerheblich ist, da nahezu jede Zellwand Phospholipide enthält, wird durch Enzyme hydrolysiert. Fette können vollständig hydrolysiert werden, jedoch läuft der Vorgang aufgrund der Komplexität der Verbindungen langsam ab.

Versäuerungs-Phase

Die Mikroorganismen der versäuernden Phase werden als Primärgärer bezeichnet. Sie wandeln die in der Hydrolyse-Phase produzierten Monomere zu verschiedenen Produkten wie Essig-, Propion-, Butter-, Milch-, Ameisensäure, H_2/CO_2 um. Einige dieser Verbindungen (Essigsäure, H_2, CO_2) können direkt von methanbildenen Bakterien zu Biogas umgesetzt werden.

Acetogene Phase

Die in den vorangegangenen Phasen entstandenen Produkte werden von den so genannten sekundären Gärern zum einen zu Essigsäure (Acetat) und zum anderen zu H_2/CO_2 vergärt. Das entstehende Acetat und teilweise auch H_2/CO_2 werden direkt von den Methanbakterien weiterverwendet. Der Großteil des H_2/CO_2 wird allerdings von homoacetogenen Bakterien zu Acetat überführt, was wiederum den Methan-Bakterien als Substrat dient.

6

Methanogene Phase

Die letzte Phase im anaeroben Abbauprozess ist die methanogene Phase. Bereits in den vorangegangenen Phasen sind immer wieder Produkte entstanden, die den methanogenen Bakterien als Substrat dienen können. In der aktuellen Phase steht den Methanbildnern aufgrund der Stoffwechselvorgänge in der acetogenen Phase eine große Menge Substrat in Form von Acetat und H_2 zur Verfügung, das diese zu Methan (CH_4) und CO_2 umsetzen.

6.4.2 Betriebsparameter bei der anaeroben Abfallbehandlung

Damit Mikroorganismen bei der anaeroben Abfallbehandlung ihre Substrate optimal verwerten können, müssen physikalische und chemische Bedingungen ihrer Umwelt eingehalten werden. Da sich Umweltfaktoren teilweise unterschiedlich auf Mikroorganismen auswirken, können bestimmte Bedingungen für den einen Mikoorganismus optimal sein, während sie für einen anderen tödlich sind. Allerdings können sie auch gewisse Schwankungen bzw. Abweichungen von den optimalen Bedingungen tolerieren. Zu den Umweltfaktoren, die das Wachstum und die Aktivität der Mikroorganismen beeinflussen, zählen zum Beispiel die Temperatur, der pH-Wert, die Durchmischungsintensität, die Substratzusammensetzung sowie der Gehalt an hemmenden und toxischen Stoffen.

Einfluss der Temperatur

Da chemische und somit auch biochemische Reaktionen abhängig von der Temperatur ablaufen, stellt diese einen der wichtigsten Parameter bei anaeroben Abbauvorgängen dar. Bei welcher Temperatur das Optimum der jeweiligen Reaktion liegt bzw. wie stark sie vom Optimum abweichen darf, damit sich Mikroorganismen vermehren oder überleben können, ist von Organismus zu Organismus verschieden.

Die Geschwindigkeit chemischer und enzymatischer Reaktionen nimmt mit steigender Temperatur zu, was bedeutet, dass die Stoffwechselaktivität von Mikroorganismen erhöht wird. Allerdings kann eine Temperaturerhöhung und die damit verbundene Steigerung der Zellaktivität nur bis zu einem Temperaturoptimum fortgeführt werden. Ist eine vom Organismus abhängige Temperaturobergrenze erreicht, beginnt die Veränderung oder Denaturierung der aktiven Struktur der Proteine und führt zu einer Inaktivierung der ursprünglichen Stoffwechselaktivität des Organismus. Ebenso wie eine obere Temperaturgrenze lässt sich auch ein Temperaturminimum festlegen, bei dem die Transportprozesse im Organismus zu langsam sind, um einen Umsatz zu ermöglichen. Alle Mikroorganismen besitzen unterschiedliche Temperaturoptima, anhand derer sie klassifiziert werden können. Psychrophile Mikroorganismen haben ihr Optimum bei niedrigen (unter 20 °C), mesophile bei mittleren (20 - 40 °C) und thermophile bei hohen Temperaturen (über 40 °C).

Die Bakterien der Hydrolyse- bzw. Versäuerungsphase sind relativ temperaturunempfindlich. Die Methanbildung verläuft dagegen in zwei Temperaturbereichen optimal (Abb. 6.14). Die mesophilen Methanbildner haben ihr Temperaturoptimum bei 32 - 42 °C, die thermophilen Methanbildner dagegen bei 50 - 58 °C.

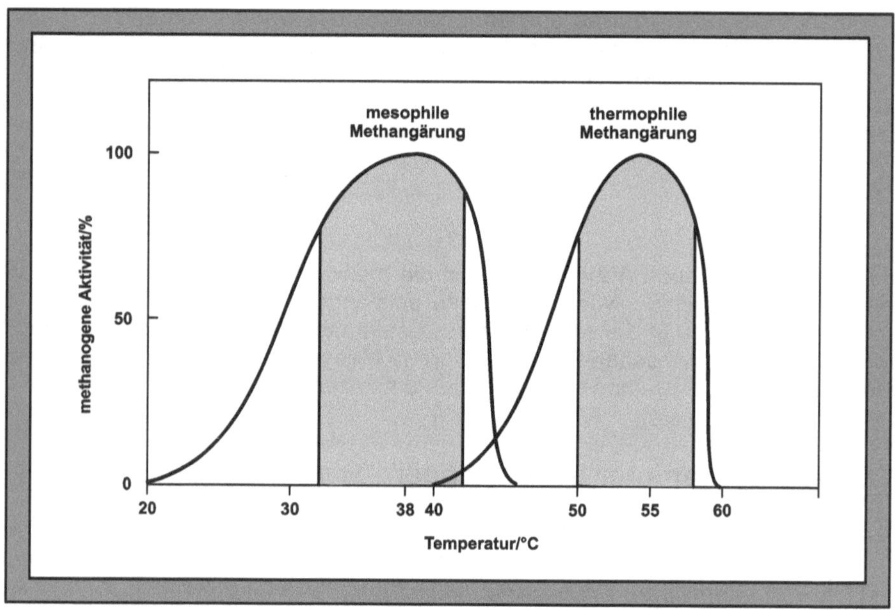

Abb. 6.14: Einfluss der Temperatur auf die Methanbildungsaktivität [6.20]

Einfluss des pH-Wertes

Neben einem Temperaturoptimum hat jeder Mikroorganismus auch einen pH-Wert, bei dem er optimal wachsen kann. Mikroorganismen, die ihr pH-Optimum im sauren Bereich haben, werden als azidophil bezeichnet; die im alkalischen Bereich lebenden als alkaphil. Bei der anaeroben Abfallbehandlung ist ein pH-Wert von 6,8 bis 7,5 einzuhalten. Bakterien der Versäuerungsphase zeigen eine größere pH-Toleranz, während der pH-Wert der Methanbildner nicht stark vom Optimum abweichen darf. Da der pH-Wert in Abhängigkeit von der Substratzusammensetzung stark vom Optimum abweichen kann, stellt dies ein Problem bei der Abfallbehandlung dar. Auch die von den Mikroorganismen durchgeführten Umsetzungsreaktionen können pH-Verschiebungen hervorrufen.

Beim anaeroben Abbau von Kohlenstoffverbindungen entstehen als Endprodukte Kohlendioxid und Methan. Das gebildete Kohlendioxid steht im Gleichgewicht mit der Flüssigkeit und wirkt in einer wässrigen Lösung als schwache Säure. Bei der anaeroben Abfallbehandlung ist der CO_2-Gehalt höher und führt dadurch zu einer höheren Konzentration an gelöster Kohlensäure. Um den pH-Wert von 6,8 - 7,5 einzuhalten, werden je nach Substratzusammensetzung und der Menge an gelöstem Kohlendioxid Laugen zur Neutralisation zu dosiert.

Einfluss der Durchmischung

Um eine hohe Aktivität der Mikroorganismen bezüglich des Abbaus zu erreichen, muss eine ausreichende Versorgung mit abbaufähigem Substrat gewährleistet sein. Außerdem müssen die Stoffwechselprodukte der Mikroorganismen abgeführt werden, damit sich die Stoffwechselvorgänge nicht durch Abbauprodukte gegenseitig hemmen. Daher ist es notwendig, eine optimale Durchmischung einzustellen, die zu einer hohen Aktivität des Abbaus aber gleichzeitig auch zu keiner Zerstörung der Bakterien führt. Hierbei kann zwischen zwei Arten der Durchmischung unterschieden werden.

Bei einer starken Durchmischung herrschen ein optimaler Stofftransport sowie ein homogener Zustand bezüglich der Temperatur, der Stoffverteilung und des pH-Wertes. Die hohe Scherkraftbelastung einer solchen Prozessführung wirkt sich jedoch negativ auf die methanogenen Bakterien aus. Im Gegensatz dazu sind bei einer schwachen Durchmischung die Bakterien weniger durch Scherkräfte belastet. Es besteht jedoch die Gefahr der Bildung von Ablagerungen, vor allem bei Abfällen mit hohem Gehalt an Fetten/Ölen, absetzbaren Stoffen und Fällungsprodukten. Auch der Stofftransport ist nicht optimal.

Einfluss der Substratzusammensetzung

Ziel der anaeroben Abfallbehandlung ist es, aus den eingesetzten Stoffen (Substraten) die größtmögliche Menge an Methan zu gewinnen. Dafür ist es sinnvoll in erster Linie leicht verdauliche Verbindungen als Substrat einzusetzen und den Bakterien ein Nährstoffverhältnis von C:N:P von ungefähr 800:5:1 zur Verfügung zu stellen. Daneben ist auch der Einsatz von Spurenelementen von großer Bedeutung. Spurenelemente kommen zwar nur zu einem sehr geringen Anteil von unter 0,01 Prozent in Zellen von Lebewesen vor. Trotz dieser kleinen Mengen sind sie aber unentbehrlich für das Wachstum und das Überleben von Organismen.

Wichtige Spurenelemente für den anaeroben Abbauprozess sind Chrom, Mangan, Eisen, Kobalt, Kupfer, Zink, Selen, Moybdän, Iod, Nickel, Arsen und Fluor. Daneben spielen Nährstoffe wie Stickstoff, Schwefel, Phosphor, Kalium, Calcium und Magnesium eine wichtige Rolle. Normalerweise sind in Abfällen ausreichende Mengen an Spurenelementen und Nährstoffen vorhanden. Sollte dies nicht der Fall sein, so ist eine Zudosierung dieser Elemente notwendig.

Durch die chemische Zusammensetzung und die Art des Substrats werden die auf die Biomasse einwirkenden Faktoren, wie z.B. der pH-Wert oder die hemmende Konzentration bestimmter Abbauprodukte und die Qualität/Menge des erzeugten Biogases festgelegt. Bei den verschiedenen in Biogasanlagen eingesetzten Substraten handelt es sich um landwirtschaftliche Stoffe, organische Reststoffe aus der Industrie und kommunale und gewerbliche Abfallstoffe. Bei den landwirtschaftlichen Substraten handelt es sich um verschiedene Sorten energiereicher Pflanzen, zu denen unter anderem Mais, Futterrüben und Kleegras gehören und um organische Abfälle aus der Tierhaltung (Mist, Gülle).

Die Trockenmassegehalte dieser Substratgruppe können aufgrund natürlich vorkommender Schwankungen stark abweichen und führen je nach Tierleistung und Fütterungsverhalten zu unterschiedlichen Biogaserträgen. Daher sollte die Beschaffenheit des zu vergärenden Substrats gleichmäßig sein. Gut geeignete Kosubstrate sind Reststoffe der Pflanzenproduktion (z.B. Kartoffeln, Rübenblätter) da sie einen hohen Kohlenstoffanteil und eine hohe Verdaulichkeit besitzen. Heutzutage werden auch nachwachsende Rohstoffe zur Energiegewinnung eingesetzt. Hierzu zählen unter anderem Silomais, Getreidepflanzen, Gräser mit hohem Biomasseertrag, Rüben sowie weitere Feldfrüchte. Ziel dieser Art von Energiegewinnung ist es, einen hohen Methanertrag bei gleichzeitig geringen Anbau-, Ernte- und Verarbeitungskosten zu erreichen.

Organische Reststoffe aus der Industrie können in Biogasanlagen eingesetzt werden, weil sie oft niedrige Trockenmassegehalte haben und biologisch leicht abzubauen sind. Prozessrückstände aus der Lebensmittelindustrie sind z.B. Abfälle aus der Lebensmittelherstellung und -verarbeitung. Glycerin, welches als Nebenprodukt bei der Umesterung von Biodiesel entsteht lässt sich ebenfalls einsetzen.

Abfälle aus kommunalen und gewerblichen Reststoffen können bei der Biogasgewinnung nur dann als Substrate eingesetzt werden, wenn sie strukturschwach und wasserreich sind und wenig Schadstoffe enthalten. Unter die schwer vergärbaren Reststoffe fallen Abfälle aus der Biotonne. Diese besitzen eine zu hohe Schadstoffbelastung und zudem eine heterogene Zusammensetzung. Anders verhält es sich bei Reststoffen aus dem Gastronomiebereich. Aufgrund der nahezu homogenen Zusammensetzung und einem sehr hohen Trockenmassegehalt von ungefähr 90 % liefern Abfälle aus Backfabriken und Konditoreien hohe Methanerträge. In Abbildung 6.15 sind verschiedene Substrate mit dem entsprechenden Biogasertrag zusammengefasst.

Substrate	Methanertrag/%
Landwirtschaftliche Substrate	
Schweinegülle	45 -70
Kartoffeln	55 - 65
Roggensilage	50 - 70
Organische Reststoffe aus der Industrie	
Biertreber	50 - 60
Molke	65 - 85
Obsttrester	70 - 80
Glycerin	60 - 70
Kommunale und gewerbliche Reststoffe	
Biomüll	45 - 70
Gemüseabfälle	55 - 85
Speisereste	40 - 80

Abb. 6.15: Prozentualer Methanertrag für verschiedene Substrate

Hemmung durch Sauerstoff

Der anaerobe Abbau von organischen Verbindungen findet unter Ausschluss von Sauerstoff statt. Strikt anaerobe methanogene Bakterien können nur in einem sauerstofffreien Milieu wachsen. Bereits geringe Sauerstoffkonzentrationen führen zu einer Hemmung ihres Stoffwechsels und damit zu einer geringeren Methanproduktion. Daneben gibt es auch fakultative anaerobe Mikroorganismen die sowohl in Gegenwart von Sauerstoff als auch in dessen Abwesenheit wachsen können.

Um den Eintrag von Luftsauerstoff und somit die Hemmung der Methanbakterien zu vermeiden, werden anaerobe Abfälle in abgeschlossenen Reaktionsräumen behandelt. Ein geringer Anteil an Sauerstoff kann z.B. über den Zulauf in den Reaktor oder durch Leckagen eingetragen werden. Dies ist möglichst zu vermeiden.

Hemmung durch Schwefelverbindungen

In einem Anaerobreaktor entsteht Methan zum einen aus Kohlendioxid und Wasserstoff und zum anderen aus Essigsäure. Diese Reaktionen werden von Methanbakterien durchgeführt:

$$CO_2 + 4\,H_2 \rightarrow CH_4 + 2\,H_2O$$

$$CH_3COOH \rightarrow CH_4 + CO_2$$

Ist im Abfall zusätzlich noch Sulfat vorhanden, setzen sulfatreduzierende Bakterien das Sulfat (SO_4^{2-}) zu Schwefelwasserstoff (H_2S) um:

$$SO_4^{2-} + 4\,H_2 \rightarrow H_2S + 2\,H_2O + 2\,OH^-$$

$$SO_4^{2-} + CH_3COOH \rightarrow H_2S + 2\,HCO_3^-$$

Aus den Gleichungen wird ersichtlich, dass Methanbakterien und sulfatreduzierende Bakterien um dieselben Substrate Wasserstoff und Essigsäure konkurrieren, wobei die Reaktionen zur Sulfatreduktion bevorzugt ablaufen, so dass bei einer erhöhten Sulfatkonzentration nur eine verminderte Methanbildung erfolgt. Der gebildete Schwefelwasserstoff ist sehr toxisch und wirkt als Zellgift, was zu einer Hemmung des Abbaus führt.

Hemmung durch Schwermetalle

Manche Schwermetalle, wie z.B. Quecksilber, Kupfer oder Silber, wirken bereits in geringen Konzentrationen stark toxisch auf Enzyme. Sie binden die SH-Gruppen der Enzyme und bewirken damit eine Veränderung der Proteinstruktur. Ab wann ein Schwermetall hemmend oder toxisch wirkt ist für jede Metallart verschieden und hängt sowohl von der Konzentration des Metalls als auch von den chemischen und physikalischen Eigenschaften der Umgebung ab.

Eine durch Schwermetalle hervorgerufene hemmende Wirkung spiegelt sich in einer verringerten Methangasproduktion wider. Eine Hemmung kann mit einer Schwermetall-Sulfid-Fällung behoben werden. Dabei werden die Schwermetalle durch eine gezielte Zudosierung als schwer lösliche Metallsulfide ausgefällt:

$$Hg^{2+} + H_2S \rightarrow HgS + 2\,H^+$$

$$2\,Ag^+ + H_2S \rightarrow Ag_2S + 2\,H^+$$

so dass sie in dieser Form keine toxischen Eigenschaften mehr besitzen.

6.4.3 Verfahrenstechnik der anaeroben Abfallbehandlung

Ursprünglich war das Einsatzgebiet der anaeroben Vergärungsanlagen auf tierische Exkremente in der Landwirtschaft, Schlammstabilisierung in kommunalen Kläranlagen und Abwässer mit hoher organischer Fracht beschränkt. Durch große Fortschritte im Bereich der Reaktortechnik wurde auch ein Einsatz für häusliche biologische Abfälle, die zuvor fast ausschließlich aerob behandelt, also kompostiert wurden, möglich. Genau wie bei der Kompostierung unterscheiden sich die verschiedenen anaeroben Verfahren in den meisten Fällen nur durch die Bau- und Betriebsweise des Reaktors. In Abbildung 6.16 ist ein allgemein gehaltenes Fließschema einer anaeroben Anlage dargestellt.

Abfallaufbereitung

Um den biologischen Vergärungsprozess wirtschaftlich gestalten zu können, ist die Abfallaufbereitung unerlässlich. Sie sorgt dafür, dass sich das Substrat für die im Prozess eingesetzten Bakterien in einem optimal vorbereiteten Zustand befindet. Die Aufbereitung des zu vergärenden Materials wird anlagenspezifisch aus verschiedenen verfahrenstechnischen Schritten wie Zerkleinern, Trennen/Sortieren oder Mischen zusammengestellt. Manche Abfälle erfordern zudem eine Hygienisierung vor dem Vergären. Störstoffe wie z.B. Schwermetalle oder Steine sind abzutrennen, um einen reibungslosen Anlagenbetrieb zu gewährleisten.

Manche Abfälle erfordern vor dem Vergärungsprozess eine Hygienisierung. Dazu werden meistens Rührkessel mit Mantelheizung und mechanischem Rührwerk verwendet, deren Sterilisierungsprogramm automatisch abläuft. Die Entleerung erfolgt nachdem die erforderliche Hygienisierungstemperatur und -zeit für das jeweilige Füllgut erreicht sind. Als Richtwerte gelten 70 °C für mindestens eine Stunde, wobei eine Korngröße von 10 mm nicht überschritten werden darf. Mit Hilfe von Wärmetauschern kann dann im Gegenstrom das neue Material vorgewärmt werden. Da die Befüllung und Entleerung diskontinuierlich erfolgen, müssen für einen konstanten Zulauf zur Vergärungsanlage mindestens zwei Hygienisierungsbehälter betrieben werden.

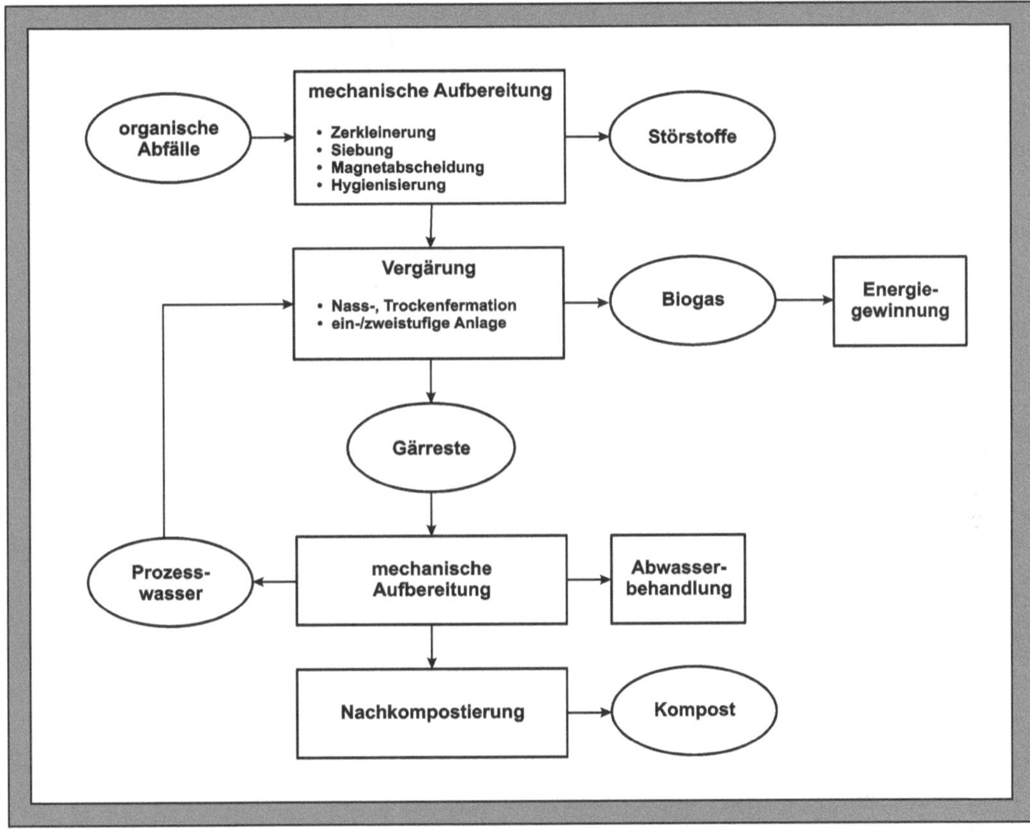

Abb. 6.16: Fließschema einer anaeroben Abfallbehandlungsanlage

6.4.4 Vergärungsverfahren

Aufgrund des Wassergehalts im Reaktor kann zwischen zwei Verfahrensprinzipien, der Nass- und Trockenfermentation unterschieden werden. Die Nassvergärung findet unter einer Rückführung von Prozesswasser statt, so dass eine so genannte Abfallmaische mit einem Feststoffgehalt von 8 - 15 % entsteht. Bedingung hierfür ist jedoch, dass die Masse rühr- und pumpfähig bleibt.

Die Trockensubstanz (TS) der Trockenvergärung liegt im Bereich von 20 - 40 %, was ungefähr dem Ausgangsgehalt der organischen Abfälle entspricht. Dies kann Vorteile in der Prozessführung bieten. Bei einer TS von über 40 % tritt ein Wassermangel auf, der zu Prozessstörungen führt.

Einstufige Verfahren haben den Vorteil, dass sich die Betriebsführung und Verfahrensgestaltung sehr einfach und kostengünstig gestalten lassen. Alle Abbaureaktionen finden in einem Reaktor statt. Dadurch sind Anpassungen an das Wachstumsmilieu einzelner Mikroorganismen nur eingeschränkt möglich. Die Verweilzeit ist länger als in zweistufigen Verfahren und der Wirkungsgrad ist etwas niedriger.

Im Falle eines zweistufigen Verfahrens erfolgt vor der Methanisierung eine Abtrennung der nicht-hydrolisierten Feststoffe. Zweistufige Reaktoren haben die Möglichkeit für Hydrolyse und Methanisierung den jeweils beteiligten Mikroorganismen angepasste Bedingungen zu bieten. Dies erhöht den Abbaugrad und die Stabilität des Systems und somit letztlich auch den Wirkungsgrad. Schadstoffe können ebenfalls leichter abgetrennt werden. Dem gegenüber stehen höhere Kosten durch den gesteigerten maschinellen und apparativen Aufwand und laufend höhere Prozesskosten.

Die meisten Verfahren können entweder mesophil bei 32 - 50 °C oder thermophil bei 50 - 70 °C betrieben werden.

Einstufige Nassfermentation

Bei diesem Verfahren werden meistens voll durchmischte Reaktoren in mesophiler oder thermophiler Betriebsweise verwendet. Hydrolyse und Methanbildung finden simultan im Reaktor statt. Der aufbereitete Biomüll wird mit einem Trockensubstanzgehalt von 8 - 15 % in den Reaktor gepumpt und dort fermentiert. Ein Teil des Prozesswassers wird dazu benutzt, den organischen Abfall mit Bakterien anzuimpfen. Einstufige Nassvergärungsreaktoren werden mechanisch durch Rührwerke oder pneumatisch durch Einpressen von Biogas durchmischt (Abb. 6.17).

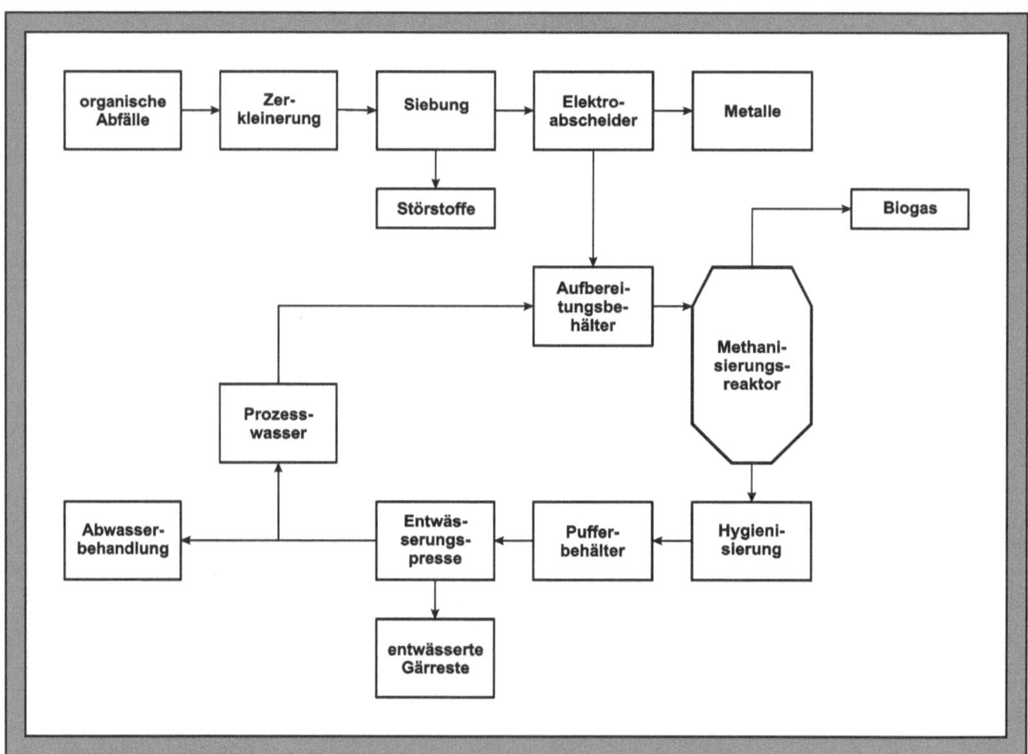

Abb. 6.17: Verfahren der einstufigen Nassfermentation

Zweistufige Nassfermentation

In dieser Verfahrensvariante werden die Hydrolyse und die Methanisierung räumlich getrennt (Abb. 6.18). Durch kontrollierte Zugabe des vorversäuerten Materials wird eine stabilere und ergiebigere Prozessführung erreicht. Werden die noch verbliebenen nicht-hydrolisierten Feststoffe nicht abgeschieden, kann für die Methanisierung nur ein normaler Rührkesselreaktor wie bei der einstufigen Betriebsweise eingesetzt werden. Jedoch können nach einer Abtrennung der Feststoffe vor der Methanisierungsstufe Hochleistungsreaktoren aus der anaeroben Abwasserbehandlung eingesetzt werden, die sehr hohe Abbaustufen erreichen. Der Einsatz dieser Reaktoren sorgt für eine äußerst kurze Verweilzeit, was die Gesamtprozesszeit deutlich vermindert.

Die nicht-hydrolisierten, abgetrennten Feststoffe müssen aus geruchlichen Gründen einer aeroben Nachbehandlung (Kompostierung) unterzogen werden, um die enthaltenen kurzkettigen Fettsäuren abzubauen. Daher muss dieser Mehraufwand trotz prozesstechnischer Vorteile im Vergleich zum einstufigen Verfahren auch berücksichtigt werden.

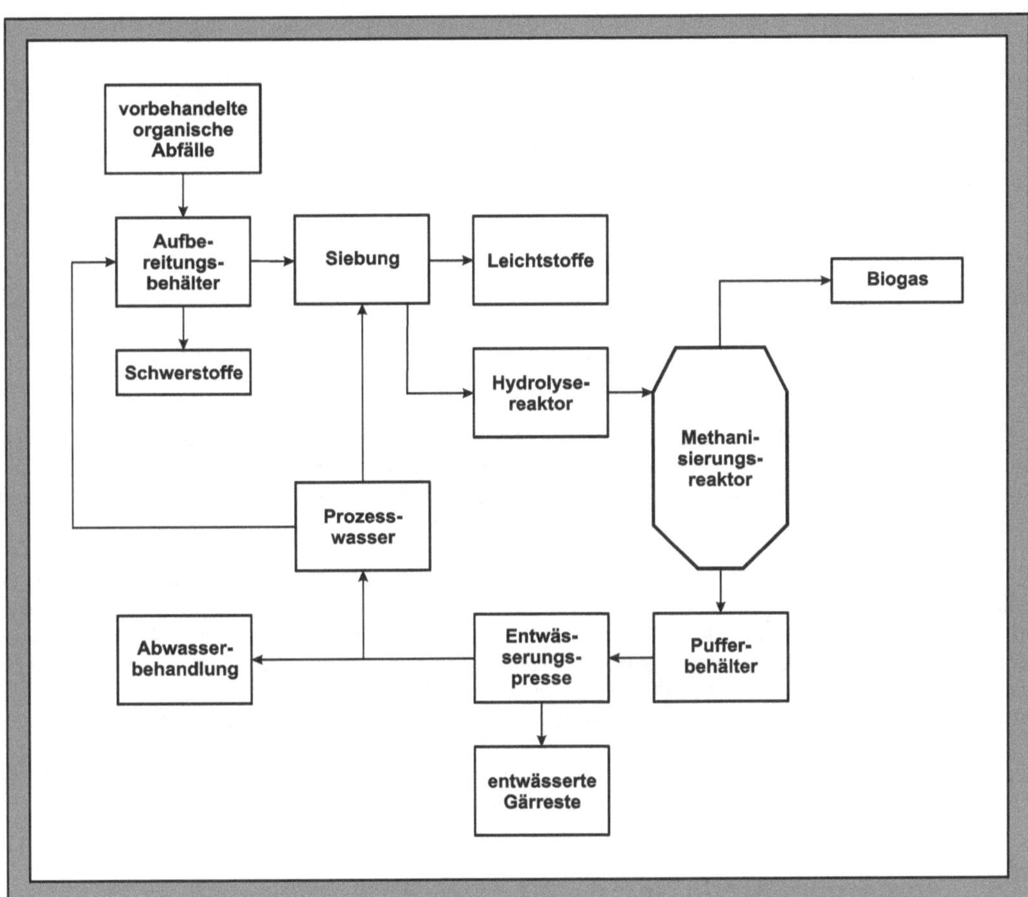

Abb. 6.18: Verfahren der zweistufigen Nassfermentation

Die Biomüllsuspension mit einem Trockensubstanzgehalt zwischen 9 und 12 % aus der Aufbereitung wird in ein Hydrolysebecken geleitet. Dort findet unter ständigem Rühren in einem Zeitraum von ein bis drei Tagen die Hydrolyse (Versäuerung) statt. Anschließend wird das vorversäuerte Substrat in den thermophil bei 55 °C betriebenem Reaktor gepumpt. In diesem Reaktor findet dann eine reine Methanisierung statt. Die Gärreste werden entwässert und in bekannter Weise aufbereitet.

Trockenfermentation

Die meisten einstufigen Trockenvergärungsanlagen weisen im Betrieb eine Pfropfenströmung auf. Die Reaktoren sind entweder siloartige Vertikalreaktoren oder horizontale Gärkanalreaktoren (Abb. 6.19).

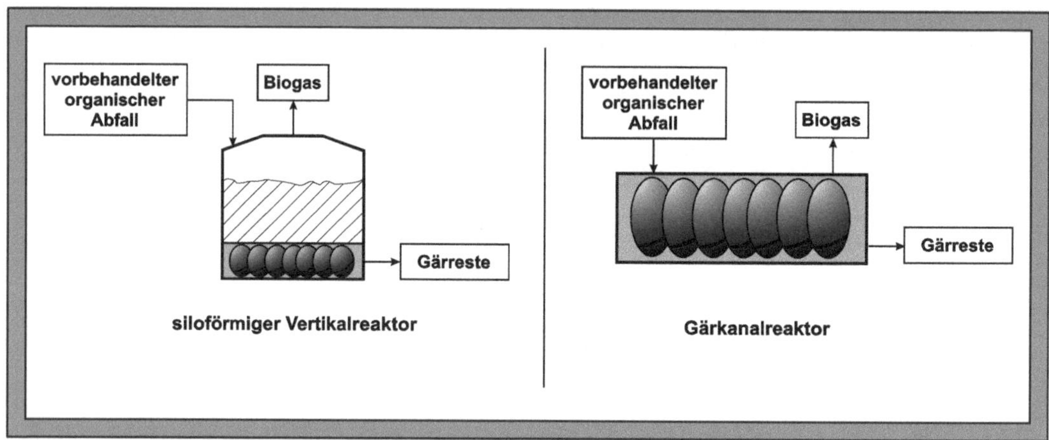

Abb. 6.19: Reaktoren für einstufige Trockenvergärung

Bei Vertikalreaktoren wird das vorbehandelte organische Material von oben zugeführt und die Gärreste werden von Förderschnecken am Boden aus dem Reaktor entfernt. Gärkanalreaktoren sind nahezu vollständig gefüllt. Langsam drehende Förderschnecken bewirken eine Quervermischung des Materials und transportieren es zum Reaktorausgang.

Bei der einstufigen Trockenfermentation werden Störstoffe aus dem Biomüll abgeschieden. Die Feinfraktion wird direkt in den Fermenter gepumpt, während die grobe Fraktion zuerst zerkleinert wird. Durch Zugabe von Prozesswasser wird ein Trockensubstanzgehalt von 20 - 40 % eingestellt. Durch Einpressen von Biogas wird der Fermenterinhalt fortlaufend durchmischt. Nach drei Wochen Verweilzeit bei mesophiler Prozessführung werden die Gärreste entnommen, anschließend entwässert und nach erneuter mechanischer Aufbereitung einer Nachkompostierung unterzogen.

Bei der zweistufigen Trockenfermentation werden Hydrolyse- und Methanisierungsreaktion getrennt. Vom Prinzip her ähnelt sie der entsprechenden Nassfermentation.

6.4.5 Vergärungsprodukte

Ein Masseverlust entsteht bei der anaeroben Abfallbehandlung zum einen durch die Entstehung von Biogas und zum anderen durch den Rotteverlust bei der Nachrotte. Abbildung 6.20 stellt schematisch die Bilanz der Massenströme einer Vergärungsanlage dar.

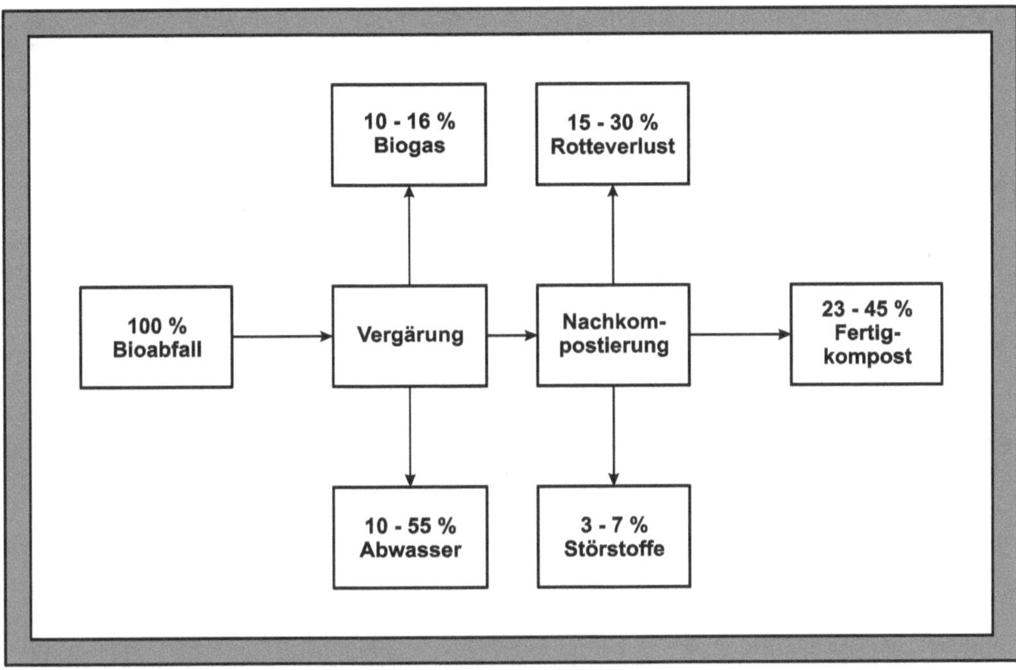

Abb. 6.20: Bilanz einer Vergärungsanlage

Biogas

Das nach der Vergärung erhaltene Biogas ist in seiner Zusammensetzung abhängig von den Eingangsstoffen und der Auslegung der Anlage (Abb. 6.21).

Verbindung	Konzentration/Vol-%
Methan (CH_4)	40 - 75
Kohlendioxid (CO_2)	25 - 60
Stickstoff (N_2)	< 7
Sauerstoff (O_2)	< 2
Wasserstoff (H_2)	< 1
Schwefelwasserstoff (H_2S)	< 1

Abb. 6.21: Zusammensetzung von Biogasen

6

Aus einer Tonne organischem Material können Ausbeuten von 100 bis 200 Nm^3 erzielt werden. Das Gas muss vor der weiteren Nutzung meist noch gereinigt und aufkonzentriert werden. Die Entfernung des giftigen Schwefelwasserstoffs steht hier an erster Stelle. Danach kann das Biogas zur Wärme- und Energieerzeugung verwendet werden.

Kompostgut

Die nicht hydrolisierten oder vergärten Feststoffrückstände sind vergleichbar mit aerob gewonnenem Kompostgut. Die Schwermetalle, die aus dem Substrat nicht immer komplett zu entfernen sind, treten größtenteils in dieser Faktion wieder auf.

6.5 Mechanisch-biologische Abfallbehandlung

Grundsätzlich besteht eine mechanisch-biologische Abfallbehandlungsanlage (MBA) aus einer mechanischen und einer biologischen Behandlungsstufe. Die Abbildung 6.22 zeigt ein schematisches Verfahrensfließbild für eine MBA-Anlage.

Mechanische Abfallbehandlung

Die angelieferten Abfälle durchlaufen zuerst eine Annahmekontrolle. Sollte der Abfall nicht den Anforderungen für eine MBA-Behandlung entsprechen, wird er zurückgewiesen. Zum Schutz des Grundwassers werden die Abfälle in Bunkern oder Hallen abgeladen. Sie dienen als Zwischenlager, um bei Betriebsstörungen als Puffer zu fungieren. Der Boden besteht aus wasserundurchlässigen und verschleißbeständigen Materialien. Um Emissionen zu vermindern, sind die Bereiche ein zu hausen und mit einer Ablufterfassungsanlage zu versehen. In den Bunkern und Hallen kann bereits eine Aussortierung sperriger Störstoffe erfolgen. Die Sortierung erfolgt über Radlader und Sortiergreifer mit geschlossenen Kabinen und Schutzbelüftung. Anforderungen an den Arbeitsschutz sind besonders zu berücksichtigen.

Durch die Zerkleinerungsstufe werden die Abfälle auf die optimale Größe für die nachfolgenden Aufbereitungsschritte gebracht. Um Staubemissionen zu minimieren, werden bevorzugt langsam laufende Zerkleinerungsaggregate verwendet. Die Abtrennung der Eisen- und Nichteisenmetalle wird mit Überband- oder Trommelmagneten bzw. Wirbelstromscheidern durchgeführt. Der gewonnene Fe-Schrott bzw. NE-Metallschrott (Al, Cu, Pb, etc.) wird verwertet. Die Abtrennung der heizwertreichen Fraktionen erfolgt über Siebung oder Windsichtung. Dabei wird in eine Grob- und Feinfraktion getrennt. Die Grobfraktion enthält die heizwertreichen Stoffe und die Feinfraktion gelangt in die biologische Behandlungsstufe. Zur Verwendung als Ersatzbrennstoff muss die heizwertreiche Fraktion von weiteren Störstoffen (Inertstoffen, chlorhaltige Bestandteile) entfrachtet und getrocknet werden.

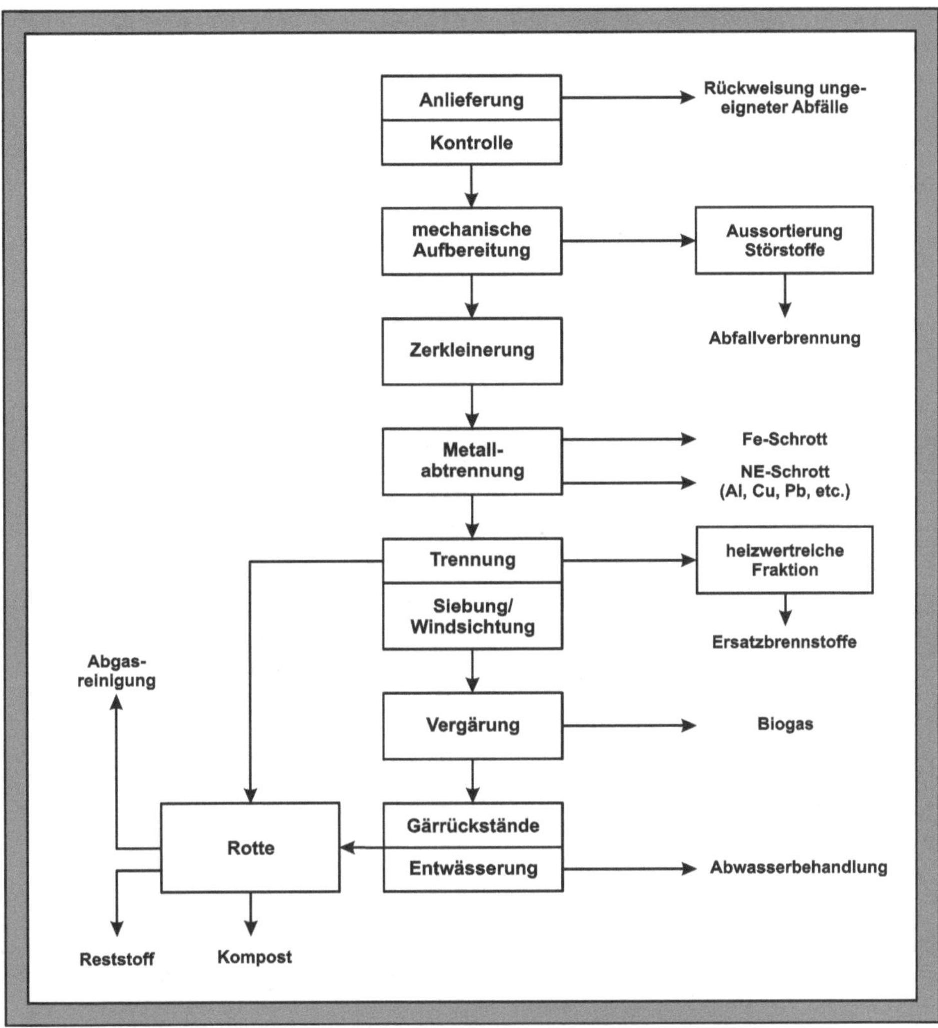

Abb. 6.22: Verfahrensprinzip der mechanisch-biologischen Abfallbehandlung (MBA)

Biologische Abfallbehandlung

Die biologische Behandlungsstufe kann anaerob als Vergärung oder aerob als Rotte betrieben werden. Beide Prozesse lassen sich auch kombinieren.

Bei der Vergärung werden die organischen Abfälle durch Mikroorganismen zu Methan (CH_4) und Kohlendioxid (CO_2) umgesetzt. Zurück bleibt ein nicht abbaubarer Gärrückstand. Die bei der anaeroben Behandlung anfallenden Gärrückstände müssen entwässert und einer Nachrotte unterzogen werden.

Beim aeroben Rotteverfahren zersetzen Mikroorganismen mit Hilfe von Luftsauerstoff die organischen Abfälle. Zur verfahrenstechnischen Durchführung kommen Tunnel-, Boxen-, Tafel- oder Wandermietenverfahren zur Anwendung. Das Umsetzen des verrottenden Materials hat einen großen Einfluss auf den Verlauf und die Dauer der Rotte. Durch das Umsetzen wird das Rottematerial neu durchmischt und den Mikroorganismen stehen neue Oberflächen für den Abbau zur Verfügung. Werden die Bedingungen für eine Deponieablagerung (zu hoher C-Gehalt) noch nicht erreicht, sind die heizwertreichen Abfallbestandteile vorher zu entfernen.

Emissionen

Beim Betrieb einer MBA entstehen in den einzelnen Behandlungsstufen verschiedene Emissionen (Abluft, Abwasser, Gerüche, Keime). Vor allem im Bereich der Abfallannahme, der mechanischen Behandlungsstufe und bei der Rotte treten Abluftemissionen auf. Dazu zählen u.a. Stäube, flüchtige organische Verbindungen (VOC's) und Ammoniak (NH_3). Die entsprechenden Verfahrensschritte werden gekapselt oder eingehaust. Die Luft wird abgesaugt und in einer Abluftbehandlungsanlage verbrannt.

Geruchsemissionen entstehen bei der Abfallanlieferung durch die biologische Zersetzung des Abfalls. Weiterhin bilden sich Gerüche durch die Stoffwechselprodukte bei der Vergärung und der Rotte. Zur Beseitigung und Minimierung der Geruchsemissionen werden in stark geruchsbelasteten Bereichen gekapselte Systeme mit Luftabsaugung und Unterdruckschleusen verwendet. Wie bei Abluftemissionen werden auch diese Teilströme thermisch behandelt.

Die Prozesswässer aus der Vergärung und der Rotte sind durch gelöste organische Verbindungen und anorganische Ammoniumverbindungen belastet. Eine Reinigung ist durch biologische, chemische (Fällung, Flockung) oder physikalische (Filtration) Verfahren möglich.

Um die Mitarbeiterbelastung durch Keime zu minimieren, müssen die Prozessabschnitte für Anlieferung, Sortierung, etc. räumlich getrennt sein. Die Arbeit in stark keimbelasteten Bereichen sollte möglichst automatisiert erfolgen. Ein dauerhafter Kontakt mit den Abfällen am Arbeitsplatz ist nicht gestattet. Kritische Anlagenteile müssen lufttechnisch isoliert sein.

Massenbilanz

Der prozentuale Anteil der verschiedenen Fraktionen hängt stark von der Zusammensetzung des angelieferten Hausmülls ab. Abbildung 6.23 gibt einen Eindruck bzgl. der möglichen Mengenanteile wieder.

Fraktionen	Anteil/%
Wasser	40
Rotteverlust	5
Ersatzbrennstoff	30
Biogas	10
mineralische Stoff	10
Metalle	1
Reststoffe	5

Abb. 6.23: Anteile der verschiedenen MBA-Fraktionen am Hausmüll

6

6.6 Wissensfragen

- Welche Anforderungen werden an die Entsorgung von Bioabfällen nach BioAbfV gestellt?
- Welche Einschränkungen existieren für die Aufbringung und Verwertung von Bioabfällen und Klärschlämmen?
- Beschreiben Sie die biochemischen Grundlagen und Betriebsparameter der Kompostierung.
- Wie ist der allgemeine Verfahrensablauf der Kompostierung incl. Massenbilanz?
- Erläutern sie verschiedene Kompostierverfahren.
- Wie läuft die anaerobe Abfallbehandlung ab?
- Erläutern Sie die einstufige und zweistufige Nassfermentation.
- Beschreiben Sie die Verfahrensprinzipien der mechanisch-biologischen Abfallbehandlung.

6.7 Weiterführende Literatur

6.1 ATV-DVWK Deutsche Vereinigung für Wasserwirtschaft, Abwasser und Abfall e.V. (Hrsg.); *Mechanische und biologische Verfahren der Abfallbehandlung,* Ernst & Sohn, **2002,** 3-433-01470-1

6.2 Bilitewski, B. et al (Hrsg.); *Anaerobe biologische Abfallbehandlung,* Forum für Abfallwirtschaft und Altlasten e.V., **2008,** 978-3-934253-49-0

6.3 BioAbfV - Bioabfallverordnung, *Verordnung über die Verwertung von Bioabfällen auf landwirtschaftlichen, forstwirtschaftlichen und gärtnerisch genutzten Böden,* **04.04.2013**

6.4 Bischofsberger, W.; Dichtl, N.; Rosenwinkel, K.-H.; *Anaerobtechnik,* Springer, **2005,** 978-3-540-06850-1

6.5 Bundesministerium für Umwelt, Naturschutz und Reaktorsicherheit (BMU), Umweltbundesamt (UBA); *Ökologisch sinnvolle Verwertung von Bioabfällen - Anregungen für kommunale Entscheidungsträger,* **September 2009**

6.6 Cahls, C.; *Schadstoffbilanzierung und Emissionsminderung bei der mechanisch-biologischen Abfallbehandlung,* ISAH, **2001,** 3-921421-43-8

6.7 Emberger, J.; *Kompostierung und Vergärung,* Vogel, **1993,** 3-8023-14444-1

6.8 Hoffmann, G. et al; *Nutzung der Potenziale des biogenen Anteils im Abfall zur Energieerzeugung,* Umweltbundesamt, Texte 33/2011, **2011**

6.9 Kämpfer, P.; Weißenfels, W.; *Biologische Behandlung organischer Abfälle,* Springer, **2001,** 3-540-41915-2

6.10 Kern, M. et al.; *Aufwand und Nutzen einer optimierten Bioabfallverwertung hinsichtlich Energieeffizienz, Klima- und Ressourcenschutz,* Umweltbundesamt (UBA), Texte 43/2010, **August 2010**

6.11 Länderausschuss für Arbeitsschutz und Sicherheitstechnik (LASI); *Leitlinien des Arbeitsschutzes in biologischen Abfallbehandlungsanlagen,* **o.J.,** 3-936415-11-0

6.12 Landwirtschaftliches Technologiezentrum Augustenberg LTZ (Hrsg.); *Nachhaltige Kompostanwendung in der Landwirtschaft,* **April 2008**

6.13 Santen, H.; *Die Perkolation zur Vorbehandlung von Abfällen vor der Vergärung,* TU Braunschweig, **2007**

6.14 Stegmann, R.; Heusel, A. (Hrsg.); *Biologische Abluftreinigung bei der Kompostierung,* Erich Schmidt, **2004,** 3-503-07894-0

6.15 Thiel, St.; *Ersatzbrennstoffe in Kohlekraftwerken - Mitverbrennung von Ersatzbrennstoffen aus der mechanisch-biologischen Abfallbehandlung in Kohlekraftwerken,* TK Verlag, **2007,** 978-3-935317-29-0

6.16 VDI 3475 Blatt 1; *Emissionsminderung - Biologische Abfallbehandlungsanlagen - Kompostierung und Vergärung, Anlagenkapazität mehr als ca. 6.000 Mg/a,* Beuth, **Januar 2003**

6.17 VDI 3475 Blatt 2; *Emissionsminderung - Biologische Abfallbehandlungsanlagen - Kompostierung und (Co-)Vergärung - Anlagenkapazität bis ca. 6.000 Mg/a,* Beuth, **Dezember 2005**

6.18 VDI 3475 Blatt 3; *Anlagen zur mechanisch-biologischen Behandlung von Siedlungsabfällen,* Beuth, **Dezember 2006**

6.19 VDI 3475 Blatt 4; *Emissionsminderung - Biogasanlagen in der Landwirtschaft - Vergärung von Energiepflanzen und Wirtschaftsgüter,* Beuth, **Juli 2007**

6.20 VDI 3475 Blatt 5; *Biologische Abfallbehandlungsanlagen - Vergärung und Nachbehandlung,* Beuth, **Dezember 2013**

6.21 Vogt, R. et al (Hrsg.); *Ökobilanz Bioabfallverwertung - Untersuchungen zur Umweltverträglichkeit von Systemen zur Verwertung von biologisch-organischen Abfällen,* Erich Schmidt, **2002,** 3-503-07047-8

7 Altfahrzeuge

7.1 Altfahrzeugverordnung (AltfahrzeugV)

Anwendungsbereich (§ 1)

Diese Verordnung gilt für Fahrzeuge und Altfahrzeuge einschließlich ihrer Bauteile und Werkstoffe. Dies gilt unabhängig davon, wie das Fahrzeug während seiner Nutzung gewartet oder repariert worden ist und ob es mit vom Hersteller gelieferten Bauteilen oder mit anderen Bauteilen bestückt ist, wenn deren Einbau als Ersatz-, Austausch- oder Nachrüstteile den einschlägigen Vorschriften über die Zulassung von Fahrzeugen zum Verkehr auf öffentlichen Straßen entspricht. Den Vorschriften der Altautoverordnung unterliegen die Wirtschaftsbeteiligten sowie die Besitzer, Eigentümer und Letzthalter von Altfahrzeugen.

Rücknahmepflichten (§ 3)

Hersteller von Fahrzeugen sind verpflichtet, alle Altfahrzeuge ihrer Marke vom Letzthalter zurückzunehmen. Die Hersteller von Fahrzeugen müssen die Altfahrzeuge ab Überlassung an eine anerkannte Rücknahmestelle oder einen von einem Hersteller hierzu bestimmten anerkannten Demontagebetrieb unentgeltlich zurücknehmen. Die Hersteller von Fahrzeugen stellen die erforderlichen Informationen über die von ihnen eingerichteten Rücknahmestellen in geeigneter Weise zur Verfügung, um den Letzthalter auf Anfrage über eine für ihn geeignete Rücknahmestelle zu unterrichten. Hersteller und Vertreiber von Bauteilen für Personenkraftwagen haben sicherzustellen, dass Altteile aus Reparaturen, die in Kfz-Werkstätten oder in vergleichbaren gewerblichen Einrichtungen anfallen, zum Zweck der ordnungsgemäßen und schadlosen Verwertung oder der gemeinwohlverträglichen Beseitigung zurückgenommen werden. Die Beteiligten können Vereinbarungen über die erforderlichen Maßnahmen und die Tragung der Kosten treffen.

Überlassungspflichten (§ 4)

Wer sich eines Fahrzeugs entledigt, entledigen will oder entledigen muss, ist verpflichtet, dieses nur einer anerkannten Annahmestelle, einer anerkannten Rücknahmestelle oder einem anerkannten Demontagebetrieb zu überlassen. Betreiber von Demontagebetrieben sind verpflichtet, die Überlassung unverzüglich durch einen Verwertungsnachweis zu bescheinigen. Verwertungsnachweise dürfen nur von Betreibern anerkannter Demontagebetriebe ausgestellt werden. Betreiber von Demontagebetrieben dürfen nur anerkannte Annahmestellen oder anerkannte Rücknahmestellen beauftragen, den Verwertungsnachweis auszuhändigen. Mit Ausstellung oder Aushändigung des Verwertungsnachweises dürfen Altfahrzeuge nur einer ordnungsgemäßen Verwertung zugeführt werden. Dieses wird mit der Ausstellung oder Aushändigung des Verwertungsnachweises versichert.

Betreiber von Annahmestellen und Rücknahmestellen sind verpflichtet, Altfahrzeuge nur einem anerkannten Demontagebetrieb zu überlassen. Betreiber von Demontagebetrieben sind verpflichtet, Restkarossen nur einer anerkannten Schredderanlage zu überlassen. Betreiber von Annahmestellen, Rücknahmestellen, Demontagebetrieben, Schredderanlagen und sonstigen Anlagen zur weiteren Behandlung müssen die für sie jeweils geltenden Anforderungen erfüllen. Die genannten Betreiber dürfen Altfahrzeuge oder Restkarossen nur annehmen oder behandeln, wenn die Betriebe im Sinne von § 2 AltfahrzeugV anerkannt sind.

Die Einhaltung der Anforderungen ist durch einen Sachverständigen zu bescheinigen. Die Bescheinigung darf nur erteilt werden, wenn die Anforderungen der AltfahrzeugV erfüllt werden. Die Bescheinigung gilt längstens für die Dauer von 18 Monaten. Die Bescheinigung ist durch den Sachverständigen zu entziehen, wenn er sich durch Prüfung und Kontrolle der entsprechenden betriebsspezifischen Anforderungen davon überzeugt hat, dass die Voraussetzungen zur Erteilung der Bescheinigung auch nach einer von ihm gesetzten, drei Monate nicht überschreitenden Frist, nicht erfüllt werden.

Mitteilungspflichten (§ 7)

Die Betreiber von Annahmestellen, Rücknahmestellen, Demontagebetrieben, Schredderanlagen und sonstigen Anlagen zur weiteren Behandlung haben die jeweils gültige Bescheinigung, einschließlich des Prüfberichts oder das jeweils gültige Überwachungszertifikat, einer technischen Überwachungsorganisation oder einer Entsorgergemeinschaft, einschließlich des Prüfberichts sowie die gemäß § 27 der Nachweisverordnung erteilte Nummer, der für die Überwachung des jeweiligen Betriebs zuständigen Behörde unverzüglich vorzulegen. Sind Annahmestellen oder Rücknahmestellen Kraftfahrzeugwerkstätten, legt die jeweils zuständige Kraftfahrzeug-Innung die Bescheinigung einschließlich des Prüfberichts der für die Überwachung des Betriebs zuständigen Behörde vor.

Die Sachverständigen haben einer von den Ländern einzurichtenden gemeinsamen Stelle für die von ihnen anerkannten Demontagebetriebe, Schredderanlagen und sonstigen Anlagen zur weiteren Behandlung unverzüglich eine Durchschrift der von ihnen erteilten Bescheinigung oder des Entzugs der von ihnen erteilten Bescheinigung zu übermitteln. Diese muss mindestens folgende Angaben enthalten:

- Name und Anschrift der Firma,
- Anschrift des anerkannten Betriebs oder Betriebsteils,
- Betriebsnummer nach § 27 der Nachweisverordnung,
- Kommunikationseinrichtungen,
- Ansprechpartner,
- zuständige Genehmigungsbehörde,
- Datum der Ausstellung und des Ablaufs der Bescheinigung.

Abfallvermeidung (§ 8)

Zur Förderung der Abfallvermeidung sind:

- die Verwendung gefährlicher Stoffe in Fahrzeugen zu begrenzen und bereits ab der Konzeptentwicklung von Fahrzeugen so weit wie möglich zu reduzieren, insbesondere um ihrer Freisetzung in die Umwelt vorzubeugen, die stoffliche Verwertung zu erleichtern und die Notwendigkeit der Beseitigung gefährlicher Abfälle zu vermeiden,
- bei der Konstruktion und Produktion von neuen Fahrzeugen, der Demontage, Wiederverwendung und Verwertung, insbesondere der stofflichen Verwertung von Altfahrzeugen, ihren Bauteilen und Werkstoffen umfassend Rechnung zu tragen,
- bei der Herstellung von Fahrzeugen und anderen Produkten verstärkt Recyclingmaterial zu verwenden.

Kennzeichnungsnormen und Demontageinformationen (§ 9)

Die Hersteller von Fahrzeugen sind verpflichtet, in Absprache mit der Werkstoff- und Zulieferindustrie Kennzeichnungsnormen für Bauteile und Werkstoffe nach Festlegung durch die Europäische Kommission gemäß Artikel 8 der Richtlinie 2000/53/EG des Europäischen Parlaments und des Rates vom 18. September 2000 über Altfahrzeuge zu verwenden, um insbesondere die Identifizierung derjenigen Bauteile und Werkstoffe zu erleichtern, die wiederverwendet oder verwertet werden können.

Die Hersteller von Fahrzeugen sind verpflichtet, für jeden in Verkehr gebrachten neuen Fahrzeugtyp binnen sechs Monaten nach Inverkehrbringen den anerkannten Demontagebetrieben Demontageinformationen bereitzustellen. In diesen Informationen sind, insbesondere im Hinblick auf die Erreichung der Ziele, die einzelnen Fahrzeugbauteile und -werkstoffe sowie die Stellen aufzuführen, an denen sich gefährliche Stoffe im Fahrzeug befinden, soweit dies für die Demontagebetriebe zur Einhaltung der Anforderungen nach dieser Verordnung erforderlich ist.

Unbeschadet der Wahrung der Geschäfts- und Betriebsgeheimnisse sind die Hersteller von Fahrzeugbauteilen verpflichtet, den anerkannten Demontagebetrieben auf Anforderung angemessene Informationen zur Demontage, Lagerung und Prüfung von wiederverwendbaren Teilen zur Verfügung zu stellen.

Informationspflichten (§ 10)

Die Hersteller von Fahrzeugen sind verpflichtet, in Zusammenarbeit mit den jeweiligen Wirtschaftsbeteiligten in geeigneter Weise Informationen zu veröffentlichen über:

- die verwertungs- und recyclinggerechte Konstruktion von Fahrzeugen und ihren Bauteilen,
- die umweltverträgliche Behandlung von Altfahrzeugen, insbesondere die Entfernung aller Flüssigkeiten und die Demontage,
- die Entwicklung und Optimierung von Möglichkeiten zur Wiederverwendung und zur stofflichen oder sonstigen Verwertung von Altfahrzeugen und ihren Bauteilen,
- die bei stofflichen und sonstigen Verwertungen erzielten Fortschritte zur Verringerung des zu entsorgenden Abfalls und zur Erhöhung der Rate der stofflichen und sonstigen Verwertung.

Der Hersteller von Fahrzeugen hat diese Informationen den potenziellen Fahrzeugkäufern zugänglich zu machen. Die Informationen sind in die Werbeschriften für das neue Fahrzeug aufzunehmen.

7.2 Recycling von Altfahrzeugen

Wie bei allen Produkten müssen auch Kraftfahrzeuge nach Ablauf ihrer Lebensdauer zur Schonung der Umwelt und zur Nutzung der in ihnen verbauten Ressourcen möglichst vollständig recycelt werden. In Deutschland waren 2010 50 Millionen Kraftfahrzeuge - davon 42 Millionen PKW (85 %) - zugelassen. Jährlich werden 3,5 - 4 Millionen Kraftfahrzeuge aus dem Bundeskraftfahrzeugregister gelöscht. Bezogen auf die Anzahl der PKW´s sind dies 3,2 Millionen Personenkraftwagen.

⅔ der gelöschten PKW´s (2 Millionen) werden überwiegend in EU-Länder exportiert. Ca. 500.000 PKW´s werden der Altfahrzeugverwertung zugeführt.

Vor dem Inkrafttreten der Altautoverordnung lag die Anzahl der Altautoverwertungsbetriebe bei ca. 3.000 Unternehmen. Durch die Verordnung wurden die Anforderungen an die Verwertungsbetriebe erhöht, so dass 1.200 Demontagebetriebe für Altfahrzeuge auf dem Markt tätig sind. Die bei den Demontagebetrieben anfallenden Restkarossen - neben Elektroaltgeräten - werden in den 50 deutschen Schredderanlagen verarbeitet und stofflich recycelt.

In Deutschland läuft die Verwertung von Altfahrzeugen in der Regel in zwei Stufen ab. In der ersten Stufe werden die Altfahrzeuge von Demontagebetrieben trockengelegt und entkernt. Mit der Trockenlegung werden alle Betriebsflüssigkeiten (Öle, Treibstoffe, Kühlflüssigkeiten) abgelassen. Für die Demontage werden die wichtigsten Fahrzeugdaten (Typ, Fahrgestellnummer, Baujahr, Kilometerstand) erfasst. Brauchbare Teile werden ausgebaut, aufgearbeitet und als Ersatzteile verkauft. Zur endgültigen Entsorgung werden die Restkarossen an Schredderanlagen übergeben. Abbildung 7.1 zeigt einen vereinfachten Strukturplan für die Demontage von Altfahrzeugen.

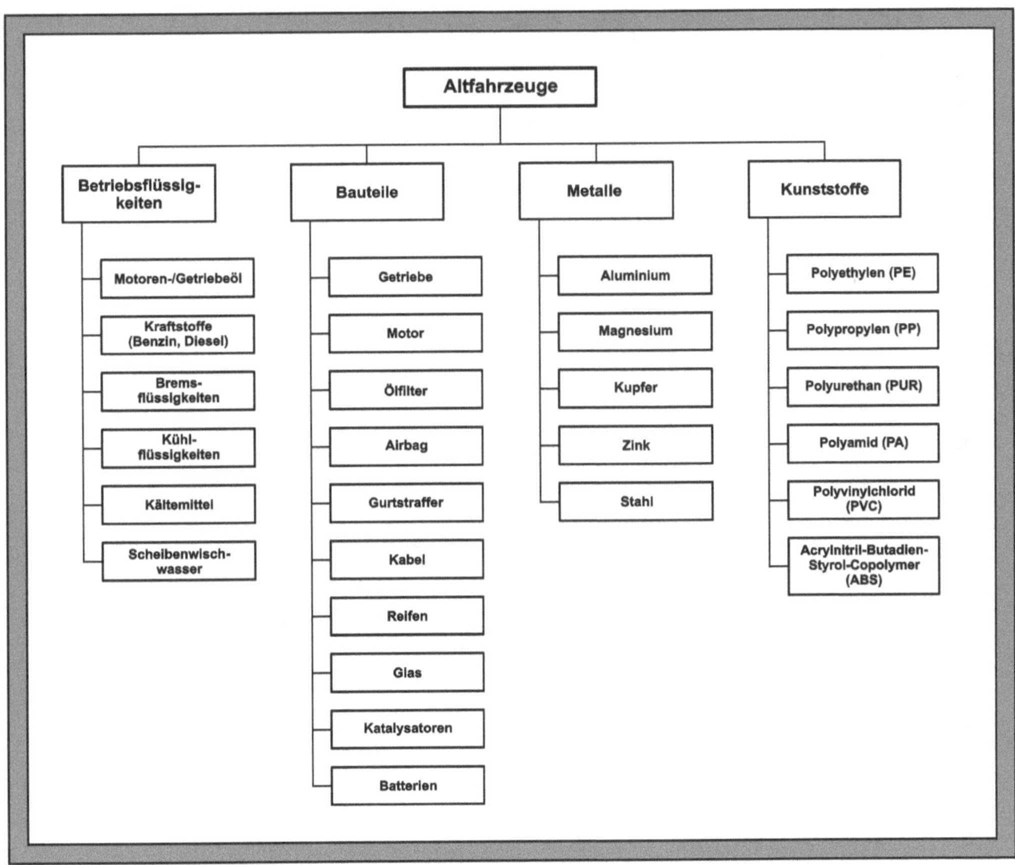

Abb. 7.1: Vereinfachter Strukturplan Altfahrzeuge

Recycling der einzelnen Komponenten

Die EU-Altfahrzeugrichtlinie (2000/53/EG) und die deutsche Altfahrzeugverordnung fordern seit 2006 eine Verwertungsquote (stofflich und energetisch) von 85 % des Leergewichts und eine Recyclingquote von 80 %. Diese Quoten werden laut Statistischem Bundesamt erreicht (Abb. 7.2).

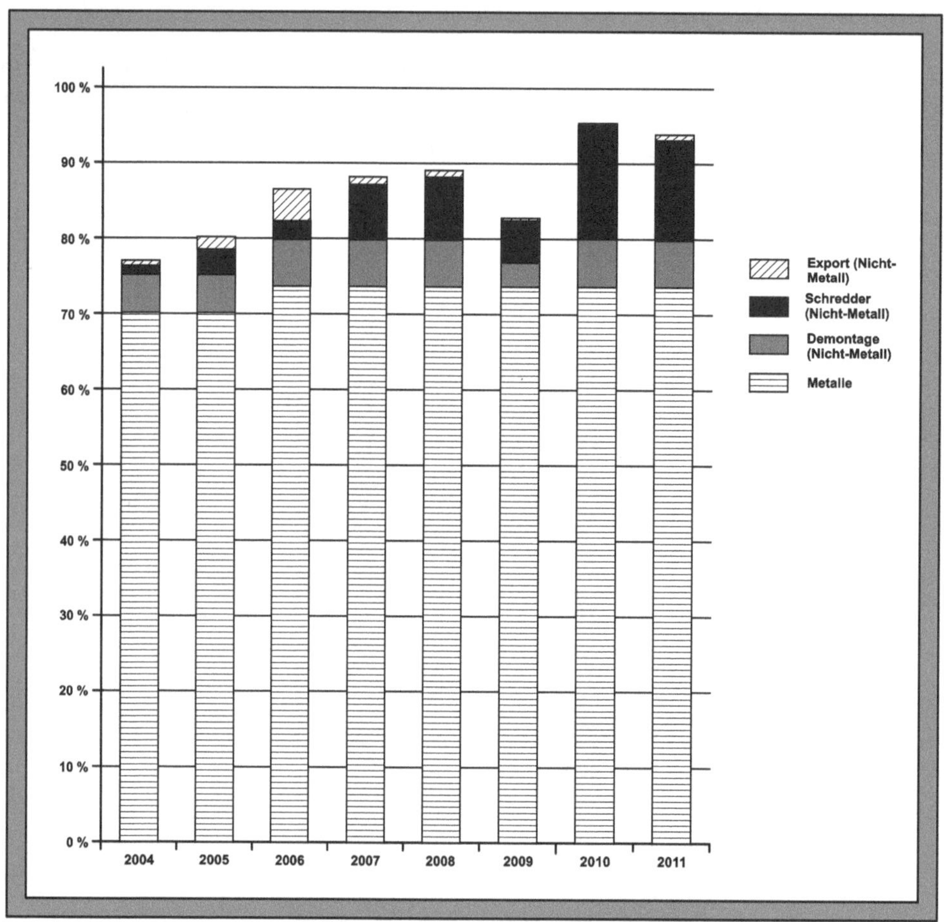

Abb. 7.2: Wiederverwendung und Verwertung von Altfahrzeugen [7.15]

Betriebsflüssigkeiten

Alle Betriebsflüssigkeiten wie Motoren- und Getriebeöle, Kraftstoffe (Benzin und Diesel), Brems- und Kühlflüssigkeit, Kältemittel aus der Klimaanlage und Scheibenwischwasser werden entfernt.

In der Automobilindustrie werden jährlich 1,1 Millionen Tonnen Öle verwendet. Davon gehen 40 % im laufenden Betrieb durch Schmierung, Oxidationsprozesse oder Leckagen verloren. 600.000 Tonnen fallen als verunreinigtes Altöl an. Sie werden durch Zweitraffination aufbereitet und wieder als Motoren-, Getriebe- und Hydrauliköle oder als Industrieschmierstoffe eingesetzt. Eine weitere

Recyclingmöglichkeit ist die energetische Verwertung als Sekundärbrennstoff. Anfallende Kraftstoffe werden aufgrund möglicher Verunreinigungen überwiegend als Sekundärbrennstoff verwendet.

Die in Personenkraftwagen eingesetzten Bremsflüssigkeiten bestehen zu 60 - 95 % aus Polyethylenglykolether und 5 - 40 % Polyglykol, denen geringe Mengen an Additiven zugesetzt werden. In Fahrzeugen befinden sich ca. 0,7 L Bremsflüssigkeit. Das jährliche Aufkommen an verbrauchter Bremsflüssigkeit liegt bei 10.000 - 15.000 Tonnen. Dabei handelt es sich zum größten Teil um durch Kfz-Werkstätten ausgetauschte Bremsflüssigkeit. Als Verwertungsmöglichkeiten bieten sich auch hier zwei Wege an. Entweder wird die verbrauchte Bremsflüssigkeit durch entsprechende verfahrenstechnische Prozesse stofflich aufbereitet oder einfacher energetisch verwertet. Während Altöle einen Heizwert von ca. 40 MJ/kg haben, liegt dieser für Bremsflüssigkeiten bei ca. 30 MJ/kg.

Hauptbestandteil von Kühlflüssigkeiten ist Wasser (60 - 80 %), dem ein Frostschutzmittel auf Ethylenglykolbasis (20 - 50 %) beigemischt wird. So kann der Gefrierpunkt des Gemisches auf bis zu - 48 °C abgesenkt werden. Zum Korrosionsschutz werden noch Additive hinzugefügt. Im Kühlkreislauf eines PKW´s befinden sich 6 - 7 Liter Kühlflüssigkeit. Die jährlich anfallende Menge an Kühlflüssigkeit wird auf 60.000 - 100.000 Tonnen geschätzt. Der Hauptbestandteil fällt dabei in Kfz-Werkstätten an. Da Kühlflüssigkeit keinen sehr hohen Heizwert besitzt, wird der größte Teil destillativ aufbereitet. Unter Verwendung eines mehrstufigen Destillationsverfahrens wird die verbrauchte Kühlflüssigkeit in eine wässrige Phase und in eine Glykolphase zerlegt. Die Glykolphase wird von enthaltenen Reststoffen mit einer Reinheit von 99,5 % abgetrennt. Das Recyclat wird nach Zusatz von Additiven wieder als Kühlflüssigkeit verkauft.

Als Kältemittel ist in Klimaanlagen Tetrafluorethan (R 134 a) enthalten. Es trägt zum Treibhauseffekt bei und muss deshalb zurückgewonnen werden. In den Klimaanlagen von PKW´s befinden sich zwischen 500 und 2.000 Gramm Kältemittel. Für Kfz-Werkstätten stehen mobile Geräte zur Verfügung, mit denen das Kältemittel abgesaugt, gereinigt und anschließend wieder in die Klimaanlage gefüllt werden kann. Altautoverwerter saugen das Kältemittel ab und leiten es an Anlagen weiter, die das R 134 a destillativ aufarbeiten. In einem einstufigen Destillationsverfahren wird das Kältemittel als Kopfprodukt abgetrennt.

Scheibenwischwasser ist ein Gemisch aus Wasser, Alkoholen und verschiedenen Tensiden. Die Tenside dienen zur besseren Reinigung und verhindern die Schlierenbildung. Normalerweise wird das Scheibenwischwasser als Abwasser über die Kanalisation entsorgt.

Reifen

Das Gewicht der kompletten Fahrzeugbereifung eines PKW´s - incl. Reserverad - beträgt ca. 40 kg. Das Gesamtaufkommen an Altreifen wird auf 1.000.000 Tonnen/Jahr geschätzt.

Ein Teil der Altreifen kann runderneuert werden. Dazu wird die Lauffläche entfernt und das darunter liegende Gummi aufgeraut. Auf die so bearbeiteten Karkassen wird eine Gummilösung aufgetragen und in einem Vulkanisationsverfahren die neue Lauffläche aufgebracht.

Bei der stofflichen Verarbeitung zu Granulat wird bei der Kaltvermahlung der vorzerkleinerte Reifen mit flüssigem Stickstoff auf - 78 °C abgekühlt. Der spröde Gummi lässt sich dann leichter von Stahlcord und Textilien in den nachfolgenden Zerkleinerungs- und Siebeinrichtungen sowie der Magnetabscheidung abtrennen. Vorteil der Kaltvermahlung ist, dass die Textil- und Stahlfraktionen nicht mit Gummi versetzt sind. Nachteilig ist der hohe Energiebedarf durch die Verwendung von flüssigem Stickstoff.

Bei der Warmvermahlung wird das Material bei Umgebungstemperatur zerkleinert und von Stahl und Textilfasern separiert. Vorteilhaft ist der geringere Energiebedarf; nachteilig dagegen die schlechtere Qualität der erhaltenen Produkte. Das so gewonnene Granulat lässt sich u.a. zur Neuproduktion von Reifen verwenden.

Die energetische Verwertung von Altreifen findet u.a. in Zementwerken statt.

Glas

Flachglas aus Autoscheiben wird kaum recycelt, da die Qualitätsanforderungen der Automobilindustrie sehr hoch sind. Eine Zumischung von Glasscherben führt zu Problemen beim Schmelzvorgang. Durch mehrfaches Wiedereinschmelzen nimmt die Festigkeit des Glases ab. Scherben unterschiedlicher Zusammensetzung (verschiedener Hersteller) führen zu einer heterogenen Glasschmelze. Dadurch kann es u.a. zu Toleranzen in der Lichttransmission, Schwankungen in der Kratzfestigkeit oder Stabilität des Glases kommen.

Glasscherben von Altfahrzeugen sind durch Folien zwischen den Gläsern, Bedruckungen und Beschichtungen, Strom- und Antennenleiter sowie durch Kleberreste von Scheibeneinfassungen verunreinigt. Für ein Flachglasrecycling muss das aussortierte Glas stark zerkleinert werden. Je kleiner die Partikel, umso leichter lassen sich Fremdstoffe aussortieren. Mittels Magnetabscheider werden eisenhaltige Bestandteile abgeschieden. Optoelektronische Sensoren erkennen Fremdmaterialien, die über Luftimpulse ausgeschleust werden. Die verbleibenden Rohscherben lassen sich zur Herstellung von Hohlglas oder von Glaswolle verwenden.

Ölfilter

Durch Ölfilter werden Partikel aus dem umlaufenden Motorenöl entfernt und dadurch die Intervalle eines Ölwechsels verlängert. In Deutschland fallen jährlich zwischen 35.000 und 40.000 Tonnen Ölfilter an. Sie bestehen aus ca. 50 - 60 % Stahlblech, 20 - 30% Motorenöl und 15 - 25 % Filterpapier.

In einer Auffangvorrichtung werden die Ölfilter zum Austropfen gelagert. Je nach Verfahren werden sie sortiert, geschreddert und über Zentrifugieren weitere Altöle abgetrennt, die der Altölverwertung zugeführt werden. Über Magnetabscheider wird der Stahl abgesondert. Das verbleibende Filterpapier wird als Ersatzbrennstoff verwendet.

Airbag und Gurtstraffer

Der Airbag besteht aus einem Polyamidsack, einem Gasgenerator sowie einem Steuergerät mit Auslöser. Bei einem Unfall wird vom Steuergerät ein Zündimpuls an den Gasgenerator geleitet. Durch die Verbrennung eines darin befindlichen Festtreibstoffes wird innerhalb von 10 - 40 ms der Polyamidsack aufgeblasen.

Airbags lassen sich auf zwei Wegen entsorgen. Bei der ersten Methode wird der Airbag in eingebauten Zustand gezündet und damit unschädlich gemacht. Er verbleibt in der Restkarosse und durchläuft den Schredderweg. Im zweiten Fall wird der Airbag ausgebaut und in zugelassenen Anlagen entsorgt. Eine Wiederverwendung von gebrauchten, ungezündeten Airbagmodulen ist aus rechtlichen und sicherheitstechnischen Gründen nicht möglich.

Gurtstraffer ziehen bei einem Unfall das Gurtband auf die Rolle zurück, bis der Sicherheitsgurt eng am Körper liegt. Auch bei den Gurtstraffern ist ein Gasgenerator mit Festtreibstoff eingebaut. Wie der Airbag gehört er zu den pyrotechnischen Bauteilen und ist entsprechend zu entsorgen.

Metalle

Kupfer, Aluminium, Magnesium, Zink und Stahl sind die wichtigsten Metalle im Kraftfahrzeug. Im PKW sind ca. 25 kg Kupfer bzw. -legierungen enthalten. Wichtige kupferhaltige Komponenten sind Anlasser, Lichtmaschine, Zündspule, Kabelbäume, Elektromotoren und Elektronik. Entsprechende Komponenten werden vor dem Schreddern demontiert, aufgearbeitet und vermarktet. Ein weiterer Kupferanteil fällt in der Schredderschwerfraktion (SSF) an. Nach der Windsichtung werden die ferromagnetischen Bestandteile über einen Magnetabscheider entfernt. Von der restlichen Schwerfraktion wird Kupfer in einer Schwimm-Sink-Anlage aussortiert. Eine genauere Beschreibung findet sich im Kapitel „Schredderbetriebe".

Einsatzbereiche von Aluminium sind der Motorraum bzw. die Karosserie. Bei einem Mittelklasse-PKW beträgt der Aluminiumanteil ca. 10 %. Wie beim Kupfer werden aluminiumhaltige Komponenten ausgebaut und verwertet. Die Rückgewinnung von Aluminium ist mit ca. 97 % sehr effektiv. Beim Recyclingprozess werden Aluminiumschrotte unter einer Salzdecke geschmolzen, wodurch eine Oxidation vermieden wird. Die Schmelze wird so von organischen Anhaftungen und anderen Verunreinigungen abgetrennt. Je stärker der Aluminiumschrott verunreinigt ist, umso mehr Salz wird benötigt. Die Salzschlacke wird aufbereitete und kann wieder verwendet werden. Die toxischen Reste müssen entsprechend gelagert werden. Aufgrund der Chloridionen im Salz entstehen im Recyclingprozess Dioxine und Furane. Die Prozessabluft muss daher einer entsprechenden Abgasreinigung unterzogen werden.

Magnesium ist alleine zu weich für den Automobilbau, so dass es als Legierung verwendet wird. Nach dem Ausbau entsprechender Komponenten werden die entsprechenden Chargen unter Schutzgas in einem Mehrkammerofen geschmolzen. Das Endprodukt sammelt sich in der hinteren Kammer, während sich die Verunreinigungen in der vorderen Kammer absetzen. Andere metallische Begleitstoffe können dann als Schlacke abgeführt werden.

Zink dient als Korrosionsschutz in Kraftfahrzeugen, in dem es überwiegend als Stahlblechverzinkung verwendet wird. Die europäische Automobilindustrie verbraucht jährlich ca. 5 Millionen Tonnen verzinktes Stahlblech. Aufgrund seines niedrigen Siedepunkts lässt sich Zink relativ leicht vom Stahlblech abtrennen.

Batterien

Die in Kraftfahrzeugen verwendeten Bleiakkumulatoren werden zu über 90 % verwertet. Da Blei als metallischer Einsatzstoff zur Herstellung verwendet wird, ist das Aufbereitungsverfahren zur Gewinnung einer Rohmetallfraktion relativ einfach. Eine genauere Beschreibung zur Aufarbeitung verbrauchter Bleiakkumulatoren findet sich im Kapitel „Batterien".

Kunststoffe

Kunststoffe spielen aufgrund ihres geringen Gewichtes im Automobilbau eine wichtige Rolle. Der Kunststoffanteil ist in den letzten Jahrzehnten kontinuierlich gestiegen. Verbaut werden Kunststoffe besonders im Innenraum des Autos. Darunter fallen große Teile wie Armaturen, Sitzpolster und Türverkleidungen. Im Außenbereich wird Kunststoff in Teilen wie Kühlergrill, Heckleuchten, Stoßstangen und Radblenden verwendet. Über 80 % der eingesetzten Kunststoffarten bestehen aus Polyethylen, Polypropylen, Polyurethan, Polyamid, Polyvinylchlorid und ABS-Kunststoffen.

Schredderbetriebe

Schredderanlagen dienen hauptsächlich zur Rückgewinnung von Eisen und Stahl sowie von Nichteisenmetallen (NE-Metalle). Im Schredderprozess werden u.a. Karossen und gebrauchte Haushaltsgeräte (Waschmaschinen, Trockner, usw.) zerkleinert und in die drei Fraktionen:

- Stahlschrott,
- Schredderschwerfraktionen (SSF),
- Schredderleichtfraktionen (SLF)

aufgetrennt. Die Stahlschrottfraktion hat einen Gewichtsanteil von ca. 70 % mit einem Eisenanteil von 94 - 97 %. Sie wird wieder eingeschmolzen und zu neuen Produkten verarbeitet. Die Schredderschwerfraktion hat einen Anteil von ca. 5 % und besteht zur Hälfte aus Nichteisenmetallen. Die Schredderleichtfraktion hat einen Anteil von ca. 25 % und besteht aus einem Gemisch von Kunststoffen, Textilien, Gummi, etc.

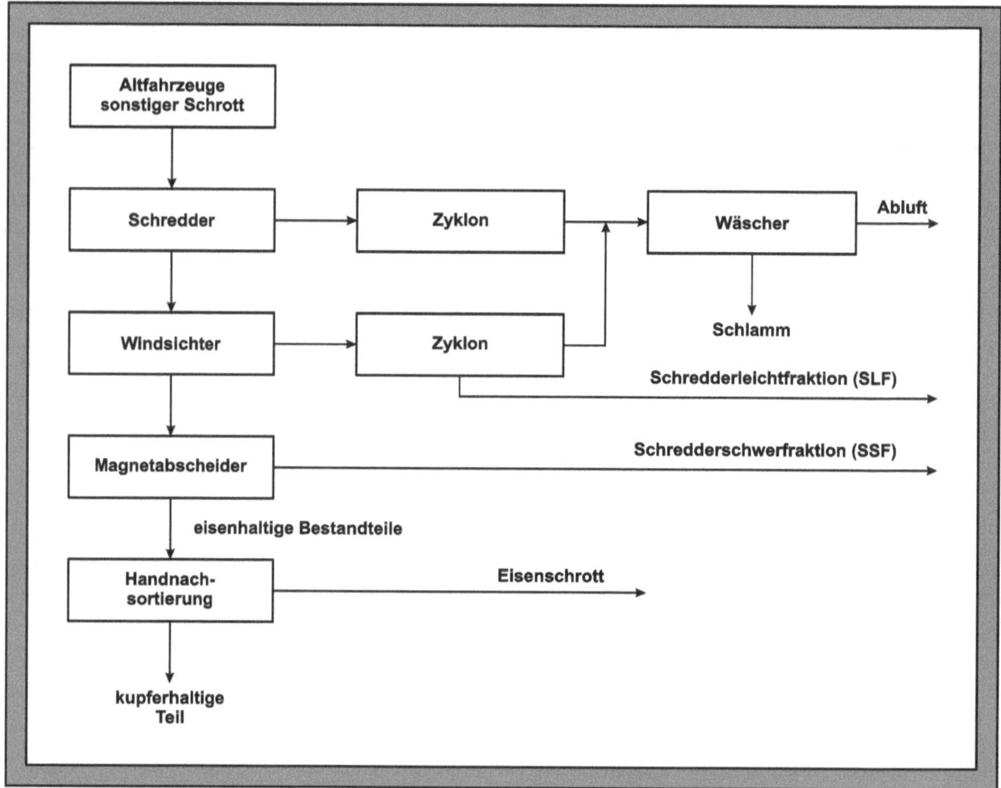

Abb. 7.3: Verfahrensprinzip einer Schredderanlagen [7.19]

Bei einer Schredderanlage werden die aufgegebenen Altfahrzeuge am Einlass zur Anlage durch zwei Walzen auf die richtige Größe zusammengedrückt. Bei der anschließenden Zertrümmerung des Materials entstehen faustgroße Brocken. Eine Entstaubungsanlage saugt den freigesetzten Staub ab und bindet ihn mit Wasser. Das Wasser-Staub-Gemisch wird über einen Zyklon getrennt;

das Wasser wieder verwendet und der anfallende Schlamm entsorgt (Abb. 7.3). Die Brocken gelangen über ein Förderband in eine Separiertrommel. In diesem Anlagenteil wird die Schredderleichtfraktion (SLF) mit Hilfe von Druckluft abgetrennt und über eine Siebanlage einem Vorratsbunker zugeführt. Durch die Siebanlage werden Glassplitter und restlicher Staub abgetrennt und separat gesammelt. Die größeren bzw. schwereren Materialien gelangen durch die Separiertrommel und werden über ein Förderband der Magnetstation zugeführt, wo die Eisenmetalle abgetrennt werden. Die eisenhaltigen Bestandteile werden an einer Sortieranlage von einem Mitarbeiter nachsortiert. Dies ist notwendig, um z.B. Zündspulen auszusortieren. Diese haben einen Eisenkern, jedoch ist der Kupferwert höher; deshalb wird aussortiert. Die nach der Magnettrennung verbleibende Schredderschwerfraktion enthält vor allem NE-Metalle, Gummi, Kunststoffe, Glas, etc.

Mittels einer Schwimm-Sink-Sortierung werden die Bestandteile der Schredderschwerfraktion getrennt (Abb. 7.4).

7

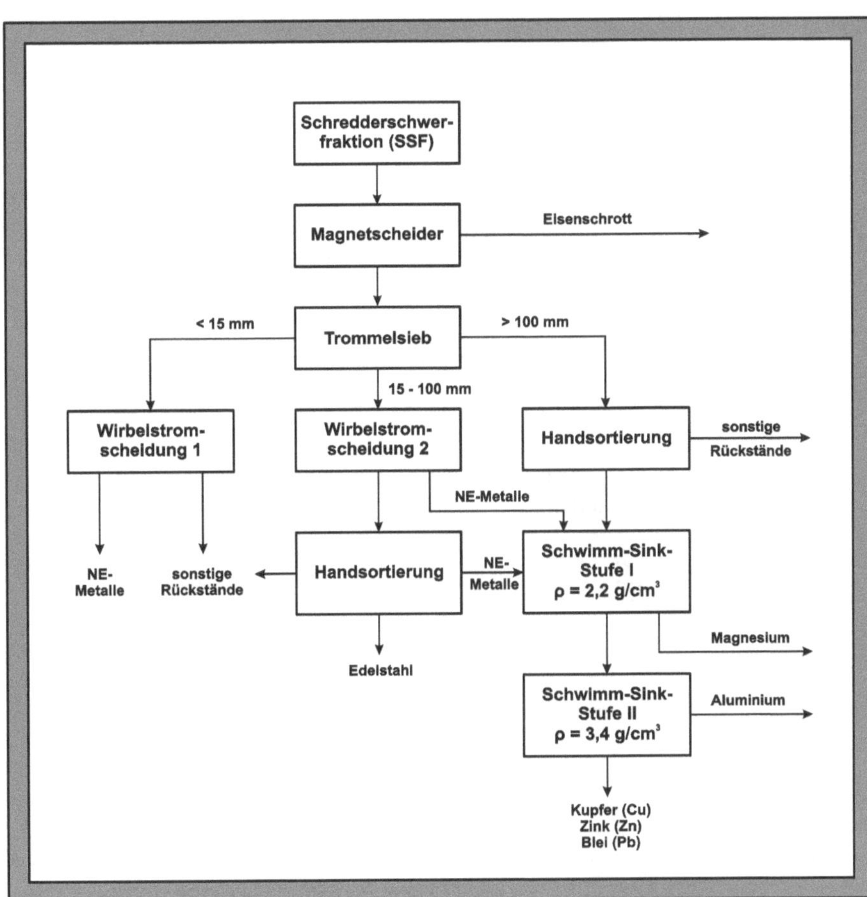

Abb. 7.4: Schwimm-Sink-Prozess zur Auftrennung der Schredderschwerfraktion [7.19]

Über einen Magnetscheider wird Eisenschrott abgetrennt und die verbleibenden Teilfraktionen weiter aufgeteilt. Diese werden über Wirbelstromscheidung und Handsortierung nachbehandelt, wobei Nichteisenmetalle (NE-Metalle) und weitere Rückstände abgetrennt werden. In der

Schwimm-Sink-Anlage werden in zwei Flüssigkeits-Trennstufen mit unterschiedlicher Dichte die einzelnen NE-Metalle abgetrennt.

In der ersten Stufe werden über eine Wasser-Magnetit-Trübe (ρ = 2,2 g/cm³) Kunststoffe, Gummi sowie Magnesiumkomponenten abgetrennt. Aufgrund ihrer geringeren Dichte schwimmen diese Materialien auf, während die anderen Nichteisenmetalle absinken. Mittels einer Wirbelstromanlage wird Magnesium von Kunststoffen, Gummi, etc. getrennt und weiter verarbeitet.

In der Schwimm-Sink-Stufe II wird mit Hilfe einer Ferrosiliciumtrübe (ρ = 3,4 g/cm³) Aluminium von den schwereren Metallen Kupfer, Zink und Blei getrennt. Durch weitere Aufbereitungsschritte lassen sich z.B. für Magnesium und Aluminium Reinheiten von 95 - 98 % erzielen.

Die Schredderleichtfraktion (SLF) ist ein heterogenes Gemisch der im PKW verwendeten Materialien. Hauptbestandteile sind:

- Kunststoffe,
- Glas,
- Lackstaub,
- Textilien, Leder,
- Holzfasern, Pappe,
- Restmetalle.

Materialien	Anteil/%
Metalle (gesamt)	73,6
Schredderleichtfraktion (SLF)	11,3
Reifen	3,4
Batterien	0,7
Flüssigkeiten (ohne Kraftstoff)	0,6
Glas	0,2
Katalysatoren	0,1
sonstige Materialien	3,0
nicht verwertet	7,1

Abb. 7.5: Stoffliche und energetische Verwertung von Altfahrzeugen [7.16]

Um die Verwertung der Schredderleichtfraktion zu verbessern, werden sogenannte Post-Schredderanlagen benutzt. Dazu wird die SLF in Prallmühlen zerkleinert und danach die restlichen Eisenmetalle mit einem Magnetabscheider abgetrennt. Mittels einer Dichtetrennung wird die mineralische Fraktion vom Rest getrennt. Kunststoffe werden ausgesondert und für das Recycling aufbereitet. Die zurückbleibenden Reststoffe werden energetisch verwertet. In Abbildung 7.5 sind die prozentualen Anteile der verwerteten Materialien von Altfahrzeugen zusammengefasst.

7.3 Autoabgaskatalysatoren

Im Prinzip besteht der Autoabgaskatalysator (AAK) aus einem keramischen Wabenkörper, der mit einer katalytisch wirksamen Beschichtung überzogen ist. Keramische Träger besitzen eine große Oberfläche bei gleichzeitig kleinem Volumen mit entsprechender Festigkeit. Aufgrund ihrer Porosität lassen sie sich gut mit der katalytisch aktiven Schicht beschichten. Aufgrund ihrer Struktur ist der Abgasgegendruck gering, d.h. im Abgasstrom stellen sie einen geringen Strömungswiderstand dar. Bedingt durch hohe thermische Stabilität, einen geringen thermischen Ausdehnungskoeffizienten sowie hohe chemische Beständigkeit hat sich besonders Cordierit, eine Keramik mit der Summenformel $2\ MgO \bullet 2\ Al_2O_3 \bullet 5\ SiO_2$ bewährt.

Auf den keramischen Träger wird eine spezielle Beschichtung - der Washcoat - aufgebracht. Er besteht aus verschiedenen anorganischen Trägeroxiden mit einer spezifischen Oberfläche von 50 - 200 m²/g, die die Oberfläche des Katalysatorträgers vergrößern und zu einer besseren Verteilung der katalytisch aktiven Substanzen beitragen. Als Trägeroxide werden Aluminium-, Silicium-, Titandioxide sowie Zeolithe eingesetzt. Als katalytisch wirksame Komponente kommen Platingruppenmetalle mit einer Beladung von 0,5 - 5 g/L Substratvolumen zum Einsatz. Platin und Palladium zeichnen sich durch eine hohe Oxidationskraft aus und katalysieren die Oxidation von CO und HC. Rhodium begünstigt die Reduktion von Stickoxiden (NO_x) mit Kohlenmonoxid (CO).

Heute ist der Autoabgaskatalysator aus mehreren Schichten aufgebaut. Auf dem keramischen Katalysatorträger befindet sich der Pt/Pd-haltige Washcoat, auf den der Rh-haltige Washcoat folgt. Der beschichtete Katalysatorträger wird in elastische Trägermaterialien eingebettet und von einem metallischen Mantel umgeben. Das durch die Verbrennung im Motor entstehende Abgas wird über einen Krümmer zum Autoabgaskatalysator geleitet. Das dort behandelte Abgas gelangt über Schalldämpfer und den Auspuff anschließend in die Umwelt.

Neben dem Autoabgaskatalysator (AAK) beim Ottomotor stellt der katalytisch beschichtete Dieselpartikelfilter eine weitere Einsatzmöglichkeit der Platingruppenmetalle im Rahmen der Autoabgasreinigung dar. Bei Fahrzeugen mit Dieselmotor werden vermehrt Partikel emittiert. Diese bestehen aus Ruß, adsorbierten Kohlenwasserstoffen, etc. und werden durch den normalen AAK nicht ausreichend vermindert. Als zusätzliche Maßnahme zur Abgasreinigung wird daher ein Partikelfilter nachgeschaltet. Das Abgas durchströmt das feinporige Filtermaterial, das die Partikel zurückhält. Ist der Filter gefüllt, erfolgt eine Regeneration durch katalytisch unterstützten Abbrand.

Durch verschiedene Prozesse kann es während der Betriebsdauer eines Kraftfahrzeuges zu einer verringerten Katalysatoraktivität (Alterung) kommen. Wird der Katalysator über einen längeren Zeitraum höheren Temperaturen ausgesetzt, kommt es zu einer Sinterung der aktiven PGM-Partikel. Die Größe dieser katalytisch aktiven Partikel liegt im Normalfall bei einigen Nanometern. Bei höheren Temperaturen aggregieren diese zu größeren Partikeln, wodurch die Katalysatoraktivität abnimmt. Diesem Effekt lässt sich durch Seltenerdoxide in gewissem Maß entgegenwirken, die die Bindung der Platingruppenmetalle an das Trägermaterial verstärken. Letztere unterliegen ebenfalls einer Sinterung, wodurch sich der Porendurchmesser und die aktive Oberfläche verkleinern. Das Ergebnis dieser Sinterung ist ein Einschluss der PGM-Nanopartikel.

Eine Deaktivierung des Katalysators ist auch durch Vergiftungen möglich. Früher wurde durch bleihaltige Kraftstoffe der Katalysator irreversibel geschädigt. Heute ist besonders Schwefel als Katalysatorgift von Bedeutung. Dieser steht mit den umzuwandelnden Schadstoffen in Konkurrenz um die aktiven katalytischen Zentren, da er besonders an diese adsorbiert. Dadurch steht weniger aktive Oberfläche für die Schadstoffeliminierung zur Verfügung. Im Gegensatz zur „Bleivergiftung" des Katalysators ist die Adsorption von Schwefel und Schwefelverbindungen ein reversibler Prozess.

Neben der Abnahme der Konvertierungsleistung verschlechtert sich bei gealterten Katalysatoren auch das Anspringverhalten, d.h. es sind höhere Temperaturen notwendig, um den Autoabgaskatalysator in seinen Betriebszustand zu versetzen. Nach dem Start entweichen dadurch für einen längeren Zeitraum weitgehend unbehandelte Abgase. Auf die Kaltstartemissionen geht der größte Anteil der emittierten Schadstoffe zurück.

Aufgrund der Kraftstoffzusammensetzung und des Verbrennungsprozesses unterscheiden sich die Nachbehandlungen der Abgase von Otto- und Dieselmotoren. Bei Ottomotoren liegen gasförmige Emissionen vor, Partikel werden kaum emittiert. Bei Dieselmotoren ist hingegen eine erhöhte Emission von Partikeln gegeben.

Autoabgaskatalysatoren fallen aus zwei Quellen an, zum einen aus der Verwertung von Schrottfahrzeugen, zum anderen aus dem Austausch von Katalysatoren während der Gebrauchsphase des Kraftfahrzeuges. Die anfallenden Autoabgaskatalysatoren werden über eine Sammellogistik der Verwertung zugeführt. In der Entmantelung wird der Keramikträger vom Stahlgehäuse getrennt. Die eigentliche Rückgewinnung der Platingruppenmetalle erfolgt beim Refiner. Die zerkleinerte Katalysatorkeramik wird in einem Hüttenprozess eingeschmolzen. Der keramische Anteil fällt in einer Schlackenphase an. Die Platingruppenmetalle (PGM) werden mit Hilfe eines Sammlermetalles (Fe, Cu oder Ni) abgezogen. Das erhaltene PGM-Konzentrat durchläuft verschiedene Schritte hydrometallurgischer Prozesse. Nach Lösung in Königswasser erfolgt zuerst die Abtrennung des Sammlermetalls, dem sich die Trennung der Edelmetalle voneinander sowie die Raffination und Feindarstellung der einzelnen Platingruppenmetalle anschließt.

7.4 Wissensfragen

- Welche Anforderungen werden an die Entsorgung von Altfahrzeugen nach AltfahrzeugV gestellt?
- Erstellen Sie einen detaillierten Strukturplan bzgl. Altfahrzeug-Recycling.
- Erläutern Sie das Verfahrensprinzip von Schredderanlagen und die Aufbereitung der einzelnen Schredderfraktionen.
- Wie werden Autokatalysatoren wieder verwertet?

7.5 Weiterführende Literatur

7.1 AltfahrzeugV - Altfahrzeug-Verordnung; *Verordnung über die Überlassung, Rücknahme und umweltverträgliche Entsorgung von Altfahrzeugen,* **05.12.2013**

7.2 De, S.; Isayev, A.; Khait, K. *Rubber Recycling,* Taylor & Francis, **2005,** 978-0-8493-1527-5

7.3 Eberle, R.; *Methodik zur ganzheitlichen Bilanzierung im Automobilbau,* TU Berlin, **2000**

7.4 Frad, A.; *Umwelt- und Recyclingbewertung als Bestandteil des Automotive Product Lifecycle Management,* Vulkan, **2009,** 978-3-8027-8304-3

7.5 Gottschick, M.; *Partizipative Stoffstromanlage für Unternehmenskooperationen am Beispiel der Altautoverwertung,* VDI, **2005,** 3-18-325315-1

7.6 Hagelücken, Ch. et al; *Autoabgaskatalysatoren,* expert, **2005,** 3-8169-2488-3

7.7 Hahn, St.; *Chemisch-analytische Charakterisierung gebrauchsbedingter Veränderungen in der Zusammensetzung und der aeroben biologischen Abbaubarkeit „umweltverträglicher" Schmierfluide,* Shaker, **2003,** 3-8322-1111-x

7.8 Härdtle, G. et al; *Altautoverwertung,* Erich Schmidt, **1994,** 3-503-03605-9

7.9 Kurth; H.; *Integriertes Konzept zur wirtschaftlichen Demontage und Verwertung von Altautos - Teil 2: Kraftfahrzeugrecyclingwirtschaft: Stoff- und Teilekreisläufe,* Institut für Entwicklungsmethodik und Fertigungstechnologien umweltgerechter Produkte (IUP), **1995,** 3-930162-03-2

7.10 Länderausschuss für Arbeitsschutz und Sicherheitstechnik (LASI); *Umgang mit Gefahrstoffen beim Recycling von Kraftfahrzeugen,* **2002,** 3-936415-22-6

7.11 Pehlken, A.; *Die Aufbereitung von Altreifen unter besonderer Berücksichtigung der Zerkleinerungstechnik,* Aufbereitungstechnik 45, **2004,** 37-46

7.12 Reinhardt, T.; Richers, U.; *Entsorgung von Schredderrückständen - ein aktueller Überblick,* Forschungszentrum Karlsruhe, FZKA 6940, **Januar 2004**

7.13 Schmidt, J. et al; *Altautoverwertung und -entsorgung,* expert, **1995,** 3-8169-1185-4

7.14 Tec4U Ingenieurgesellschaft, *Beschreibung des Standes der Technik bei der Vorbehandlung, insbesondere der Trockenlegung von Altautos gemäß AltautoV,* Umweltbundesamt, **2002**

7.15 Umweltbundesamt (UBA); *Altfahrzeug-Verwertungsquoten in Deutschland im Jahr 2011 gemäß Art. 7 Abs. 2 der Altfahrzeug-Richtlinie 2000/53/EG,* **2011**

7.16 Umweltbundesamt (UBA); *Daten zur Umwelt,* **2010**

7.17 VDI 4080; *Automobilverwertung - Qualität von Kfz-Gebrauchtteilen,* Beuth, **Juli 2005**

7.18 VDI 4082; *Automobilverwertung - Trockenlegung und Vorbereitung von Fahrzeugen auf die Zerlegung/Demontage,* Beuth, **Juni 2006**

7.19 VDI 4085; *Planung, Errichtung und Betrieb von Schrottplätzen - Anlagen und Einrichtungen zum Umschlagen, Lagern und Behandeln von Schrotten und anderen Materialien,* Beuth, **April 2011**

7.20 Wallau, F.; *Kreislaufwirtschaftssystem Altauto - Eine empirische Analyse der Akteure und Märkte der Altautoverwertung in Deutschland,* DUV, **2001,** 3-8244-0596-2

7.21 Wissussek, D.; Icken, C.; Glüsing, H.; *Produktkreislauf Bremsflüssigkeit,* expert, **1995,** 3-8169-1230-3

7.22 Woidasky, J.; Stolzenberg, A.; *Verwertungspotenzial für Kunststoffteile aus Altfahrzeugen in Deutschland,* Umweltbundesamt, **Mai 2003**

7.23 Wrobel, St.; *Reaktionstechnische Untersuchungen zur thermischen Reinigung verrußter Automobilkomponenten für die Refabrikation,* Shaker, **2007,** 978-3-8322-6513-7

8 Verpackungen

8.1 Verpackungsverordnung (VerpackV)

Abfallwirtschaftliche Ziele (§ 1)

Die Verpackungsverordnung bezweckt, die Auswirkungen von Abfällen aus Verpackungen auf die Umwelt zu vermeiden oder zu verringern. Verpackungsabfälle sind in erster Linie zu vermeiden, im Übrigen wird der Wiederverwendung von Verpackungen, der stofflichen Verwertung sowie den anderen Formen der Verwertung Vorrang vor der Beseitigung von Verpackungsabfällen eingeräumt. Um diese Ziele zu erreichen, soll die Verordnung das Marktverhalten der durch die Verordnung Verpflichteten so regeln, dass die abfallwirtschaftlichen Ziele erreicht und gleichzeitig die Marktteilnehmer vor unlauterem Wettbewerb geschützt werden.

Der Anteil der in Mehrweggetränkeverpackungen sowie in ökologisch vorteilhaften Einweggetränkeverpackungen abgefüllten Getränke soll durch diese Verordnung gestärkt werden mit dem Ziel, einen Anteil von mindestens 80 vom Hundert zu erreichen. Die Bundesregierung führt die notwendigen Erhebungen über die entsprechenden Anteile durch und gibt die Ergebnisse jährlich im Bundesanzeiger bekannt.

Spätestens bis zum 31. Dezember 2008 sollen von den gesamten Verpackungsabfällen jährlich mindestens 65 Masseprozent verwertet und mindestens 55 Masseprozent stofflich verwertet werden. Dabei soll die stoffliche Verwertung der einzelnen Verpackungsmaterialien für Holz 15, für Kunststoffe 22,5, für Metalle 50 und für Glas sowie Papier und Karton 60 Masseprozent erreichen, wobei bei Kunststoffen nur Material berücksichtigt wird, das durch stoffliche Verwertung wieder zu Kunststoff wird.

Anwendungsbereich (§ 2)

Die Verordnung gilt für alle im Geltungsbereich des Kreislaufwirtschaftsgesetzes in Verkehr gebrachten Verpackungen, unabhängig davon, ob sie in der Industrie, im Handel, in der Verwaltung, im Gewerbe, im Dienstleistungsbereich, in Haushaltungen oder anderswo anfallen und unabhängig von den Materialien, aus denen sie bestehen.

Begriffsbestimmungen (§ 3)

Im Sinne der Verpackungsverordnung sind:

- **„Verpackungen":**
  Aus beliebigen Materialien hergestellte Produkte zur Aufnahme, zum Schutz, zur Handhabung, zur Lieferung oder zur Darbietung von Waren, die vom Rohstoff bis zum Verarbeitungserzeugnis reichen können und vom Hersteller an den Vertreiber oder Endverbraucher weitergegeben werden.

- **„Verkaufsverpackungen":**
  Verpackungen, die als eine Verkaufseinheit angeboten werden und beim Endverbraucher anfallen. Verkaufsverpackungen sind auch Verpackungen des Handels, der Gastronomie und anderer Dienstleister, die die Übergabe von Waren an den Endverbraucher ermöglichen oder unterstützen (Serviceverpackungen) sowie Einweggeschirr.

- **„Umverpackungen“:**
  Verpackungen, die als zusätzliche Verpackungen zu Verkaufsverpackungen verwendet werden und nicht aus Gründen der Hygiene, der Haltbarkeit oder des Schutzes der Ware vor Beschädigung oder Verschmutzung für die Abgabe an den Endverbraucher erforderlich sind.

- **„Transportverpackungen“:**
  Verpackungen, die den Transport von Waren erleichtern, die Waren auf dem Transport vor Schäden bewahren oder die aus Gründen der Sicherheit des Transports verwendet werden und beim Vertreiber anfallen.

Ökologisch vorteilhafte Einweggetränkeverpackungen im Sinne dieser Verordnung sind:

- Getränkekartonverpackungen (Blockpackung, Giebelpackung, Zylinderpackung),
- Getränke-Polyethylen-Schlauchbeutel-Verpackungen,
- Folien-Standbodenbeutel.

Rücknahmepflichten für Transportverpackungen (§ 4)

Hersteller und Vertreiber sind verpflichtet, Transportverpackungen nach Gebrauch zurückzunehmen. Im Rahmen wiederkehrender Belieferungen kann die Rücknahme auch bei einer der nächsten Anlieferungen erfolgen. Die zurückgenommenen Transportverpackungen sind einer erneuten Verwendung oder einer stofflichen Verwertung zuzuführen, soweit dies technisch möglich und wirtschaftlich zumutbar ist, insbesondere für einen gewonnenen Stoff ein Markt vorhanden ist oder geschaffen werden kann. Bei Transportverpackungen, die unmittelbar aus nachwachsenden Rohstoffen hergestellt sind, ist die energetische Verwertung der stofflichen Verwertung gleichgestellt.

Rücknahmepflichten für Umverpackungen (§ 5)

Vertreiber, die Waren in Umverpackungen anbieten, sind verpflichtet, bei der Abgabe der Waren an Endverbraucher die Umverpackungen zu entfernen oder dem Endverbraucher in der Verkaufsstelle oder auf dem zur Verkaufsstelle gehörenden Gelände Gelegenheit zum Entfernen und zur unentgeltlichen Rückgabe der Umverpackung zu geben. Dies gilt nicht, wenn der Endverbraucher die Übergabe der Waren in der Umverpackung verlangt; in diesem Fall gelten die Vorschriften über die Rücknahme von Verkaufsverpackungen entsprechend.

Soweit der Vertreiber die Umverpackung nicht selbst entfernt, muss er an der Kasse durch deutlich erkennbare und lesbare Schrifttafeln darauf hinweisen, dass der Endverbraucher in der Verkaufsstelle oder auf dem zur Verkaufsstelle gehörenden Gelände die Möglichkeit hat, die Umverpackungen von der erworbenen Ware zu entfernen und zurückzulassen.

Der Vertreiber ist verpflichtet, in der Verkaufsstelle oder auf dem zur Verkaufsstelle gehörenden Gelände geeignete Sammelgefäße zur Aufnahme der Umverpackungen für den Endverbraucher gut sichtbar und gut zugänglich bereitzustellen. Dabei ist eine Getrennthaltung einzelner Wertstoffgruppen sicherzustellen, soweit dies ohne Kennzeichnung möglich ist. Der Vertreiber ist verpflichtet, Umverpackungen einer erneuten Verwendung oder einer stofflichen Verwertung zuzuführen.

Pflicht zur Gewährleistung der flächendeckenden Rücknahme von Verkaufsverpackungen, die beim privaten Endverbraucher anfallen (§ 6)

Hersteller und Vertreiber, die mit Ware befüllte Verkaufsverpackungen, die typischerweise beim privaten Endverbraucher anfallen, erstmals in den Verkehr bringen, haben sich zur Gewährleistung der flächendeckenden Rücknahme dieser Verkaufsverpackungen an einem oder mehreren Systemen zu beteiligen.

Abweichend können Vertreiber, die mit Ware befüllte Serviceverkaufsverpackungen, die typischerweise beim privaten Endverbraucher anfallen, erstmals in den Verkehr bringen, von den Herstellern oder Vertreibern oder Vorvertreibern dieser Serviceverpackungen verlangen, dass sich letztere hinsichtlich der von ihnen gelieferten Serviceverpackungen an einem oder mehreren Systemen beteiligen. Verkaufsverpackungen dürfen an private Endverbraucher nur abgegeben werden, wenn sich die Hersteller und Vertreiber mit diesen Verpackungen an einem System beteiligen.

Zum Schutz gleicher Wettbewerbsbedingungen für die Verpflichteten und zum Ersatz ihrer Kosten können die Systeme auch denjenigen Herstellern und Vertreibern, die sich an keinem System beteiligen, die Kosten für die Sammlung, Sortierung, Verwertung oder Beseitigung der von diesen Personen in Verkehr gebrachten und vom System entsorgten Verpackungen in Rechnung stellen. Soweit ein Vertreiber nachweislich die von ihm in Verkehr gebrachten und an private Endverbraucher abgegebenen Verkaufsverpackungen am Ort der Abgabe zurückgenommen und auf eigene Kosten einer Verwertung zugeführt hat, können die geleisteten Entgelte zurückverlangt werden.

Die Pflicht entfällt, soweit Hersteller und Vertreiber bei Anfallstellen, die den privaten Haushaltungen gleichgestellt sind, selbst die von ihnen bei diesen Anfallstellen in den Verkehr gebrachten Verpackungen zurücknehmen und einer Verwertung zuführen und der Hersteller oder Vertreiber oder der von ihnen hierfür beauftragte Dritte durch Bescheinigung eines unabhängigen Sachverständigen nachweist, dass sie:

- im jeweiligen Land geeignete, branchenbezogene Erfassungsstrukturen eingerichtet haben, die die regelmäßige kostenlose Rückgabe bei allen von den Herstellern und Vertreibern mit Verpackungen belieferten Anfallstellen unter Berücksichtigung bestehender entsprechender branchenbezogener Erfassungsstrukturen für Verkaufsverpackungen gewährleisten,
- die Verwertung der Verkaufsverpackungen gewährleisten, ohne dabei Verkaufsverpackungen anderer als der innerhalb der jeweiligen Branche von den jeweils teilnehmenden Herstellern und Vertreibern vertriebenen Verpackungen oder Transport- und Umverpackungen in den Mengenstromnachweis einzubeziehen.

Ein System hat flächendeckend im Einzugsgebiet des verpflichteten Vertreibers unentgeltlich die regelmäßige Abholung gebrauchter, restentleerter Verkaufsverpackungen beim privaten Endverbraucher oder in dessen Nähe in ausreichender Weise zu gewährleisten und die in seinem Sammelsystem erfassten Verpackungen einer Verwertung zuzuführen.

Die Systeme haben sich an einer Gemeinsamen Stelle zu beteiligen. Die Gemeinsame Stelle hat insbesondere die folgenden Aufgaben:

- Ermittlung der anteilig zuzuordnenden Verpackungsmengen mehrerer Systeme im Gebiet eines öffentlich-rechtlichen Entsorgungsträgers,
- Aufteilung der abgestimmten Nebenentgelte,
- wettbewerbsneutrale Koordination der Ausschreibungen.

Anforderungen an die Verwertung von Verkaufsverpackungen, die beim privaten Endverbraucher anfallen (Anhang I)

Im Jahresmittel müssen mindestens folgende Mengen an Verpackungen in Masseprozent einer stofflichen Verwertung zugeführt werden (Abb. 8.1).

Materialien	Verwertungsquote/%
Glas	75
Weißblech	70
Aluminium	60
Papier, Pappe, Karton	70
Verbunde	60

Abb. 8.1: Verwertungsquoten für Verkaufsverpackungen

Kunststoffverpackungen sind zu mindestens 60 Prozent einer Verwertung zuzuführen, wobei wiederum 60 Prozent dieser Verwertungsquote durch Verfahren sicherzustellen sind, bei denen stoffgleiches Neumaterial ersetzt wird oder der Kunststoff für eine weitere stoffliche Nutzung verfügbar bleibt (werkstoffliche Verfahren).

Verpackungen aus Materialien, für die keine Verwertungsquoten vorgegeben sind, sind einer stofflichen Verwertung zuzuführen, soweit dies technisch möglich und wirtschaftlich zumutbar ist. Bei Verpackungen, die unmittelbar aus nachwachsenden Rohstoffen hergestellt sind, ist die energetische Verwertung der stofflichen Verwertung gleichgestellt.

Rücknahmepflichten für Verkaufsverpackungen schadstoffhaltiger Füllgüter (§ 8)

Hersteller und Vertreiber von Verkaufsverpackungen schadstoffhaltiger Füllgüter sind verpflichtet, durch geeignete Maßnahmen dafür zu sorgen, dass gebrauchte, restentleerte Verpackungen vom Endverbraucher in zumutbarer Entfernung unentgeltlich zurückgegeben werden können. Sie müssen den Endverbraucher durch deutlich erkennbare und lesbare Schrifttafeln in der Verkaufsstelle und im Versandhandel durch andere geeignete Maßnahmen auf die Rückgabemöglichkeit hinweisen. Soweit Verkaufsverpackungen nicht bei privaten Endverbrauchern anfallen, können abweichende Vereinbarungen über den Ort der Rückgabe und die Kostenregelung getroffen werden. Die zurückgenommenen Verpackungen sind einer erneuten Verwendung oder einer Verwertung zuzuführen, soweit dies technisch möglich und wirtschaftlich zumutbar ist.

Vollständigkeitserklärung für Verkaufsverpackungen, die in den Verkehr gebracht werden (§ 10)

Wer Verkaufsverpackungen in Verkehr bringt, ist verpflichtet, jährlich bis zum 1. Mai eines Kalenderjahres für sämtliche von ihm mit Ware befüllten Verkaufsverpackungen, die er im vorangegangenen Kalenderjahr erstmals in den Verkehr gebracht hat, eine Vollständigkeitserklärung, die von einem Wirtschaftsprüfer, einem Steuerberater, einem vereidigten Buchprüfer oder einem unabhängigen Sachverständigen geprüft wurde, abzugeben und zu hinterlegen.

Die Vollständigkeitserklärung hat Angaben zu enthalten:

- zu Materialart und Masse der im vorangegangenen Kalenderjahr in Verkehr gebrachten Verkaufsverpackungen, jeweils gesondert nach Materialarten,
- zur Beteiligung an Systemen für die Verkaufsverpackungen, die dazu bestimmt waren, bei privaten Endverbrauchern anzufallen,
- zu Materialart und Masse der im vorangegangenen Kalenderjahr nach in Verkehr gebrachten Verkaufsverpackungen einschließlich des Namens desjenigen, der den Nachweis hinterlegt,
- zur Erfüllung der Verwertungsanforderungen.

Hersteller und Vertreiber, die Verkaufsverpackungen der Materialarten Glas von mehr als 80.000 Kilogramm oder Papier, Pappe, Karton von mehr als 50.000 Kilogramm oder der übrigen genannten Materialarten von mehr als 30.000 Kilogramm im Kalenderjahr in Verkehr bringen, haben jährlich eine Vollständigkeitserklärung abzugeben. Unterhalb der Mengenschwellen sind Vollständigkeitserklärungen nur auf Verlangen der Behörden abzugeben, die für die Überwachung der Abfallwirtschaft zuständig sind.

Hersteller und Vertreiber haben die Vollständigkeitserklärungen bei der örtlich zuständigen Industrie- und Handelskammer in elektronischer Form für drei Jahre zu hinterlegen. Die Prüfbescheinigung der Wirtschaftsprüfer, Steuerberater, vereidigten Buchprüfer oder unabhängigen Sachverständigen ist mit qualifizierter elektronischer Signatur gemäß § 2 des Signaturgesetzes zu versehen. Die Industrie- und Handelskammern betreiben die Hinterlegungsstellen in Selbstverwaltung. Sie informieren die Öffentlichkeit laufend im Internet darüber, wer eine Vollständigkeitserklärung abgegeben hat. Sie haben jeder Behörde, die für die Überwachung der abfallwirtschaftlichen Vorschriften zuständig ist, Einsicht in die hinterlegten Vollständigkeitserklärungen zu gewähren. Sie bedienen sich zur Erfüllung ihrer Pflichten der Stelle, die nach § 32 des Umweltauditgesetzes benannt ist.

Jeder Betreiber von Systemen hat in überprüfbarer Form Nachweise über die erfassten und über die einer stofflichen und einer energetischen Verwertung zugeführten Mengen zu erbringen. Dabei ist in nachprüfbarer Weise darzustellen, welche Mengen in den einzelnen Ländern erfasst wurden. Der Nachweis ist jeweils zum 1. Mai des darauf folgenden Jahres auf der Grundlage der vom Antragsteller nachgewiesenen Menge an Verpackungen, die in das System eingebracht sind, aufgeschlüsselt nach Verpackungsmaterialien zu erbringen. Die Erfüllung der Erfassungs- und Verwertungsanforderungen ist durch einen unabhängigen Sachverständigen auf der Grundlage der Nachweise zu bescheinigen. Die Bescheinigung ist vom Systembetreiber bei der nach § 32 des Umweltauditgesetzes benannten Stelle jeweils zum 1. Juni zu hinterlegen. Die Bescheinigung ist von dieser Stelle der für die Abfallwirtschaft zuständigen obersten Landesbehörde oder der von ihr bestimmten Behörde vorzulegen. Die dazugehörigen Nachweise sind der Behörde auf Verlangen vorzulegen.

Allgemeine Anforderungen (§ 12)

Verpackungen sind so herzustellen und zu vertreiben, dass:

- Verpackungsvolumen und -masse auf das Mindestmaß begrenzt werden, das zur Erhaltung der erforderlichen Sicherheit und Hygiene des verpackten Produkts und zu dessen Akzeptanz für den Verbraucher angemessen ist,
- ihre Wiederverwendung oder Verwertung möglich ist und die Umweltauswirkungen bei der Verwertung oder Beseitigung von Verpackungsabfällen auf ein Mindestmaß beschränkt sind,
- schädliche und gefährliche Stoffe und Materialien bei der Beseitigung von Verpackungen oder Verpackungsbestandteilen in Emissionen, Asche oder Sickerwasser auf ein Mindestmaß beschränkt sind.

Konzentration von Schwermetallen (§ 13)

Verpackungen oder Verpackungsbestandteile dürfen nur in Verkehr gebracht werden, wenn die Konzentration von Blei, Cadmium, Quecksilber und Chrom (VI) kumulativ 100 Milligramm je Kilogramm nicht überschreitet.

8.2 Verpackungsmaterialien

Verpackungsmaterialien spielen beim Schutz des Wirtschaftsgutes eine wichtige Rolle. Dazu zählen ins besonders:

- Glas,
- Kunststoffe,
- Aluminium,
- Weißblech/Stahl,
- Papier/Pappe/Karton,
- Holz.

Die jeweiligen Verbrauchsmengen und Verwertungsquoten (stofflich und energetisch) finden sich in den Abbildungen 8.4 - 8.11. In den folgenden Abschnitten werden Glasverpackungen und Verpackungen aus Papier/Pappe/Karton/Flüssigkeitskarton näher betrachtet. Das Recycling von Kunststoffen, Aluminium und Holz findet sich in den entsprechenden Fachkapiteln.

Glas

Der Hauptbestandteil von Glas ist Quarzsand (SiO_2). Durch Zusatz von weiteren Oxiden werden bestimmte Glaseigenschaften erzielt. Die möglichen Zusammensetzungen und Einsatzbiete verschiedener Glassorten zeigt Abbildung 8.2.

Die Glasbestandteile werden in Form natürlich vorkommender oder künstlich hergestellter Verbindungen (z.B. Quarzsand SiO_2, Soda Na_2CO_3, Kalkstein $CaCO_3$) zugesetzt. Die mengenmäßig wichtigsten Glassorten sind Behälterglas und Flachglas (ca. 5 Millionen Tonnen). Aufgrund ihrer ähnlichen Zusammensetzung stehen sie im Fokus des Recyclingsprozesses. Spezialgläser haben stark unterschiedliche Oxidgehalte und sind daher speziell zu sammeln und zu recyclen. Hauptverwendungsgebiete für Behälterglas sind Getränkeflaschen und Lebensmittelverpackungen. Flachglas findet als Fensterglas oder Sicherheitsglas in der Kfz-Industrie Verwendung.

Zusammensetzung/ % / Glasart	SiO_2	Na_2O	K_2O	CaO	MgO	Al_2O_3	B_2O_3
Flachglas	72	14	1	8	4	1,3	-
Behälterglas	72	15	0,4	8,5	2	1,4	-
Beleuchtungsglas	67,5	13,6	1,8	9,1	-	5	-
Borosilikatglas (Geräteglas)	80,4	3,8	0,6	-	-	2,3	12,9

Abb. 8.2: Zusammensetzung und Einsatzgebiete von Gläsern [8.5]

Um Qualitätsmängel und Fehlfarben zu vermeiden, werden entsprechende Reinheitsanforderungen an Altglasscherben gestellt (Abb. 8.3). So dürfen Fremdstoffe, andere Glasqualitäten oder farbige Gläser bestimmte Konzentrationen nicht überschreiten. Mittels Magnetscheidung werden Eisenwerkstoffe, durch Windsichter, Papier, Kunststoffe, Folien und durch optisch arbeitende KSP-Abscheider (Keramik, Steine, Porzellan) entfernt. Für aufbereitetes Altglas werden so Reinheitsgrade von über 99 % erzielt. Bei der Herstellung von Behälterglas kann der Anteil an Altglasscherben ca. 90 % betragen. Neben einer Verkürzung der Schmelzdauer wird der Energiebedarf um ca. 0,3 % pro Prozent Scherbenzusatz verringert.

Reinheit von Weißglas	
Material	**Anteil/%**
Weißglas	> 97
ausgeschlossene Fremdstoffe (z.B. Porzellan, Keramik, Matallverschlüsse, Kunststoffe)	< 1
ausgeschlossene Glasqualitäten (z.B. Glaskeramik, Bleikristallglas, Glühlampen, Verbundglas)	< 2
Fehlfarbanteil - grün - braun	 < 1 < 2

Abb. 8.3: Produktspezifikation für aufbereitete Hohlglasscherben am Beispiel Weißglas [8.5]

In Abbildung 8.4 sind die Verwertungsmengen und -quoten für Glasverpackungen zusammengefasst. Die Mengen liegen relativ konstant bei 2,8 Millionen Tonnen mit einer Verwertungsquote von ca. 83 %.

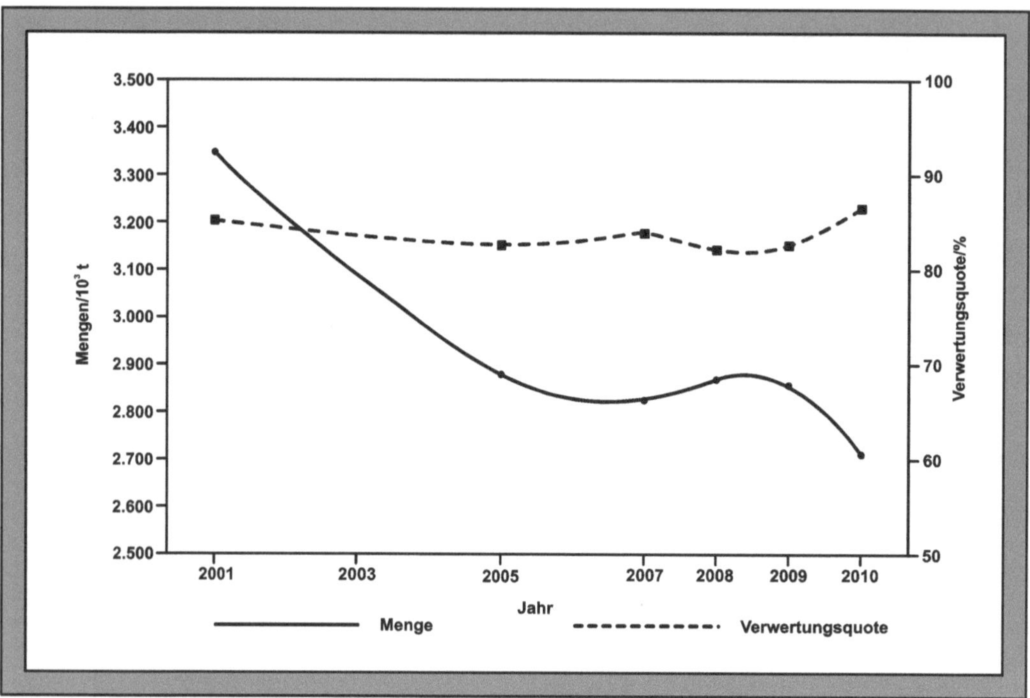

Abb. 8.4: Verwertungsmengen und -quoten „Glasverpackungen“ [8.7]

Kunststoffe

Die recycelten Kunststoffmengen liegen in den letzten Jahren bei rund 2,7 Millionen Tonnen, wobei die Verwertungsquote in den letzten Jahren deutlich angestiegen ist (Abb. 8.5)

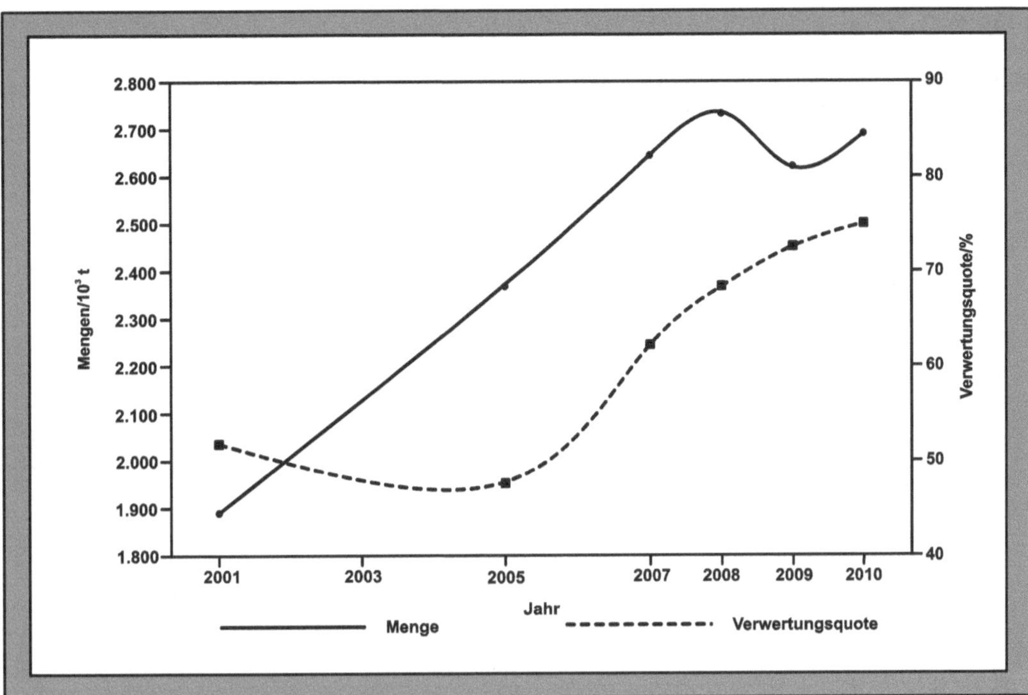

Abb. 8.5: Verwertungsmengen und -quoten „Kunststoffverpackungen“ [8.7]

Aluminium

Die verwerteten Mengen aus Aluminiumverpackungen betragen ca. 90.000 Tonnen (Abb. 8.6). Die Verwertungsquote ist auch hier in den letzten Jahren von ca. 75 % (2001 – 2007) auf nahezu 88 % in 2010 angestiegen.

Jahr	2001	2005	2007	2008	2009	2010
Mengen/10^3 t	96,5	83,5	91,0	93,4	87,9	90,6
Verwertungs-quote/%	75,3	76,2	74,2	80,0	85,1	87,7

Abb. 8.6: Verwertungsmengen und -quoten „Aluminiumverpackungen“ [8.7]

Weißblech

Weißblechverpackungen werden mit ca. 500.000 Tonnen verwendet. Die Verwertungsquote lag in den letzten Jahren relativ stabil bei 93 % (Abb. 8.7).

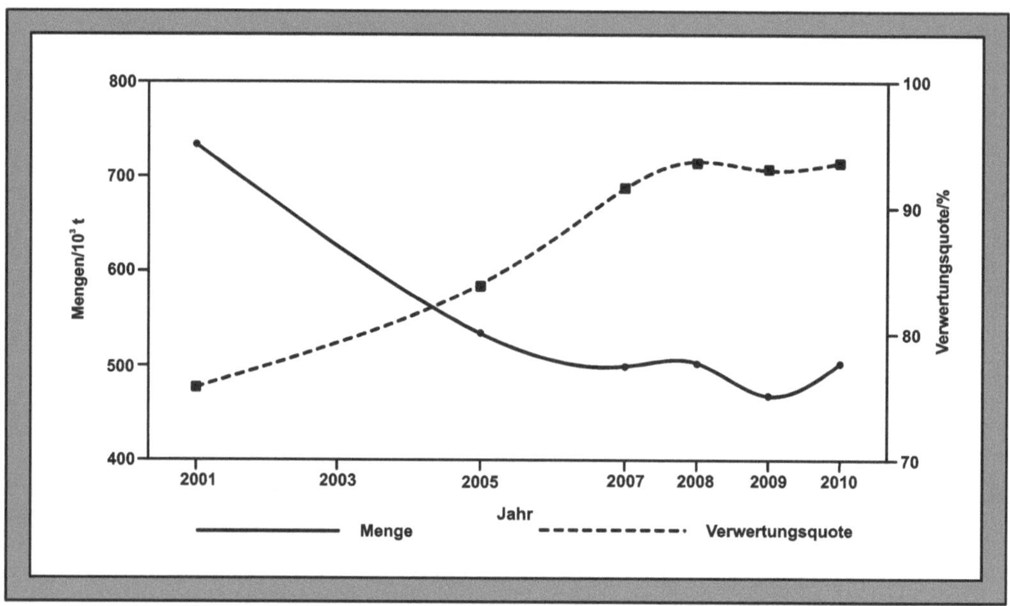

Abb. 8.7: Verwertungsmengen und -quoten „Weißblechverpackungen“ [8.7]

Stahl

Reine Stahlverpackungen entsprechen mengenmäßig etwa der Hälfte von Weißblechverpackungen (Abb. 8.8). Die Verwertungsquote bewegt sich in vergleichbaren Verhältnissen von ca. 92 %.

Jahr	2001	2005	2007	2008	2009	2010
Mengen/10^3 t	296,5	280,3	262,6	316,6	253,4	264,7
Verwertungs-quote/%	86,9	88,3	90,7	92,3	91,2	93,2

Abb. 8.8: Verwertungsmengen und -quoten „sonstige Stahlverpackungen“ [8.7]

Papier, Pappe, Karton

Altpapier fällt zu 50 % im gewerblichen Bereich, zu 40 % in privaten Haushalten und zu ca. 10 % bei der Papierverarbeitung an. Wie bei Kunststoffen enthält Papier zahlreiche Zusätze (z.B. Füll-, Leimstoffe, Farben), um die gewünschten Produkteigenschaften zu erhalten. So gibt es Dutzende Altpapiersorten, zu denen die anfallenden Altpapiere zuerst aufgearbeitet/sortiert werden. Insgesamt fallen ca. 7 Millionen Tonnen Papier, Pappe und Karton an (Abb. 8.9). Da Altpapier ein begehrter Rohstoff ist, liegen die Verwertungsquoten bei über 90 %. Gegenüber Frischpapier beträgt der Energieverbrauch beim Einsatz von Recyclingpapier nur rund 40 %.

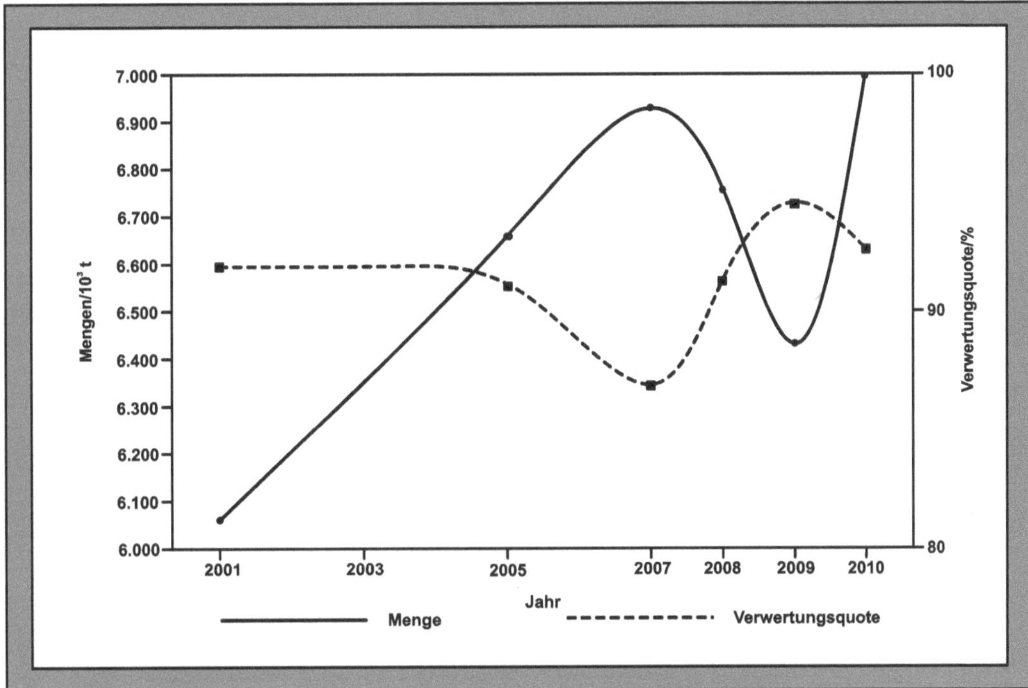

Abb. 8.9: Verwertungsmengen und -quoten „Papier, Pappe, Karton“ [8.7]

Flüssigkeitskarton

Getränkekartons bestehen zu 75 % aus Papier/Pappe, zu 20 % aus PE-Folie und zu 5 % aus einer dünnen Aluminiumfolie. Zur Auftrennung des Materialverbundes werden die Kartons zuerst geschreddert und das Papier in Wasser abgelöst. Der Faserbrei wird über Trommelsiebe vom restlichen PE/Al-Verbund getrennt. Dieser lässt sich in der Zementherstellung als Heizmaterial einsetzen. Eine andere Verwertung besteht in der thermischen Behandlung. Bei 400 °C vergast das Polyethylen (PE) und Aluminium (Al) bleibt zurück. Aus dem PE-Gas wird die notwendige Prozesswärme gewonnen, die Aluminiumfolie geht ins Al-Recycling. Jährlich werden ca. 200.000 Tonnen Getränkekartons mit einer Verwertungsquote von 70 % recycelt (Abb. 8.10).

Jahr	2001	2005	2007	2008	2009	2010
Mengen/10^3 t	213,6	238,2	219,5	213,6	202,6	198,0
Verwertungs-quote/%	62,8	62,4	67,8	67,8	71,1	72,5

Abb. 8.10: Verwertungsmengen und -quoten „Flüssigkeitskartons“ [8.7]

Holz

Jährlich fallen ca. 2,5 Millionen Tonnen an Holzverpackungen an (Abb. 8.11) deren Verwertungsquote relativ konstant bei 70 % liegt.

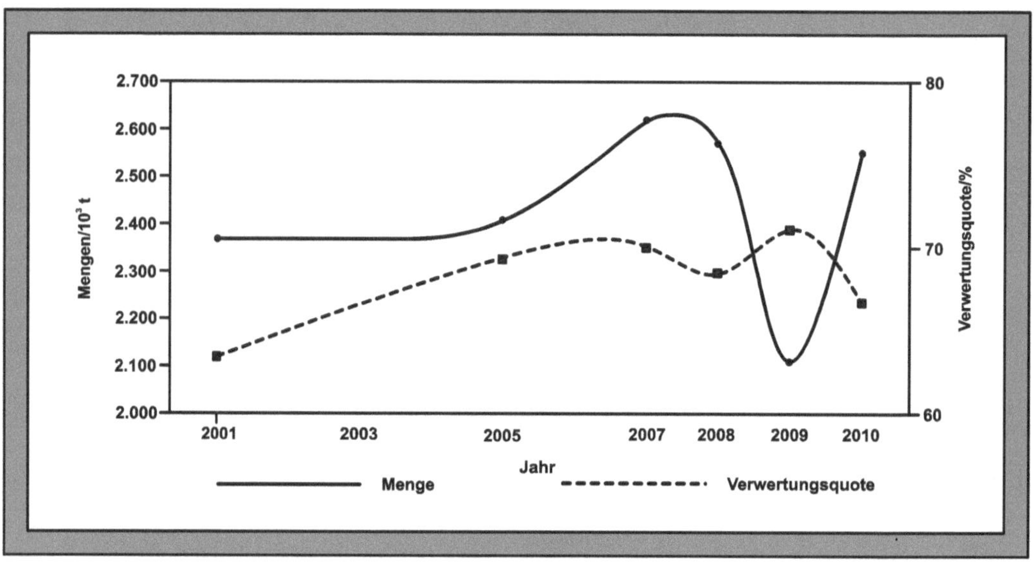

Abb. 8.11: Verwertungsmengen und -quoten „Holzverpackungen“ [8.7]

8.3 Wissensfragen

- Erläutern Sie die wesentlichen Anforderungen der Verpackungsverordnung.
- Wie haben sich die Verpackungsmengen und Recyclingquoten für verschiedene Materialien entwickelt?
- Wie lassen sich die Verpackungsmengen in Ihrem Unternehmen reduzieren?

8.4 Weiterführende Literatur

8.1 Blechschmidt, J. (Hrsg.); *Altpapier,* Fachbuchverlag Leipzig, **2011,** 978-3-446-42616-0

8.2 Cantner, J. et al; *Evaluierung der Verpackungsverordnung,* Umweltbundesamt, **Texte 06/2011**

8.3 Dehoust,G.; Christiani, J.*; Analyse und Fortentwicklung der Verwertungsquoten für Wertstoffe,* Umweltbundesamt (UBA), Texte 40/2012, **August 2012**

8.4 Frenz, W.; Kaßmann, M.; *Verpackungsverordnung - 5. Novelle,* Beuth, **2008,** 978-3-410-16795-2

8.5 Hamidovic, J.; *Industrielle Konzepte zum Altglasrecycling,* Peter Lang, **1996,** 3-631-31011-0

8.6 Martens, H.; *Recyclingtechnik,* Spektrum, **2011,** 978-3-8274-2640-6

8.7 Schüler, K.; *Aufkommen und Verwertung von Verpackungsabfällen in Deutschland im Jahr 2010,* Umweltbundesamt (UBA), Texte 53/2012, **Oktober 2012**

8.8 VerpackV - Verpackungsverordnung, *Verordnung über die Vermeidung und Verwertung von Verpackungsabfällen,* **24.02.2012**

8.9 Wagner, J. et al.; *Ermittlung des Beitrages der Abfallwirtschaft zur Steigerung der Ressourcenproduktivität sowie des Anteils des Recyclings an der Wertschöpfung unter Darstellung der Verwertungs- und Beseitigungspfade des ressourcenrelevanten Abfallaufkommens,* Umweltbundesamt (UBA), Texte 14/2012, **Mai 2012**

9 Altöle

9.1 Altölverordnung (AltölV)

Anwendungsbereich (§ 1)

Diese Verordnung gilt für:

- die stoffliche Verwertung,
- die energetische Verwertung und
- die Beseitigung

von Altöl.

Diese Verordnung gilt für:

- Erzeuger, Besitzer, Einsammler und Beförderer von Altöl,
- Betreiber von Altölentsorgungsanlagen,
- öffentlich-rechtliche Entsorgungsträger, soweit sie Altöl entsorgen, und
- Dritte, Verbände und Selbstverwaltungskörperschaften der Wirtschaft, denen Pflichten zur Entsorgung von Altöl übertragen worden sind.

Vorrang der Aufbereitung (§ 2)

Der Aufbereitung von Altölen wird Vorrang vor sonstigen Entsorgungsverfahren eingeräumt, sofern keine technischen und wirtschaftlichen einschließlich organisatorischer Sachzwänge entgegenstehen. Altöle der Sammelkategorie 1 sind zur Aufbereitung geeignet (Abb. 9.1).

Grenzwerte (§ 3)

Altöle dürfen nicht aufbereitet werden, wenn sie mehr als 20 mg PCB/kg, oder mehr als 2 g Gesamthalogen/kg enthalten. Dies gilt nicht, wenn diese Schadstoffe durch das Aufbereitungsverfahren zerstört werden oder zumindest die Konzentration dieser Schadstoffe in den Produkten der Aufbereitung unterhalb der genannten Grenzwerte liegt. Altöle dürfen energetisch oder in sonstiger Weise stofflich verwertet werden, soweit sie nicht nach § 2 vorrangig aufzubereiten sind.

Getrennte Entsorgung, Vermischungsverbote (§ 4)

Es ist verboten, Altöle mit anderen Abfällen zu vermischen. Öle auf der Basis von PCB, die insbesondere in Transformatoren, Kondensatoren und Hydraulikanlagen enthalten sein können, müssen von Besitzern, Einsammlern und Beförderern getrennt von anderen Altölen gehalten, getrennt eingesammelt, getrennt befördert und getrennt einer Entsorgung zugeführt werden. Altöle unterschiedlicher Sammelkategorien dürfen nicht untereinander gemischt werden.

Sammelkategorie 1:	
130110	nichtchlorierte Hydrauliköle auf Mineralölbasis
130205	nichtchlorierte Maschinen-, Getriebe- und Schmieröle auf Mineralölbasis
130206	synthetische Maschinen-, Getriebe- und Schmieröle
130208	andere Maschinen-, Getriebe- und Schmieröle
130307	nichtchlorierte Isolier- und Wärmeübertragungsöle auf Mineralölbasis
Sammelkategorie 2:	
120107	halogenfreie Bearbeitungsöle auf Mineralölbasis (außer Emulsionen und Lösungen)
120110	synthetische Bearbeitungsöle
130111	synthetische Hydrauliköle
130113	andere Hydrauliköle
Sammelkategorie 3:	
120106	halogenhaltige Bearbeitungsöle auf Mineralölbasis (außer Emulsionen und Lösungen)
130101	Hydrauliköle, die PCB enthalten, mit einem PCB-Gehalt von nicht mehr als 50 mg/kg
130109	chlorierte Hydrauliköle auf Mineralölbasis
130204	chlorierte Maschinen-, Getriebe- und Schmieröle auf Mineralölbasis
130301	Isolier- und Wärmeübertragungsöle, die PCB enthalten, mit einem PCB-Gehalt von nicht mehr als 50 mg/kg
130306	chlorierte Isolier- und Wärmeübertragungsöle auf Mineralölbasis mit Ausnahme derjenigen, die unter 130301 fallen
Sammelkategorie 4:	
130112	biologisch leicht abbaubare Hydrauliköle
130207	biologisch leicht abbaubare Maschinen-, Getriebe- und Schmieröl
130308	synthetische Isolier- und Wärmeübertragungsöle
130309	biologisch leicht abbaubare Isolier- und Wärmeübertragungsöle
130310	andere Isolier- und Wärmeübertragungsöle
130506	Öle aus Öl/-Wasserabscheidern
130701	Heizöl und Diesel

Abb. 9.1: Sammelkategorien für Altöl

Entnahme, Untersuchung und Aufbewahrung von Proben (§ 5)

Unternehmen der Altölsammlung haben bei der Übernahme von Altölen der Sammelkategorien 1 und 2 eine Probe zu entnehmen. Je eine Teilmenge dieser Probe (Rückstellprobe) ist von der Anfallstelle und vom Unternehmen der Altölsammlung aufzubewahren, bis die vorgeschriebene Untersuchung durchgeführt worden ist und feststeht, dass die Altöle ordnungsgemäß entsorgt werden können. Wer Altöle aufbereitet oder energetisch verwertet, muss die Gehalte an PCB und Gesamthalogen in diesen Abfällen untersuchen oder untersuchen lassen. Aus den zu untersuchenden Altölen ist eine Probe zu entnehmen. Eine Teilmenge dieser Probe (Rückstellprobe) ist von dem Untersuchungspflichtigen drei Jahre aufzubewahren.

Ergänzende Erklärungen zur Nachweisführung (§ 6)

Wer Altöle als Altölsammler zum Zwecke der Aufbereitung oder energetischen Verwertung abgibt oder gewerbsmäßig, im Rahmen wirtschaftlicher Unternehmen oder als öffentliche Einrichtung an Unternehmen der Altölsammlung zum Zwecke der Aufbereitung oder energetischen Verwertung abgibt, hat gleichzeitig mit der Abgabe oder vor der Verbringung eine Erklärung über die Entsorgung abzugeben. Die Vorschriften der Nachweisverordnung bleiben unberührt. Wer Altöle nach § 5 AltölV untersuchen muss, hat die ermittelten Gehalte an PCB und Gesamthalogen ergänzend in die Erklärung einzutragen. Je eine Ausfertigung der Erklärung ist von dem Verpflichteten und dem Unternehmen, welches das Altöl übernimmt, drei Jahre aufzubewahren.

9.2 Aufarbeitung von Altöl

Öle spielen im technischen Einsatz eine wichtige Rolle, sei es als Motoren-, Hydraulik-, Turbinen-, Metallbearbeitungs-, Korrosionsschutzöle, etc. Zum Erreichen der gewünschten Eigenschaften werden dem Grundöl verschiedene Additive zugesetzt. So verhindern Oxidationsinhibitoren den oxidativen Angriff durch Luftsauerstoff, Korrosionsinhibitoren überziehen die Metalloberfläche mit einem Schutzfilm und verhindern dadurch einen korrosiven Angriff. Durch Verschleißschutzwirkstoffe wird eine Herabsetzung des übermäßigen Verschleißes zwischen Metalloberflächen erzielt. Detergentien verhindern Ablagerungen, Biozide verzögern das Wachstum von Mikroorganismen und Haftverbesserer erhöhen das Haftungsvermögen des Öls.

Während des Gebrauchs verändern sich die Frischöle in dem sie verschiedene Abbau-, Umbau- und Oxidationsprozessen unterliegen. Zusätzlich bildet sich Ruß, Metallabrieb und Wasser wird aufgenommen. Durch verschiedene Prozesse kommt es zu Veränderungen der Farbe, der Viskosität und weiterer Eigenschaften. Nach einer bestimmten Standzeit kann das Öl nicht mehr seine ursprüngliche Funktion erfüllen, es ist zum „Altöl“ geworden, das aufgearbeitet und verwertet werden muss.

Jährlich fallen in Deutschland ca. 500.000 Tonnen Altöle an, von denen ca. ¾ stofflich und ca. ¼ energetisch verwertet werden. Die stoffliche Aufbereitung geschieht über verschiedene Prozesse, von denen nachfolgend das:

- Schwefelsäure-Bleicherde-Verfahren,
- Hochdruck-Hydrierverfahren,
- Propan-Extraktionsverfahren

näher beschrieben werden.

Schwefelsäure-Bleicherde-Verfahren

Dieses Verfahren lässt sich in zwei Varianten durchführen. Einmal mit einer Thermodruckkolonne als wesentlicher Prozessschritt (Abb. 9.2) oder in einer verbesserten Variante mit einem Rohrreaktor (Abb. 9.3). In den weiteren Verfahrensschritten sind sich beide Verfahrensvarianten ähnlich.

Im ersten Schritt der Altölaufbereitung werden Schmutzpartikel abfiltriert. Bei der sich anschließenden Sedimentation wird in einem erwärmten Sedimentiertank ein Teil des Wassers vom Altöl getrennt. Das abgezogene Wasser wird in einer Abwasserbehandlungsanlage gereinigt (Abb. 9.3).

Durch die Sedimentation lässt sich nicht das gesamte Wasser entfernen. Dies geschieht in einer sich anschließenden Entwässerungskolonne. Dazu wird das Altöl bei einem Vakuum von 100 mbar auf 120 - 150 °C erwärmt. Am Kopf der Kolonne werden Wasser und Leichtsieder abgezogen, kondensiert und im Separator getrennt. Die erhaltenen Leichtsieder werden als Brennstoff für die Energiegewinnung zur Altölaufbereitung genutzt. Das entstandene Produkt wird als Trockenöl bezeichnet und in der Thermocrackanlage bzw. im Rohrreaktor weiterverarbeitet.

Das Trockenöl wird in einer Thermocrackkolonne (Abb. 9.2) bei 300 - 340 °C und 200 mbar erhitzt. Die abdestillierten Bestandteile werden einer Schwefelsäure-Bleicherde-Behandlung unterzogen. Das Sumpfprodukt („Fluxöl") lässt sich als Bitumen für Dach- und Dichtungsbahnen und im Straßenbauasphalt verwenden.

Alternativ zur Thermocrackkolonne lässt sich das Trockenöl in einem Rohrreaktor (Abb. 9.3) bei 400 °C und 10 mbar behandeln. Unter diesen Bedingungen verdampft das Trockenöl nahezu vollständig. Während das Gasgemisch den Rohrreaktor durchströmt, wird an einigen Stellen in geringen Mengen 50 %ige NaOH-Lösung eingespritzt. Die Natronlauge hydrolysiert z.B. vorhandene Halogenverbindungen oder Verbindungen mit anderen Heteroatomen. Das den Rohrreaktor verlassende Gemisch wird kondensiert und das Sumpfprodukt als Fluxöl oder Brennstoff verwendet.

Die aus der Thermocrackkolonne oder aus dem Rohrreaktor erhaltenen Zwischenprodukte werden jeweils einer Schwefelsäure-/Bleicherdebehandlung unterzogen. H_2SO_4 setzt verschiedene Stoffe zu einem Säureharz um, während die Bleicherde als Adsorptionsmittel wirkt. Das anfallende Säureharz besteht je zur Hälfte aus Ölen/Harzen/Asphalten und Schwefelsäure und ist dementsprechend zu entsorgen (Verbrennung). Die ölbeladene Bleicherde wird z.B. in Zementwerken verbrannt.

Nach der Schwefelsäure-/Bleicherdebehandlung folgt eine Destillation in einer Fraktionierkolonne, dem sich eine weitere Nachbehandlung anschließt. Als Produkte werden Grundöl (Sdp. 350 - 430 °C), Neutralöl und Gasöl (Sdp. 160 - 350 °C) gewonnen. Grundöl und Neutralöl werden auch als Basisöl bezeichnet. Es kann z.B. als Motor-, Hydraulik- oder Getriebeöl eingesetzt werden. Aus Gasöl wird hauptsächlich Heizöl hergestellt.

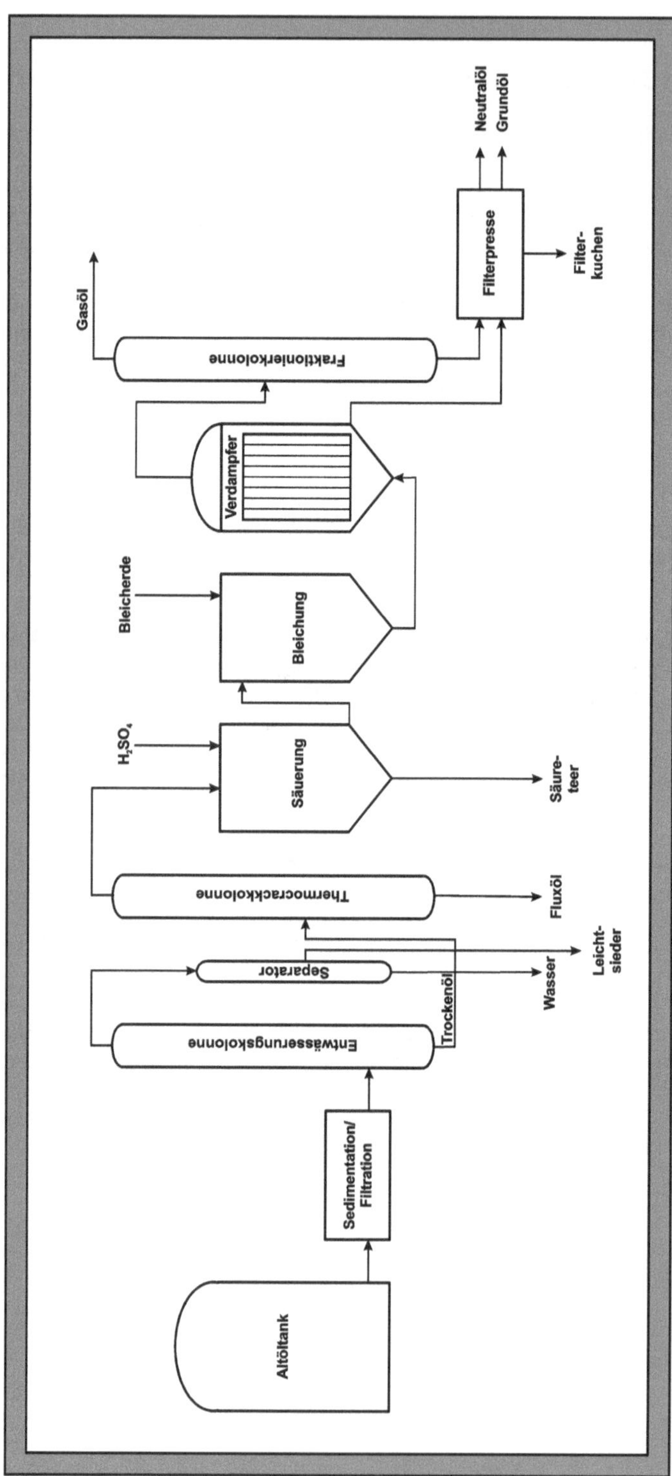

Abb. 9.3: Fließbild einer Altölaufbereitungsanlage mit Rohrreaktor

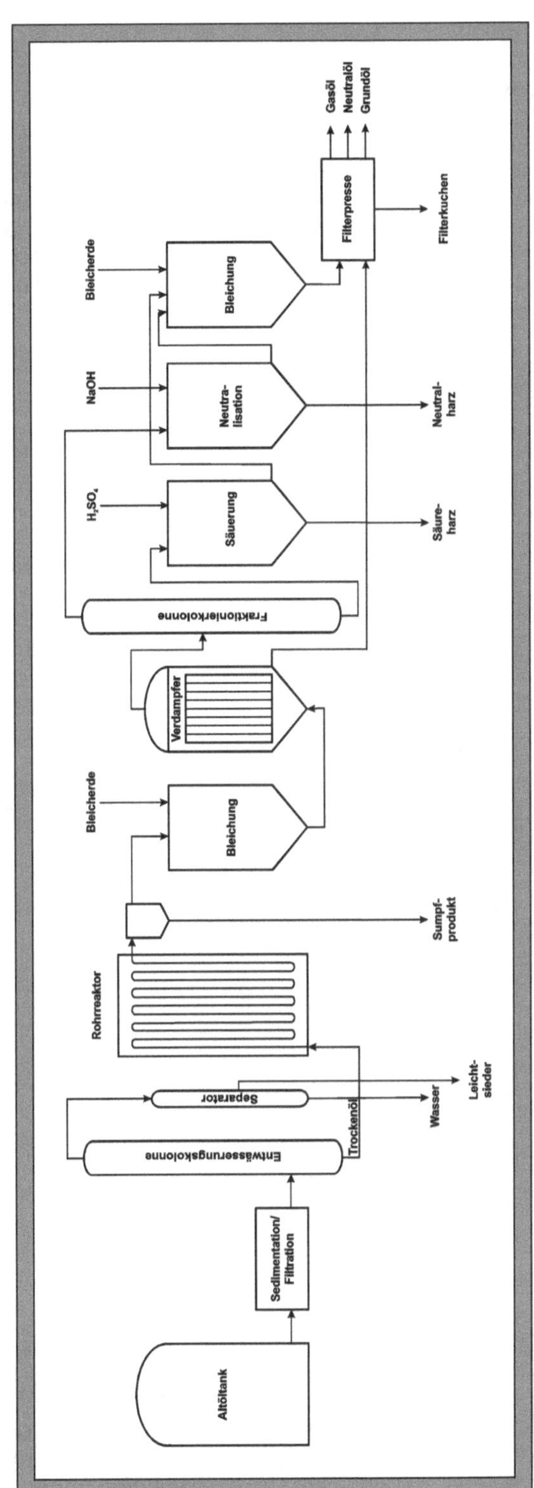

Abb. 9.2: Fließbild einer Thermocrackanlage

Hochdruck-Hydrierverfahren

Schlüsselprozess dieses Verfahren ist die katalytische Hydrierung der aufbereiteten Altöle bei einem Druck von 60 - 80 bar und Temperaturen von 300 - 350 °C (Abb. 9.4). Heteroatomare Verbindungen (N-, S-, Halogenverbindungen) werden hydriert und z.B. zu H_2S und HCl umgesetzt. Das den Hydrierreaktor verlassende Reaktionsgemisch wird im Heißabscheider getrennt, die Gase im NaOH-Wäscher ausgewaschen und die Ölkomponenten in der Fraktionskolonne zu Benzin (Naphtha), Diesel (Gasöl) und Schmierölen destillativ aufgearbeitet. Die Sumpffraktion lässt sich in einem Vakuumrückstandsstripper unter Zuhilfenahme von Dampf nachbehandeln und als weiteres Produkt Schweröl gewinnen. Der Rückstand kann als Zuschlag für die Herstellung von Asphalt verwendet werden. Durch die Hydrierung lassen sich sehr schwefelarme Produkte gewinnen.

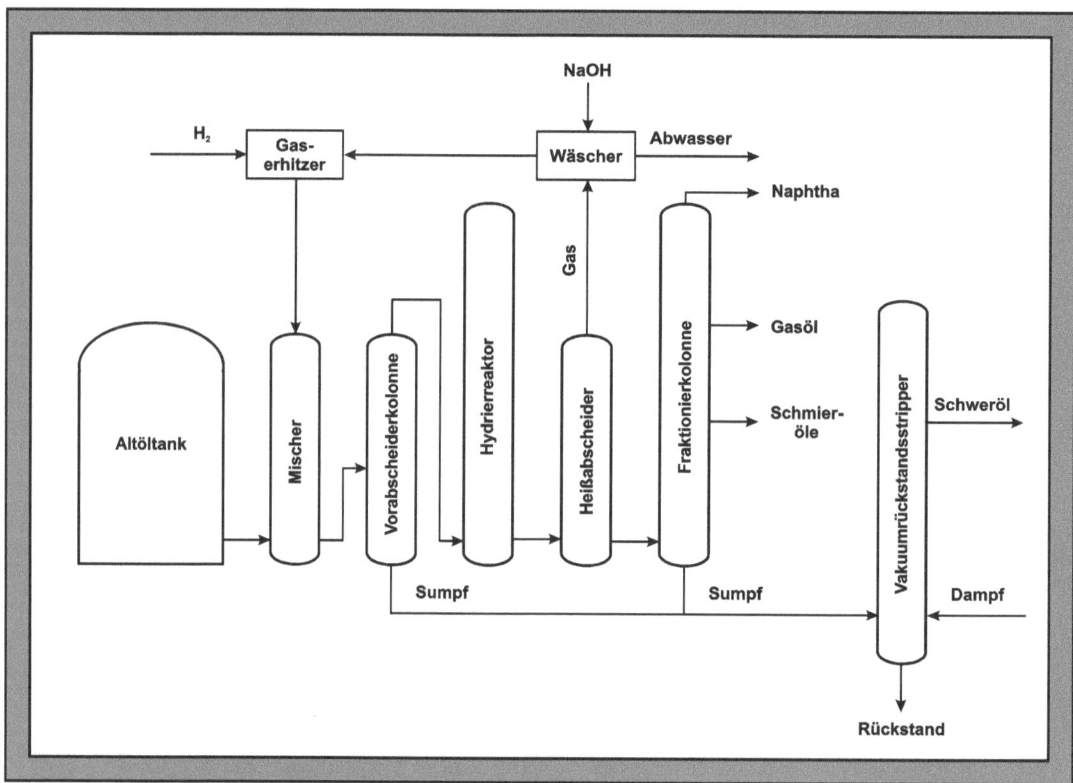

Abb. 9.4: Fließschema Hochdruck-Hydrierverfahren [9.5]

Propan-Extraktionsverfahren

Kernprozess dieses Verfahrens ist die Behandlung des Altöls mit überkritischem Propan (Abb. 9.5). Nach der entsprechenden Vorbehandlung wird das Altöl in einer Gegenstrom-Extraktionskolonne bei 95 bar und 195 °C mit überkritischem Propan behandelt, das in diesem Zustand als Lösungsmittel fungiert. Die am Kopf der Kolonne abgezogenen Extrakte werden in einem Hydrierreaktor bei 95 bar und 250 °C hydriert. Wie beim Hochdruck-Hydrierverfahren werden heteroatomare Verbindungen aufgespalten. Nach Entspannung auf 18 bar und Erniedrigung der Temperatur auf 110 °C scheidet sich im Abscheider Grundöl ab. Die im Hydrierprozess entstandenen Gase (z.B. H_2S, HCl) werden im Natronlaugewäscher entfernt. Im Separator werden die wichtigen Hilfsstoffe Wasserstoff (H_2) und Propan separiert und in den Prozess zurückgeführt.

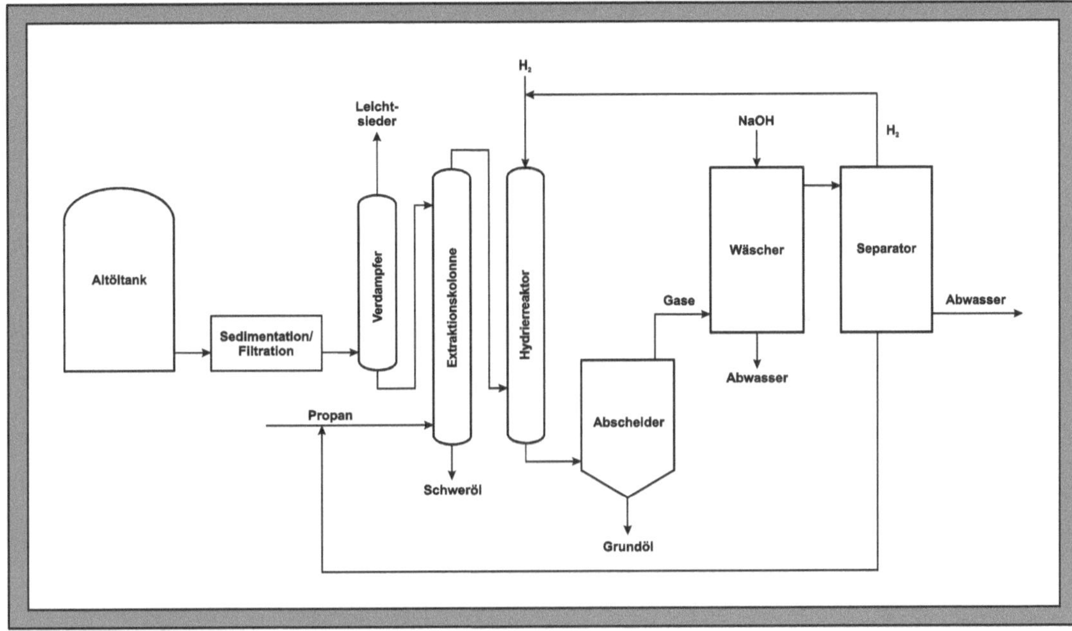

Abb. 9.5: Propan-Extraktionsverfahren [9.5]

9.3 Wissensfragen

- Welche Anforderungen werden an die Entsorgung von Altölen nach AltölV gestellt?
- Wie lassen sich Altöle aufarbeiten und verwerten?

9.4 Weiterführende Literatur

9.1 Alex, M. et al.; *Altölrecycling mit überkritischem Propan,* Tribologie + Schmierungstechnik 51, **2004,** 41-43

9.2 AltölV; *Altölverordnung,* **24.02.2012**

9.3 Bundesministerium für Umwelt, Naturschutz und Reaktorsicherheit und die Länderarbeitsgemeinschaft Wasser (Hrsg.); *Behandlung von Abfällen durch chemische und physikalische Verfahren (CP-Anlagen) sowie Altölaufbereitung,* Bundesanzeiger, **2008,** 978-89817-711-5

9.4 Jepsen, D.; Ahrens, A.; *Altöl - Brennstoff oder Schmierstoff?,* Mineralöl-Raffinerie Dollbergen, **1997**

9.5 Martens, H.; *Recyclingtechnik,* Spektrum, **2011,** 978-3-8274-2640-6

9

9.6 Möller, J.; *Rohrreaktor zur Aufarbeitung von Altölen und Kühlschmierstoffen,* ABAG-itm, **1999**

9.7 Möller, U.J.; *Altölentsorgung durch Verwertung und Beseitigung,* expert, **2004,** 3-8169-2250-3

9.8 Umweltbundesamt (UBA); *Merkblatt über die besten verfügbaren Techniken für Abfallbehandlungsanlagen,* **August 2006**

9.9 Umweltbundesamt (UBA); *Ökologische Bilanzierung von Altöl-Verwertungswegen,* Texte 20/00, **2000**

10 Halogenierte Lösemittel

10.1 Emissionsbegrenzung von leichtflüchtigen halogenierten organischen Verbindungen (2. BImSchV)

Anwendungsbereich (§ 1)

Diese Verordnung gilt für die Errichtung, die Beschaffenheit und den Betrieb von Anlagen, in denen unter Verwendung von Lösemitteln, die Halogenkohlenwasserstoffe mit einem Siedepunkt bei 1013 Hektopascal bis zu 423 Kelvin [150 °C] (leichtflüchtige Halogenkohlenwasserstoffe) oder andere flüchtige halogenierte organische Verbindungen mit einem Siedepunkt bei 1013 mbar bis zu 423 Kelvin [150 °C] (leichtflüchtige halogenierte organische Verbindungen) enthalten:

- die Oberfläche von Gegenständen oder Materialien, insbesondere aus Metall, Glas, Keramik, Kunststoff oder Gummi, gereinigt, befettet, entfettet, beschichtet, entschichtet, entwickelt, phosphatiert, getrocknet oder in ähnlicher Weise behandelt wird (Oberflächenbehandlungsanlagen),
- Behandlungsgut, insbesondere Textilien, Leder, Pelze, Felle, Fasern, Federn oder Wolle, gereinigt, entfettet, imprägniert, ausgerüstet, getrocknet oder in ähnlicher Weise behandelt wird (Chemischreinigungs- und Textilausrüstungsanlagen),
- Aromen, Öle, Fette oder andere Stoffe aus Pflanzen oder Pflanzenteilen oder aus Tierkörpern oder Tierkörperteilen extrahiert oder raffiniert werden (Extraktionsanlagen).

Einsatzstoffe (§ 2)

Beim Betrieb von Anlagen dürfen als leichtflüchtige Halogenkohlenwasserstoffe nur Tetrachlorethen, Trichlorethen oder Dichlormethan in technisch reiner Form eingesetzt werden. Den Halogenkohlenwasserstoffen dürfen keine Stoffe zugesetzt sein oder zugesetzt werden, die krebserzeugend sind. Abweichend gilt:

- Trichlorethen darf nicht beim Betrieb von Chemischreinigungs- und Textilausrüstungsanlagen sowie Extraktionsanlagen eingesetzt werden,
- Dichlormethan darf nicht beim Betrieb von Chemischreinigungs- und Textilausrüstungsanlagen eingesetzt werden.

10.1.1 Anlagenbetrieb

Oberflächenbehandlungsanlagen (§ 3)

Oberflächenbehandlungsanlagen sind so zu errichten und zu betreiben, dass:

- das Behandlungsgut in einem Gehäuse behandelt wird, das bis auf die zur Absaugung von Abgasen erforderlichen Öffnungen allseits geschlossen ist und bei dem die Möglichkeiten, die Emissionen durch Abdichtung, Abscheidung aus der Anlagenluft und Änderung des Behandlungsprozesses zu begrenzen, nach dem Stand der Technik ausgeschöpft werden,
- die Massenkonzentration an leichtflüchtigen halogenierten organischen Verbindungen in der Anlagenluft im Entnahmebereich unmittelbar vor der Entnahme des Behandlungsgutes aus dem Gehäuse 1 Gramm je Kubikmeter, bezogen auf das Abgasvolumen im Normzustand (273,15 Kelvin, 1013 Hektopascal) nicht überschreitet und

- eine selbsttätige Verriegelung sicherstellt, dass die Entnahme des Behandlungsgutes aus dem Entnahmebereich erst erfolgen kann, wenn die genannte Massenkonzentration nach dem Ergebnis einer laufenden messtechnischen Überprüfung nicht mehr überschritten wird.

Wird die Anlagenluft im Entnahmebereich abgesaugt, bezieht sich die genannte Massenkonzentration auf den Austritt der Anlagenluft aus dem Entnahmebereich.

Abgesaugte Abgase sind einem Abscheider zuzuführen, mit dem sichergestellt wird, dass die Emissionen an leichtflüchtigen halogenierten organischen Verbindungen im unverdünnten Abgas eine Massenkonzentration von 20 Milligramm je Kubikmeter, bezogen auf das Abgasvolumen im Normzustand, nicht überschreiten. Die abgeschiedenen leichtflüchtigen Halogenkohlenwasserstoffe sind zurückzugewinnen.

Nach Abscheidern hinter Oberflächenbehandlungsanlagen müssen bei einem Abgasvolumenstrom von mehr als 500 Kubikmetern je Stunde entweder Einrichtungen zur kontinuierlichen Messung unter Verwendung einer aufzeichnenden Messeinrichtung für die Massenkonzentration an leichtflüchtigen Halogenkohlenwasserstoffen im Abgas oder Einrichtungen verwendet werden, die einen Anstieg der Massenkonzentration auf mehr als 1 Gramm je Kubikmeter registrieren und in diesem Fall eine Zwangsabschaltung der an den Abscheider angeschlossenen Oberflächenbehandlungsanlagen auslösen.

Anlagen zum Entlacken, bei denen die Anforderungen nicht eingehalten werden können, sind so zu errichten und zu betreiben, dass der Entnahmebereich bei der Entnahme des Behandlungsgutes abgesaugt, auch durch schöpfende Teile kein flüssiges Lösemittel ausgetragen und bei manueller Nachbehandlung außerhalb des geschlossenen Gehäuses der Behandlungsbereich entsprechend dem Stand der Technik gekapselt und abgesaugt wird.

Oberflächenbehandlungsanlagen, bei denen die Anforderungen aufgrund der Sperrigkeit des Behandlungsgutes nicht eingehalten werden können, sind so zu errichten und zu betreiben, dass die Möglichkeiten, die Emissionen durch Kapselung, Abdichtung, Abscheidung aus der Anlagenluft, Luftschleusen und Absaugung zu begrenzen, nach dem Stand der Technik ausgeschöpft werden.

Chemischreinigungs- und Textilausrüstungsanlagen (§ 4)

Chemischreinigungs- und Textilausrüstungsmaschinen sind so zu errichten und zu betreiben, dass:

- nach Abschluss des Trocknungsvorganges die Massenkonzentration an leichtflüchtigen Halogenkohlenwasserstoffen in der Trocknungsluft am Austritt aus dem Trommelbereich bei drehender Trommel, laufender Ventilation und geschlossener Beladetür sowie einer Temperatur des Behandlungsgutes von nicht weniger als 308 Kelvin [35 °C] 2 Gramm je Kubikmeter (bei einer Luftwechselrate von mindestens 2 Kubikmeter bis höchstens 5 Kubikmeter pro Kilogramm Beladegewicht und Stunde in der Messphase; bei Anlagen mit einem höheren Luftdurchsatz ist der dabei ermittelte Wert auf eine Luftwechselrate von 5 Kubikmeter pro Kilogramm Beladegewicht und Stunde zu beziehen), bezogen auf das Abgasvolumen im Normzustand (273,15 Kelvin, 1013 Hektopascal), nicht überschreitet und
- mit Beginn des Behandlungsprozesses selbsttätig eine Sicherung wirksam wird, die die Beladetür verriegelt bis nach Abschluss des Trocknungsvorganges genannte Massenkonzentration an leichtflüchtigen halogenierten organischen Verbindungen nach dem Ergebnis einer laufenden messtechnischen Überprüfung nicht mehr überschritten wird.

Abgase, die von Chemischreinigungs- oder Textilausrüstungsmaschinen abgesaugt werden, sind einem Abscheider zuzuführen, mit dem sichergestellt wird, dass die Emissionen an leichtflüchtigen halogenierten organischen Verbindungen im unverdünnten Abgas eine Massenkonzentration von 20 Milligramm je Kubikmeter, bezogen auf das Abgasvolumen im Normzustand nicht überschreiten. Die abgeschiedenen leichtflüchtigen halogenierten organischen Verbindungen sind zurückzugewinnen. Der Abscheider darf nicht mit Frischluft oder Raumluft desorbiert werden.

Nach Abscheidern hinter Chemischreinigungs- oder Textilausrüstungsanlagen müssen bei einem Abgasvolumenstrom von mehr als 500 Kubikmetern je Stunde entweder Einrichtungen zur kontinuierlichen Messung unter Verwendung einer aufzeichnenden Messeinrichtung für die Massenkonzentration an leichtflüchtigen halogenierten organischen Verbindungen im Abgas oder Einrichtungen verwendet werden, die einen Anstieg der Massenkonzentration auf mehr als 1 Gramm je Kubikmeter registrieren und in diesem Fall eine Zwangsabschaltung der an den Abscheider angeschlossenen Chemischreinigungs- sowie Textilausrüstungsanlagen auslösen. In Chemischreinigungs- und Textilausrüstungsmaschinen dürfen zur Reinigung des flüssigen Lösemittels nur regenerierbare Filter eingesetzt werden.

Die Betriebsräume sind ausschließlich durch lüftungstechnische Einrichtungen mit Absaugung der Raumluft zu lüften. Die Lüftung ist so vorzunehmen, dass die Emissionen an leichtflüchtigen halogenierten organischen Verbindungen, die in den Bereichen der Maschinen, der Lagerung des Lösemittels, der Lagerung des gereinigten oder ausgerüsteten Behandlungsgutes, der Bügeltische, der Dämpfanlagen oder der Entladung der Maschinen entstehen, an der Entstehungsstellen erfasst und abgesaugt werden. In den Betriebsräumen dürfen außerhalb der Chemischreinigungs- und Textilausrüstungsmaschinen keine leichtflüchtigen halogenierten organischen Verbindungen eingesetzt werden. Chemischreinigungsanlagen einschließlich Selbstbedienungsmaschinen dürfen nur in Anwesenheit von sachkundigem Bedienungspersonal betrieben werden.

Extraktionsanlagen (§ 5)

Extraktionsanlagen sind so zu errichten und zu betreiben, dass die Abgase einem Abscheider zugeführt werden, mit dem sichergestellt wird, dass die Emissionen an leichtflüchtigen halogenierten organischen Verbindungen im unverdünnten Abgas eine Massenkonzentration von 20 Milligramm je Kubikmeter, bezogen auf das Abgasvolumen im Normzustand (273,15 Kelvin, 1013 Hektopascal), nicht überschreiten. Die abgeschiedenen leichtflüchtigen halogenierten organischen Verbindungen sind zurückzugewinnen. Nach Abscheidern hinter Extraktionsanlagen müssen bei einem Abgasvolumenstrom von mehr als 500 Kubikmetern je Stunde entweder Einrichtungen zur kontinuierlichen Messung unter Verwendung einer aufzeichnenden Messeinrichtung für die Massenkonzentration an leichtflüchtigen halogenierten organischen Verbindungen im Abgas oder Einrichtungen vorhanden sein, die einen Anstieg der Massenkonzentration auf mehr als 1 Gramm je Kubikmeter bezogen auf das Abgasvolumen im Normzustand, registrieren und in diesem Fall eine Zwangsabschaltung der an den Abscheider angeschlossenen Extraktionsanlagen auslösen.

10.1.2 Eigenkontrolle und Überwachung

Eigenkontrolle (§ 11)

Der Betreiber einer Anlage hat über:

- die der Anlage zugeführten Mengen an leichtflüchtigen halogenierten organischen Verbindungen,
- die der Wiederaufbereitung oder Entsorgung zugeführten Mengen an Lösemittel oder lösemittelhaltigen Stoffen,
- die Betriebsstunden und
- die von ihm veranlassten oder selbst durchgeführten Instandhaltungsmaßnahmen

Aufzeichnungen zu führen, soweit er dazu nicht schon aufgrund abfall- oder wasserrechtlicher Vorschriften verpflichtet ist. Für Chemischreinigungs- und Textilausrüstungsanlagen ist zusätzlich das Gewicht des Reinigungsgutes zu erfassen. Die Aufzeichnungen sind am Betriebsort drei Jahre lang aufzubewahren und der zuständigen Behörde auf Verlangen vorzulegen. Die Betriebsstunden sind durch einen Betriebsstundenzähler zu erfassen.

Der Betreiber einer Anlage, die mit einem Abscheider ausgerüstet ist, hat dessen Funktionsfähigkeit mindestens arbeitstäglich zu prüfen und das Ergebnis schriftlich festzuhalten, soweit nicht die Funktion des Abscheiders der Kontrolle durch ein kontinuierlich aufzeichnendes Messgerät oder einer automatischen Abschaltung unterliegt. Die Aufzeichnungen sind am Betriebsort drei Jahre lang aufzubewahren und der zuständigen Behörde auf Verlangen vorzulegen.

Überwachung (§ 12)

Der Betreiber einer Anlage, die nach § 4 des Bundes-Immissionsschutzgesetzes keiner Genehmigung bedarf, hat diese der zuständigen Behörde vor der Inbetriebnahme anzuzeigen. Die Anzeigepflicht gilt auch für den Fall einer wesentlichen Änderung der Anlage.

Eine wesentliche Änderung einer nicht genehmigungsbedürftigen Anlage ist:

- eine Änderung, die nach der Beurteilung durch die zuständige Behörde erhebliche negative Auswirkungen auf die menschliche Gesundheit oder auf die Umwelt haben kann,
- eine Änderung der Nennkapazität bei Anlagen mit einem Lösemittelverbrauch von 10 Tonnen pro Jahr oder weniger, die zu einer Erhöhung der Emissionen flüchtiger organischer Verbindungen um mehr als 25 Prozent führt,
- eine Änderung der Nennkapazität bei anderen Anlagen, die zu einer Erhöhung der Emissionen flüchtiger organischer Verbindungen um mehr als 10 Prozent führt.

Die genannte Nennkapazität ist die maximale Masse der in einer Anlage eingesetzten organischen Lösemittel gemittelt über einen Tag, sofern die Anlage unter Bedingungen des Normalbetriebs entsprechend ihrer Auslegung betrieben wird. Der Betreiber einer Anlage hat die Einhaltung der jeweiligen Anforderungen frühestens drei Monate und spätestens sechs Monate nach der Inbetriebnahme von einer nach § 26 des Bundes-Immissionsschutzgesetzes bekannt gegebenen Stelle durch erstmalige Messungen feststellen zu lassen.

Der Betreiber einer Anlage, hat die Einhaltung der jeweiligen Anforderungen jährlich, jeweils längstens nach zwölf Monaten von einer nach § 26 des Bundes-Immissionsschutzgesetzes bekannt gegebenen Stelle durch wiederkehrende Messungen feststellen zu lassen. Einer wiederkehrenden Messung bedarf es nicht bei einer Anlage mit einem maximalen Lösemittelfüllvolumen bis zu 50 Liter, soweit abgesaugte Abgase nicht über einen Abscheider zu führen sind. Ergibt eine Messung, dass die Anforderungen nicht erfüllt sind, so hat der Betreiber von der nach § 26 des Bundes-Immissionsschutzgesetzes bekannt gegebenen Stelle innerhalb von sechs Wochen nach der Messung eine Wiederholungsmessung durchführen zu lassen.

Die Massenkonzentration an leichtflüchtigen halogenierten organischen Verbindungen ist durch mindestens drei Einzelmessungen im bestimmungsgemäßen Betrieb zu bestimmen. Die Gesamtdauer jeder Einzelmessung soll in der Regel:

- bei der Bestimmung der Massenkonzentration im Trommel- oder Entnahmebereich 30 Sekunden und
- bei der Bestimmung der Massenkonzentration im Abgas während der Absaugphase 30 Minuten

betragen. Soweit das Betriebsverhalten der Anlage dies erfordert, ist die Messdauer entsprechend zu verkürzen. Die Anforderungen gelten als eingehalten, wenn das Ergebnis jeder Einzelmessung den festgelegten Grenzwert nicht überschreitet. Über das Ergebnis der Messungen hat der Betreiber jeweils einen Bericht erstellen zu lassen. Der Bericht muss Angaben über die zugrundeliegenden Anlagen- und Betriebsbedingungen, die Ergebnisse der Einzelmessungen und das verwendete Messverfahren enthalten. Er ist drei Jahre lang am Betriebsort aufzubewahren. Eine Durchschrift des Berichts ist der zuständigen Behörde innerhalb von vier Wochen zuzuleiten.

Die Anforderungen an die Massenkonzentration an leichtflüchtigen halogenierten organischen Verbindungen im Abgas gelten bei kontinuierlicher Messung als eingehalten, wenn die Auswertung der Messaufzeichnungen für die auf die Absaugphasen entfallenden Betriebsstunden eines Kalenderjahres ergibt, dass bei sämtlichen Stundenmittelwerten keine höheren Überschreitungen als bis zum Eineinhalbfachen des Grenzwertes aufgetreten sind und im Tagesmittel der Grenzwert eingehalten wird.

Wird bei einer Anlage festgestellt, dass die Anforderungen nicht eingehalten werden, hat der Betreiber dies der zuständigen Behörde unverzüglich mitzuteilen. Der Betreiber hat unverzüglich die erforderlichen Maßnahmen zu treffen, um den ordnungsgemäßen Betrieb der Anlage sicherzustellen. Die zuständige Behörde trägt durch entsprechende Maßnahmen dafür Sorge, dass der Betreiber seinen Pflichten nachkommt, oder die Anlage außer Betrieb nimmt.

Umgang mit leichtflüchtigen Halogenkohlenwasserstoffen (§ 13)

Die Befüllung der Anlagen mit Lösemitteln oder Hilfsstoffen sowie die Entnahme gebrauchter Lösemittel sind so vorzunehmen, dass Emissionen an leichtflüchtigen halogenierten organischen Verbindungen nach dem Stand der Technik vermindert werden, insbesondere dadurch, dass die verdrängten lösemittelhaltigen Abgase:

- abgesaugt und einem Abscheider zugeführt werden oder
- nach dem Gaspendelverfahren ausgetauscht werden.

Rückstände, die leichtflüchtige halogenierte organische Verbindungen enthalten, dürfen den Anlagen nur mit einer geschlossenen Vorrichtung entnommen werden. Leichtflüchtige halogenierte organische Verbindungen oder solche Verbindungen enthaltende Rückstände dürfen nur in geschlossenen Behältnissen gelagert, transportiert und gehandhabt werden.

Ableitung der Abgase (§ 14)

Die abgesaugten Abgase sind durch eine Abgasleitung, die gegen leichtflüchtige halogenierte organische Verbindungen beständig ist, so abzuleiten, dass ein Abtransport mit der freien Luftströmung gewährleistet ist.

An- und Abfahren von Anlagen (§ 15)

Der Betreiber einer Anlage hat alle geeigneten Maßnahmen zu treffen, um die Emissionen während des An- und Abfahrens so gering wie möglich zu halten.

An- und Abfahren sind Vorgänge, mit denen der Betriebs- oder Bereitschaftszustand einer Anlage oder eines Anlagenteils hergestellt oder beendet wird. Regelmäßig wiederkehrende Phasen von Tätigkeiten, die in der Anlage durchgeführt werden, gelten nicht als An- oder Abfahren.

Allgemeine Anforderungen (§ 16)

Anlagen dürfen nur betrieben werden, wenn der Übertritt von Halogenkohlenwasserstoffen:

- in einen dem Aufenthalt von Menschen dienenden betriebsfremden Raum oder
- in einen angrenzenden Betrieb, in dem Lebensmittel im Sinne des § 1 des Lebensmittel- und Bedarfsgegenständegesetzes hergestellt, behandelt, in den Verkehr gebracht, verzehrt oder gelagert werden, nach dem Stand der Technik begrenzt ist.

Wird in einem der aufgeführten Bereiche eine Raumluftkonzentration an Tetrachlorethen von mehr als 0,1 Milligramm je Kubikmeter, ermittelt als Mittelwert über einen Zeitraum von sieben Tagen, festgestellt, die auf den Betrieb einer benachbarten Anlage zurückzuführen ist, hat der Betreiber dieser Anlage innerhalb von sechs Monaten Maßnahmen zu treffen, die sicherstellen, dass eine Raumluftkonzentration von 0,1 Milligramm je Kubikmeter nicht überschritten wird.

10.2 Entsorgung gebrauchter halogenierter Lösemittel (HKWAbfV)

Anwendungsbereich (§ 1)

Die Verordnung über die Entsorgung gebrauchter halogenierter Lösemittel gilt für Lösemittel, die nach Gebrauch als Reststoff verwertet oder als Abfall entsorgt werden müssen und die in Anlagen eingesetzt werden, in denen:

- die Oberfläche von Gegenständen oder Materialien, insbesondere aus Metall, Glas, Keramik oder Kunststoff, gereinigt, befettet, entfettet, beschichtet, entschichtet, entwickelt, phosphatiert, getrocknet oder in ähnlicher Weise behandelt wird,
- Behandlungsgut, insbesondere Textilien, Leder, Pelze, Felle, Fasern, Federn oder Wolle, gereinigt, entfettet, ausgerüstet, getrocknet oder in ähnlicher Weise behandelt wird,
- Aromen, Öle, Fette oder andere Stoffe aus Pflanzen, Pflanzenteilen oder aus Tierkörpern oder Tierkörperteilen extrahiert werden oder
- Stoffe, Zubereitungen oder Erzeugnisse mit Hilfe dieser Lösemittel gewonnen oder hergestellt werden.

Getrennte Haltung, Vermischungsverbote (§ 2)

Betreiber der genannten Anlagen haben Lösemittel nach Gebrauch getrennt entsprechend dem Hauptbestandteil des jeweiligen Ausgangsproduktes wie:

- Dichlormethan (Methylenchlorid),
- Trichlormethan,
- Tetrachlormethan,
- 1,2-Dichlorethan,
- 1,1,1-Trichlorethan (Methylchloroform),
- Trichlorethen (Trichlorethylen, TRI),
- Tetrachlorethen (Perchlorethylen, PER),
- Trichlorfluormethan (R-11),
- 1,1,2,2-Tetrachlor-1,2-difluorethan (R-112) oder
- Trichlor-1,2,2-trifluorethan (R-113)

zu halten. Es ist verboten, Lösemittel unterschiedlicher Ausgangsprodukte nach Gebrauch untereinander oder mit anderen Stoffen oder Abfällen zu vermischen.

Rücknahmeverpflichtung (§ 3)

Wer als Vertreiber Lösemittel in Mengen von 10 L oder mehr innerhalb eines Monats an einen Betreiber der genannten Anlagen abgibt, ist verpflichtet, von diesem Betreiber die unvermischten gebrauchten Lösemittel zurückzunehmen oder die Rücknahme durch einen von ihm zu bestimmenden Dritten sicherzustellen.

Erklärung über die Verwendung von Lösemitteln (§ 4)

Nimmt der Betreiber der in § 1 genannten Anlagen den Vertreiber auf Rücknahme gebrauchter Lösemittel in Anspruch, so hat er gegenüber dem Vertreiber oder dem von ihm bestimmten Dritten eine Erklärung über die Art und Verwendung der Lösemittel abzugeben (Abb. 10.1).

Erklärung über die Art und Verwendung von Lösemitteln

Art des Lösemittels:

____

Das oben genannte Lösemittel wurde für folgende,
in § 1 Abs. 1 Nr. 1 bis 4 HKWAbfV genannten Zwecke verwendet:

1. ___________________________

2. ___________________________

3. ___________________________

4. ___________________________

5. ___________________________

Dem Lösemittel wurden nach Gebrauch keine anderen Lösemittel oder andere Stoffe zugemischt. Falls doch, welche?

____

____

Firma/Anschrift

__________ __________________

Datum **Unterschrift, Firmenstempel**

Abb. 10.1: Erklärung Art und Verwendung von Lösemitteln

10

10.3 Wissensfragen

- Welche Anforderungen werden an die Emissionsbegrenzung von leichtflüchtigen halogenierten organischen Verbindungen gestellt?
- Wie sind Oberflächenbehandlungs-, Chemischreinigungs-, Textilausrüstungs-, Extraktionsanlagen zu betreiben?
- Welche Anforderungen werden an die Entsorgung von halogenierten Lösemitteln nach HKWAbfV gestellt?

10.4 Weiterführende Literatur

10.1 2. BImSchV - *Verordnung zur Emissionsbegrenzung von leichtflüchtigen halogenierten organischen Verbindungen,* **02.05.2013**

10.2 HKWAbfV; *Verordnung über die Entsorgung gebrauchter halogenierter Lösemittel,* **20.10.2006**

11 Gewerbeabfallverordnung (GewAbfV)

Anwendungsbereich (§ 1)

Diese Verordnung gilt für die Verwertung und die Beseitigung:

- von gewerblichen Siedlungsabfällen,
- von Bau- und Abbruchabfällen und
- von weiteren Abfällen, die im Anhang der Verordnung aufgeführt sind.

Diese Verordnung gilt für:

- Erzeuger und Besitzer von gewerblichen Siedlungsabfällen, von Bau- und Abbruchabfällen und von weiteren Abfällen, die im Anhang der Verordnung aufgeführt sind, und
- Betreiber von Vorbehandlungsanlagen, in denen gemischte gewerbliche Siedlungsabfälle, gemischte Bau- und Abbruchabfälle oder weitere Abfälle, die im Anhang der Verordnung aufgeführt sind, vorbehandelt werden.

Diese Verordnung gilt nicht für Abfälle, die einem öffentlich-rechtlichen Entsorgungsträger im Rahmen der Überlassungspflicht nach § 17 des Kreislaufwirtschaftsgesetzes überlassen worden sind.

Getrennthaltung von gewerblichen Siedlungsabfallfraktionen (§ 3)

Zur Gewährleistung einer ordnungsgemäßen und schadlosen sowie möglichst hochwertigen Verwertung haben Erzeuger und Besitzer von gewerblichen Siedlungsabfällen die folgenden Abfallfraktionen jeweils getrennt zu halten, zu lagern, einzusammeln, zu befördern und einer Verwertung zuzuführen:

- Papier und Pappe (Abfallschlüssel 20 01 01),
- Glas (Abfallschlüssel 20 01 02),
- Kunststoffe (Abfallschlüssel 20 01 39),
- Metalle (Abfallschlüssel 20 01 40),
- biologisch abbaubare Küchen- und Kantinenabfälle (Abfallschlüssel 20 01 08),
- biologisch abbaubare Garten- und Parkabfälle (Abfallschlüssel 20 02 01) und
- Marktabfälle (Abfallschlüssel 20 03 02).

Die Anforderungen entfallen, soweit die Getrennthaltung oder nachträgliche sortenreine Sortierung der Abfallfraktionen unter Berücksichtigung der besonderen Umstände des Einzelfalls technisch nicht möglich oder wirtschaftlich nicht zumutbar ist, insbesondere aufgrund deren geringer Menge oder hoher Verschmutzung. Die Erzeuger und Besitzer haben der zuständigen Behörde auf Verlangen im Einzelfall die Umstände für die fehlende technische Möglichkeit oder wirtschaftliche Zumutbarkeit darzulegen.

Soweit die Abfälle nicht verwertet werden können, haben die Erzeuger und Besitzer der Abfälle diese von anderen Abfällen getrennt zu halten und dem zuständigen öffentlich-rechtlichen Entsorgungsträger zu überlassen. Soweit Erzeugern und Besitzern eine Verwertung ihrer gewerblichen Siedlungsabfälle aufgrund deren geringer Menge wirtschaftlich nicht zumutbar ist, können sie diese mit den bei ihnen angefallenen Abfällen aus privaten Haushaltungen gemeinsam erfassen und dem öffentlich-rechtlichen Entsorgungsträger überlassen.

Handelt es sich bei den gewerblichen Siedlungsabfällen um gefährliche Abfälle im Sinne der Verordnung über das Europäische Abfallverzeichnis, so sind diese von anderen Abfällen jeweils getrennt zu halten, zu lagern, einzusammeln, zu befördern und einer ordnungsgemäßen Verwertung oder Beseitigung zuzuführen.

Jährlich fallen ca. 4,4 Millionen Tonnen gewerblicher Siedlungsabfälle an (Abb. 11.1).

Abfallschlüssel-nummer	Abfallart	Abfallmenge/ 10^3 t
20 01 01	Papier und Pappe	1.363,7
20 01 02	Glas	101,4
20 01 08	biologisch abbaubare Küchen- und Kantinenabfälle	156,4
20 01 25	Speiseöle und -fette	38,8
20 01 38	Holz mit Ausnahme desjenigen, das unter 20 01 37 fällt	63,0
20 01 39	Kunststoffe	115,6
20 01 40	Metalle	445,0
20 02 01	biologisch abbaubare Abfälle	295,2
20 03 01	gemischte Siedlungsabfälle	1.529,7
20 03 03	Straßenkehricht	40,4
20 03 04	Fäkalschlamm	49,0
20 03 07	Sperrmüll	44,8
	Sonstige	197,3
20	Summe Siedlungsabfälle	4.440,3

Abb. 11.1: Abfallmengen gewerblicher Siedlungsabfälle [11.4]

Getrennthaltung bei Vorbehandlung gemischter gewerblicher Siedlungsabfälle (§ 4)

Erzeuger und Besitzer von gewerblichen Siedlungsabfällen dürfen einem zur Vorbehandlung bestimmten Gemisch gewerblicher Siedlungsabfälle keine anderen als folgende Abfälle zuführen:

- folgende gewerbliche Siedlungsabfälle:
  - Papier und Pappe,
  - Glas,
  - Bekleidung,
  - Textilien,

- Holz mit Ausnahme von Holz, das gefährliche Stoffe enthält,
- Kunststoffe,
- Metalle,
- Gummi,
- Kork,
- Keramik oder

- weitere Abfälle, die im Anhang der Verordnung aufgeführt sind.

Die Erzeuger und Besitzer haben dafür Sorge zu tragen, insbesondere durch organisatorische Maßnahmen zur Minimierung von Fehlwürfen, dass andere Abfälle als die aufgeführten dem Abfallgemisch nicht zugeführt werden.

Getrennthaltung (§ 6)

Bei energetischer Verwertung gemischter gewerblicher Siedlungsabfälle dürfen Erzeuger und Besitzer von gewerblichen Siedlungsabfällen diese gemischt einer energetischen Verwertung ohne vorherige Vorbehandlung nur zuführen, wenn in diesem Gemisch folgende Abfälle nicht enthalten sind:

- Glas,
- Metalle,
- mineralische Abfälle,
- biologisch abbaubare Küchen- und Kantinenabfälle,
- biologisch abbaubare Garten- und Parkabfälle und
- Marktabfälle.

Die Erzeuger und Besitzer haben dafür Sorge zu tragen, insbesondere durch organisatorische Maßnahmen zur Minimierung von Fehlwürfen, dass die aufgeführten Abfälle nicht in dem Abfallgemisch enthalten sind.

11

Getrennthaltung von gewerblichen Siedlungsabfällen, die nicht verwertet werden (§ 7)

Erzeuger und Besitzer von gewerblichen Siedlungsabfällen, die nicht verwertet werden, haben diese dem zuständigen öffentlich-rechtlichen Entsorgungsträger nach Maßgabe des Kreislaufwirtschaftsgesetzes zu überlassen. Die Erzeuger und Besitzer haben Abfallbehälter des öffentlich-rechtlichen Entsorgungsträgers oder eines von ihm beauftragten Dritten in angemessenem Umfang nach den näheren Festlegungen des öffentlich-rechtlichen Entsorgungsträgers, mindestens aber einen Behälter, zu nutzen.

Getrennthaltung und Anforderungen an die Vorbehandlung von Bau- und Abbruchabfällen (§ 8)

Zur Gewährleistung einer ordnungsgemäßen und schadlosen sowie möglichst hochwertigen Verwertung haben Erzeuger und Besitzer von Bau- und Abbruchabfällen die folgenden Abfallfraktionen, soweit diese getrennt anfallen, jeweils getrennt zu halten, zu lagern, einzusammeln, zu befördern und einer Verwertung zuzuführen:

- Glas (Abfallschlüssel 17 02 02),

- Kunststoff (Abfallschlüssel 17 02 03),
- Metalle, einschließlich Legierungen (Abfallschlüssel 17 04 01 bis 17 04 07 und 17 04 11),
- Beton mit Ausnahme von Beton, der gefährliche Stoffe enthält (Abfallschlüssel 17 01 01),
- Ziegel mit Ausnahme von Ziegeln, die gefährliche Stoffe enthalten (Abfallschlüssel 17 01 02),
- Fliesen, Ziegel und Keramik mit Ausnahme von Fliesen, Ziegeln und Keramik, die gefährliche Stoffe enthalten (Abfallschlüssel 17 01 03),
- Gemische aus Beton, Ziegeln, Fliesen und Keramik mit Ausnahme derjenigen, die gefährliche Stoffe enthalten (Abfallschlüssel 17 01 07).

Abweichend von den Anforderungen können die aufgeführten Abfälle gemeinsam mit gemischten Bau- und Abbruchabfällen (Abfallschlüssel 17 09 04) erfasst werden, soweit die Getrennthaltung oder nachträgliche sortenreine Sortierung der Abfallfraktionen unter Berücksichtigung der besonderen Umstände des Einzelfalles technisch nicht möglich oder wirtschaftlich nicht zumutbar ist, insbesondere aufgrund deren geringer Menge.

Zur Gewährleistung einer ordnungsgemäßen und schadlosen sowie möglichst hochwertigen Verwertung gemischt angefallener Bau- und Abbruchabfälle (Abfallschlüssel 17 09 04) haben Erzeuger und Besitzer diese einer geeigneten Anlage zur Aufbereitung zuzuführen. Die Anforderung entfällt, soweit die Aufbereitung für die jeweilige Verwertung nicht erforderlich ist oder sofern die Aufbereitung unter Berücksichtigung der besonderen Umstände des Einzelfalles technisch nicht möglich oder wirtschaftlich nicht zumutbar ist, insbesondere aufgrund der geringen Menge oder hohen Verschmutzung der anfallenden Abfälle. Die Erzeuger und Besitzer haben der zuständigen Behörde auf Verlangen im Einzelfall die Umstände für die fehlende technische Möglichkeit oder wirtschaftliche Unzumutbarkeit darzulegen.

Jährlich fallen ca. 10,7 Millionen Tonnen Bau- und Abbruchabfälle an (Abb. 11.2).

Abfallschlüssel-nummer	Abfallart	Abfallmenge/ 10^3 t
17 01 01	Beton	909,7
17 01 02	Ziegel	47,5
17 01 06*	Gemische aus oder getrennte Fraktionen von Beton, Ziegeln, Fliesen und Keramik, die gefährliche Stoffe enthalten	125,1
17 01 07	Gemische aus Beton, Ziegeln, Fliesen und Keramik mit Ausnahme derjenigen, die unter 17 01 06 fallen	819,7
17 02 01	Holz	192,2
17 02 04*	Glas, Kunststoff und Holz, die gefährliche Stoffe enthalten oder durch gefährliche Stoffe verunreinigt sind	160,4
17 03 01*	kohlenteerhaltige Bitumengemische	100,7
17 03 02	Bitumengemische mit Ausnahme derjenigen, die unter 17 03 01 fallen	161,9
17 04 02	Aluminium	56,0
17 04 05	Eisen und Stahl	1.268,1
17 04 07	gemischte Metalle	347,4
17 04 11	Kabel mit Ausnahme derjenigen, die unter 17 04 10 fallen	186,7
17 05 03*	Boden und Steine, die gefährliche Stoffe enthalten	535,8
17 05 04	Boden und Steine mit Ausnahme derjenigen, die unter 17 05 03 fallen	2.376,5
17 05 06	Baggergut mit Ausnahme desjenigen, das unter 17 05 05 fällt	403,6
17 05 07*	Gleisschotter, der gefährliche Stoffe enthält	416,2
17 05 08	Gleisschotter mit Ausnahme derjenigen, dar unter 17 05 05 fällt	2.347,9
17 08 02	Baustoffe auf Gipsbasis mit Ausnahme derjenigen, die unter 17 08 01 fallen	55,6
17 09 04	gemischte Bau- und Abbruchabfälle mit Ausnahme derjenigen, die unter 17 09 01, 17 09 02 und 17 09 03 fallen	166,2
17	Summe Bau- und Abbruchabfälle	10.662,1

Abb. 11.2: Abfallmengen an Bau- und Abbruchabfällen (* gefährliche Abfälle) [11.4]

11.1 Wissensfragen

- Welche Anforderungen stellt die Gewerbeabfallverordnung an die Getrennthaltung von Abfällen?
- Wie haben sich die Gewerbeabfallmengen in Ihrem Unternehmen entwickelt?
- Welche Möglichkeiten können Sie ergreifen, um die Gewerbeabfallmengen zu reduzieren?

11.2 Weiterführende Literatur

11.1 Bund/Länder-Arbeitsgemeinschaft Abfall (LAGA); *Vollzugshilfe zur Gewerbeabfallverordnung,* Erich Schmidt, **2008,** 978-3-503-07857-8

11.2 Dehne, I.; Oetjen-Dehne, R.; Kanthak, M.; *Aufkommen, Verbleib und Ressourcenrelevanz von Gewerbeabfällen,* Umweltbundesamt (UBA), Texte 19/2011, **April 2011**

11.3 GewAbfV - Gewerbeabfallverordnung, *Verordnung über die Entsorgung von gewerblichen Siedlungsabfällen und von bestimmten Bau- und Abbruchabfällen,* **24.02.2012**

11.4 Statistisches Bundesamt; *Umwelt-Erhebung über die Abfallerzeugung, Ergebnisbericht 2010,* **2012**

12 Altholz

12.1 Altholzverordnung (AltholzV)

Anwendungsbereich (§ 1)

Diese Verordnung gilt für:

- die stoffliche Verwertung,
- die energetische Verwertung und
- die Beseitigung von Altholz.

Diese Verordnung gilt für:

- Erzeuger und Besitzer von Altholz,
- Betreiber von Anlagen, in denen Altholz verwertet oder beseitigt wird,
- öffentlich-rechtliche Entsorgungsträger, soweit sie Altholz verwerten oder beseitigen und
- Dritte, Verbände und Selbstverwaltungskörperschaften der Wirtschaft, denen Pflichten zur Verwertung oder Beseitigung von Altholz übertragen worden sind.

Begriffsbestimmungen (§ 2)

- **„Altholz“:** Industrierestholz und Gebrauchtholz,

- **„Industrieholz“:** die in Betrieben der Holzbe- oder -verarbeitung anfallenden Holzreste einschließlich der in Betrieben der Holzwerkstoffindustrie anfallenden Holzwerkstoffreste sowie anfallende Verbundstoffe mit überwiegendem Holzanteil (mehr als 50 Masseprozent),

- **„Gebrauchtholz“:** gebrauchte Erzeugnisse aus Massivholz, Holzwerkstoffen oder aus Verbundstoffen mit überwiegendem Holzanteil (mehr als 50 Masseprozent),

- **„Altholzkategorie AI“:** naturbelassenes oder lediglich mechanisch bearbeitetes Altholz, das bei seiner Verwendung nicht mehr als unerheblich mit holzfremden Stoffen verunreinigt wurde,

- **„Altholzkategorie AII“:** verleimtes, gestrichenes, beschichtetes, lackiertes oder anderweitig behandeltes Altholz ohne halogenorganische Verbindungen in der Beschichtung und ohne Holzschutzmittel,

- **„Altholzkategorie AIII“:** Altholz mit halogenorganischen Verbindungen in der Beschichtung ohne Holzschutzmittel,

- **„Altholzkategorie AIV“:** mit Holzschutzmitteln behandeltes Altholz, wie Bahnschwellen, Leitungsmasten, Hopfenstangen, Rebpfähle, sowie sonstiges Altholz, das aufgrund seiner Schadstoffbelastung nicht den Altholzkategorien AI, AII oder AIII zugeordnet werden kann, ausgenommen PCB-Altholz,

- **„PCB-Altholz“:** Altholz, das PCB im Sinne der PCB/PCT-Abfallverordnung ist und nach deren Vorschriften zu entsorgen ist, insbesondere Dämm- und Schallschutzplatten, die mit Mitteln behandelt wurden, die polychlorierte Biphenyle enthalten,

- **„Holzschutzmittel“:** bei der Be- und Verarbeitung des Holzes eingesetzte Stoffe mit biozider Wirkung gegen Holz zerstörende Insekten oder Pilze sowie Holz verfärbende Pilze, ferner Stoffe zur Herabsetzung der Entflammbarkeit von Holz,

- **„stoffliche Verwertung von Altholz“:**
  - Aufbereitung von Altholz zu Holzhackschnitzeln und Holzspänen für die Herstellung von Holzwerkstoffen,
  - Gewinnung von Synthesegas zur weiteren chemischen Nutzung und
  - Herstellung von Aktivkohle/Industriekohle,

- **„energetische Verwertung von Altholz‘“:** Verwertung von Altholz mit dem Verfahren R1 der Anlage 2 des Kreislaufwirtschaftsgesetzes,

- **„Altholzbehandlungsanlage“:** Anlage zur stofflichen oder energetischen Verwertung von Altholz sowie Anlagen zur Sortierung oder sonstigen Behandlung von Altholz einschließlich jeweils zugehöriger Lagerung,

- **„Störstoffe“:** anorganische oder organische holzfremde Stoffe, insbesondere Bodenmaterial, Steine, Beton, Metallteile, Papier, Pappe, Textilien, Kunststoffe oder Folien, die dem Altholz anhaften, beigemengt oder mit diesem verbunden sind, soweit diese die Verwertung behindern.

Anforderungen an die Verwertung (§ 3)

Zur Gewährleistung einer schadlosen stofflichen Verwertung von Altholz sind die in Abbildung 12.1 aufgeführten Anforderungen einzuhalten.

Verwertungsverfahren	Zugelassene Altholzkriterien				Besondere Anforderungen
	AI	AII	AIII	AIV	
Aufbereitung von Altholz zu Holzhackschnitzeln und Holzspänen für die Herstellung von Holzwerkstoffen	ja	ja	(ja)	-	Die Aufbereitung von Altholz der Altholzkategorie AIII ist nur zulässig, wenn Lackierungen und Beschichtungen durch eine Vorbehandlung weitgehend entfernt wurden oder im Rahmen des Aufbereitungsprozesses entfernt werden.
Gewinnung von Synthesegas zur weiteren chemischen Nutzung	ja	ja	ja	ja	Eine Verwertung ist nur in hierfür nach § 4 des Bundes-Immissionsschutzgesetzes genehmigten Anlagen zulässig.
Herstellung von Aktivkohle/ Industrieholzkohle	ja	ja	ja	ja	Eine Verwertung ist nur in hierfür nach § 4 des Bundes-Immissionsschutzgesetzes genehmigten Anlagen zulässig.

Abb. 12.1: Stoffliche Verwertung von Altholz

Grenzwerte für Holzhackschnitzel und Holzspäne zur Herstellung von Holzwerkstoffen

Die zum Zwecke der Herstellung von Holzwerkstoffen aufbereiteten Holzhackschnitzel und Holzspäne dürfen die in Abbildung 12.2 genannten Grenzwerte nicht überschreiten.

Element/Verbindung	Konzentration (Milligramm je Kilogramm Trockenmasse)
Arsen	2
Blei	30
Cadmium	2
Chrom	30
Kupfer	20
Quecksilber	0,4
Chlor	600
Fluor	100
Pentachlorphenol	3
Polychlorierte Biphenyle	5

Abb. 12.2: Grenzwerte für Holzhackschnitzel und Holzspäne zur Herstellung von Holzwerkstoffen

Die energetische Verwertung von Altholz hat entsprechend den Regelungen des Bundes-Immissionsschutzgesetzes und den auf seiner Grundlage ergangenen Rechtsverordnungen zu erfolgen. Bei einem Gemisch von Altholz unterschiedlicher Altholzkategorien richten sich die Anforderungen an die Verwertung nach der jeweils höchsten Altholzkategorie.

Zuordnung zu Altholzkategorien (§ 5)

Zur Erfüllung der Anforderungen hat der Betreiber einer Altholzbehandlungsanlage sicherzustellen, dass bei der vorgesehenen Verwertung nur die hierfür zugelassenen Altholzkategorien eingesetzt werden und das eingesetzte Altholz entfrachtet von Störstoffen und frei von PCB-Altholz ist. Zur Einhaltung der Anforderungen hat der Betreiber der Altholzbehandlungsanlage folgende Maßnahmen durchzuführen:

- Durch Sichtkontrolle und Sortierung ist das Altholz den für den vorgesehenen Verwertungsweg zugelassenen Altholzkategorien zuzuordnen. Störstoffe sind auszusortieren.
- Lässt sich Altholz nicht eindeutig einer Altholzkategorie zuordnen, ist es in eine höhere Altholzkategorie einzustufen.

- Das für die Zuordnung eingesetzte Personal muss über die erforderliche Sachkunde verfügen. Die Sachkunde erfordert eine betriebliche Einarbeitung auf der Grundlage eines Einarbeitungsplanes.

Aussortiertes Altholz und Störstoffe, für deren weitere Entsorgung die Anlage nicht zugelassen ist, sind unverzüglich gesondert bereitzustellen und einer zulässigen Entsorgung zuzuführen. Abbildung 12.3 führt die Zuordnung gängiger Altholzsortimente auf.

Gängige Altholzsortimente			**Zuordnung im Regelfall**	**Abfallschlüssel**
Holzabfälle aus der Holzbe- und -verarbeitung		Verschnitt, Abschnitte, Späne von naturbelassenem Vollholz	AI	030105
		Verschnitt, Abschnitte, Späne von Holzwerkstoffen und sonstigem behandeltem Holz (ohne schädliche Verunreinigungen	AII	030105
Verpackungen	**Paletten**	Paletten aus Vollholz, wie z.B.: Europaletten, Industriepaletten aus Vollholz	AI	150103
		Paletten aus Holzwerkstoffen	AII	150103
		sonstige Paletten, mit Verbundmaterialien	AIII	150103
	Transportkisten, Verschläge aus Vollholz		AI	150103
	Transportkisten aus Holzwerkstoffen		AII	150103
	Obst-, Gemüse- und Zierpflanzenkisten sowie ähnliche Kisten aus Vollholz		AI	150103
	Munitionskisten		AIV	150110*
	Kabeltrommeln aus Vollholz (Herstellung vor 1989)		AIV	150110*
	Kabeltrommeln aus Vollholz (Herstellung nach 1989)		AI	150103

Gängige Altholzsortimente			Zuordnung im Regelfall	Abfall-schlüssel
Altholz aus dem Baubereich	**Baustellen-sortimente**	naturbelassenes Vollholz	AI	170201
		Holzwerkstoffe, Schalhölzer, behandeltes Vollholz (ohne schädliche Verunreinigungen)	AII	170201
	Altholz aus dem Abbruch und Rückbau	Dielen, Fehlböden, Bretterschalungen aus dem Innenausbau (ohne schädliche Verunreinigungen)	AII	170201
		Türblätter und Zargen von Innentüren (ohne schädliche Verunreinigungen)	AII	170201
		Profilblätter für die Raumausstattung, Deckenpaneele, Zierbalken, usw. (ohne schädliche Verunreinigungen)	AII	170201
		Dämm- und Schallschutzplatten, die mit Mitteln behandelt wurden, die polychlorierte Biphenyle enthalten	Beseitigung	170603*
		Bauspanplatten	AII	170201
		Konstruktionshölzer für tragende Teile	AIV	170204*
		Holzfachwerk und Dachsparren	AIV	170204*
		Fenster, Fensterstöcke, Außentüren	AIV	170204*
		imprägnierte Bauhölzer aus dem Außenbereich	AIV	170204*
	Bau- und Abbruchholz	mit schädlichen Verunreinigungen	AIV	170204*

12

Gängige Altholzsortimente		Zuordnung im Regelfall	Abfall-schlüssel
Imprägniertes Altholz aus dem Außenbereich	Bahnschwellen	AIV	170204*
	Leitungsmasten	AIV	170204*
	Sortimente aus dem Garten- und Landschaftsbau, imprägnierte Gartenmöbel	AIV	170204*
	Sortimente aus der Landwirtschaft	AIV	170204*
Möbel	Möbel, naturbelassenes Vollholz	AI	200138
	Möbel, ohne halogenorganische Verbindungen in der Beschichtung	AII	200138
	Möbel, mit halogenorganischen Verbindungen in der Beschichtung	AIII	200138
Altholz aus dem Sperrmüll (Mischsortiment)		AIII	200307
Altholz aus industrieller Anwendung (z.B. Industriefußböden, Kühltürme)		AIV	170204*
Altholz aus dem Wasserbau		AIV	170204*
Altholz aus abgewrackten Schiffen und Waggons		AIV	170204*
Altholz aus Schadensfällen (z.B. Brandholz)		AIV	170204*
Feinfraktion aus der Aufarbeitung von Altholz zu Holzwerkstoffen		AIV	191206*

Abb. 12.3: Zuordnung gängiger Altholzsortimente

Kontrolle von Altholz zur Holzwerkstoffherstellung (§ 6)

Zur Prüfung der Einhaltung der Anforderungen an die Aufbereitung von Altholz zu Holzhackschnitzeln und Holzspänen für die Holzwerkstoffherstellung hat der Betreiber der Altholzbehandlungsanlage eine Eigenüberwachung durchzuführen und eine regelmäßige Fremdüberwachung sicherzustellen. Der Betreiber der Altholzbehandlungsanlage hat im Zuge der Aufbereitung die erzeugten Holzhackschnitzel und Holzspäne in Chargen von jeweils nicht mehr als 500 Tonnen zu beproben. Die entnommenen Proben sind einer Prüfung auf Färbung zur Feststellung von Teerölen zu unterziehen sowie auf die Einhaltung der Grenzwerte.

Holzhackschnitzel oder Holzspäne dürfen der Verwendung in der Holzwerkstoffherstellung nur zugeführt werden, wenn die Prüfung und Untersuchung keine Belastung mit Teerölen und keine Überschreitung der Grenzwerte ergeben. Für die Einstufung von Altholz als gefährlicher Abfall gilt die Abfallverzeichnis-Verordnung. Enthält ein Altholzgemisch Altholz, welches als gefährlicher Abfall einzustufen ist, so ist das gesamte Gemisch als gefährlicher Abfall einzustufen.

Vierteljährlich hat der Betreiber der Altholzbehandlungsanlage die Prüfung und Untersuchung einer Charge durch eine von der zuständigen obersten Landesbehörde oder der nach Landesrecht zuständigen Behörde bekannt gegebene Stelle durchführen zu lassen.

Kontrolle von Altholz zur energetischen Verwertung (§ 7)

Soweit die Zulässigkeit des Einsatzes von Altholz in einer nach dem Bundes-Immissionsschutzgesetz genehmigten Anlage auf bestimmte Altholzkategorien beschränkt ist, hat der Betreiber der Altholzbehandlungsanlage das vorgebrochene Altholz in Chargen von jeweils nicht mehr als 500 Tonnen für einen bestimmten Verwertungsweg zugeordneten Altholzes auf dessen ordnungsgemäße Zuordnung zu untersuchen. Die beprobte Charge darf nachfolgend der weiteren energetischen Verwertung nur zugeführt werden, wenn der Anteil von Altholz höherer Altholzkategorien insgesamt 2 Prozent je entnommener Altholzprobe nicht überschreitet. Soweit Altholz in Anlagen energetisch verwertet werden soll, die keiner Genehmigung nach dem Bundes-Immissionsschutzgesetz bedürfen, darf die beprobte Charge nur dann nachfolgend der weiteren energetischen Verwertung zugeführt werden, wenn kein Altholz höherer Kategorien enthalten ist.

Beseitigung von Altholz (§ 9)

Die Verpflichteten haben Altholz, das nicht verwertet wird, zum Zwecke der Beseitigung einer dafür zugelassenen thermischen Behandlungsanlage zuzuführen.

Pflichten der Erzeuger und Besitzer zur Getrennthaltung von Altholz (§ 10)

Die Verpflichteten haben Altholz, das in Mengen von insgesamt mehr als 1 Kubikmeter loses Schüttvolumen oder 0,3 Tonnen pro Tag anfällt, sowie PCB-Altholz, cyanisiertes oder mit Teeröl behandeltes Altholz an der Anfallstelle nach Herkunft und Sortiment oder nach Altholzkategorien getrennt zu erfassen sowie getrennt zu sammeln, bereitzustellen, zu überlassen, einzusammeln, zu befördern und zu lagern.

Hinweis- und Kennzeichnungspflichten/Anlieferungsschein für Altholz (§ 11)

Wer Altholz einer Altholzbehandlungsanlage zuführt, hat das angelieferte Altholz nach Altholzkategorie und Menge zu deklarieren. Für die Deklaration des Altholzes ist der Anlieferungsschein zu verwenden (Abb. 12.4). Der Betreiber einer Altholzbehandlungsanlage darf das Altholz nur entgegennehmen, wenn ihm ein Anlieferungsschein ausgehändigt wird.

Anlieferungsschein für Altholz

Anlieferer (Firma/Ansprechpartner): | **Datum:**

Straße:

PLZ und Ort:

Telefon:

Herkunft des Materials:

Gängige Altholzsortimente	Zuordnung im Regelfall zu Altholzkategorie	Altholzkategorie des angelieferten Altholzes	Menge	
			(t)	(m³)
Verschnitt, Abschnitte, Späne von naturbelassenem Vollholz	AI			
Verschnitt, Abschnitte, Späne von Holzwerkstoffen und sonstigem behandeltem Holz (ohne schädliche Verunreinigungen)	AII			
Paletten aus Vollholz, wie z.B. Europaletten, Industriepaletten aus Vollholz	AI			
Paletten aus Holzwerkstoffen	AII			
Sonstige Paletten, mit Verbundmaterialien	AIII			
Transportkisten, Verschläge aus Vollholz	AI			
Transportkisten aus Holzwerkstoffen	AII			
Obst-, Gemüse- und Zierpflanzenkisten sowie Kisten aus Vollholz	AI			
Munitionskisten	AIV			
Kabeltrommeln aus Vollholz (Herstellung vor 1989)	AIV			
Kabeltrommeln aus Vollholz (Herstellung nach 1989)	AI			
Baustellensortimente aus naturbelassenem Vollholz	AI			
Baustellensortimente aus Holzwerkstoffen, Schalhölzer, behandeltem Vollholz (ohne schädliche Verunreinigungen)	AII			
Dielen, Fehlböden, Bretterschalungen aus dem Innenausbau (ohne schädliche Verunreinigungen)	AII			
Türblätter und Zargen von Innentüren (ohne schädliche Verunreinigungen)	AII			
Profilbretter für die Raumausstattung, Deckenpaneele, Zierbalken, usw. (ohne schädlichen Verunreinigungen)	AII			
Dämm- und Schallschutzplatten, die mit Mitteln behandelt wurden, die polychlorierte Biphenyle enthalten	Beseitigung			
Bauspanplatten	AII			
Konstruktionshölzer für tragende Teile	AIV			
Holzfachwerk und Dachsparren	AIV			

Gängige Altholzsortimente	Zuordnung im Regelfall zu Altholzkategorie	Altholzkategorie des angelieferten Altholzes	Menge	
			(t)	(m³)
Fenster, Fensterstöcke, Außentüren	AIV			
Imprägnierte Bauhölzer aus dem Außenbereich	AIVI			
Bau- und Abbruchholz mit schädlichen Verunreinigungen	AIV			
Bahnschwellen	AIV			
Leitungsmasten	AIV			
Sortimente aus dem Garten- und Landschaftsbau, imprägnierte Gartenmöbel	AIV			
Sortimente aus der Landwirtschaft	AIV			
Möbel, naturbelassenes Vollholz	AI			
Möbel, ohne halogenorganische Verbindungen in der Beschichtung	AII			
Möbel, mit halogenorganischen Verbindungen in der Beschichtung	AIII			
Altholz aus Sperrmüll (Mischsortiment)	AIII			
Altholz aus industrieller Anwendung (z.B. Industriefußböden, Kühltürme)	AIV			
Altholz aus dem Wasserbau	AIV			
Altholz von abgewrackten Schiffen und Waggons	AIV			
Altholz aus Schadenfällen (z.B. Brandholz)	AIV			
Feinfraktion aus der Aufarbeitung von Altholz zu Holzwerkstoffen	AIV			
Holzhackschnitzel, Holzspäne				
Sonstige (nähere Bezeichnung nachfolgende)				
Zusätzliche Informationen für den Betreiber der Altholzbehandlungsanlage (soweit erforderlich):				
Empfänger (Firma/Ansprechpartner):	**Straße:** **PLZ und Ort:** **Telefon:**			
(Unterschrift des Anlieferers)				

Abb. 12.4: Muster-Anlieferungsschein für Altholz

Betriebstagebuch (§ 12)

Der Betreiber einer genehmigungsbedürftigen Altholzbehandlungsanlage hat zur Überprüfung der ordnungsgemäßen Durchführung der Altholzentsorgung nach den Bestimmungen dieser Verord-

12

nung ein Betriebstagebuch zu führen. Folgende Angaben sind in das Betriebstagebuch unverzüglich einzustellen:

- festgestellte erhebliche Abweichungen von der Deklaration,
- die Ergebnisse der Eigen- und Fremdüberwachung einschließlich der dazugehörigen Dokumentation der Probenahmen,
- die Ergebnisse der Kontrolle von Altholz zur energetischen Verwertung,
- die Anlieferungsscheine,
- Art, Menge und Altholzkategorie des verwerteten oder beseitigten Altholzes sowie bei anderweitiger Entsorgung Art, Menge, Altholzkategorie und Verbleib des abgegebenen Altholzes,
- besondere Vorkommnisse, insbesondere Betriebsstörungen, die Auswirkungen auf die ordnungsgemäße Verwertung und Beseitigung von Altholz haben können einschließlich der möglichen Ursachen, und
- die erforderlichenfalls aufgrund der Ergebnisse der Prüfungen oder aufgrund besonderer Vorkommnisse getroffenen Abhilfemaßnahmen.

Das Betriebstagebuch ist von der für die Leitung und Beaufsichtigung des Betriebes verantwortlichen Person oder einer von ihr beauftragten Person regelmäßig zu überprüfen. Es ist dokumentensicher anzulegen und vor unbefugtem Zugriff zu schützen. Das Betriebstagebuch muss jederzeit einsehbar sein und in Klarschrift vorgelegt werden können. Der Betreiber der Altholzbehandlungsanlage hat die in das Betriebstagebuch eingestellten Angaben, beginnend mit dem Datum der Einstellung der einzelnen Angaben fünf Jahre lang zu speichern oder die Einzelblätter, auf denen die Angaben eingetragen sind, fünf Jahre lang aufzubewahren und auf Verlangen der zuständigen Behörde die gespeicherten Angaben in Klarschrift oder die Einzelblätter vorzulegen. Sofern nach anderen Bestimmungen Betriebstagebücher zu führen sind, können die erforderlichen Angaben in einem Betriebstagebuch zusammengefasst werden. Die Vorschriften der Nachweisverordnung, § 4 der PCB/PCT-Abfallverordnung sowie § 5 der Entsorgungsfachbetriebeverordnung bleiben unberührt.

12.2 Holzaufkommen und -verwendung

In den zurückliegenden Jahren ist das Gesamt-Holzaufkommen kontinuierlich gestiegen und beträgt heute ca. 130 Millionen m^3/a (Abb. 12.5). Ca. 56 % des Holzes werden stofflich verwertet; ca. 44 % werden energetisch verwertet.

Während momentan 75 Millionen m^3 Holz stofflich verwertet werden, fallen jährlich nur 15 Millionen m^3 als Altholz an. Von daher ist hier in den nächsten Jahren mit einem weiteren Anstieg zu rechnen. Während die Altholzkategorie AI überwiegend stofflich verwertet wird, werden die Kategorien AII - AIV überwiegend energetisch verwertet. Über alle Altholzkategorien hinweg werden ca. 70 % energetisch und 30 % stofflich verwertet. Abbildung 12.6 fasst die Verwertung von Altholz in den drei großen Bereichen Biomasseanlagen, Holzwerkstoffindustrie und Privathaushalte zusammen.

Erklären lässt sich die starke Zunahme der energetischen Verwertung von Altholz durch den steigenden Anstieg von Biomassekraftwerken zur Erzeugung von regenerativem Strom. Die Anlagen sorgen für eine starke Nachfrage nach unbehandeltem AI-Altholz.

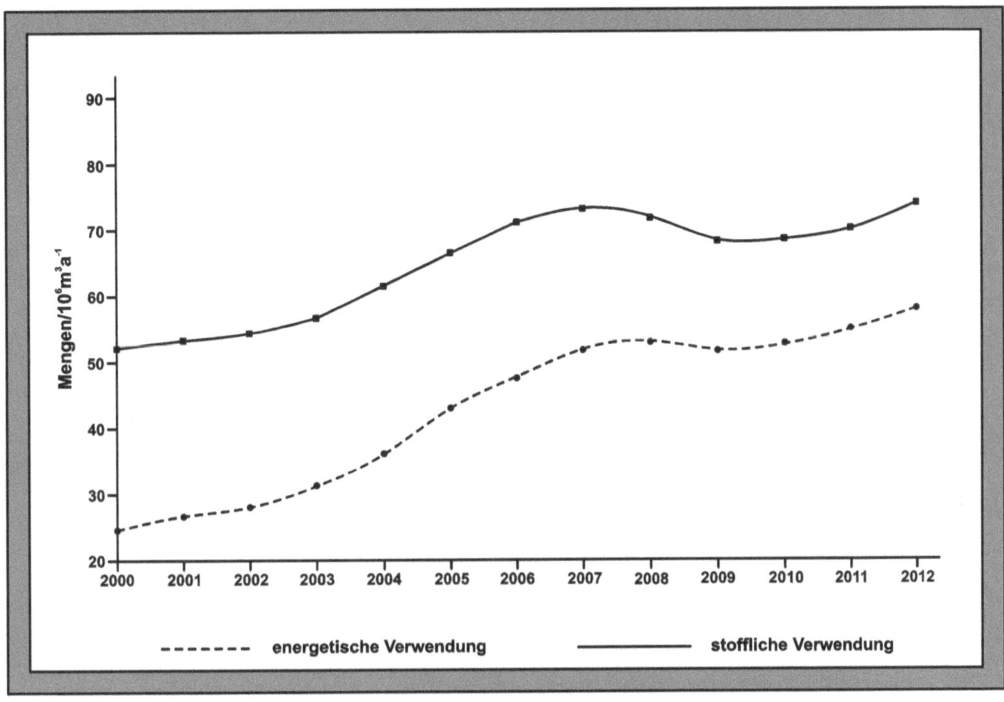

Abb. 12.5: Entwicklung der stofflichen und energetischen Gesamtholzverwendung [12.7]

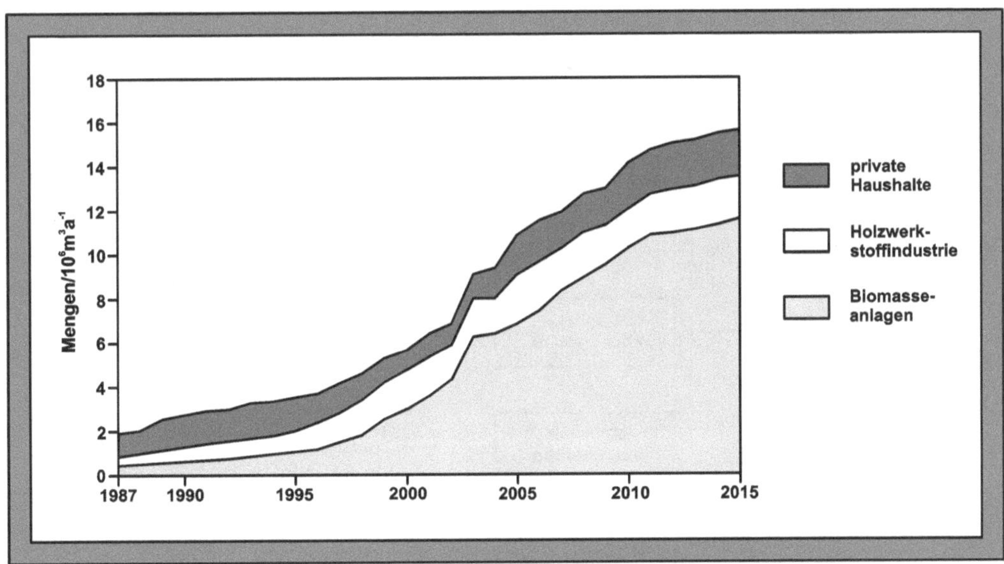

Abb. 12.6: Entwicklung der Verwendung von Altholz [12.2]

12.3 Aufbereitung von Altholz

In Abhängigkeit vom vorherigen Einsatzzweck sind im Altholz häufig holzfremde Stoffe vorhanden. Typische Beispiele für Fremdstoffe sind Metallteile, Baumaterialien, Papier und Pappe, Kunststoffe, Folien, etc. Weitere Fremdstoffe sind Leime, Lacke und Beschichtungen. Bedenklicher sind Holzschutzmittel, die das Holz vor Befall durch Insekten, Pilzen oder Algen schützen, dessen Haltbarkeit verlängern oder die Feuerresistenz erhöhen sollen.

Ziel der Aufbereitung von Altholz ist es, einen verwertbaren Sekundärrohstoff herzustellen. Die Art der Aufbereitung hängt entscheidend vom späteren Verwertungsweg ab. So sind bei der angestrebten stofflichen Verwertung Aufbereitungsschritte von vorrangiger Bedeutung, die bei der energetischen Verwertung eher eine geringe Rolle spielen. Abbildung 12.7 zeigt ein Verfahrensschema zur Aufbereitung von Altholz der Kategorien AI und AII.

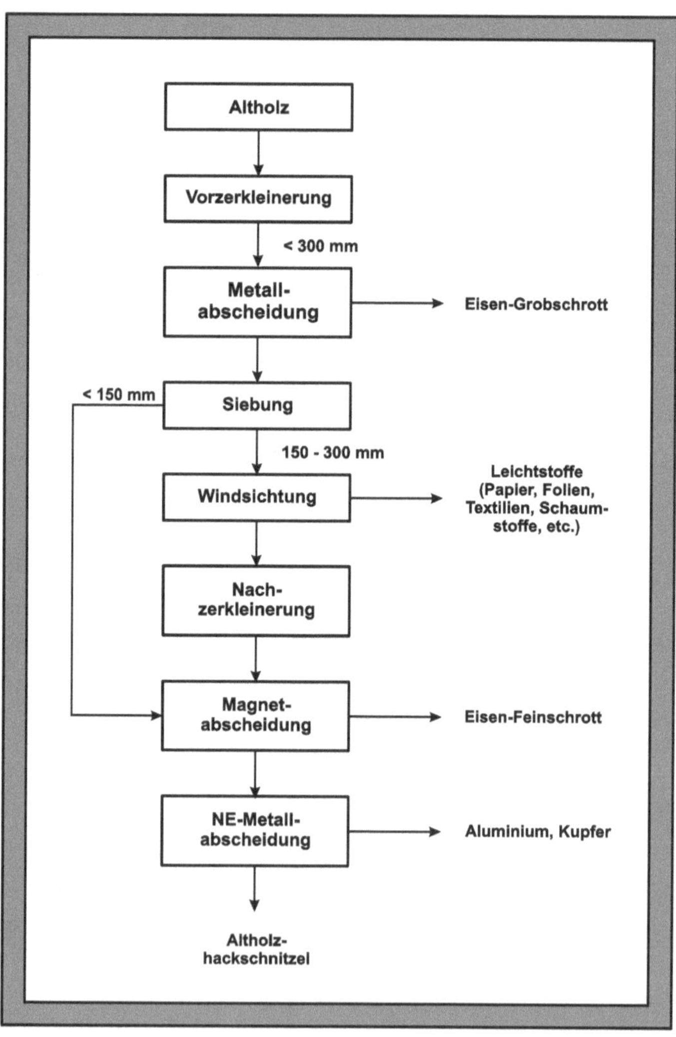

Abb. 12.7: Aufbereitung von Altholz [12.3]

Nach der Vorzerkleinerung werden in einer ersten Magnetabscheidung größere Eisenteile entfernt. Eine Siebung klassiert die Altholzteile in eine Fein- und eine Grobfraktion. Die Feinfraktion kann direkt in einer weiteren Magnetabscheidung von kleineren Eisenteilen befreit werden. In einer Windsichtung wird die Grobfraktion von Leichtstoffen befreit, anschließend nachzerkleinert und ebenfalls einer zweiten Magnetabscheidung unterzogen. Nach der Abtrennung von Nichteisenmetallen (NE-Metalle) stehen Altholzhackschnitzel für die weitere Verwendung zur Verfügung.

12.4 Wissensfragen

- Welche Anforderungen werden an die Entsorgung von Altholz nach AltholzV gestellt?
- Welche Verwertungsmöglichkeiten existieren für Altholz?
- Wie lässt sich Altholz aufbereiten?

12.5 Weiterführende Literatur

12.1 AltholzV Altholzverordnung; *Verordnung über Anforderungen an die Verwertung und Beseitigung von Altholz,* **24.02.2012**

12.2 Bayrisches Landesamt für Umwelt; *Verwertung und Beseitigung von Holzaschen,* **2009**

12.3 Bundesverband der Altholzaufbereiter und -verwerter e.V. (BAV); *Leitfaden der Altholzverwertung - Grundlagen der Altholzaufbereitung und -verwertung sowie Steckbriefe der Altholzsortimente,* **2012**

12.4 Gärtner, S. et al.; *Gesamtökologische Bewertung der Kaskadennutzung von Holz,* IFEU, **2013**

12.5 Kölling, C.; Stetter, U.; *Holzasche - Abfall oder Rohstoff?,* Bayrische Landesanstalt für Wald und Forstwirtschaft, LWF aktuell 63, **2008,** 54-56

12.6 Mantau, U.; *Holzrohstoffbilanz Deutschland - Entwicklungen und Szenarien des Holzaufkommens und der Holzverwendung von 1987 bis 2015,* **2012**

12.7 Mantau, U.; *Holzrohstoffbilanz Deutschland: Szenarien des Holzaufkommens und der Holzverwendung bis 2012,* Landbauforschung - vTI Agriculture and Forestry Research, Sonderheft 327, **2009,** 27-36

12.8 Stetter, U.; Zormaier, F.; *Verwertung und Beseitigung von Holzaschen,* Bayrische Landesanstalt für Wald und Forstwirtschaft, LWF aktuell 74, **2010,** 28-30

12.9 Umweltbundesamt (UBA), Bundesverband der Deutschen Entsorgungswirtschaft e.V.; *Klimaschutzpotenziale der Abfallwirtschaft - Am Beispiel von Siedlungsabfällen und Altholz,* Texte 06/2010, **2010**

12.10 VDI 3462 Blatt 1; *Holzbearbeitung und -verarbeitung,* Beuth, **Mai 2013**

13 Polychlorierte Biphenyle (PCBs)

13.1 PCB/PCT-Abfallverordnung (PCBAbfallV)

Anwendungsbereich (§ 1)

Die Verordnung gilt für nachfolgend definierte „PCB", die als Abfälle entsorgt werden oder entsorgt werden müssen. „PCB" bezeichnet im Sinne dieser Verordnung die Stoffe, Zubereitungen und Erzeugnisse, die:

- polychlorierte Biphenyle (trichlorierte und höherchlorierte Biphenyle),
- polychlorierte Terphenyle,
- halogenierte Monomethyldiphenylmethane (Monomethyltetrachlordiphenylmethan, Monomethyldichlordiphenylmethan, Monomethyldibromdiphenylmethan)

enthalten.

Pflichten zur Entsorgung (§ 2)

Der Besitzer hat PCB unverzüglich zu beseitigen. Für die Entsorgung der nachfolgend genannten PCB-haltigen Erzeugnisse ist insbesondere zu beachten:

- Transformatoren oder sonstige Behältnisse sind zu entleeren. Die metallischen Bestandteile, insbesondere das Gehäuse, die Spule und die Transformatorbleche, sind so zu behandeln, dass eine schadlose und ordnungsgemäße Verwertung dieser Bestandteile möglich ist und die PCB dabei zerstört oder beseitigt werden.
- Aus anderen Erzeugnissen, insbesondere Geräten der Informationstechnik und der Bürokommunikation, elektrischen Geräten oder Leuchtstofflampen, sind, soweit technisch möglich und wirtschaftlich zumutbar, Bauteile zu entfernen, getrennt zu halten und getrennt zu beseitigen.

Zur Gewährleistung einer ordnungsgemäßen und schadlosen Verwertung sowie zur gemeinwohlverträglichen Abfallbeseitigung ist beim Entstehen von Abfällen, die bei Bautätigkeiten anfallen, bereits vor einer Sortierung sicherzustellen, dass die Fraktionen, die PCBs enthalten, zu entfernen, getrennt zu halten und getrennt zu beseitigen sind, soweit dies technisch möglich und wirtschaftlich zumutbar ist.

Die Entsorgung von PCB darf nur in einer hierfür nach § 4 des Bundes-Immissionsschutzgesetzes oder § 35 des Kreislaufwirtschaftsgesetzes zugelassenen Anlage erfolgen.

Brand- und Explosionsschutz (§ 3)

Nach Maßgabe der einschlägigen Vorschriften sind beim Bereitstellen, Überlassen, Einsammeln und innerbetrieblichen Befördern von PCB alle notwendigen Maßnahmen zu treffen, um eine Freisetzung der Stoffe durch Brände und Explosionen zu vermeiden.

Nachweis- und Mitteilungspflichten (§ 4)

Unternehmen und Betreiber von Beseitigungsanlagen (PCB-Beseitigungsunternehmen), haben über Menge, Herkunft, Art des Abfalls und PCB-Gehalt von angelieferten PCB-Abfällen ein Register zu führen. Sie teilen diese Angaben der zuständigen Behörde vierteljährlich mit. Sie stellen den Erzeugern oder Besitzern, deren PCB-Abfälle angeliefert werden, eine Bescheinigung aus, in der Art und Menge des PCB angegeben werden.

Soweit nach § 50 oder § 51 des Kreislaufwirtschaftsgesetzes in Verbindung mit Teil 2 oder Teil 3 der Nachweisverordnung Nachweise oder Register über die Beseitigung von PCB zu führen sind, können die zu führenden Register sowie zu erteilenden Bescheinigungen durch die Begleitscheine, Übernahmescheine und Register nach der Nachweisverordnung ersetzt werden.

In diesem Fall sind beim Ausfüllen der Begleitscheine außer der Menge des Abfalls, Herkunft, Art und PCB-Gehalt im Feld „Frei für Vermerke" vom PCB-Beseitigungsunternehmen einzutragen. Erfolgt die Nachweisführung durch Sammelentsorgungsnachweis nach § 9 der Nachweisverordnung, sind die Eintragungen auf den Übernahmescheinen vorzunehmen, die dem jeweiligen Erzeuger oder Besitzer der PCB-Abfälle zu übergeben sind.

13.2 Struktur, Eigenschaften, Verwendung

Viele der chemisch hergestellten Verbindungen enthalten Strukturen, die in Naturstoffen nicht vorkommen. Zu diesen Fremdstoffen (Xenobiotika) zählen auch die polychlorierten Biphenyle (PCBs). Aufgrund ihrer Persistenz in der Umwelt, ihres Bioakkumulationspotenzials und ihrer schädlichen Wirkungen auf die Umwelt und die Gesundheit gehören die PCBs zu den Persistenten Organischen Schadstoffen (POPs).

Insgesamt gibt es 209 Einzelverbindungen der polychlorierten Biphenyle, die man als Kongenere (Isomere) bezeichnet. Die Stellung der Chloratome bei den einzelnen PCB-Kongeneren wird entsprechend den IUPAC-Regeln beziffert.

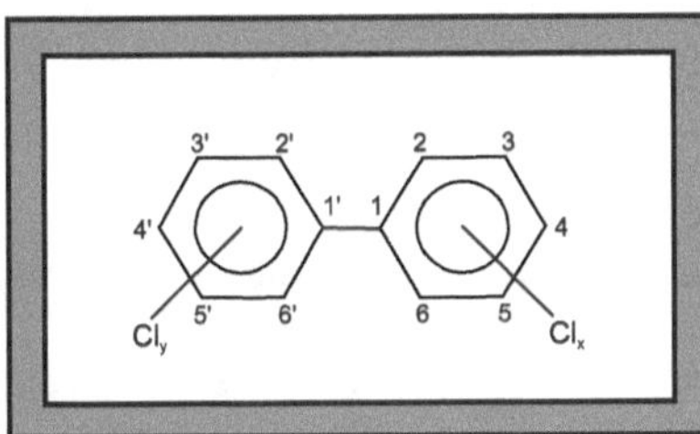

Abb. 13.1: Strukturformel für polychlorierte Biphenyle

Je nach Anzahl der Chloratome in den beiden aromatischen Ringen tritt eine bestimmte Anzahl von PCB-Isomeren auf (Abb. 13.2). Sie unterscheiden sich erheblich in ihren jeweiligen physikalischen, chemischen und toxikologischen Eigenschaften.

Anzahl der Chloratome	Anzahl der PCB-Kongenere
1	3
2	12
3	24
4	42
5	46
6	42
7	24
8	12
9	3
10	1
Summe	209

Abb. 13.2: Anzahl der PCB-Kongenere

In der Praxis werden die verschiedenen PCBs mit Ziffern von 1 bis 209 bezeichnet (Abb. 13.4). Wie aus dieser Abbildung der Nomenklaturname der Verbindung erhalten wird, sei am Beispiel des PCB 100 erläutert:

- Identifiziere PCB 100 aus der Abbildung 13.3.
- Aus der Spalte ergibt sich die Position der Chloratome am ersten Ring; im Beispiel sind es die Positionen 2,4 und 6.
- Aus der Zeile ergibt sich die Position der Chloratome am zweiten Ring; im Beispiel sind es die Positionen 2´ und 4´.

Damit handelt es sich um die Verbindung 2,2´,4,4´,6-Pentachlorbiphenyl.

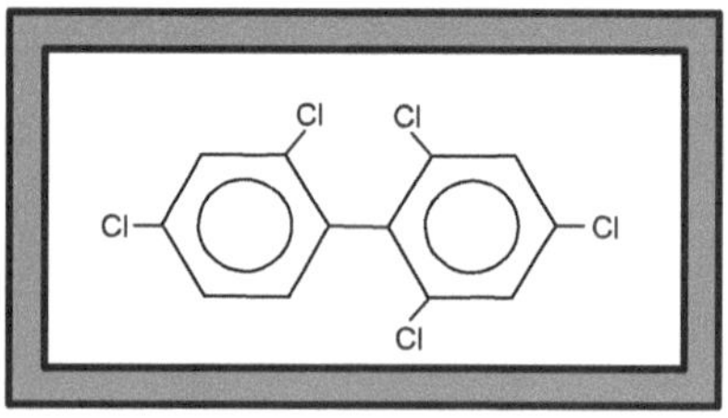

Abb. 13.3: Strukturformel 2,2`,4,4`,6-Pentachlorbiphenyl

Cl-Position im Ring	kein	2	3	4	23	24	25	26	34	35	234	235	236	245	246	345	2345	2346	2356	23456
2'3'4'5'6'																				209
2'3'5'6'																			202	208
2'3'4'6'																		197	201	207
2'3'4'5'																	194	196	199	206
3'4'5'																169	189	191	193	205
2'4'6'															155	168	182	184	188	204
2'4'5'														153	154	167	180	183	187	203
2'3'6'													136	149	150	164	174	176	179	200
2'3'5'												133	135	146	148	162	172	175	178	198
2'3'4'											128	130	132	138	140	157	170	171	177	195
3'5'										80	107	111	113	120	121	127	159	161	165	192
3'4'									77	79	105	109	110	118	119	126	156	158	163	190
2'6'								54	71	73	89	94	96	102	104	125	143	145	152	186
2'5'							52	53	70	72	87	92	95	101	103	124	141	144	151	185
2'4'						47	49	51	66	68	85	90	91	99	100	123	137	139	147	181
2'3'					40	42	44	46	56	58	82	83	84	97	98	122	129	131	134	173
4'				15	22	28	31	32	37	39	60	63	64	74	75	81	114	115	117	166
3'			11	13	20	25	26	27	35	36	55	57	59	67	69	78	106	108	112	160
2'		4	6	8	16	17	18	19	33	34	41	43	45	48	50	76	86	88	93	142
kein	0	1	2	3	5	7	9	10	12	14	21	23	24	29	30	38	61	62	65	116

Abb. 13.4: PCB-Nomenklatur [13.5]

Als Einzelverbindung liegen die PCBs in Form weißer Kristalle vor. Im Gegensatz dazu sind technische PCB-Gemische farblose Flüssigkeiten, die bei höheren Chlorgehalten harzig werden. Anwendungstechnisch betrachtet bieten PCBs eine Reihe vorteilhafter Eigenschaften:

- hohe Hitzestabilität und schwere Entflammbarkeit,
- geringe Wasserlöslichkeit aber hohe Fettlöslichkeit,
- niedriger Dampfdruck und somit geringe Flüchtigkeit,
- sehr geringe elektrische Leitfähigkeit,
- gute Wärmeleitfähigkeit,
- gute chemische Stabilität.

Den anwendungstechnischen Vorteilen stehen aber erhebliche Nachteile gegenüber:

- langsame biologische Abbaubarkeit,
- Anreicherung in der Nahrungskette,
- Potenzial bzgl. chronischer Toxizität.

Technische PCB-Produkte können Verunreinigungen in Form von polychlorierten Dibenzodioxinen (PCDDs) bzw. polychlorierten Dibenzofuranen (PCDF`s) enthalten (Abb. 13.5). Die Entsorgung von PCBs ist technisch aufwändig und kostspielig. Im Brandfall können sich aus PCBs Dioxine bzw. Furane bilden.

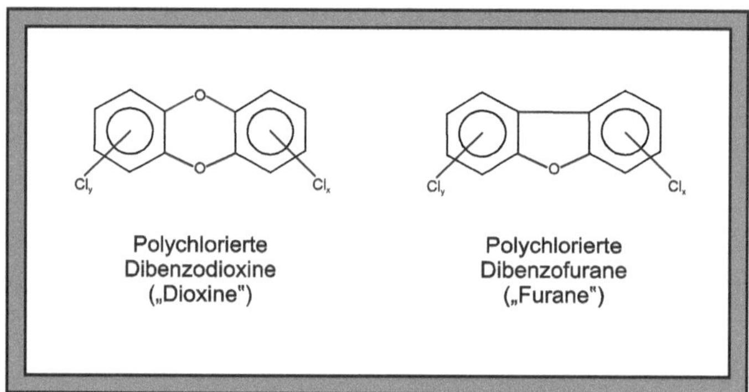

Abb. 13.5: Strukturformel für Dioxine und Furane

Wegen ihrer anwendungstechnischen Eigenschaften wurden PCBs hauptsächlich als:

- Transformatorenöle,
- Isolationsmaterial für Kondensatoren,
- hydraulische Flüssigkeiten

in geschlossenen Systemen eingesetzt. Bei zahlreichen weiteren Anwendungen (z.B. Dichtungsmassen und Dehnfugen, Schneid-, Bohröle und Schmiermittel, Isolierflüssigkeiten, Weichmacher) können die PCBs im Laufe der Zeit direkt in die Umwelt entweichen.

Durch die Verteilung in den verschiedenen Umweltmedien Wasser, Boden und Luft haben sich PCBs über die verschiedenen Nahrungsketten angereichert. Vor allem tierische Fette weisen hohe PCB-Gehalte auf, während pflanzliche Lebensmittel deutlich geringer belastet sind. Eine Übersicht zum Beitrag verschiedener Lebensmittel an der mittleren täglichen Aufnahme von PCBs und Dioxinen findet sich in Abbildung 13.6.

Lebensmittel	prozentualer Anteil
Milch, -produkte	42 %
Fisch	17 %
Rindfleisch	12 %
Eier	8 %
pflanzliche Öle, Margarine	7 %
Obst und Gemüse	6 %
Schweinefleisch	5 %
Geflügelfleisch	3 %

Abb. 13.6: Beitrag verschiedener Lebensmittel an der täglichen Aufnahme von PCBs und Dioxinen

Die einzelnen PCBs weisen eine unterschiedliche Giftigkeit auf. In Abbildung 13.7 sind die Toxizitätsäquivalenzfaktoren (TEFs) für einige PCBs aufgeführt.

PCB	Toxizitäts-äquivalenzfaktor (TEF)
PCB 77	0,0001
PCB 81	0,0003
PCB 105	0,00003
PCB 114	0,00003
PCB 118	0,00003
PCB 123	0,00003
PCB 126	0,1
PCB 156	0,00003
PCB 157	0,00003
PCB 167	0,00003
PCB 169	0,03
PCB 189	0,00003

Abb. 13.7: Toxizitätsäquivalenzfaktor für polychlorierte Biphenyle [13.10]

Bezugsgröße für die Toxizität ist eine Dioxinverbindung, das 2,3,7,8-Tetrachlordibenzo-p-dioxin (2,3,7,8-TCDD), dessen Toxizität als Referenzsubstanz gleich „1" gesetzt wird.

PCBs werden über die Atemwege oder den Magen-Darm-Trakt aufgenommen. Die niedrig chlorierten Kongenere sind oral besser bioverfügbar als die höherchlorierten. Die Einlagerung erfolgt in das Fettgewebe und den Lipiden von Organen, Geweben und Muttermilch. PCBs werden metabolisch nur langsam abgebaut, die niedrig chlorierten PCBs dabei schneller als die höherchlorierten.

Für Routineanalysen von PCBs werden 6 PCB-Kongenere als Referenzsubstanzen ausgewählt. Für die in der Umwelt vorkommenden PCBs dienen diese Verbindungen (PCB 28, 52, 101, 138, 153, 180) als Indikatoren für die entsprechenden Verteilungsmuster. So variieren die in Muttermilch und in Fettgewebe gefundenen PCB-Muster nur in relativ engen Grenzen. Dabei machen die PCB-Kongenere 138, 153 und 180 relativ konstant ca. 60 % des PCB-Gesamtgehaltes aus.

Für die Behandlung von PCB-haltigem Material bieten sich zwei Verfahren an:

- Verbrennung,
- chemisch-physikalische Behandlung.

Bei der Verbrennung PCB-haltiger Abfälle können sich polychlorierte Dibenzodioxine („Dioxine") und Dibenzofurane („Furane") bilden. Durch die Einhaltung entsprechender Prozessparameter (Temperatur, Verweilzeit, Sauerstoffgehalt) lässt sich dies verhindern. Chemisch-physikalisch lassen sich PCBs hydrieren, wobei sich Chlorwasserstoff (HCl) bildet. Bei der Reaktion mit Alkalien bilden sich die entsprechenden Alkalichloride. Zur Dauerlagerung fester PCB-haltiger Abfälle stehen auch Untertagedeponien zur Verfügung.

13.3 Wissensfragen

- Welche Pflichten ergeben sich aus der PCB/PCT-Abfallverordnung?
- Erläutern Sie den strukturellen Aufbau und die Bezeichnung von PCBs.
- Welche anwendungstechnischen Vorteile besitzen PCBs; welche Nachteile stehen dem gegenüber?
- Welchen Beitrag liefert die Ernährungsweise zur Aufnahme von PCBs?
- Wie lassen sich PCBs nachweisen und beseitigen?

13.4 Weiterführende Literatur

13.1 Behnisch, P.; *Nicht-, mono- und di-ortho-chlorierte Biphenyle (PCB),* UFA, **1997,** 3-930803-20-8

13.2 Deutsche Forschungsgemeinschaft (DFG); *Polychlorierte Biphenyle,* VCH. **1988,** 3-527-27367-0

13.3 DIN EN 1948-4; *Emissionen aus stationären Quellen - Bestimmung der Massenkonzentration von PCDD/PCDF und dioxin-ähnlichen PCB - Teil 4: Probenahme und Analyse dioxin-ähnlicher PCB,* Beuth, **Mai 2009**

13.4 Erickson, M.D.; *Analytical Chemistry of PCBs,* CRC Press, **1997,** 0-87371-923-9

13.5 Faroon, M. et al; *Polychlorinated Biphenyls: Human Health Aspects,* World Health Organization, **2003,** 92-4-153055-3

13.6 Lehnig-Habrink, P. et al; *Erarbeitung und Validierung von Verfahren zur Bestimmung von polychlorierten Biphenylen und polychlorierten Terphenylen in organischen Materialien,* Umweltbundesamt, **April 2005**

13.7 Lorenz, H.; Neumeier, G.; *Polychlorierte Biphenyle (PCB),* MMV, **1983,** 3-8208-1032-3

13.8 PCBAbfallV - PCB/PCT-Abfallverordnung, *Verordnung über die Entsorgung polychlorierter Biphenyle, polychlorierte Terphenyle und halogenierter Monomethyldiphenylmethanderivate,* **24.02.2012**

13.9 Robertson, L.W.; Hansen, L.G.; *PCBs Recent Advances in Environmental Toxicology and Health Effects,* University Press of Kentucky, **2001,** 0-8131-2226-0

13.10 van den Berg, M. et al; *The 2005 World Health Organization Reevaluation of Human and Mammalian Toxic Equivalency Factors for Dioxins and Dioxin-Like Compounds,* Toxicological Sciences 93, **2006,** 223-241

13.11 van den Berg, M. et al; *Toxic Equivalency Factors (TEFs) for PCBs, PCDDs, PCDFs for Humans and Wildlife,* Environmental Health Perspectives 106, **1998,** 775-792

13.12 Vohr, H.-W. (Hrsg.); *Toxikologie, Bd. 1: Grundlagen der Toxikologie,* Wiley-VCH, **2010,** 978-3-527-32319-7

13.13 Vohr, H.-W. (Hrsg.); *Toxikologie, Bd 2: Toxikologie der Stoffe,* Wiley-VCH, **2010,** 978-3-527-32385-2

14 Elektro- und Elektronikgeräte

14.1 EU-Richtlinie 2011/65/EU

Maßnahmen zur Sammlung, zur Behandlung, zum Recycling und zur Beseitigung von Elektro- und Elektronik-Altgeräten sind notwendig, um Probleme im Zusammenhang mit Schwermetallen und Flammschutzmitteln bei der Abfallbewirtschaftung zu vermeiden. Trotz dieser Maßnahmen wird jedoch ein beträchtlicher Teil der Elektro- und Elektronik-Altgeräte weiterhin in den derzeit gängigen Entsorgungswegen innerhalb oder außerhalb der Union zu finden sein. Auch wenn Elektro- und Elektronik-Altgeräte getrennt gesammelt und Recyclingprozessen zugeführt würden, würde der Gehalt an Quecksilber, Cadmium, Blei, Chrom (VI) sowie polybromierten Biphenylen (PBB) und polybromierten Diphenylether (PBDE) aller Wahrscheinlichkeit nach ein Risiko für die Gesundheit und die Umwelt darstellen.

Unter Berücksichtigung der technischen und wirtschaftlichen Machbarkeit - auch für kleine und mittlere Unternehmen (KMU) - lässt sich im Rahmen des auf Unionsebene angestrebten Gesundheits- und Umweltschutzes eine erhebliche Verringerung der Risiken für die Gesundheit und die Umwelt durch diese Substanzen am wirksamsten durch deren Ersatz in Elektro- und Elektronikgeräten erreichen. Die Beschränkung der Verwendung dieser gefährlichen Stoffe wird voraussichtlich die Möglichkeiten für das Recycling von Elektro- und Elektronik-Altgeräten verbessern, seine wirtschaftliche Rentabilität erhöhen und die schädlichen Auswirkungen auf die Gesundheit der Beschäftigten von Recyclingbetrieben verringern.

Sobald wissenschaftliche Erkenntnisse vorliegen, sollte unter Berücksichtigung des Vorsorgeprinzips die Beschränkung weiterer gefährlicher Stoffe, einschließlich aller Stoffe von besonders geringer Größe oder besonders geringer innerer Struktur oder Oberflächenstruktur (Nanomaterialien), die aufgrund ihrer Eigenschaften bezogen auf ihre Größe oder Struktur gefährlich sein können, und ihre Substitution durch umweltfreundlichere Alternativen, die mindestens das gleiche Schutzniveau für den Verbraucher gewährleisten, geprüft werden.

Gegenstand (Art. 1)

Die EU-Richtlinie 2011/65/EU legt Bestimmungen für die Beschränkung der Verwendung von gefährlichen Stoffen in Elektro- und Elektronikgeräten fest, um einen Beitrag zum Schutz der menschlichen Gesundheit und der Umwelt einschließlich der umweltgerechten Verwertung und Beseitigung von Elektro- und Elektronik-Altgeräten zu leisten.

Geltungsbereich (Art. 2)

Diese Richtlinie gilt für folgende Elektro- und Elektronikgeräte:

- Haushaltsgroßgeräte,
- Haushaltskleingeräte,
- IT- und Telekommunikationsgeräte,
- Geräte der Unterhaltungselektronik,
- Beleuchtungskörper,
- elektrische und elektronische Werkzeuge,
- Spielzeug sowie Sport- und Freizeitgeräte,
- medizinische Geräte,

- Überwachungs- und Kontrollinstrumente einschließlich Überwachungs- und Kontrollinstrumenten in der Industrie,
- automatische Ausgabegeräte,
- sonstige Elektro- und Elektronikgeräte, die keiner der bereits genannten Kategorien zuzuordnen sind.

Diese Richtlinie gilt nicht für:

- ortsfeste industrielle Großwerkzeuge,
- ortsfeste Großanlagen; Verkehrsmittel zur Personen- oder Güterbeförderung mit Ausnahme von elektrischen Zweirad-Fahrzeugen, die nicht typgenehmigt sind,
- bewegliche Maschinen, die nicht für den Straßenverkehr bestimmt sind und ausschließlich zur professionellen Nutzung zur Verfügung gestellt werden,
- aktive implantierbare medizinische Geräte,
- Photovoltaikmodule, die in einem System verwendet werden sollen, das zum ständigen Betrieb an einem bestimmten Ort zur Energieerzeugung aus Sonnenlicht für öffentliche, kommerzielle, industrielle und private Anwendungen von Fachpersonal entworfen, zusammengesetzt und installiert wurde,
- Geräte, die ausschließlich zu Zwecken der Forschung und Entwicklung entworfen wurden und nur auf zwischenbetrieblicher Ebene bereitgestellt werden.

Vermeidung (Art. 4)

Die Mitgliedstaaten stellen sicher, dass in Verkehr gebrachte Elektro- und Elektronikgeräte einschließlich Kabeln und Ersatzteilen für die Reparatur, die Wiederverwendung, die Aktualisierung von Funktionen oder die Erweiterung des Leistungsvermögens keine der folgend aufgeführten Stoffe enthalten:

- Blei (0,1 %),
- Quecksilber (0,1 %),
- Cadmium (0,01 %),
- sechswertiges Chrom (0,1 %),
- polybromierte Biphenyle (PBB) (0,1 %),
- polybromierte Diphenylether (PBDE) (0,1 %).

Dies gilt für ab dem 22. Juli 2014 in Verkehr gebrachte medizinische Geräte und Überwachungs- und Kontrollinstrumente, für ab dem 22. Juli 2016 in Verkehr gebrachte Invitro-Diagnostika und für ab dem 22. Juli 2017 in Verkehr gebrachte industrielle Überwachungs- und Kontrollinstrumente.

Dies gilt nicht für Kabel oder Ersatzteile für die Reparatur, die Wiederverwendung, die Aktualisierung von Funktionen oder die Erweiterung des Leistungsvermögens von:

- vor dem 1. Juli 2006 in Verkehr gebrachten Elektro- und Elektronikgeräten,
- vor dem 22. Juli 2014 in Verkehr gebrachten medizinischen Geräten,
- vor dem 22. Juli 2016 in Verkehr gebrachten Invitro-Diagnostika,
- vor dem 22. Juli 2014 in Verkehr gebrachten Überwachungs- und Kontrollinstrumenten,
- vor dem 22. Juli 2017 in Verkehr gebrachten industriellen Überwachungs- und Kontrollinstrumenten.

Dies gilt nicht für die Wiederverwendung von Ersatzteilen, die aus Elektro- und Elektronikgeräten ausgebaut werden, die vor dem 1. Juli 2006 in Verkehr gebracht wurden und in Geräten verwendet werden, die vor dem 1. Juli 2016 in Verkehr gebracht werden, sofern die Wiederverwendung in einem überprüfbaren geschlossenen zwischenbetrieblichen System erfolgt und den Verbrauchern mitgeteilt wird, dass Teile wiederverwendet wurden.

In den Anhängen III und IV der Richtlinie sind weitere Ausnahmen aufgeführt.

Anpassung der Anhänge an den wissenschaftlichen und technischen Fortschritt (Art. 5)

Zur Anpassung der Anhänge III und IV der Richtlinie an den wissenschaftlichen und technischen Fortschritt erlässt die Kommission Maßnahmen zur Einbeziehung von Werkstoffen und Bauteilen von Elektro- und Elektronikgeräten für bestimmte Verwendungen in die Listen in den Anhängen III und IV, sofern durch diese Einbeziehung der durch die Verordnung (EG) Nr. 1907/2006 gewährte Schutz von Umwelt und Gesundheit nicht abgeschwächt wird und wenn eine der folgenden Bedingungen erfüllt ist:

- ihre Beseitigung oder Substitution durch eine Änderung der Gerätegestaltung oder durch Werkstoffe und Bauteile, die keine der in Artikel 4 (Anhang II) aufgeführten Werkstoffe oder Stoffe erfordern, ist wissenschaftlich oder technisch nicht praktikabel,
- die Zuverlässigkeit von Substitutionsprodukten ist nicht gewährleistet,
- die umweltschädigenden, gesundheitsschädigenden und die Sicherheit der Verbraucher gefährdenden Gesamtauswirkungen der Substitution überwiegen voraussichtlich die Gesamtvorteile für die Umwelt, die Gesundheit und die Sicherheit der Verbraucher.

Bei Entscheidungen über die Einbeziehung von Werkstoffen und Bauteilen von Elektro- und Elektronikgeräten in die Listen in den Anhängen III und IV der Richtlinie und über die Dauer jeglicher Ausnahmen sollten die Verfügbarkeit von Substitutionsprodukten und die sozioökonomischen Auswirkungen der Substitution berücksichtigt werden. Bei der Entscheidung über die Dauer jeglicher Ausnahmen sollten alle möglichen nachteiligen Auswirkungen auf die Innovation berücksichtigt werden. Gegebenenfalls sind die Gesamtauswirkungen der Ausnahme basierend auf dem Lebenszykluskonzept heranzuziehen.

Überprüfung und Änderung der Stoffe, die Beschränkungen unterliegen (Art. 6)

Unter Berücksichtigung des Vorsorgeprinzips prüft die Kommission bis zum 22. Juli 2014, ob die Liste der Stoffe gemäß Artikel 4 (Anhang II) auf der Grundlage einer eingehenden Bewertung überprüft und geändert werden muss. In der Folge prüft sie dies regelmäßig von sich aus oder nach Vorlage eines Vorschlags durch einen Mitgliedstaat die Angaben.

Die Überprüfung und Änderung der Liste der Stoffe, die Beschränkungen unterliegen, steht im Einklang mit anderen Rechtsvorschriften über chemische Stoffe, insbesondere mit der Verordnung (EG) Nr. 1907/2006, und trägt unter anderem den Anhängen XIV und XVII der genannten Verordnung Rechnung.

Zur Überprüfung und Änderung berücksichtigt die Kommission insbesondere, ob ein Stoff, einschließlich Stoffen von besonders geringer Größe oder besonders geringer innerer Struktur oder Oberflächenstruktur, oder eine Gruppe ähnlicher Stoffe:

- sich negativ auf die Abfallbewirtschaftung in Bezug auf Elektro- und Elektronikgeräte auswirken könnte, etwa auf die Möglichkeiten, Elektro- und Elektronikgeräte für eine Wiederverwendung vorzubereiten oder darauf, Werkstoffe aus Elektro- und Elektronik-Altgeräten zu recyceln,

- aufgrund seiner Verwendung bei der Vorbereitung für die Wiederverwendung, das Recycling oder eine andere Behandlung von Werkstoffen aus Elektro- und Elektronik-Altgeräten unter den derzeitigen Betriebsbedingungen mit einer unkontrollierten oder diffusen Freisetzung des Stoffes in die Umwelt verbunden sein oder zu schädlichen Rückständen oder zu Transformations- oder Zerfallsprodukten führen könnte,
- zu einer unannehmbaren Exposition von Arbeitnehmern, die im Bereich der Sammlung oder Behandlung von Elektro- und Elektronik-Altgeräten tätig sind, führen könnte,
- durch Substitutionsprodukt oder alternative Technologien ersetzt werden könnte, die weniger negative Auswirkungen haben.

Im Zuge dieser Überprüfung konsultiert die Kommission interessierte Kreise wie Wirtschaftsakteure, Betreiber von Recycling-Betrieben, Betreiber von Behandlungsanlagen, Umweltorganisationen sowie Arbeitnehmer- und Verbraucherverbände.

Die Vorschläge zur Überprüfung und Änderung der Liste der Stoffe, die Beschränkungen unterliegen, enthalten mindestens die folgenden Angaben:

- präzise und klare Formulierung der vorgeschlagenen Beschränkung,
- wissenschaftliche Erkenntnisse mit umfassenden Verweisen, die für eine Beschränkung sprechen,
- Angaben zur Verwendung des Stoffes oder der Gruppe ähnlicher Stoffe in Elektro- und Elektronikgeräten,
- Angaben zu schädlichen Wirkungen und zur Exposition, insbesondere bei der Abfallbewirtschaftung in Bezug auf Elektro- und Elektronikgeräte,
- Angaben zu möglichen Substitutionsprodukten und anderen Alternativen, ihrer Verfügbarkeit und ihrer Zuverlässigkeit,
- Begründung, warum eine unionsweite Beschränkung als am besten geeignete Maßnahme angesehen wird,
- sozioökonomische Beurteilung.

Verpflichtungen der Hersteller (Art. 7)

Die Mitgliedstaaten stellen Folgendes sicher:

Die Hersteller gewährleisten, wenn sie ein Elektro- und Elektronikgerät in Verkehr bringen, dass dieses gemäß den Anforderungen von Artikel 4 entworfen und hergestellt wurde. Die Hersteller erstellen die erforderlichen technischen Unterlagen und führen eine interne Fertigungskontrolle durch oder lassen sie durchführen. Entspricht das Elektro- oder Elektronikgerät den geltenden Anforderungen, stellen die Hersteller eine EU-Konformitätserklärung aus und bringen am fertigen Produkt die CE-Kennzeichnung an.

Die Hersteller bewahren die technischen Unterlagen und die EU-Konformitätserklärung über einen Zeitraum von zehn Jahren ab dem Inverkehrbringen des Elektro- oder Elektronikgeräts auf. Die Hersteller gewährleisten, dass Verfahren existieren, um Konformität bei Serienfertigung sicherzustellen. Änderungen an der Gestaltung des Produkts oder an seinen Merkmalen sowie Änderungen der harmonisierten Normen oder der technischen Spezifikationen, auf die bei Erklärung der Konformität von Elektro- oder Elektronikgeräten verwiesen wird, werden angemessen berücksichtigt. Die Hersteller führen ein Verzeichnis der nichtkonformen Elektro- und Elektronikgeräte und der Produktrückrufe und halten die Vertreiber darüber auf dem Laufenden.

Die Hersteller gewährleisten, dass ihre Elektro- und Elektronikgeräte eine Typen-, Chargen- oder Seriennummer oder ein anderes Kennzeichen zu ihrer Identifikation tragen, oder, falls dies aufgrund der Größe oder Art des Geräts nicht möglich ist, dass die erforderlichen Informationen auf der Verpackung oder in den dem Gerät beigefügten Unterlagen angegeben werden.

Die Hersteller geben ihren Namen, ihren eingetragenen Handelsnamen oder ihre eingetragene Handelsmarke und ihre Kontaktanschrift entweder auf dem Elektro- oder Elektronikgerät selbst oder, wenn dies nicht möglich ist, auf der Verpackung oder in den dem Gerät beigefügten Unterlagen an. In der Anschrift muss eine zentrale Stelle angegeben sein, unter der der Hersteller kontaktiert werden kann.

Hersteller, die der Auffassung sind oder Grund zu der Annahme haben, dass ein von ihnen in Verkehr gebrachtes Elektro- oder Elektronikgerät nicht dieser Richtlinie entspricht, ergreifen unverzüglich die erforderlichen Korrekturmaßnahmen, um die Konformität dieses Geräts herzustellen, es gegebenenfalls vom Markt zu nehmen oder zurückzurufen, und unterrichten unverzüglich die zuständigen nationalen Behörden der Mitgliedstaaten, in denen sie die Geräte bereitgestellt haben, darüber, wobei sie ausführliche Angaben machen, insbesondere über die Nichtkonformität und die ergriffenen Korrekturmaßnahmen.

Die Hersteller stellen der zuständigen nationalen Behörde auf deren begründetes Verlangen alle Informationen und Unterlagen in einer Sprache, die von dieser zuständigen nationalen Behörde leicht verstanden werden kann, zur Verfügung, die für den Nachweis der Konformität des Elektro- oder Elektronikgeräts erforderlich sind, und kooperieren mit dieser Behörde auf deren Verlangen bei allen Maßnahmen, die sicherstellen sollen, dass das von ihnen in Verkehr gebrachte Elektro- oder Elektronikgerät die Richtlinie einhält.

Verpflichtungen der Importeure (Art. 9)

Die Importeure bringen nur mit dieser Richtlinie konforme Elektro- oder Elektronikgeräte in der Union in Verkehr. Bevor sie ein Elektro- oder Elektronikgerät in Verkehr bringen, gewährleisten die Importeure, dass das entsprechende Konformitätsbewertungsverfahren vom Hersteller durchgeführt wurde, dass der Hersteller die technischen Unterlagen erstellt hat, und dass das Gerät mit der CE-Kennzeichnung versehen ist.

Ist ein Importeur der Auffassung oder hat er Grund zu der Annahme, dass ein Elektro- oder Elektronikgerät nicht den Anforderungen entspricht, so bringt dieser Importeur dieses Gerät nicht in Verkehr, bevor die Konformität des Geräts hergestellt ist, und unterrichtet den Hersteller und die Marktüberwachungsbehörden hiervon.

Die Importeure geben ihren Namen, ihren eingetragenen Handelsnamen oder ihre eingetragene Handelsmarke und ihre Kontaktanschrift auf dem Elektro- oder Elektronikgerät selbst oder, wenn dies nicht möglich ist, auf der Verpackung oder in den dem Gerät beigefügten Unterlagen an.

Um die Einhaltung dieser Richtlinie sicherzustellen, führen die Importeure ein Register der nichtkonformen Elektro- oder Elektronikgeräte und der Rückrufe von Elektro- oder Elektronikgeräten und halten die Vertreiber darüber auf dem Laufenden.

Importeure, die der Auffassung sind oder Grund zu der Annahme haben, dass ein von ihnen in Verkehr gebrachtes Elektro- oder Elektronikgerät nicht dieser Richtlinie entspricht, ergreifen unverzüglich die erforderlichen Korrekturmaßnahmen, um die Konformität dieser Geräte herzustellen, sie gegebenenfalls zurückzunehmen oder zurückzurufen, und unterrichten unverzüglich die zuständigen nationalen Behörden der Mitgliedstaaten, in denen sie die Geräte bereitgestellt haben, darüber und machen dabei ausführliche Angaben, insbesondere über die Nichtkonformität und die ergriffenen Korrekturmaßnahmen.

Die Importeure halten über einen Zeitraum von zehn Jahren ab dem Inverkehrbringen des Elektro- oder Elektronikgeräts eine Abschrift der EU-Konformitätserklärung für die Marktüberwachungsbehörden bereit und sorgen dafür, dass diesen Behörden auf Verlangen die technischen Unterlagen vorgelegt werden können.

Die Importeure stellen der zuständigen nationalen Behörde auf deren begründetes Verlangen alle Informationen und Unterlagen, die für den Nachweis der Konformität der Elektro- oder Elektronikgeräte mit der vorliegenden Richtlinie erforderlich sind, in einer Sprache zur Verfügung, die von dieser zuständigen nationalen Behörde leicht verstanden werden kann, und kooperieren mit dieser Behörde auf deren Verlangen bei allen Maßnahmen, die sicherstellen sollen, dass die Elektro- oder Elektronikgeräte, die sie in Verkehr gebracht haben, diese Richtlinie einhalten.

Verpflichtungen der Vertreiber (Art. 10)

Vertreiber berücksichtigen die geltenden Anforderungen mit der gebührenden Sorgfalt, wenn sie Elektro- oder Elektronikgeräte auf dem Markt bereitstellen, insbesondere indem sie überprüfen, ob das Gerät mit der CE-Kennzeichnung versehen ist, ob ihm die erforderlichen Unterlagen in einer Sprache beigefügt sind, die von den Verbrauchern und sonstigen Endnutzern in dem Mitgliedstaat, in dem das Gerät auf dem Markt bereitgestellt werden soll, leicht verstanden werden kann, und ob der Hersteller und der Importeur die Anforderungen erfüllt haben.

Ist ein Vertreiber der Auffassung oder hat er Grund zu der Annahme, dass ein Elektro- oder Elektronikgerät nicht im Einklang mit den Anforderungen steht, stellt dieser Vertreiber dieses Gerät erst auf dem Markt bereit, nachdem die Konformität des Geräts hergestellt worden ist, und unterrichtet den Hersteller oder den Importeur sowie die Marktüberwachungsbehörden darüber.

Vertreiber, die der Auffassung sind oder Grund zu der Annahme haben, dass ein von ihnen in Verkehr gebrachtes Elektro- oder Elektronikgerät nicht dieser Richtlinie entspricht, stellen sicher, dass die erforderlichen Korrekturmaßnahmen ergriffen werden, um die Konformität dieses Geräts herzustellen, sie gegebenenfalls zurückzunehmen oder zurückzurufen, und unterrichten unverzüglich die zuständigen nationalen Behörden der Mitgliedstaaten, in denen sie das Gerät in Verkehr gebracht haben, darüber und machen dabei ausführliche Angaben, insbesondere über die Nichtkonformität und die ergriffenen Korrekturmaßnahmen.

Die Vertreiber stellen der zuständigen nationalen Behörde auf deren begründetes Verlangen alle Informationen und Unterlagen zur Verfügung, die für den Nachweis der Konformität von Elektro- oder Elektronikgeräten mit der vorliegenden Richtlinie erforderlich sind, und kooperieren mit dieser Behörde auf deren Verlangen bei allen Maßnahmen, die sicherstellen sollen, dass von ihnen auf dem Markt bereitgestellte Elektro- oder Elektronikgeräte diese Richtlinie einhalten.

Umstände, unter denen die Verpflichtungen der Hersteller auch für Importeure und Vertreiber gelten (Art. 11)

Die Mitgliedstaaten stellen sicher, dass ein Importeur oder Vertreiber für die Zwecke dieser Richtlinie als Hersteller gilt und den Verpflichtungen eines Herstellers unterliegt, wenn er Elektro- oder Elektronikgeräte unter seinem eigenen Namen oder seiner eigenen Marke in Verkehr bringt oder bereits auf dem Markt befindliche Geräte so verändert, dass die Einhaltung der geltenden Anforderungen beeinträchtigt werden kann.

Identifizierung der Wirtschaftsakteure (Art. 12)

Die Mitgliedstaaten stellen sicher, dass die Wirtschaftsakteure den Marktüberwachungsbehörden auf Verlangen über einen Zeitraum von zehn Jahren ab dem Inverkehrbringen des Elektro- oder Elektronikgeräts die Wirtschaftsakteure benennen:

- von denen sie ein Elektro- oder Elektronikgerät bezogen haben,
- an die sie ein Elektro- oder Elektronikgerät abgegeben haben.

14.2 Elektro- und Elektronikgerätegesetz (ElektroG)

Abfallwirtschaftliche Ziele (§ 1)

Das Elektro- und Elektronikgerätegesetz (ElektroG) legt Anforderungen an die Produktverantwortung nach § 23 des Kreislaufwirtschaftsgesetzes für Elektro- und Elektronikgeräte fest. Es bezweckt vorrangig die Vermeidung von Abfällen von Elektro- und Elektronikgeräten und darüber hinaus die Wiederverwendung, die stoffliche Verwertung und andere Formen der Verwertung solcher Abfälle, um die zu beseitigende Abfallmenge zu reduzieren sowie den Eintrag von Schadstoffen aus Elektro- und Elektronikgeräten in Abfälle zu verringern. Bis 31. Dezember 2006 sollen durchschnittlich mindestens vier Kilogramm Altgeräte aus privaten Haushalten pro Einwohner pro Jahr getrennt gesammelt werden.

Anwendungsbereich (§ 2)

Dieses Gesetz gilt für Elektro- und Elektronikgeräte, die unter die folgenden Kategorien fallen (Abb. 14.1), sofern sie nicht Teil eines anderen Gerätes sind, das nicht in den Anwendungsbereich dieses Gesetzes fällt.

Liste der Kategorien und Geräte	Anhang I

1. Haushaltsgroßgeräte

- große Kühlgeräte
- Kühlschränke
- Gefriergeräte
- sonstige Großgeräte zur Kühlung, Konservierung und Lagerung von Lebensmitteln
- Waschmaschinen
- Wäschetrockner
- Geschirrspüler
- Herde und Backöfen
- elektrische Kochplatten
- elektrische Heizplatten
- Mikrowellengeräte
- sonstige Großgeräte zum Kochen oder zur sonstigen Verarbeitung von Lebensmitteln
- elektrische Heizgeräte
- elektrische Heizkörper
- sonstige Großgeräte zum Beheizen von Räumen, Betten und Sitzmöbeln
- elektrische Ventilatoren
- Klimageräte
- sonstige Belüftungs-, Entlüftungs- und Klimatisierungsgeräte

Liste der Kategorien und Geräte	Anhang I

2. Haushaltskleingeräte

- Staubsauger
- Teppichkehrmaschinen
- sonstige Reinigungsgeräte
- Geräte zum Nähen, Stricken, Weben oder zur sonstigen Bearbeitung von Textilien
- Bügeleisen und sonstige Geräte zum Bügeln, Mangeln oder zur sonstigen Pflege von Kleidung
- Toaster
- Friteusen
- Mühlen, Kaffeemaschinen und Geräte zum Öffnen oder Verschließen von Behältnissen
- elektrische Messer
- Haarschneidegeräte, Haartrockner, elektrische Zahnbürsten, Rasierapparate, Massagegeräte und sonstige Geräte zur Körperpflege
- Wecker, Armbanduhren und Geräte zum Messen, Anzeigen oder Aufzeichnen der Zeit
- Waagen

Liste der Kategorien und Geräte	Anhang I

3. Geräte der Informations- und Telekommunikation

Zentrale Datenverarbeitung:
- Großrechner
- Minicomputer
- Drucker

PC-Bereich:
- PCs (einschließlich CPU, Maus, Bildschirm und Tastatur)
- Laptops (einschließlich CPU, Maus, Bildschirm und Tastatur)
- Notebooks
- elektronische Notizbücher
- Drucker
- Kopiergeräte
- elektrische und elektronische Schreibmaschinen
- Taschen- und Tischrechner
- sonstige Produkte und Geräte zur Erfassung, Speicherung, Verarbeitung, Darstellung oder Übermittlung von Informationen mit elektronischen Mitteln
- Benutzerendgeräte und -systeme
- Faxgeräte
- Telexgeräte
- Telefone
- Münz- und Kartentelefone
- schnurlose Telefone
- Mobiltelefone
- Anrufbeantworter
- sonstige Produkte oder Geräte zur Übertragung von Tönen, Bildern oder sonstigen Informationen mit Telekommunikationsmitteln

Liste der Kategorien und Geräte	Anhang I

4. Geräte der Unterhaltungselektronik

- Radiogeräte
- Fernsehgeräte
- Videokameras
- Videorekorder
- Hi-Fi-Anlagen
- Audio-Verstärker
- Musikinstrumente
- sonstige Produkte oder Geräte zur Aufnahme oder Wiedergabe von Tönen oder Bildern, einschließlich Signalen, oder andere Technologien zur Übertragung von Tönen und Bildern mit anderen als Telekommunikationsmitteln

Liste der Kategorien und Geräte	Anhang I

5. Beleuchtungskörper

- Leuchten für Leuchtstofflampen mit Ausnahme von Leuchten in Haushalten
- stabförmige Leuchtstofflampen
- Kompaktleuchtstofflampen
- Entladungslampen, einschließlich Hochdruck-Natriumdampflampen und Metalldampflampen
- Niederdruck-Natriumdampflampen
- sonstige Beleuchtungskörper oder Geräte für die Ausbreitung oder Steuerung von Licht mit Ausnahme von Glühlampen und Leuchten in Haushalten

Liste der Kategorien und Geräte	Anhang I

6. Elektrische und elektronische Werkzeuge (mit Ausnahme ortsfester industrieller Großwerkzeuge)

- Bohrmaschinen
- Sägen
- Nähmaschinen
- Geräte zum Drehen, Fräsen, Schleifen, Zerkleinern, Stanzen, Falzen, Biegen oder zur entsprechenden Bearbeitung von Holz, Metall oder sonstigen Werkstoffen
- Niet-, Nagel- oder Schraubwerkzeuge oder Werkzeuge zum Lösen von Niet-, Nagel- oder Schraubverbindungen oder für ähnliche Verwendungszwecke
- Schweiß- und Lötwerkzeuge oder Werkzeuge für ähnliche Verwendungszwecke
- Geräte zum Versprühen, Ausbringen, Verteilen oder zur sonstigen Verarbeitung von flüssigen oder gasförmigen Stoffen mit anderen Mitteln
- Rasenmäher und sonstige Gartengeräte

Liste der Kategorien und Geräte	Anhang I

7. Spielzeug sowie Sport- und Freizeitgeräte

- elektrische Eisenbahnen oder Autorennbahnen
- Videospielkonsolen
- Videospiele
- Fahrrad-, Tauch-, Lauf-, Rudercomputer, usw.
- Sportausrüstung mit elektrischen oder elektronischen Bauteilen
- Geldspielautomaten

Liste der Kategorien und Geräte | **Anhang I**

8. Medizinprodukte (mit Ausnahme implantierter und infektiöser Produkte)

- Geräte für Strahlentherapie
- Kardiologiegeräte
- Dialysegeräte
- Beatmungsgeräte
- nuklearmedizinische Geräte
- Laborgeräte für In-vitro-Diagnostik
- Analysegeräte
- Gefriergeräte
- Fertilisations-Testgeräte
- sonstige Geräte zur Erkennung, Vorbeugung, Überwachung, Behandlung oder Linderung von Krankheiten, Verletzungen oder Behinderungen

Liste der Kategorien und Geräte | **Anhang I**

9. Überwachungs- und Kontrollinstrumente

- Rauchmelder
- Heizregler
- Thermostate
- Geräte zum Messen, Wiegen oder Regeln in Haushalt und Labor
- sonstige Überwachungs- und Kontrollinstrumente von Industrieanlagen (z.B. in Bedienpulten)

Liste der Kategorien und Geräte | **Anhang I**

10. Automatische Ausgabegeräte

- Heißgetränkeautomaten
- Automaten für heiße oder kalte Flaschen oder Dosen
- Automaten für feste Produkte
- Geldautomaten
- jegliche Geräte zur automatischen Abgabe von Produkten

Abb. 14.1: Gerätekategorien nach Elektro- und Elektronikgeräte-Gesetz

Produktkonzeption (§ 4)

Elektro- und Elektronikgeräte sind möglichst so zu gestalten, dass die Demontage und die Verwertung, insbesondere die Wiederverwendung und die stoffliche Verwertung von Altgeräten, ihren Bauteilen und Werkstoffen, berücksichtigt und erleichtert werden. Die Hersteller sollen die Wiederverwendung nicht durch besondere Konstruktionsmerkmale oder Herstellungsprozesse verhindern, es sei denn, dass die Konstruktionsmerkmale rechtlich vorgeschrieben sind oder die Vorteile dieser besonderen Konstruktionsmerkmale oder Herstellungsprozesse überwiegen, beispielsweise im Hinblick auf den Gesundheitsschutz, den Umweltschutz oder auf Sicherheitsvorschriften.

Kennzeichnung (§ 7)

Elektro- und Elektronikgeräte, die nach dem 13. August 2005 in einem Mitgliedstaat der Europäischen Union erstmals in Verkehr gebracht werden, sind dauerhaft so zu kennzeichnen, dass der Hersteller eindeutig zu identifizieren ist und festgestellt werden kann, dass das Gerät nach diesem Zeitpunkt erstmals in Verkehr gebracht wurde. Sie sind außerdem mit dem Symbol nach Abbildung 14.2 zu kennzeichnen. Sofern es in Ausnahmefällen aufgrund der Größe oder der Funktion des Produkts erforderlich ist, ist das Symbol auf die Verpackung, die Gebrauchsanweisung oder den Garantieschein für das Elektro- oder Elektronikgerät aufzudrucken.

Abb. 14.2: Symbol zur Kennzeichnung von Elektro- und Elektronikgeräten

14

Getrennte Sammlung (§ 9)

Besitzer von Altgeräten haben diese einer vom unsortierten Siedlungsabfall getrennten Erfassung zuzuführen. Die nach Landesrecht zur Entsorgung verpflichteten juristischen Personen (öffentlich-rechtliche Entsorgungsträger) informieren die privaten Haushalte über die Entsorgungspflicht. Sie informieren die privaten Haushalte darüber hinaus über:

- die in ihrem Gebiet zur Verfügung stehenden Möglichkeiten der Rückgabe oder Sammlung von Altgeräten,
- deren Beitrag zur Wiederverwendung, zur stofflichen Verwertung und zu anderen Formen der Verwertung von Altgeräten,
- die möglichen Auswirkungen bei der Entsorgung der in den Elektro- und Elektronikgeräten enthaltenen gefährlichen Stoffe auf die Umwelt und die menschliche Gesundheit,

- die Bedeutung des Symbols nach Abbildung 14.2.

Die Vertreiber können freiwillig Altgeräte zurücknehmen. Übergeben die Vertreiber freiwillig zurückgenommene Altgeräte oder deren Bauteile nicht den Herstellern oder den öffentlich-rechtlichen Entsorgungsträgern, so haben sie die Altgeräte wieder zu verwenden oder zu behandeln und zu entsorgen. Für die Tätigkeiten darf der Vertreiber von privaten Haushalten kein Entgelt verlangen.

Die Hersteller können freiwillig individuelle oder kollektive Rücknahmesysteme für die unentgeltliche Rückgabe von Altgeräten aus privaten Haushalten einrichten und betreiben, sofern diese im Einklang mit den Zielen stehen. Sie haben die Altgeräte oder deren Bauteile wieder zu verwenden oder zu behandeln und zu entsorgen.

Die Sammlung und Rücknahme von Altgeräten durch öffentlich-rechtliche Entsorgungsträger, Vertreiber und Hersteller ist so durchzuführen, dass eine spätere Wiederverwendung, Demontage und Verwertung, insbesondere stoffliche Verwertung, nicht behindert werden.

Rücknahmepflicht der Hersteller (§ 10)

Jeder Hersteller ist verpflichtet, die bereitgestellten Behältnisse unverzüglich abzuholen. Er hat die Altgeräte oder deren Bauteile wieder zu verwenden oder zu behandeln und zu entsorgen sowie die Kosten der Abholung und der Entsorgung zu tragen.

Jeder Hersteller ist verpflichtet, für Altgeräte anderer Nutzer als privater Haushalte, die als Neugeräte nach dem 13. August 2005 in Verkehr gebracht werden, ab diesem Zeitpunkt eine zumutbare Möglichkeit zur Rückgabe zu schaffen und die Altgeräte zu entsorgen. Zur Entsorgung von Altgeräten, die nicht aus privaten Haushalten stammen und als Neugeräte vor dem 13. August 2005 in Verkehr gebracht wurden, ist der Besitzer verpflichtet. Hersteller und Nutzer können abweichende Vereinbarungen treffen. Der Entsorgungspflichtige hat die Altgeräte oder deren Bauteile wieder zu verwenden oder zu behandeln und zu entsorgen sowie die Kosten der Entsorgung zu tragen.

Behandlung (§ 11)

Vor der Behandlung ist zu prüfen, ob das Altgerät oder einzelne Bauteile einer Wiederverwendung zugeführt werden können, soweit die Prüfung technisch möglich und wirtschaftlich zumutbar ist.

Die Behandlung hat nach dem Stand der Technik im Sinne des Kreislaufwirtschaftsgesetzes zu erfolgen. Es sind mindestens alle Flüssigkeiten zu entfernen und die Anforderungen an die selektive Behandlung nach Abbildung 14.3 zu erfüllen. Andere Behandlungstechniken, die mindestens das gleiche Maß an Schutz für die menschliche Gesundheit und die Umwelt sicherstellen, können nach Aufnahme in Anhang II der Richtlinie 2002/96/EG des Europäischen Parlaments und des Rates vom 27. Januar 2003 über Elektro- und Elektronik-Altgeräte entsprechend angewandt werden. Bei der Behandlung müssen mindestens die technischen Anforderungen nach Abbildung 14.4 erfüllt werden.

Selektive Behandlung von Werkstoffen und Bauteilen von Elektro- und Elektronik-Altgeräten nach § 11 Abs. 2 ElektroG

1. Mindestens folgende Stoffe, Zubereitungen und Bauteile müssen aus getrennt gesammelten Altgeräten entfernt werden:

- quecksilberhaltige Bauteile wie Schalter oder Lampen für Hintergrundbeleuchtung
- Batterien und Akkumulatoren
- Leiterplatten von Mobiltelefonen generell sowie von sonstigen Geräten, wenn die Oberfläche der Leiterplatte größer ist als 10 Quadratzentimeter
- Tonerkartuschen, flüssig und pastös, und Farbtoner
- Kunststoffe, die bromierte Flammschutzmittel enthalten
- Asbestabfall und Bauteile, die Asbest enthalten
- Katodenstrahlröhren
- Fluorchlorkohlenwasserstoffe (FCKW), teilhalogenierte Fluorchlorkohlenwasserstoffe (H-FCKW) oder teilhalogenierte Fluorkohlenwasserstoffe (H-FKW), Kohlenwasserstoffe (KW)
- Gasentladungslampen
- Flüssigkristallanzeigen (gegebenenfalls zusammen mit dem Gehäuse) mit einer Oberfläche von mehr als 100 Quadratzentimetern und hintergrundbeleuchtete Anzeigen mit Gasentladungslampen
- externe elektrische Leitungen
- Bauteile, die feuerfeste Keramikfasern enthalten
- Elektrolyt-Kondensatoren, die bedenkliche Stoffe enthalten (Höhe > 25 mm, Durchmesser > 25 mm oder proportional ähnliches Volumen)
- cadmium- oder selenhaltige Fotoleitertrommeln

Diese Stoffe, Zubereitungen und Bauteile sind gemäß § 10 des Kreislaufwirtschaftsgesetzes zu beseitigen oder zu verwerten.

2. Bauteile, die radioaktive Stoffe enthalten, sind unter Berücksichtigung der Vorschriften des Anhanges III des ElektroG und der Strahlenschutzverordnung zu entsorgen.

3. Für Kondensatoren, die polychlorierte Biphenyle (PCB) enthalten, gilt die PCB/PCT-Abfallverordnung.

4. Die folgenden Bauteile von getrennt gesammelten Elektro- und Elektronik-Altgeräten sind wie angegeben zu behandeln:

- Katodenstrahlröhren: Entfernung der fluoreszierenden Beschichtung
- Geräte, die Gase enthalten, die ozonschichtschädigend sind oder ein Erderwärmungspotenzial (GWP) über 15 haben, z.B. enthalten in Schäumen und Kühlkreisläufen: Die Gase müssen sachgerecht entfernt und behandelt werden. Ozonschichtschädigende Gase werden gemäß der Verordnung (EG) Nr. 2037/2000 behandelt
- Gasentladungslampen: Entfernung des Quecksilbers

Selektive Behandlung von Werkstoffen und Bauteilen von Elektro- und Elektronik-Altgeräten nach § 11 Abs. 2 ElektroG
5. Unter Berücksichtigung des Umweltschutzes und der Tatsache, dass Wiederverwendung und stoffliche Verwertung wünschenswert sind, sind die Behandlungsmethoden so anzuwenden, dass die umweltgerechte Wiederverwendung und die umweltgerechte stoffliche Verwertung von Bauteilen oder ganzen Geräten nicht behindert wird.
6. Bei der Aufbereitung von Lampen zur Verwertung ist für Altglas ein Quecksilber-Gehalt von höchstens 5 Milligramm je Kilogramm Altglas einzuhalten.
7. Bildröhren sind im Rahmen der Behandlung vorrangig in Schirm- und Konusglas zu trennen.
8. Gasentladungslampen sind ausreichend gegen Bruch gesichert gelagert und zu transportieren.

Abb. 14.3: Selektive Behandlung von Werkstoffen und Bauteilen von Elektro- und Elektronik-Altgeräten

Technische Anforderungen nach § 11 Abs. 2 Satz 4 ElektroG
1. Standorte für die Lagerung (einschließlich der Zwischenlagerung) von Elektro- und Elektronik-Altgeräten vor ihrer Behandlung (unbeschadet der Deponieverordnung): - geeignete Bereiche mit undurchlässiger Oberfläche und Auffangeinrichtungen und gegebenenfalls Abscheidern für auslaufende Flüssigkeiten und fettlösende Reinigungsmittel - wetterbeständige Abdeckung für geeignete Bereiche
2. Standorte für die Behandlung von Elektro- und Elektronik-Altgeräten: - Waagen zur Bestimmung des Gewichts der behandelten Altgeräte - geeignete Bereiche mit undurchlässiger Oberfläche und wasserundurchlässiger Abdeckung sowie Auffangeinrichtungen und gegebenenfalls Abscheidern für auslaufende Flüssigkeiten und fettlösende Reinigungsmittel - geeigneter Lagerraum für demontierte Einzelteile - geeignete Behälter für die Lagerung von Batterien, PCB/PCT-haltigen Kondensatoren und anderen gefährlichen Abfällen wie beispielsweise radioaktive Abfälle - Ausrüstung für die Behandlung von Wasser im Einklang mit Gesundheits- und Umweltvorschriften

Abb. 14.4: Technische Anforderungen an die Behandlung von Elektro- und Elektronikaltgeräten

Der Betreiber einer Anlage, in der die Erstbehandlung erfolgt, hat die Anlage jährlich durch einen Sachverständigen zertifizieren zu lassen. Ein Zertifikat darf nur dann erteilt werden, wenn die Anlage technisch geeignet ist und an der Anlage alle Primärdaten bis zum Verwerter, die zur Berechnung und zum Nachweis der Verwertungsquoten erforderlich sind, in nachvollziehbarer Weise dokumentiert werden. Das Zertifikat gilt längstens für die Dauer von 18 Monaten. Dem Betreiber ist zur Erfüllung der Voraussetzungen für die Erteilung des Zertifikates vom Sachverständigen eine drei Monate nicht überschreitende Frist zu setzen.

Der Betreiber einer Anlage, in der die Erstbehandlung erfolgt, ist verpflichtet, die von ihm erfassten Daten zu den Mengenströmen, welche die Hersteller für die Erfüllung ihrer Pflichten benötigen, den Herstellern mitzuteilen.

Behandlungsanlagen gelten als im Sinne dieses Gesetzes zertifiziert, wenn der Betrieb Entsorgungsfachbetrieb ist und die Einhaltung der Anforderungen dieses Gesetzes geprüft und im Überwachungszertifikat ausgewiesen ist.

Verwertung (§ 12)

Altgeräte sind so zu behandeln, dass:

- bei Altgeräten der Kategorien 1 und 10:
  - der Anteil der Verwertung mindestens 80 Prozent des durchschnittlichen Gewichts je Gerät beträgt und
  - der Anteil der Wiederverwendung und der stofflichen Verwertung bei Bauteilen, Werkstoffen und Stoffen mindestens 75 Prozent des durchschnittlichen Gewichts je Gerät beträgt,
- bei Altgeräten der Kategorien 3 und 4:
  - der Anteil der Verwertung mindestens 75 Prozent des durchschnittlichen Gewichts je Gerät beträgt und
  - der Anteil der Wiederverwendung und der stofflichen Verwertung bei Bauteilen, Werkstoffen und Stoffen mindestens 65 Prozent des durchschnittlichen Gewichts je Gerät beträgt,
- bei Altgeräten der Kategorien 2, 5, 6, 7 und 9:
  - der Anteil der Verwertung mindestens 70 Prozent des durchschnittlichen Gewichts je Gerät beträgt und
  - der Anteil der Wiederverwendung und der stofflichen Verwertung bei Bauteilen, Werkstoffen und Stoffen mindestens 50 Prozent des durchschnittlichen Gewichts je Gerät beträgt,
- bei Gasentladungslampen der Anteil der Wiederverwendung und der stofflichen Verwertung bei Bauteilen, Werkstoffen und Stoffen mindestens 80 Prozent des Gewichts der Lampen beträgt.

Altgeräte, die als Ganzes wieder verwendet werden, werden bis zum 31. Dezember 2008 bei der Berechnung der festgelegten Zielvorgaben nicht berücksichtigt.

Im Rahmen der Zertifizierung ist nachzuweisen, dass vom Erstbehandler alle Aufzeichnungen über die Menge der Altgeräte, ihre Bauteile, Werkstoffe und Stoffe geführt werden, wenn diese:

- der Behandlungsanlage zugeführt werden,
- die Behandlungsanlage verlassen,
- der Verwertungsanlage zugeführt werden.

Dem Betreiber der Anlage, in der die Erstbehandlung erfolgt, sind zu diesem Zweck die entsprechenden Daten durch die weiteren Behandlungs- und Verwertungsanlagen zur Verfügung zu stellen.

14.3 Elektro- und Elektronikgeräte-Stoff-Verordnung (ElektroStoffV)

Anwendungsbereich (§ 1)

Die Verordnung gilt für das Inverkehrbringen und das Bereitstellen von neuen Elektro- und Elektronikgeräten auf dem Markt. Elektro- und Elektronikgeräte werden in die folgenden Kategorien unterteilt:

- Haushaltsgroßgeräte,
- Haushaltskleingeräte,
- Geräte der Informations- und Telekommunikationstechnik,
- Geräte der Unterhaltungselektronik,
- Beleuchtungskörper,
- elektrische und elektronische Werkzeuge,
- Spielzeug sowie Sport- und Freizeitgeräte,
- medizinische Geräte,
- Überwachungs- und Kontrollinstrumente einschließlich Überwachungs- und Kontrollinstrumente in der Industrie,
- automatische Ausgabegeräte,
- sonstige Elektro- und Elektronikgeräte.

Voraussetzungen für das Inverkehrbringen (§ 3)

Elektro- und Elektronikgeräte einschließlich Kabeln und Ersatzteilen dürfen nur in Verkehr gebracht werden, wenn die zulässigen Höchstkonzentrationen folgender Stoffe nicht überschritten werden:

- 0,1 Gewichtsprozent Blei, Quecksilber, sechswertiges Chrom, polybromiertes Biphenyl (PBB) oder polybromierte Diphenylether (PBDE) je homogenen Werkstoff oder
- 0,01 Gewichtsprozent Cadmium je homogenen Werkstoff.

Allgemeine Pflichten des Herstellers (§ 4)

Der Hersteller darf nur Elektro- und Elektronikgeräte in Verkehr bringen, die die Anforderungen des § 3 erfüllen.

Der Hersteller muss die technischen Unterlagen und die EU-Konformitätserklärung über einen Zeitraum von zehn Jahren ab dem Inverkehrbringen des letzten Stücks einer Elektro- oder Elektronikgeräteserie aufbewahren.

Besteht Grund zu der Annahme, dass ein vom Hersteller in Verkehr gebrachtes Elektro- oder Elektronikgerät nicht den Anforderungen des § 3 entspricht, hat der Hersteller unverzüglich Maßnahmen zu ergreifen, durch die die Konformität dieses Geräts hergestellt wird. Wenn dies nicht möglich ist, muss der Hersteller erforderlichenfalls das Elektro- oder Elektronikgerät vom Markt nehmen oder zurückrufen. Er muss unverzüglich die zuständigen Behörden darüber informieren und ausführliche Angaben machen, insbesondere über die Nichtkonformität und die ergriffenen Maßnahmen.

Besondere Kennzeichnungs- und Informationspflichten des Herstellers (§ 5)

Der Hersteller muss sicherstellen, dass seine Elektro- und Elektronikgeräte zur Identifikation eine Typen-, Chargen- oder Seriennummer oder ein anderes Kennzeichen tragen. Falls dies aufgrund der Größe oder Art des Geräts nicht möglich ist, muss der Hersteller die erforderlichen Informationen auf der Verpackung oder in den Unterlagen, die dem Gerät beigefügt sind, angeben.

Der Hersteller muss sicherstellen, dass sein Name, seine eingetragene Firma oder seine eingetragene Marke und seine Anschrift auf dem Elektro- oder Elektronikgerät angegeben sind. Falls dies aufgrund der Größe oder Art des Elektro- oder Elektronikgeräts nicht möglich ist, muss der Hersteller diese Angaben auf der Verpackung oder in den Unterlagen, die dem Gerät beigefügt sind, machen. In der Anschrift muss eine zentrale Stelle angegeben sein, unter der der Hersteller kontaktiert werden kann.

Der Hersteller ist verpflichtet, der zuständigen Behörde auf deren begründetes Verlangen alle Informationen und Unterlagen zur Verfügung zu stellen, die erforderlich sind, um die Konformität des in Verkehr gebrachten Elektro- oder Elektronikgeräts nachzuweisen. Die Informationen und Unterlagen sind in deutscher oder englischer Sprache zu verfassen. Der Hersteller hat mit dieser Behörde auf deren Verlangen bei allen erforderlichen Maßnahmen zu kooperieren, die sicherstellen sollen, dass das von ihm in Verkehr gebrachte Gerät die Anforderungen erfüllt.

Der Hersteller muss ein Verzeichnis seiner nichtkonformen Elektro- und Elektronikgeräte sowie der diesbezüglichen Rückrufe und Rücknahmen führen und die Vertreiber über die in diesem Verzeichnis gelisteten Elektro- und Elektronikgeräte in regelmäßigen Abständen informieren.

Verpflichtungen des Importeurs (§ 7)

Der Importeur muss sich, bevor er ein Elektro- oder Elektronikgerät in Verkehr bringt, vergewissern, dass der Hersteller nachgewiesen hat, dass das Elektro- oder Elektronikgerät die Anforderungen nach § 3 erfüllt. Hierbei hat der Importeur insbesondere zu prüfen, ob:

- der Hersteller die technischen Unterlagen erstellt hat,
- das Elektro- oder Elektronikgerät mit der CE-Kennzeichnung versehen ist,
- der Hersteller das Verzeichnis nach § 5 führt und
- der Hersteller das Elektro- oder Elektronikgerät nach § 5 gekennzeichnet hat.

Besteht Grund zu der Annahme, dass ein Elektro- oder Elektronikgerät nicht die Anforderungen nach § 3 erfüllt, darf der Importeur dieses Gerät nicht in Verkehr bringen. Er informiert hierüber den Hersteller und die zuständigen Behörden.

Besteht Grund zu der Annahme, dass ein vom Importeur in Verkehr gebrachtes Elektro- oder Elektronikgerät nicht den Anforderungen des § 3 entspricht, hat der Importeur unverzüglich Maßnahmen zu ergreifen, durch die die Konformität dieses Geräts hergestellt wird. Wenn dies nicht möglich ist, muss er das Elektro- oder Elektronikgerät erforderlichenfalls vom Markt nehmen oder zurückrufen. Er muss unverzüglich die zuständigen Behörden darüber informieren und ausführliche Angaben machen, insbesondere über die Nichtkonformität und die ergriffenen Maßnahmen.

Der Importeur muss ein Verzeichnis der von ihm importierten nichtkonformen Elektro- und Elektronikgeräte sowie der diesbezüglichen Rückrufe und Rücknahmen von Elektro- und Elektronikgeräten führen und die Vertreiber über die in diesem Verzeichnis gelisteten Elektro- und Elektronikgeräte in regelmäßigen Abständen informieren.

Der Importeur hat über einen Zeitraum von zehn Jahren ab dem Inverkehrbringen des letzten Stücks einer Elektro- oder Elektronikgeräteserie eine Kopie der EU-Konformitätserklärung für die zuständigen Behörden bereitzuhalten und dafür zu sorgen, dass er diesen Behörden auf Verlangen die technischen Unterlagen vorlegen kann.

Der Importeur muss sicherstellen, dass sein Name, seine eingetragene Firma oder seine eingetragene Marke und seine Anschrift auf dem Elektro- oder Elektronikgerät angegeben sind. Falls dies nicht möglich ist, muss der Importeur diese Angaben auf der Verpackung oder in den Unterlagen, die dem Gerät beigefügt sind, machen.

Der Importeur ist verpflichtet, der zuständigen Behörde auf deren begründetes Verlangen alle Informationen und Unterlagen zur Verfügung zu stellen, die erforderlich sind, um die Konformität des in Verkehr gebrachten Elektro- oder Elektronikgeräts mit den Anforderungen des § 3 nachzuweisen. Die Informationen und Unterlagen sind in deutscher oder englischer Sprache zu verfassen. Der Importeur hat mit dieser Behörde auf deren Verlangen bei allen erforderlichen Maßnahmen zu kooperieren, die sicherstellen sollen, dass das von ihm in Verkehr gebrachte Gerät die Anforderungen dieser Verordnung einhält.

Verpflichtungen des Vertreibers (§ 8)

Der Vertreiber muss, bevor er ein Elektro- und Elektronikgerät auf dem Markt bereitstellt, mit der erforderlichen Sorgfalt prüfen, ob dieses die Anforderungen nach § 3 erfüllt. Er hat insbesondere zu prüfen, ob:

- das Gerät mit der CE-Kennzeichnung nach § 12 versehen ist und
- der Hersteller oder der Importeur seine Kennzeichnungspflicht erfüllt hat.

Besteht Grund zu der Annahme, dass ein Elektro- oder Elektronikgerät nicht die Anforderungen erfüllt, darf der Vertreiber dieses Gerät nicht auf dem Markt bereitstellen. Er informiert hierüber den Hersteller oder den Importeur und die zuständigen Behörden.

Besteht Grund zu der Annahme, dass ein vom Vertreiber auf dem Markt bereitgestelltes Elektro- oder Elektronikgerät nicht die Anforderungen des § 3 erfüllt, muss der Vertreiber sicherstellen, dass die Maßnahmen ergriffen werden, durch die die Konformität dieses Geräts hergestellt wird. Wenn dies nicht möglich ist, muss der Vertreiber dieses Gerät zurücknehmen oder zurückrufen. Er muss unverzüglich die zuständigen Behörden darüber informieren und ausführliche Angaben machen, insbesondere über die Nichtkonformität und die ergriffenen Maßnahmen. Er informiert hierüber auch den Hersteller oder den Importeur.

Der Vertreiber hat der zuständigen Behörde auf deren begründetes Verlangen alle ihm vorliegenden Informationen und Unterlagen auszuhändigen, die für den Nachweis der Konformität von Elektro- und Elektronikgeräten erforderlich sind. Der Vertreiber hat mit dieser Behörde auf deren Verlangen bei allen Maßnahmen zu kooperieren, die sicherstellen sollen, dass das von ihm auf dem Markt bereitgestellte Gerät die Anforderungen des § 3 erfüllt.

14.4 Recycling von Elektro(nik)-Altgeräten

Elektro- und Elektronikgeräte werden in 10 Kategorien eingeteilt:

1. Haushaltsgroßgeräte,
2. Haushaltskleingeräte,
3. Geräte der Informations- und Telekommunikationstechnik,
4. Geräte der Unterhaltungselektronik,
5. Beleuchtungskörper,
6. elektrische und elektronische Werkzeuge,
7. Spielzeug sowie Sport- und Freizeitgeräte,
8. Medizinprodukte,
9. Überwachungs- und Kontrollinstrumente,
10. automatische Ausgabegeräte.

Mengen und Rückführungsquote

In Deutschland werden die Mengen der in Verkehr gebrachten und entsorgten Elektro(nik)geräte durch die Stiftung Elektroaltgeräte-Register (EAR) erfasst und veröffentlicht. Abbildung 14.5 zeigt die Verkaufsmengen für die jeweilige Gerätekategorie, Abbildung 14.6 entsprechend die gesammelten Mengen und Abbildung 14.7 die Rückführungsquote. Sie liegt in den letzten Jahren bei ca. 33 - 45 % bezogen auf die verkauften Mengen.

Jahr / Gerätekategorie	2006	2007	2008	2009	2010	2011	2012
1. Haushaltsgroßgeräte	723.547	637.846	673.249	618.031	714.141	745.313	736.394
2. Haushaltskleingeräte	144.877	158.123	148.341	142.271	175.325	177.838	167.465
3. IT-Geräte	314.898	301.778	319.983	308.739	285.284	269.812	248.878
4. Unterhaltungsgeräte	334.018	192.223	392.952	201.985	210.597	197.141	180.767
5. Beleuchtungskörper	116.525	94.545	105.632	97.462	97.679	68.305	67.712
6. elektrische Werkzeuge	118.695	100.257	144.969	147.660	114.587	117.074	274.701
7. Spielzeug, Sportgeräte	25.172	81.726	35.867	39.231	50.671	38.948	41.051
8. Medizinprodukte	25.711	20.471	35.658	24.028	26.704	21.428	27.511
9. Überwachungsinstrumente	18.497	13.596	14.381	67.628	42.569	20.505	20.426
10. Ausgabegeräte	14.972	11.362	12.465	13.353	13.237	13.574	11.588
Summe	1.836.912	1.611.927	1.883.497	1.660.388	1.789.711	1.669.939	1.776.493

Abb. 14.5: Verkaufte Mengen Elektro(nik)geräte in Tonnen [14.27]

Jahr / Geräte-kategorie	2006	2007	2008	2009	2010	2011	2012
1. Haushaltsgroßgeräte	432.866	211.168	260.269	264.756	231.099	218.061	210.122
2. Haushaltskleingeräte	38.005	47.931	82.791	108.344	63.475	64.088	64.671
3. IT-Geräte	88.270	109.681	155.007	140.432	194.574	151.039	140.825
4. Unterhaltungsgeräte	94.468	114.219	146.292	162.237	167.745	153.559	146.204
5. Beleuchtungskörper	5.940	8.008	9.197	8.764	9.002	10.207	3.701
6. elektrische Werkzeuge	10.118	11.661	21.767	41.602	20.695	19.852	23.228
7. Spielzeug, Sportgeräte	3.740	3.542	7.734	9.390	5.148	8.285	10.383
8. Medizinprodukte	3.674	23.235	3.385	5.100	3.320	3.849	3.175
9. Überwachungsinstrumente	1.149	2.378	1.777	3.526	1.258	1.304	1.448
10. Ausgabegeräte	6.958	2.977	5.557	4.338	4.568	4.327	4.671
Summe	685.187	534.800	693.776	748.489	701.085	634.568	608.428

Abb. 14.6: gesammelte Mengen Elektro(nik)geräte in Tonnen [14.27]

Jahr / Geräte-kategorie	2006	2007	2008	2009	2010	2011	2012
1. Haushaltsgroßgeräte	60	33	39	43	32	29	29
2. Haushaltskleingeräte	26	30	56	76	36	36	39
3. IT-Geräte	28	36	48	45	68	56	57
4. Unterhaltungsgeräte	28	59	37	80	80	78	81
5. Beleuchtungskörper	5	8	30	9	9	15	5
6. elektrische Werkzeuge	9	12	15	28	18	17	8
7. Spielzeug, Sportgeräte	15	4	22	24	10	21	25
8. Medizinprodukte	14	114	9	21	12	18	12
9. Überwachungsinstrumente	6	17	12	5	3	6	7
10. Ausgabegeräte	46	26	45	32	35	32	40
Durchschnitt	37	33	37	45	39	38	34

Abb. 14.7: Rückführungsquote Elektro(nik)geräte in Prozent

Die höchste Rückführungsquote liegt für Geräte der Unterhaltungselektronik (Kategorie 4) mit ca. 80 % vor. Die entsprechende Quote für Haushaltsgroßgeräte beträgt über die letzten Jahre ca. 30 %. Mit die geringste Rückführungsquote haben Beleuchtungskörper (Kategorie 5). Sie werden immer noch überwiegend über den Hausmüll entsorgt.

Sammelkategorien

Um die Handhabung bei der Sammlung und Entsorgung zu vereinfachen, werden die 10 Geräteklassen der Elektro- und Elektronikgeräte in 5 Sammelgruppen zusammengefasst:

- Sammelgruppe 1: Haushaltgroßgeräte, automatische Ausgabegeräte
- Sammelgruppe 2: Kühlgeräte
- Sammelgruppe 3: Unterhaltungs-, Kommunikations-, Überwachungs-, Medizingeräte
- Sammelgruppe 4: Beleuchtungskörper
- Sammelgruppe 5: Haushaltskleingeräte, Werk- und Spielzeuge

Abbildung 14.8 verdeutlicht die Verteilung der zehn Gerätekategorien auf die fünf Sammelgruppen.

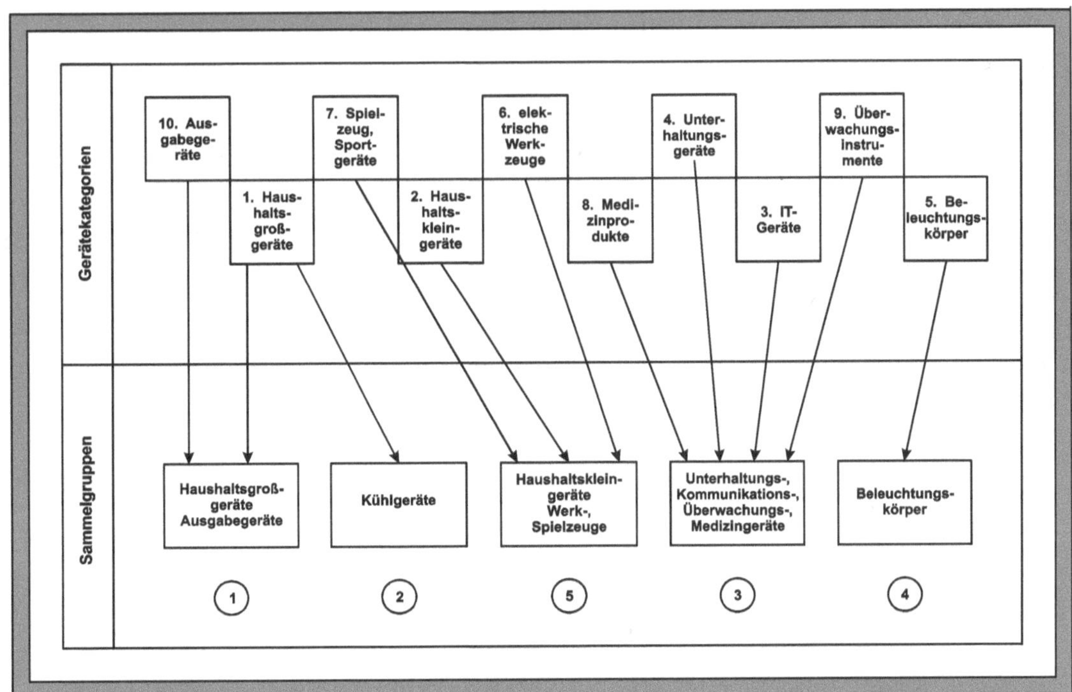

Abb. 14.8: Sammelgruppen für Elektro(nik)-Altgeräte

14

Sammelgruppe 1

Die Geräte dieser Sammelgruppe enthalten als Metalle hauptsächlich Eisen, Kupfer und Aluminium. Der Anteil an Leiterplatten (Edelmetallen) ist relativ gering. Die Aufarbeitung erfordert zuerst eine Entfrachtung schadstoffhaltiger Bauteile (z.B. Batterien, Kondensatoren, Hg-Schalter). Eine Trennung von Metall-Nichtmetall-Verbunden wird in Schredderanlagen durchgeführt. Eine Trennung der Partikel erfolgt mit Windsichtern, Magnet- und Wirbelstromscheider, Schwimm-Sink-Anlagen, etc. Die häufigsten Fraktionen sind Eisen, Nichteisen (Cu, Al), Schredderleichtfraktion (Kunststoffe) und Schredderrückstände (Glas, Mineralwolle, Gummi). Abbildung 14.9 zeigt ein entsprechendes Verfahrensschema zur Aufarbeitung von Elektro(nik)-Altgeräten der Sammelgruppe 1 „Haushaltsgroßgeräte, automatische Ausgabegeräte".

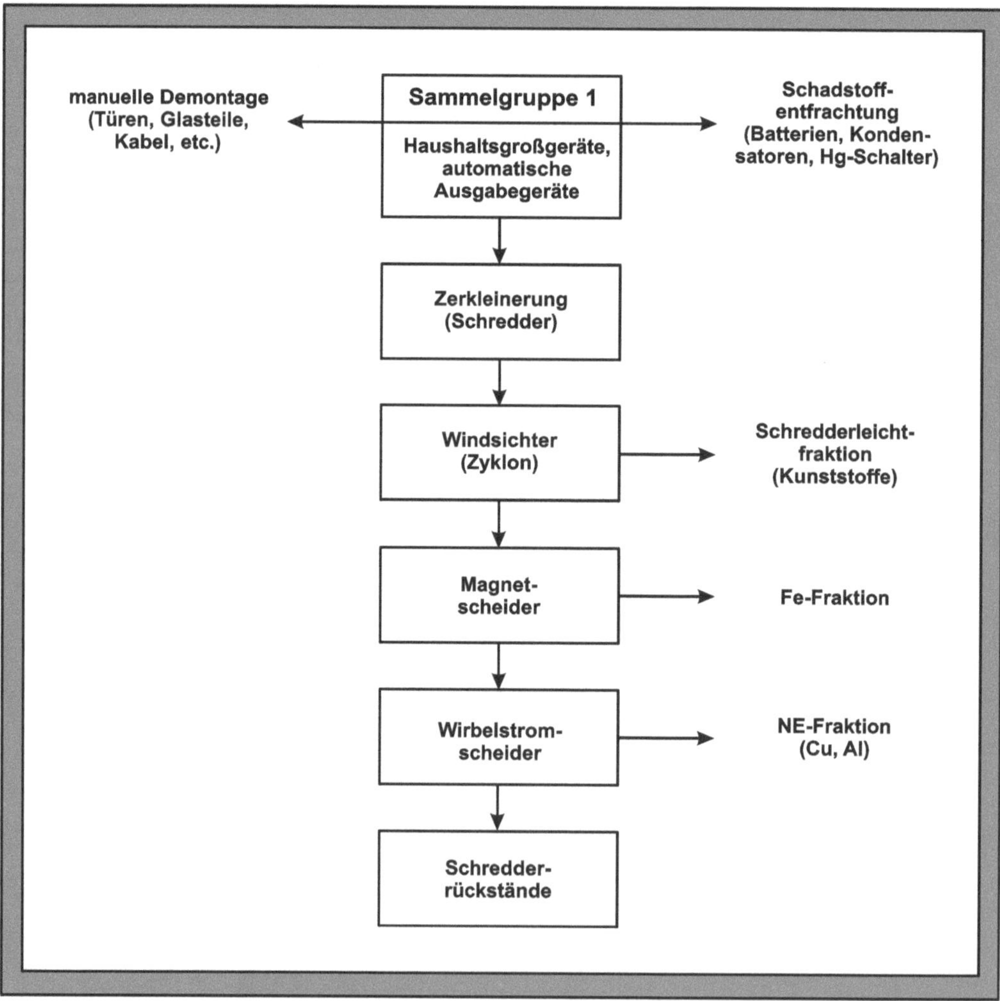

Abb. 14.9: Verfahrensschema zur Aufarbeitung der Sammelgruppe 1 [14.30]

Sammelgruppe 2

Die Geräte dieser Sammelgruppe können verschiedene Kältemittel wie:

- voll- und teilhalogenierte Fluorchlorkohlenwasserstoffe (FCKW's, H-FCKW's),
- voll- und teilhalogenierte Fluorkohlenwasserstoffe (FKW's, H-FKW's),
- Kohlenwasserstoffe (Propan, Butan),
- Ammoniak (NH_3)

enthalten. Die Isoliermaterialien (Polyurethan bzw. Polystyrol) enthalten ebenfalls FCKW's bzw. Kohlenwasserstoffe (Cyclopentan). Da Fluor(chlor)kohlenwasserstoffe zum Abbau der Ozonschicht und zum Treibhauseffekt beitragen, müssen diese Stoffe aus den Kühlgeräten entfernt werden.

Im 1. Schritt werden die Kältemittel (z.B. R12, R22, R134a, Propan, Butan) und die Kältemaschinenöle mit Vakuumtechnologien in vollständig geschlossenen Anlagen entfernt. Die Kälteteile werden durch Thermobehandlung vollständig entgast und die gesammelten Kältemittel entweder verwertet oder beseitigt.

Im 2. Schritt werden leicht demontierbare Teile (Kompressoren, Verdampfer, Elektroteile, Kunststoffschalen, Eisengitter, Glasplatten) entfernt.

Im 3. Schritt werden die entfrachteten Kühlgeräte in einem gekapselten Schredder zerkleinert. Die in den Isoliermaterialien (Polyurethan, Polystyrol) vorhandenen Fluor(chlor)kohlenwasserstoffe oder Kohlenwasserstoffe (Cyclopentan) werden größtenteils durch Pressen aus den Schaumpartikeln entfernt. Durch Vakuum und Temperaturbehandlung lassen sich die restlichen Treibgase aus der Schaummatrix austreiben. Die Abluft aus Schredder und mechanischer Behandlungsstufe wird über Aktivkohleadsorber und Kondensation gereinigt. Die gesammelten Treibmittel werden entweder verwertet oder beseitigt. Abbildung 14.10 zeigt ein vereinfachtes Verfahrensschema zur Aufarbeitung von Kühlgeräten (Sammelgruppe 2).

Absorberkühlgeräte enthalten chrom(VI)-haltige Ammoniaklösung. Sie wird einer Abwasserbehandlung unterzogen. Die chrombelasteten Teile des Kältekreislaufes gehen ohne weitere Behandlung direkt in die Verwertung.

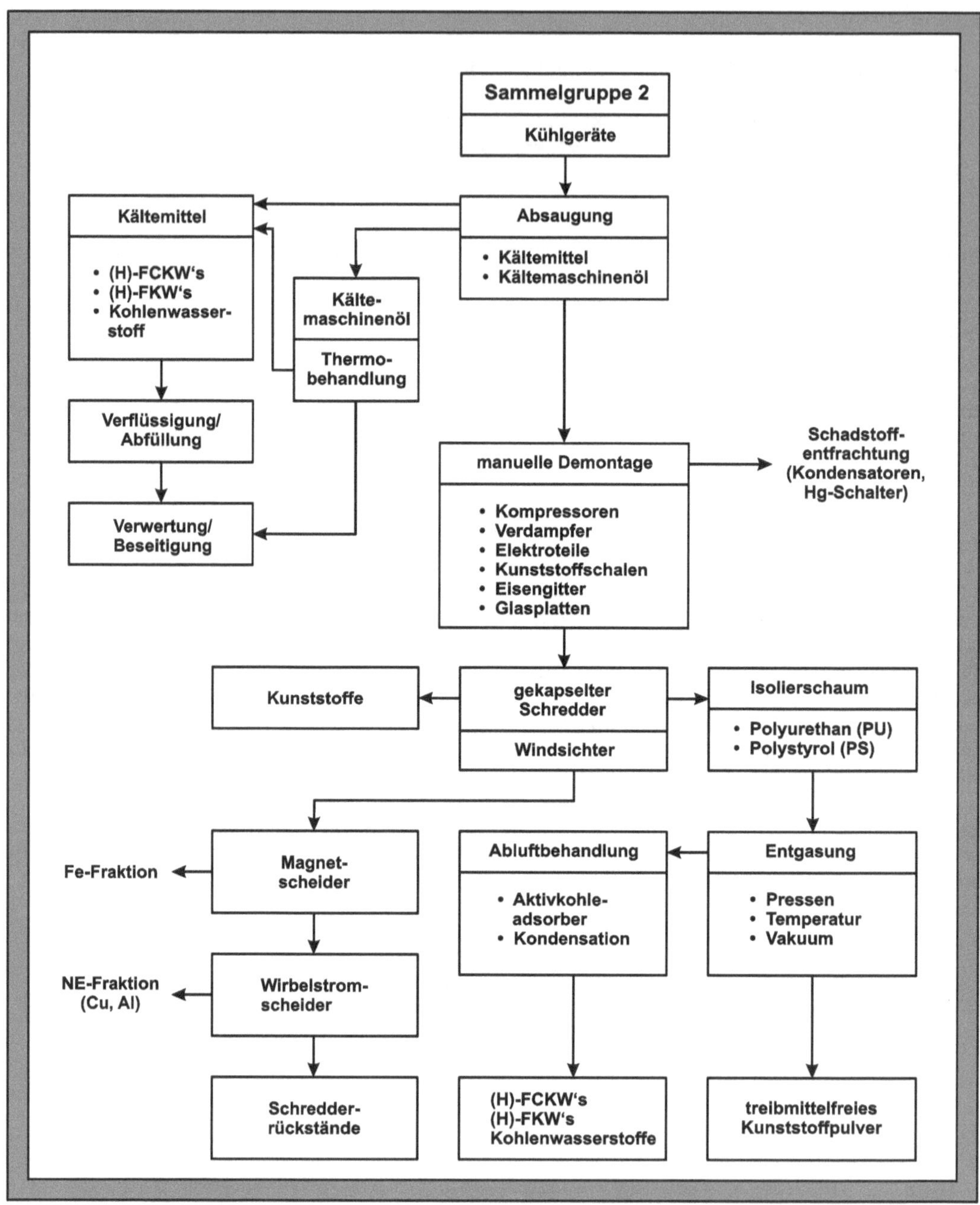

Abb. 14.10: Verfahrensschema zur Aufarbeitung von Kühlgeräten (Sammelgruppe 2) [14.30]

Sammelgruppe 3

In die Sammelgruppe 3 fallen viele unterschiedliche Geräte aus den Bereichen Unterhaltung und Kommunikation sowie Überwachungs- und Medizingeräte. Entsprechend inhomogen ist die Zusammensetzung dieser Fraktion, die sich durch den rasanten technischen Fortschritt zudem laufend ändert. Wertvolle Inhaltsstoffe sind u.a. Kupfer und Edelmetalle (Gold, Silber, Palladium). Eine problematische Teilfraktion sind Bildröhren, die separat zu behandeln sind.

Nach der üblichen Schadstoffentfrachtung können auch Leiterplatten ausgebaut werden. Deren thermische Verwertung in Metallhütten liefert Kupferfraktionen, in denen sich die anderen Edelmetalle befinden. Bei einer nasschemischen Behandlung werden die zerkleinerten Leiterplatten in einem Ätzbad behandelt, wobei sich die Metallteile auflösen. Die wertvollen Metalle (Kupfer, Edelmetalle) lassen sich durch Elektrolyse zurückgewinnen.

Eine andere Behandlungsmöglichkeit besteht in der Zerkleinerung der entfrachteten Geräte. Über Magnetscheider wird die Eisenfraktion separiert, über Wirbelstromscheider die Nichteisenfraktion (NE-Fraktion). Kunststoffe lassen sich sensorgestützt aussortieren.

Bildröhren

Der Glasmantel von Bildröhren besteht aus einem beschichteten Schirmglas, dem Konusglas und dem Hals. Das Schirmglas ist ein Barium-/Strontiumglas, während Konusglas und Hals aus Bleiglas bestehen. Die Leuchtschicht enthält seltene Erden (Yttrium, Europium) und Schadstoffe wie Cadmium. Im Röhrenhals von Bildröhren befinden sich Emitter und Getter. Der Emitter enthält Stoffe wie Barium, Strontium, Wolfram und Rhenium; der Getter enthält Barium. Weitere Bestandteile wie z.B. die Ablenkspule enthalten Kupfer, Nickel und Eisen.

Abbildung 14.11 zeigt ein vereinfachtes Verfahrensschema zur Aufarbeitung von Bildröhren. Ablenkeinheiten, Kabel, etc. werden manuell entfernt und die Bildröhren belüftet. Im Brecher erfolgt die Zerkleinerung mit anschließender magnetischer Abscheidung der Eisenmetalle. In einem Wäscher werden die Glasscherben gewaschen und so die Leuchtschicht entfernt. Das Waschwasser wird gefiltert, der Filterkuchen als gefährlicher Abfall entsorgt und das gereinigte Waschwasser in den Prozess zurückgeführt. Im letzten Prozessschritt erfolgt die Auftrennung der Glasscherben in Ba-/Sr-Glas und in das bleihaltige Glas mittels sensorgestützter Sortierung durch Röntgenstrahlung. Beide Glassorten lassen sich wiederverwerten.

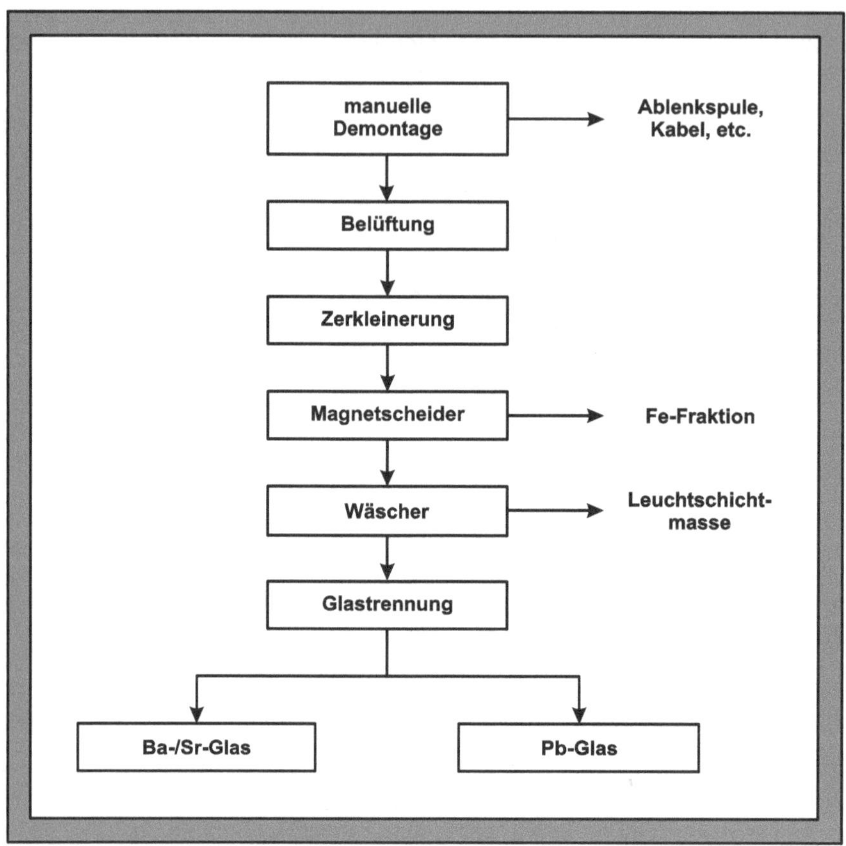

Abb. 14.11: Verfahrensschema zur Aufarbeitung von Bildröhren [14.7]

Sammelgruppe 4

Die Sammelgruppe 4 umfasst Beleuchtungskörper aller Art. Für die Aufarbeitung existieren mehrere Verfahren:

- Schredderverfahren,
- Glasbruchwaschverfahren,
- Kapp-Trennverfahren.

Mit dem Schredderverfahren lassen sich alle Lampentypen aufarbeiten. Aus dem groben Glasbruch werden Eisen- und Nichteisenmetalle abgetrennt. Die Feinfraktion enthält Leuchtpulver und Glasstaub. Die Abluft wird durch Adsorptions- oder Kondensationsverfahren gereinigt. Das dabei anfallende Quecksilber lässt sich destillativ aufreinigen und wiederverwenden.

Beim Glasbruchwaschverfahren (Abb. 14.12) lassen sich ebenfalls sämtliche Lampentypen verarbeiten. Das Ausgangsmaterial wird auf die notwendige Größe zerkleinert und in einer Vibrations-Waschanlage gewaschen. Der Leuchtpulverschlamm wird vom Waschwasser getrennt, das wieder in der Prozess zurückgeführt wird. Die Abluft wird über entsprechende Reinigungstechniken von Stäuben/Quecksilber befreit. Leuchtpulverschlamm und Rückstände aus der Abluftreinigung werden destillativ von Quecksilber befreit. Leuchtpulver und Quecksilber lassen sich anschließend wieder verwerten. Die gewaschenen Glasbruchteile werden in einer weiteren Trennstufe (Siebung) von Fremdstoffen (Aluminium, Metallteile) befreit. Das erhaltene Natron-Kalkglas wird mittels eines optischen Erkennungsmoduls unter Einsatz von Druckluftimpulsen von weiteren Störstoffen befreit. Es dient als Ausgangsmaterial zur Herstellung von Neulampen. Das Mischglas geht in das allgemeine Glasrecycling.

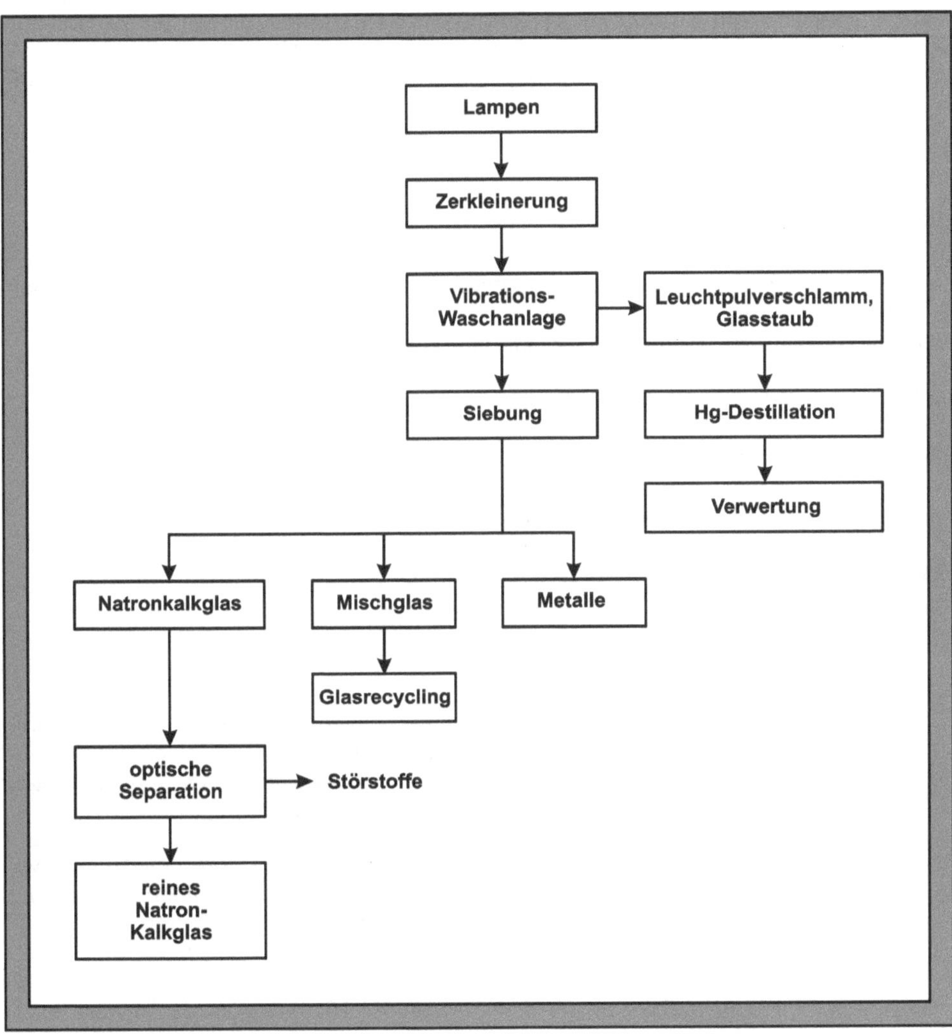

Abb. 14.12: Verfahrensprinzip des Glasbruchwaschverfahrens [14.30]

Kapp-Trennverfahren

Dieses Verfahren wird bei der Aufarbeitung von Leuchtstoffröhren eingesetzt. Zur Belüftung wird mit einem Brenner ein Loch in die Leuchtstoffröhre gebrannt. Anschließend werden mit dem Brenner oder mechanisch die Lampenenden gekappt. Sie enthalten Messingstifte, Aluminiumkappen, Bleiglas und andere Bestandteile, die separat aufgearbeitet werden. Aus den gekappten Glasröh-

14

ren wird mit Druckkluft der quecksilberhaltige Leuchtstoff ausgeblasen und aufgearbeitet. Das gewonnene Glas wird nach einer Reinigung zur Herstellung neuer Leuchtstoffröhren verwendet.

Sammelgruppe 5

Diese Sammelgruppe umfasst die Haushaltskleingeräte. Sie bestehen aus Kunststoffen, Eisen- und Nichteisenmetallen. Ein großer Teil der Geräte enthält Batterien, die vor der Aufarbeitung entfernt werden. Mit den üblichen verfahrenstechnischen Operationen (Schredder, Magnet-, Wirbelstromscheider, Zyklon, Schwimm-Sink-Anlage) lassen sich die einzelnen Fraktionen trennen.

14.5 Wissensfragen

- Für welche Gerätekategorien gilt das Elektro- und Elektronikgerätegesetz?
- Welche Schadstoffe unterliegen einer Einsatzbeschränkung in Elektro- und Elektronikgeräten?
- Welcher Verpflichtungen müssen Hersteller, Importeure und Vertreiber erfüllen?
- Erläutern Sie die Gerätekategorien der Sammelgruppe 1 und deren Recycling.
- Wie werden Kühlgeräte aufgearbeitet?
- Welche Geräte gehören zur Sammelgruppe 3 und wie lassen sich diese recyceln?
- Wie werden Beleuchtungskörper aufgearbeitet?

14.6 Weiterführende Literatur

14.1 Bilitewski, B. et al; *Rechtliche und fachliche Grundlagen zum ElektroG - Teil 3: Anforderungen an die Ermittlung des individuellen Anteils an Altgeräten an der gesamten Altgerätemenge pro Geräteart durch Sortierung oder nach wissenschaftlich anerkannten statistischen Methoden*, Umweltbundesamt, Texte 14/08, **2007**

14.2 Bundesministerium für Land- und Fortwirtschaft, Umwelt und Wasserwirtschaft; *Verwertungsmöglichkeiten von Bildröhrenglas aus der Demontage von Elektroaltgeräten,* Beratungsgesellschaft für integrierte Problemlösungen (BiPRO) Wien, **Januar 2006**

14.3 Bund/Länder-Arbeitsgemeinschaft Abfall (LAGA); *Altgeräte-Merkblatt, Anforderungen zur Entsorgung von Elektro- und Elektronik-Altgeräten, Mitteilung 31,* **September 2009**

14.4 EBPG - Energiebetriebene-Produkte-Gesetz, *Gesetz über die umweltgerechte Gestaltung energiebetriebener Produkte,* **31.05.2013**

14.5 ElektroG - Elektro- und Elektronikgerätegesetz, *Gesetz über das Inverkehrbringen, die Rücknahme und die umweltverträgliche Entsorgung von Elektro- und Elektronikgeräten,* **20.09.2013**

14.6 ElektroStoffV - Elektro- und Elektronikgeräte-Stoff-Verordnung; *Verordnung zur Beschränkung der Verwendung gefährlicher Stoffe in Elektro- und Elektronikgeräten,* **19.04.2013**

14.7 ENTSORGA gGmbH (Hrsg.); *Kreislaufwirtschaft in der Praxis, Nr. 1 Elektrogeräte,* **1995**

14.8 Harant, M.; *Umweltrelevante Inhaltsstoffe in Elektro- und Elektronikgeräten*, Bayerisches Landesamt für Umweltschutz, **2002,** 3-936385-05-x

14.9 Hanke, M.; Ihrig, Ch.; Ihrig, D.F.; *Stoffbelastung beim Elektronikschrott-Recycling,* Wirtschaftsverlag NW, **2001,** 3-89701-677-x

14.10 Huisman, J. et al; *2008 Review of Directive 2002/96 on Waste Electrical and Electronic Equipment (WEEE),* United Nations University, Bonn, **2007**

14.11 ipf Hamburg e.K. (Hrsg.); *Netzwerk „Weiter- und Wiederverwendung von Elektro(nik)geräten und ihren Teilen" - ein Kreislaufwirtschaftssystem mit Handwerks- und Verwertungsbetrieben*, Hamburg, **2007**

14.12 Koch, W.; *Entwicklung eines thermisch-chemischen Prozesses zur Verwertung von Abfällen aus Elektro- und Elektronikaltgeräten - die „Haloclean"-Pyrolyse,* Forschungszentrum Karlsruhe, FZKA 7301, **Juli 2007**

14.13 Kreibe, S.; Wagner, J.; Rommel, W.; *Verwertung und Beseitigung von Leiterplattenschrott,* Bayerisches Institut für Abfallforschung (BIfA) GmbH, **Juli 1996**

14.14 Länderausschuss für Arbeitsschutz und Sicherheitstechnik (LASI); *Manuelle Zerlegung von Bildschirm- und anderen Elektrogeräten*, **2002,** 3-936415-23-4

14.15 Monteil, M.; *Wegleitung zur Verordnung über die Rückgabe, die Rücknahme und die Entsorgung von elektrischen und elektronischen Geräten (VREG),* Bundesamt für Umwelt, Wald und Landschaft (BUWAL), **2000**

14.16 Novak, E.; *Verwertungsmöglichkeiten für ausgewählte Fraktionen aus der Demontage von Elektroaltgeräten - Kunststoffe,* Bundesministerium für Land- und Forstwirtschaft, Umwelt und Wasserwirtschaft, Wien, **Mai 2011**

14.17 Oehne, I. et al; *Umweltgerechte Gestaltung energiebetriebener Produkte*, Umweltbundesamt, Texte 21/2009, **Juli 2009**

14.18 Rhein, H.-B.; Meyer, Th.; Bilitewski, B.; *Rechtliche und fachliche Grundlagen zum ElektroG - Teil 1: Anforderungen an die Zertifizierung der Erstbehandler nach Elektro G,* Umweltbundesamt, Texte 12/08, **2007**

14.19 Rhein, H.-B.; Meyer, Th.; Bilitewski, B.; *Rechtliche und fachliche Grundlagen zum ElektroG - Teil 2: Anforderungen an die Dokumentation*, Umweltbundesamt, Texte 13/08, **2007**

14.20 *Richtlinie 2009/125/EG des Europäischen Parlaments und des Rates vom 21. Oktober 2009 zur Schaffung eines Rahmens für die Festlegung von Anforderungen an die umweltgerechte Gestaltung energieverbrauchsrelevanter Produkte,* **14.11.2012**

14.21 *Richtlinie 2011/65/EU des Europäischen Parlaments und des Rates vom 8. Juni 2011 zur Beschränkung der Verwendung bestimmter gefährlicher Stoffe in Elektro- und Elektronikgeräten,* **09.01.2014**

14.22 *Richtlinie 2012/19/EU des Europäischen Parlaments und des Rates vom 4. Juli 2012 über Elektro- und Elektronik-Altgeräte „waste electrical and electronic equipment (WEEE)"*, **24.07.2012**

14.23 Sander, K. et al; *Ermittlung von Verwertungskoeffizienten für die Fraktionen und Bauteile zur Dokumentation von Quoten auf der Basis von Artikel 7 der EU-Richtlinie zur Verwertung von Elektroaltgeräten, (WEEE),* Umweltbundesamt (UBA), Texte 51/04, **Dezember 2004**

14.24 Sander, K. et al; *The Producer Responsibility Principle of the WEEE Directive*, Brüssel, **2007**

14.25 Sander, K.; Schilling, St.; *Optimierung der Steuerung und Kontrolle grenzüberschreitender Stoffströme bei Elektroaltgeräten/Elektroschrott*, Umweltbundesamt, Texte 11/2010, **2010**

14.26 Schluep, M. et al.; *Recycling - From E-Waste to Ressources,* United Nations Environment Programme (UNEP), **July 2009**

14.27 Stiftung Elektro-Altgeräte Register (EAR); *Jahres-Statistik-Meldung,* **2012**

14.28 Umweltbundesamt (Hrsg.); *GREEN IT: Zukünftige Herausforderungen und Chancen*, Dessau, **2009**

14.29 VDI 2343 Blatt 3; *Recycling elektrischer und elektronischer Geräte - Demontage,* Beuth, **April 2009**

14.30 VDI 2343 Blatt 4; *Recycling elektrischer und elektronischer Geräte - Aufbereitung,* Beuth, **Januar 2011**

14.31 Verein Deutscher Ingenieure (VDI*); Elektronikschrott-Recycling - Wirtschaftsfaktor oder Flop?*, VDI-Berichte 1695, **2002,** 3-18-091695-8

14.32 Vogl, N.; *Die Kreislaufwirtschaft bei Elektro- und Elektronikgeräten*, Dr. Kovač, **2007,** 978-3-8300-3143-7

14.33 Walther, G.; *Recycling von Elektro- und Elektronik-Altgeräten*, Deutscher Universitäts-Verlag, **2005,** 3-8244-8301-7

15 Kunststoffe

15.1 Einführung

Die weltweite Produktion von Kunststoffen steigt seit Jahrzehnten kontinuierlich an (Abb. 15.1). In Deutschland werden davon ca. 20 Millionen Tonnen Kunststoff produziert.

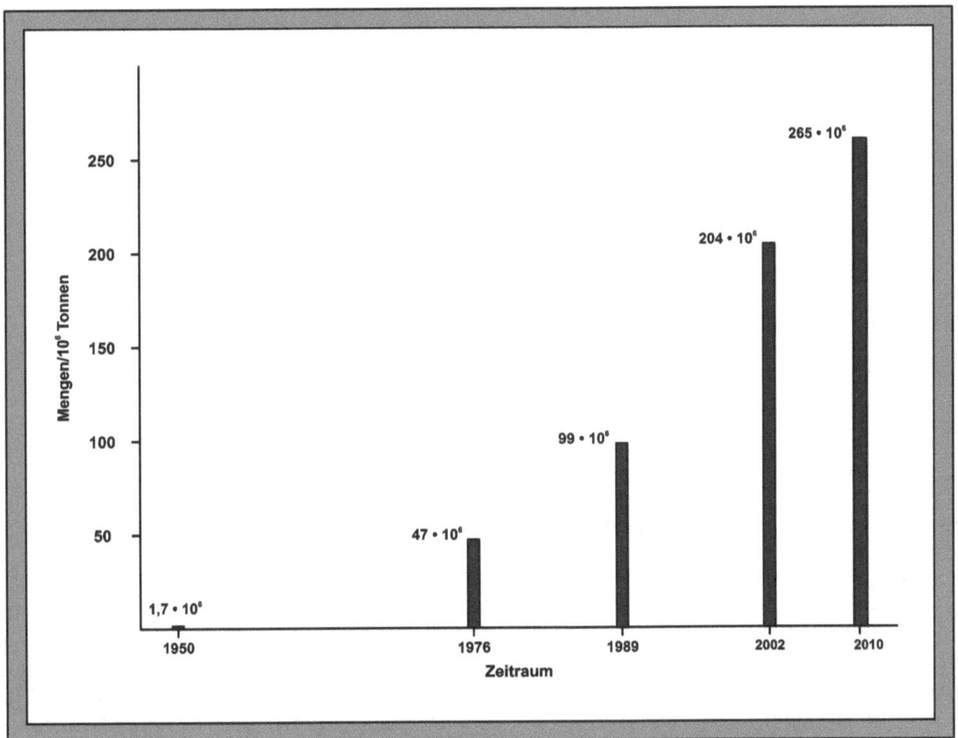

Abb. 15.1: Weltproduktion von Kunststoffen [15.25]

Die mengenmäßig wichtigsten Kunststoffe sind Polyethylen (PE), Polypropylen (PP), und Polyvinylchlorid (PVC). In Abbildung 15.2 sind die prozentualen Anteile der weltweit wichtigsten Kunststoffe dargestellt.

Je nach Art der chemisch-physikalischen Verbindungen und Vernetzungen zwischen den Polymermolekülen lassen sich Kunststoffe in folgende Klassen unterteilen:

- Thermoplaste,
- Duroplaste,
- Elastomere.

Bezeichnung	Abkürzung	Anteil/%
Polyethylen	PE	32
Polypropylen	PP	20
Polyvinylchlorid	PVC	16,5
Polyethylenterephthalat	PET	6
Polyurethan	PUR	5,5
Polystyrol expandierter Polystyrol	PS EPS	8
technische Kunststoffe	Blends	5
Acrylnitril-Butadien-Styrol Styrol-Acrylnitril Acrylnitril-Styrol-Acrylat	ABS SAN ASA	3,5
Polycarbonat	PC	1,5
Polyamid	PA	1,5
Sonstige		0,5

Abb. 15.2: Die weltweit wichtigsten Kunststoffe [15.15]

Thermoplaste sind Polymere, die meist ohne Abbaureaktionen schmelzbar sind. Vor der thermischen Zersetzung durchlaufen sie einen Temperaturbereich, in dem sie gummielastisch sind. In diesem Bereich kann der Thermoplast umgeformt werden. Zur Erhaltung der Form wird er abgekühlt. Andernfalls verformt er sich wieder in den Ausgangszustand zurück. Beispiele für Thermoplaste sind Polyethylen (PE), Polypropylen (PP), Polystyrol (PS), und Polyethylenterephthalat (PET).

Duroplaste sind engmaschig vernetzte Polymere. Mit steigender Temperatur gehen sie ohne zu erweichen vom harten Zustand in den Bereich der thermischen Zersetzung über. Eine Umformung ist nicht möglich. Daher muss dieser Kunststofftyp bereits bei der Synthese in die endgültige Form gebracht werden. Beispiele für Duroplaste sind Polyurethane (PUR), Epoxidharze (EP) und Harnstoff-Formaldehyd-Harze (UF, Aminoplaste).

Elastomere haben eine große Maschenweite, d.h. der Abstand der Vernetzungsbrücken zwischen den Polymermolekülen ist groß. Die Beweglichkeit zwischen den Molekülketten ist ebenfalls groß. Aufgrund der chemisch-physikalischen Vernetzung zeigen sie ein elastisches Verhalten. Wie Duroplaste sind sie nicht schmelzbar. Bei höheren Temperaturen kommt es zur thermischen Zersetzung, so dass eine plastische Formgebung in der Regel nicht möglich ist. Beispiele für Elastomere sind Polyisopren (NR, Naturkautschuk), Styrol-Butadien-Kautschuk (SBR) und Siloxan-Elastomer (SIR, Silikongummi).

15.2 Polyreaktionen

Wichtige Methoden zur Herstellung von Kunststoffen sind die:

- Polymerisation,
- Polykondensation,
- Polyaddition.

Polymerisation

Bei der Polymerisation ist eine Doppelbindung im Ausgangsstoff (Monomer) Voraussetzung für die Reaktion. Eine Polymerisationsreaktion verläuft in drei Schritten, der:

- Startreaktion,
- Wachstumsreaktion,
- Abbruchreaktion.

Zahleiche Kunststoffe werden über eine radikalische Polymerisation hergestellt. Zu Beginn der Startreaktion bildet sich ein reaktives Teilchen mit einem ungepaarten Elektron (Radikal). Für die Synthese von Kunststoffen werden als Radikalbildner häufig Peroxidverbindungen eingesetzt:

$$R-\overset{\overset{\displaystyle O}{\|}}{C}-O-O-\overset{\overset{\displaystyle O}{\|}}{C}-R \longrightarrow 2\,R-\overset{\overset{\displaystyle O}{\|}}{C}-O\bullet \longrightarrow 2\,R\bullet + 2\,CO_2$$

Im Anschluss an den Prozess der Radikalbildung folgt die Reaktion mit einem Monomermolekül. Die Doppelbindung des Monomers wird dabei aufgespalten:

$$R\bullet + CH_2=\underset{\underset{\displaystyle X}{|}}{CH} \longrightarrow R-CH_2-\underset{\underset{\displaystyle X}{|}}{CH}\bullet$$

In der Wachstumsphase lagern sich weitere Monomermoleküle an:

$$R-CH_2-\underset{\underset{\displaystyle X}{|}}{CH}\bullet + n\,CH_2=\underset{\underset{\displaystyle X}{|}}{CH} \longrightarrow$$

$$R\left[CH_2-\underset{\underset{\displaystyle X}{|}}{CH}\right]_n CH_2-\underset{\underset{\displaystyle X}{|}}{CH}\bullet$$

15

Die Abbruchreaktion erfolgt über verschiedene Mechanismen wie die Rekombination oder die Disproportionierung. Bei der Abbruchreaktion durch Rekombination werden zwei aktive Endgruppen des Polymers miteinander verbunden:

$$\sim CH_2 - \underset{\substack{| \\ X}}{CH\bullet} + \bullet\underset{\substack{| \\ X}}{CH} - CH_2 \sim \longrightarrow$$

$$\sim CH_2 - \underset{\substack{| \\ X}}{CH} - \underset{\substack{| \\ X}}{CH} - CH_2 \sim$$

Bei der Disproportionierung reagieren zwei Polymerradikale unter Bildung einer gesättigten und einer ungesättigten Verbindung miteinander:

$$\sim CH_2 - \underset{\substack{| \\ X}}{CH\bullet} + \bullet\underset{\substack{| \\ X}}{CH} - CH_2 \sim \longrightarrow$$

$$\sim CH_2 - CH_2 - X + X - CH = CH \sim$$

In Abbildung 15.3 sind einige ausgewählte Kunststoffe aufgeführt, die mit der Methode der radikalischen Polymerisation hergestellt werden.

Monomer		**Polymer (Kunststoff)**
Name	**Formel**	
Ethylen	$CH_2 = CH_2$	**Polyethylen (PE)**
Propylen	$CH_2 = \underset{\substack{| \\ CH_3}}{CH}$	**Polypropylen (PP)**
Vinylchlorid	$CH_2 = \underset{\substack{| \\ Cl}}{CH}$	**Polyvinylchlorid (PVC)**
Styrol	$CH_2 = CH$ – C_6H_5 (Benzolring)	**Polystyrol (PS)**

Abb. 15.3: Radikalische Polymerisation verschiedener Kunststoffe

Polykondensation

Bei der Polykondensation reagieren bifunktionelle Moleküle unter Abspaltung eines molekularen Nebenprodukts (z.B. H_2O) miteinander. Funktionelle Gruppen können Hydroxylgruppen (-OH), Carboxylgruppen (-COOH) oder Aminogruppen (-NH_2) sein. Dabei besteht zum einen die Möglichkeit, dass ein Monomer zwei verschiedene funktionelle Gruppen besitzt und so mit sich selber reagieren kann. Zum anderen ist es möglich, dass zwei unterschiedliche Monomere mit jeweils einer funktionellen Gruppe miteinander reagieren. Die Polykondensation zwischen Diolen und Dicarbonsäuren ist ein typisches Reaktionsbeispiel für die Polykondensation:

$$n\ HO-R_1-OH + n\ HOOC-R_2-COOH \rightleftarrows HO\left[\overset{\overset{O}{\|}}{C}-R_2-O-R_1-O\right]_n H + (2n-1)\ H_2O$$

In Abbildung 15.4 sind einige ausgewählte Kunststoffe aufgeführt, die über Polykondensationsreaktionen hergestellt werden.

Monomer 1	Monomer 2	Polymer
$HO-CH_2-CH_2-OH$ Ethylenglykol	 $HOOC-C_6H_4-COOH$ (p-Stellung) Terephthalsäure	Polyethylen-terephthalat (PET)
$HOOC-(CH_2)_4-COOH$ Adipinsäure	$H_2N-(CH_2)_6-NH_2$ Hexamethylen-diamin	Nylon 66
$COCl_2$ Phosgen	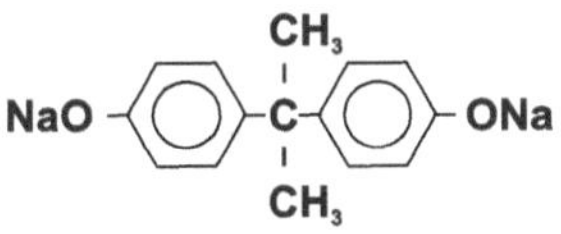 $NaO-C_6H_4-C(CH_3)_2-C_6H_4-ONa$ Bisphenol A; Natriumsalz	Poly-carbonat

Abb. 15.4: Polykondensation verschiedener Kunststoffe

Da es sich bei der Polykondensation um eine Gleichgewichtsreaktion handelt, lassen sich entsprechende Polymere über die Rückreaktion wieder in die monomeren Ausgangsstoffe zerlegen.

15

Polyaddition

Der bedeutendste Unterschied zur Polykondensation besteht darin, dass kein niedermolekulares Nebenprodukt entsteht. Die an der Reaktion beteiligten Monomere besitzen auch im Falle der Polyadditionsreaktion reaktionsfähige funktionelle Gruppen. Polyurethan (PUR) gehört zu den wichtigsten Verbindungen der Polyadditionsreaktionen:

$$n\ HO-R_1-OH + n\ O=C=N-R_2-N=C=O \longrightarrow$$

$$HO\left[R_1-O-\overset{\overset{\displaystyle O}{\|}}{C}-\underset{\underset{\displaystyle H}{|}}{N}-R_2\right]_n N=C=O$$

In Abbildung 15.5 sind einige ausgewählte Kunststoffe aufgeführt, die über Polyadditionsreaktionen hergestellt werden.

Monomer 1	Monomer 2	Polymer
$HO-CH_2-CH_2-OH$ Ethylenglykol	NCO (Benzolring) NCO Toluylendiisocyanat	Polyurethan

Abb. 15.5: Polyaddition verschiedener Kunststoffe

15.3 Herstellungsverfahren

Wichtige Verfahren zur Herstellung von Kunststoffen sind die:

- Substanzpolymerisation,
- Lösungspolymerisation,
- Fällungspolymerisation
- Emulsionspolymerisation,
- Suspensionspolymerisation,
- Gasphasenpolymerisation,
- Phasengrenzflächenpolymerisation.

Substanzpolymerisation

Bei diesem Herstellungsverfahren wird die Polyreaktion ohne zusätzliches Lösungsmittel durchgeführt. Bei der Substanzlösungspolymerisation ist das Monomer gleichzeitig Lösungsmittel für das Polymer. Es wird ein möglichst 100 %iger Umsatz angestrebt. Hauptproblem ist die Abführung der

Reaktionswärme mit steigendem Umsatz, weshalb eine Zweistufenpolymerisation angewendet wird. In der ersten Reaktionsstufe wird bereits bei niedriger Viskosität ein beachtlicher Teil der Reaktionswärme entzogen. In der zweiten Stufe wird die Polymerisation unter sorgfältiger Temperaturkontrolle weitergeführt. Nach diesem Verfahren lässt sich Polystyrol (PS) oder Polycaprolactam herstellen. Eine weitere Möglichkeit der Substanzpolymerisation ist die Substanzfällungspolymerisation. Hier fällt das entstehende Polymer aus dem Lösungsmittel „Monomer“ aus. Auf diese Weise lässt sich z.B. Polyvinylchlorid (PVC) herstellen.

Lösungspolymerisation

Bei der Lösungspolymerisation ist die Abfuhr der Reaktionswärme über das vorhandene Lösungsmittel kein Problem. Ein weiterer Vorteil liegt darin, dass durch Zugabe von Lösungsmitteln die Viskosität beeinflusst werden kann. Nachteilig kann die eventuell notwendige Entfernung des Lösungsmittels sein. Da die Entfernung des Lösungsmittels mit hohem Energieaufwand und hohen Kosten verbunden ist, wird dieses Verfahren oft für die Herstellung von Lacken und Klebstoffen verwendet.

Fällungspolymerisation

Eine besondere Form der Lösungspolymerisation ist die Fällungsreaktion. Im Zuge der Reaktion fällt das Polymer aus, während das Monomer in Lösung bleibt. Die Viskosität der Lösung wird durch das ausfallende Polymer nicht beeinflusst. Daher lässt sich die Reaktionswärme ebenfalls gut abführen. Das ausgefallene Polymer lässt sich durch Filtrieren oder Zentrifugieren abtrennen. Nach diesem Verfahren werden z.B. Polyacrylnitril (PAN), Styrol-Acrylnitril-Copolymere (SAN) und Polyvinylchlorid (PVC) hergestellt.

Emulsionspolymerisation

Bei der Emulsionspolymerisation ist das Monomer nahezu wasserunlöslich. Mit Hilfe von Emulgatoren wird es in Wasser als kleinste Tröpfchen emulgiert. Die Emulgatoren lagern sich zu Micellen zusammen, die ihre hydrophile Seite dem Wasser zuwenden und ihre hydrophoben Bestandteile nach innen zusammenlagern. Im hydrophoben Micellinneren lösen sich die wasserunlöslichen Monomere, so dass sie aus den Monomertröpfchen in die Micellen wandern. Der im Wasser lösliche Initiator dringt ebenfalls in die Micellen ein und startet dort die Polymerisation. Durch nachdiffundierendes Monomer schreitet die Reaktion fort; die Micellen weiten sich auf und bilden letztlich Latexteilchen. Diese Latexteilchen können bis zu 60 % Feststoff enthalten.

Um das enthaltene Wasser zu entfernen, werden nach der eigentlichen Emulsionspolymerisation Verfahren der Sprüh- oder Walzentrocknung, des Ausfällens und des Filtrierens eingesetzt. Da die vollständige Entfernung des Emulgators nur sehr schwer möglich ist, beeinflusst dieser die Eigenschaften des Polymers. Die Vorteile einer Emulsionspolymerisation bestehen in einer hohen Polymerisationsgeschwindigkeit, die ein schnelles Erreichen hoher Polymerisationsgrade erlaubt und der guten Wärmeabführung über die wässrige Emulsion. Styrol-Butadien- und Acrylnitril-Butadien-Copolymerisation werden nach diesem Verfahren als Synthesekautschuk hergestellt.

Suspensionspolymerisation

Zu Beginn der Reaktion wird das Monomer durch Rühren in einem nicht mischbaren Trägermedium (z.B. Wasser) dispergiert. Der für die Polyreaktion notwendige Initiator ist im Monomer löslich. Durch die Zugabe von Suspensionsmitteln wird das Zusammenklumpen der polymerisierenden

Tröpfchen verhindert. Nach Beendigung der Polymerisation fällt das Polymer aus. Da die Monomertröpfchen und die sich bildenden Polymere eine kugelförmige Gestalt haben, nennt man diese Polymerisationsform auch Perlpolymerisation. Eine gute Wärmeabführung ist durch das Trägermedium gewährleistet. Das in der Suspension befindliche Wasser kann im Anschluss an die Polymerisation durch Filtrieren oder Trocknen entfernt werden. Die Suspensionspolymerisation bietet eine gute Möglichkeit zur Synthese hochwertiger Produkte, z.B. von Polyvinylchlorid (PVC) und Polystyrol (PS).

Gasphasenpolymerisation

Die Gasphasenpolymerisation ist ein Verfahren zur Polymerisation von gasförmigen Monomeren (z.B. Ethylen, Propylen). Monomer und Katalysator (Ziegler-, Phillips-, Metallocen-Katalysatoren) werden gasförmig in den Reaktionsraum eingedüst. Das Kettenwachstum findet an der Katalysatorgrenzfläche statt. Während die festen Polymerpartikel in einer Wirbelschicht zirkulieren, löst sich nachgeliefertes Monomer in den Polymerpartikeln. Es handelt sich also um keine echte Polymerisation in der Gasphase, sondern der Polymerisationsort sind die entstandenen Polymerpartikel.

Phasengrenzflächenpolymerisation

Bei der Phasengrenzflächenpolymerisation findet die Bildung des Polymers an der Grenzschicht zweier nicht miteinander mischbaren Flüssigkeiten statt. Die beiden Flüssigkeiten enthalten jeweils ein lösliches Monomer. Beispielsweise kann ein organisches Lösungsmittel das Säurechlorid einer Dicarbonsäure und eine alkalisch-wässrige Lösung das Diamin enthalten. Durch die Unmischbarkeit der beiden Lösungsmittel findet die Polyreaktion nur an der Phasengrenzfläche statt. Damit die Reaktion weiterläuft, muss der dünne Polymerfilm kontinuierlich abgezogen werden. Auf diese Weise werden z.B. aromatische Polyamide (Aramide) produziert.

15.4 Zusätze bei der Verarbeitung von Kunststoffen

Polymere erfüllen nach ihrer Herstellung nicht die notwendigen technologischen Anforderungen. Um diese zu erreichen, müssen Additive zugesetzt werden. Diese führen zu einer besseren Verarbeitung der Kunststoffe und zu einer Verbesserung ihrer Eigenschaften. Der Begriff „Compoundieren" bezeichnet dabei die Zugabe entsprechender Additive bzw. die Verarbeitung der Polymere durch Einarbeiten der Zusatzstoffe, das Homogenisieren sowie Granulieren über verfahrenstechnische Prozesse wie Dispergieren, Mischen und Kneten. Als Additive werden u.a. verwendet:

- Füllstoffe,
- Verstärkungsstoffe,
- Weichmacher,
- Treibmittel,
- Farbmittel,
- Stabilisatoren,
- Antistatika.

Füllstoffe

Füllstoffe sind feste organische oder anorganische Materialien, die in Polymere eingearbeitet werden. Der Unterschied zwischen den verschiedenen Füllstoffen liegt in ihrem chemischen Aufbau, ihrer Kornform, Korngröße und ihrer Korngrößenverteilung. Sie verbessern z.B. die mechanischen

Eigenschaften des Polymers und erhöhen die Stabilität und Schleifbarkeit oder verbessern die elektrische Leitfähigkeit. Zu Weich-PVC werden Kreide und Kaolin zugesetzt, um den klebrigen Griff zu verbessern. Bei Polypropylen wird feingemahlene Kreide, Kalkstein oder gefälltes Calciumcarbonat zur Erhöhung der Temperaturformbeständigkeit oder Oberflächengüte eingesetzt. Füllstoffe können auch mehrere Funktionen erfüllen. So wird z.B. Ruß bei Elastomeren zur Verstärkung und als Schwarzpigment eingesetzt.

Verstärkungsstoffe

Sollen vor allem die mechanischen Eigenschaften verbessert werden, so werden faserartige Verstärkungsstoffe verwendet. Dazu zählen z.B. Glasfasermaterialien sowie Kohlenstoff- und Aramidfasern. Bei einer Verstärkung mit faserförmigen Stoffen lässt sich ein unisotropes Verhalten feststellen, d.h. die Eigenschaften werden von der Richtung der eingebetteten Fasern abhängig. So sind z.B. Festigkeit und Steifigkeit in Faserrichtung größer als senkrecht dazu. Die Wärmeausdehnung ist dagegen in Faserrichtung kleiner als quer zur Faserausrichtung.

Weichmacher

Weichmacher sind meist niedermolekulare Stoffe mit viskoser Konsistenz. Bereits die Zugabe kleiner Mengen erhöht die Flexibilität starrer Polymere. Die Weichmachermoleküle lagern sich zwischen die Polymerketten ein und verbessern so deren Beweglichkeit. Aufgrund ihrer niedrigen Molmasse können Weichmacher aus dem Polymer entweichen. Dies ist für die jeweiligen Anwendungszwecke zu beachten. So werden z.B. Dioctylphtalate bei Polyvinylchlorid als Weichmacher eingesetzt. Durch den Zusatz sinkt die Erweichungstemperatur unter die Raumtemperatur ab, so dass PVC ein kautschukelastisches Verhalten zeigt.

Treibmittel

Polymere die mit Treibmitteln versetzt werden, weisen einen bestimmten Gas- oder Luftanteil auf. Der Schaum-Kunststoff besitzt dann eine porige Zellstruktur und hat eine viel geringere Dichte als der ungeschäumte Kunststoff. Neben dem geringen Gewicht verfügen sie über eine geringe Wärmeleitfähigkeit und eignen sich für Isolierzwecke. Polystyrol wird z.B. durch Zusatz von n-Pentan hergestellt, bei dem das leichtsiedende Pentan durch Wärmezufuhr verdampft und dadurch den Kunststoff aufschäumt.

Farbmittel

Oft ist für den Verkaufserfolg eines Kunststoffs sein optischer Eindruck entscheidend. Für den Farbeindruck spielen Faktoren wie Lichtdurchlässigkeit oder Oberfläche des Kunststoffs eine Rolle. Farbmittel können organische oder anorganische Farbstoffe und im Kunststoff unlösliche Pigmente sein. Farbmittel werden zu etwa 0,5 bis 2 % zugesetzt. Für die Herstellung von farbig transparenten Teilen sind besonders lösliche Farbstoffe von Bedeutung. Um einen möglicherweise störenden Gelbstich zu vermeiden, werden optische Aufheller zugesetzt. Durch einen Blaustich oder die Umwandlung von UV-Licht in sichtbares blaues Licht dämpfen sie den Gelbstich. Die am häufigsten eingesetzten Farbmittel sind Titandioxid (weiß) und Ruß (schwarz).

Stabilisatoren

Aufgrund ihrer Bindungsverhältnisse sind Kunststoffe empfindlich gegenüber Sauerstoff, UV-Licht, Wärme oder anderen Witterungseinflüssen. Um Schäden zu vermeiden, werden Stabilisatoren als Additive eingesetzt. Dazu gehören Antioxidantien, Lichtschutzmittel, Wärmestabilisatoren, Flammschutzmittel und Biozide.

Bei vielen Kunststoffen kann es durch Sauerstoff in Verbindung mit Sonnenlicht zu einem oxidativen Kettenabbau kommen. Antioxidantien verlangsamen diesen Kettenabbau oder verhindern ihn ganz. Sie hemmen die Oxidation entstehender Radikale oder wandeln die entstandenen Peroxidverbindungen in stabile Verbindungen um. Antioxidantien werden fast bei allen Kunststoffen benötigt, jedoch entfallen über ¾ des Verbrauchs auf Polyethylen, -propylen und -styrol. Ohne den Antioxidationsschutz würde sich die Lebensdauer dieser Polymere deutlich verkürzen.

Da Kunststoffe prinzipiell brennbar sind, müssen sie z.B. für den Einsatz im Bauwesen, in der Elektrotechnik oder im Fahrzeugbau besondere Anforderungen bzgl. ihres Brandverhaltens erfüllen. Daher werden Kunststoffe mit Flamm- oder Brandschutzmitteln ausgerüstet. Diese Additive verringern die Brenngeschwindigkeit, Flammenausbreitung, Zersetzung und Rauchentwicklung. So oxidieren phosphorhaltige Verbindungen beim Verbrennen und überziehen die Kunststoffoberfläche mit einer schwer brennbaren Schutzschicht. Aluminium- und Magnesiumhydroxid zersetzen sich bei der Verbrennung und spalten Wasser ab. Dadurch wird das Polymer gekühlt und der entstehende Wasserdampf verdrängt den Luftsauerstoff. $Al(OH)_3$ ist heute das am meisten eingesetzte Flammschutzmittel.

Lichtschutzmittel schützen Kunststoffe vor schädigenden Lichteinwirkungen, insbesondere des UV-Lichts. UV-Absorber filtern den ultravioletten Lichtanteil aus und wandeln ihn in Wärme um. Sterisch gehinderte Amine wirken als Radikalfänger, während UV-Quencher Radikale deaktivieren.

Antistatika

Die Funktion der Antistatika besteht in der Verringerung einer elektrostatischen Aufladung des Kunststoffs. Metallpulver oder -fasern aus Aluminium oder Bronze werden hier eingesetzt. Auch Ruß oder Kohlenstofffasern erhöhen die elektrostatische Leitfähigkeit.

Zusammen mit der Umgebungsfeuchtigkeit bilden auch Tenside eine leitfähige Schicht aus. Nach der Auftragung der Tensidlösung ist der Kunststoff mit einer antistatisch wirkenden Schicht überzogen. Im Laufe der Benutzung wird diese Schicht allerdings wieder leicht entfernt.

15.5 Recycling von Kunststoffen

Zur leichteren Identifikation verschiedener Kunststoffe wurde eine internationale Nomenklatur entwickelt. Drei gebogene Pfeile umschließen eine Ziffer, die einen Zahlencode für den jeweiligen Kunststoff darstellt (Abb. 15.6).

Symbol	Name des Polymers
01 PET	Polyethylenterephthalat (PET)
02 PE-HD	Polyethylen hoher Dichte (HDPE)
03 PVC	Polyvinylchlorid (PVC)
04 PE-LD	Polyethylen niedriger Dichte (LDPE)
05 PP	Polypropylen (PP)
06 PS	Polystyrol (PS)
07 O	andere Kunststoffe, wie z.B. Polyacrylate, Nylon und Polycarbonate

Abb. 15.6: Materialkennzeichnung für Kunststoffe [15.10]

In Verbindung mit den Kurzzeichen für die jeweiligen Polymere lassen sich die verschiedenen Kunststoffe leicht identifizieren.

15.5.1 Aufbereitungstechnologien

Das Recycling von Kunststoffen hängt vom Verschmutzungsgrad, dem Zusatz von anderen Kunststoffen und Additive sowie der Verbindung mit anderen Werkstoffen ab. Lassen sich Altkunststoffe im Herstellungsverfahren relativ leicht recyceln, sind für Kunststoffe aus dem Haushalt mehrere verfahrenstechnische Aufbereitungsschritte erforderlich.

Um kunststoffenthaltende Produkte für das Recycling zugänglich zu machen, sind Schneide- und Mahlverfahren notwendig. Zum Einsatz kommen Schneid-, Hammermühlen oder Rotorscheren. Nach der ersten Zerkleinerungsstufe wird das erhaltene Schnittgut über Siebe klassifiziert. Durch die Klassierung werden zu große Teile wieder der Zerkleinerung zugeführt.

Flotation

Bei der Flotation spielt die Benetzbarkeit der Kunststoffoberfläche eine Rolle. Dazu werden die zerkleinerten Kunststoffpartikel in Wasser, dem spezielle Chemikalien zugesetzt wurden, suspendiert. Wird Luft in die Flotationszelle eingeblasen (Abb. 15.7), lagern sich die Luftbläschen an den hydrophoben Oberflächen an. Kunststoffe mit hydrophober Oberfläche schwimmen auf, die mit hydrophiler Oberfläche sinken ab.

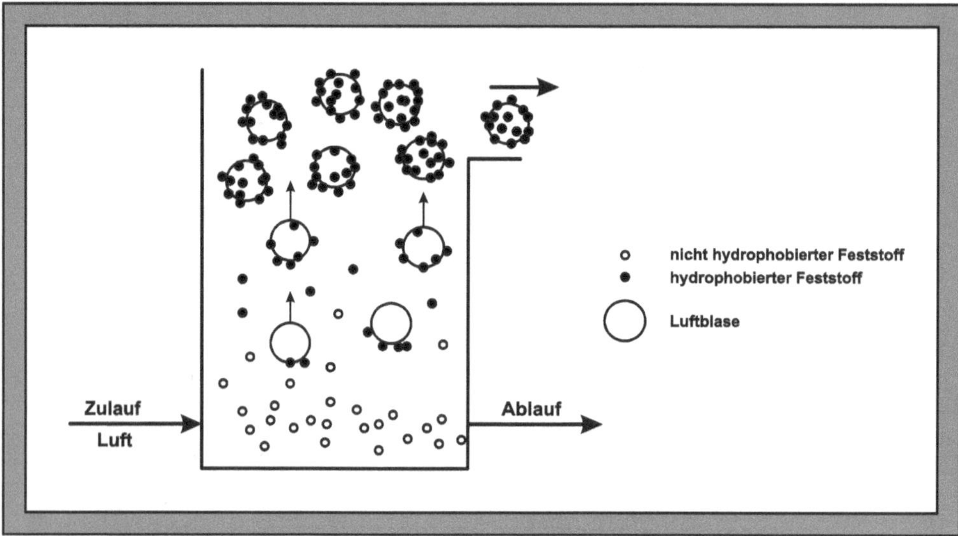

Abb. 15.7: Flotationsverfahren

Die Flotation ist für die Trennung von Polyvinylchlorid (PVC) und Polyethylenterephthalat (PET) gut geeignet. Durch den Gehalt an Weichmachern bildet PVC eine hydrophobe Oberfläche aus, während sie beim PET hydrophil bleibt.

Schwimm-Sink-Anlage

Basis dieses Verfahrens ist die Dichte der Trennflüssigkeit. In Abhängigkeit von der Dichte schwimmen leichtere Kunststoffpartikel auf, schwerere sinken ab. Abbildung 15.8 zeigt das Verfahrensprinzip einer Schwimm-Sink-Anlage. Im kontinuierlichen Prozess werden die Kunststoffpartikel aufgegeben. Die leichtere Fraktion fließt seitlich ab, während die schwerere Fraktion absinkt. Die Trennflüssigkeit wird abgetrennt und in den Kreislauf zurückgeführt.

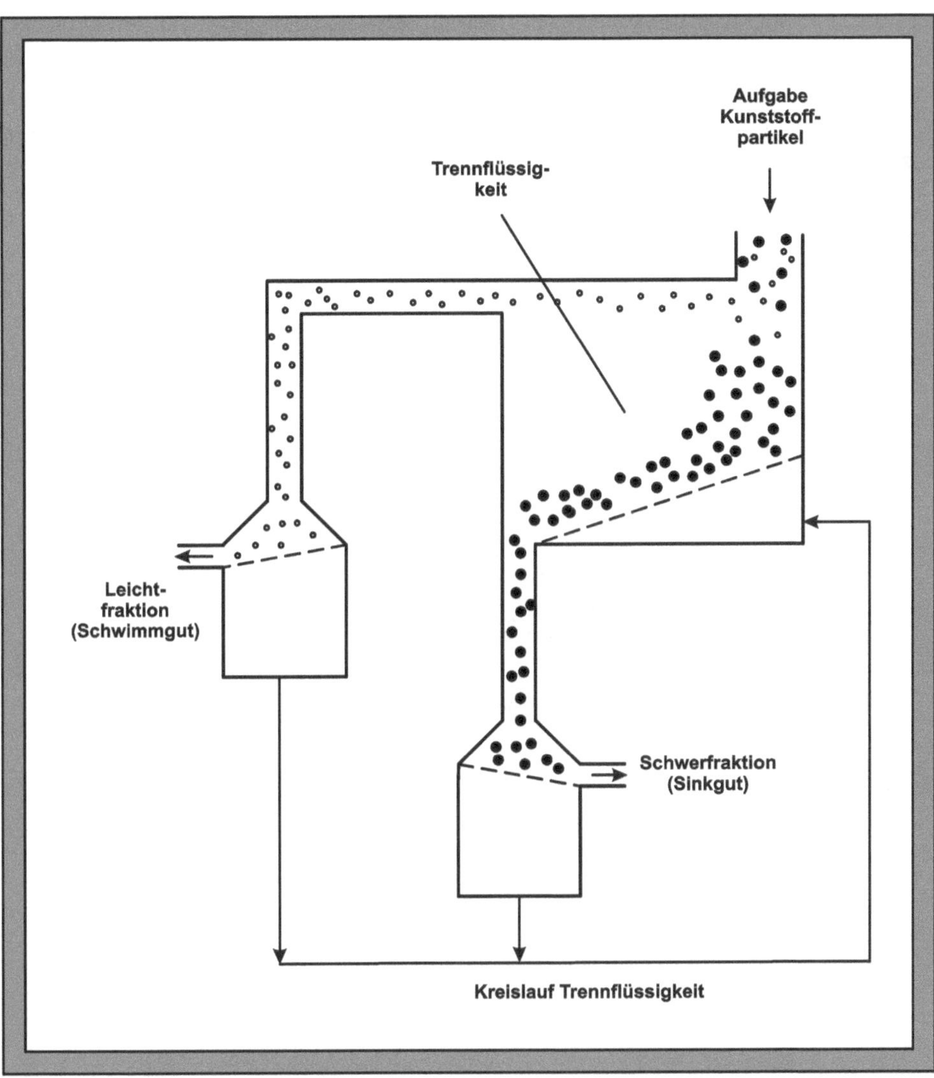

Abb. 15.8: Schwimm-Sink-Anlage [15.22]

Zyklon

15

Der Zyklon besteht aus einem zylinderförmigen Behälter mit einem Einführstutzen für das Rohgas und einem konischen Unterteil zum Sammeln der abgeschiedenen Partikel. Der Partikelsammelbehälter und der Abscheideraum sind durch den Apexkegel voneinander getrennt. Dieser Kegel verhindert, dass durch Gaswirbel Partikel aus dem Partikelsammelbunker herausgerissen werden. Zwischen Abscheideraum und Apexkegel ist nur ein Schlitz, durch den die abgeschiedenen Partikel in den Sammelbehälter fallen.

Zentrale Bauteile im Zyklon sind das Tauchrohr und der Zyklondurchmesser. Durch Verringerung des Durchmessers erhöht sich die Zentrifugalkraft und damit verbessert sich der Fraktionsabscheidegrad. Das Tauchrohr beeinflusst ebenfalls die Abscheideleistung und den Druckverlust im Zyklon.

Fliehkraftabscheider werden in den verschiedensten Größen gebaut. Aufgrund ihrer einfachen Bauweise, der hohen Betriebssicherheit und den niedrigen Betriebskosten lassen sie sich in vielen Industriezweigen einsetzen. Die Tropfenabscheidung aus Gasen oder die Abscheidung fester Stoffe aus Flüssigkeiten (Hydrozyklon) gehören ebenfalls zu den Anwendungsmöglichkeiten. Sind große Volumenströme zu reinigen, ist die Aufteilung eines großen Zyklons in mehrere kleinere Zyklone (Multizyklon) sinnvoll, da sich dadurch die Abscheideleistung verbessert.

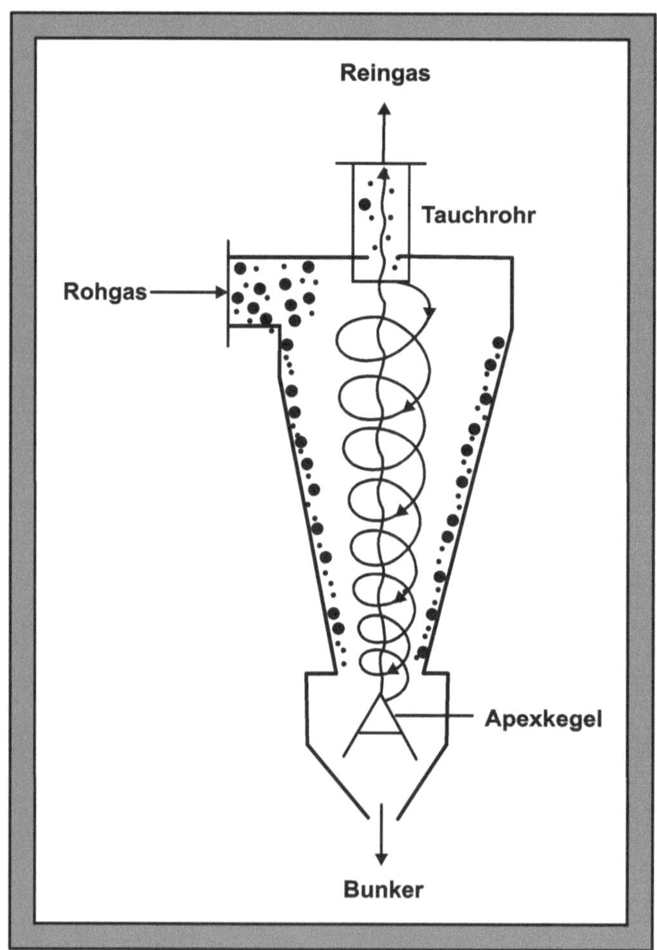

Abb. 15.9: Zyklon

Elektrostatische Trennung

Kunststoffe können sich durch Reibung elektrostatisch aufladen. Dieses Phänomen lässt sich zur Trennung von Polymeren nutzen. So laden sich Polyethylen, -propylen, -styrol und -vinylchlorid negativ auf. Beim Korona-Walzenscheider (Abb. 15.10) erzeugen eine Korona- und eine Walzenelektrode ein elektrisches Feld, in dem die Kunststoffpartikel aufgeladen werden. Je nach Stärke der Ladung werden sie abgelenkt und in entsprechende Behälter separiert.

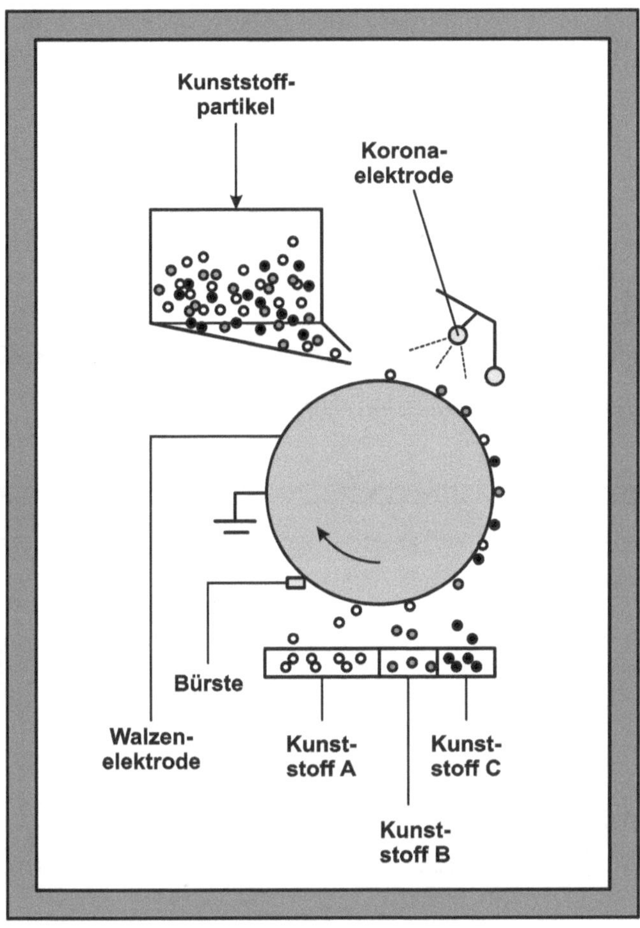

Abb. 15.10: Korona-Walzenscheider [15.22]

IR-Identifikationsmethode

15

Kunststoffe haben ein charakteristisches Infrarotspektrum, das sich zur Trennung der verschiedenen Polymere technisch nutzen lässt (Abb. 15.11 - 15.12). Nahinfrarotverfahren (NIR) arbeiten im Spektralbereich von 10.000 - 4.000 cm^{-1} (1 - 2,5 μm) und sind für die Sortierung von Getränkeflaschen und hellen Kunststoffen geeignet. Wird im mittleren Infrarotbereich (MIR-Bereich) bei 4.000 - 700 cm^{-1} (2,5 - 14,3 μm) gearbeitet, lassen sich z.B. im Automobil verwendete Kunststoffe separieren. In Abbildung 15.11 - 15.12 sind zwei IR-Spektren von Kunststoffen angegeben.

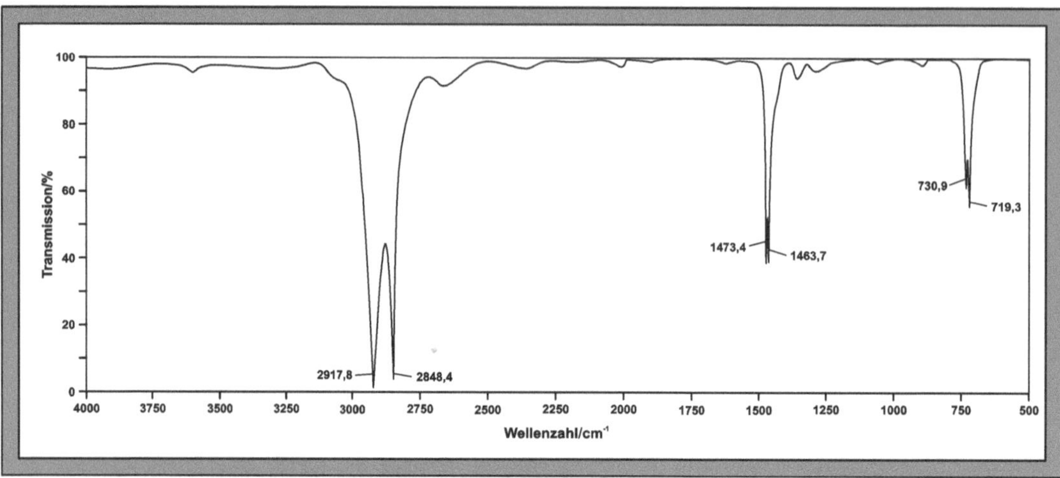

Abb. 15.11: IR-Spektrum von Polyethylen (HDPE) [15.7]

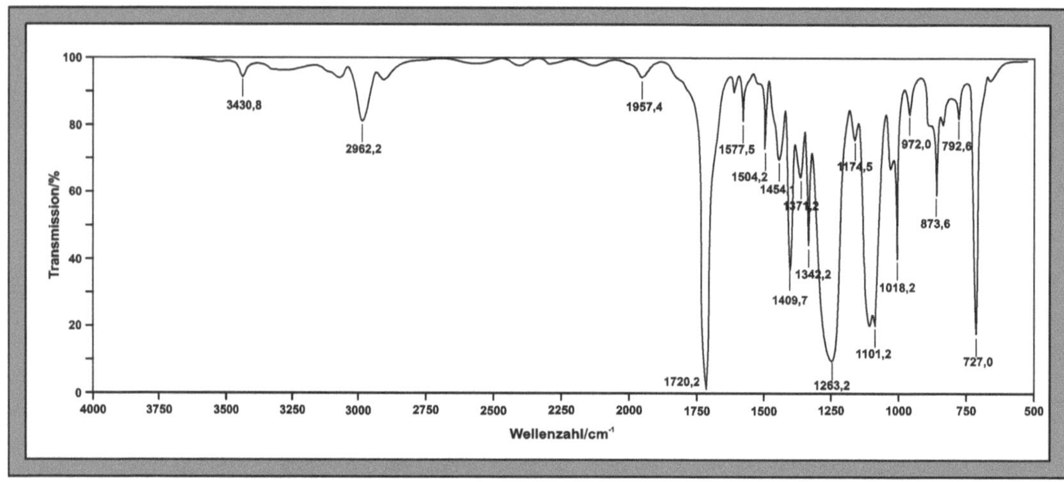

Abb. 15.12: IR-Spektrum von Polyethylenterephthalat (PET) [15.7]

Die Kunststoffteile werden auf eine Kastenband vereinzelt (Abb.15.13). Ein NIR-Messkopf identifziert die Kunststoffart und gibt diese Information an eine Steuereinheit weiter. Je nach Kunststoff betätigt die Steuereinheit eine entsprechende Druckluftdüse und trennt so die einzelnen Kunststoffarten.

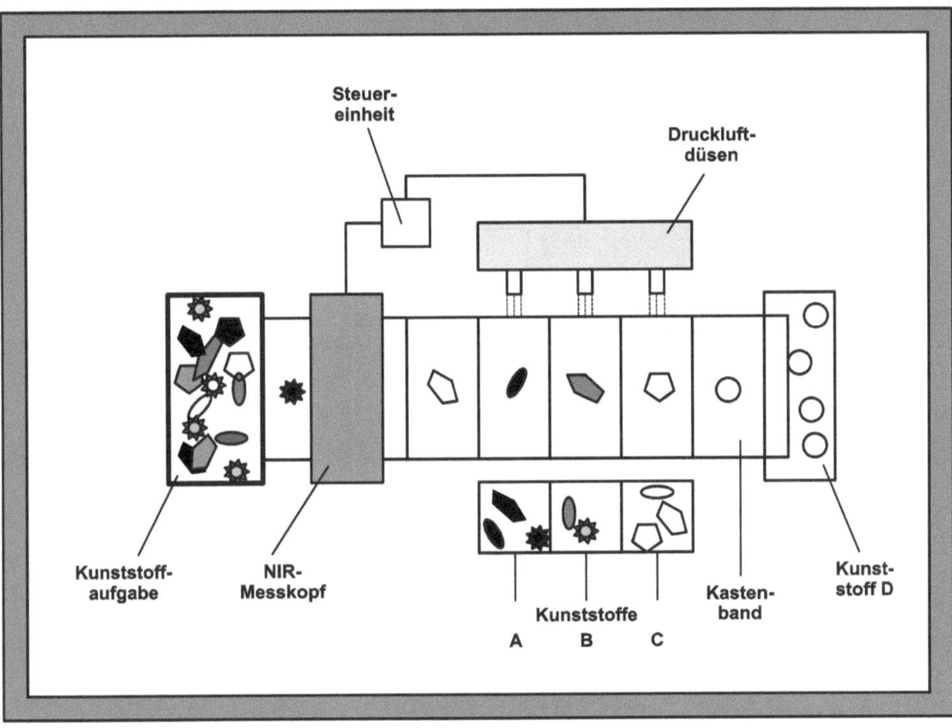

Abb. 15.13: Kunststofftrennung durch NIR-Identifikationsmethode [15.22]

Extruder

Um die erhaltenen Kunststoffe zu homogenisieren, werden sie in einem Extruder zu Regranulat oder entsprechenden Formteilen verarbeitet. Von der Aufgabestelle aus werden die Kunststoffe geschmolzen und in Richtung Filter gepresst (Abb. 15.14). Beim Schmelzen können sich durch Restfeuchte und Zersetzungsprodukte Gase bilden, die über entsprechende Ventile entweichen. Im Filter bleiben restlich Verunreinigungen zurück, wodurch sich die Produktqualität verbessert. Je nach Formwerkzeug lassen sich die entsprechenden Produkte erhalten.

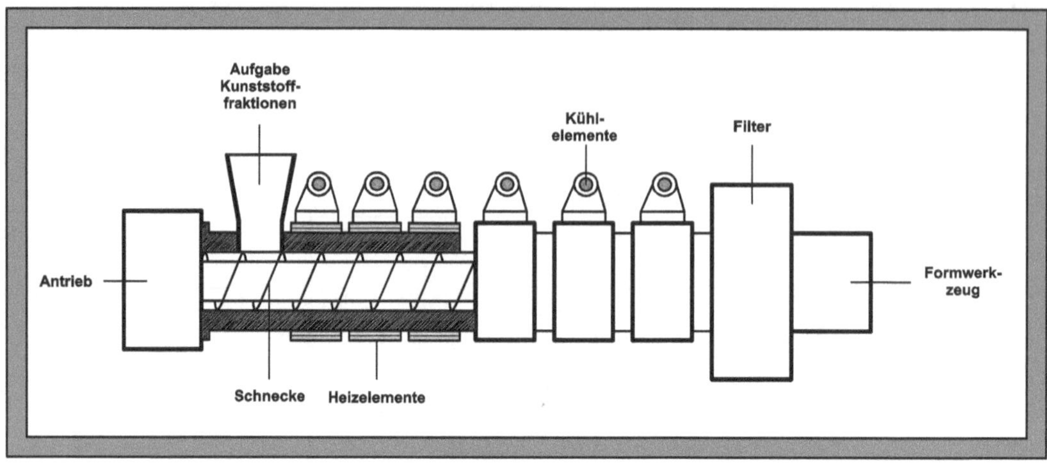

Abb. 15.14: Komponenten eines Extruders [15.12]

15.5.2 Verwertung von Kunststoffen

Für die Verwertung von Kunststoffen stehen prinzipiell drei Möglichkeiten zur Verfügung:

- werkstoffliche Verwertung,
- rohstoffliche Verwertung,
- energetische Verwertung.

Die Hauptverwertungswege für Kunststoffabfälle sind die energetische und werkstoffliche Verwertung (Abb. 15.15). Die rohstoffliche Verwertung wird nur noch in Einzelfällen angewandt. Insgesamt beträgt die Verwertungsquote bezogen auf das Abfallkommen an Kunststoffen über 97 %.

Wertstoffliche Verwertung

Unter werkstofflichem Recycling wird das Umschmelzen von Atlkunststoff in neue Kunststoff-Formteile, -Rohlinge oder -Granulate verstanden. Durch die Vermischung verschiedener Kunststoffe oder die Beimengung von Additiven ist für die werkstoffliche Verwertung eine sortenreine Trennung von Altkunststoffen notwendig. Je nach Zusammensetzung, Verschmutzung und Zustand des Altkunststoffs sind darauf abgestimmte Sortier-, Reinigungs- und Aufarbeitungsschritte nötig. Innerbetrieblich wird die werkstoffliche Verwertung angewandt, um Angüsse oder fehlerhafte Teile in den Produktionskreislauf zurück zu führen.

Nicht alle Kunststoffe sind werkstofflich miteinander mischbar (Abb. 15.16). So sind Polystyrol, -propylen, -ethylen und -vinylchlorid schlecht miteinander mischbar. Ein solches Kunststoffgemisch besitzt schlechte mechanische Eigenschaften, aus dem sich nur minderwertige Produkte herstellen lassen.

Das werkstoffliche Recycling ist kostengünstig und einfach durchzuführen. Durch eine gute Vorsortierung lässt sich eine teurere Aufarbeitung der Kunststoffe vermeiden und ein qualitätsmäßig gutes Produkt herstellen.

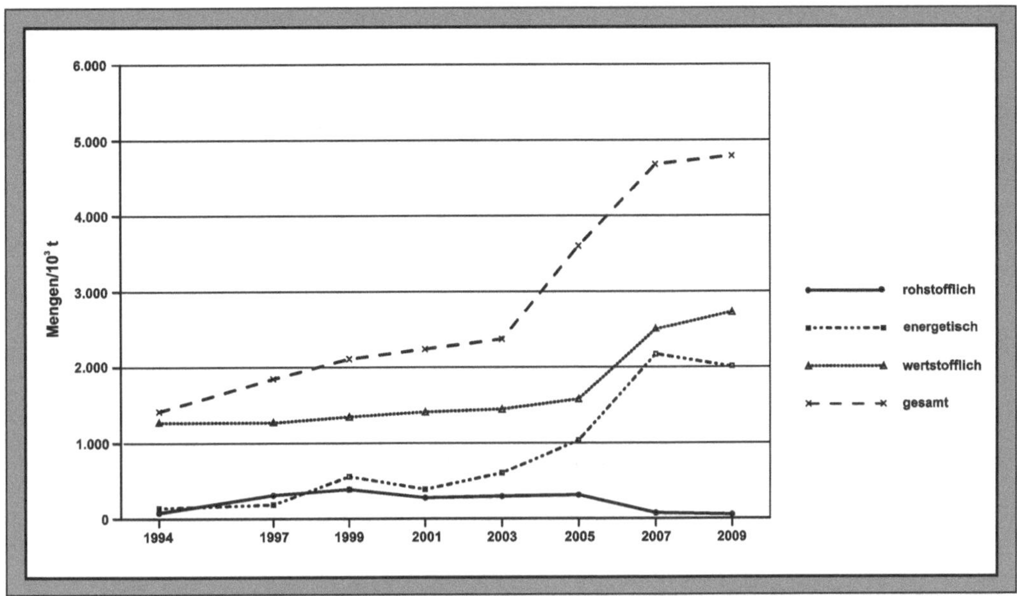

Abb. 15.15: Verwertung von Kunststoffen [15.21]

	PS	ABS	PA	PMMA	PVC	PP	PE	PET
PS	1							
ABS	6	1						
PA	5	6	1					
PMMA	4	1	6	1				
PVC	6	3	6	1	1			
PP	6	6	6	6	6	1		
PE	6	6	6	6	6	6	1	
PET	5	5	5	6	6	6	6	1

PS: Polystyrol
ABS: Acrylnitril-Butadien-Styrol-Copolymer
PA: Polyamid
PMMA: Polymethylmethacrylat
PVC: Polyvinylchlorid
PP: Polypropylen
PE: Polyethylen
PET: Polyethylenterephthalat

1: gut mischbar
6: schlecht mischbar

Abb. 15.16: Mischbarkeit verschiedener Kunststoffe [15.5]

Rohstoffliche Verwertung

Bei der rohstofflichen Verwertung von Kunststoffen werden die Polymere in ihre Ausgangssubstanzen oder andere Zwischenprodukte zerlegt. Die rohstoffliche Verwertung lässt sich prinzipiell für alle Kunststoffe anwenden. Im Vergleich zur werkstofflichen Verwertung sind die rohstofflichen Recyclingverfahren jedoch aufwendig und teuer.

Die Pyrolyse ist die thermische Zersetzung von Kunststoffen unter Ausschluss von Sauerstoff. Bei der Tieftemperaturpyrolyse werden die Kunststoffe bei 200 - 450 °C behandelt. So kann die Pyrolyse von Polymethylmethacrylat (PMMA) Ausbeuten von 95 % Methylmethacrylat liefern:

$$\text{Polymethylmethacrylat} \xrightarrow{450\,°C} CH_2{=}C(CH_3){-}C({=}O)OCH_3$$

Bei Polystyrol (PS) wird dagegen nur eine Ausbeute von ca. 45 % Styrol erzielt:

$$\text{Polystyrol} \xrightarrow{300\,°C} C_6H_5{-}CH{=}CH_2$$

Die Hochtemperaturpyrolyse wird bei 600 - 900 °C im Drehrohrofen oder mit dem Wirbelbettverfahren durchgeführt. Als Produkte entstehen 40 - 60 % Pyrolysegas, 30 - 60 % Pyrolyseöl und 5 - 10 % fester Rückstände. Das Pyrolysegas besteht aus verschiedenen Bestandteilen wie Methan, Ethan, Chlorwasserstoff, Cyanwasserstoff, etc. und muss entsprechend aufgearbeitet werden. Dann lässt sich das Pyrolysegas zur Energieerzeugung verwenden und das Pyrolyseöl sich durch Destillation aufarbeiten.

Bei der Hydrierung werden die Kunststoffabfälle zerkleinert und mit Hilfe von Öl zu einer Maische angerührt. Bei 380 - 500 °C und 200 - 400 bar erfolgt mittels katalytischer Hydrierung eine Aufspaltung der Polymerketten. Die Kunststoffhydrierung ähnelt vom Verfahren her der Kohleverflüssigung und lässt sich für jede Art von Kunststoffen anwenden. Die bei der Hydrierung entstehenden Gase (z.B. Methan, Ethan, Propan, Butan) werden abgetrennt, die flüssigen Bestandteile (Öle) destillativ aufgearbeitet. Wie die Kohleverflüssigung ist auch die Hydrierung von Kunststoffen eine kostspielige Angelegenheit.

Bei der Synthesegaserzeugung werden Kunststoffe zu Synthesegas (CO/H_2) umgesetzt. Als Vergasungsmittel werden Wasserdampf und Sauerstoff verwendet. Als Verfahren kommen die partielle Oxidation, das Festbettverfahren, das Wirbelschichtverfahren und das Staubwolkenverfahren in Frage. Die genannten Verfahren werden auch zur Erzeugung von Synthesegas aus flüssigen Kohlenwasserstoffen oder aus Kohlen eingesetzt.

Bei der Hydrolyse oder Alkoholyse werden die Kunststoffe mit Wasser oder Alkohole bei erhöhten Temperaturen und Drücken umgesetzt. Anwendung findet dieses Verfahren beim Recycling von Polyethylenterephthalat und wird dort näher behandelt.

Energetische Verwertung

Lassen sich Altkunststoffe weder werkstofflich noch rohstofflich recyceln, verbleibt als weitere Möglichkeit die energetische Verwertung. Der Energiegehalt von Kunststoffen entspricht etwa dem von Heizöl. Anlagen für die energetische Verwertung sind Abfallverbrennungsanlagen, Heizkraftwerke und industrielle Feuerungsanlagen (z.B. Zementherstellung).

Der Einsatz von Sekundärbrennstoffen, wie Kunststoffen, vermischt mit anderen heizwertreichen Stoffen, nimmt in der Zementindustrie stetig zu (Abb. 15.17). Der Anteil der Sekundärbrennstoffe am gesamten Brennstoffmix in deutschen Zementwerken beträgt ca. 60 %.

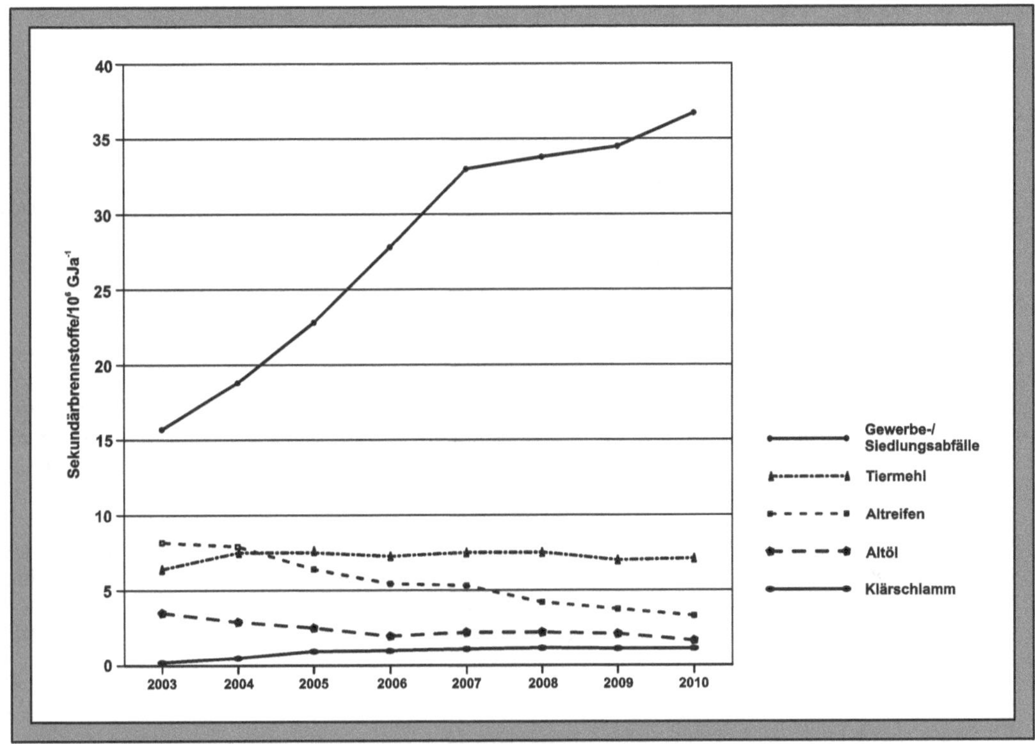

Abb. 15.17: Zusammensetzung des Sekundärbrennstoffmixes in der deutschen Zementindustrie

15.5.3 Polymerspezifisches Recycling

In diesem Abschnitt werden spezifische Recyclingmethoden für ausgewählte Kunststoffe wie:

- Polyethylenterephthalat (PET),
- Polyethylen (PE),
- Polyvinylchlorid (PVC),
- Polystyrol (PS),
- Polyurethan (PU),
- Kautschuk (NR, SBR)

behandelt.

Polyethylenterephthalat (PET)

Als Verbraucher verwenden wir in großem Maßstab PET-Einwegflaschen, die nach ihrem Gebrauch gepresst werden und zur werkstofflichen Aufarbeitung gelangen. In einer Vorsortierung werden manuell oder spektroskopisch (MIR-, NIR-Spektroskopie) PET-Flaschen von anderen Kunststoffbehältnissen abgetrennt.

Im nächsten Aufarbeitungsschritt sind Papier- oder Kunststoffetiketten sowie die Flaschenverschlüsse abzutrennen. Dazu werden die Flaschen in 1 - 3 cm große Stücke geschreddert. Die sogenannten Flakes werden in 2 %iger Natronlauge bei 80 °C gewaschen. Dieser Waschprozess dient zusätzlich als Trennstufe für Kunststoffe unterschiedlicher Dichte. So schwimmen Polyethylen (PE) und Polypropylen (PP) auf, während Polyethylenterephthalat (PET) und Polyvinylchlorid (PVC) absinken.

Die Trennung der PET-Flakes von PVC-Flakes kann durch Flotationsverfahren geschehen. Eine andere Methode beruht auf den unterschiedlichen Schmelzpunkten von PET (ca. 250 °C) und PVC (ca. 180 °C). Dazu werden die Flakes auf ein heißes Fließband gegeben, dessen Temperatur ca. 200 °C beträgt. Die angeschmolzenen PVC-Flakes bleiben haften und werden somit von den PET-Flakes getrennt.

Die Reinheit der erhaltenen PET-Flakes ist entscheidend für die weitere Verarbeitung. Nur sehr klare und hochwertige PET-Flakes kommen für die Produktion neuer Flaschenrohlinge in Betracht. Dazu werden die Flakes durch Schmelzextrusion zu Regranulat verarbeitet und mit PET-Neuware vermischt, wobei der Recyclatanteil bei ca. 30 % liegt. Nur ca. 10 % der PET-Flakes werden wieder für die Flaschenproduktion verwendet. Mit ca. 75 % wird recyceltes PET für Fasern in der Textilindustrie oder als Füllmaterial verwendet.

Bei der Glykolyse wird Ethylenglykol eingesetzt. Da dessen Siedepunkt höher ist als der von Methanol, besitzt es eine bessere Löslichkeit für PET. Für die Methanolyse wird das PET zerkleinert und bei 240 °C in einem Druckkessel 60 Minuten behandelt. Anschließend kann das entstehende Dimethylterephthalat auskristallisiert, gereinigt und für die Herstellung von neuem PET verwendet werden:

$$\sim\!-O-\overset{O}{\overset{\|}{C}}-C_6H_4-\overset{O}{\overset{\|}{C}}-O-CH_2-CH_2-O-\!\sim \quad + \quad 2\,CH_3OH \longrightarrow$$

Polyethylenterephthalat (PET) **Methanol**

$$H_3C-O-\overset{O}{\overset{\|}{C}}-C_6H_4-\overset{O}{\overset{\|}{C}}-O-CH_3 \quad + \quad HO-CH_2-CH_2-OH$$

Dimethylterephthalat **Ethylenglykol**

Bei der Glykolyse werden die PET-Kunststoffe 1 - 2 Stunden bei 200 - 240 °C behandelt. PET und Ethylenglykol sollten in einem Verhältnis von 2:1 vorliegen. Das nach der Glykolyse erhaltene Dihydroxyethylterephthalat wird anschließend zu Dimethylterephthalat umgesetzt:

$$\sim\!\!-O-\overset{O}{\overset{\|}{C}}-C_6H_4-\overset{O}{\overset{\|}{C}}-O-CH_2-CH_2-O-\!\!\sim \quad + \quad HO-CH_2-CH_2-OH$$

Polyethylenterephthalat (PET) **Ethylenglykol**

$$\longrightarrow \quad HO-CH_2-CH_2-O-\overset{O}{\overset{\|}{C}}-C_6H_4-\overset{O}{\overset{\|}{C}}-O-CH_2-CH_2-OH \quad \xrightarrow{CH_3OH}$$

Dihydroxyethylterephthalat

$$H_3C-O-\overset{O}{\overset{\|}{C}}-C_6H_4-\overset{O}{\overset{\|}{C}}-O-CH_3 \quad + \quad HO-CH_2-CH_2-OH$$

Dimethylterephthalat **Ethylenglykol**

Polyethylen (PE)

Polyolefine stellen den größten Anteil des kommunalen Plastikabfalls. Dieser Anteil besteht hauptsächlich aus schwach verzweigten Polyethylenketten (High-Density Polyethylen, HDPE) und stark verzweigten Polyethylenketten (Low-Density Polyethylen, LDPE). HDPE wird für die Herstellung von Kunststoffflaschen (z.B. Shampoos, Spül- und Reinigungsmittel, Motorenöl). Für gebrauchtes PE aus Abfallflaschen stehen erprobte Aufbereitungsverfahren zur Verfügung (Abb. 15.18). Die Flaschen werden grob gesäubert, der Deckel entfernt und anschließend zu Flakes geschreddert. In einem Windsichter erfolgt die Abtrennung von PE-Filmen und expandiertem Polystyrol. In einem Schwimm-Sink-Prozess werden PET und PVC aussortiert und die PE-Flakes gleichzeitig gewaschen. Nach dem Trocknen der leichten Fraktion werden in einem Farbsortierer mit NIR-Technologie farbige Teilchen aussortiert. Farblose Flakes werden im Extruder geschmolzen, gefiltert und pelletiert.

15

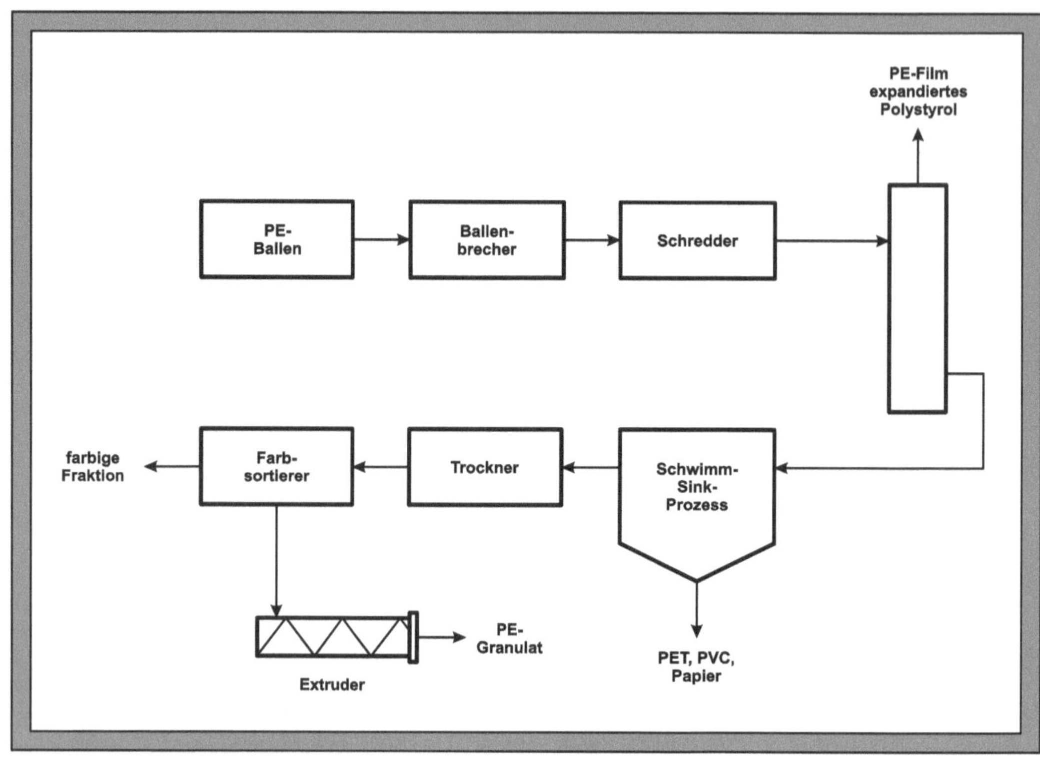

Abb. 15.18: Vereinfachter Recyclingprozess für HDPE-Flaschen [15.27]

Polyvinylchlorid (PVC)

PVC ist ein sehr vielseitig einsetzbares Polymer, das hauptsächlich für Rohre, Bodenbeläge, Fensterrahmen, Kabelisolationen, etc. verwendet wird. Aufgrund der vielen additiven Zusätze gestaltet sich das PVC-Recycling relativ aufwendig.

Für das Recycling von PVC-Fenstern und -profilen werden diese in einem Schredder zerkleinert. Aus dem Schreddergut werden magnetische Metallteile entfernt. Noch vorhandene Glaspartikel werden über eine Dichtesortierung abgetrennt. Nach einer weiteren Zerkleinerungsstufe werden die PVC-Flakes nach Farbe sortiert und letzte Gummi- und Glasreste entfernt. Durch eine abschließende Extrusion mit Schmelzfiltration wird ein Regranulat erhalten.

PVC-Dachbahnen und -Bodenbeläge werden mechanisch grob zerkleinert und anhaftende Metallteile magnetisch entfernt. In einer Hammermühle werden anhaftende Estrich- und Klebstoffreste abgeschlagen und durch Siebung oder Windsichtung abgetrennt. Eine Kryomahlung bei - 40 °C liefert ein PVC-Pulver mit einer Körnung < 0,4 mm. Dieses Recyclatpulver wird mit Neuware zu neuen Bodenbelägen und Dachbahnen verarbeitet.

Ein interessantes Verfahren ist der GEON-Prozess zum Recycling von PVC-Flaschen. Dieser Prozess verwendet eine Reihe unterschiedlicher Dichtebäder. Die PVC-Flaschen werden in einer Schneidemühle zerkleinert und in einem Wasserbad bei 80 °C gewaschen. In diesem Bad schwimmen die leichteren Bestandteile (PE, PP, Papier) an der Oberfläche auf, während die schwereren Bestandteile (PVC, PET, Polycarbonat) absinken (Abb. 15.19). Die PVC-Flakes werden gewaschen und in einem 1. Dichtebad (ρ = 1,35 g/cm³) behandelt. Schwerere Teilchen wie PET oder Aluminium sinken ab. Die an der Oberfläche schwimmenden leichteren Teilchen werden in einem 2. Dichtebad (ρ = 1,30 g/cm³) weiter getrennt. Das reine PVC wird gewaschen, getrocknet und zu Granulat extrudiert.

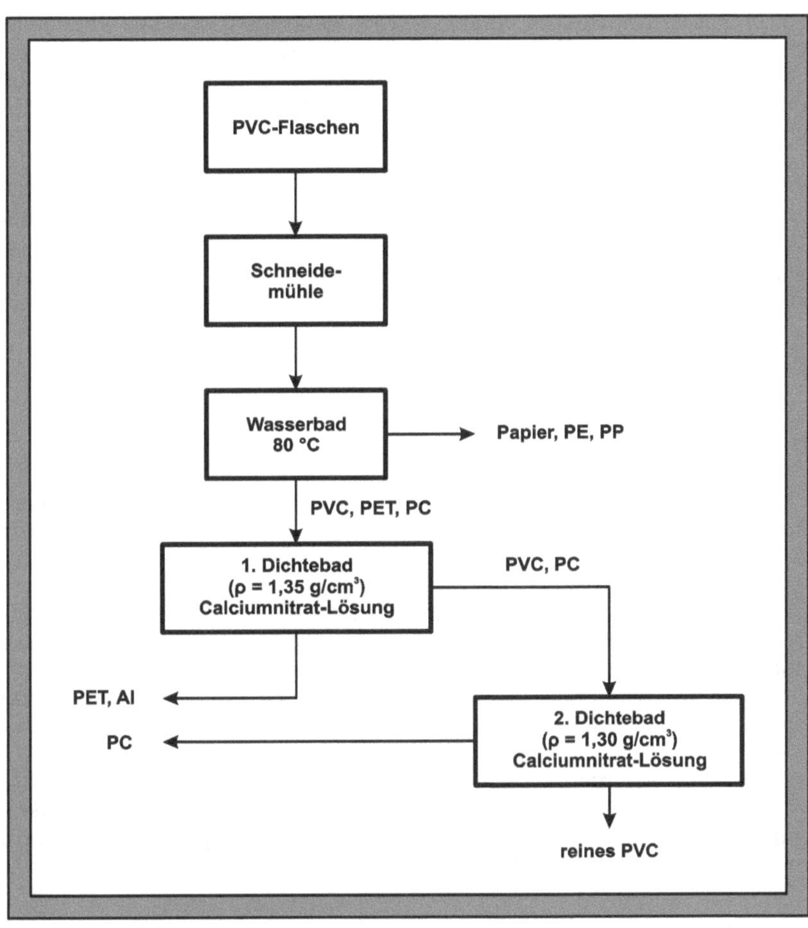

Abb. 15.19: GEON-Prozess [15.27]

Eine weitere Verwendung von PVC ist die Isolation von Kabeln. Zur Trennung von Kunststoff und Metall werden im 1. Schritt die Kabel geschreddert und anschließend gemahlen. Das Mahlgut wird durch Magnete von eisenhaltigen Metallverbindungen befreit. In einem Schwerkraftsichter werden Kupferteilchen abgetrennt. Die verwertbare Kunststofffraktion wird in drei hintereinander geschalteten Hydrozyklonen separiert. Als Trennflüssigkeiten werden wässrige Salzlösungen mit Dichten von ρ = 1,4 g/cm³, ρ = 1,2 g/cm³ und ρ = 1,0 g/cm³ eingesetzt. Das durch diese Trennschritte gewonnene PVC wird gewaschen, getrocknet und regranuliert.

Polystyrol (PS)

Aufgeschäumtes Polystyrol wird hauptsächlich als sehr leichtes Verpackungsmaterial und als Isolationsmaterial im Hausbau verwendet. Die gewünschten Eigenschaften in den Anwendungsgebieten sind jedoch für das Recycling von erheblichem Nachteil. Expandiertes Polystyrol ist aufgrund seiner Zellstruktur einfach zu leicht. Für das PS-Recycling sind daher im 1. Schritt Verdichtungsverfahren nötig, um die Zellstruktur zu zerstören. Dies kann thermisch oder mechanisch erfolgen. Bei entsprechenden thermischen Verfahren werden die PS-Schäume durch Heißluft oder über Infrarotstrahlung aufgeschmolzen. Dabei kann es zu einem teilweisen Abbau der Polymerstruktur kommen, wodurch die Stoffeigenschaften negativ beeinflusst werden. Bei reinem PS-Abfall ist die Kompaktierung mit Hilfe hydraulischer Pressen unproblematisch. Ohne die Polymerstruktur zu zerstören, lässt sich so die Materialdichte von 40 kg/m^3 auf 400 kg/m^3 erhöhen.

Zur weiteren Aufarbeitung durchlaufen die Polystyrolabfälle die bereits früher beschriebenen Verfahrensschritte. Die PS-Ballen werden aufgebrochen und von groben Verunreinigungen (z.B. Metall, Papier, andere Polymere) befreit. Anschließend wird das Polystyrol zu Flocken zermahlen, gewaschen und getrocknet. Die getrockneten PS-Flakes werden im Extruder aufgeschmolzen und zu Granulat verarbeitet. Das Regranulat wird wieder zu neuem Verpackungs- und Isolationsmaterial verarbeitet.

Polyurethan (PUR)

Polyurethane werden als Hart- und Weichschäume hergestellt und für Isolationszwecke (z.B. Kühl-, Gefrierschränke, Hausbau) und Polsterungen (z.B. Sitze, Matratzen) verwendet. Polyurethanabfälle lassen sich sowohl werkstofflich als auch rohstofflich verwerten.

Feste Polyurethanschäume werden im Schredder stark zerkleinert. In einem Mischtank werden die PUR-Stücke mit einem isocyanathaltigen Bindemittel (z.B. Methandiphenyldiisocyanat (MDI), Toluylendiisocyanat (TDI)) vermischt und in eine entsprechende Form gepresst. Über Düsen wird Dampf zugeführt, der das Bindemittel aktiviert und den PUR-Schaum in der Form erhärten lässt. Ein vergleichbares Verfahren wurde für das Recycling von PUR-Weichschäumen entwickelt.

Rohstofflich lassen sich Polyurethane über die Glykolyse recyceln (Abb. 15.20). Sortenreine PUR-Schäume werden unter Normaldruck bei 200 °C mit einem Glykol (z.B. Ethylenglykol) umgesetzt. Das entstehende Reaktionsgemisch (Recyclingpolyol) wird gereinigt und mit Neupolyol- und Isocyanatlösung zu PUR-Schaum umgesetzt.

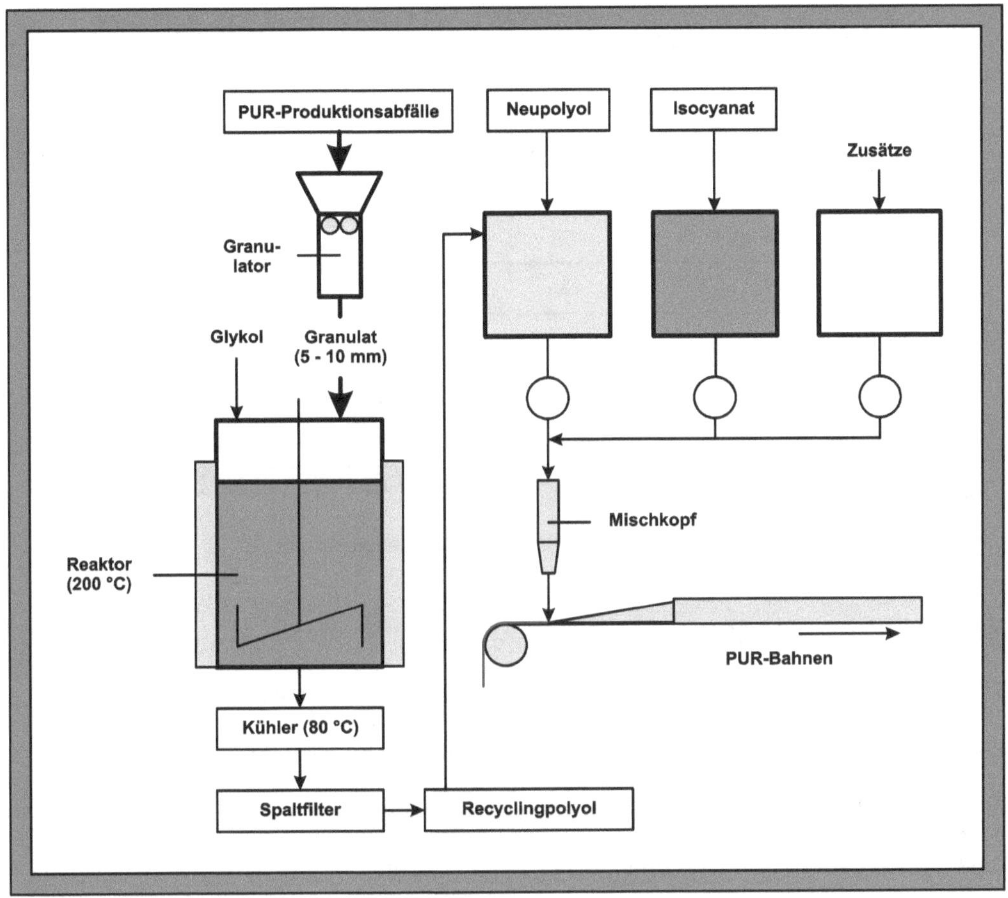

Abb. 15.20: Recycling von PUR-Produktionsabfällen [15.22]

Kautschuk

Einer der größten Abnehmer von Kautschuk ist die Reifenindustrie. Die durchschnittliche stoffliche Zusammensetzung von Reifen ist in Abbildung 15.21 angegeben.

Naturkautschuk (NR) ist aus dem Monomer Isopren aufgebaut. Synthesekautschuk (Styrol-Butadien-Kautschuk, SBR) ist ein Copolymer aus 1,3-Butadien und Styrol. Kautschuk ist nicht schmelzbar und unlöslich. Der größte Teil an Altreifen wird der Verbrennung zugeführt und dient somit der Energienutzung z.B. in der Zementherstellung. Zur werkstofflichen Verwertung werden im Warmmahlverfahren Reifen über mehrere Stufen zu Granulat vermahlen. Der enthaltene Stahl wird über Magnete abgetrennt, die Textilfasern über einen Zyklon entfernt. Bei der Warmmahlung entstehen raue Granulatoberflächen, die für den späteren Einsatz gute Bindungseigenschaften bieten. Gummi-Mahlgut wird häufig mittels Epoxydharzen verklebt und z.B. für Bodenbeläge verwendet.

Reifenbestandteile	PKW/%	LKW/%
Naturkautschuk	22	29
Synthesekautschuk	23	15
Füllstoffe/Ruß	27	20
Textilfasern	5	1
Stahldraht	13	25
Sonstige	10	10
Summe	100	100

Abb. 15.21: Stoffliche Zusammensetzung von PKW- und LKW-Reifen [15.22]

15.6 Wissensfragen

- Erläutern Sie die Grundprinzipien der Polymerisation, Polykondensation und Polyaddition.
- Erläutern Sie verschiedene Verfahren zur Herstellung von Kunststoffen.
- Welche Bedeutung haben die verschiedenen Zusätze bei der Verarbeitung von Kunststoffen.
- Beschreiben Sie verschiedene Aufbereitungstechnologien für Kunststoffe.
- Welche Möglichkeiten zur werkstofflichen, rohstofflichen und energetischen Verwertung von Kunststoffen existieren?
- Beschreiben Sie verschiedene polymerspezifische Recyclingverfahren.

15.7 Weiterführende Literatur

15.1 Becker, G.; Braun, D. (Hrsg.); *Kunststoff Handbuch Band 1: Die Kunststoffe,* Hanser, **1990,** 3-446-14416-1

15.2 Becker, G.; Braun, D. (Hrsg.); *Kunststoff Handbuch Band 3/4: Polyamide,* Hanser, **1998,** 3-446-16486-3

15.3 Becker, G.; Braun, D. (Hrsg.); *Kunststoff Handbuch Band 4: Polystyrol,* Hanser, **1996,** 3-446-18004-4

15.4 Brahm, M.; *Polymerchemie kompakt*, Hirzel, **2005,** 3-7776-1350-9

15.5 Brandrup, J. et al. (Hrsg.); *Die Wiederverwertung von Kunststoffen*, Hanser, **1995,** 3-446-17412-5

15.6 Brandrup, J. et al.; *Recycling and Recovery of Plastics,* Hanser, **1996,** 3-446-18258-6

15.7 Braun, D.; *Erkennen von Kunststoffen,* Hanser, **2012,** 978-3-446-43294-9

15.8 Cantner, J. et al.; *Evaluierung der Verpackungsverordnung,* Umweltbundesamt, Texte 06/2011, **2011**

15.9 DIN EN ISO 1043-1; *Kunststoffe - Kennbuchstaben und Kurzzeichen - Teil 1: Basis-Polymere und ihre besonderen Eigenschaften,* Beuth, **Januar 2009**

15.10 DIN EN ISO 14021/A1; *Umweltkennzeichnungen und -deklarationen - Umweltbezogene Anbietererklärungen (Umweltkennzeichnung Typ II),* Beuth, **Januar 2010**

15.11 Elsner, P.; Eyerer, P.; Hirth, Th. (Hrsg.); *Kunststoffe - Eigenschaften und Anwendung,* Springer, **2008,** 978-3-540-72400-1

15.12 Greif, H. et al; *Technologie der Extrusion,* Hanser, **2004,** 3-446-22669-9

15.13 Hummel, D.; Scholl, F.; *Atlas der Polymer- und Kunststoffanalyse Bd. 2: Kunststoffe, Fasern, Kautschuk, Harze; Ausgangs- und Hilfsstoffe, Abbauprodukte,* Carl Hanser, **1984,** 3-446-12563-9

15.14 Jungbauer, A.; *Recycling von Kunststoffen,* Vogel, **1994,** 3-8023-1512-X

15.15 Kaiser, W.; *Kunststoffchemie für Ingenieure*, Hanser, **2007,** 978-3-446-41325-2

15.16 Keim, W.; *Kunststoffe - Synthese, Herstellungsverfahren, Apparaturen*, Wiley-VCH, **2006,** 978-3-527-31582-6

15.17 Koltzenburg, S.; Maskos, M.; Nuyken, O.; *Polymere,* Springer-Spektrum, **2014,** 978-3-642-34772-6

15.18 Kramer, E.; *Kunststoff-Additive,* Hanser, **2012,** 978-3-446-22352-3

15.19 Länderausschuss für Arbeitsschutz und Sicherheitstechnik (LASI); *Kunststoffverwertung - Umgang mit Gefahrstoffen und biologischen Arbeitsstoffen bei der werkstofflichen Verwertung von Kunststoffen*, **2004,** 3-936415-28-5

15.20 Lechner, M.D.; Gehrke, K.; Nordmeier, E.H.; *Makromolekulare Chemie*, Birkhäuser, **2003,** 3-7643-6952-3

15.21 Lindner, C.; *Produktion, Verarbeitung und Verwertung von Kunststoffen in Deutschland 2009 - Kurzfassung,* **2009**

15.22 Martens, H.; *Recyclingtechnik,* Spektrum, **2011,** 978-3-8274-2640-6

15.23 Michaeli, W.; Greif, H.; Wolters, L.; Vosseburger, F.J.; *Technologie der Kunststoffe,* Hanser, **2008,** 978-3-446-41514-0

15.24 Müller, A.; *Einfärben von Kunststoffen,* Hanser, **2002,** 3-446-21990-0

15.25 Plastics Europe Market Research Group (PEMRG); *Plastics - the Facts 2011, An analyses of European plastics production, demand and recovery for 2010,* **2011**

15.26 Scheirs, J.; Kaminsky, W. (Eds.); *Feedstock Recycling an Paralysis of Waste Plastics*, John Wiley & Sons, **2006,** 978-0-470-02152-1

15.27 Scheirs, J.; *Polymer Recycling*, Wiley, **1998,** 0-471-97054-9

15.28 Schüler, K.; *Aufkommen und Verwertung von Verpackungsabfällen in Deutschland im Jahr 2008,* Umweltbundesamt, Texte 58/2010, **2010**

15.29 Umweltbundesamt (UBA); *Integrierte Vermeidung und Verminderung der Umweltverschmutzung - Referenzdokument über die besten verfügbaren Techniken für die Herstellung von Polymeren,* **Oktober 2006**

15.30 VDI-Berichte 1288; *Verwertung von Kunststoffabfällen,* VDI, **1996,** 3-18-091288-X

15.31 Wolters, L. et al (Hrsg.); *Kunststoff-Recycling*, Hanser, **1997,** 3-446-18264-0

15.32 Wurster, U.; Ott, G.; *Gefahrstoffbelastung beim Recycling von Kunststoffen*, Landesanstalt für Umwelt und Naturschutz Baden-Württemberg, **2004**

15.33 Zumkeller, M.; *Kosteneffiziente Kreislaufführung von Kunststoffen - Dargestellt am Beispiel der stofflichen Verwertung von Kunststoffbauteilen aus Altfahrzeugen*, DUV, **2005,** 3-8244-0849-X

16 Metalle

16.1 Kritische Rohstoffe

Europäische Unternehmen sind stark von Rohstofflieferungen aus anderen Weltteilen abhängig. Um diese Abhängigkeit und die damit verbundenen Risiken zu untersuchen, wurden von einer Arbeitsgruppe unter Leitung der Europäischen Kommission 41 kritische Rohstoffe identifiziert. Ausschlaggebend für die Definition als kritische Rohstoffe sind:

- wirtschaftliche Bedeutung,
- Versorgungsrisiko,
- länderspezifisches Umweltrisiko.

Für die wirtschaftliche Bedeutung eines Rohstoffes sind die technologischen Einsatzgebiete und Produktverwendungen ein wichtiges Kriterium. Ein weiteres Kriterium ist die Wertschöpfung in den einzelnen Industriesektoren der europäischen Wirtschaft. Ausgedrückt wird die wirtschaftliche Bedeutung eines Rohstoffes über den „Economic Importance-Faktor, EI".

Das Versorgungsrisiko wird über den „Hefindahl-Hirschmann-Index (HHI)" abgebildet. Damit werden die politische und wirtschaftliche Stabilität eines Förderlandes (z.B. Effektivität der Regierung, Rechtsstaatlichkeit, Korruptionsbekämpfung) gemessen. So bedeutet ein Anstieg des HHI-Wertes ein höheres Beschaffungsrisiko. Falls sich ein Großteil der weltweiten Produktion für diesen Rohstoff in den Händen weniger Unternehmen befindet, liegt ebenfalls ein erhöhtes Risiko vor. Um das Versorgungsrisiko zu verhindern, sollten die kritischen Rohstoffe durch andere Materialien substituierbar sein.

Mit dem Begriff des „länderspezifischen Umweltrisikos" ist gemeint, dass Länder ihre Gesellschaft und ihre Umwelt schützen wollen. Durch diesen Schutz von Mensch und Umwelt kann es zu geringeren Förderquoten und dadurch zu einer schlechteren Rohstoffversorgung kommen. Ausgedrückt wird das länderspezifische Umweltrisiko über einen „Environmental Performance Index, EPI".

Mit Hilfe der drei Faktoren lässt sich die Kritikalität der untersuchten 41 Rohstoffe bestimmen. Abbildung 16.1 fasst die Daten für die Metalle und Halbmetalle, Abbildung 16.2 für die anderen betrachteten Rohstoffe zusammen. Die aufgeführten Daten sind nicht statisch, sondern können sich - je nach Lage - dynamisch verändern.

Metall	wirtschaft-liche Bedeutung	Versorgungs-risiko	länder-spezifiisches Umweltrisiko
Aluminium (Al)	8,9	0,2	0,2
Antimon (Sb)	5,8	2,6	2,4
Chrom (Cr)	9,9	0,8	0,9
Cobalt (Co)	7,2	1,1	0,8
Kupfer (Cu)	5,7	0,2	0,2
Gallium (Ga)	6,5	2,5	2,2
Germanium (Ge)	6,3	2,7	2,6
Indium (In)	6,7	2,0	1,7
Eisen (Fe)	8,1	0,3	0,4
Lithium (Li)	5,6	0,7	0,9
Magnesium (Mg)	6,4	2,6	2,2
Mangan (Mn)	9,8	0,4	0,4
Molybdän (Mo)	8,9	0,5	0,5
Nickel (Ni)	9,5	0,3	0,2
Niob (Nb)	8,9	2,8	2,0
Platingruppenmetalle (PGM)	6,7	3,6	1,4 (Pt)
Seltene Erden (SE)	5,8	4,9	4,3
Rhenium (Re)	7,7	0,8	0,8
Silber (Ag)	5,1	0,3	0,2
Tantal (Ta)	7,4	1,1	0,7
Tellur (Te)	7,9	0,6	0,3
Titan (Ti)	5,4	0,1	0,2
Wolfram (W)	8,7	1,8	1,4
Vanadium (V)	9,7	0,7	0,7
Zink (Zn)	9,4	0,4	0,2

Abb. 16.1: Kritikalität für Metalle und Halbmetalle [16.12]

Verbindung	wirtschaftliche Bedeutung	Versorgungsrisiko	länderspezifisches Umweltrisiko
Baryt ($BaSO_4$)	3,7	1,7	1,5
Bauxit ($AlOOH$)	9,5	0,3	0,6
Bentonit	5,5	0,3	0,4
Borate	5,0	0,6	0,6
Feldspat	5,2	0,2	0,2
Flussspat (CaF_2)	7,5	1,6	1,5
Gips ($CaSO_4 \cdot 2\,H_2O$)	5,0	0,4	0,3
Graphit (C)	8,7	1,3	1,5
Kalkstein ($CaCO_3$)	6,0	0,7	0,7
Kieselgur	3,7	0,3	0,4
Magnesit ($MgCO_3$)	8,9	0,9	1,0
Perlit	4,2	0,3	0,3
Quarzsand (SiO_2)	5,8	0,2	0,2
Talk	4,0	0,3	0,2
Tonerden	4,4	0,3	0,4

Abb. 16.2: Kritikalität für nichtmetallische Rohstoffe [16.12]

In Abbildung 16.3 sind für die Metalle und Halbmetalle die beiden Faktoren „wirtschaftliche Bedeutung“ (economic importance, EI) und „Versorgungsrisiko“ (supply risk, HHI) aufgetragen. Metalle und Halbmetalle (Germanium, Indium) mit einem EI-Wert > 5 und einem HHI-Wert > 1 werden als besonders kritisch eingestuft. Bei einem entsprechenden Versorgungsrisiko verursachen diese Materialien einen höheren Schaden in der Wertschöpfungskette, da mehr Produkte und Industriesektoren betroffen sind.

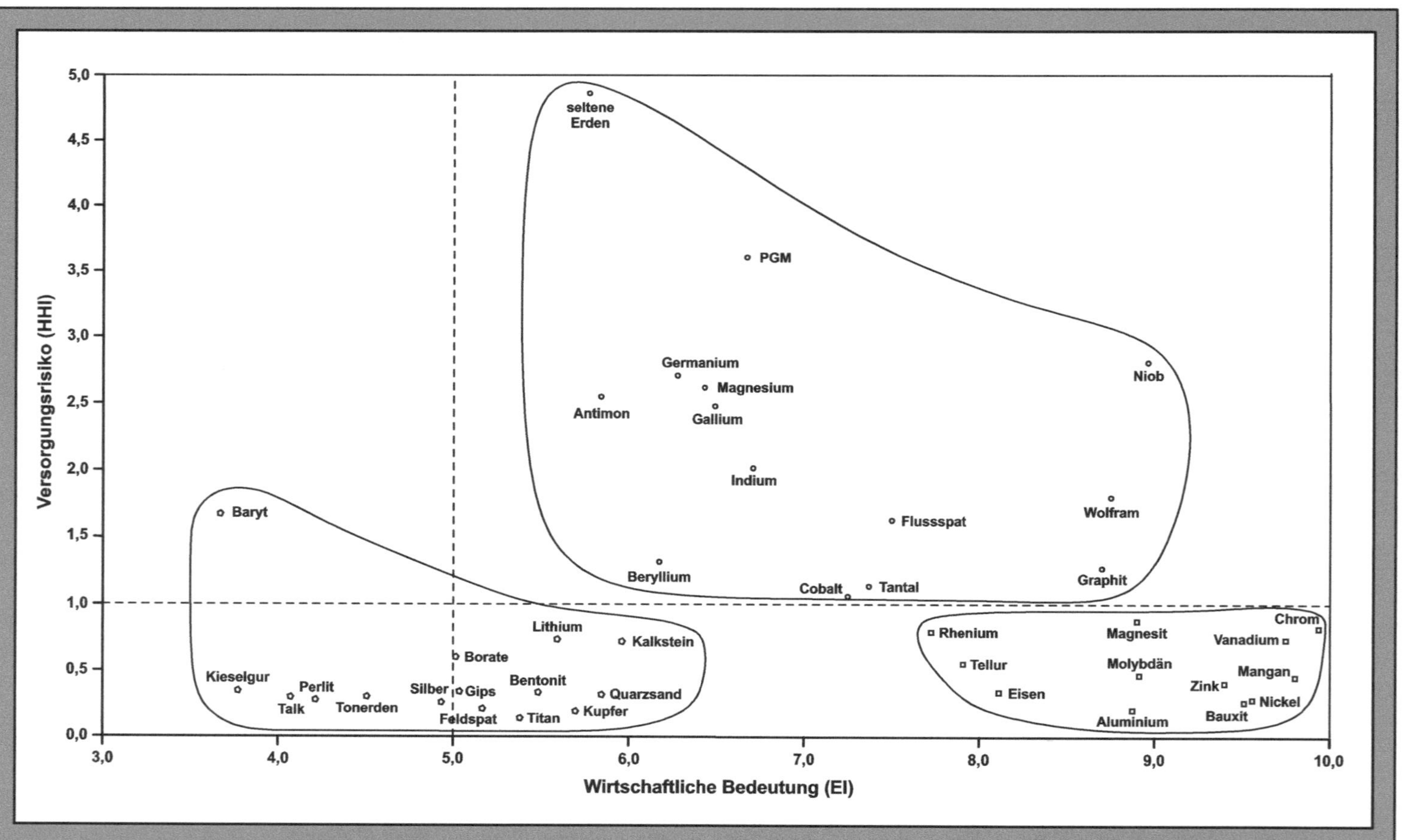

Abb. 16.3: Kritikalität von Metallen und Halbmetallen [16.13]

16.2 End-of-Life-Recyclingrate

Vereinfacht betrachtet besteht der Lebenszyklus eines Materials und Produktes aus vier Phasen (Abb. 16.4):

- Rohstoffproduktion,
- Herstellung der Produkte,
- Nutzung der Produkte,
- Recycling nach Produktlebensende.

Das für die Produktion der Rohstoffe benötigte Material kann aus geogenen Lagerstätten und/oder aus Recyclingprozessen stammen. Da Recyclingprozesse immer einen Wirkungsgrad kleiner 100 % besitzen, müssen zur Aufrechterhaltung der Kreislaufwirtschaft immer Materialien aus der Natur entnommen werden.

Für die Herstellung des Produkts sind letztlich zwei Aspekte maßgebend. Erstens das Produktdesign; es bestimmt welche Materialien benötigt werden, wie die Bauteile zusammengebaut werden und wie das Produkt nach Ablauf der Nutzungsphase recycelt werden kann. Ein zweiter wichtiger Faktor sind die Produktionstechniken. Unter Berücksichtigung des Produktdesigns bestimmen diese Techniken u.a. die Material- und Energieeffizienz der gesamten Prozesskette.

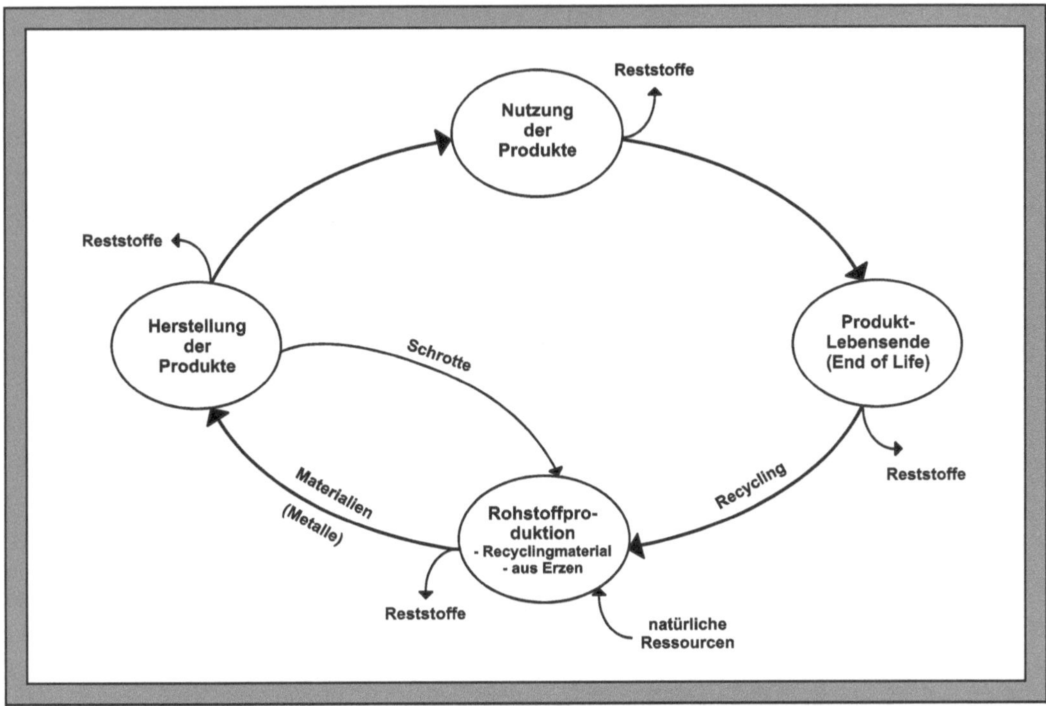

Abb. 16.4: Lebenszyklus von Materialien und Produkten

16

Um den Materialdurchsatz zu verringern sollte die Produktlebensdauer möglichst lang sein. Der Nutzer des Produkts kann so persönlich zu einer geringeren Umweltbelastung und zur Nachhaltigkeit beitragen.

Die letzte Phase im Lebenszyklus ist das Recycling nach Ende der Nutzung. Im End-of-Life-Recyclingprozess (EOL) wird das nicht mehr benutzte Produkt gesammelt, zerlegt und in seine einzelnen Materialien aufbereitet. Im Recyclingkreislauf wird das Material dann wieder für seine ursprüngliche oder andere Anwendungen eingesetzt.

Jeder Lebenszyklus ist mit Materialverlusten (Reststoffe) verbunden. Um diese zu minimieren müssen die einzelnen Prozessschritte einen hohen Wirkungsgrad besitzen und die Lebensdauer der Produkte möglichst lang sein.

Abbildung 16.5 zeigt dies beispielhalt an den drei Prozessschritten Sammlung, Zerlegung und Aufbereitung. Im ersten Fall werden 50 % der Altprodukte gesammelt. Mit einem Prozesswirkungsgrad von 90 % für die Zerlegung und 95 % für die Aufbereitung ergibt sich eine Gesamtausbeute an recyceltem Material von 43 %.

Wird die Sammelquote auf 95 % erhöht, beträgt die Ausbeute 81 %. Selbst in diesem sehr guten Fall gehen ca. 20 % der Materialien als Reststoffe verloren. Wird die skizzierte Recycling-Prozesskette ein zweites Mal durchlaufen, verringert sich die Ausbeute des ursprünglich eingesetzten Materials auf 66 %. Nach einem 3. Zyklus beträgt die Ausbeute nur noch 54 %.

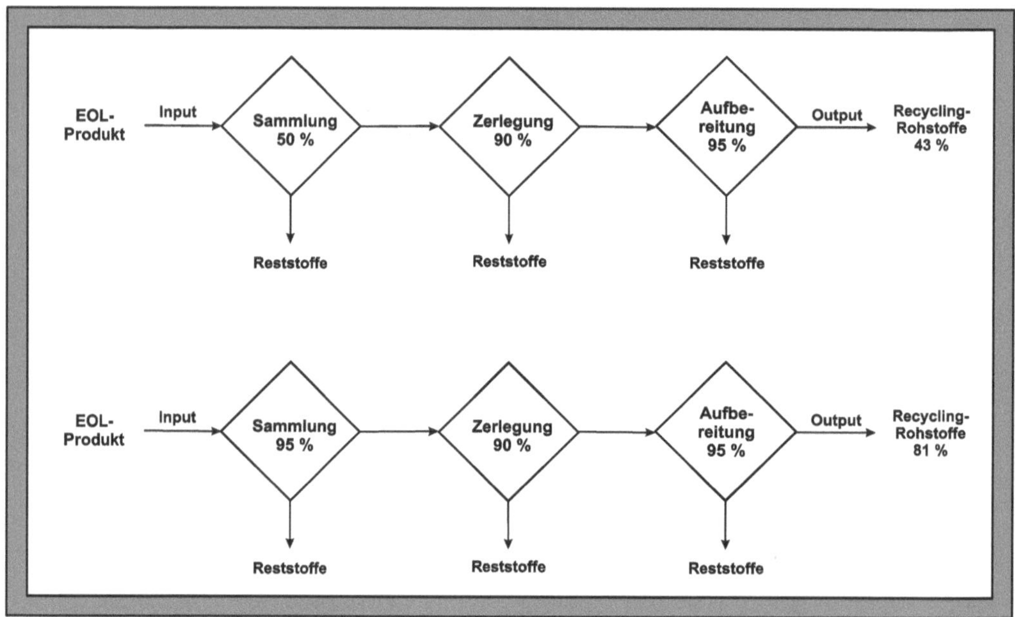

Abb. 16.5: Ausbeute in Recycling-Prozessketten

In einer Studie der Vereinten Nationen wurden die End-of-Life-Recyclingraten (EOL) zahlreicher Metalle und einiger Halbmetalle untersucht (Abb. 16.6). Die EOL-Recyclingrate ist dabei das Verhältnis Output/Input.

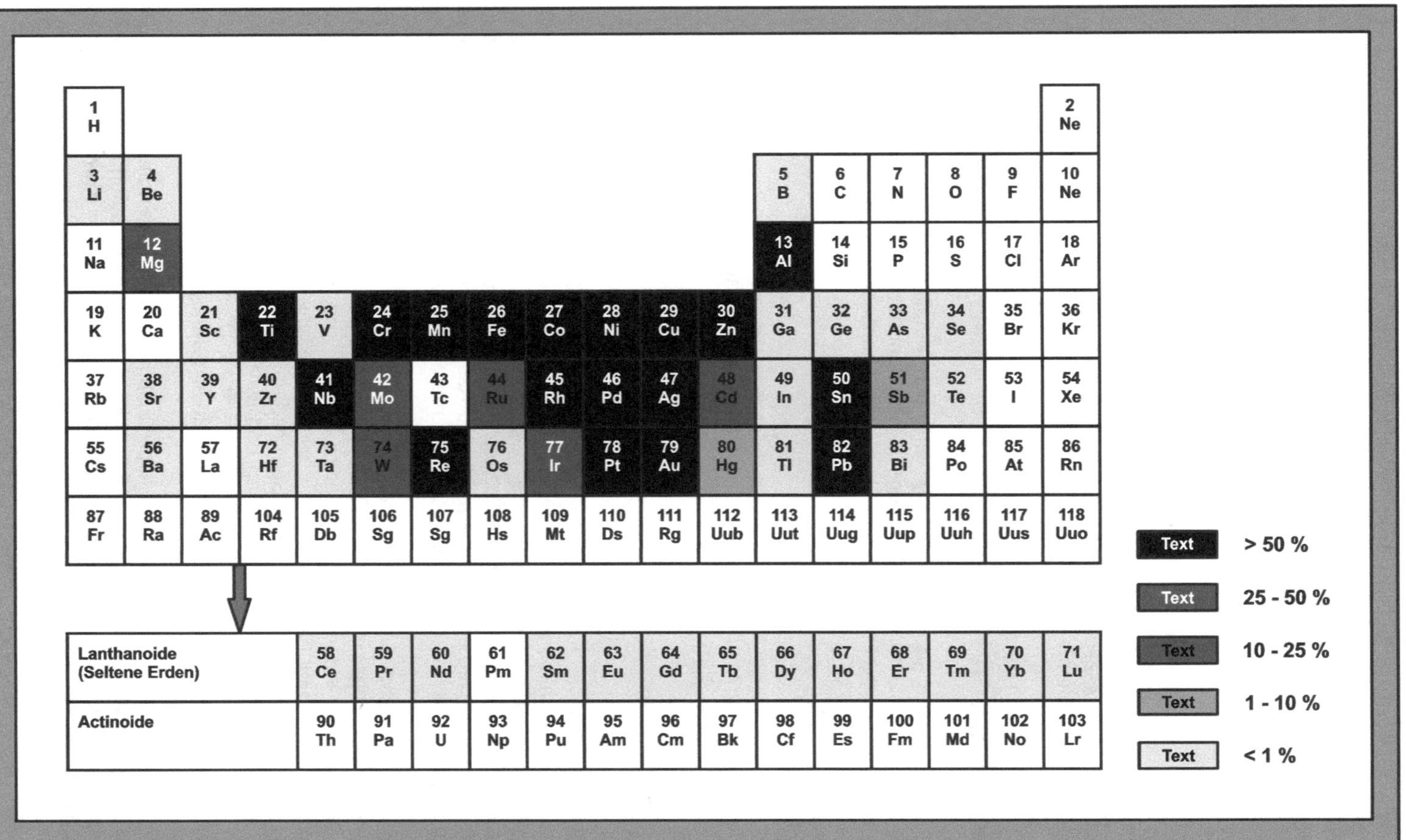

Abb. 16.6: End-of-Life-Recyclingraten für Metalle und Halbmetalle [16.51]

Die in Abbildung 16.6 aufgeführten Recyclingraten sind in 5 Klassen unterteilt:

- Klasse 1: EOL > 50 %,
- Klasse 2: EOL 25 - 50 %,
- Klasse 3: EOL 10 - 25 %,
- Klasse 4: EOL 1 - 10 %,
- Klasse 5: EOL < 1 %.

Ein Drittel der aufgeführten Elemente weisen Recyclingquoten von über 50 % aus. Dazu gehören z.B. die Eisen- und Edelmetalle. Drei Metalle (Magnesium, Molybdän, Iridium) fallen in die Klasse 2. Weitere fünf Metalle (Wolfram, Ruthenium, Cadmium, Quecksilber, Antimon) fallen in die Klassen 3 und 4. Über die Hälfte aller Metalle/Halbmetalle haben eine Recyclingrate unter 1 %. Dazu zählen insbesondere die Seltenen Erden (Lanthanoide).

16.3 Recycling von Kupfer

Technologiegeräte enthalten große Mengen an wertvollen Metallen wie Kupfer, Silber, Gold und Platinmetallen. Bei einer mittleren Lebensdauer von Smartphones oder Notebooks von 3 - 6 Jahren fallen entsprechende Recyclingmengen an. In diesem Abschnitt werden das:

- Aurubis-Verfahren und
- Umicore-Verfahren

zur Rückgewinnung von Kupfer beschrieben. Im nachfolgenden Kapitel finden sich dann entsprechende Ausführungen zu Edelmetallen.

Aurubis-Verfahren

Zu den Einsatzmaterialien im Aurubis-Verfahren gehören Schrotte, Schlacken, Krätze, Stäube, Schlämme, Elektro- und Elektronikteile, etc. Angelieferte Materialien werden auf Schadstoffe untersucht und wenn nötig auseinandergebaut oder geschreddert. Aluminium, Kunststoffe, Eisen und Nichteisenmetalle werden separiert. Da im Prozess Reduktionsprozesse ablaufen, müssen nicht alle Kunststoffteile entfernt werden. Wenn Krätzen und Aschen zu feinkörnig sind, müssen sie brikettiert oder agglomeriert werden. Schlämme sind vor ihrem Einsatz zu trocknen.

Nach der Probenahme und Materialvorbereitung werden die Recyclingstoffe dem Kayser-Recycling-System (KRS) zugeführt (Abb. 16.7). Der KRS-Ofen ist ein senkrecht stehender Badschmelzofen, der mit Hilfe einer Tauchbrennlanze beheizt wird. Durch eine entsprechende Mischung von Heizöl zu Luft/Sauerstoff lassen sich oxidierende bzw. reduzierende Bedingungen einstellen. Bei ca. 1200 °C entsteht sogenanntes Schwarzkupfer (ca. 80 % Cu) und eine Eisensilikatschlacke. Die Schlacke wird in Wasser granuliert und als Baustoff verkauft. Zusätzlich entstehen zinkoxidhaltige Abgase (KRS-Oxid). Diese werden zuerst zur Dampferzeugung über eine Abhitzekessel geleitet und danach der zinkhaltige Staub zur Metallgewinnung gefiltert.

Das Schwarzkupfer wird unter Zusatz weiterer kupferhaltiger Verbindungen im Top Blown Rotary Converter (TBRC) weiterverarbeitet. Der TBRC ist ein kippbarer Rotationsofen in dem der Konvertierungsprozess stattfindet. Unter oxidierenden Bedingungen entsteht ein Konverterkupfer mit einem Kupfergehalt von ca. 95 %.

Zusätzlich entsteht eine Blei-Zinn-Schlacke, die in einem Mischzinnofen weiter behandelt wird. Unter reduzierenden Bedingungen werden aus der Blei-Zinn-Schlacke Konverter- und Schwarzkupfer, Mischzinn (Pb65/Sn35) und Eisensilikatschlacke gewonnen. Die einzelnen Fraktionen werden in den jeweiligen Prozess geführt bzw. verkauft.

Das Konverterkupfer gelangt nun zum Anodenofen, einem stationären oder kippbaren Herdofen. Hier wird der Kupfergehalt auf 99 % angereichert. Dies geschieht einerseits durch Zusatz von hochkonzentrierten Kupferaltmaterialen. Andererseits werden Verunreinigungen (Metalle) in der Schmelze oxidiert und bilden eine aufschwimmende Schlacke. Die Schlacke wird abgezogen und bei 1250 °C unter reduzierenden Bedingungen der Sauerstoffgehalt in der Schmelze auf 0,1 % abgebaut. Das zu 99 % reine Kupfer wird anschließend in einer Anodengießanlage zu Kupferanoden vergossen.

Im letzten Prozessschritt gelangen die Kupferanoden zur Kupferelektrolyseanlage und werden hier zu 99,995 %igem Kupfer aufgereinigt. Die Kupferanoden bilden den Pluspol; eine H_2SO_4/$CuSO_4$-Lösung den Elektrolyten. Durch den elektrischen Strom lösen sich die Kupferanoden auf, die Kupferionen (Cu^{2+}) wandern zur negativ geladenen Stahlkatode und scheiden sich dort als reines Kupfer ab. Zusätzlich entsteht Anodenschlamm, der u.a. Edelmetalle und Halbmetalle (Se, Te) enthält. Nickel reichert sich als Nickelsulfat ($NiSO_4$) im Elektrolyten an. Ein Teil des Elektrolyten wird daher ausgeschleust, entkupfert und das Nickel in einer Verdampfungskristallisation als Rohnickelsulfat ausgeschieden.

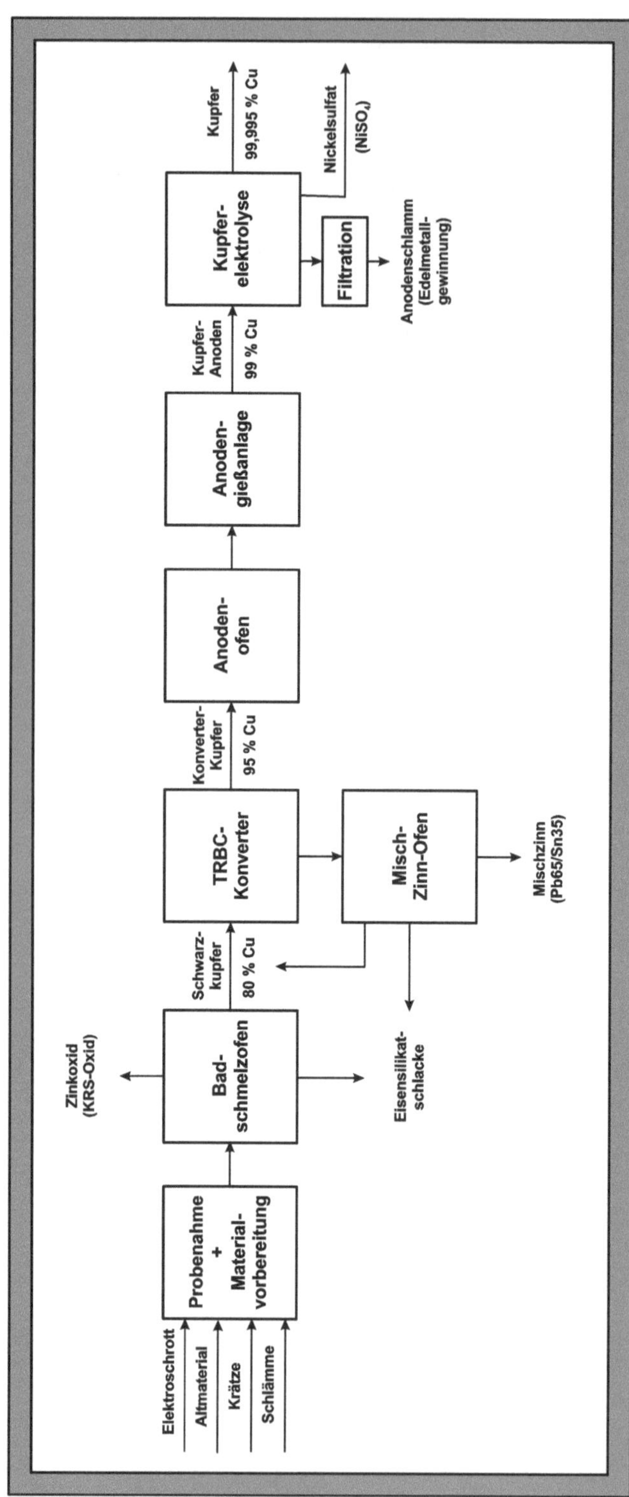

Abb. 16.7: Aurubis-Verfahren zum Recycling von Kupfer

Umicore-Verfahren

Während im Aurubis-Verfahren der Schwerpunkt auf „Kupfer" liegt, legt das Umicore-Verfahren seinen Schwerpunkt auf „Edelmetalle". Entsprechend kommen als edelmetallhaltige Altprodukte Katalysatoren, Elektro- und Elektronikprodukte, Rückstände aus der Dental- und Fotoindustrie, Anodenschlämme, Schlacken, Konzentrate, etc. zum Einsatz. Für die Verarbeitung werden 200 unterschiedliche Materialien eingesetzt, aus dem am Ende des Verfahrens 17 Edel- und Sondermetalle zurückgewonnen werden.

Entsprechend dieser Verfahrensweise besteht das Umicore-Verfahren aus zwei Strängen:

- Precious Metals Operations (PMO-Strang),
- Base Metals Operations (BMO-Strang).

Im PMO-Strang werden die Edelmetalle gewonnen. Dazu gehören Silber (Ag), Gold (Au), Platin (Pt), Palladium (Pd), Rhodium (Rh), Ruthenium (Ru) und Iridium (Ir). Im BMO-Strang geschieht die Sondermetallscheidung (Abb. 16.8). Zu den Sondermetallen gehören Antimon (Sb), Arsen (As), Indium (In), Selen (Se), Tellur (Te) und Bismut (Bi). Als sogenannte Basismetalle treten im Umicore-Verfahren Kupfer (Cu), Blei (Pb), Nickel (Ni) und Zinn (Sn) auf. Wichtige Edelmetalle sollen sich mit Kupfer verbinden, um danach im PMO-Strang weiterverarbeitet zu werden. Verunreinigungen und Sondermetalle binden sich mit Blei und gehen in den BMO-Strang über. Kupfer und Blei werden dabei als Sammlermaterial für die jeweiligen Metalle eingesetzt.

Nach der Chargierung der Einsatzmaterialien werden diese im PMO-Strang in einem Hochofen eingeschmolzen. Im ersten Durchlauf werden Kupferstein und eine silikatische Bleischlacke produziert. Letztere wird regelmäßig abgestochen und dem Bleischachtofen zur weiteren Behandlung zugefügt. Im zweiten Hochofendurchlauf (Konvertierungsschritt) werden weitere edelmetallhaltige Materialien chargiert, damit sich die Edelmetalle in der Kupferschmelze anreichern können. Unter reduzierenden Reaktionsbedingungen entsteht Werkkupfer und eine Kupferoxidschlacke. Das Werkkupfer wird abgestochen und im Wasserbad fein granuliert.

Das im Hochofen entstehende Schwefeldioxid (SO_2) wird zu Schwefelsäure (H_2SO_4) verarbeitet, in dem das Kupfergranulat gelöst wird. Zurück bleibt beim Lösungsprozess ein edelmetallhaltiger Rückstand, aus dem die Edelmetalle Ag, Au, Pt, Pd, Rh, Ru und Ir gewonnen werden. Kupfer wird elektrolytisch ($c \sim 99{,}99$ % Cu) abgeschieden.

Die aus dem PMO-Strang stammende bleihaltige Schlacke wird im BMO-Strang mit weiteren bleihaltigen Materialien im Schachtofen aufgeschmolzen. Die im Bleischachtofen anfallende Schlacke wird als Baumaterial verwendet. Der kupferhaltige Stein wird in den PMO-Strang zurückgeführt. Aus der Nickelspeise wird in der Nickellaugung Nickel (Ni) gewonnen. Die in diesem Prozessschritt verbleibenden edelmetallhaltigen Rückstände kommen in die Edelmetallscheiderei.

Mit Hilfe des Harris-Prozesses wird in der Blei-Raffination das Werkblei raffiniert. Dabei entstehen Feinblei, Natriumantimonat, Calciumstannat, Blei, Wismut-Legierung und Arsen sowie zwei Rückstände. Der silberhaltige Rückstand wird in der Edelmetallscheiderei weiterverarbeitet, der halbmetallhaltige Rückstand in der Sondermetallscheidung zu Indium (In), Selen (Se) und Tellur (Te) aufgearbeitet.

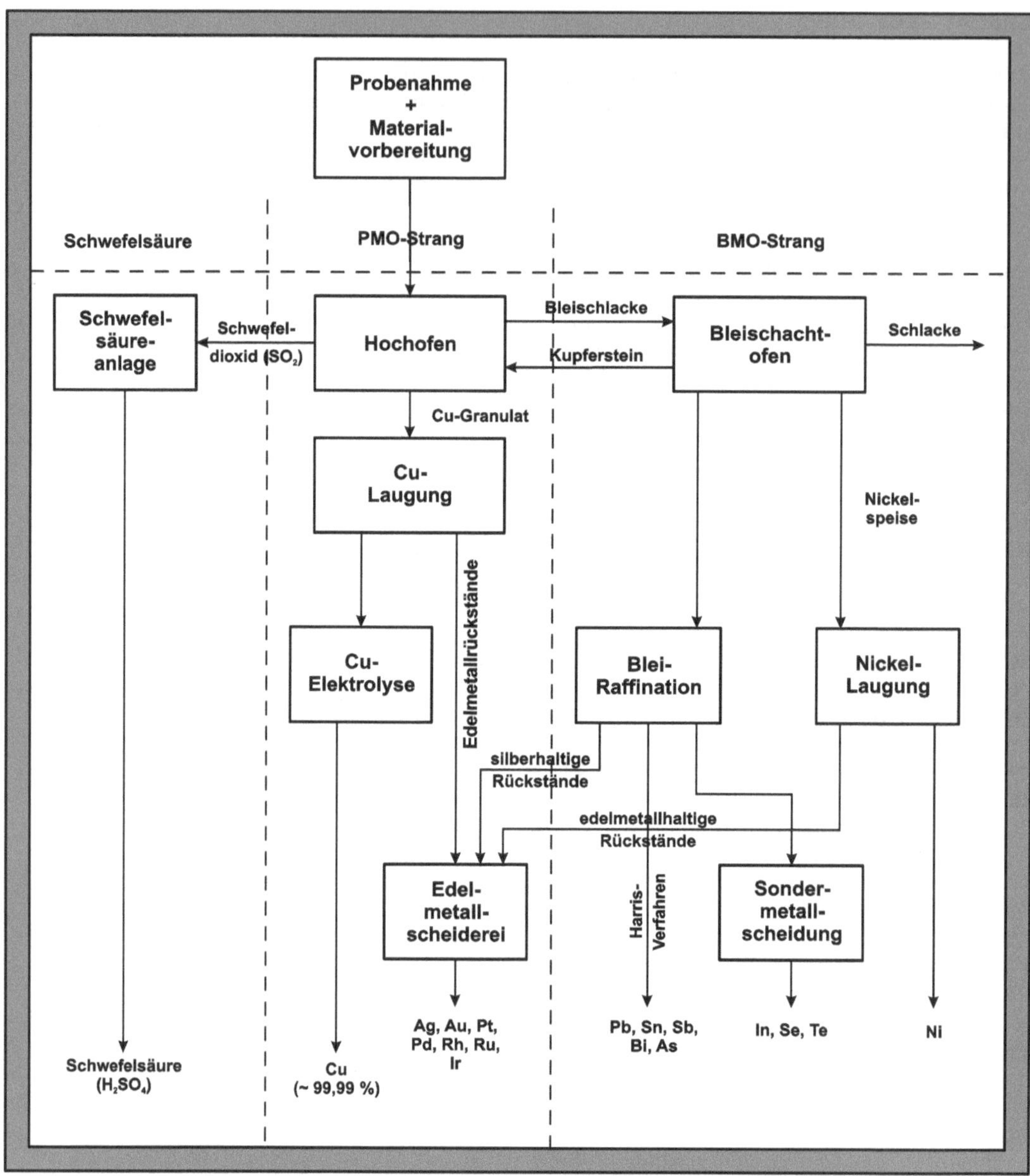

Abb. 16.8: Umicore-Verfahren zur Gewinnung von Kupfer, Edel- und Sondermetallen [16.46]

16.4 Aufarbeitung von Anodenschlämmen

Die bei der Kupferelektrolyse bzw. -aufarbeitung anfallenden (Anoden)schlämme enthalten zahlreiche andere Elemente, so dass sich eine Aufarbeitung lohnt. Abbildung 16.9 führt die Konzentrationsbereiche für verschiedene Elemente auf. In Abhängigkeit von technologischen Verfahren können diese Werte sehr stark schwanken.

Element	Konzentration/%
Antimon (Sb)	0,5 - 18
Arsen (As)	0,5 - 8
Bismut (Bi)	0,1 - 4
Blei (Pb)	5 - 20
Gold (Au)	0,1 - 25
Kupfer (Cu)	6 - 20
Nickel (Ni)	0,1 - 5
Palladium (Pd)	0,005 - 0,1
Platin (Pt)	0,0005 - 0,05
Selen (Se)	4 - 25
Silber (Ag)	4 - 7
Tellur (Te)	0,5 - 6
Zinn (Sn)	7 - 14

Abb. 16.9: Konzentrationsbereiche für verschiedene Elemente in Anodenschlämmen [16.16; 16.34]

Für die Aufarbeitung der Anodenschlämme stehen prinzipiell zwei Möglichkeiten zur Verfügung:

- pyrometallurgische Prozesse oder
- hydrometallurgische Prozesse.

Welche Prozesse und einzelne Verfahrensschritte letztlich angewendet werden, hängt von den unternehmensinternen Bedingungen ab.

Pyrometallurgischer Prozess

Anodenschlämme enthalten einen erheblichen Anteil an Kupfer(I)oxid (Cu_2O), das im ersten Schritt entfernt werden muss. Dazu werden die Schlämme mit Schwefelsäure oder Kupferelektrolytlösung behandelt, durch die Luft geblasen wird. Bei dieser Behandlung gehen Kupfer und Nickel in Lösung (Abb. 16.10).

Die verbleibenden Rückstände werden unter Zusatz von Flussmitteln eingeschmolzen. Selen und Tellur bilden mit den vorhandenen Metallen Selenide und Telluride bzw. gehen in die Gasphase über und werden ausgewaschen. Die entstehende Schlacke enthält die Verunreinigungen. Sie muss aus dem Prozess ausgeschleust werden und wird zur weiteren Aufarbeitung verkauft.

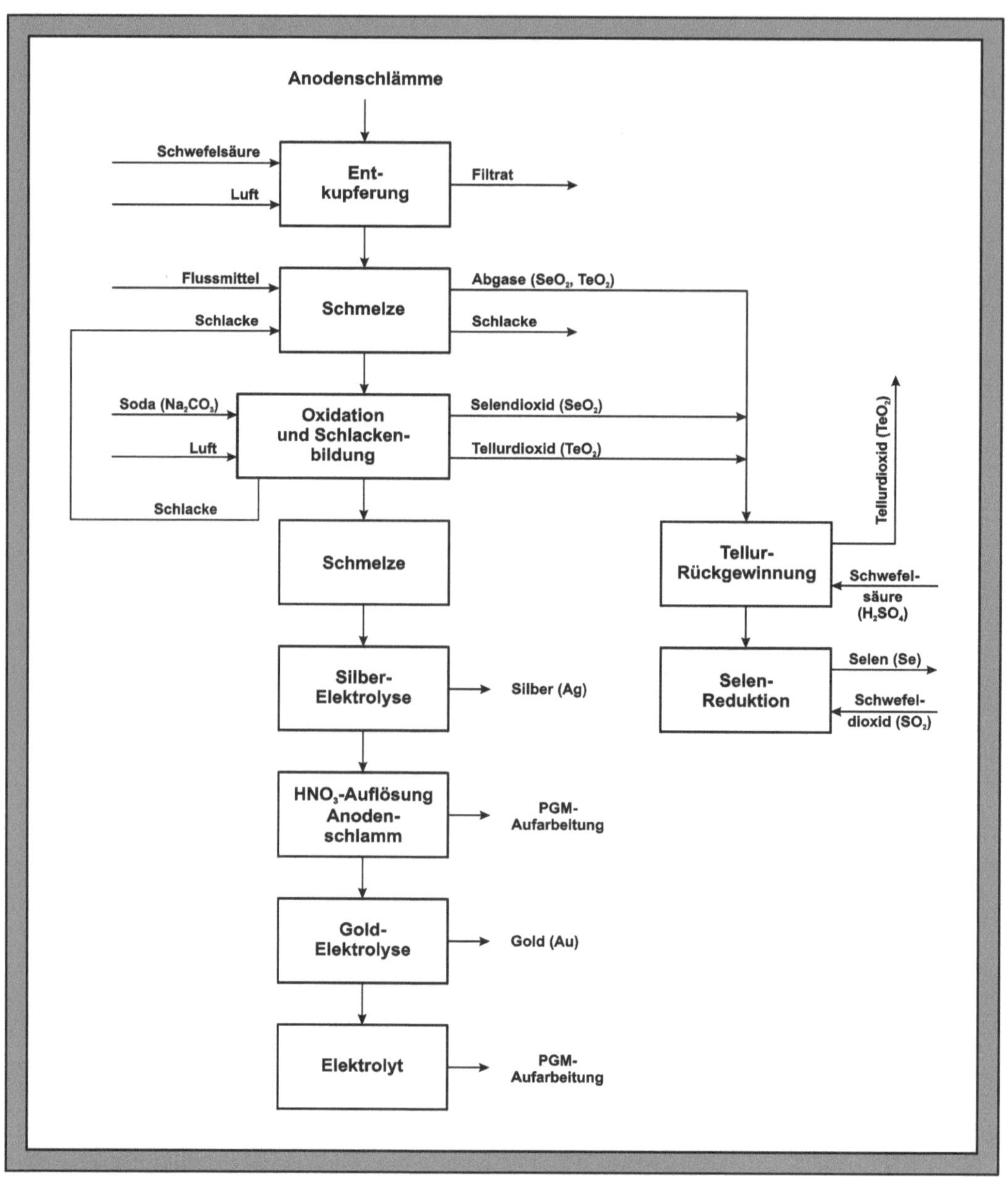

Abb. 16.10: Pyrometallurgische Behandlung von Anodenschlämmen [16.17]

Nach Abtrennung der Schlacke wird im nächsten Prozessschritt mit Hilfe von Luft und unter Zusatz von Soda (Na_2CO_3) oxidiert und verschlackt. Die Selenide und Telluride werden dadurch zu Selendioxid (SeO_2) und Tellurdioxid (TeO_2) oxidiert. SeO_2 entweicht über die Gasphase, TeO_2 findet sich in der Schlacke wieder. Die anfallenden tellurhaltigen Fraktionen werden ausgelaugt und mit Schwefelsäure auf pH = 6 eingestellt. Bei diesem pH-Wert wird Tellur als Tellurdioxid ausgefällt. Das Filtrat enthält vier- und sechswertiges Selen (SeO_3^{2-}, SeO_4^{2-}). Durch Zusatz von Schwefeldioxid (SO_2) werden diese Verbindungen zu Selen (Se) reduziert.

Die nach der Sodabehandlung verbleibenden Rückstände werden eingeschmolzen, Silber und Gold elektrolytisch abgetrennt und die Platingruppenmetalle aufgearbeitet. Dazu werden die Ag-Anodenplatten in einem salpetersauren $AgNO_3$-Elektrolyten elektrolysiert. Gold und die Platingruppenmetalle (PGM) fallen als Anodenschlamm an. Die im Schlamm gebundenen Platingruppenmetalle werden durch Einsatz von Salpetersäure (HNO_3) aufgelöst, der zurückbleibende Goldsand zu Barren gegossen und in einem salzsauren Elektrolyten gereinigt. Die verbleibende Elektrolytlösung geht in die PGM-Aufarbeitung.

Hydrometallurgischer Prozess

Im hydrometallurgischen Verfahren erfolgt im ersten Prozessschritt ebenfalls eine Entkupferung der Anodenschlämme (Abb. 16.11). Dazu wird in einer salzsauren Lösung Chlor eingeleitet und die verschiedenen Verbindungen aufgelöst:

$$Cu + Cl_2 \longrightarrow CuCl_2$$

$$2\,Au + 3\,Cl_2 \longrightarrow 2\,AuCl_3$$

$$Se + 2\,Cl_2 + 3\,H_2O \longrightarrow H_2SeO_3 + 4\,HCl$$

$$Ag_2Se + 3\,Cl_2 + 3\,H_2O \longrightarrow 2\,AgCl + H_2SeO_3 + 4\,HCl$$

$$BiAsO_4 + 3\,HCl \longrightarrow BiCl_3 + H_3AsO_4$$

$$PbSO_4 + 2\,HCl \longrightarrow PbCl_2 + H_2SO_4$$

Die Lösung wird filtriert und festes Silberchlorid (AgCl) abgetrennt, das durch ammoniakalische Laugung von anderen Feststoffen separiert wird:

$$AgCl + 2\,NH_3 \longrightarrow [Ag(NH_3)_2]^+ + Cl^-$$

Wird das Ammoniak ausgetrieben, fällt erneut Silberchlorid aus.

16

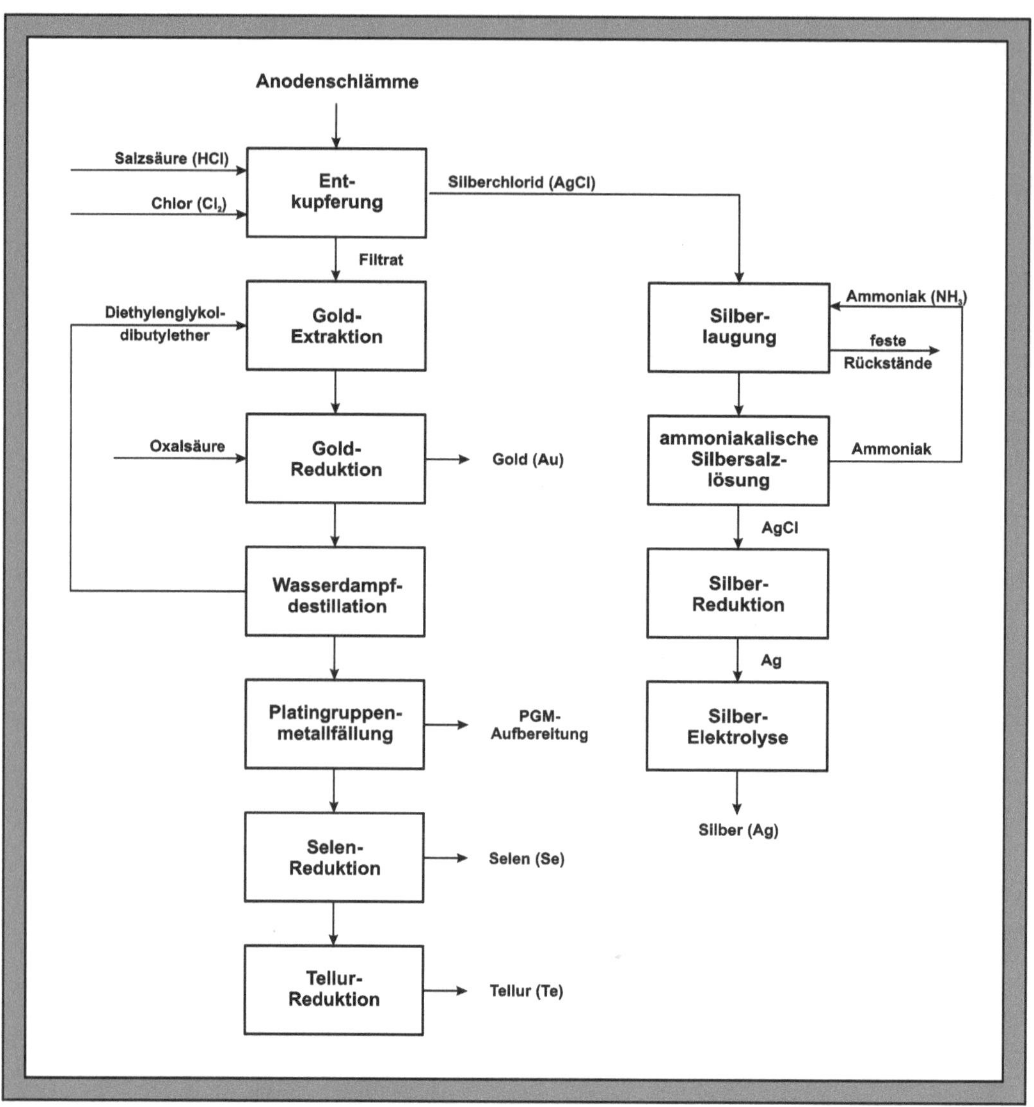

Abb. 16.11: Hydrometallurgische Behandlung von Anodenschlämmen [16.17]

Das ausgefallene Silberchlorid (AgCl) wird mit Natronlauge (NaOH) in alkalischer Lösung zu Silberoxid (Ag_2O) umgesetzt:

$$AgCl + NaOH \longrightarrow AgOH + NaCl$$

$$2\,AgOH \longrightarrow Ag_2O + H_2O$$

Zugesetzte Dextrose ($C_6H_{12}O_6$) reduziert das Silberoxid in einer stark exothermen Reaktion zu Silber (Ag). Das erhaltene Silber lässt sich einschmelzen und elektrolytisch reinigen:

$$12\,Ag_2O \;+\; C_6H_{12}O_6 \;\longrightarrow\; 24\,Ag \;+\; 6\,CO_2 \;+\; 6\,H_2O$$

Das nach der Entkupferung erhaltene Filtrat wird zur Gewinnung von Gold (Au) einer Lösungsextraktion mit Diethylenglykoldibutylether unterzogen. Aus der organischen Phase wird Gold durch Behandlung mit Hydrazin ($NH_2 - NH_2$) oder Oxalsäure (HOOC – COOH) direkt zu Gold reduziert:

$$2\,AuCl_3 \;+\; 3\,HOOC\text{-}COOH \;\longrightarrow\; 2\,Au \;+\; 6\,HCl \;+\; 6\,CO_2$$

Durch Wasserdampfdestillation wird der Ether als Extraktionsmittel zurückgewonnen. Das nach der Wasserdampfdestillation erhaltene Filtrat enthält u.a. Platingruppenmetalle, die ausgefällt und separat aufgearbeitet werden.

Durch Einleitung von Schwefeldioxid (SO_2) lässt sich aus dem Filtrat Selen (Se) gewinnen, das destillativ gereinigt wird:

$$H_2SeO_3 \;+\; 2\,SO_2 \;+\; H_2O \;\longrightarrow\; Se \;+\; 2\,H_2SO_4$$

Bei weiterer Zugabe von Schwefeldioxid fällt Tellur aus:

$$H_2TeO_3 \;+\; 2\,SO_2 \;+\; H_2O \;\longrightarrow\; Te \;+\; 2\,H_2SO_4$$

16.5 Platingruppenmetalle (PGM)

Die Platingruppe umfasst die sechs Metalle Ruthenium (Ru), Rhodium (Rh), Palladium (Pd), Osmium (Os), Iridium (Ir) und Platin (Pt). Aufgrund ihrer charakteristischen Eigenschaften finden diese Platingruppenmetalle (PGM) vielfach als Katalysatoren Verwendung. Da PGM nur in sehr geringen Mengen vorkommen, die weltweit auf wenige Regionen beschränkt sind, ist ihr monetärer Wert hoch. In ihren natürlichen Lagerstätten sind die Platingruppenmetalle generell gemeinsam anzutreffen. Oft sind sie mit Silber (Ag), Gold (Au), Kupfer (Cu) und Nickel (Ni) vergesellschaftet.

Vorkommen

Das Vorkommen an natürlichen Lagerstätten ist hauptsächlich auf Russland, Südafrika und Nordamerika konzentriert. In Abbildung 16.12 ist das Angebot für die drei wichtigsten Metalle Platin, Palladium und Rhodium nach Herkunftsland dargestellt.

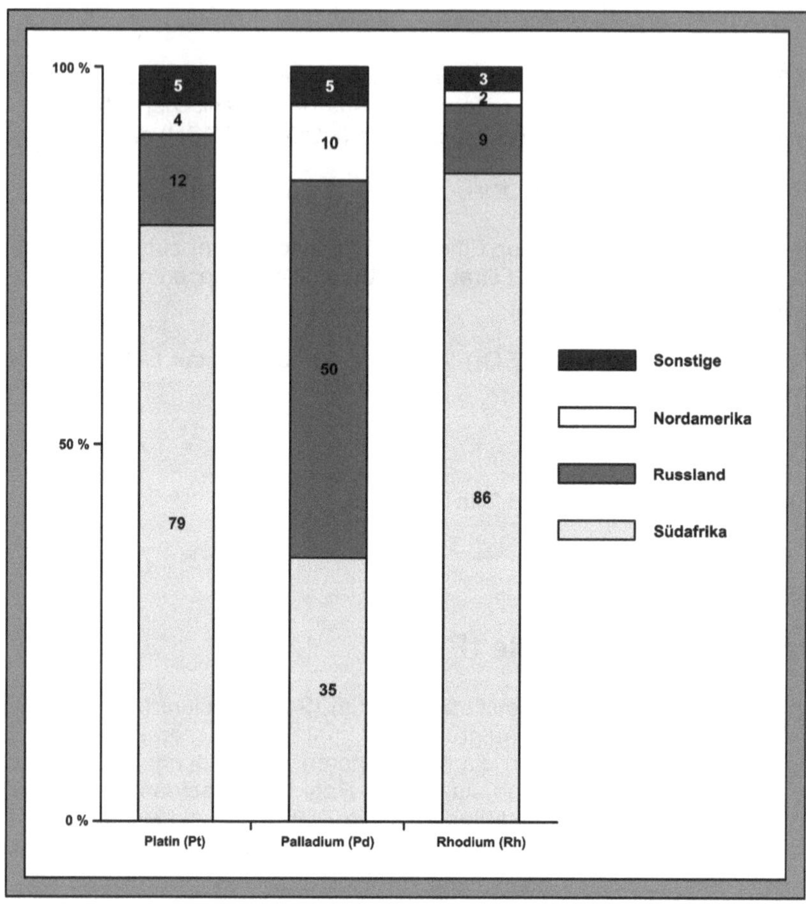

Abb. 16.12: Herkunftsregionen der wichtigsten Platingruppenmetalle

Gewinnung

Für die Primärproduktion lassen sich grundsätzlich zwei Fälle unterscheiden. Im ersten Fall steht die direkte Gewinnung der Platingruppenmetalle im Vordergrund (Südafrika, USA). Im Gegensatz dazu stehen die russischen und kanadischen Vorkommen. Hier dient der Abbau der Nickelgewinnung. Da in den Vorkommen das Nickel mit den Edelmetallen vergesellschaftet ist, fallen diese bei der Ni-Gewinnung als Koppelprodukt an.

Bei der direkten Gewinnung der Platingruppenmetalle erfolgt eine Flotation des feingemahlenen Erzes mit Hilfe eines Öl-Wasser-Gemisches. Durch Einblasen von Luft treiben die PGM sowie weitere Metalle auf, während die Begleitmineralien zu Boden sinken. Aus dem Flotat erhält man durch Filtration und Abpressen ein PGM-Konzentrat. Stellen die Platingruppenmetalle ein Nebenprodukt der Nickelproduktion dar, so reichern sie sich im Aufarbeitungsprozess zusammen mit Nickel an. Durch Elektrolyse scheidet sich Nickel an der Katode ab, wobei die PGM im Anodenschlamm anfallen.

Anwendungsgebiete

Platin und Palladium haben die bei weitem größte Bedeutung. Ihnen folgt Rhodium, das in Bezug auf die eingesetzte Menge aber deutlich zurückliegt. Ruthenium, Iridium und Osmium werden nur in wenigen Anwendungen benötigt. Die wichtigsten Einsatzgebiete sind in Abbildung 16.13 zusammengestellt.

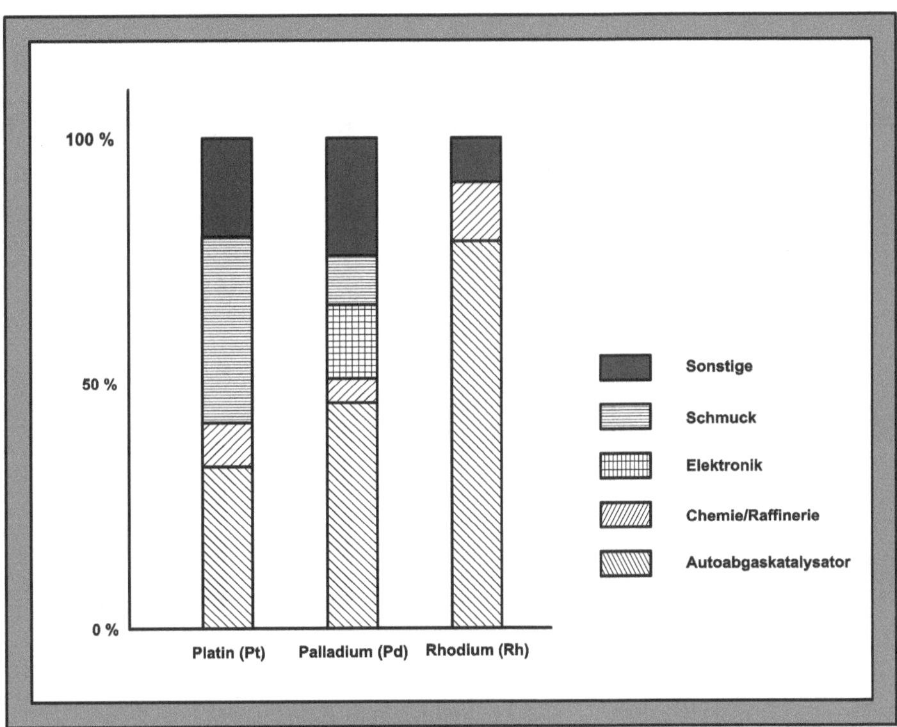

Abb. 16.13: Anwendungsbereiche für Platin, Palladium und Rhodium

Deutlich ist die Bedeutung dieser drei Edelmetalle im Bereich der Katalyse (Auto, Chemie, Raffinerie) zu erkennen.

Recycling von Platingruppenmetallen

Aus ökonomischer Sicht liegt der Anreiz zum Recycling der verwendeten edelmetallhaltigen Katalysatoren in ihrem hohen Wert. Aus ökologischer Sicht sind die Umweltbelastungen durch die Primärproduktion wesentlich höher als beim Recyclingprozess. Für die Gewinnung von 1 kg Platingruppenmetallen aus ihren natürlichen Lagerstätten müssen 150 Tonnen Erz abgebaut werden. Mit dem sich anschließenden metallurgischen Prozess fallen insgesamt ca. 400 Tonnen Rückstände an. Für die Gewinnung der gleichen Menge an Edelmetallen müssen im Recyclingprozess nur ca. 2 Tonnen Autoabgaskatalysatoren aufgearbeitet werden. Sowohl die Umweltbelastung als auch der Energiebedarf sind hier um ein vielfaches geringer.

Momentan beträgt die Recyclingquote für Platingruppenmetalle aus Autoabgaskatalysatoren nur ca. 30 %. Neben Verlusten in der Recyclingkette ist der viel ausschlaggebendere Umstand, dass ein Großteil der katalysatorhaltigen Kraftfahrzeuge exportiert wird. Der Exportanteil der gelöschten Kraftfahrzeuge beträgt hier ca. 60 %. Damit geht dieser Anteil dem PGM-Recycling unwiderruflich verloren.

Um eine Auftrennung der einzelnen Metalle Ruthenium (Ru), Rhodium (Rh), Palladium (Pd), Osmium (Os), Iridium (Ir) und Platin (Pt) zu erreichen, ist eine mehrstufige Raffination notwendig (Abb. 16.14).

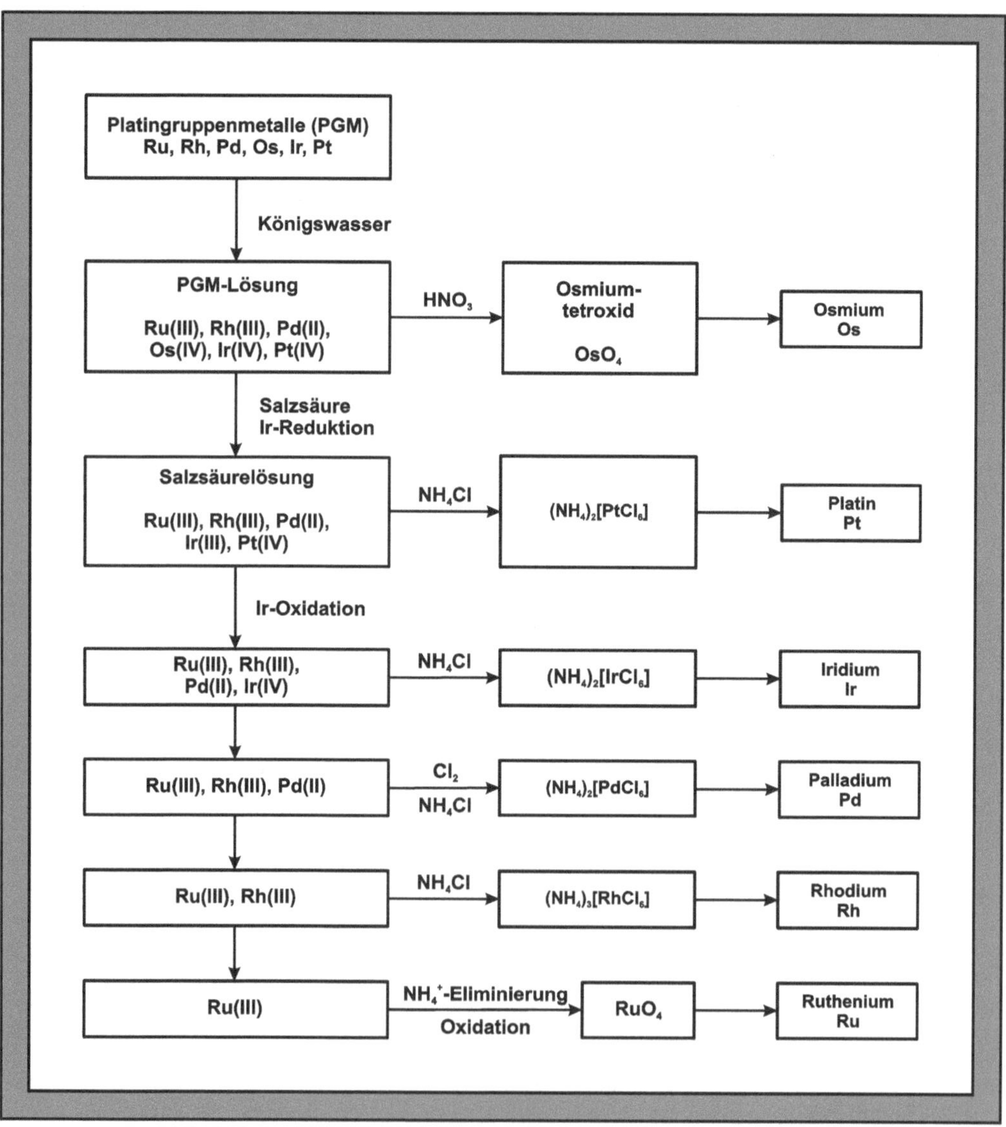

Abb. 16.14: Raffination der Platingruppenmetalle [16.45]

Zu Beginn wird das PGM-Konzentrat mit Königswasser (HNO_3/HCl) in Lösung gebracht. Nach weiterer Zugabe von Salpetersäure (HNO_3) bildet sich Osmiumtetroxid (OsO_4). Dieses wird abdestilliert und zu Osmium (Os) reduziert.

Die verbleibende Lösung wird mit Salzsäure versetzt und solange eingedampft, bis die Stickoxide entfernt sind. Ir(IV) muss selektiv zu Ir(III) reduziert werden. Als Reduktionsmittel eignen sich z.B. Fe(II)-Salze oder Ascorbinsäure (Vitamin C). Nach Zugabe von Salmiaklösung (NH_4Cl) fällt Diammoniumhexachloroplatinat $(NH_4)_2[PtCl_6]$ aus. Durch Kalzinieren bei 800 °C zersetzt sich der Komplex unter Bildung von Platin (Pt):

$$3\,(NH_4)_2[PtCl_6] \rightarrow 3\,Pt + 2\,NH_4Cl + 16\,HCl + 2\,N_2$$

Alternativ lässt sich der Pt-Komplex auch in einer H_2-Atmosphäre zersetzen.

Zur Ausfällung von Iridium wird dieses zu Ir(IV) oxidiert und als Diammoniumhexachlorokomplex ausgefällt. Die Reduktion in einer Wasserstoffatmosphäre bei ca. 800 °C liefert Iridium (Ir) als Metallpulver:

$$(NH_4)_2[IrCl_6] + 2\,H_2 \rightarrow Ir + 2\,NH_4Cl + 4\,HCl$$

In die verbleibende Lösung mit Ru(III), Rh(III) und Pd(II) wird Chlor (Cl_2) eingeleitet, wobei $(NH_4)_2[PdCl_6]$ ausfällt. Die thermische Zersetzung des Komplexes führt zu Palladium (Pd).

Rhodium lässt sich durch Zugaben von NH_4Cl und Aufkonzentrierung als $(NH_4)_3[RhCl_6]$ ausfällen. Bis dahin nicht ausgefälltes Pt(IV) und Ir(IV) fallen ebenfalls in diesem Prozessschritt aus. Die Rh-Verbindung lässt sich bei Raumtemperatur selektiv in Wasser von den beiden anderen Verbindungen abtrennen. Kalzinierung liefert reines Rhodium (Rh). Durch Eindampfung der verbleibenden Lösung werden NH_4^+-Ionen entfernt. Durch Erhitzen im Chlorstrom entweicht Rutheniumtetroxid (RuO_4), das bei 800 °C im H_2-Strom zu Ruthenium (Ru) reduziert wird.

16.6 Herstellung und Recycling von Aluminium

16.6.1 Primäraluminium

In der Erdkruste kommt Aluminium mit einem Gehalt von 7,5 % relativ häufig vor. Im Vergleich dazu besitzt Eisen einen Anteil von 5 %. Hauptsächlicher Rohstoff für die Aluminiumproduktion ist Bauxit. Neben Aluminium enthält Bauxit noch verschiedene andere Elemente wie Eisen (Fe), Silicium (Si), Titan (Ti), Calcium (Ca), Magnesium (Mg) und Natrium (Na) in oxidischen Formen.

Im Bayer-Verfahren wird das Aluminium mit Hilfe von Natronlauge von den anderen Verbindungen abgetrennt (Abb. 16.15). Der gemahlene Bauxit wird im Autoklaven bei max. 250 °C und bis zu 150 bar mit Natriumhydroxid (NaOH) unter Bildung von Natriumaluminat aufgeschlossen:

$$\underset{\text{(Bauxit)}}{Al(OH)_3} + NaOH \longrightarrow Na[Al(OH)_4] + \text{Rotschlamm}$$

16

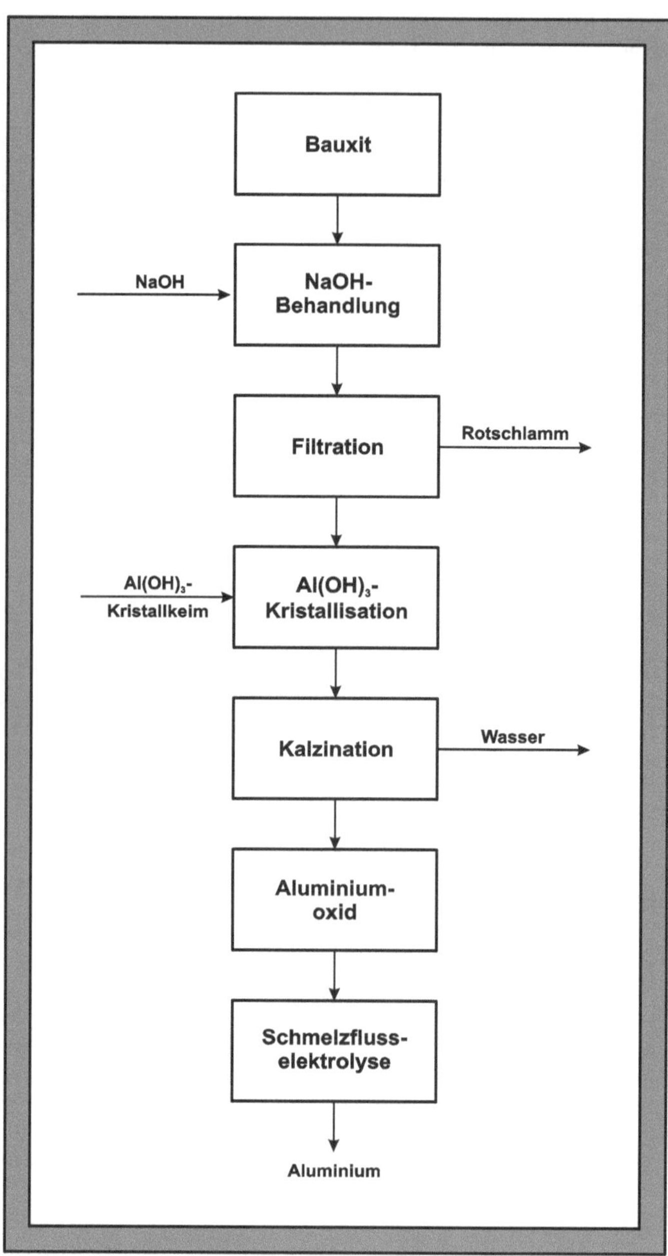

Abb. 16.15: Verfahrensschema zur Gewinnung von Aluminium

Die übrigen im Bauxit enthaltenen Bestandteile wie Eisenoxid (Fe_2O_3), Titandioxid (TiO_2) und Siliciumdioxid (SiO_2) fallen als Natrium-Aluminium-Silikatverbindungen aus und werden als sogenannter „Rotschlamm" abgeschieden. Abbildung 16.16 zeigt eine typische Zusammensetzung des Rotschlamms.

Bestandteil	Gehalt/%
Fe_2O_3	25 - 45
Al_2O_3	15 - 28
TiO_2	8 - 24
SiO_2	6 - 16
Na_2O	4 - 9
CaO/MgO	0,5 - 4
Glühverlust	7 - 12

Abb. 16.16: Zusammensetzung des Rotschlamms [16.26]

Seinen Namen verdankt der Rotschlamm dem hohen Eisenoxidanteil. Trotz vielseitiger Untersuchungen lässt sich der getrocknete Rotschlamm bis heute nicht wirtschaftlich verwenden. Die anfallenden Mengen werden deshalb deponiert und die beanspruchte Fläche anschließend rekultiviert.

Nach Abkühlung der Aluminatlauge und Zusatz von festem Aluminiumhydroxid als Impfkristalle fällt aus der Lauge $Al(OH)_3$ aus. Nach Kalzinierung bei 1100 - 1300 °C wird reines Aluminiumoxid (Al_2O_3) erhalten:

$$2\,Al(OH)_3 \longrightarrow Al_2O_3 + 3\,H_2O$$

Der Schmelzpunkt von Al_2O_3 ist mit 2050 °C sehr hoch. Um über die Schmelzflusselektrolyse (Hall-Heroult-Prozess) Aluminium zu gewinnen, wird über den Zusatz von Kryolith (Na_3AlF_6) und weiterer Salze (CaF_2, LiF, AlF_3) der Schmelzpunkt auf 950 °C herabgesetzt. Das Al_2O_3-Kryolith-Gemisch wird in einer kohleverkleideten Eisenwanne elektrolysiert. Die Kohleverkleidung dient als Katode und ein in die Wanne eingehängter Graphitzylinder als Anode. Für den Elektrolyseprozess wird eine Spannung von 4 - 4,5 V und eine Stromstärke von 100.000 - 300.000 A benötigt. Unter diesen Bedingungen verflüssigen sich die Eingangsmaterialien und Aluminium wird gewonnen:

$$2\,Al_2O_3 + 3\,C \longrightarrow 4\,Al + 3\,CO_2$$

Um den immensen Energiebedarf zu decken, müssen billige Energiequellen zur Verfügung stehen. So werden überwiegend Wasserkraft (55 %), Kohle (30 %) und Erdgas (10 %) zur Energieerzeugung für die Schmelzflusselektrolyse genutzt.

Aufgrund seiner hervorragenden Eigenschaften nimmt die Produktion von Primäraluminium kontinuierlich zu. Betrug die produzierte Menge 1970 noch ca. 10 Millionen Tonnen, so werden heute weltweit über $40 \bullet 10^6$ Tonnen hergestellt (Abb. 16.17).

Region \ Jahr	2006	2007	2008	2009	2010
Asien	13.100	16.600	17.400	17.700	21.600
Europa	8.900	9.200	9.800	8.400	8.600
Amerika	7.800	8.200	8.500	7.300	7.000
Ozeanien	2.300	2.300	2.300	2.200	2.300
Afrika	1.900	1.800	1.700	1.700	1.700
Welt	34.000	38.100	39.700	37.300	41.200

Abb. 16.17: Produktion von Primäraluminium in 1.000 Tonnen [16.14]

16.6.2 Sekundäraluminium

Aufgrund des hohen Energieeinsatzes sollte dem Aluminiumrecycling ein besonderer Stellenwert zu kommen. Wie der Mengenvergleich zwischen Abbildung 16.17 „Primäraluminium“ und Abbildung 16.18 „Sekundäraluminium“ jedoch zeigt, hat sich das Verhältnis über die letzten Jahre kaum verändert. Während die hergestellten Mengen an Primäraluminium kontinuierlich zunehmen, bleiben die Mengen an verarbeitetem Sekundäraluminium relativ konstant bzw. nehmen sogar ab.

In Deutschland sieht die Situation dagegen anders aus. Während die Primäraluminiummengen schrumpfen, nehmen die produzierten Sekundäraluminiummengen zu (Abb. 16.19).

Region \ Jahr	2006	2007	2008	2009	2010
Asien	1.900	1.900	1.900	1.700	2.100
Europa	2.900	3.000	2.700	2.100	2.500
Amerika	4.200	4.700	4.100	3.900	3.600
Ozeanien	150	150	150	150	150
Afrika	30	30	30	50	50
Welt	9.180	9.780	8.880	7.900	8.400

Abb. 16.18: Produktion von Sekundäraluminium in 1.000 Tonnen [16.14]

Produkt \ Jahr	2007	2008	2009	2010	2011
Primäraluminium	551,0	605,9	291,7	402,5	432,5
Sekundäraluminium	857,6	720,9	560,8	611,1	634,4
Gesamt	1.408,6	1.326,8	852,5	1.013,6	1.066,9

Abb. 16.19: Produktion von Aluminium in Deutschland in 1.000 Tonnen [16.14]

Für die Gewinnung von Sekundäraluminium kommen folgende Einsatzmaterialien zum Einsatz:

- Neuschrott,
- Altschrott,
- Späne,
- Krätzen.

Neuschrott

Neuschrotte sind saubere Produktionsabfälle aus der Herstellung von Primäraluminium, aus Gießereien oder aus Formgebungsprozessen. Aufgrund ihrer Reinheit und Homogenität liegt die Recyclingrate bei 95 - 99 %. Eventuell anhaftende Öle oder Farben werden abgeschwelt, größere Teile geschreddert und über eine Magnetscheidung eisenhaltige Teile abgetrennt (Abb. 16.20).

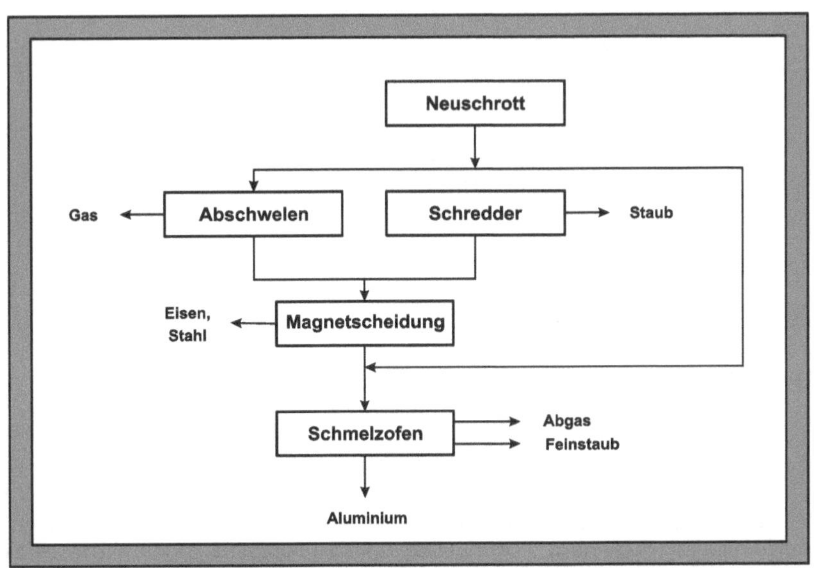

Abb. 16.20: Prozessfluss zur Aufarbeitung von Aluminium-Neuschrott [16.5]

16

Altschrott

Altschrotte fallen nach der Nutzung z.B. im Automobilsektor, im Maschinenbau, als Getränkedosen oder als Verpackungen an. Sie sind mit Lacken, Kunststoffen, Gummi, Metallen und anderen Materialien verunreinigt. Die Recyclingquoten betragen hier 75 - 95 %.

Der Prozessfluss ähnelt dem für Neuschrotte (Abb. 16.21). Nach der Magnetscheidung ist eine zweistufige Schwimm-Sink-Trennung erforderlich. In der 1. Stufe werden mit einem Wasser-Ferrosilicium-Gemisch (ρ = 1,8 g/cm³) leichte Stoffe (Holz, Gummi, Kunststoffe, Magnesium) abgetrennt. In der 2. Stufe schwimmt der Aluminiumanteil auf und Schwermetalle (Pb, Cu, Zn) sinken ab. Das Wasser-Ferrosilicium Gemisch hat hier eine Dichte von ρ = 2,8 g/cm³.

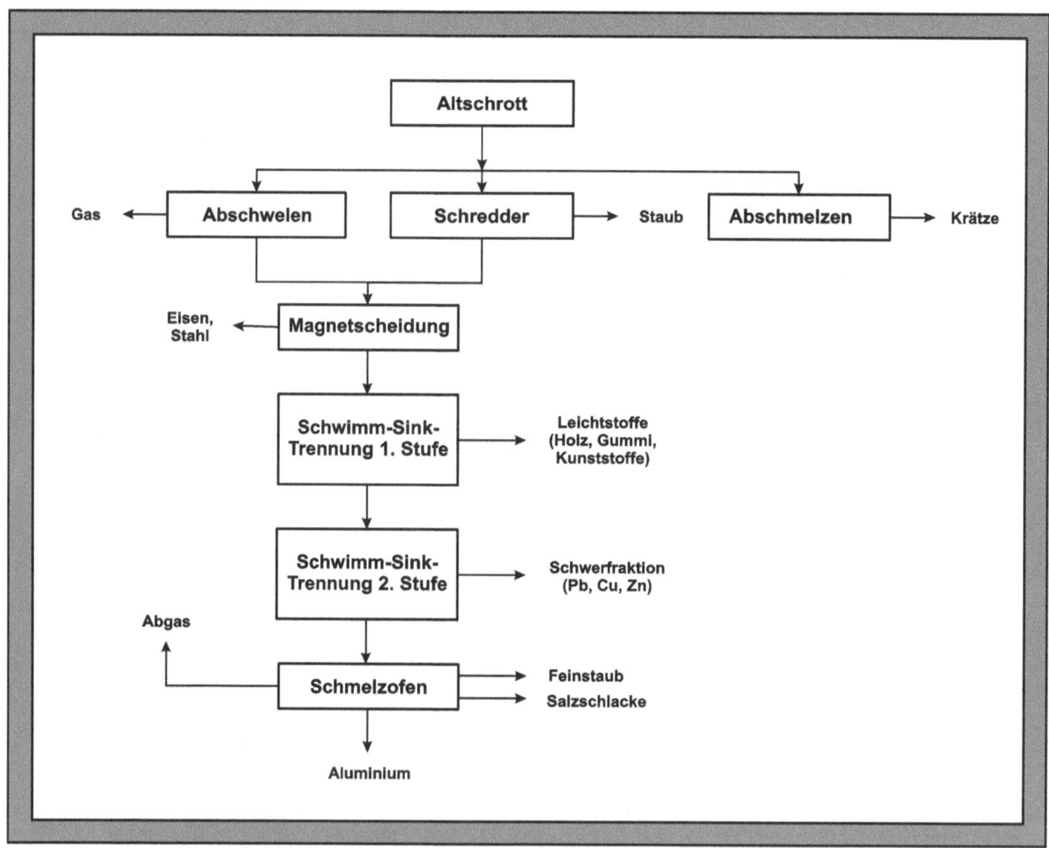

Abb. 16.21: Aufarbeitung von Aluminium-Altschrotten [16.5]

Späne

Späne fallen bei der spanabhebenden Formgebung an. Sie sind meistens durch Öl-Wasser-Emulsionen verunreinigt. Nach dem Abschwelen der organischen Bestandteile erfolgt auch hier eine Magnetscheidung zur Abtrennung eisenhaltiger Teile. Aufgrund ihrer großen Oberfläche ist der Oxidanteil bei Spänen relativ hoch. Um eine weitere Oxidation zu verhindern werden die Späne vor dem Schmelzprozess kompaktiert.

Krätze

Krätzen sind oxidische Schichten auf flüssigem Aluminium bzw. entsprechenden Legierungen. Sie enthalten unterschiedlich hohe Oxid- und Metallanteile. Zur Aufarbeitung werden Krätzen gemahlen und der entstehende Mahlstaub separiert und aufgearbeitet. Nach einer Magnetscheidung wird das erhaltene Aluminium dem Schmelzprozess zugeführt.

Die gebräuchlichsten Schmelzöfen zur Herstellung von Sekundäraluminium sind:

- Drehtrommelöfen,
- Herdöfen,
- Induktionsöfen.

Drehtrommelöfen

Altschrotte mit oberflächlich oxidiertem Aluminium kann in Drehtrommelöfen eingeschmolzen werden. Zum Schutz des flüssigen Aluminiums vor weiterer Oxidation wird ein Salzgemisch (70 % NaCl, 30 % KCl) zugesetzt, das aufschwimmt und gleichzeitig anorganische Verunreinigungen des Schrotts aufnimmt. Nach dem Schmelzen muss das verunreinigte Salz aufgearbeitet werden. Abbildung 16.22 zeigt den Prozessablauf.

Die anfallende Salzschlacke wird zerkleinert und gesiebt, wobei Aluminiumgranalien mit einer Körnung von wenigen Millimetern anfallen. Sie werden in den Al-Wertstoffkreislauf zurückgeführt. Bei der anschließenden Nassaufbereitung entstehen giftige Gase (z.B. Phosphorwasserstoff PH_3, Schwefelwasserstoff H_2S, Ammoniak NH_3). Die Abgase müssen daher einer Abgasreinigung unterzogen werden. Die in diesem Prozessschritt anfallende Tonerde (Aluminiumoxid) findet u.a. in Zementwerken Verwendung. Die verbleibende Salzlösung wird eingedampft und das NaCl-KCl-Salzgemisch auskristallisiert. Nach der Trocknung lässt es sich wieder im Prozess einsetzen.

Im Sekundäraluminiumprozess fallen zwangsläufig Emissionen an. Dazu zählen diverse Filterstäube, Schwermetalle, Dioxine und Furane (PCDD, PCDF), polyzyklische aromatische Kohlenwasserstoffe (PAK's), polychlorierte Biphenyle (PCB's), etc. Aufgrund der Zusammensetzung des Einsatzmaterials (z.B. Altschrott) lassen sich diese Emissionen nicht verhindern. Durch eine entsprechende Prozesssteuerung sind sie zu minimieren und mit einer Abgasreinigung möglichst zu eliminieren. Hier kommen Abgasreinigungstechniken des betrieblichen Immissionsschutzes zum Tragen. Prozessspezifisch sind die einzelnen Verfahren auszuwählen und auszulegen.

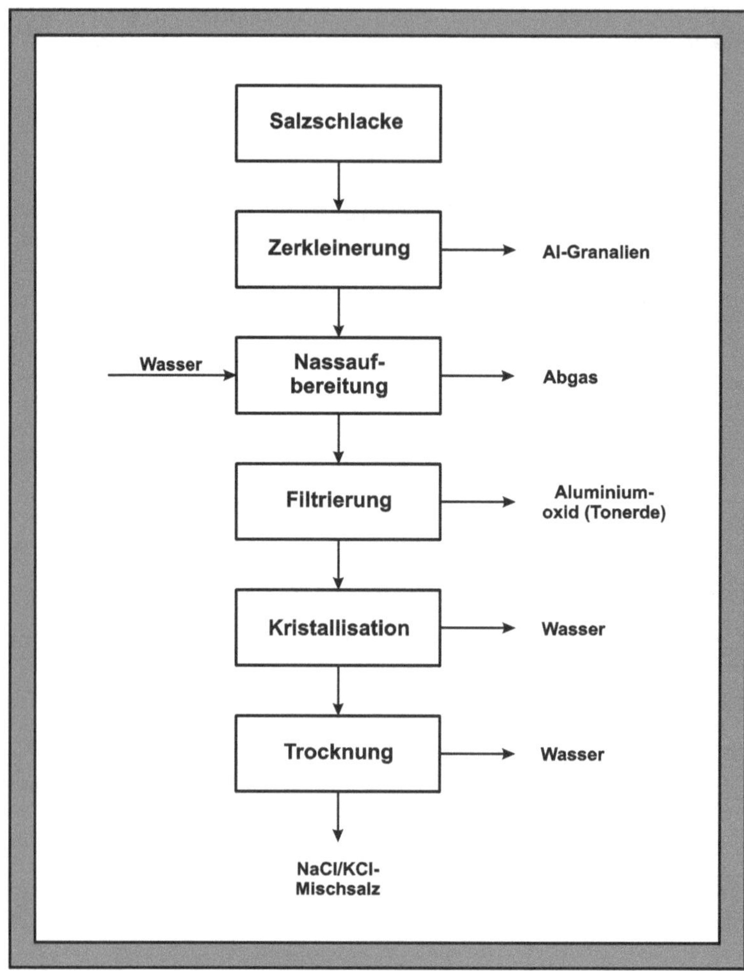

Abb. 16.22: Verfahrensschema zur Aufarbeitung der Salzschlacke [16.5]

Herdöfen

Aluminiumschrotte mit einem geringen Oxidanteil lassen sich in Herdöfen aufschmelzen. Eine sich bildende Oxidschicht wird als Krätze abgezogen. Aufgrund der fehlenden Salzschicht ist der Krätzeanteil beim Herdofen größer als beim Drehtrommelofen. Es entfällt jedoch die Aufarbeitung des Schutzsalzes.

Induktionsöfen

Sie erfordern ein sehr reines Einsatzmaterial z.B. in Form von Neuschrotten. Entsprechend gering sind die Emissionen. Der entstehende Abbrand (Krätzen) ist ebenfalls gering.

16.6.3 Vergleich Primär- und Sekundäraluminium

In Abbildung 16.23 werden verschiedene Bilanzdaten für die Produktion von Primär- und Sekundäraluminium miteinander verglichen. In allen Punkten ist die Sekundäraluminiumherstellung mit einer geringeren Umweltbelastung verbunden. Dem Recycling von Aluminium muss daher ein bevorzugter Stellenwert eingeräumt werden.

Der hohe Energiebedarf in der Herstellung von Primäraluminium ist hauptsächlich der Elektrolyse (79 %) und der Kalzinierung des Aluminiumhydroxids (17 %) geschuldet. Die größten Energieverbräuche beim Sekundäraluminium verursacht das Schmelzwerk (58 %) gefolgt von der Schrottaufbereitung (24 %). Die Aufarbeitung der Salzschlacke trägt zu 19 % zum Energieverbrauch bei.

Bilanzen / Produkt	Primärenergiebedarf GJ/t Al	Emissionen kg/t Al	Wasserverbrauch m³/t Al	feste Rückstände kg/t Al
Primäraluminium	164	204	57	3.650
Sekundäraluminium	20	12	1,6	396

Abb. 16.23: Bilanzdaten für Primär- und Sekundäraluminium [16.28]

Die atmosphärischen Emissionen des Primäraluminiums resultieren aus der Energieerzeugung in Form von Schwefeldioxid (SO_2), Stickoxiden (NO_x) und Stäuben. Vergleichbares gilt für die Herstellung von Sekundäraluminium. Da in diesem Prozess die Aluminium-Elektrolyse und die Kalzinierung des $Al(OH)_3$ keine Rolle spielen, sind die Emissionen drastisch verringert.

Vergleichbares gilt für den Wasserverbrauch. Die Elektrolyse (Stromerzeugung) und der Kalzinierungsprozess sind die Hauptverbraucher (73 % bzw. 19 %). In der Sekundäraluminiumherstellung spielt der Wasserverbrauch fast keine Rolle. Die Stromerzeugung (76 %) und die Aufarbeitung des Salzschlacke (24 %) sind hier die größten Verbraucher.

Feste Rückstände fallen beim Primäraluminium hauptsächlich in Form des Rotschlammes an (87 %). Beim Sekundäraluminiumprozess sind dies die Aufbereitung der Salzschlacke (75 %), feste Rückstände aus dem Schmelzwerk (18 %) in Form von Ofenausbrüchen, Filterstäuben, etc. sowie Abfälle aus der Schrottvorbereitung (7 %).

16.7 Wissensfragen

- Erläutern Sie die Bedeutung „kritischer Metalle“ anhand von Praxisbeispielen.
- Welche Bedeutung haben End-of-Life-Recyclingraten für ein nachhaltiges Wirtschaften?

- Wie lässt sich Kupfer recyceln?
- Wie lassen sich aus Anodenschlämmen die Edelmetalle gewinnen?
- Wo werden Platingruppenmetalle (PGM) eingesetzt?
- Wie wird Aluminium hergestellt und als Sekundäraluminium wiedergewonnen?

16.8 Weiterführende Literatur

16.1 Ayres. R.U.; *Metals recycling: economic and environmental implications,* Resources, Conservation and Recycling, 21, **1997,** 145-173

16.2 Ayres, R.; Ayres, L.; Räde, I.; *The Life Cycle of Copper, its Co-Products and Byproducts,* Kluwer, **2003,** 1-4020-1552-6

16.3 Becker, E.; *Modernisation of Precious Metals Refining at Norddeutsche Affinerie AG,* Erzmetall, 59, **2006,** 87-94

16.4 Bertram, M. et al.; *The Contemporary European copper cycle: waste management subsystem,* Ecological Economics, 42, **2002,** 43-57

16.5 Boin, U. et al.; *Stand der Technik in der Sekundäraluminiumerzeugung im Hinblick auf die IPPC-Richtlinie,* Umweltbundesamt, Wien, **2000,** 3-85457-534-3

16.6 Bundesanstalt für Geowissenschaften und Rohstoffe; *Rohstoffwirtschaftliche Steckbriefe für Metall- und Nichtmetallrohstoffe,* **Januar 2007**

16.7 Chancerel, P. et al.; *Assessment of Precious Metal Flow During Preprocessing of Waste Elektrical and Electronic Equipment,* Journal of Industrial Ecology, 13, **2009,** 791-810

16.8 Chancerel, P.; *Substance flow analysis of the recycling of small waste electrical and electronic equipment - An assessment of the recovery of gold and palladium,* TU Berlin, **2010,** 978-3-89720-555-0

16.9 Cui, J.; Zhang, L.; *Metallurgical recovery of metals from elektronic waste: A review,* Journal of Hazardous Materials, 158, **2008,** 228-256

16.10 Drossel, G. et al.; *Aluminium Taschenbuch, Bd. 2: Umformung, Gießen, Oberflächenbehandlung, Recycling,* Beuth, **2009,** 978-3-410-22029-9

16.11 Erdmann, L.; Behrendt, S.; Feil, M.; *Kritische Rohstoffe für Deutschland - Identifikation aus Sicht deutscher Unternehmen wirtschaftlich bedeutsamer mineralischer Rohstoffe, deren Versorgungslage sich mittel- bis langfristig als kritisch erweisen könnte,* Institut für Zukunftsstudien und Technologiebewertung (IZT), adelphi, **30. September 2011**

16.12 European Commission (EC); *Annex V to the Report of the Ad-hoc Working Group on defining critical raw materials,* **30. Juli 2010**

16.13 European Commission (EC); *Critical raw materials for the EU,* Report of the Ad-hoc Working Group on defining critical raw materials EC, **30. Juli 2010**

16.14 Gesamtverband der Aluminiumindustrie e.V. (GDA); *Aluminiumproduktion weltweit und in Deutschland,* **2013**

16.15 Gesellschaft für Bergbau, Metallurgie, Rohstoff- und Umwelttechnik (GDMB); Proceedings of the European Matallurgical Conference EMC 2005; *Vol 1: Copper (Primary, Secondary, Refining) Precious Metals and Platinum Group Metals, Enhancing Professional Education Waste Effluent Treatment,* GDMB Medienverlag, **2005,** 3-935797-22-2

16.16 Gesellschaft für Bergbau, Metallurgie, Rohstoff- und Umwelttechnik (GDMB); Proceedings of the European Matallurgical Conference EMC 2007; *Vol 2: Precious Metals, Recycling / Waste Treatment and Prevention, General Pyrometallurgy / Vessel Integrity/ Process Gas Treatment,* GDMB Medienverlag, **2007,** 978-3-940276-05-6

16.17 Gesellschaft für Bergbau, Metallurgie, Rohstoff- und Umwelttechnik (GDMB); Proceedings of the European Matallurgical Conference EMC 2001; *Vol 3: Light Metals, Process Control, Analytics and Modelling, Education and Training, Precious and Rare Metals,* GDMB Informationsgesellschaft mbH, **2001,** 3-935797-02-8

16.18 Giegrich, J.; Liebich, A.; Fehrenbach, H.; *Ableitung von Kriterien zur Beurteilung einer hochwertigen Verwertung gefährlicher Abfälle,* Umweltbundesamt, **Dezember 2007**

16.19 Graedel, T.E. et al.; *Multilevel Cycle of Anthropogenic Copper,* Environ. Sci. Technol. 38, **2004,** 1242-1252

16.20 Grehl, M.; Meyer, H.; Kralik, J.; *Technological Aspects in PGM Refining,* Erzmetall, 59 **2006,** 81-86

16.21 Hagelücken, Ch.; Buchert, M.; Stahl, H.; *Stoffströme der Platingruppenmetalle,* GDMB Medienverlag, **2005,** 3-935797-20-6

16.22 Hassan, A.; *Stand der Verwertung von verbrauchten Katalysatoren aus der chemischen Industrie sowie Einflussfaktoren zur Verbesserung der Kreislaufführung,* Umweltbundesamt, Texte 18/03, **2003**

16.23 Institut für Zukunftsstudien und Technologiebewertung (IZT); *Nachhaltige Bestandsbewirtschaftung nicht erneuerbarer knapper Ressourcen - Handlungsoptionen und Steuerungsinstrumente am Beispiel von Kupfer und Blei,* IZT, **2004,** 3-929173-68-9

16.24 Johnson, J. et al.; *Contemporary Anthropogenic Silver Cycle: A Multilevel Analysis,* Environ. Sci. Technol. 39, **2005,** 4655-4665

16.25 Johnson, J. et al.; *The energy benefit of stainless steel recycling,* Energy Policy, 36, **2008,** 181-192

16.26 Kammer, C; *Aluminium-Taschenbuch, Bd. 1: Grundlagen und Werkstoffe,* Beuth, **2011,** 978-3-410-22028-2

16.27 Kausch, P. et al. (Hrsg.); *Energie und Rohstoffe - Gestaltung unserer nachhaltigen Zukunft,* Spektrum, **2011,** 978-3-8274-2797-7

16.28 Krone, Klaus; *Aluminiumrecycling,* Beuth, **2000,** 3-00-003839-6

16.29 Krone, K. et al.; *Ökologische Aspekte der Primär- und Sekundäraluminiumerzeugung in der Bundesrepublik Deutschland,* Metall, 44, **1990,** 414-418

16.30 Landesamt für Natur, Umwelt und Verbraucherschutz Nordrhein-Westfalen (LANUV); *LANUV-Fachbericht 38 „Recycling kritischer Rohstoffe aus Elektronik-Altgeräten“,* **2012**

16.31 Martens, H.; *Recyclingtechnik,* Spektrum, **2011,** 978-3-8274-2640-6

16.32 Norgate, T.E.; *Metal Recycling: An Assessment Using Life Cycle Energy Consumption as a Sustainability Indicator,* CSIRO Minerals, **Dezember 2004**

16.33 OMG AG & Co.KG, Hanau (Hrsg.); *Edelmetall-Taschenbuch,* Giesel, **2001,** 3-87852-011-5

16.34 Pesl, J.; Anzinger, A.; *Treatment of Anode Slimes - Mineralogical and Process Distinations of Secondary Copper Smelters,* Erzmetall, 55, **2002,** 305-316

16.35 Rentz, O. et al.; *Exemplarische Untersuchung zum Stand der praktischen Umsetzung des integrierten Umweltschutzes in der Metallindustrie und Entwicklung von generellen Anforderungen,* Umweltbundesamt (UBA), **Dezember 1999**

16.36 Rentz, O. et al.; *Report on Best Available Techniques (BAT) in Copper Production,* Umweltbundesamt (UBA), **März 1999**

16.37 Roskill Infomation Services Ltd.; *Magnesium: Global Industry Market & Outlook,* **2013**

16.38 Roskill Infomation Services Ltd.; *Rhenium: Global Industry Market & Outlook,* **2013**

16.39 Scharf, Ch.; *Recycling von Magnesium und seinen Legierungen,* Papierflieger, **2010,** 978-3-86948-115-9

16.40 Schittl, G.; *Recycling kritischer Metalle,* AV Akademikerverlag, **2012,** 978-3-639-44079-9

16.41 Schmitz, Ch.; *Handbook of Aluminium Recycling,* Vulkan, **2006,** 978-3-8027-2936-2

16.42 Schüler, D. et al.; *Study on Rare Earths and Their Recycling,* Final Report for The Greens / EFA Group in the European Parliament, **Januar 2011**

16.43 Sinding-Larsen, R.; Wellmer, F.-W.; *Non-Renewable Resource Issues,* Springer, **2012,** 978-90-481-8678-5

16.44 Thomé-Kozmiensky, K.; Goldmann, D.; *Recycling und Rohstoffe, Bd. 4,* TK Verlag, **2011,** 978-3-935317-67-2

16.45 Ullmann's Encyclopedia of Industrial Chemistry; *Volume A21: Plastics, Properties and Testing of Polyvinyl Compounds,* VCH, **1992,** 3-527-20121-1

16.46 Umicore AG & Co.KG; *Precious Materials Handbook,* Umicore, **2012,** 978-3-8343-3259-2

16.47 Umweltbundesamt (UBA); *Reference Document on Best Available Techniques in the Non Ferrous Metals Industries,* UBA, **Dezember 2001**

16.48 United Nations Environment Programme (UNEP); *Critical Metals for Future Sustainable Technologies and their Recycling Potential,* **Juli 2009**

16.49 United Nations Environment Programme (UNEP); *Environmental Risks and Challenges of Anthropogenic Metals Flows and Cycles,* **2013,** 978-92-807-3266-5

16.50 United Nations Environment Programme (UNEP); *Metal Recycling - Opportunities, Limits, Infrastructure,* UNEP, **2013,** 978-92-807-3267-2

16.51 United Nations Environment Programme (UNEP); *Recycling Rates of Metals - A Status Report,* UNEP, **2011,** 978-92-807-3161-3

16.52 VDI 2102 Blatt 1; *Emissionsminderung Sekundärkupferhütten*, Beuth, **Dezember 2007**

16.53 VDI 2286 Blatt 1; *Emissionsminderung - Aluminiumschmelzflusselektrolyse*, Beuth, **August 2013**

16.54 VDI 2286 Blatt 2; *Emissionsminderung - Aluminiumschmelzanlagen*, Beuth, **Juli 2008**

16.55 Vereinigung Deutscher Schmelzhütten e.V. (Hrsg.); *Aluminiumrecycling,* Düsseldorf, **2000,** 3-00-003839-6

16.56 v. Gleich, A.; Agres, R.U.; *Sustainable Metals Management,* Springer, **2006,** 978-1-4020-4007-8

16.57 Wagner, J. et al; *Ermittlung des Beitrages der Abfallwirtschaft zur Steigerung der Ressourcenproduktivität sowie des Anteils des Recyclings an der Wertschöpfung unter Darstellung der Verwertungs- und Beseitigungspfade des ressourcenrelevanten Abfallaufkommen,* Umweltbundesamt, Texte 14/2012, **2012**

16.58 Wittmer, D. et al.; *Umweltrelevante metallische Rohstoffe, Teil 2: Untersuchungen an ausgewählten Metallen Gallium, Gold, Indium, Mangan, Nickel, Palladium, Silber, Titan, Zink, Zinn,* Wuppertal Institut für Klima, Umwelt, Energie GmbH, **November 2011**

16.59 Wuppertal Institut für Klima, Umwelt, Energie GmbH; *Umweltrelevante metallische Rohstoffe - Meilensteinbericht des Arbeitsschrittes 2.1 des Projekts „Materialeffizienz und Ressourcenschonung (MaRess)“,* **November 2011**

17 Thermische Abfallbehandlung

17.1 Verbrennung und Mitverbrennung von Abfällen (17. BImSchV)

Anwendungsbereich (§ 1)

Die Verordnung gilt für die Errichtung, die Beschaffenheit und den Betrieb von Abfallverbrennungs- und Abfallmitverbrennungsanlagen, die nach § 4 des Bundes-Immissionsschutzgesetzes genehmigungsbedürftig sind und in denen Abfälle und entsprechende Stoffe eingesetzt werden.

Anforderungen an die Anlieferung, die Annahme und die Zwischenlagerung der Einsatzstoffe (§ 3)

Der Betreiber einer Abfallverbrennungs- oder -mitverbrennungsanlage hat alle erforderlichen Vorsichtsmaßnahmen hinsichtlich der Anlieferung und Annahme der Abfälle zu ergreifen, um die Verschmutzung der Luft, des Bodens, des Oberflächenwassers und des Grundwassers, andere Belastungen der Umwelt, Geruchs- und Lärmbelästigungen sowie direkte Gefahren für die menschliche Gesundheit zu vermeiden oder so weit wie möglich zu begrenzen.

Der Betreiber trägt vor Annahme gefährlicher Abfälle in der Abfallverbrennungs- oder -mitverbrennungsanlage die verfügbaren Angaben über die Abfälle zusammen, damit festgestellt werden kann, ob die Genehmigungsbedingungen erfüllt sind. Diese Angaben müssen Folgendes umfassen:

- alle verwaltungsmäßigen Angaben über den Entstehungsprozess der Abfälle,
- die physikalische und soweit praktikabel die chemische Zusammensetzung der Abfälle,
- alle sonstigen erforderlichen Angaben zur Beurteilung der Eignung der Abfälle für den vorgesehenen Verbrennungsprozess,
- Gefahrenmerkmale der Abfälle und Stoffe, mit denen sie nicht vermischt werden dürfen und Vorsichtsmaßnahmen beim Umgang mit diesen Abfällen.

Der Betreiber muss vor Annahme gefährlicher Abfälle in der Abfallverbrennungs- oder -mitverbrennungsanlage mindestens folgende Maßnahmen durchführen:

- Prüfung der Dokumente,
- Entnahme von repräsentativen Proben und Kontrolle der entnommenen Proben.

Der Betreiber der Anlage hat vor der Annahme des Abfalls in der Abfallverbrennungs- oder -mitverbrennungsanlage die Masse einer jeden Abfallart gemäß der Abfallverzeichnis-Verordnung zu bestimmen.

Errichtung und Beschaffenheit der Anlagen (§ 4)

Abfallverbrennungs- oder -mitverbrennungsanlagen sind so auszulegen, zu errichten und zu betreiben, dass ein unerlaubtes und unbeabsichtigtes Freisetzen von Schadstoffen in den Boden, in das Oberflächenwasser oder das Grundwasser vermieden wird. Außerdem muss für das auf dem Gelände der Abfallverbrennungs- oder -mitverbrennungsanlage anfallende verunreinigte Regenwasser und für verunreinigtes Wasser, das bei Störungen oder bei der Brandbekämpfung anfällt, eine ausreichende Speicherkapazität vorgesehen werden. Sie ist ausreichend, wenn das anfallende Wasser geprüft und erforderlichenfalls vor der Ableitung behandelt werden kann.

Der Betreiber hat eine Abfallverbrennungsanlage vor Inbetriebnahme mit einem Bunker auszurüsten, der mit einer Absaugung zu versehen ist und dessen abgesaugte Luft der Feuerung zuzuführen ist. Für den Fall, dass die Feuerung nicht in Betrieb ist, sind Maßnahmen zur Reinigung und Ableitung der abgesaugten Luft vorzusehen.

Der Betreiber hat eine Abfallmitverbrennungsanlage vor Inbetriebnahme mit geschlossenen Lagereinrichtungen für diese Stoffe auszurüsten. Die bei der Lagerung entstehende Abluft ist zu fassen.

Für Abfallverbrennungs- oder -mitverbrennungsanlagen sind Maßnahmen und Einrichtungen zur Erkennung und Bekämpfung von Bränden vorzusehen. Die Brandschutzeinrichtungen und -maßnahmen sind so auszulegen, dass im Abfallbunker entstehende oder eingetragene Brände erkannt und bekämpft werden können.

Der Betreiber hat eine Abfallverbrennungs- oder -mitverbrennungsanlage vor der Inbetriebnahme mit automatischen Vorrichtungen auszurüsten, durch die sichergestellt wird, dass:

- eine Beschickung der Anlagen mit Abfällen oder Stoffen erst möglich ist, wenn beim Anfahren die Mindesttemperatur erreicht ist,
- eine Beschickung der Anlagen mit Abfällen oder Stoffen nur so lange erfolgen kann, wie die Mindesttemperatur aufrechterhalten wird,
- eine Beschickung der Anlagen mit Abfällen oder Stoffen unterbrochen wird, wenn infolge eines Ausfalls oder einer Störung von Abgasreinigungseinrichtungen eine Überschreitung eines kontinuierlich überwachten Emissionsgrenzwertes eintreten kann; dabei sind sicherheitstechnische Belange des Brand- und Explosionsschutzes zu beachten.

Betriebsbedingungen (§ 5)

Eine Abfallverbrennungsanlage ist so zu errichten und zu betreiben, dass:

- ein weitgehender Ausbrand der Abfälle oder der Stoffe erreicht wird und
- in der Schlacke und in der Rostasche ein Gehalt an organisch gebundenem Gesamtkohlenstoff von weniger als 3 Prozent oder ein Glühverlust von weniger als 5 Prozent des Trockengewichtes eingehalten wird.

Flugascheablagerungen sind möglichst gering zu halten, insbesondere durch geeignete Abgasführung sowie häufige Reinigung von Kesseln, Heizflächen, Kesselspeisewasser-Vorwärmern und Abgaszügen.

Verbrennungsbedingungen für Abfallverbrennungsanlagen (§ 6)

Abfallverbrennungsanlagen sind so zu errichten und zu betreiben, dass für die Verbrennungsgase, die bei der Verbrennung von Abfällen oder Stoffen entstehen, nach der letzten Verbrennungsluftzuführung eine Mindesttemperatur von 850 Grad Celsius eingehalten wird.

Bei der Verbrennung von gefährlichen Abfällen mit einem Halogengehalt aus halogenorganischen Stoffen von mehr als 1 Prozent des Gewichts, berechnet als Chlor, hat der Betreiber dafür zu sorgen, dass eine Mindesttemperatur von 1100 Grad Celsius eingehalten wird.

Die Mindesttemperatur muss auch unter ungünstigsten Bedingungen bei gleichmäßiger Durchmischung der Verbrennungsgase mit der Verbrennungsluft für eine Verweilzeit von mindestens zwei Sekunden eingehalten werden.

Die Einhaltung der Mindesttemperatur und der Mindestverweilzeit ist zumindest einmal bei Inbetriebnahme der Anlage durch Messungen oder durch ein von der zuständigen Behörde anerkanntes Gutachten nachzuweisen.

Verbrennungsbedingungen für Abfallmitverbrennungsanlagen (§ 7)

Abfallmitverbrennungsanlagen sind so zu errichten und zu betreiben, dass für die Verbrennungsgase, die bei der Abfallmitverbrennung entstehen, eine Mindesttemperatur von 850 Grad Celsius eingehalten wird.

Bei der Verbrennung von gefährlichen Abfällen mit einem Halogengehalt aus halogenorganischen Stoffen von mehr als 1 Prozent des Gewichts, berechnet als Chlor, hat der Betreiber dafür zu sorgen, dass eine Mindesttemperatur von 1100 Grad Celsius eingehalten wird.

Die Mindesttemperatur muss auch unter ungünstigsten Bedingungen für eine Verweilzeit von mindestens zwei Sekunden eingehalten werden.

Die Einhaltung der Mindesttemperatur und der Mindestverweilzeit ist zumindest einmal bei Inbetriebnahme der Anlage durch Messungen oder durch ein von der zuständigen Behörde anerkanntes Gutachten nachzuweisen.

Emissionsgrenzwerte für Abfallverbrennungsanlagen (§ 8)

Abfallverbrennungsanlagen sind so zu errichten und zu betreiben, dass:

- kein Tagesmittelwert die folgenden Emissionsgrenzwerte überschreitet:
  - Gesamtstaub 5 mg/m³
  - organische Stoffe, angegeben als Gesamtkohlenstoff 10 mg/m³
  - gasförmige anorganische Chlorverbindungen, angegeben als Chlorwasserstoff 10 mg/m³
  - gasförmige anorganische Fluorverbindungen, angegeben als Fluorwasserstoff 1 mg/m³
  - Schwefeldioxid und Schwefeltrioxid, angegeben als Schwefeldioxid 50 mg/m³
  - Stickstoffmonoxid und Stickstoffdioxid, angegeben als Stickstoffdioxid 150 mg/m³
  - Quecksilber und seine Verbindungen, angegeben als Quecksilber 0,03 mg/m³
  - Kohlenmonoxid 50 mg/m³
  - Ammoniak, sofern zur Minderung der Emissionen von Stickstoffoxiden ein Verfahren zur selektiven katalytischen oder nichtkatalytischen Reduktion eingesetzt wird 10 mg/m³

- kein Halbstundenmittelwert die folgenden Emissionsgrenzwerte überschreitet:
  - Gesamtstaub 20 mg/m³
  - organische Stoffe, angegeben als Gesamtkohlenstoff 20 mg/m³
  - gasförmige anorganische Chlorverbindungen, angegeben als Chlorwasserstoff 60 mg/m³
  - gasförmige, anorganische Fluorverbindungen, angegeben als Fluorwasserstoff 4 mg/m³

- Schwefeldioxid und Schwefeltrioxid, angegeben als Schwefeldioxid 200 mg/m^3
- Stickstoffmonoxid und Stickstoffdioxid, angegeben als Stickstoffdioxid 400 mg/m^3
- Quecksilber und seine Verbindungen, angegeben als Quecksilber 0,05 mg/m^3
- Kohlenmonoxid 100 mg/m^3
- Ammoniak, sofern zur Minderung der Emissionen von Stickstoffoxiden ein Verfahren zur selektiven katalytischen oder nichtkatalytischen Reduktion eingesetzt wird 15 mg/m^3

• kein Mittelwert, der über die jeweilige Probenahmezeit gebildet ist, die folgenden Emissionsgrenzwerte überschreitet:
  - Cadmium und seine Verbindungen, angegeben als Cd, Thallium und seine Verbindungen, angegeben als Tl insgesamt 0,05 mg/m^3
  - Antimon und seine Verbindungen, angegeben als Sb, Arsen und seine Verbindungen, angegeben als As, Blei und seine Verbindungen, angegeben als Pb, Chrom und seine Verbindungen, angegeben als Cr, Cobalt und seine Verbindungen, angegeben als Co, Kupfer und seine Verbindungen, angegeben als Cu, Mangan und seine Verbindungen, angegeben als Mn, Nickel und seine Verbindungen, angegeben als Ni, Vanadium und seine Verbindungen, angegeben als V, Zinn und seine Verbindungen, angegeben als Sn insgesamt 0,5 mg/m^3
  - Arsen und seine Verbindungen (außer Arsenwasserstoff), angegeben als As, Benzo(a)pyren, Cadmium und seine Verbindungen, angegeben als Cd, wasserlösliche Cobaltverbindungen, angegeben als Co, Chrom(VI)verbindungen (außer Bariumchromat und Bleichromat), angegeben als Cr insgesamt 0,05 mg/m^3

  oder
  - Arsen und seine Verbindungen, angegeben als As, Benzo(a)pyren, Cadmium und seine Verbindungen, angegeben als Cd, Cobalt und seine Verbindungen, angegeben als Co, Chrom und seine Verbindungen, angegeben als Cr insgesamt 0,05 mg/m^3

  und
  - Dioxine und Furane insgesamt 0,1 ng/m^3

Dioxine und Furane

Für den zu bildenden Summenwert für polychlorierte Dibenzodioxine, Dibenzofurane und di-PCB sind die im Abgas ermittelten Konzentrationen der nachstehend genannten Dioxine, Furane und di-PCB mit den angegebenen Äquivalenzfaktoren zu multiplizieren und zu summieren (Abb. 17.1).

Stoff	Äquivalenz-faktor
Polychlorierte Dibenzodioxine (PCDD)	**WHO-TEF 2005**
2,3,7,8-Tetrachlordibenzodioxin (TCDD)	1
1,2,3,7,8-Pentachlordibenzodioxin (PeCDD)	1
1,2,3,4,7,8-Hexachlordibenzodioxin (HxCDD)	0,1
1,2,3,7,8,9-Hexachlordibenzodioxin (HxCDD)	0,1
1,2,3,6,7,8-Hexachlordibenzodioxin (HxCDD)	0,1
1,2,3,4,6,7,8-Heptachlordibenzodioxin (HpCDD)	0,01
Octachlordibenzodioxin (OCDD)	0,0003
Polychlorierte Dibenzofurane (PCDF)	**WHO-TEF 2005**
2,3,7,8-Tetrachlordibenzofuran (TCDF)	0,1
2,3,4,7,8-Pentachlordibenzofuran (PeCDF)	0,3
1,2,3,7,8-Pentachlordibenzofuran (PeCDF)	0,03
1,2,3,4,7,8-Hexachlordibenzofuran (HxCDF)	0,1
1,2,3,7,8,9-Hexachlordibenzofuran (HxCDF)	0,1
1,2,3,6,7,8-Hexachlordibenzofuran (HxCDF)	0,1
2,3,4,6,7,8-Hexachlordibenzofuran (HxCDF)	0,1
1,2,3,4,6,7,8-Heptachlordibenzofuran (HpCDF)	0,01
1,2,3,4,7,8,9-Heptachlordibenzofuran (HpCDF)	0,01
Octachlordibenzofuran (OCDF)	0,003
Polychlorierte Biphenyle	**WHO-TEF 2005**
PCB 77	0,0001
PCB 81	0,0003
PCB 126	0,1
PCB 169	0,03
PCB 105	0,00003
PCB 114	0,00003
PCB 118	0,0003
PCB 123	0,00003
PCB 156	0,00003
PCB 157	0,00003
PCB 167	0,00003
PCB 189	0,00003

Abb. 17.1: Äquivalenzfaktoren für Dioxine und Furane

Emissionsgrenzwerte für Abfallmitverbrennungsanlagen (§ 9)

Abfallmitverbrennungsanlagen sind so zu errichten und zu betreiben, dass die in Anlage 3 der Verordnung aufgeführten Emissionsgrenzwerte in den Abgasen eingehalten werden.

Behandlung der bei der Abfallverbrennung und Abfallmitverbrennung entstehenden Rückstände (§ 12)

Rückstände, wie Schlacken, Rostaschen, Filter- und Kesselstäube sowie Reaktionsprodukte und sonstige Abfälle der Abgasbehandlung, sind zu vermeiden, zu verwerten oder zu beseitigen. So weit die Verwertung der Rückstände technisch nicht möglich oder unzumutbar ist, sind sie ohne Beeinträchtigung des Wohls der Allgemeinheit zu beseitigen.

Der Betreiber hat dafür zu sorgen, dass Filter- und Kesselstäube, die bei der Abgasentstaubung sowie bei der Reinigung von Kesseln, Heizflächen und Abgaszügen anfallen, getrennt von anderen festen Abfällen erfasst werden.

Die Förder- und Lagersysteme für schadstoffhaltige, staubförmige Rückstände sind so auszulegen und zu betreiben, dass hiervon keine relevanten diffusen Emissionen ausgehen können. Dies gilt besonders hinsichtlich notwendiger Wartungs- und Reparaturarbeiten an verschleißanfälligen Anlagenteilen. Der Betreiber hat dafür zu sorgen, dass trockene Filter- und Kesselstäube, Reaktionsprodukte der Abgasbehandlung und trocken abgezogene Schlacken in geschlossenen Behältnissen befördert oder zwischengelagert werden.

Vor der Festlegung der Verfahren für die Verwertung oder Beseitigung der bei der Abfallverbrennung oder -mitverbrennung entstehenden Abfälle, insbesondere der Schlacken, Rostaschen und der Filter- und Kesselstäube, ist ihr Schadstoffpotenzial, insbesondere deren physikalische und chemische Eigenschaften sowie deren Gehalt an schädlichen Verunreinigungen, durch geeignete Analysen zu ermitteln. Die Analysen sind für die gesamte lösliche Fraktion und die Schwermetalle im löslichen und unlöslichen Teil durchzuführen.

Wärmenutzung (§ 13)

Wärme, die in Abfallverbrennungs- oder -mitverbrennungsanlagen entsteht und die nicht an Dritte abgegeben wird, ist in Anlagen des Betreibers zu nutzen, soweit dies nach Art und Standort dieser Anlagen technisch möglich und zumutbar ist. Der Betreiber hat, so weit aus entstehender Wärme, die nicht an Dritte abgegeben wird oder die nicht in Anlagen des Betreibers genutzt wird, eine elektrische Klemmenleistung von mehr als einem halben Megawatt erzeugbar ist, elektrischen Strom zu erzeugen.

Messverfahren und Messeinrichtungen (§ 15)

Der Betreiber hat sicherzustellen, dass für Messungen die dem Stand der Messtechnik entsprechenden Messverfahren angewendet und geeignete Messeinrichtungen, verwendet werden.

Der Betreiber hat sicherzustellen, dass die Probenahme und Analyse aller Schadstoffe sowie die Qualitätssicherung von automatischen Messsystemen und die Referenzmessverfahren zur Kalibrierung automatischer Messsysteme nach CEN-Normen des Europäischen Komitees für Normung durchgeführt werden. Sind keine CEN-Normen verfügbar, so werden ISO-Normen, nationale Normen oder sonstige internationale Normen angewandt, die sicherstellen, dass Daten von gleichwertiger wissenschaftlicher Qualität ermittelt werden.

Der Betreiber hat den ordnungsgemäßen Einbau von Mess- und Auswerteeinrichtungen zur kontinuierlichen Überwachung vor der Inbetriebnahme der Abfallverbrennungs- oder -mitverbrennungsanlage der zuständigen Behörde durch die Bescheinigung einer bekannt gegebenen Stelle für Kalibrierungen nachzuweisen.

Der Betreiber hat Messeinrichtungen, die zur kontinuierlichen Feststellung der Emissionen oder der Verbrennungsbedingungen sowie zur Ermittlung der Bezugs- oder Betriebsgrößen eingesetzt werden, durch eine bekannt gegebene Stelle:

- kalibrieren zu lassen und
- auf Funktionsfähigkeit prüfen zu lassen.

Die Funktionsfähigkeit ist jährlich mittels Parallelmessung unter Verwendung der Referenzmethode prüfen zu lassen. Die Kalibrierung ist jeweils nach der Errichtung und jeder wesentlichen Änderung durchführen zu lassen, sobald der ungestörte Betrieb erreicht ist, jedoch frühestens drei Monate und spätestens sechs Monate nach Inbetriebnahme. Die Kalibrierung ist mindestens alle drei Jahre zu wiederholen.

Der Betreiber hat die Berichte über das Ergebnis der Kalibrierung und der Prüfung der Funktionsfähigkeit der zuständigen Behörde innerhalb von zwölf Wochen nach Kalibrierung und Prüfung vorzulegen.

Kontinuierliche Messungen (§ 16)

Der Betreiber hat folgende Parameter kontinuierlich zu ermitteln, zu registrieren und auszuwerten:

- die Massenkonzentration der Emissionen,
- den Volumengehalt an Sauerstoff im Abgas,
- die Temperaturen und
- die zur Beurteilung des ordnungsgemäßen Betriebs erforderlichen Betriebsgrößen, insbesondere die Abgastemperatur, das Abgasvolumen, den Feuchtegehalt und den Druck.

Der Betreiber hat hierzu die Abfallverbrennungs- oder -mitverbrennungsanlagen vor Inbetriebnahme mit geeigneten Messeinrichtungen und Messwertrechnern auszurüsten.

Auswertung und Beurteilung von kontinuierlichen Messungen (§ 17)

Während des Betriebs der Abfallverbrennungs- oder -mitverbrennungsanlagen ist aus den nach § 16 ermittelten Messwerten für jede aufeinander folgende halbe Stunde jeweils der Halbstundenmittelwert zu bilden und auf den Bezugssauerstoffgehalt umzurechnen. Aus den Halbstundenmittelwerten ist für jeden Tag der Tagesmittelwert, bezogen auf die tägliche Betriebszeit einschließlich der An- oder Abfahrvorgänge, zu bilden.

Über die Ergebnisse der kontinuierlichen Messungen hat der Betreiber für jedes Kalenderjahr einen Messbericht zu erstellen und der zuständigen Behörde bis zum 31. März des Folgejahres vorzulegen. Der Betreiber hat den Bericht sowie die zugehörigen Aufzeichnungen der Messgeräte fünf Jahre nach Ende des Berichtszeitraums aufzubewahren.

Der Betreiber hat die Jahresmittelwerte auf der Grundlage der validierten Tagesmittelwerte zu berechnen; hierzu sind die Tagesmittelwerte eines Kalenderjahres zusammenzuzählen und durch die Anzahl der Tagesmittelwerte zu teilen. Der Betreiber hat für jedes Kalenderjahr einen Nachweis über die Jahresmittelwerte zu führen und der zuständigen Behörde bis zum 31. März des Folgejahres auf Verlangen vorzulegen. Die Nachweise sind fünf Jahre nach Ende des Nachweiszeitraums aufzubewahren.

Störungen des Betriebs (§ 21)

Ergibt sich aus Messungen, dass Anforderungen an den Betrieb einer Abfallverbrennungs- oder -mitverbrennungsanlage oder zur Begrenzung von Emissionen nicht erfüllt werden, hat der Betreiber dies der zuständigen Behörde unverzüglich mitzuteilen. Er hat unverzüglich die erforderlichen Maßnahmen für einen ordnungsgemäßen Betrieb zu treffen.

Die zuständige Behörde trägt durch entsprechende Überwachungsmaßnahmen dafür Sorge, dass der Betreiber:

- seinen rechtlichen Verpflichtungen zu einem ordnungsgemäßen Betrieb nachkommt oder
- die Anlage außer Betrieb nimmt.

Jährliche Berichte über Emissionen (§ 22)

Der Betreiber einer abfallmitverbrennenden Großfeuerungsanlage hat der zuständigen Behörde erstmals für das Jahr 2016 und dann jährlich jeweils bis zum 31. Mai des Folgejahres für jede einzelne Anlage zu berichten:

- die installierte Feuerungswärmeleistung der Feuerungsanlage, in Megawatt,
- die Art der Feuerungsanlage: Kesselfeuerung, Gasturbine, Gasmotor, Dieselmotor, andere Feuerungsanlage mit genauer Angabe der Art der Feuerungsanlage,
- das Datum der Betriebsaufnahme und der letzten wesentlichen Änderung der Feuerungsanlage, inklusive Benennung der wesentlichen Änderung,
- die Jahresgesamtemissionen, in Megagramm pro Jahr, an Schwefeloxiden, angegeben als Schwefeldioxid, Stickstoffoxiden, angegeben als Stickstoffdioxid, und Staub, angegeben als Schwebstoffe insgesamt,
- die jährlichen Betriebsstunden der Feuerungsanlage,
- den jährlichen Gesamtenergieeinsatz, in Terajoule pro Jahr, bezogen auf den unteren Heizwert, aufgeschlüsselt in die folgenden Brennstoffkategorien:
  - Steinkohle,
  - Braunkohle,
  - Biobrennstoffe,
  - Torf,
  - andere feste Brennstoffe mit genauer Angabe der Bezeichnung des festen Brennstoffs,
  - flüssige Brennstoffe,
  - Erdgas,
  - sonstige Gase mit genauer Angabe der Bezeichnung des Gases,
- für Feuerungsanlagen den Schwefelgehalt der verwendeten heimischen festen Brennstoffe und den erzielten Schwefelabscheidegrad.

Veröffentlichungspflichten (§ 23)

Der Betreiber einer Abfallverbrennungs- oder -mitverbrennungsanlage hat nach erstmaliger Kalibrierung der Messeinrichtungen und danach einmal jährlich Folgendes zu veröffentlichen:

- die Ergebnisse der Emissionsmessungen,
- einen Vergleich der Ergebnisse der Emissionsmessungen mit den Emissionsgrenzwerten und
- eine Beurteilung der Verbrennungsbedingungen.

17.2 Prozessschema der thermischen Abfallbehandlung

Die Zielsetzung aller thermischen Behandlungsverfahren liegt in:

- der Reduzierung der zu entsorgenden Abfallmengen,
- der Zerstörung schädlicher Abfallbestandteile,
- der Rückgewinnung verwertbarer Komponenten,
- der Nutzung von Energie zur Dampf- und Stromerzeugung.

Durch die thermische Abfallbehandlung kommt es bei den deponierten Restabfällen zu möglichst geringen biologischen und physikalisch-chemischen Reaktionen. Es ergeben sich Möglichkeiten zur Rückgewinnung von Metallen. Gleichzeitig lassen sich große Mengen an Ersatzbaustoffen aus den Verbrennungsschlacken gewinnen. Im Hinblick auf die globale Erwärmung leisten thermische Abfallbehandlungsanlagen einen wichtigen Beitrag zum Klimaschutz, da weniger Treibhausgase freigesetzt werden. Die Nutzung der freigesetzten Energie trägt außerdem zur Einsparung fossiler Energieträger bei.

Abfallwirtschaftskonzepte können auch in Zukunft eine vollständige Abfallvermeidung nicht erreichen. Daher hat die thermische Abfallbehandlung dafür zu sorgen, dass die abfallwirtschaftlichen Ziele erreicht werden und der vorhandene Deponieraum sinnvoll genutzt wird. Eine Verbrennung ist immer dann angebracht, wenn die anfallenden Abfälle in der Zusammensetzung stark schwanken oder gefährliche Bestandteile enthalten. Solche Abfälle sind schwer analysierbare Vielstoffsysteme und enthalten schwer abbaubare und potenziell umweltgefährdende Stoffe, die vor einer Ablagerung zerstört werden müssen. Die thermische Abfallbehandlung wandelt den heterogenen, mit einer Vielzahl von Schadstoffen durchsetzten Restabfall, in definierte Stoffe um.

Abbildung 17.2 zeigt die Grundstruktur der thermischen Abfallbehandlung. Sie besteht aus den Prozessschritten:

- Abfallarten,
- Abfalllagerung,
- Verbrennung,
- Abgasreinigung,
- Reststoffverwertung.

In Abhängigkeit von den jeweiligen Verfahrenstechniken ergeben sich verschiedene anlagentechnische Möglichkeiten. In den folgenden Abschnitten werden einige davon beschrieben.

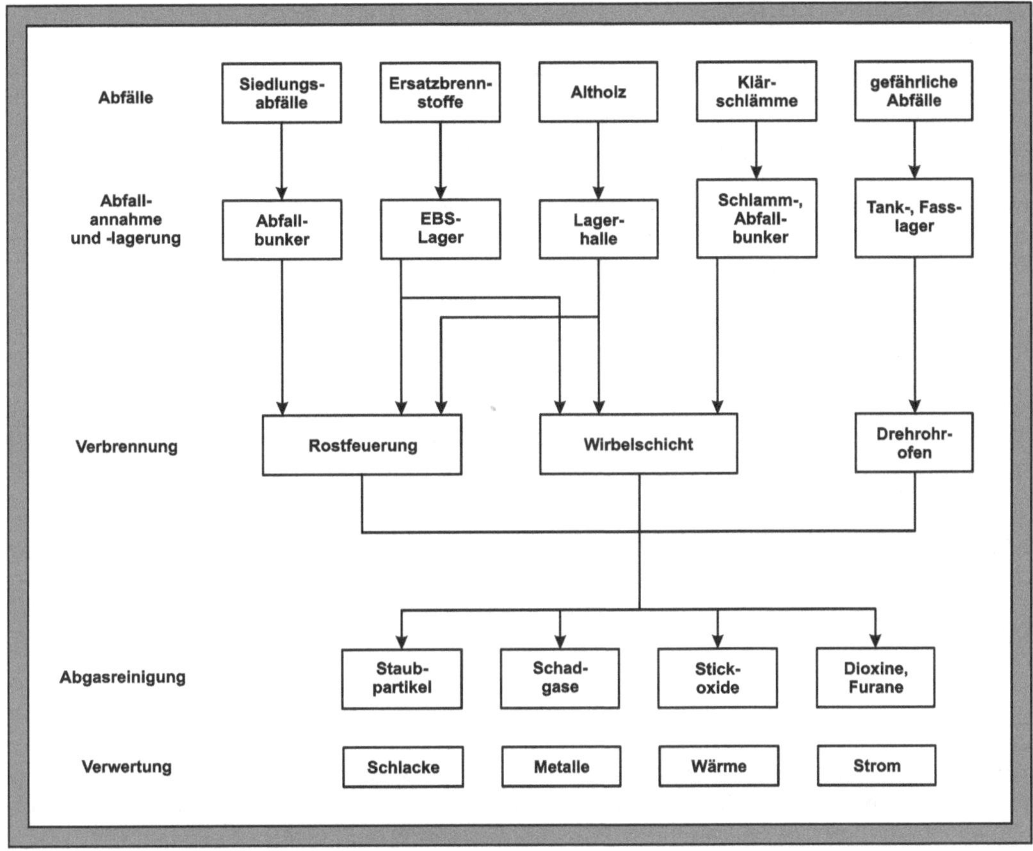

Abb. 17.2: Prozessschema der thermischen Abfallbehandlung

17.3 Abfälle

Mengenmäßig werden besonders folgende Abfälle thermisch behandelt:

- Siedlungsabfälle,
- Ersatzbrennstoffe,
- Altholz,
- Klärschlämme,
- gefährliche Abfälle.

Siedlungsabfälle

Siedlungsabfälle fallen u.a. als Haus- und Sperrmüll, im Unternehmen als hausmüllähnlicher Gewerbeabfall oder als Straßenkehricht an. Die prozentuale Zusammensetzung ist je nach Anfallstelle stark schwankend. Sie bestehen überwiegend aus Papier, Kunststoffen, Textilien, Holz, Garten- und Küchenabfällen, Metalle, Glas und weiteren Inertstoffen. Aus dem anfallenden Siedlungsabfall lassen sich u.a. Ersatzbrennstoffe gewinnen.

Ersatzbrennstoffe (EBS)

Die im Siedlungsabfall vorhandenen kohlenstoffreichen Fraktionen (z.B. Kunststoffe, Textilien, Holz, Papier) lassen sich abtrennen und als Ersatzbrennstoffe verwerten. Weitere EBS-Stoffe sind z.B. Altöle oder Autoreifen. Da sie ursprünglich aus Rohölfraktionen hergestellt wurden, können sie direkt fossile Energieträger ersetzen. Einsatzmöglichkeiten ergeben sich z.B. in Kohlekraftwerken oder in Zementwerken. Im Gegensatz zu fossilen Energieträgern enthalten Ersatzbrennstoffe mehr Schwermetalle und einen höheren Chloranteil. Ob die Gewinnung von Ersatzbrennstoff sinnvoll ist, lässt sich nur bei Betrachtung der gesamten Prozesskette (Herstellung → Anwendung → Reststoffe) beantworten.

Altholz

Nach der Altholzverordnung wird Altholz in vier Kategorien eingeteilt. Kategorie AI umfasst naturbelassenes oder mechanisch bearbeitetes Altholz. Kategorie AII erfasst verleimtes, beschichtetes oder lackiertes Holz. Es enthält keine Holzschutzmittel oder halogenorganische Verbindungen. Demgegenüber enthält die Kategorie AIII halogenorganische Verbindungen. In Kategorie AIV befindet sich mit Holzschutzmitteln behandeltes Altholz (z.B. Bahnschwellen, Leitungsmasten, etc.). Althölzer der Kategorien AII und AIII lassen sich nur analytisch unterscheiden. Anlagen zur energetischen Verwertung von Altholz sind daher technisch so zu errichten, dass sie die Anforderungen der 17. BImSchV „Verordnung über die Verbrennung und die Mitverbrennung von Abfällen" sicher erfüllen.

Klärschlämme

Klärschlämme fallen bei der Abwasserbehandlung an. Sie enthalten zahlreiche anorganische und organische Schadstoffe und können daher nicht ohne weiteres auf landwirtschaftliche Flächen ausgebracht werden. Aufgrund ihres hohen Wasseranteils müssen Klärschlämme vor der Verbrennung getrocknet werden. Darüber hinaus besteht die Trockensubstanz ca. zur Hälfte aus anorganischen Bestandteilen, die als Asche anfallen. Der Heizwert von getrockneten Klärschlämmen entspricht etwa dem von Braunkohle oder von Hausmüll. Überwiegend werden Klärschlämme in Monoverbrennungsanlagen, in Kohlekraftwerken und in Zementwerken verbrannt. Hausmüllverbrennungsanlagen spielen eine untergeordnete Rolle. Aus den Aschen von Monoverbrennungsanlagen lassen sich Phosphate als Düngemittel wiedergewinnen.

Gefährliche Abfälle

Über die Abfallverzeichnis-Verordnung (AVV) werden gefährliche Abfälle klassifiziert. Dazu zählen z.B.:

- Abfälle aus der Erdölraffination (z.B. ölhaltige Schlämme, Teere),
- Abfälle aus organisch-chemischen Prozessen (z.B. Lösungsmittel),
- Abfälle von Beschichtungen (z.B. Farbe, Lacke), Klebstoffen und Kunststoffen,
- Ölabfällen und flüssige Brennstoffe (z.B. Hydrauliköle, Maschinen-, Schmieröle).

Diese Abfälle können zusammen mit weiteren Bestandteilen vorliegen (z.B. verseuchtes Erdreich, Putzlappen, Adsorptionsmittel, Gebinde). Verfahrenstechnisch bedingt fallen gefährliche ‚Abfälle in der chemischen und petrochemischen Industrie an. Auch das Recycling von Elektro- und Elektronikgeräten liefert mit Leiterplatten schadstoffbehaftete Komponenten. Bei deren thermischer Behandlung steht die Rückgewinnung von Edelmetallen im Vordergrund.

17.4 Abfallannahme und -lagerung

Siedlungsabfälle gelangen mit Müllfahrzeugen zur Verbrennungsanlage. Die Fahrzeuge werden gewogen und die Abfälle im Müllbunker gelagert. Sperrmüll muss vor der Verbrennung zerkleinert werden. Der Müllbunker dient als Puffer, da die Anlieferung diskontinuierlich, die Beschickung der Verbrennungsanlage aber kontinuierlich erfolgt. Durch Vermischung der Abfälle im Bunker werden eine homogenere Zusammensetzung und ein gleichmäßiger Heizwert der Abfälle für die Verbrennung angestrebt. Um Geruchsemissionen zu vermeiden, herrscht im Bunker Unterdruck. Die freigesetzten Stoffe werden abgesaugt und der Verbrennung zugeführt.

Die Anlieferung und Lagerung von **Ersatzbrennstoffen** (EBS) erfolgt ähnlich wie bei Siedlungsabfällen. **Altholz** wird aufbereitet, zerkleinert und in Lagerhallen gelagert. Zur Verminderung von Gerüchen wird **Klärschlamm** ausgefault und so zur Gewinnung von Methan (CH_4) genutzt. Der behandelte Schlamm wird filtriert und getrocknet. Je nach Konsistenz wird der Klärschlamm in einem Schlammbunker zwischengelagert oder direkt im Müllbunker gelagert.

Die höchsten Anforderungen bzgl. Anlieferung und Lagerung werden an **gefährliche Abfälle** gestellt. Deren Zusammensetzung ist anhand einer Deklarationsanalyse nachzuweisen. Die entsprechenden Regelungen der Nachweisverordnung sind einzuhalten. Aufgrund möglicher chemischer Reaktionen ist ein Vermischungsverbot verschiedener gefährlicher Abfälle zu beachten. Ein Transport und die Lagerung geschehen in Containern, Tankwagen oder Fässern. Feste und pastöse Abfälle sind in geeigneten Gefäßen oder Räumlichkeiten zu lagern. Die Empfehlungen des VCI-Konzeptes über die Zusammenlagerung von Chemikalien sind zu berücksichtigen. Gleiches gilt für die Einhaltung der „Technischen Regeln für Gefahrstoffe (TRGS)".

17.5 Verbrennungstechnologien

Die Auswahl der möglichen Verbrennungstechnologien hängt von der Art des Abfalles ab. Wichtige Einflussgrößen für die Verbrennung sind:

- die Mischungsgüte des Abfalles,
- die Verbrennungstemperatur,
- die Verweilzeit in der Verbrennungs- und Nachbrennzone und
- der Sauerstoffgehalt.

Abbildung 17.3 zeigt geeignete Verbrennungstechnologien für die jeweiligen Abfälle.

Abfallart \ Verbrennungstechnologien	Rostfeuerung	Wirbelschicht	Drehrohrofen
Siedlungsabfälle	X		
Ersatzbrennstoffe	X	X	
Altholz	X	X	
Klärschlämme		X	
gefährliche Abfälle			X

Abb. 17.3: Geeignete Verbrennungstechnologien für verschiedene Abfallarten [17.32]

Unabhängig von der Verbrennungstechnologie muss ein möglichst vollständiger Ausbrand erzielt werden.

Rostfeuerung

Das Prinzip der heute gebräuchlichen Rostfeuerung zur Verbrennung von Siedlungsabfällen gehört zu den ältesten Verfahren der thermischen Abfallbehandlung. Die Behandlung auf dem Rost ist das Standardverfahren der thermischen Abfallbehandlung und hat sich weltweit bewährt. Auch in Deutschland wird die thermische Behandlung von Hausmüll zurzeit von der Rostfeuerung dominiert. Als besonders effektiv hat sich im Alltagsbetrieb die Verbrennung von festen Abfällen auf dem Rost herausgestellt.

Die Abfälle werden über einen Einfülltrichter auf den Rost gegeben und dann von diesem horizontal oder geneigt weiterbefördert. Während der Mülltransport auf dem Rost erfolgt, wird die hochtemperierte Verbrennungsluft entweder im Kreuz- oder im Schrägstrom durch den Rost gedrückt. Der Rost erfüllt im Wesentlichen drei Funktionen:

- Transport des Abfalls von der Aufgabeseite auf der Oberseite bis zum unteren Schlackenabzug,
- Gewährleistung der zur Verbrennung nötigen Luftzufuhr und
- Umwälzung des Abfalls, um den Ausbrand zu erhöhen.

Beim Transport über den Rost wird der Abfall getrocknet, entgast und verbrannt. Die Verweilzeit auf dem Rost beträgt ca. 1 Stunde. Die Abgase müssen einer Abgasreinigung unterzogen werden, die Schlacke wird abgezogen und anderweitig verwertet (Abb. 17.4).

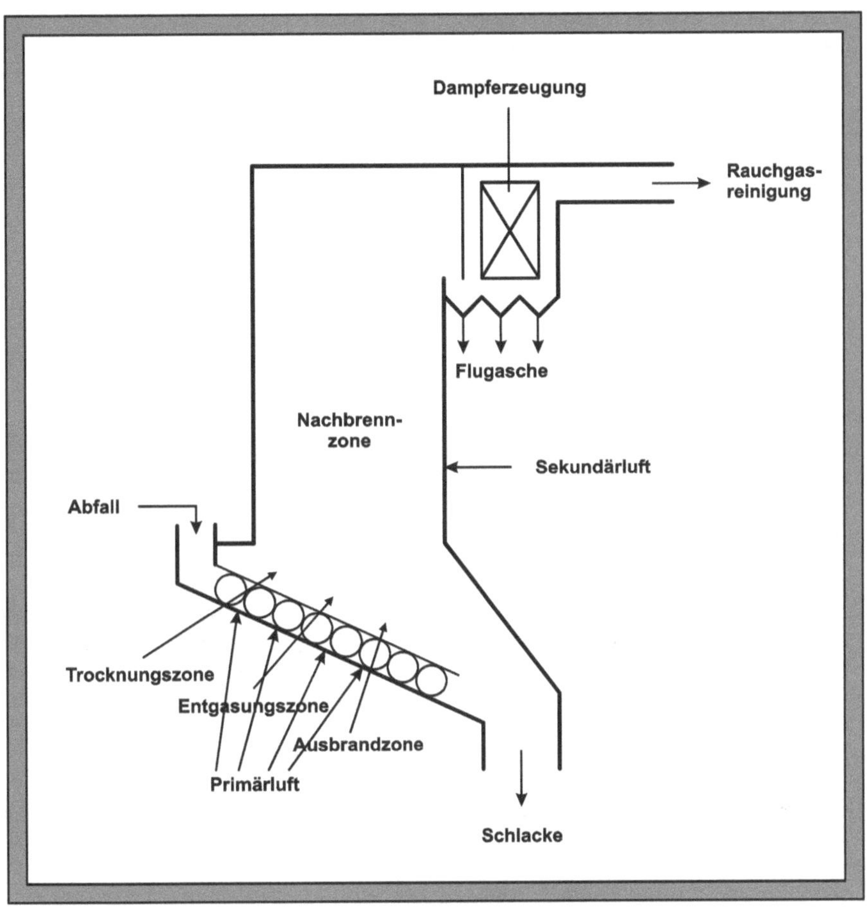

Abb. 17.4: Verbrennungsphasen

Um trotz der Heterogenität des zugeführten Abfalls einen möglichst problemfreien und hohen Ausbrand zu erreichen, ist ein hoher Sauerstoffüberschuss nötig. Die Primärluft für die Verbrennung wird dem Rost von unten zugeführt. Für einen vollständigen Ausbrand der Verbrennungsgase ist eine Sekundärluftzuführung vorgesehen. Die entstehenden Verbrennungsgase verlassen den Feuerraum nach oben und geben ihre Wärmeenergie an den Kessel ab.

Vorschubroste bestehen aus mehreren feststehenden und beweglichen Roststäben, die reihenweise überlappend angeordnet sind. Durch Hubbewegung der beweglichen Querreihen wird der Abfall über den Rost befördert. Vorschubroste können sowohl geneigt als auch horizontal angeordnet sein, da die Vorwärtsbewegung des Verbrennungsgutes durch die Hubbewegung und nicht durch das Eigengewicht erfolgt. Durch die Bewegung ist eine ausreichende Schürung gewährleistet.

Der Rückschubrost besteht wie der Vorschubrost aus beweglichen und feststehenden Querreihen. Der Rost ist zum Schlackeaustrag hin geneigt, die Hubbewegung der Roststäbe erfolgt zur Beschickungsrichtung hin. Durch diese Aufwärtsbewegung wird eine gute Schürung erreicht, da ständig Glutteile aus der Hauptbrennzone zum Rostanfang geschoben werden. Am Rostende werden die Verbrennungsrückstände mit einer Walze ausgetragen.

Der Walzenrost besteht aus mehreren liegenden Zylindern, die sich um ihre Längsachse drehen und somit den Abfall weiter transportieren. Der Abfalltransport erfolgt von einer Rostwalze zur nächsten. Geschürt wird das Feuer durch Schlitze, die sich im Walzenrost befinden. Hier wird die Luft von innen nach außen gepresst. Die Standzeiten der Walzenroste sind im Vergleich zu den Vorschubrosten wesentlich höher, weil durch die Rotation nur ein kleiner Teil der Walzen mit hohen Temperaturen beaufschlagt wird.

Wirbelschichtfeuerung

Bei der Wirbelschichtfeuerung werden überwiegend vorgetrocknete Schlämme oder geschredderte Reststoffe verbrannt. Es lassen sich zwei Verfahrensprinzipien unterscheiden, die:

- stationäre Wirbelschicht,
- zirkulierende Wirbelschicht.

Bei der stationären Wirbelschicht ist das Bettmaterial nur im unteren Bereich des Verbrennungsraumes fluidisiert. Bei der zirkulierenden Wirbelschicht ist die Strömungsgeschwindigkeit höher. Das Bettmaterial wird ausgetragen, in einem nachgeschalteten Zyklon abgeschieden und wieder in den Verbrennungsraum zurückgeführt.

Der Wirbelschichtofen (Abb. 17.5) besteht aus einer zylindrisch ausgemauerten, senkrechten Brennkammer, in deren Boden sich Düsen befinden. Durch die Düsen wird Verbrennungsluft zugeführt, die den Brennstoff fluidisiert, so dass eine Gas-Feststoff-Suspension vorliegt. Daraus ergeben sich eine relativ große spezifische Oberfläche und ein ausgezeichneter Wärme- und Stoffaustausch. Charakteristisch für eine Wirbelschichtverbrennung ist ein inertes Bett (Wirbelschicht), das aus einer Sandschicht (Höhe ca. 1m; Körnung 0,5 - 3 mm) besteht.

Die Wirbelschicht wird durch die vorgewärmte Primärluft, die von unten durch einen Düsenboden mit etwa 1 bis 2,5 m/s zugeführt wird, in Bewegung gehalten. Der zu verbrennende Abfall wird direkt der Sandschicht zugeführt, teilweise auch oberhalb der Sandschicht im Feuerraum zugegeben. Durch die gute Wärmeübertragung vom heißen Sand auf den Abfall kommt es zur schnellen Zündung und der Abfall verbrennt bei 750 - 1100 °C in der Wirbelschicht. Durch die Zuführung von Sekundärluft wird auch im Gasraum oberhalb der Wirbelschicht ein vollständiger Ausbrand erreicht. In der Nachbrennkammer beträgt die Temperatur mindesten 850 °C; die Verweilzeit muss mehr als 2 Sekunden betragen.

Die Abgase werden abgezogen, durch Zyklone von Feinstständen getrennt und der Rauchgasreinigungsanlage zugeführt. Gegenüber der Rostfeuerung entstehen geringere Rauchgasmengen. Partikel, die sich am Boden absetzen, werden als Schlacke abgeführt und können somit wieder verwertet werden. Bei Wirbelschichtanlagen wird, wie bei anderen Verbrennungstechniken, die Abgaswärme in einem Kessel zur Dampferzeugung genutzt. Zur Senkung der Schadstoffgehalte im Rauchgas können Additive (z.B. Kalk) in die Wirbelschicht gegeben werden, die die Schadgase einbinden.

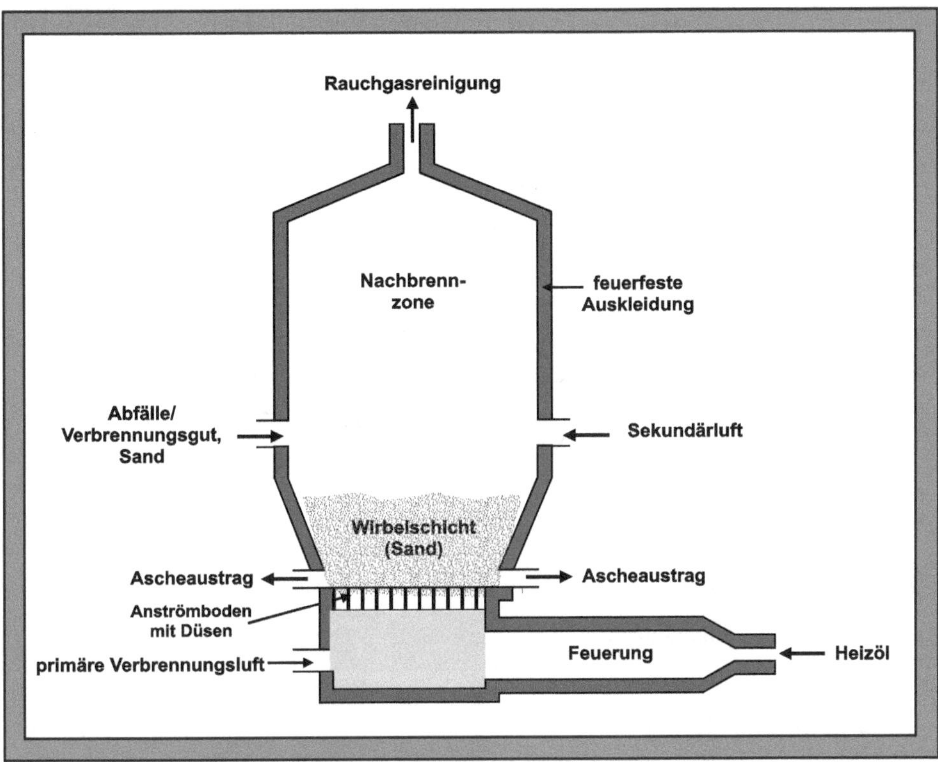

Abb. 17.5: Schema eines Wirbelschichtofens

Drehrohrofen

Für die thermische Behandlung gefährlicher Abfälle ist der Drehrohrofen (Länge 10 - 12 m; Durchmesser 3 - 4 m) am besten geeignet. Es lassen sich feste, pastöse oder flüssige Abfälle verbrennen. Der Drehrohrofen (Abb. 17.6) rotiert mit einer Drehzahl von 0,1 - 1 Umdrehung/Minute um seine Längsachse. Durch seine geringe Neigung (1° - 3°) wird der Abfall von der Aufgabestelle mit einer Verweilzeit von 0,5 - 2 Stunden zum Austrag transportiert. Eventuell notwendige Zusatzbrennstoffe und Verbrennungsluft werden zugeführt. Abfall und Abgase bewegen sich in die gleiche Richtung (Gleichstromprinzip). Die entstehenden Abgase werden nachverbrannt und gereinigt, die Asche über einen Nassaustrag abgezogen.

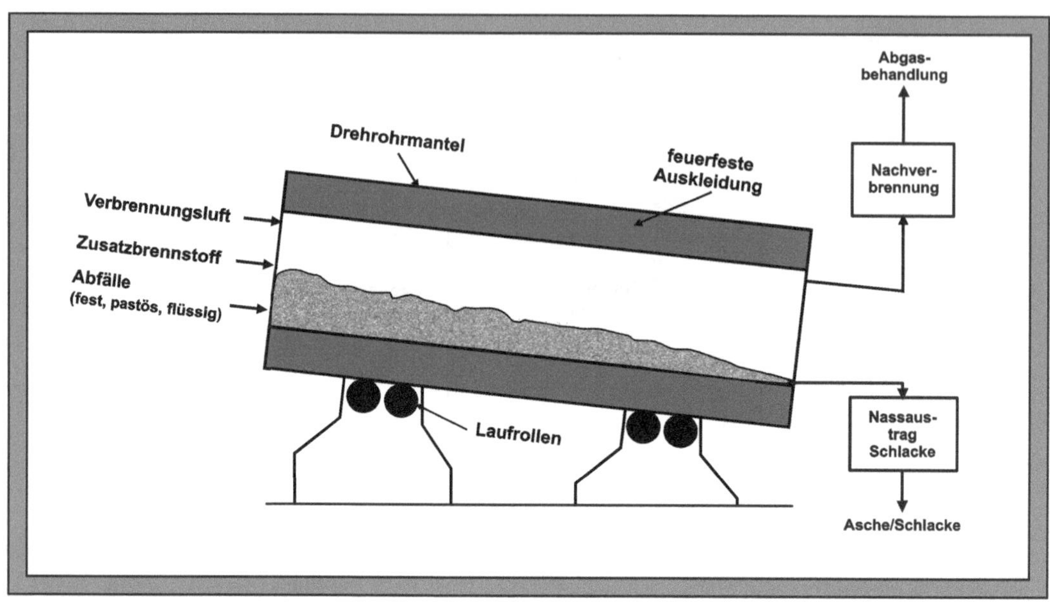

Abb. 17.6: Schema eines Drehrohrofens

17.6 Abgasreinigung

Der Abgasreinigung kommt bei der thermischen Abfallbehandlung eine besondere Bedeutung zu. Hier werden durch verschiedene Prozessschritte u.a.:

- Staubpartikel,
- Schadgase (SO_2, HCl, HF, Hg),
- Stickoxide (NO_x),
- Dioxine und Furane

entfernt. Die Anforderungen an die Abgasreinigung sind für die Verbrennung von Siedlungsabfällen und gefährlichen Abfällen nahezu gleich.

17.6.1 Abscheidung von Stäuben

Für die Staubabscheidung stehen eine Vielzahl von Abreinigungstechniken zur Verfügung. Um eine effektive und kostengünstige Abscheidung zu erzielen, müssen vor der Auswahl des Verfahrens eine Reihe von Kenngrößen, wie:

- Teilchengröße,
- Teilchengrößenverteilung,
- Schadstoffkonzentration,
- Volumenstrom,
- Massenstrom

messtechnisch ermittelt werden. Grundsätzlich sind für die Abscheidung von Stäuben vier Verfahrensprinzipien geeignet:

- Massenkraftabscheider,
- Nassabscheider (Wäscher),
- Filter,
- Elektroabscheider.

Die Leistung eines Abscheiders lässt sich durch verschiedene Größen charakterisieren. So ergibt sich der Gesamtabscheidegrad η_{ges} als Quotient aus zugeführter Staubmenge $\dot{m}_{ein}$ und abgeschiedener Staubmenge $\dot{m}_{ab}$:

$$\eta_{ges} = \frac{\dot{m}_{ab}}{\dot{m}_{ein}} \leq 1$$

Während der Gesamtabscheidegrad nur eine Aussage über die gesamte abgeschiedene Staubmasse erlaubt, gibt der Fraktionsabscheidegrad $\eta_{\bar{x}}$ den Abscheidegrad als Funktion des Teilchendurchmessers an:

$$\eta_{\bar{x}} = \frac{\Delta \dot{m}_{ab}}{\Delta \dot{m}_{ein}}$$

$\bar{x}$ ist dabei der mittlere Teilchendurchmesser einer bestimmten Massenfraktion Δm. Abbildung 17.7 zeigt den Fraktionsabscheidegrad verschiedener Abscheidesysteme.

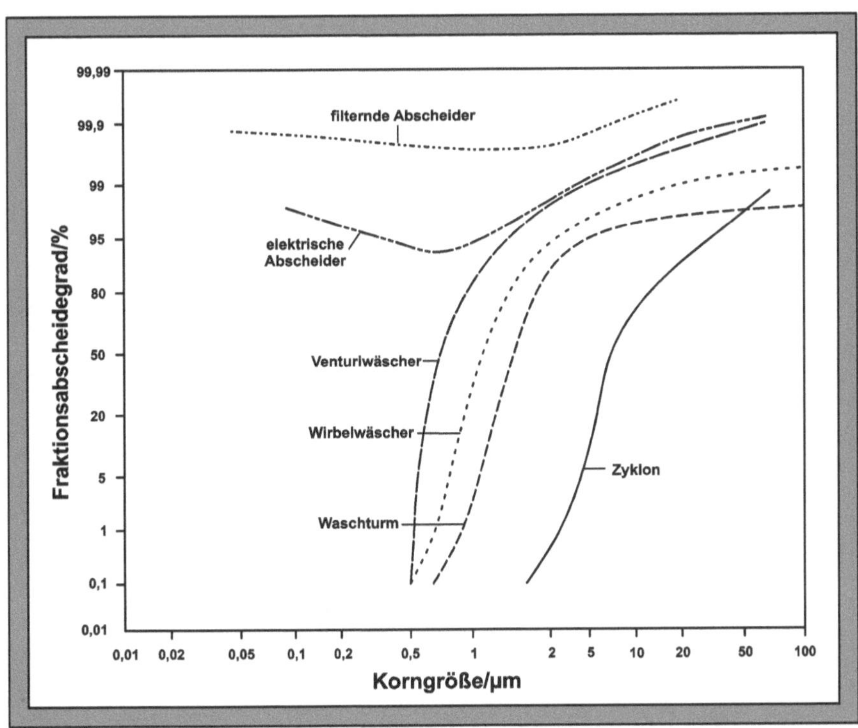

Abb. 17.7: Fraktionsabscheidegrad verschiedener Abscheidesysteme [17.9]

17

Da insbesondere die Abscheidung von Feinstäuben problematisch ist, ermöglicht der Fraktionsabscheidegrad $\eta_{\bar{x}}$ einen besseren Leistungsvergleich verschiedener Systeme. Letztlich muss die Reinigung bei geringen Investitions- und Betriebskosten möglichst effektiv sein.

Massenkraftabscheider

Massenkraftabscheider zeichnen sich durch einen einfachen Aufbau aus. Daraus resultieren relativ geringe Anschaffungs- und Betriebskosten. Sie sind besonders gut für die Abscheidung grober Partikel geeignet. Deshalb liegt ihr Haupteinsatzgebiet in der Teil- bzw. Vorentstaubung von Gasen. Danach werden die verbleibenden Feinstäube mit anderen Verfahren weiter abgereinigt.

Massenabscheider scheiden Partikel mit Hilfe von Kräften (Schwerkraft, Fliehkraft, etc.) ab. Die beste Abscheideleistung hat dabei der Zyklon als Fliehkraftabscheider. Das zu reinigende Rohgas strömt tangential oder axial in einen nach unten konisch zulaufenden Zylinder - den Zyklon - ein (Abb. 17.8). Dadurch wird das staubbeladene Gas in eine Kreisbewegung gezwungen und die Staubpartikel einer Zentrifugalkraft unterworfen. Die Staubpartikel schlagen sich an der Zyklonwand nieder und rutschen von dort aus in den Staubsammelbunker. Im Konus des Zyklons kehrt sich die Richtung des Gasstromes von außen nach innen um und er verlässt den Zyklon über das Tauchrohr als abgereinigtes Gas.

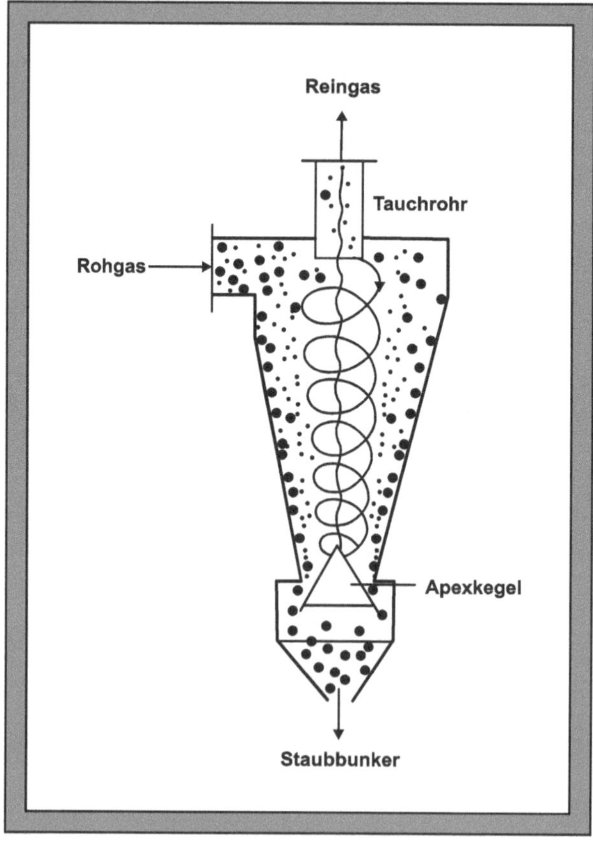

Abb. 17.8: Funktionsprinzip eines Zyklons [17.21]

Der Zyklon besteht aus einem zylinderförmigen Behälter mit einem Einführstutzen für das Rohgas und einem konischen Unterteil zum Sammeln der abgeschiedenen Partikel. Der Staubsammelbehälter und der Abscheideraum sind durch den Apexkegel voneinander getrennt. Dieser Kegel verhindert, dass durch Gaswirbel Staubpartikel aus dem Staubsammelbunker herausgerissen werden. Zwischen Abscheideraum und Apexkegel ist nur ein Schlitz, durch den die abgeschiedenen Partikel in den Sammelbehälter fallen.

Zentrale Bauteile im Zyklon sind das Tauchrohr und der Zyklondurchmesser. Durch Verringerung des Durchmessers erhöht sich die Zentrifugalkraft und damit verbessert sich der Fraktionsabscheidegrad. Das Tauchrohr beeinflusst ebenfalls die Abscheideleistung und den Druckverlust im Zyklon. Sind große Volumenströme zu reinigen, ist die Aufteilung eines großen Zyklons in mehrere kleinere Zyklone (Multizyklon) sinnvoll, da sich dadurch die Abscheideleistung verbessert.

Nassabscheider

Mit Hilfe von Nassabscheidern lassen sich staub- und gasförmige Schadstoffe aus einem Gas abtrennen. Aufgrund der relativ hohen Betriebskosten werden Nassabscheider bei kleinen Volumenströmen verwendet. Nachteilig ist die Verlagerung des Problems aus dem Umweltbereich „Luft" in das Medium „Wasser". Es muss sich deshalb eine entsprechende Abwassernachbehandlung anschließen.

Entscheidend für eine gute Nassabscheidung sind der intensive Kontakt zwischen den Bestandteilen des Rohgases und der Waschflüssigkeit. Daher sind die im Wäscher erzielten Tröpfchendurchmesser und deren Anzahl sowie die Relativgeschwindigkeit der Tröpfchen zum Rohgas von besonderer Bedeutung für die Abscheideleistung. Die Grenzfläche zwischen der gasförmigen und der flüssigen Phase muss groß sein.

Je nach strömungstechnischer Konzeption werden Nassabscheider in:

- Venturiwäscher,
- Strahlwäscher,
- Wirbelwäscher und
- Waschturm

unterschieden. Hochleistungswäscher wie der Venturiwäscher oder Strahlwäscher zerstäuben die Waschflüssigkeit in Tröpfchenform, wodurch eine hohe Relativgeschwindigkeit zwischen Gas und Flüssigkeit erzielt wird. Am anderen Ende der Leistungsskala steht der Waschturm. Hier ist die Wechselwirkung zwischen Gas und Flüssigkeit und damit der Wirkungsgrad relativ gering.

Von allen Nassabscheidern hat der Venturiwäscher die beste Abscheideleistung (Abb. 17.9). Durch ein sich verengendes Rohr strömt das Rohgas, wobei aus strömungstechnischen Gründen das Gas an dieser Stelle die höchste Geschwindigkeit hat.

An der Rohrverengung wird die Waschflüssigkeit eingedüst. Durch die hohe Gasgeschwindigkeit wird die Waschflüssigkeit mitgerissen und fein verteilt, so dass es zu einem intensiven Kontakt zwischen den Gasbestandteilen und der Waschflüssigkeit kommt. Im Diffusor wird die Strömungsgeschwindigkeit durch die Rohrerweiterung herabgesetzt und die Staubpartikel setzen sich ab. Venturiwäscher sind einfach gebaut und robust zu betreiben. Aufwändig ist der aufzubauende Gasdruck, da es im Diffusor zu erheblichen Druckverlusten kommt.

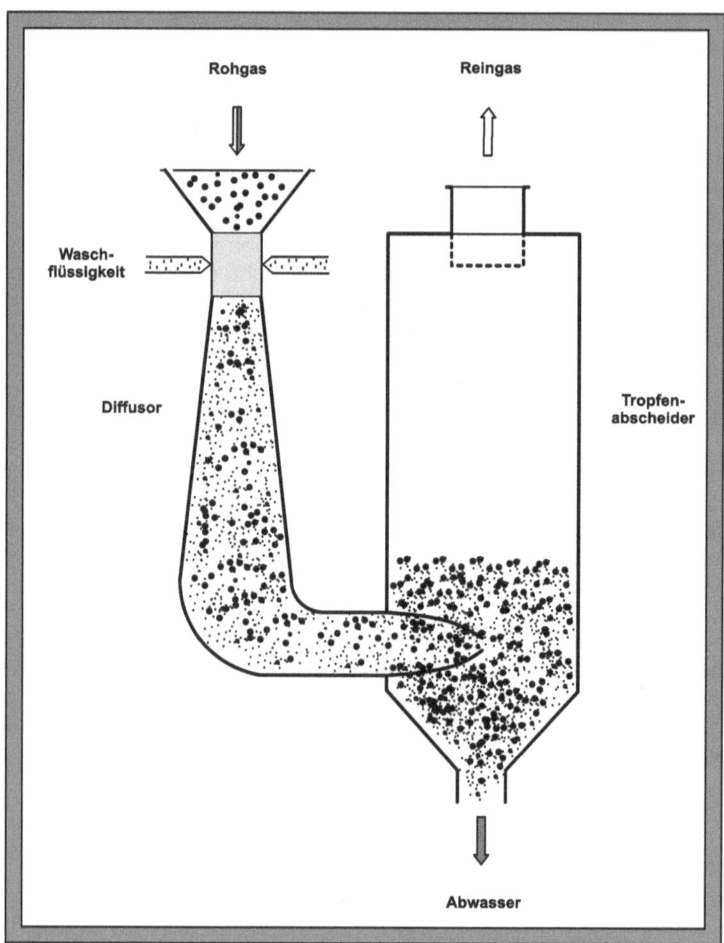

Abb. 17.9: Funktionsprinzip eines Venturiwäschers [17.10]

Ein ähnliches Funktionsprinzip wie der Venturiwäscher besitzt der Strahlwäscher (Abb. 17.10). Er arbeitet nach dem Prinzip der Wasserstrahlpumpe. Während beim Venturiwäscher die Energie über die Gasseite aufgebracht wird, geschieht dies beim Strahlwäscher über die Flüssigkeitsseite. Die eingedüste Waschflüssigkeit reißt das Gas mit und sorgt so für eine effektive Reinigung. Während beim Venturiwäscher ein möglichst gleichmäßiger Gasvolumenstrom vorliegen sollte, ist die Abscheidung beim Strahlwäscher relativ unabhängig vom Gasvolumenstrom.

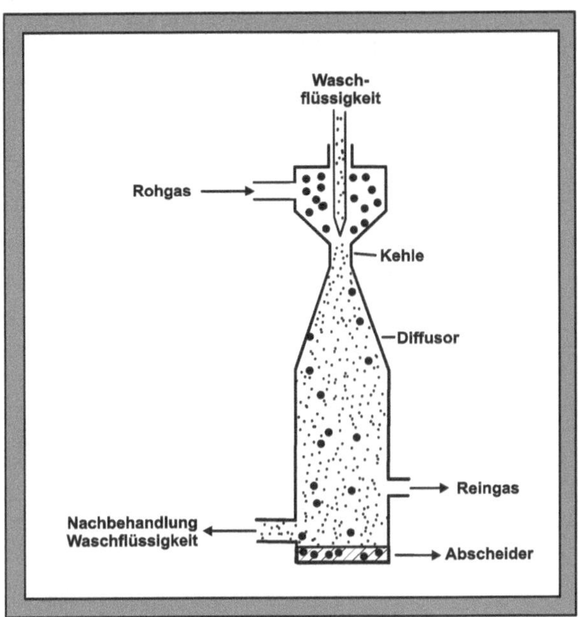

Abb. 17.10: Funktionsprinzip eines Strahlwäschers [17.21]

Beim Wirbelwäscher (Abb. 17.11) wird die Oberfläche der Waschflüssigkeit vom Rohgas angeströmt und aufgewirbelt. Durch Umlenkung des Gasstromes wird eine weitere gute Verwirbelung erzielt. Trotzdem ist die Abscheideleistung gegenüber dem Venturi- bzw. Strahlwäscher gering.

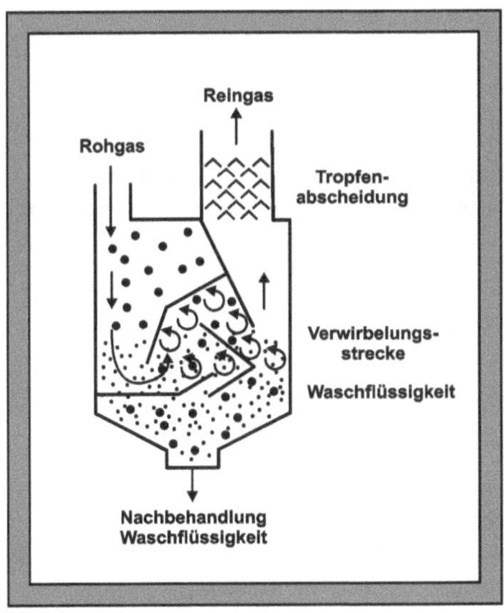

Abb. 17.11: Funktionsprinzip eines Wirbelwäschers

Bei Waschtürmen (Abb. 17.12) wird die Waschflüssigkeit von oben eingedüst. Durch entsprechende Einbauten oder Füllkörper wird eine möglichst große Flüssigkeitsoberfläche erreicht. Das Rohgas strömt im Gegenstrom von unten nach oben und vermischt sich dabei mit der Waschflüssigkeit. Von allen Nassabscheidern ist hier der Fraktionsabscheidegrad am geringsten.

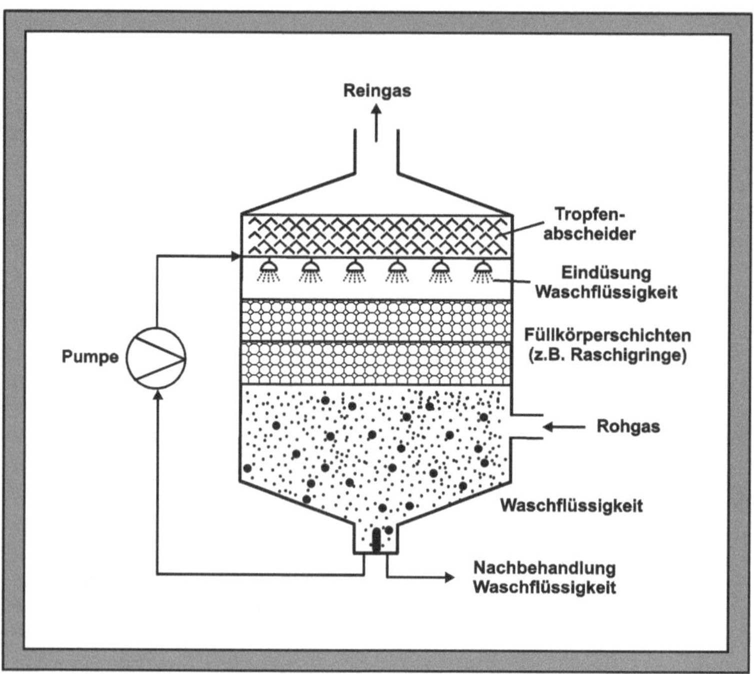

Abb. 17.12: Funktionsprinzip eines Waschturms

Filter

Filternde Abscheider besitzen ein hohes Abscheidevermögen. Fast unabhängig von der Korngröße der abzuscheidenden Partikel liegt der Fraktionsabscheidegrad bei ca. 99,9 %. Daher besitzen Filter ein breites Spektrum an Anwendungsmöglichkeiten für die Abscheidung von Staubpartikeln aus Gasen.

Allgemein wird bei der Filtration mit Abreinigungsfiltern zwischen der Tiefen- und der Oberflächenfiltration unterschieden (Abb. 17.13). Bei der Tiefenfiltration strömt das partikelbeladene Gas durch den Filter und die Staubpartikel werden im Filterinnern abgeschieden. Die Beladungskapazität solcher Speicherfilter ist relativ gering. Nach der Beladung werden sie ausgetauscht.

Sind die Filterporen vollständig beladen, verlagert sich der Filtrationsprozess an die Oberfläche des Filtermediums. Die zurückgehaltenen Partikel bilden eine Schicht aus, den sogenannten Filterkuchen. Der Filterkuchen selbst wirkt als Filterschicht und dominiert damit die eigentliche Filtration.

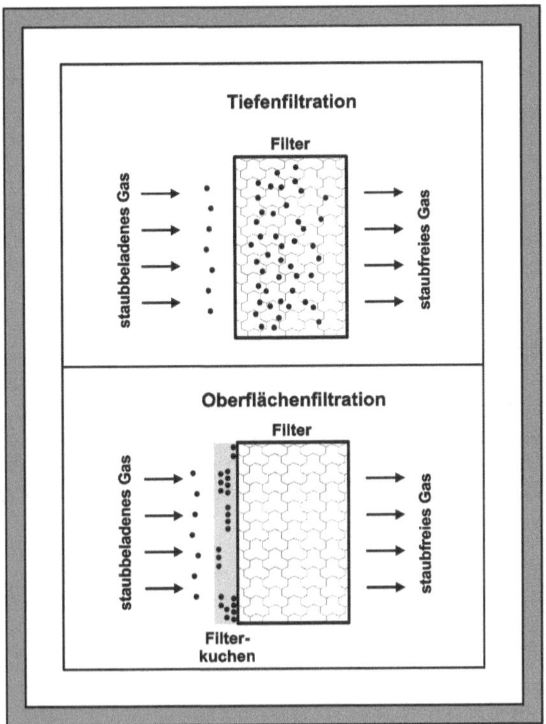

Abb. 17.13: Tiefen- und Oberflächenfiltration

Eine betriebsrelevante Größe bei der Filtration ist der Differenzdruck bzw. der Druckverlust (Abb. 17.14). Das Filtermedium und der sich während der Filtration aufbauende Filterkuchen setzen der Durchströmung einen Widerstand entgegen, was einen Druckverlust zur Folge hat. Dieser Druckverlust setzt sich additiv aus dem Druckverlust des Filtermediums Δp (Filter) und dem Druckverlust des Filterkuchens Δp (Kuchen) zusammen.

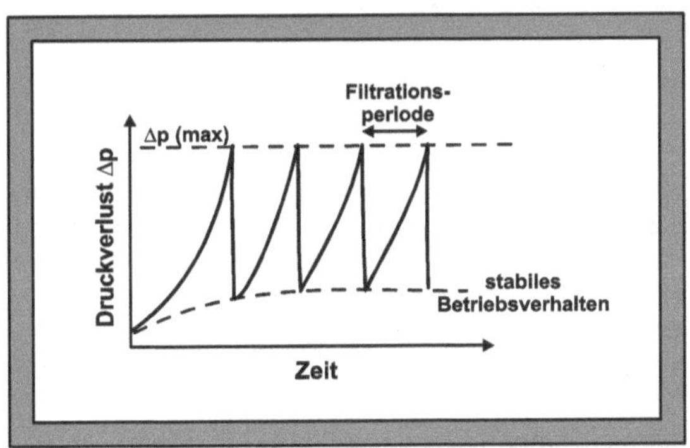

Abb. 17.14: Druckverlust im Filtermedium [17.9]

17

Während der Filtration ist der Druckverlust anfangs fast konstant. Durch das Zuwachsen der Filterporen steigt der Druckverlust steil an. Bei einer vorgegebenen Dicke des Staubkuchens bzw. bei einem maximalen Druckverlust wird das Filtermedium abgereinigt. Der Druckverlust und die damit verbundenen Regenerationszyklen sind maßgeblich für die Betriebskosten und müssen daher bekannt sein.

Als Abreinigungsmethoden kommen grundsätzlich mechanische (z.B. Rütteln, Vibrieren) und/oder pneumatische (z.B. Rückspülen, Druckimpuls) Verfahren in Frage. Am häufigsten wird eine pneumatische Abreinigung durch Rückspülen oder Druckimpuls angewandt. Die Abreinigung erfolgt in entgegen gesetzter Richtung zur Filtration. Beim Rückspülen wird das Filtermedium über eine vorgegebene Zeit kontinuierlich mit Spülluft durchströmt (Abb. 17.15).

Die Abreinigungsmethode mittels Druckimpuls erfolgt in der Regel im Online-Betrieb. Durch den Druckimpuls bläht sich das flexible Filtermedium ruckartig auf und der Filterkuchen wird abgeworfen. Ziel der Abreinigung ist die vollständige Regenerierung des Filters, was aber aufgrund der Tiefenfiltration nur eingeschränkt möglich ist. Wenn sich über mehrere Filtrationsperioden annähernd derselbe Druckverlust einstellt, spricht man von einem stabilen Betriebsverhalten. Verändert sich der Druckverlust in Abhängigkeit von der Zeit, liegt ein instabiler Betrieb vor.

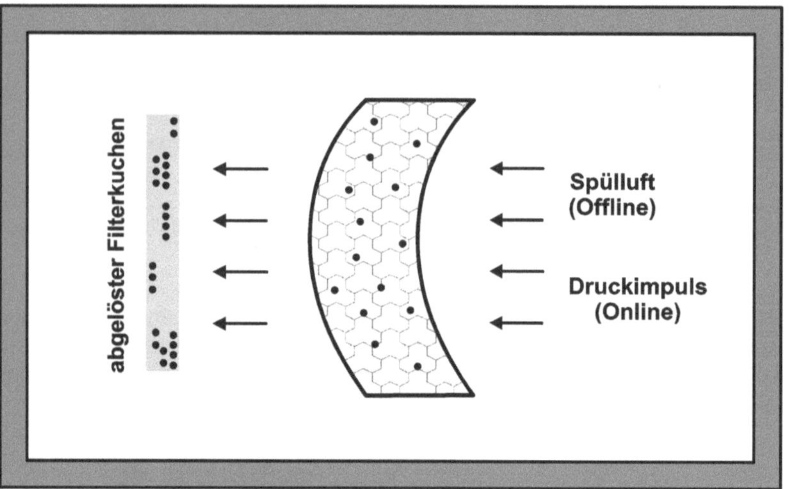

Abb. 17.15: Prinzip der Abreinigung

Filter gehören zu den ältesten Entstaubungsverfahren. Früher kamen hauptsächlich Naturprodukte (Wolle, Baumwolle) als Filtermaterial zum Einsatz. Sie besitzen jedoch keine besonders große Beständigkeit gegenüber Chemikalien und höheren Temperaturen. Durch den Einsatz von Kunstfasern (z.B. Polyester, aromatische Polyamide, Polytetrafluorethylen) mit einer höheren Widerstandsfähigkeit gegenüber mechanischen und chemischen Einflüssen lässt sich der Einsatzbereich von Filtern deutlich erweitern. Die Temperaturbeständigkeit liegt bei ca. 100 - 200 °C.

Noch höhere Temperaturbereiche lassen sich mit Glas-/Mineralfasern (≈ 300 °C) oder Stahlfasern (400 - 600 °C) erreichen. Starre Kornkeramiken aus Silikaten oder Siliziumcarbid halten bei der Rauchgasentstaubung Temperaturbelastungen von 800 - 1000 °C aus.

Für die technische Auslegung von Abreinigungsfiltern wurden zahlreiche Bauarten entwickelt. Zu den wichtigsten zählen Schlauch- und Taschenfilter mit ihren diversen Bauformen (Abb. 17.16).

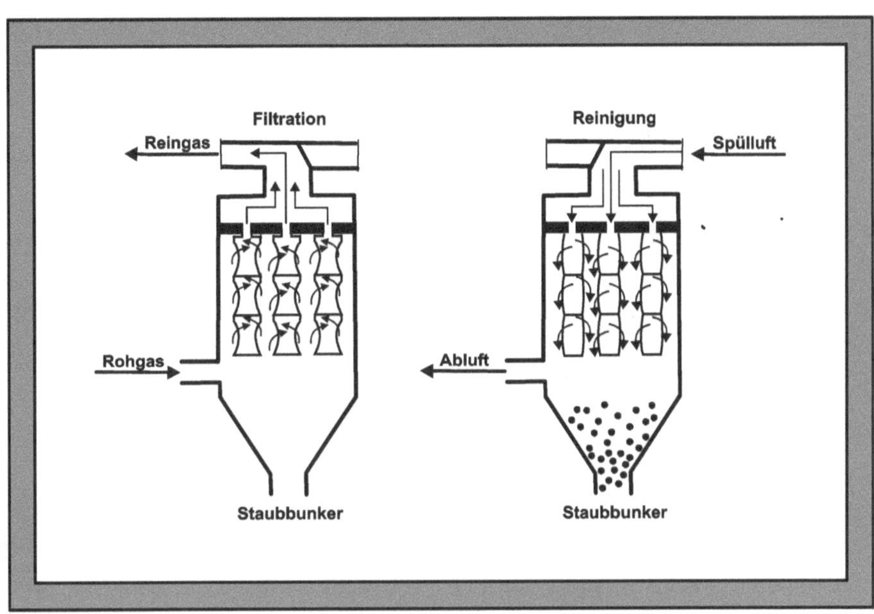

Abb. 17.16: Filtrations- und Abreinigungsvorgang bei einem Filter [17.30]

Elektroabscheider

Elektroabscheider werden zur Abreinigung großer Volumenströme und bei höheren Temperaturen eingesetzt. Die Staubpartikel werden elektrisch aufgeladen und an einer Niederschlagselektrode abgeschieden. Die Fraktionsabscheidegrade liegen bei ca. 95 - 99 %.

Zur Aufladung der Staubpartikel wird an einer Sprühelektrode eine Gleichspannung von 30 - 100 kV angelegt. Durch die hohe Feldstärke werden die freigesetzten Elektroden stark beschleunigt und in den Gasraum gesprüht. Hier reagieren sie mit den vorhandenen Gasmolekülen. Ionisierte Gasmoleküle und Elektronen lagern sich an die Staubpartikel an und laden diese negativ auf. Aufgrund des elektrischen Feldes zwischen Sprüh- und Niederschlagselektrode werden die negativ aufgeladenen Staubpartikel quer zur Gasströmungsrichtung zur Niederschlagselektrode transportiert und dort abgeschieden. Abbildung 17.17 zeigt den prinzipiellen Abreinigungsvorgang.

Die abgeschiedenen Partikel werden an der Niederschlagselektrode entladen und bilden auf ihr eine Staubschicht mit einer Schichtdicke von 1 - 10 mm. Aufgrund der isolierenden Eigenschaften der Staubschicht muss daher die Elektrode in regelmäßigen Abständen durch Abklopfen (Trockenelektroabscheider) oder Abwaschen (Nasselektroabscheider) vom Staub befreit werden. Während des Abreinigungsvorgangs werden die Elektroabscheider kontinuierlich weiter betrieben.

Elektroabscheider werden als Röhren- oder als Plattenabscheider gebaut. Röhrenabscheider bestehen aus parallel angeordneten Rohren, die senkrecht durchströmt werden. Innerhalb des Rohres befinden sich die drahtförmigen Sprühelektroden. Die Außenwände der Rohre bilden die Niederschlagselektrode. Bei Plattenabscheidern dienen senkrecht angeordnete Platten als Niederschlagselektroden, zwischen denen die Sprühelektroden angeordnet sind.

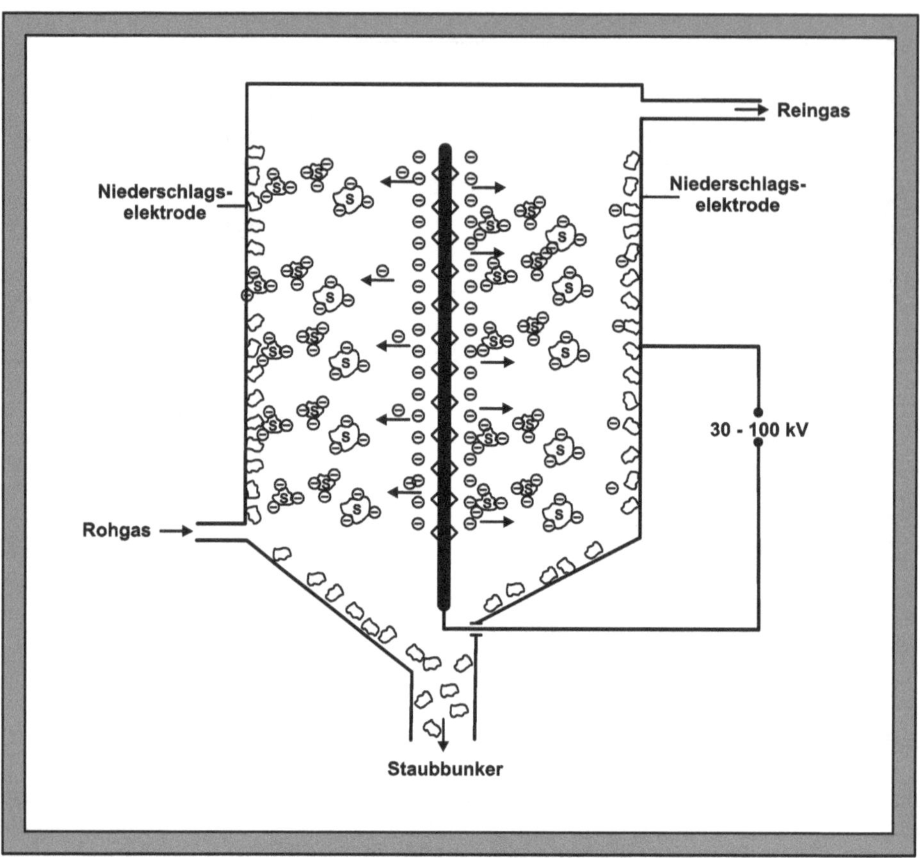

Abb. 17.17: Prinzipieller Abreinigungsvorgang mit Elektroabscheidern

17.6.2 Abscheidung von Schadgasen

Schadgase wie Schwefeldioxid (SO_2), Chlorwasserstoff (HCl) oder Fluorwasserstoff (HF) müssen aus dem Rauchgas entfernt werden. Geeignete Verfahren sind die:

- trockene Abgasreinigung,
- konditionierte trockene Abgasreinigung,
- nasse Abgasreinigung.

Trockene Abgasreinigung

Bei der trockenen Abgasreinigung wird als Reagenz Kalkstein ($CaCO_3$), Calciumhydroxid ($Ca(OH)_2$) oder Natriumhydrogencarbonat ($NaHCO_3$) pulverförmig eingesetzt. Die Zugabe kann im

Feuerungsraum oder in der Nachverbrennung geschehen. Zwischen Schadgas und Reagenz findet eine Gas-Feststoff-Reaktion statt:

$$2\,CaCO_3 + 2\,SO_2 + O_2 \longrightarrow 2\,CaSO_4 + 2\,CO_2$$

$$NaHCO_3 + HCl \longrightarrow NaCl + H_2O + CO_2$$

$$Ca(OH)_2 + 2\,HF \longrightarrow CaF_2 + 2\,H_2O$$

Konditionierte, trockene Abgasreinigung

Bei diesem Verfahren wird z.B. wässrige Calciumhydroxidlösung in den Abgasstrom eingedüst. Aufgrund der hohen Temperaturen bildet das Wasser zunächst eine Hydrathülle um die Feststoffpartikel, bevor es verdampft Bei diesem Verfahren können somit Absorptionsschritte in der Flüssigkeit und Adsorptionsschritte am Feststoff nebeneinander ablaufen, wodurch sich die Reaktionsgeschwindigkeit erhöht. Es laufen folgende Reaktionen ab:

$$2\,Ca(OH)_2 + 2\,SO_2 + O_2 \longrightarrow 2\,CaSO_4 + 2\,H_2O$$

$$Ca(OH)_2 + 2\,HCl \longrightarrow CaCl_2 + 2\,H_2O$$

$$Ca(OH)_2 + 2\,HF \longrightarrow CaF_2 + 2\,H_2O$$

Die bei der trockenen und konditioniert, trockenen Abgasreinigung anfallenden Reaktionsprodukte werden über Elektro- bzw. Gewebefilter abgeschieden. Aufgrund der geringeren Investitionskosten kommt dieses Verfahren z.B. bei der Verbrennung von Siedlungsabfällen zum Einsatz.

Nasse Abgasreinigung

Nasse Abgasreinigungsverfahren bestehen in der Regel aus zwei Stufen. In der 1. Stufe werden mit Wasser und Kalkmilch die Halogenwasserstoffverbindungen (HCl, HF) entfernt:

$$Ca(OH)_2 + 2\,HF \longrightarrow CaF_2 + 2\,H_2O$$

$$Ca(OH)_2 + 2\,HCl \longrightarrow CaCl_2 + 2\,H_2O$$

In der 2. Stufe wird mit Natronlauge (NaOH) Schwefeldioxid entfernt:

$$4\,NaOH + 2\,SO_2 + O_2 \longrightarrow 2\,Na_2SO_4 + 2\,H_2O$$

Als Absorptionsanlagen kommen Füllkörperkolonnen oder Sprühtürme zum Einsatz. Das anfallende salzbeladene Waschwasser wird abgezogen und mit Kalkmilch behandelt. Es bilden sich schwerlösliche Calciumverbindungen ($CaSO_4$, CaF_2) die abgetrennt werden. Das Klarwasser wird in den Prozess zurückgeführt. Die nasse Abgasreinigung kommt z.B. bei der Verbrennung von gefährlichen Abfällen zum Einsatz.

17.6.3 SCR-/SNCR-Verfahren

Bei der Verbrennung kommt es zur Bildung von Stickoxiden (NO_x). Deren Emissionen werden durch selektive katalytische (SCR-Verfahren) bzw. nicht-katalytische Reduktion (SNCR-Verfahren) reduziert. Beim SCR-Verfahren werden die mit einem Reduktionsmittel versetzten stickoxidhaltigen Abgase an einem Katalysator unter Bildung von Stickstoff (N_2) und Wasserdampf (H_2O) reduziert. Beim SNCR-Verfahren findet die Reaktion ohne Katalysator statt. Während die Reaktionstemperaturen beim SCR-Verfahren bei 180 - 230 °C liegen, müssen beim SNCR-Verfahren deutlich höhere Temperaturen (800 - 1100 °C) angewendet werden.

Bei beiden Verfahren werden zur Reduktion Ammoniak oder Harnstoff eingesetzt:

$$4\,NH_3 + 4\,NO + O_2 \longrightarrow 4\,N_2 + 6\,H_2O$$

$$8\,NH_3 + 6\,NO_2 \longrightarrow 7\,N_2 + 12\,H_2O$$

$$2\,CO(NH_2)_2 + 4\,NO + O_2 \longrightarrow 4\,N_2 + 4\,H_2O + 2\,CO_2$$

$$2\,CO(NH_2)_2 + 2\,NO_2 + O_2 \longrightarrow 3\,N_2 + 4\,H_2O + 2\,CO_2$$

Auch im Fall der Verwendung von Harnstoff als Reduktionsmittel erfolgt die eigentliche Reaktion mit Ammoniak, da sich unter den Reaktionsbedingungen Harnstoff thermisch zersetzt:

$$O{=}C(NH_2)_2 + H_2O \longrightarrow 2\,NH_3 + CO_2$$

Bei beiden Verfahren können unerwünschte Nebenreaktionen wie die direkte Oxidation von Ammoniak mit Sauerstoff oder die Bildung von Lachgas (N_2O) auftreten:

$$4\,NH_3 + 3\,O_2 \longrightarrow 2\,N_2 + 6\,H_2O$$

$$2\,NH_3 + 2\,O_2 \longrightarrow N_2O + 3\,H_2O$$

Der Umsatz an Stickoxiden liegt beim SCR-Verfahren bei über 90 %; beim SNCR-Verfahren dagegen nur bei ca. 70 %. In beiden Fällen ist daher mit Emissionen an nicht verbrauchtem Ammoniak (Ammoniakschlupf) zu rechnen. Beim SNCR-Verfahren ist aufgrund des geringeren Umsatzes mit einem höheren Ammoniakschlupf zu rechnen. Seine Vorteile liegen allerdings im geringeren Platzbedarf und aufgrund des fehlenden Katalysators in den niedrigeren Investitions- und Betriebskosten.

Die wichtigste Rolle beim SCR-Verfahren spielt der Katalysator, der niedrigere Prozesstemperaturen, hohe Umsätze und die Unterdrückung unerwünschter Nebenreaktionen ermöglicht. In der Praxis werden Feststoffkatalysatoren in verschiedenen Formen (Hexagon, Quadrat, Dreieck) mit unterschiedlichen katalytisch aktiven Komponenten eingesetzt. Als Lösung mit den besten Eigenschaften haben sich Katalysatoren aus Mischoxiden verschiedener Übergangsmetalle (Titan-, Vanadium-, Eisenoxide) herausgestellt, denen andere Oxide (V, Mo, W, Ni, Co, Cu, Cr) zur Aktivitätssteigerung beigemischt werden können.

Die klassische Anwendung des SCR-Verfahrens ist die industrielle Rauchgasentstickung bei Feuerungsprozessen jeder Art (z.B. Kraftwerke, Müllverbrennungsanlagen). Man spricht dann auch von $DeNO_x$-Anlagen. Hier werden hauptsächlich Platten- oder Wabenkatalysatoren mit Titan-/Wolfram-/Vanadiumoxiden eingesetzt.

Für den Einbau des SCR-Katalysators hinter industriellen Feuerungen gibt es grundsätzlich mehrere Möglichkeiten der Anordnung (Abb. 17.18).

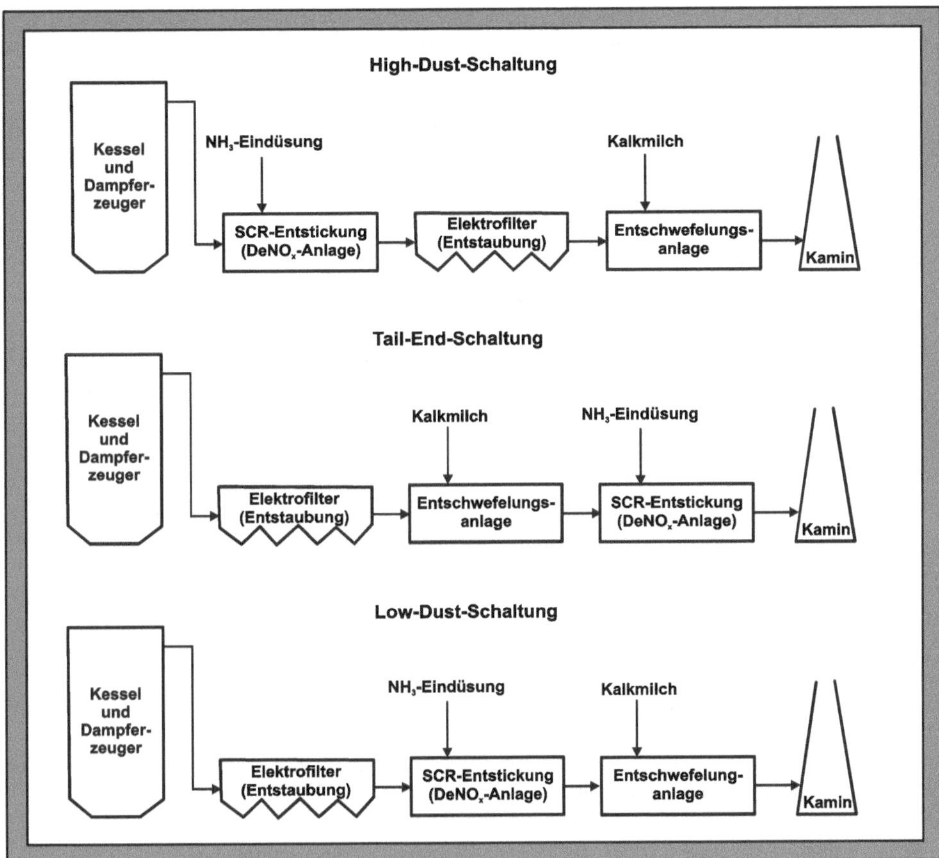

Abb. 17.18: Verfahrensprinzip der industriellen Rauchgasreinigung [17.32]

Der Vorteil der High-Dust-Schaltung liegt in der relativ hohen Temperatur des Abgases. Nachteilig sind die hohen Staub- und Schwefelbelastungen. Daher werden Vollkeramikkatalysatoren eingesetzt, die trotz des starken Oberflächenabtrages aufgrund mechanischer Reibung ausreichend lange aktiv bleiben. In der Low-Dust-Schaltung ist durch die vorgeschaltete Entstaubung die Staubbelastung des Katalysators wesentlich geringer. In der Tail-End-Schaltung müssen die Abgase vor dem SCR-Prozess von 50 - 70 °C über Wärmetauscher wieder auf 350 - 400 °C aufgeheizt werden. Sie wird überwiegend zur Abgasreinigung eingesetzt.

17.6.4 Dioxine und Furane

Die Begriffe „Dioxine“ und „Furane“ umfassen aromatische polychlorierte Kohlenstoffverbindungen. Sie werden stellvertretend für:

- Polychlorierte-dibenzo-dioxine (PCDD) und
- Polychlorierte-dibenzo-furane (PCDF)

verwendet. Abbildung 17.19 zeigt die Grundstruktur von Dibenzodioxin und Dibenzofuran. Während „Dioxine“ zwei Sauerstoffatome im Molekül enthalten, besitzen „Furane“ nur ein Sauerstoffatom.

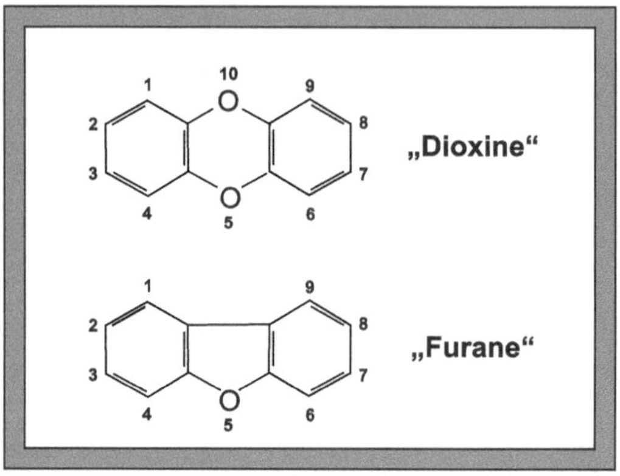

Abb. 17.19: Allgemeine Struktur von Dibenzodioxin („Dioxine“) und -furan („Furan“)

Die Wasserstoffatome können durch Chloratome substituiert werden. Dabei geben die nummerierten Kohlenstoffatome die möglichen Positionen für eine Chlorsubstituierung an. Insgesamt ergeben sich 75 unterschiedliche PCDD- und 135 PCDF-Kongenere. Kongenere besitzen eine identische Grundstruktur aber eine unterschiedliche Anzahl gleicher Substituenten. Beispiele für Polychlorierte-dibenzo-dioxine und -furane finden sich in Abbildung 17.20.

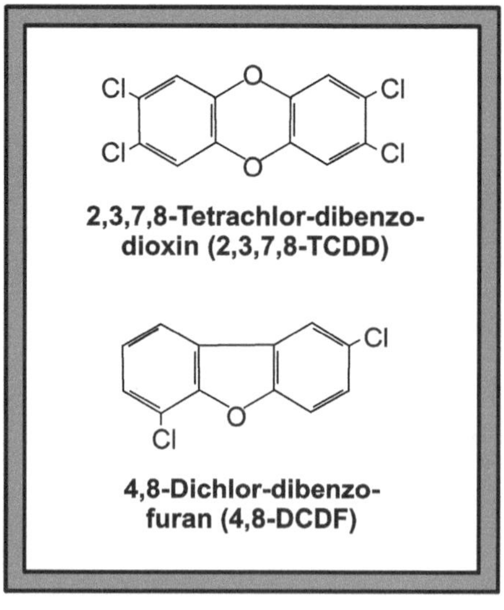

Abb. 17.20: Beispiele für PCDD- und PCDF-Kongenere

Sowohl die Anzahl der Chloratome, als auch deren Stellung im Molekül, haben direkten Einfluss auf die Eigenschaften der Verbindung und deren Toxizität. Abbildung 17.21 gibt einen Überblick über die Anzahl der Chlorsubstituenten und die damit verbundene Zahl der Kongeneren.

Anzahl Cl-Atom	Anzahl PCDD-Kongenere	Anzahl PCDF-Kongenere
1	2	4
2	10	16
3	14	28
4	22	38
5	14	28
6	10	16
7	2	4
8	1	1
Gesamtzahl der Kongenere	**75**	**135**

Abb. 17.21: Anzahl PCDD- und PCDF-Kongenere

Physikalisch-chemische Eigenschaften

Dioxine und Furane besitzen unter Normalbedingungen einen niedrigen Dampfdruck und eine geringe Wasserlöslichkeit. Beide nehmen mit zunehmendem Substitutionsgrad (Chlorgehalt) ab. Aufgrund ihrer starken Lipophilität (Fettlöslichkeit), lösen sie sich in Fetten und organischen Lösungsmitteln, was zu einer Anreicherung führt. Deshalb wird das fetthaltige Gewebe von Tieren und Menschen leicht mit Dioxinen belastet.

Aufgrund ihrer schlechten Wasserlöslichkeit dringen Dioxine und Furane kaum in tiefere Bodenschichten ein. Sie binden sich an Staub- und Aerosolpartikel und werden durch Transportvorgänge in der Atmosphäre weit verbreitet. Aufgrund des lipophilen Charakters und der geringen Wasserlöslichkeit erfolgt in Gewässern eine Adsorption an Sedimenten oder eine Verteilung in lipophilen Kompartimenten.

In der Umwelt sind Dioxine und Furane sehr abbaubeständig. Dies führt zu einer langen Persistenz und ist mitverantwortlich für deren starke Verbreitung in der Umwelt.

Toxikologie

Die verschiedenen Dioxine und Furane unterscheiden sich nicht nur in ihrem molekularen Aufbau, sondern auch in ihrer Wirkung auf Organismen, Menschen und Umwelt. Um ihre toxikologische Wirkung miteinander vergleichbar zu machen, werden über Untersuchungen Toxizitätsäquivalenzfaktoren (toxic equivalency factors, TEF's) festgelegt. Hervorzuheben ist das 2,3,7,8-Tetrachlordibenzodioxin (2,3,7,8-TCDD), das Dioxin mit der stärksten toxischen Wirkung. Diesem wird der Toxizitätsäquivalenzfaktor TEF = 1 zugewiesen.

Die relative Toxizität aller anderen Dioxine und Furane werden mit dieser Verbindung verglichen und deren TEF's darauf bezogen. So ist das 2,3,7,8-TCDD 100-mal giftiger als das 1,2,3,4,6,7,8-Heptachlordibenzodioxin (1,2,3,4,6,7,8-HpCDD). Aufgrund der exponierten Stellung von 2,3,7,8-TCDD und seinen Eigenschaften, werden die TEF-Werte der verschiedenen Dioxine und Furane auch in der Gesetzgebung verwendet. Die aktuellsten TEF-Werte hat 2005 die Weltgesundheitsorganisation (WHO) veröffentlicht (Abb. 17.1).

Um eine Aussage über die Toxizität eines Kongenerengemisches zu treffen, werden die Massen der einzelnen Verbindungen mit ihrem TEF-Wert multipliziert. Die Summe aller Werte wird als Toxizitätsäquivalent (TEQ) angegeben:

$$TEQ = \sum_{i=1}^{n} TEF_i * m_i$$

m_i:	Masse der Substanz i
TEF_i:	TEF-Wert der Substanz i
n:	Zahl der in der Probe vorhandenen PCDD/PCDF

Entstehung

Dioxine finden keine praktische Anwendung. Sie entstehen jedoch bei verschiedenen Prozessen in der chemischen Industrie und bei Verbrennungsprozessen. Aufgrund ihrer großen Stabilität sind sie fast überall in der Umwelt zu finden.

Die Entstehung von Dioxinen und Furanen wird vielfach mit der Abfallverbrennung in Verbindung gebracht. Wie frühere Untersuchungen zeigten, nahm die Dioxinkonzentration nach der Verbrennung im Vergleich zum Dioxingehalt vor der Verbrennung teilweise stark zu. Der Verbrennungsprozess selbst kann somit eine zusätzliche Dioxinquelle darstellen. Der Bildungsmechanismus bei thermischen Prozessen wird durch die „de-novo-" bzw. „in-situ-" Mechanismen beschrieben.

Jeder Verbrennungsprozess hinterlässt unvollständig verbrannte Kohlenstoffverbindungen, die zusammen mit chlorhaltigen Substanzen Dioxine bilden können. An Partikel angelagerte Schwermetalle (z.B. Kupfer) wirken als Katalysator. Die zwischen 300 - 900 °C ablaufenden Prozesse der de-novo-Synthese zur Bildung von Dioxinen und Furanen sind komplex. Abbildung 17.22 zeigt einige vereinfachte Reaktionswege auf.

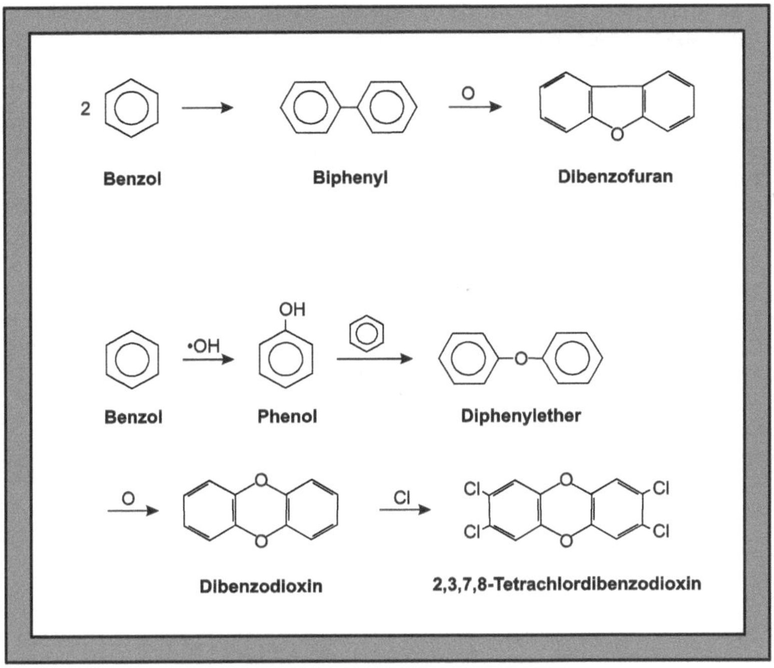

2 Benzol → Biphenyl —O→ Dibenzofuran

Benzol —•OH→ Phenol —Benzol→ Diphenylether

—O→ Dibenzodioxin —Cl→ 2,3,7,8-Tetrachlordibenzodioxin

Abb. 17.22 Bildung von Dioxinen und Furanen bei der unvollständigen Verbrennung

Bei diesen Prozessen wird besonders das toxische 2,3,7,8-Tetrachlordibenzodioxin gebildet. Die in-situ-Synthese ähnelt vom Mechanismus her der de-novo-Synthese. Die Dioxine und Furane werden thermisch direkt aus entsprechenden Molekülen (z.B. chlorierte Phenole und Benzole) gebildet.

Bei den normalen Verbrennungstemperaturen von über 850 °C und einer Verweilzeit von mehr als 2 Sekunden werden Dioxine und Furane praktisch vollständig zerstört. Von Bedeutung ist die Dioxin-/Furanbildung während der Abkühlphase in der Abgasreinigung. Bei den hier vorliegenden Temperaturen von 250 - 500 °C kommt es zu einer Neubildung nach der de-novo-Synthese.

Primärmaßnahmen zur Emissionsminderung liegen in der Minimierung des Luftüberschusses und in einer Verbesserung des Ausbrandes. Um die Neubildung von Dioxinen und Furanen nach der de-novo-Synthese zu verhindern, müssen die Abgase schnell von 800 °C auf unter 250 °C abgekühlt werden. Dies kann z.B. durch Quenchen, d.h. Einsprühen von Wasser in das entstandene Abgas geschehen. Geringe Ablagerungen an Flugasche durch eine effiziente Kesselreinigung vermindern ebenfalls die Dioxin-/Furanbildung.

Sekundärmaßnahmen beruhen auf adsorptiven und katalytischen Minderungstechnologien. Durch Aktivkohleadsorber oder Verwendung von Herdofenkoks (HOK) werden Schadstoffe bei 80 - 150 °C aus dem Abgas abgeschieden. Die „Entsorgung" der beladenen Kohle geschieht durch Verbrennung in der eigenen Anlagenfeuerung. Die zur Entstickung eingesetzten SCR-Katalysatoren bauen ebenfalls Dioxine und Furane ab.

Durch Verbesserung der gesamten Anlagentechnik von Abfallverbrennungsanlagen ließ sich der Gesamtausstoß an Dioxinen und Furanen sehr deutlich verringern (Abb. 17.23). Moderne Anlagen sind Dioxinsenker, d.h. gegenüber der Konzentration im Ausgangsmaterial wird in den Verbrennungsprodukten ein geringerer Gehalt an Dioxinen und Furanen gefunden. Bei Einhaltung der entsprechenden Prozessparameter lässt sich ein Abbau von 97 - 99,9 % erreichen.

Die Verbrennung fossiler Brennstoffe (z.B. Kohle, Öl, Gas, Holz) ist ebenfalls eine Emissionsquelle für Dioxine und Furane. Gegenüber den industriellen Feuerungsanlagen tragen auch Kleinfeuerungs-/Hausfeuerungsanlagen zu entsprechenden Emissionen bei. Festbrennstoffe wie Holz und Kohle weisen deutliche höhere Emissionswerte auf als Gas- und Ölheizungen. Ein zusätzlicher Konzentrationsanstieg wird durch die Mitverbrennung von Haushaltsabfällen oder beschichtetem/imprägniertem Holz verursacht.

Neben den bisher betrachteten Verbrennungsprozessen produzieren auch andere Vorkommnisse Dioxine und Furane. Dazu zählen z.B. Waldbrände oder der Brand eines Hauses. Hier sind Stoffe und Materialien, die die Dioxin-/Furanbildung begünstigen in größeren Mengen vorhanden. In geringem Maße sind auch Krematorien oder das Tabakrauchen Emissionsquellen.

Emissionsquellen	**Toxizitätsäquivalente (TEQ)/ g • a^{-1}**		
	1990	**1994**	**2004**
thermische Abfallbehandlung	400	32	2
industrielle Feuerungsanlagen	15	11	8
Kleinfeuerungsanlagen	37	27	25
Verkehr	10	5	4
metallurgische Industrie	737	270	55
Gesamtemissionen	**1.203**	**350**	**97**

Abb. 17.23: Dioxin- und Furanemissionen in Deutschland [17.26]

17.7 Verwertung

Die bei der thermischen Abfallbehandlung anfallenden Stoffe und die entstehende Wärme sind - soweit technisch möglich und wirtschaftlich zumutbar - zu verwerten.

Schlacke und Metalle

Die bei der Verbrennung von Siedlungsabfällen anfallende Schlacke wird überwiegend im Straßen-, Deponie- und Versatzbau verwendet. Zuvor ist eine entsprechende Schlackeaufbereitung notwendig (Abb. 17.24). Um die Menge an leicht löslichen Verbindungen zu reduzieren, wird die Schlacke zuerst gewaschen. Über ein Grobsieb werden große Schrottstücke aussortiert. Unverbrannte Grobstücke wandern in den Müllbunker zurück. Nach einer Siebung werden mittels Magnetscheider Eisenmetalle und mit Wirbelstromscheidern Nichteisenmetalle (NE-Metalle) abgetrennt. Die sich anschließenden Siebungen dienen der Korngrößen-Klassifizierung. Während einer dreimonatigen Lagerung laufen chemische Folgereaktionen ab, die das Eluatverhalten der Schlacke verbessern. Danach lassen sich die Schlacken als Baustoffe verwenden.

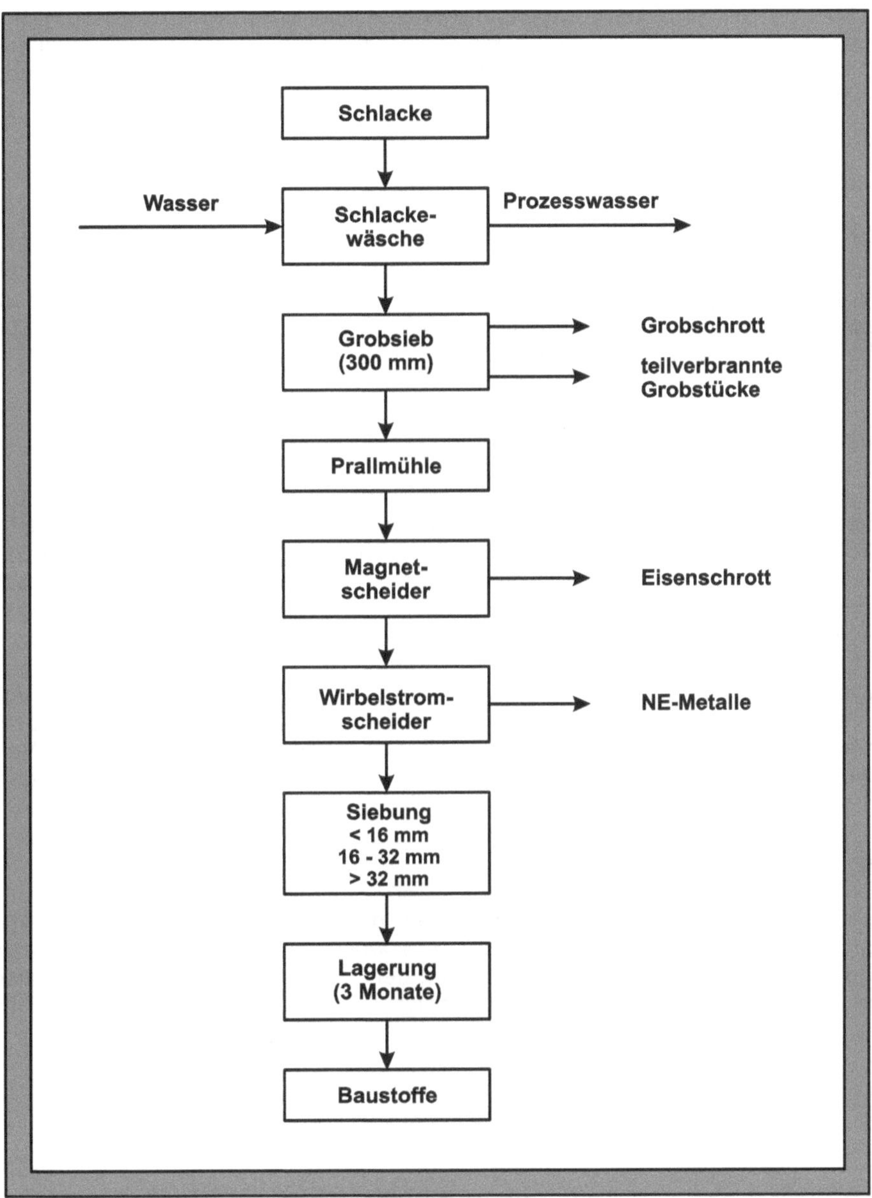

Abb. 17.24: Verfahrensfließbild der Schlackenaufbereitung aus der Verbrennung von Siedlungsabfällen

17

Wenn sie den Anforderungen der Düngemittelverordnung entsprechen, können Aschen aus der Verbrennung von Altholz aufgrund des Calcium-, Magnesium- und Kaliumgehaltes als Dünger verwendet werden. Andernfalls lassen sie sich im Deponiebau oder im Bergeversatz verwerten.

Aschen aus der Klärschlammverbrennung enthalten relativ viel Phosphor und stellen eine interessante Phosphatquelle dar. Die Entwicklung von Verfahren zur Phosphatrückgewinnung ist in vollem Gange.

Schlacken aus der Verbrennung von gefährlichen Abfällen schwanken relativ stark in ihrer Zusammensetzung. Dies liegt an den stark unterschiedlichen Abfällen, die der Anlage zugeführt werden. Aufgrund der hohen Verbrennungstemperaturen sind die anfallenden Schlacken ungefährlich und lassen sich im Deponiebau bzw. im Bergeversatz verwenden.

Wärme und Strom

Die bei der Abfallverbrennung freiwerdende Energie lässt sich in Dampf umwandeln und zur Erzeugung von Wärme und Strom nutzen. In größeren Anlagen wird hochwertiger Dampf (40 bar, 400 °C) zur Stromerzeugung, teilweise kombiniert mit Fernheizung, erzeugt. In kleineren Anlagen überwiegt die Erzeugung von Dampf mit geringeren Parametern (15 - 20 bar, 200 - 250 °C) der direkt für Heizzwecke oder im industriellen Bereich als Prozesswärme genutzt wird.

Filterstäube

Die in der thermischen Abfallbehandlung anfallenden Filterstäube enthalten große Mengen organischer Substanzen (z.B. Dioxine, Furane), Schwermetalle sowie Sulfate und Chloride. In der Regel werden die Filterstäube nicht verwertet sondern im Untertageversatz im Salzgestein gelagert. Durch Stabilisierungsverfahren lässt sich die Verwertung/Beseitigung verbessern. Beim Zementverfestigungsverfahren werden Filterstäube dem Zement zugegeben, wodurch das Herauslösen schädlicher Substanzen verringert wird. Allerdings erhöht sich die abzulagernde Menge.

Das effektivste Verfahren zur Inertisierung und damit zur möglichen Verwertung ist die Verglasung. Bei Temperaturen von über 1200 °C werden die Filterstäube mit Kesselasche eingeschmolzen. Der notwendige energetische und technische Aufwand führen zu einer erheblichen Verteuerung der Abfallverbrennung. Verglasungsverfahren werden daher großtechnisch nicht durchgeführt.

Abwässer

Abwässer fallen besonders bei der nassen Abgasreinigung an. Sie sind mit Halogenverbindungen (Fluoriden, Chloride, Bromide, Iodide), Schwefelverbindungen (Sulfate, Sulfite) und Schwermetallverbindungen beladen. Durch die Kreislaufführung der Waschwässer reichern sich diese Verbindungen an. Ein Teilstrom muss deshalb abgezweigt und einer Abwasserbehandlung unterzogen werden.

Bei der Absorption von Schadgasen entstehen je nach verwendetem Neutralisationsmittel unterschiedliche Salze. So entsteht bei der Verwendung von Kalkmilch $CaSO_4$ (Gips), der sich nach einer entsprechenden Aufbereitung (Gipswäsche) verwerten lässt.

Schwermetalle lassen sich mit Kalkmilch und sulfidischen Fällungsmitteln als Hydroxide oder Sulfide ausfällen. Durch Verdampfung des Waschwassers in einem Sprühtrockner fallen weitere Salze an. Sie werden z.B. im Versatz verwendet oder im Salzgestein gelagert.

17.8 Verfahrensschema der thermischen Abfallbehandlung

In den Abbildungen 17.25 und 17.26 sind mögliche Schaltungsvarianten für die thermische Abfallbehandlung dargestellt. Abbildung 17.25 zeigt eine Rauchgasreinigung mit trockener Abgasreinigung und SNCR-Entstickung. Als Absorptionsmittel kommen Natriumhydrogencarbonat ($NaHCO_3$) und als Adsorptionsmittel Herdofenkoks (HOK) zum Einsatz. Die entstehenden Salze werden mit den Flugstäuben über einen Gewebefilter entfernt.

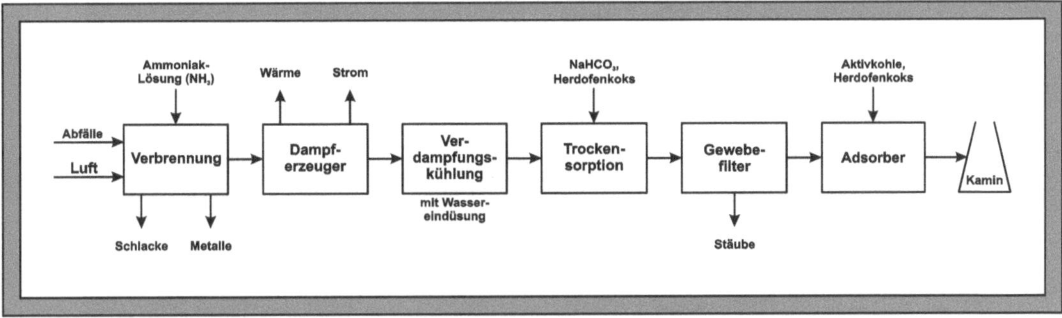

Abb. 17.25: Rauchgasreinigung mit trockener Abgasreinigung und SNCR-Entstickung [17.32]

Die in Abbildung 17.26 dargestellte Rauchgasreinigung mit SCR-Entstickung ist durch die zusätzliche nasse Abgasreinigung anlagentechnisch aufwändiger. Die anfallenden Abwässer müssen einer entsprechenden Behandlung unterzogen werden.

17

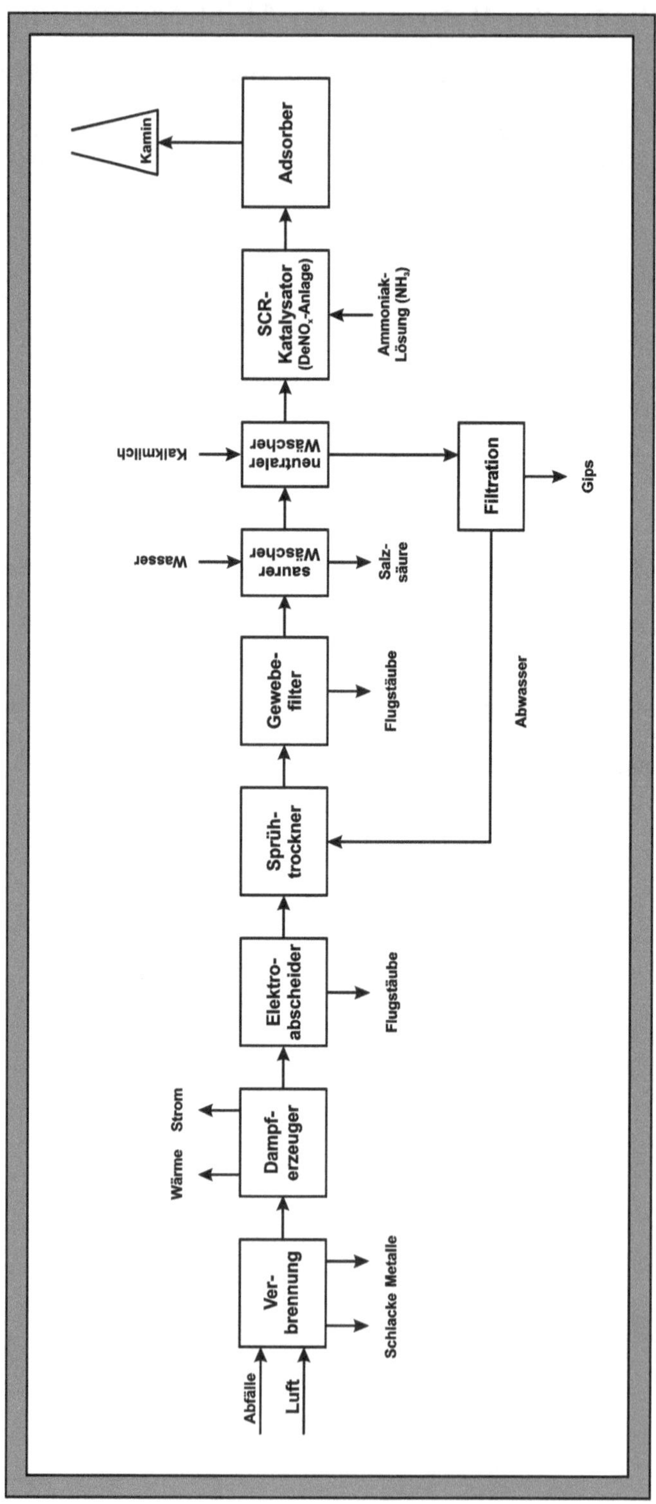

Abb. 17-26: Rauchgasreinigung mit nasser Abgasreinigung und SCR-Entstickung [17.16]

17.9 Wissensfragen

- Skizzieren Sie ein Prozessschema zur thermischen Abfallbehandlung verschiedener Abfallarten.
- Welche Anforderungen sind bzgl. Arbeits- und Umweltschutz bei der Annahme und Lagerung von Abfällen zu beachten?
- Welche Verbrennungstechnologien kommen bei der thermischen Abfallbehandlung hauptsächlich zur Anwendung?
- Wie lassen sich Stäube aus einem Abgas entfernen?
- Erläutern Sie die Abscheidungsverfahren für verschiedene Schadgase.
- Wie lassen sich Stickoxide (NO_x) aus einem Abgas eliminieren?
- Beschreiben Sie die Bedeutung von Dioxinen und Furanen in der Abfallverbrennung.
- Welche (nicht) verwertbaren Produkte fallen bei einer thermischen Abfallbehandlung an?
- Entwickeln Sie mögliche Verfahrenskombinationen für Abfallverbrennungsanlagen.

17.10 Weiterführende Literatur

17.1 Alwast, H., Riemann, A.; *Verbesserung der umweltrelevanten Qualitäten von Schlacken aus Abfallverbrennungsanlagen,* Umweltbundesamt, Texte 50/2010, **2010**

17.2 Bank, M.; *Basiswissen Umwelttechnik*, Vogel, **2007,** 978-3-8343-3060-4

17.3 Bilitewski, B.; Faulstich, M.; Urban, A.; *Thermische Abfallbehandlung*, Schriftenreihe des Institutes für Abfallwirtschaft und Altlasten, TU Dresden, **2002,** 3-934253-09-1

17.4 Bundesministerium für Umwelt, Naturschutz und Reaktorsicherheit und die Länderarbeitsgemeinschaft Wasser (Hrsg.); *Wäsche von Abgasen aus der Verbrennung von Abfällen*, Bundesanzeiger, **2008,** 978-3-89817-712-2

17.5 Cord-Landwehr, K.; *Einführung in die Abfallwirtschaft*, Teubner, **2002,** 3-519-25246-5

17.6 Dehoust, G.; Gebhardt, P.; Gärtner, St.; *Der Beitrag der thermischen Abfallbehandlung zu Klimaschutz, Luftreinhaltung und Ressourcenschonung*, Öko-Institut e.V., **2002**

17.7 Faulstich, M.; Urban, A. I.; Bilitewski, B.; *Thermische Abfallbehandlung*, kassel university press, **2007,** 978-3-89958-274-1

17.8 Fehrenbach, H.; Giegrich, J.; Mahmood, S.; *Beispielhafte Darstellung einer vollständigen hochwertigen Verwertung in einer MVA unter besonderer Berücksichtigung der Klimarelevanz*, Umweltbundesamt, Texte 16/08, **2008**

17.9 Fritz, W.; Kern, H.; *Reinigung von Abgasen,* Vogel, **1992,** 3-8023-1454-9

17

17.10 Görner, K.; Hübner, K.; *Gasreinigung und Luftreinhaltung*, Springer, **2002,** 3-540-42006-1

17.11 Görner, K.; Hübner, K.; *Hütte-Umweltschutztechnik*, Springer, **1999,** 3-540-55897-7

17.12 Igelbüscher, A.; *Wirbelschichttechnik in der Abfallwirtschaft*, TU Dresden, **2007,** 978-3-934253-45-2

17.13 Karpf, R.; *Emissionsbezogene Energiekennzahlen von Abgasreinigungsverfahren bei der Abfallverbrennung,* TK Verlag, **2012,** 978-3-935317-77-1

17.14 Länderausschuss für Arbeitsschutz und Sicherheitstechnik (LASI); *Leitlinien des Arbeitsschutzes in Abfallbehandlungsanlagen*, **o. J.,** 3-936415-13-7

17.15 Lemann, M.; *Abfalltechnik*, Peter Lang, **2005,** 3-03910-817-4

17.16 Martens, H.; *Recyclingtechnik,* Spektrum, **2011,** 978-3-8274-2640-6

17.17 Meinfelder, T.; Richers, U.; *Entsorgung der Schlacke aus der thermischen Restabfallbehandlung*, Forschungszentrum Karlsruhe, FZKA 7422, **2008**

17.18 Ministerium für Umwelt und Naturschutz, Landwirtschaft und Verbraucherschutz des Landes Nordrhein-Westfalen (Hrsg.); *Leitfaden zur energetischen Verwertung von Abfällen in Zement-, Kalk- und Kraftwerken in Nordrhein-Westfalen*, Düsseldorf, **2005**

17.19 Scholz, R.; Beckmann, M.; Schulenberg, F.; *Abfallbehandlung in thermischen Verfahren*, Teubner, **2001,** 3-519-00402-X

17.20 Schumacher, F.; *Untersuchung des Reaktionsfortschritts bei der Festbettverbrennung aus Rostsystemen*, Forschungszentrum Karlsruhe, FZKA 7237, **2006**

17.21 Steinmetz, Andrea; *Verbrennung oder mechanisch-biologische Restmüllbehandlung,* AVM, **2010,** 978-3-86306-699-4

17.22 Stieß, M; *Mechanische Verfahrenstechnik 2,* Springer, **1994,** 3-540-55852-7

17.23 Susset, B.; Leachs, W.; *Ableitung von Materialwerten im Eluat und Einbaumöglichkeiten mineralischer Ersatzstoffe*, Umweltbundesamt, **2008**

17.24 Thomé-Kozmiensky, K.; *Aschen • Schlacken • Stäube - aus Abfallverbrennung und Metallurgie,* TK Verlag, **2013,** 978-3-935317-99-3

17.25 Thomé-Kozmiensky, K.J.; Beckmann, M.; *Energie aus Abfall, Bd. 1 – 9,* **2009 ff.**

17.26 TRBA 212, *Thermische Abfallbehandlung: Schutzmaßnahmen*, **Oktober 2003**

17.27 Umweltbundesamt (UBA); *Emissionen ausgewählter Treibhausgase nach Quellkategorien,* **2011**

17.28 Umweltbundesamt (UBA); *Integrierte Vermeidung und Verminderung der Umweltverschmutzung (IVU) - Merkblatt über die besten verfügbaren Techniken für Abfallbehandlungsanlagen*, Dessau, **August 2006**

17.29 Umweltbundesamt (UBA); *Integrierte Vermeidung und Verminderung der Umweltverschmutzung (IVU)- BVT-Merkblatt über beste verfügbare Techniken der Abfallverbrennung*, Dessau, **Juli 2005**

17.30 Van den Berg, M. et al.; *The 2005 World Health Organization Reevaluation of Human Mammalian Toxic Equivalency Factors for Dioxins and Dioxin-Like Compounds*, Toxicological Sciences, 93(2), **2006,** 223-241

17.31 VDI 2094; *Emissionsminderung Zementwerke*, Beuth, **März 2003**

17.32 VDI 3460 Blatt 1; *Thermische Abfallbehandlung*, Beuth, **Februar 2014**

17.33 VDI 3476 Blatt 3; *Verfahren der katalytischen Abgasreinigung - Selektive katalytische Reduktion*, Beuth, **Januar 2012**

17.34 VDI 3677 Blatt 3; *Filternde Abscheider - Heißgasfiltration*, Beuth, **Juni 2010**

17.35 Wiemer, K.; Kern, M. (Hrsg.); *Zukunft der thermischen Restabfallbehandlung*, Witzenhausen-Institut, **2001,** 3-928673-26-X

17.36 17. BImSchV; *Verordnung über die Verbrennung und die Mitverbrennung von Abfällen*, **07.10.2013**

18 Deponierung von Abfällen

18.1 Deponieverordnung (DepV)

Anwendungsbereich (§ 1)

Die Deponieverordnung gilt für:

- die Errichtung, den Betrieb, die Stilllegung und die Nachsorge von Deponien,
- die Behandlung von Abfällen zum Zwecke der Ablagerung auf Deponien und des Einsatzes als Deponieersatzbaustoff,
- die Ablagerung von Abfällen auf Deponien,
- den Einsatz von Abfällen als und zur Herstellung von Deponieersatzbaustoff,
- die Errichtung, den Betrieb, die Stilllegung und die Nachsorge von Langzeitlagern sowie
- die Lagerung von Abfällen in Langzeitlagern.

Die Deponieverordnung gilt für:

- Träger eines Deponievorhabens,
- Betreiber und Inhaber von Deponien (Deponiebetreiber),
- Betreiber von Langzeitlagern,
- Erzeuger und Besitzer von Abfällen sowie
- Betreiber von Anlagen zur Herstellung von Deponieersatzbaustoff.

Begriffsbestimmungen (§ 2)

In der Deponieverordnung gelten folgende Begriffsbestimmungen:

- **„Ablagerungsbereich":**
  Bereich einer Deponie, auf oder in dem Abfälle zeitlich unbegrenzt abgelagert werden,

- **„Ablagerungsphase":**
  Zeitraum von der Abnahme der für den Betrieb einer Deponie oder eines Deponieabschnittes erforderlichen Einrichtungen durch die zuständige Behörde bis zu dem Zeitpunkt, an dem die Ablagerung von Abfällen beendet wird,

- **„Altdeponie":**
  eine Deponie, die sich am 16. Juli 2009 in der Ablagerungs-, Stilllegungs- oder Nachsorgephase befindet,

- **„Auslöseschwelle":**
  Grundwasserüberwachungswerte, bei deren Überschreitung Maßnahmen zum Schutz des Grundwassers eingeleitet werden müssen,

- **„Behandlung":**
  mechanische, physikalische, thermische, chemische oder biologische Verfahren oder Verfahrenskombinationen, die das Volumen oder die schädlichen Eigenschaften der Abfälle verringern, ihre Handhabung erleichtern, ihre Verwertung oder Beseitigung begünstigen oder die Einhaltung der Zuordnungskriterien gewährleisten,

- **„Deponie der Klasse 0 (Deponieklasse 0, DK 0)":**
oberirdische Deponie für Inertabfälle, die die Zuordnungskriterien für die Deponieklasse 0 einhalten,

- **„Deponie der Klasse I (Deponieklasse I, DK I)":**
oberirdische Deponie für Abfälle, die die Zuordnungskriterien für die Deponieklasse I einhalten,

- **„Deponie der Klasse II (Deponieklasse II, DK II)":**
oberirdische Deponie für Abfälle, die die Zuordnungskriterien für die Deponieklasse II einhalten,

- **„Deponie der Klasse III (Deponieklasse III, DK III)":**
oberirdische Deponie für nicht gefährliche Abfälle und gefährliche Abfälle, die die Zuordnungskriterien für die Deponieklasse III einhalten,

- **„Deponie der Klasse IV (Deponieklasse IV, DK IV)":**
Untertagedeponie, in der Abfälle:
  - in einem Bergwerk mit eigenständigem Ablagerungsbereich, der getrennt von einer Mineralgewinnung angelegt ist, oder
  - in einer Kaverne, vollständig im Gestein eingeschlossen, abgelagert werden,

- **„Deponieabschnitt":**
räumlich oder bautechnisch abgegrenzter Teil des Ablagerungsbereiches einer Deponie, der einer bestimmten Deponieklasse zugeordnet ist und der getrennt betrieben werden kann,

- **„Deponiebetreiber":**
natürliche oder juristische Person, die die rechtliche oder tatsächliche Verfügungsgewalt über eine Deponie innehat,

- **„Grundlegende Charakterisierung":**
Ermittlung und Bewertung aller für eine langfristig sichere Deponierung eines Abfalls erforderlichen Informationen, insbesondere Angaben über Art, Herkunft, Zusammensetzung, Homogenität, Auslaugbarkeit, sonstige typische Eigenschaften sowie Vorschlag für Festlegung der Schlüsselparameter, der Untersuchungsverfahren und der Untersuchungshäufigkeit,

- **„Langzeitlager":**
Anlage zur Lagerung von Abfällen nach § 4 des Bundes-Immissionsschutzgesetzes,

- **„Langzeitlager der Klasse 0 (Langzeitlagerklasse 0, LK 0)":**
oberirdisches Langzeitlager für Inertabfälle, die die Zuordnungskriterien für die Deponieklasse 0 einhalten,

- **„Langzeitlager der Klasse I (Langzeitlagerklasse I, LK I)":**
oberirdisches Langzeitlager für nicht gefährliche Abfälle, die die Zuordnungskriterien für die Deponieklasse I einhalten,

- **„Langzeitlager der Klasse II (Langzeitlagerklasse II, LK II)":**
oberirdisches Langzeitlager für nicht gefährliche Abfälle, die die Zuordnungskriterien für die Deponieklasse II einhalten,

- **„Langzeitlager der Klasse III (Langzeitlagerklasse III, LK III)":**
oberirdisches Langzeitlager für gefährliche Abfälle, die die Zuordnungskriterien für die Deponieklasse III einhalten,

- **„Langzeitlager der Klasse IV (Langzeitlagerklasse IV, LK IV)“:**
  untertägiges Langzeitlager für gefährliche Abfälle in einem Bergwerk mit eigenständigem Lagerbereich, der getrennt von einer Mineralgewinnung angelegt ist,

- **„Mechanisch-biologisch behandelte Abfälle“:**
  Abfälle aus der Aufbereitung oder Umwandlung von Haushaltsabfällen und ähnlichen gewerblichen und industriellen Abfällen mit hohem biologisch abbaubaren Anteil in Anlagen, die unter den Anwendungsbereich der Verordnung über Anlagen zur biologischen Behandlung von Abfällen fallen,

- **„Monodeponie“:**
  Deponie oder Deponieabschnitt der Deponieklasse 0, I, II, III oder IV, in der oder in dem ausschließlich spezifische Massenabfälle, die nach Art, Schadstoffgehalt und Reaktionsverhalten ähnlich und untereinander verträglich sind, abgelagert werden,

- **„Nachsorgephase“:**
  Zeitraum nach der endgültigen Stilllegung einer Deponie oder eines Deponieabschnittes bis zu dem Zeitpunkt, zu dem die zuständige Behörde nach § 40 des Kreislaufwirtschaftsgesetzes den Abschluss der Nachsorge der Deponie feststellt,

- **„Stilllegungsphase“:**
  Zeitraum vom Ende der Ablagerungsphase der Deponie oder eines Deponieabschnittes bis zur endgültigen Stilllegung der Deponie oder eines Deponieabschnittes nach § 40 des Kreislaufwirtschaftsgesetzes.

Errichtung (§ 3)

Deponien oder Deponieabschnitte der Klasse 0, I, II oder III sind so zu errichten, dass die Anforderungen an den Standort, die geologische Barriere und das Basisabdichtungssystem eingehalten werden.

Deponien der Klasse IV sind nur im Salzgestein und so zu errichten, dass die Anforderungen an Standort und geologische Barriere sowie zur standortbezogenen Sicherheitsbeurteilung eingehalten werden.

Der Deponiebetreiber hat auf der Deponie außer einem Ablagerungsbereich mindestens einen Eingangsbereich einzurichten. Er hat die Deponie so zu sichern, dass ein unbefugter Zugang zu der Anlage verhindert wird. Die zuständige Behörde kann für Deponien der Klasse 0 und Monodeponien Ausnahmen von den Anforderungen zulassen, wenn eine Beeinträchtigung des Wohles der Allgemeinheit nicht zu besorgen ist.

Organisation und Personal (§ 4)

Der Deponiebetreiber hat die Organisation einer Deponie so auszugestalten, dass:

- jederzeit ausreichend Personal, das über die für ihre jeweilige Tätigkeit erforderliche Fach- und Sachkunde verfügt, für die wahrzunehmenden Aufgaben vorhanden ist,
- die für die Leitung verantwortlichen Personen mindestens alle zwei Jahre an von der zuständigen Behörde oder Stelle anerkannten Lehrgängen teilnehmen,
- das Personal durch geeignete Fortbildung über den für die Tätigkeit erforderlichen aktuellen Wissensstand verfügt,

- die erforderliche Überwachung und Kontrolle der durchgeführten abfallwirtschaftlichen Tätigkeiten sichergestellt ist sowie
- Unfälle vermieden und eventuelle Unfallfolgen begrenzt werden.

Voraussetzungen für die Ablagerung (§ 6)

Abfälle dürfen auf Deponien oder Deponieabschnitten nur abgelagert werden, wenn die jeweiligen Annahmekriterien bereits bei der Anlieferung eingehalten werden. Die Annahmekriterien sind im einzelnen Abfall, ohne Vermischung mit anderen Stoffen oder Abfällen, einzuhalten. Soweit es zur Einhaltung der Annahmekriterien erforderlich ist, sind Abfälle vor der Ablagerung zu behandeln. Die Behandlung ist ausreichend, wenn das Behandlungsergebnis irreversibel ist und die Annahmekriterien durch die Behandlung dauerhaft eingehalten werden.

Gefährliche Abfälle dürfen nur abgelagert werden:

- auf Deponien oder Deponieabschnitten, die alle Anforderungen für die Deponieklasse III erfüllen oder
- auf Deponien, die alle Anforderungen für die Deponieklasse IV erfüllen.

Nicht gefährliche Abfälle dürfen nur abgelagert werden auf Deponien oder Deponieabschnitten, die:

- mindestens alle Anforderungen für die Deponieklasse I erfüllen oder
- mindestens alle Anforderungen für die Deponieklasse II erfüllen oder
- mindestens alle Anforderungen für die Deponieklasse III erfüllen oder
- alle Anforderungen für die Deponieklasse IV erfüllen.

Inertabfälle dürfen nur abgelagert werden auf:

- Deponien oder Deponieabschnitten, die mindestens alle Anforderungen für die Deponieklasse 0 erfüllen oder
- auf Deponien, die alle Anforderungen für die Deponieklasse IV erfüllen.

Nicht zugelassene Abfälle (§ 7)

Folgende Abfälle dürfen nicht auf einer Deponie der Klasse 0, I, II oder III abgelagert werden:

- flüssige Abfälle,
- Abfälle, die nach der Gefahrstoffverordnung als explosionsgefährlich, ätzend, brandfördernd, hoch entzündlich oder leicht entzündlich eingestuft werden,
- infektiöse Abfälle, Körperteile und Organe,
- nicht identifizierte oder neue chemische Abfälle aus Forschungs-, Entwicklungs- und Ausbildungstätigkeiten, deren Auswirkungen auf den Menschen und die Umwelt nicht bekannt sind,
- ganze oder zerteilte Altreifen,
- Abfälle, die zu erheblichen Geruchsbelästigungen für die auf der Deponie Beschäftigten und für die Nachbarschaft führen, und
- persistente organische Schadstoffe sowie andere Abfälle, bei denen aufgrund der Herkunft oder Beschaffenheit durch die Ablagerung wegen ihres Gehaltes an langlebigen oder bioakkumulierbaren toxischen Stoffen eine Beeinträchtigung des Wohles der Allgemeinheit zu besorgen ist.

Folgende Abfälle dürfen nicht in einer Deponie der Klasse IV abgelagert werden:

- die oben genannten Abfälle,
- biologisch abbaubare Abfälle,
- Abfälle mit einem Brennwert (H_o) von mehr als 6000 Kilojoule pro Kilogramm Trockenmasse (TM),
- Abfälle, die unter Ablagerungsbedingungen durch Reaktionen untereinander oder mit dem Gestein zu:
  - Volumenvergrößerungen,
  - einer Bildung selbstentzündlicher, toxischer oder explosiver Stoffe oder Gase oder zu
  - anderen gefährlichen Reaktionen

  führen, soweit die Betriebssicherheit und die Integrität der Barrieren dadurch in Frage gestellt werden,
- Abfälle, die unter Ablagerungsbedingungen:
  - explosionsgefährlich, hoch entzündlich oder leicht entzündlich sind,
  - stechenden Geruch freisetzen oder
  - keine ausreichende Stabilität gegenüber den geomechanischen Bedingungen aufweisen.

Annahmeverfahren (§ 8)

Der Abfallerzeuger, bei Sammelentsorgung der Einsammler, hat dem Deponiebetreiber rechtzeitig vor der ersten Anlieferung die grundlegende Charakterisierung des Abfalls mit mindestens folgenden Angaben vorzulegen:

- Abfallherkunft (Abfallerzeuger oder Einsammlungsgebiet),
- Abfallbeschreibung (betriebsinterne Abfallbezeichnung, Abfallschlüssel und Abfallbezeichnung nach der Anlage zur Abfallverzeichnis-Verordnung),
- Art der Vorbehandlung, soweit durchgeführt,
- Aussehen, Konsistenz, Geruch und Farbe,
- Masse des Abfalls als Gesamtmenge oder Menge pro Zeiteinheit,
- Probenahmeprotokoll,
- Protokoll über die Probenvorbereitung,
- zugehörige Analysenberichte über die Einhaltung der Zuordnungskriterien für die jeweilige Deponie,
- bei gefährlichen Abfällen zusätzlich Angaben über den Gesamtgehalt ablagerungsrelevanter Inhaltsstoffe im Feststoff, soweit dies für eine Beurteilung der Ablagerbarkeit erforderlich ist,
- bei gefährlichen Abfällen im Fall von Spiegeleinträgen zusätzlich die relevanten gefährlichen Eigenschaften,
- bei Abfällen persistent organischer Schadstoffe bei denen die Konzentrationsgrenzen überschritten sind und die auf einer Deponie der Klasse IV abgelagert werden sollen, ein von der zuständigen Behörde genehmigter Nachweis,
- Vorschlag für die Schlüsselparameter und deren Untersuchungshäufigkeit.

Soweit nach § 50 oder § 51 des Kreislaufwirtschaftsgesetzes in Verbindung mit der Nachweisverordnung Entsorgungsnachweise oder Sammelentsorgungsnachweise zu führen sind, können die vorzulegenden Angaben durch die verantwortliche Erklärung nach der Nachweisverordnung ersetzt werden. Der Deponiebetreiber hat vor der ersten Annahme eines Abfalls die Schlüsselparameter für die Kontrolluntersuchungen festzulegen. Führen Änderungen im abfallerzeugenden Prozess zu relevanten Änderungen des Auslaugverhaltens oder der Zusammensetzung des Abfalls, hat der Erzeuger, bei Sammelentsorgung der Einsammler, dem Deponiebetreiber erneut die erforderlichen Angaben vorzulegen. Der Deponiebetreiber hat in diesem Fall die Schlüsselparameter für die Kontrolluntersuchungen erneut festzulegen.

Der Deponiebetreiber hat bei jeder Abfallanlieferung unverzüglich eine Annahmekontrolle durchzuführen, die mindestens umfasst:

- Prüfung, ob für den Abfall die grundlegende Charakterisierung vorliegt,
- Feststellung der Masse, Kontrolle des Abfallschlüssels und der Abfallbezeichnung gemäß Anlage zur Abfallverzeichnis-Verordnung,
- Kontrolle der Unterlagen auf Übereinstimmung mit den Angaben der grundlegenden Charakterisierung,
- Sichtkontrolle vor und nach dem Abladen,
- Kontrolle auf Aussehen, Konsistenz, Farbe und Geruch.

Soweit nach § 49 des Kreislaufwirtschaftsgesetzes in Verbindung mit der Nachweisverordnung Register zu führen sind, können die zu kontrollierenden Maßgaben durch die Angaben im Register nach der Nachweisverordnung ersetzt werden.

Der Deponiebetreiber hat für jede Abfallanlieferung eine Eingangsbestätigung unter Angabe der festgestellten Masse und des sechsstelligen Abfallschlüssels gemäß der Anlage zur Abfallverzeichnis-Verordnung auszustellen. Wird die Übergabe der Abfälle mittels Begleitschein oder Übernahmeschein nach der Nachweisverordnung bestätigt, so ersetzen diese Nachweise die Eingangsbestätigung.

Handhabung der Abfälle (§ 9)

Der Betreiber einer Deponie der Klasse 0, I, II oder III hat sicherzustellen, dass durch die abgelagerten Abfälle eine Beeinträchtigung der Standsicherheit des Deponiekörpers nicht zu besorgen ist.

Stilllegung (§ 10)

In der Stilllegungsphase hat der Betreiber:

- einer Deponie der Klasse 0, I, II oder III unverzüglich alle erforderlichen Maßnahmen zur Errichtung des Oberflächenabdichtungssystems,
- einer Deponie der Klasse IV unverzüglich alle erforderlichen Maßnahmen

durchzuführen, die eine Beeinträchtigung des Wohles der Allgemeinheit verhindern.

Nachsorge (§ 11)

Der Deponiebetreiber hat in der Nachsorgephase alle Maßnahmen, insbesondere die Kontroll- und Überwachungsmaßnahmen, durchzuführen, die zur Verhinderung von Beeinträchtigungen des Wohles der Allgemeinheit erforderlich sind.

Maßnahmen zur Kontrolle, Verminderung und Vermeidung von Emissionen, Immissionen, Belästigungen und Gefährdungen (§ 12)

Zur Feststellung, ob von einer Deponie die Besorgnis einer schädlichen Verunreinigung des Grundwassers oder sonstigen nachteiligen Veränderungen seiner Eigenschaften ausgehen, legt die zuständige Behörde vor Beginn der Ablagerungsphase unter Berücksichtigung der jeweiligen hydrologischen Gegebenheiten am Standort der Deponie und der Grundwasserqualität entsprechende Auslöseschwellen und geeignete Grundwasser-Messstellen zur Kontrolle fest.

Der Betreiber einer Deponie der Klasse 0, I, II, III oder IV hat vor Beginn der Ablagerungsphase Grundwasser-Messstellen zu schaffen. Er hat die Grundwasser-Messstellen sowie sonstige Messeinrichtungen bis zum Ende der Nachsorgephase zu erhalten.

Der Deponiebetreiber hat bis zum Ende der Nachsorgephase Messungen und Kontrollen durchzuführen. Ergänzend hat der Betreiber einer Deponie der Klasse 0, I, II oder III bis zum Ende der Nachsorgephase:

- Sickerwasser zu handhaben,
- Deponiegas zu handhaben und
- sonstige von der Deponie ausgehende Belästigungen und Gefährdungen zu minimieren.

Information und Dokumentation (§ 13)

Der Deponiebetreiber hat vor Beginn der Ablagerungsphase folgende Unterlagen zu erstellen:

- eine Betriebsordnung und
- ein Betriebshandbuch.

Er hat die Unterlagen bei Bedarf fortzuschreiben und auf Verlangen der zuständigen Behörde vorzulegen. Der Betreiber einer Deponie der Klasse I, II, III oder IV hat ein Abfallkataster anzulegen und die dort geforderten Angaben zu dokumentieren. Der Deponiebetreiber hat ein Betriebstagebuch zu führen und bis zum Ende der Nachsorgephase aufzubewahren.

Überprüfung behördlicher Entscheidungen (§ 22)

Die zuständige Behörde hat die behördlichen Entscheidungen alle vier Jahre darauf zu überprüfen, ob zur Einhaltung des Standes der Technik weitere Bedingungen, Auflagen oder Befristungen angeordnet oder bestehende geändert werden müssen.

Überwachungspläne, Überwachungsprogramme (§ 22a)

Überwachungspläne im Sinne des § 47 des Kreislaufwirtschaftsgesetzes haben Folgendes zu enthalten:

- den räumlichen Geltungsbereich des Plans,
- eine allgemeine Bewertung der wichtigen Umweltprobleme im Geltungsbereich des Plans,
- ein Verzeichnis der in den Geltungsbereich des Plans fallenden Deponien,
- Verfahren für die Aufstellung von Programmen für die regelmäßige Überwachung,
- Verfahren für die Überwachung aus besonderem Anlass sowie

- soweit erforderlich, Bestimmungen für die Zusammenarbeit zwischen verschiedenen Überwachungsbehörden.

Auf der Grundlage der Überwachungspläne erstellen oder aktualisieren die zuständigen Behörden regelmäßig Überwachungsprogramme, in denen auch die Zeiträume angegeben sind, in denen Vor-Ort-Besichtigungen stattfinden müssen. In welchem zeitlichen Abstand Deponien vor Ort besichtigt werden müssen, richtet sich nach einer systematischen Beurteilung der mit der Deponie verbundenen Umweltrisiken insbesondere anhand der folgenden Kriterien:

- mögliche und tatsächliche Auswirkungen der betreffenden Deponie auf die menschliche Gesundheit und auf die Umwelt unter Berücksichtigung der Emissionswerte und -typen, der Empfindlichkeit der örtlichen Umgebung und des von der Deponie ausgehenden Unfallrisikos,
- bisherige Einhaltung der Zulassungsanforderungen,
- Eintragung eines Unternehmens in ein Verzeichnis über die freiwillige Teilnahme von Organisationen an einem Gemeinschaftssystem für Umweltmanagement und Umweltbetriebsprüfung.

Der Abstand zwischen zwei Vor-Ort-Besichtigungen darf die folgenden Zeiträume nicht überschreiten:

- ein Jahr bei Deponien der Klasse III und IV,
- zwei Jahre bei Deponien der Klasse II sowie
- drei Jahre bei Deponien der Klasse I.

Wurde bei einer Überwachung festgestellt, dass der Deponiebetreiber in schwerwiegender Weise gegen die Zulassung verstößt, hat die zuständige Behörde innerhalb von sechs Monaten nach der Feststellung des Verstoßes eine zusätzliche Vor-Ort-Besichtigung durchzuführen.

Nach jeder Vor-Ort-Besichtigung einer planfeststellungsbedürftigen Deponie, für die eine Pflicht zur Erstellung eines Überwachungsplans und Überwachungsprogramms besteht, erstellt die zuständige Behörde einen Bericht mit den relevanten Feststellungen über die Einhaltung der Zulassungsanforderungen und mit Schlussfolgerungen, ob weitere Maßnahmen notwendig sind. Der Bericht ist dem Deponiebetreiber innerhalb von zwei Monaten nach der Vor-Ort-Besichtigung durch die zuständige Behörde zu übermitteln. Der Bericht ist der Öffentlichkeit nach den Vorschriften des Bundes und der Länder über den Zugang zu Umweltinformationen innerhalb von vier Monaten nach der Vor-Ort-Besichtigung zugänglich zu machen.

18.2 Anforderungen an Deponien der Klasse 0, I, II und III

18.2.1 Standort und geologische Barriere

Eignung des Standortes

Die Eignung des Standortes für eine Deponie ist eine notwendige Voraussetzung dafür, dass das Wohl der Allgemeinheit durch die Deponie nicht beeinträchtigt wird. Bei der Wahl des Standortes ist insbesondere Folgendes zu berücksichtigen:

- geologische und hydrogeologische Bedingungen des Gebietes einschließlich eines permanent zu gewährleistenden Abstandes der Oberkante der geologischen Barriere vom höchsten zu erwartenden freien Grundwasserspiegel von mindestens 1 m,
- besonders geschützte oder schützenswerte Flächen wie Trinkwasser- und Heilquellenschutzgebiete, Wasservorranggebiete, Wald- und Naturschutzgebiete, Biotopflächen,
- ausreichender Schutzabstand zu sensiblen Gebieten wie z.B. zu Wohnbebauungen, Erholungsgebieten,

- Gefahr von Erdbeben, Überschwemmungen, Bodensenkungen, Erdfällen, Hangrutschen oder Lawinen auf dem Gelände,
- Ableitbarkeit gesammelten Sickerwassers im freien Gefälle.

Untergrund einer Deponie

Der Untergrund einer Deponie muss folgende Anforderungen erfüllen:

- Der Untergrund muss sämtliche bodenmechanischen Belastungen aus der Deponie aufnehmen können, auftretende Setzungen dürfen keine Schäden am Basisabdichtungs- und Sickerwassersammelsystem verursachen.
- Der Untergrund der Deponie und der im weiteren Umfeld soll aufgrund seiner geringen Durchlässigkeit, seiner Mächtigkeit und Homogenität sowie seines Schadstoffrückhaltevermögens eine Schadstoffausbreitung aus der Deponie maßgeblich behindern können (Wirkung als geologische Barriere), sodass eine schädliche Verunreinigung des Grundwassers oder sonstige nachteilige Veränderung seiner Beschaffenheit nicht zu besorgen ist.
- Die Mindestanforderungen an die Wasserdurchlässigkeit (k) und Dicke (d) der geologischen Barriere ergeben sich aus Abbildung 18.1. Erfüllt die geologische Barriere in ihrer natürlichen Beschaffenheit nicht diese Anforderungen, kann sie durch technische Maßnahmen geschaffen, vervollständigt oder verbessert werden.

Anforderungen zum Stand der Technik

Die Verbesserung der geologischen Barriere und die technischen Maßnahmen als Ersatz für die geologische Barriere, das Abdichtungssystem, die Materialien und die Herstellung der Systemkomponenten und deren Einbau sowie die Eigenschaften dieser Komponenten im Einbauzustand müssen so gewählt werden, dass die Funktionserfüllung der einzelnen Komponenten und des Gesamtsystems unter allen äußeren und gegenseitigen Einwirkungen über einen Zeitraum von mindestens 100 Jahren nachgewiesen ist.

Im Übrigen sind mindestens folgende Kriterien und Einwirkmechanismen unter den besonderen Randbedingungen in Deponieabdichtungssystemen zu berücksichtigen:

- Dichtigkeit,
- Verformungsvermögen, um unvermeidbare Setzungen aufzunehmen,
- Widerstandsfähigkeit gegenüber mechanisch einwirkenden Kräften,
- Widerstandsfähigkeit gegen hydraulische Einwirkungen (Suffosion und Erosion),
- Beständigkeit gegenüber chemischen und biologischen Einwirkungen,
- Beständigkeit gegenüber Witterungseinflüssen,
- Beständigkeit gegenüber alterungsbedingten nachteiligen Materialveränderungen,
- gesicherte, reproduzierbare und qualitätsüberwachte Vorfertigung von Abdichtungskomponenten,
- gesicherte, die Funktionalität wahrende und qualitätsüberwachte Herstellung sowie Einbau der Systemkomponenten und des Abdichtungssystems, insbesondere unter Einbeziehung geeigneter Maßnahmen zum Schutz vor auflastbedingten Beschädigungen,
- bei Vorgabe einer einzuhaltenden Durchflussrate: geeignete Nachweise,
- bei mineralischen Abdichtungskomponenten: Materialzusammensetzung, Einbautechnik und Einbindung im Abdichtungssystem, um eine sehr niedrige Durchlässigkeit zu erreichen und die Gefahr einer Trockenrissbildung zu minimieren,
- bei Deponieersatzbaustoffen: Einhaltung der zusätzlichen Anforderungen,
- bei einer Entwässerung an der Deponiebasis: Dränung von Deponien - Planung, Bauausführung und Betrieb.

Für die Herstellung des Abdichtungssystems soll ein einziger verantwortlicher Auftragnehmer bestellt werden.

18.2.2 Besondere Anforderungen an die geologische Barriere und das Basisabdichtungssystem

Der dauerhafte Schutz des Bodens und des Grundwassers ist durch die Kombination aus geologischer Barriere und einem Basisabdichtungssystem im Ablagerungsbereich zu erreichen (Abb. 18.1 und Abb. 18.2). Beim Erfordernis von zwei Abdichtungskomponenten sollen diese aus einer Konvektionssperre (Kunststoffdichtungsbahn oder Asphaltdichtung) über einer mineralischen Komponente bestehen. Die mineralische Komponente ist mehrlagig herzustellen. Die Abdichtungskomponenten sind vor auflastbedingten Beschädigungen zu schützen.

Nr.	Systemkomponente	DK 0	DK I	DK II	DK III
1	geologische Barriere	$k \leq 1x10^{-7}$ m/s $d \geq 1{,}00$ m	$k \leq 1x10^{-9}$ m/s $d \geq 1{,}00$ m	$k \leq 1x10^{-9}$ m/s $d \geq 1{,}00$ m	$k \leq 1x10^{-9}$ m/s $d \geq 5{,}00$ m
2	erste Abdichtungskomponente (mineralische Abdichtung)	nicht erforderlich	erforderlich	erforderlich	erforderlich
3	zweite Abdichtungskomponente (Kunststoffdichtungsbahn)	nicht erforderlich	nicht erforderlich	erforderlich	erforderlich
4	mineralische Entwässerungsschicht	$d \geq 0{,}30$ m	$d \geq 0{,}50$ m	$d \geq 0{,}50$ m	$d \geq 0{,}50$ m

Abb. 18.1 Aufbau der geologischen Barriere und des Basisabdichtungssystems

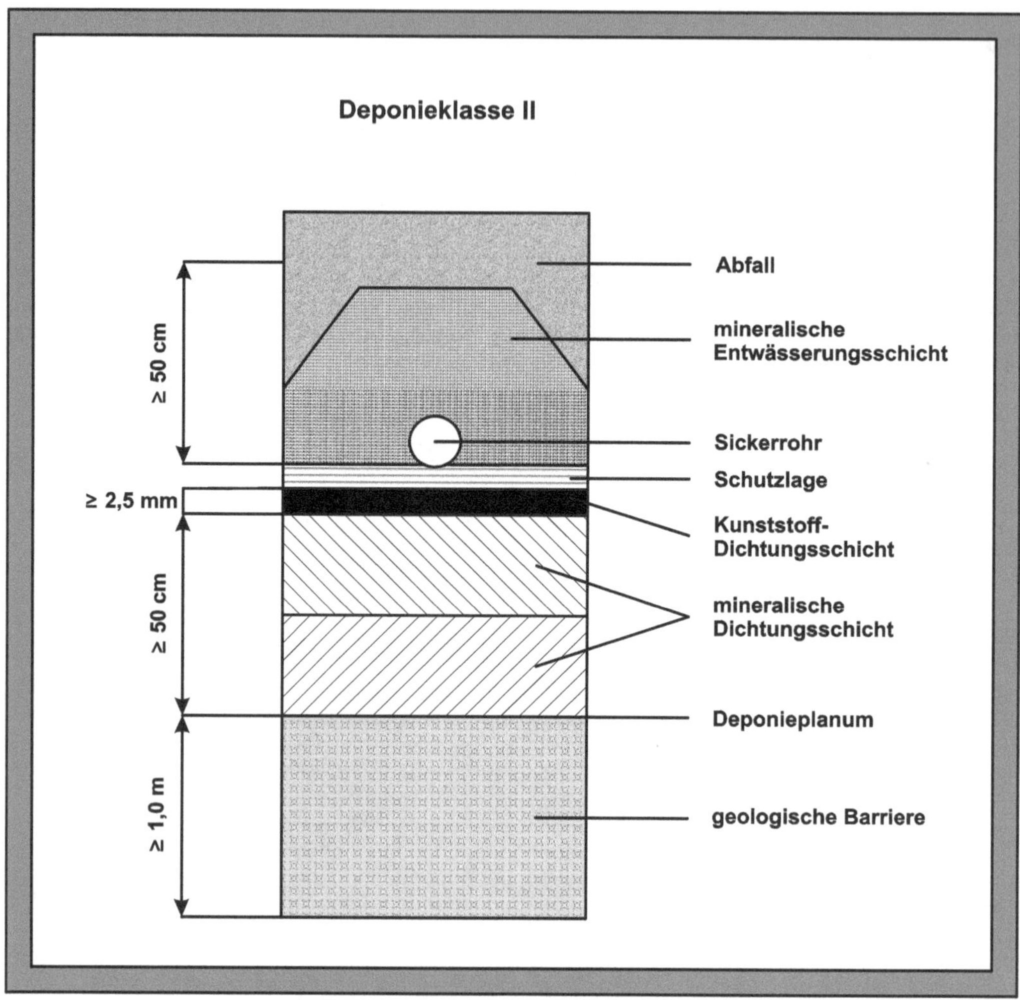

Abb. 18.2: Beispielhaftes Basisabdichtungssystem Deponieklasse II

18.2.3 Besondere Anforderungen an das Oberflächenabdichtungssystem

Das Oberflächenabdichtungssystem ist nach den Abbildungen 18.3 und 18.4 zu errichten.

Müssen Unebenheiten der Oberfläche des abgelagerten Abfalls ausgeglichen oder bestimmte Tragfähigkeiten hergestellt werden, um die Abdichtungskomponenten ordnungsgemäß einbauen zu können, ist auf der Oberfläche eine ausreichend dimensionierte Ausgleichsschicht einzubauen.

Beim Erfordernis von zwei Systemkomponenten sollen diese Komponenten aus verschiedenen Materialien bestehen, die auf eine Einwirkung (z.B. Austrocknung, mechanische Perforation) so unterschiedlich reagieren, dass sie hinsichtlich der Dichtigkeit fehlerausgleichend wirken.

Für den Fall, dass es die angestrebte und zulässige Folgenutzung erfordert, kann die Rekultivierungsschicht durch eine auf die entsprechende Nutzung abgestimmte technische Funktionsschicht ersetzt werden.

Rekultivierungsschicht

Für eine Rekultivierungsschicht, die nicht als technische Funktionsschicht genutzt wird, gilt Folgendes:

- Die Dicke, die Materialauswahl und der Bewuchs der Rekultivierungsschicht sind nach den Schutzerfordernissen der darunter liegenden Systemkomponenten (weitest gehende Vermeidung einer Durchwurzelung der Entwässerungsschicht, keine sonstige Beeinträchtigung der langfristigen Funktionsfähigkeit der Entwässerungsschicht, Schutz der Systemkomponenten vor Wurzel- und Frosteinwirkung sowie vor Austrocknung, Folgenutzungen) zu bemessen. Eine Mindestdicke von 1 m darf nicht unterschritten werden.
- Das Material soll eine nutzbare Feldkapazität von wenigstens 140 mm, bezogen auf die Gesamtdicke der Rekultivierungsschicht, aufweisen.
- Durch die Auswahl eines geeigneten Bewuchses soll die Oberfläche vor Wind- und Wassererosion geschützt und eine möglichst hohe Evapotranspiration erreicht werden.
- Es muss sichergestellt sein, dass nur solches Material eingesetzt wird, dass das in der Entwässerungsschicht gefasste Wasser nach den wasserrechtlichen Vorschriften eingeleitet werden kann.

Methanoxidationsschicht

Soll die Rekultivierungsschicht zugleich Aufgaben einer Methanoxidation von Restgasen übernehmen, sind zusätzliche Anforderungen an die Schicht mit der zuständigen Behörde abzustimmen. Wechselwirkungen der Methanoxidation und des Wasserhaushalts der Rekultivierungsschicht sind zu bewerten.

Technische Funktionsschicht

Wird die Deponieoberfläche nach endgültiger Stilllegung als Verkehrsfläche, Parkplatz, zur Bebauung oder in ähnlicher Weise genutzt, kann die Rekultivierungsschicht durch eine technische Funktionsschicht ersetzt werden, wenn die Folgenutzung dies erfordert. Dabei muss das in diese technische Funktionsschicht einzubauende Material mindestens die Anforderungen an Schadstoffgehalt und Auslaugbarkeit einhalten, unter denen eine Verwendung außerhalb des Deponiestandortes unter vergleichbaren Randbedingungen zulässig wäre.

Für die technische Funktionsschicht gilt:

- Die Dicke ist nach den Schutzerfordernissen der darunter liegenden Systemkomponenten (keine Beeinträchtigung der langfristigen Funktionsfähigkeit der Entwässerungsschicht, Schutz der Abdichtungskomponenten vor Wurzel- und Frosteinwirkung sowie vor Austrocknung) zu bemessen.
- Es muss sichergestellt sein, dass nur solches Material eingesetzt wird, dass das in der Entwässerungsschicht gefasste Wasser nach den wasserrechtlichen Vorschriften eingeleitet werden kann.

Nr.	Systemkomponente	DK 0	DK I	DK II	DK III
1	Ausgleichsschicht	nicht erforderlich	ggf. erforderlich	ggf. erforderlich	ggf. erforderlich
2	Gasdränschicht	nicht erforderlich	nicht erforderlich	ggf. erforderlich	ggf. erforderlich
3	erste Abdichtungskomponente	nicht erforderlich	erforderlich	erforderlich	erforderlich
4	zweite Abdichtungskomponente	nicht erforderlich	nicht erforderlich	erforderlich	erforderlich
5	Dichtungskontrollsystem	nicht erforderlich	nicht erforderlich	nicht erforderlich	erforderlich
6	Entwässerungsschicht d ≥ 0,30 m k ≥ $1x10^{-3}$ m/s Gefälle > 5 %	nicht erforderlich	erforderlich	erforderlich	erforderlich
7	Rekultivierungsschicht/ technische Funktionsschicht	erforderlich	erforderlich	erforderlich	erforderlich

Abb. 18.3: Aufbau des Oberflächenabdichtungssystems

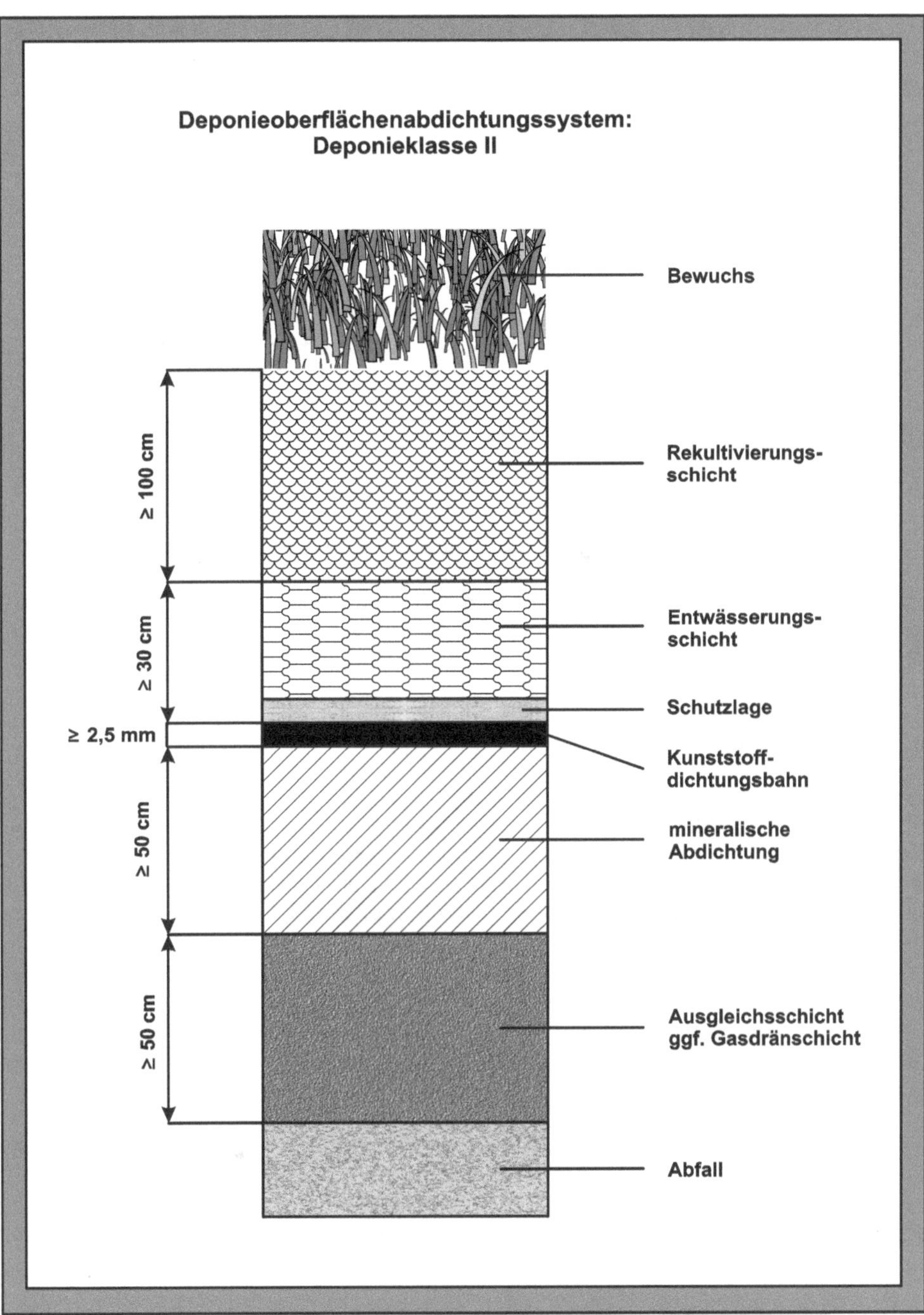

Abb. 18.4: Beispielhaftes Deponieoberflächenabdichtungssystem Deponieklasse II

18.3 Anforderungen an Deponien der Klasse IV im Salzgestein

Standort und geologische Barriere

Bei der Standortwahl für eine Deponie der Klasse IV im Salzgestein (Untertagedeponie) ist zu berücksichtigen, dass die Abfälle dauerhaft von der Biosphäre ferngehalten werden und die Ablagerung so erfolgen kann, dass keine Nachsorgemaßnahmen erforderlich sind. Das Salzgestein als maßgebliche geologische Barriere am Standort muss:

- gegenüber Flüssigkeiten und Gasen dicht sein,
- eine ausreichende räumliche Ausdehnung besitzen,
- im ausgewählten Ablagerungsbereich eine ausreichende unverritzte Salzmächtigkeit besitzen, die so groß ist, dass die Barrierefunktion auf Dauer nicht beeinträchtigt wird und
- durch sein Konvergenzverhalten die Abfälle allmählich umschließen und am Ende des Verformungsprozesses kraftschlüssig einschließen.

Darüber hinaus müssen:

- die mit der Deponie genutzten untertägigen Hohlräume mindestens für die Dauer der Ablagerungs- und Stilllegungsphase standsicher sein und
- Standorte, in denen die regionale Erdbebenintensität mit einer Wahrscheinlichkeit von 99 Prozent den Wert 8 nach der Medwedjew-Sponheuer-Karnik-Skala (MSK-Skala) überschritten wird, gemieden werden.

Standortbezogene Sicherheitsbeurteilung

Der Nachweis der Eignung des Gebirges für die Anlage einer Untertagedeponie muss durch eine standortbezogene Sicherheitsbeurteilung erbracht werden. Grundlage der standortbezogenen Sicherheitsbeurteilung ist die Analyse der zu beachtenden Gefährdungsmöglichkeiten bei Errichtung, beim Betrieb und in der Nachbetriebsphase. Hieraus sind die erforderlichen Kontroll- und Schutzmaßnahmen abzuleiten. Zur standortbezogenen Sicherheitsbeurteilung sind folgende Einzelnachweise zu führen:

- geotechnischer Standsicherheitsnachweis,
- Sicherheitsnachweis für die Ablagerungs- und Stilllegungsphase und
- Langzeitsicherheitsnachweis.

18.4 Zuordnungskriterien für Deponien der Klasse 0, I, II oder III

Bei der Zuordnung von Abfällen und von Deponieersatzbaustoffen zu Deponien oder Deponieabschnitten der Klasse 0, I, II oder III sind die Zuordnungswerte der Abbildung 18.5 einzuhalten.

Nr.	Parameter	Maßeinheit	geologische Barriere	DK 0	DK I	DK II	DK III	Rekultivierungsschicht
1	**Organischer Anteil des Trockenrückstandes der Originalsubstanz**							
1.01	bestimmt als Glühverlust	Masse/ %	≤ 3	≤ 3	≤ 3	≤ 5	≤ 10	
1.02	bestimmt als TOC	Masse/ %	≤ 1	≤ 1	≤ 1	≤ 3	≤ 6	
2	**Feststoffkriterien**							
2.01	Summe BTEX (Benzol, Toluol, Ethylbenzol, o-, m-, p-Xylol, Styrol, Cumol)	mg/kg TM	≤ 1	≤ 6				
2.02	PCB (Summe der 7 PCB-Kongenere, PCB-28, -52, -101, -118, -138, -153, -180)	mg/kg TM	≤ 0,02	≤ 1				≤ 0,1
2.03	Mineralölkohlenwasserstoffe (C_{10} bis C_{40})	mg/kg TM	≤ 100	≤ 500				
2.04	Summe PAK	mg/kg TM	≤ 1	≤ 30				≤ 5
2.05	Benzo(a)pyren	mg/kg TM						≤ 0,6
2.06	Säureneutralisationskapazität	mmol/ kg			muss bei gefährlichen Abfällen ermittelt werden		muss ermittelt werden	
2.07	extrahierbare lipophile Stoffe in der Originalsubstanz	Masse/ %		≤ 0,1	≤ 0,4	≤ 0,8	≤ 4	
2.08	Blei	mg/kg TM						≤ 140
2.09	Cadmium	mg/kg TM						≤ 1,0
2.10	Chrom	mg/kg TM						≤ 120
2.11	Kupfer	mg/kg TM						≤ 80
2.12	Nickel	mg/kg TM						≤ 100
2.13	Quecksilber	mg/kg TM						≤ 1,0
2.14	Zink	mg/kg TM						≤ 300

Nr.	Parameter	Maß-einheit	geolo-gische Bar-riere	DK 0	DK I	DK II	DK III	Rekulti-vie-rungs-schicht
3	**Eluatkriterien**							
3.01	pH-Wert		6,5-9	5,5-13	5,5-13	5,5-13	4-13	≤ 6,5-9
3.02	DOC	mg/L		≤ 50	≤ 50	≤ 80	≤ 100	
3.03	Phenole	mg/L	≤ 0,05	≤ 0,1	≤ 0,2	≤ 50	≤ 100	
3.04	Arsen	mg/L	≤ 0,01	≤ 0,05	≤ 0,2	≤ 0,2	≤ 2,5	≤ 0,01
3.05	Blei	mg/L	≤ 0,02	≤ 0,05	≤ 0,2	≤ 1	≤ 5	≤ 0,04
3.06	Cadmium	mg/L	≤ 0,002	≤ 0,004	≤ 0,05	≤ 0,1	≤ 0,5	≤ 0,002
3.07	Kupfer	mg/L	≤ 0,05	≤ 0,2	≤ 1	≤ 5	≤ 10	≤ 0,05
3.08	Nickel	mg/L	≤ 0,04	≤ 0,04	≤ 0,2	≤ 1	≤ 4	≤ 0,05
3.09	Quecksilber	mg/L	≤ 0,0002	≤ 0,001	≤ 0,005	≤ 0,02	≤ 0,2	≤ 0,0002
3.10	Zink	mg/L	≤ 0,1	≤ 0,4	≤ 2	≤ 5	≤ 20	≤ 0,1
3.11	Chlorid	mg/L	≤ 10	≤ 80	≤ 1.500	≤ 1.500	≤ 2.500	≤ 10
3.12	Sulfat	mg/L	≤ 50	≤ 100	≤ 2.000	≤ 2.000	≤ 5.000	≤ 50
3.13	Cyanid, leicht freisetzbar	mg/L	≤ 0,01	≤ 0,01	≤ 0,1	≤ 0,5	≤ 1	
3.14	Fluorid	mg/L		≤ 1	≤ 5	≤ 15	≤ 50	
3.15	Barium	mg/L		≤ 2	≤ 5	≤ 10	≤ 30	
3.16	Chrom, gesamt	mg/L		≤ 0,05	≤ 0,3	≤ 1	≤ 7	≤ 0,03
3.17	Molybdän	mg/L		≤ 0,05	≤ 0,3	≤ 1	≤ 3	
3.18a	Antimon	mg/L		≤ 0,006	≤ 0,03	≤ 0,07	≤ 0,5	
3.18b	Antimon - Co-Wert	mg/L		≤ 0,1	≤ 0,12	≤ 0,15	≤ 1,0	
3.19	Selen	mg/L		≤ 0,01	≤ 0,03	≤ 0,05	≤ 0,7	
3.20	Gesamtgehalt an gelösten Feststoffen	mg/L	400	400	3.000	6.000	10.000	
3.21	elektrische Leitfähigkeit	µS/cm						≤ 500

Abb. 18.5: Zuordnungswerte für Deponien

18.5 Information, Dokumentation, Kontrolle, Betrieb

Betriebsordnung

Die Betriebsordnung hat die für einen sicheren und ordnungsgemäßen Betrieb notwendigen Vorschriften zu enthalten. Sie gilt auch für Benutzer der Deponie und muss an geeigneter Stelle im Eingangsbereich der Deponie gut sichtbar ausgehängt sein.

Betriebshandbuch

Im Betriebshandbuch sind festzulegen:

- für den Normalbetrieb, für die Instandhaltung und für Betriebsstörungen die für eine gemeinwohlverträgliche Ablagerung der Abfälle und für die Betriebssicherheit der Deponie erforderlichen Maßnahmen, die mit den Alarm- und Notfallplänen abzustimmen sind,
- Maßnahmen, die bei Überschreiten der Auslöseschwellen durchzuführen sind,
- die Aufgaben und Verantwortungsbereiche des Personals, die Arbeitsanweisungen, die Kontroll- und Wartungsmaßnahmen sowie Informations-, Dokumentations- und Aufbewahrungspflichten.

Abfallkataster

Eine Deponie oder ein Deponieabschnitt der Klasse I, II oder III ist in Raster aufzuteilen, die bei Abfällen unterschiedlicher Zusammensetzung höchstens 2.500 m^2 Grundfläche haben dürfen. Bei Abfällen gleichbleibender Zusammensetzung sind größere Rasterweiten zulässig. Bei einer Deponie der Klasse IV in einem Bergwerk ist die Deponie oder der Deponieabschnitt in Ablagerungskammern zu unterteilen. Bei einer Deponie der Klasse IV in einer Kaverne ist die Deponie in Höhenraster aufzuteilen, die bei Abfällen unterschiedlicher Zusammensetzung höchstens 10 m Höhe haben dürfen.

Der Deponiebetreiber hat mindestens folgende Angaben für die in jedem Raster oder in jeder Ablagerungskammer abgelagerten Abfälle oder Deponieersatzbaustoffe im Abfallkataster zu dokumentieren:

- Masse, Abfallschlüssel und Abfallbezeichnung gemäß Abfallverzeichnis-Verordnung, Abfallherkunft,
- Ort der Ablagerung/des Einbaus (Angabe der Rasternummern bzw. Angabe der Ablagerungskammernummern),
- Art der Ablagerung/des Einbaus,
- Zeitpunkt der Ablagerung/des Einbaus.

Betriebstagebuch

Das Betriebstagebuch hat alle für die Deponie wesentlichen Daten zu enthalten, insbesondere:

- Abfallkataster,
- grundlegende Charakterisierung der angelieferten Abfälle oder Deponieersatzbaustoffe sowie die festgelegten Schlüsselparameter,
- Protokolle oder Erklärungen,
- Angaben zur Annahmekontrolle,

- Ergebnisse der Kontrolluntersuchung sowie Angabe der getroffenen Maßnahmen bei fehlender Übereinstimmung des Abfalls oder Deponieersatzbaustoffs mit den Angaben der grundlegenden Charakterisierung oder bei Verzicht auf Kontrolluntersuchungen die Erklärung des Abfallerzeugers,
- Angaben über Art, Menge und Herkunft zurückgewiesener Abfälle oder Deponieersatzbaustoffe,
- Protokolle der Abnahme der für den Ablagerungsbetrieb erforderlichen Einrichtungen,
- besondere Vorkommnisse, insbesondere Betriebsstörungen, die Auswirkungen auf die ordnungsgemäße Ablagerung haben können, einschließlich der möglichen Ursachen und erfolgter Abhilfemaßnahmen,
- die Ergebnisse von sonstigen anlagen- und stoffbezogenen Kontrollen (Eigen- und Fremdkontrollen).

Zur Erfüllung der Anforderungen kann auf Nachweise und Register nach der Nachweisverordnung und Aufzeichnungen nach der Entsorgungsfachbetriebeverordnung zurückgegriffen werden, soweit diese die erforderlichen Angaben enthalten. Das Betriebstagebuch ist dokumentensicher anzulegen. Es muss jederzeit von der zuständigen Behörde eingesehen werden können.

Mess- und Kontrollprogramm

Der Betreiber einer Deponie der Klasse 0, I, II oder III hat die in Abbildung 18.6 Nummer 1 bis 5, der Betreiber einer Deponie der Klasse IV hat die in Abbildung 18.6 Nummer 3 bis 6 genannten Kontrollen und Messungen in der dort genannten Häufigkeit durchzuführen oder durchführen zu lassen, soweit diese Messungen und Kontrollen vorgeschrieben werden. Die mit den Kontrollen und Messungen beauftragten Personen müssen über die erforderliche Sach- und Fachkunde verfügen. Mit Zustimmung der zuständigen Behörde können bei Deponien oder Deponieabschnitten Abweichungen von Umfang und Häufigkeit der durchzuführenden Kontrollen und Messungen festgelegt werden.

Nr.	Messung/Kontrolle	Häufigkeit/Darstellung	
		Ablagerungs- und Stilllegungsphase	Nachsorgephase
1	**meterologische Daten**		
1.1	Niederschlagsmenge	täglich, als Tagessummenwert	täglich, summiert zu Monatswerten
1.2	Temperatur (min., max., um 14:00 Uhr MEZ / 15:00 Uhr MESZ)	täglich	Monatsdurchschnittswert
1.3	Windrichtung und -geschwindigkeit des vorherrschenden Windes	täglich	nicht erforderlich
1.4	Verdunstung	täglich	täglich, summiert zu Monatswerten
2	**Emissionsdaten**		
2.1	Sickerwassermenge	täglich, als Tagessummenwert	halbjährlich
2.2	Zusammensetzung des Sickerwassers	vierteljährlich	halbjährlich
2.3	Menge und Zusammensetzung des Oberflächenwassers	vierteljährlich	halbjährlich
2.4	aktiv gefasste Gasmenge und Zusammensetzung (CH_4, CO_2, O_2, N_2, ausgewählte Spurengase)	Gasmenge täglich, als Tagessummenwert; Zusammensetzung einmal monatlich; ausgewählte Spurengase einmal halbjährlich	Gasmenge wöchentlich, als Halbjahressummenwert; Zusammensetzung einmal halbjährlich
2.5	Wirksamkeitskontrollen der Entgasung	wöchentlich bzw. halbjährlich	halbjährlich
2.6	Geruchsemissionen	bei Geruchsproblemen	bei Geruchsproblemen
3	**Grundwasserdaten**		
3.1	Grundwasserstände	halbjährlich	halbjährlich
3.2	Grundwasserbeschaffenheit/Kontrolle der Auslöseschwellen	vierteljährlich	halbjährlich
4	**Daten zum Deponiekörper**		
4.1	Setzungsmessungen und Stabilitätsuntersuchungen	jährlich	jährlich
4.2	Struktur und Zusammensetzung des Deponiekörpers	jährlich	

Nr.	Messung/Kontrolle	Häufigkeit/Darstellung	
		Ablagerungs- und Stilllegungsphase	Nachsorgephase
5	**Abdichtungssysteme**		
5.1	Verformung des Basisabdichtungssystems	jährlich	jährlich
5.2	Prüfung der Entwässerungsleitungen und der zugehörigen Schächte durch Kamerabefahrung	jährlich	jährlich
5.3	Temperaturen im Deponiebasisabdichtungssystem	standortspezifische Häufigkeit	standortspezifische Häufigkeit
5.4	Funktionsfähigkeit und Verformung des Oberflächenabdichtungssystems	jährlich	jährlich
5.5	Dichtungskontrollsystem	vierteljährlich	vierteljährlich
6	**Untertagedeponie**		
	Höhenlage der Oberkante der Verfüllsäule	nicht relevant	jährlich

Abb. 18.6: Mess- und Kontrollprogramm für Deponien

Erklärung zum Deponieverhalten

Das Deponieverhalten ist durch den zeitlichen Verlauf der Sickerwassermenge und -beschaffenheit und ggf. Gasemissionen (Abb. 18.7), Temperaturentwicklung im Deponiekörper sowie durch das Setzungs- und Verformungsverhalten des Deponiekörpers zu dokumentieren. Auf der Grundlage der Jahresauswertung der Messergebnisse ist eine Erklärung zum Deponieverhalten zu erstellen und mit der Jahresübersicht vorzulegen. Dabei ist der zeitliche Verlauf des Deponieverhaltens vom Beginn der Betriebsphase an darzustellen und mit den rechnerischen Annahmen für den Deponiekörper und gegebenenfalls den in der abfallrechtlichen Zulassung getroffenen Annahmen zu Sickerwasser und Gasemissionen (Menge und Zusammensetzung) zu vergleichen.

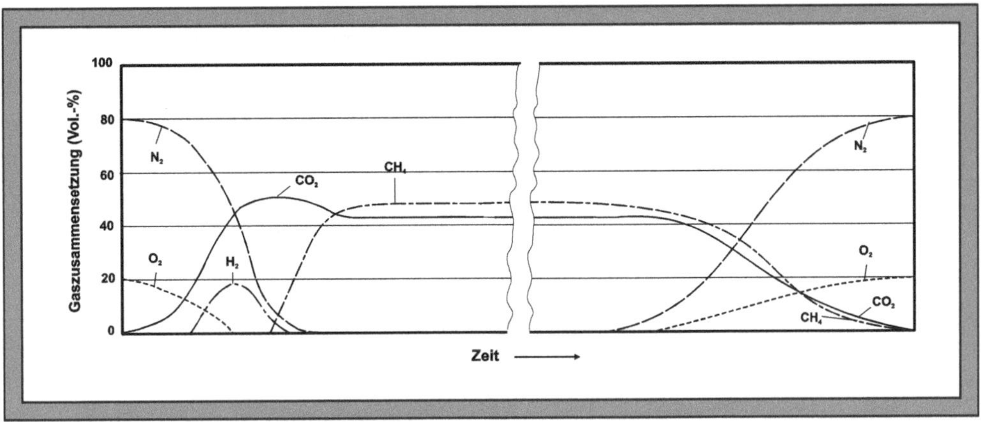

Abb. 18.7: Deponiegaszusammensetzung in Abhängigkeit der Zeit [18.16]

Lehrgänge zur Weiterbildung des Leitungspersonals

Die Lehrgänge zur Weiterbildung des Leitungspersonals müssen mindestens Kenntnisse zu folgenden Sachgebieten vermitteln:

- Vorschriften des Abfallrechts und des für die abfallrechtlichen Tätigkeiten geltenden sonstigen Umweltrechts,
- Deponieerrichtung, -betrieb, -stilllegung und -nachsorge,
- Umwelteinwirkungen und sonstige Gefahren und Belästigungen, die von Deponien ausgehen können, und Maßnahmen zu ihrer Verhinderung oder Beseitigung,
- Art und Beschaffenheit, Verhalten und Reaktionen von Abfällen,
- Bezüge zum Gefahrgutrecht,
- Vorschriften der betrieblichen Haftung und
- Arbeits- und Gesundheitsschutz.

18.6 Technische Regeln für Biologische Arbeitsstoffe (TRBA)

18.6.1 Einführung

Bei der Abfallsammlung, -behandlung und -sortierung kann eine Vielzahl von Bakterien, Schimmelpilzen und Viren auftreten bzw. freigesetzt werden. Die „Technischen Regeln für Biologische Arbeitsstoffe" geben den Stand der sicherheitstechnischen, arbeitsmedizinischen, hygienischen sowie arbeitswissenschaftlichen Anforderungen wieder. Im Abfallbereich sind u.a. die in Abbildung 18.8 angegebenen TRBA`s wichtig.

TRBA	Titel	Ausgabe-datum
TRBA 212	Thermische Abfallbehandlung: Schutzmaßnahmen	10/2003
TRBA 213	Abfallsammlung: Schutzmaßnahmen	06.12.2010
TRBA 214	Abfallbehandlungsanlagen	30.09.2013
TRBA 405	Anwendung von Messverfahren und technischen Kontrollwerten für luftgetragene biologischen Arbeitsstoffe	07/2006
TRBA 500	Grundlegende Maßnahmen bei Tätigkeiten mit biologischen Arbeitsstoffen	25.04.2012

Abb. 18.8: Technische Regeln für Biologische Arbeitsstoffe

Im folgenden Abschnitt sind einige Anforderungen der TRBA 214 „Abfallbehandlungsanlagen einschließlich Sortieranlagen in der Abfallwirtschaft“ beschrieben. Ähnliche Anforderungen gelten für die TRBA 212 „Thermische Abfallbehandlung: Schutzmaßnahmen“ und die TRBA 213 „Abfallsammlung: Schutzmaßnahmen“.

18.6.2 Abfallbehandlungsanlagen einschließlich Sortieranlagen in der Abfallwirtschaft

Anwendungsbereich

Die TRBA 214 gilt für nicht gezielte Tätigkeiten mit biologischen Arbeitsstoffen bei Tätigkeiten in Abfallbehandlungsanlagen einschließlich Sortieranlagen in der Abfallwirtschaft. Außerdem gilt sie für Sortieranalysen und manuelles Sortieren von Abfällen außerhalb von speziellen Abfallbehandlungsanlagen.

Die TRBA 214 legt grundsätzliche Maßnahmen zum Schutz der Beschäftigten bei Tätigkeiten der Abfallwirtschaft vor Gefährdungen durch die Exposition gegenüber biologischen Arbeitsstoffen fest. Die innerbetriebliche Umsetzung dieser Maßnahmen liegt in der Verantwortung des Arbeitgebers und muss die tatsächlichen Gegebenheiten berücksichtigen. Insbesondere ist die Exposition gegenüber biologischen Arbeitsstoffen in der Atemluft wesentlich durch die Gestaltung und Verfahrenstechnik der technischen Einrichtungen und die spezifische Tätigkeit beeinflusst. Von den Regelungen kann im Einzelfall abgewichen werden, wenn das Ergebnis der Gefährdungsbeurteilung ergibt, dass mindestens gleichwertige Schutzmaßnahmen getroffen werden. Dies kann z.B. der Fall sein, wenn sichergestellt ist, dass ausschließlich Abfälle verarbeitet werden, von denen eine besonders niedrige Exposition ausgeht. Die Gleichwertigkeit des Schutzniveaus ist auf Verlangen der zuständigen Behörde im Einzelfall nachzuweisen.

Abfallbehandlungsanlagen einschließlich Sortieranlagen

Abfallbehandlungsanlagen sind Anlagen zur Aufbereitung von Abfällen mit physikalischen, mechanischen und/oder biologischen Verfahren. Unter diesen Begriff fallen z.B.:

- Sortieranlagen, z.B. für Verpackungsabfälle, Siedlungsabfälle, Altpapier, Glas-, Bauschutt- und Baumischabfälle,
- Kompostierungsanlagen (Anlagen zur Erzeugung von Kompost aus organischen Abfällen),
- abfallvergärende Biogasanlagen,
- mechanisch-biologische Abfallbehandlungsanlagen (MBA),
- mechanisch-physikalische Abfallbehandlungsanlagen/Stabilisierungsanlagen (MPS),
- Abfallumladestationen.

Gefährdungsbeurteilung

Bei der Abfallbehandlung und -sortierung kann eine Vielzahl von Bakterien, Schimmelpilzen und Viren auftreten bzw. freigesetzt werden. Bakterien und Schimmelpilze vermehren sich aufgrund der Umweltbedingungen bzw. prozessbedingt im Abfall. Die Konzentration und das Artenspektrum sind abhängig vom Arbeitsbereich, Zustand des Materials bzw. vom Verfahrensschritt. Gemäß BioStoffV werden biologische Arbeitsstoffe entsprechend ihrem Infektionsrisiko in Risikogruppen eingeteilt. Bei der Abfallbehandlung treten in der Regel biologische Arbeitsstoffe der Risikogruppen 1 und 2 auf. In den zu behandelnden Abfällen können durch Störstoffe (Tierkadaver) oder durch Abfälle aus Krankenhäusern, Arztpraxen oder Haushaltungen mit Kranken bzw. Pflegebedürftigen auch infektiöse Materialien mit biologischen Arbeitsstoffen der Risikogruppe 3 vorhanden sein (z.B. Spritzen und Kanülen). Auch durch Nagetiere, Vögel oder andere Tiere können biologische Arbeitsstoffe der Risikogruppe 3 eingetragen werden. Der Umgang mit diesen Stoffen ist in der Gefährdungsbeurteilung zu berücksichtigen. Eine geeignete Information der Öffentlichkeit und der Anlieferer sowie entsprechende Kontrollverfahren sind Hilfsmittel, um den Abfall möglichst frei von Störstoffen zu halten und damit die Gefährdung der Beschäftigten zu minimieren.

Die möglichen sensibilisierenden oder toxischen Wirkungen von Mikroorganismen sind Risikogruppen unabhängig. Einige wenige Bakterien tragen ein bedeutendes sensibilisierendes Potenzial, welches insbesondere beim Einatmen zu einer Gefährdung führen kann. Nur von wenigen Pilzen sind bisher allergene Wirkungen bekannt geworden. Das allgemeine allergene Potenzial kann als gering eingeschätzt werden. Längerfristiger, intensiver Kontakt mit luftgetragenen Schimmelpilzen in großer Dichte kann bei den exponierten Beschäftigten zur Herausbildung einer Überempfindlichkeit gegenüber Schimmelpilzen führen (Sensibilisierung, Allergisierung). Sensibilisierte Personen können bei Exposition schwerwiegende allergische Reaktionen erleiden, z.B. Schleimhautschwellungen oder Atemnotanfälle.

Durchführung der Gefährdungsbeurteilung

Der Arbeitgeber hat entsprechend § 7 BioStoffV eine Gefährdungsbeurteilung bei nicht gezielten Tätigkeiten mit biologischen Arbeitsstoffen durchzuführen. Dazu hat er vor Aufnahme von Tätigkeiten mit biologischen Arbeitsstoffen ausreichende Informationen zu beschaffen, die eine Gefährdungsbeurteilung hinsichtlich biologischer Gefährdungen ermöglichen (§ 5 BioStoffV). Der Arbeitgeber muss sich fachkundig beraten lassen, z.B. durch die Fachkraft für Arbeitssicherheit oder den Betriebsarzt.

Der Arbeitgeber hat die Gefährdungsbeurteilung bei Änderungen der Arbeitsbedingungen, die zu einer erhöhten Gefährdung der Beschäftigten führen sowie bei den weiteren in § 8 BioStoffV genannten Anlässen zu aktualisieren. Zu den Bedingungen, die eine erneute Gefährdungsbeurteilung notwendig machen, zählt auch das Auftreten von Erkrankungen, die auf entsprechende Tätigkeiten mit biologischen Arbeitsstoffen zurückzuführen sind.

Bei der Beschaffung von Informationen für die Gefährdungsbeurteilung sind neben den zu erwartenden biologischen Arbeitsstoffen auch:

- die mit ihnen verbundenen Übertragungswege und Aufnahmepforten (z.B. über die Atmung),
- die Art und die Dauer der Tätigkeiten,
- anlagenspezifische Faktoren (z.B. geschlossene Anlieferungshalle, Kompostierplatz, Schredderanlagen, Fördereinrichtungen, geschlossene Anlieferung flüssigen Materials durch Schlauchverbindungen),
- maschinen- und fahrzeugspezifische Faktoren (z.B. Abdichtung, Fahrerhaus, Kabine),
- andere spezifische, das Gefährdungspotenzial beeinflussende Einwirkungen (z.B. definiertes Eingangsmaterial, Störstoffe, Liefermengen, spitze und scharfe Gegenstände im Abfall) sowie
- tätigkeitsbezogene Faktoren (z.B. wechselnde Tätigkeiten, kurzzeitige Tätigkeiten, Sichtkontrolle)

zu beachten. Bei der Gefährdungsbeurteilung sind auch Informationen über bekannte tätigkeitsbezogene Erkrankungen bei vergleichbaren Tätigkeiten zu berücksichtigen. Dabei ist auch auf sensibilisierende oder toxische Wirkungen zu achten.

Wartungs- und Reinigungsarbeiten sind in die Gefährdungsbeurteilung einzubeziehen. Dazu sind die Häufigkeit der Arbeiten, die erforderlichen Tätigkeiten und Expositionszeiten zu dokumentieren.

Der Einsatz von mobilen Maschinen (z.B. Zerkleinerungsaggregaten) ist in die Gefährdungsbeurteilung einzubeziehen. Bei der Einrichtung von Stellplätzen sind mögliche Gefährdungen für Arbeitnehmer zu berücksichtigen, die z.B. durch Verschleppung biologischer Arbeitsstoffe entstehen können.

Die mit der Abfallbehandlung und -sortierung verbundenen Tätigkeiten stellen nicht gezielte Tätigkeiten dar. Nach dem derzeitigen Kenntnisstand über die möglichen Gefährdungen sind sie in der Regel der Schutzstufe 2 zuzuordnen. Mit der Durchführung der Schutzmaßnahmen nach TRBA 214 kann der Arbeitgeber davon ausgehen, dass er die Anforderungen der BioStoffV an die Schutzstufe 2 erfüllt. Die Maßnahmen berücksichtigen auch die sensibilisierenden oder toxischen Wirkungen biologischer Arbeitsstoffe.

Schutzmaßnahmen

Der Arbeitgeber legt in der Gefährdungsbeurteilung Schutzmaßnahmen fest. Die erforderlichen Schutzmaßnahmen für die Tätigkeiten an den unterschiedlichen Arbeitsplätzen umfassen auch die regelmäßige mündliche Unterweisung der Mitarbeiter bezüglich der vorhandenen Gefährdungen und arbeitsbedingten Gesundheitsgefahren sowie die regelmäßige Begehung der Betriebe durch Fachkräfte für Arbeitssicherheit und Betriebsärzte.

Im Arbeitsschutz gilt für alle nachfolgend beschriebenen Arbeitsbereiche folgende Rangfolge der Schutzmaßnahmen:

- bauliche Maßnahmen,
- technische Maßnahmen,
- organisatorische (auch hygienische) Maßnahmen,
- personenbezogene Maßnahmen.

Grundsätzlich sind bauliche und technische Maßnahmen bei konsequenter Durchführung und Instandhaltung der Gebäude und Anlagen effektive Instrumente zur Minimierung der Konzentration biologischer Arbeitsstoffe in der Luft am Arbeitsplatz. Sie sind primär durchzuführen. Allgemein kann auch durch hygienische und organisatorische Maßnahmen eine wirksame Verbesserung der Arbeitsplatzsituation erreicht werden.

Durch regelmäßige Reinigungsmaßnahmen unter Vermeidung von Staubaufwirbelungen wird die Konzentration von biologischen Arbeitsstoffen in der Luft wesentlich reduziert. Die Nachhaltigkeit vereinzelter Reinigungsmaßnahmen ist durch den kontinuierlichen Materialdurchsatz begrenzt. Daher ist die Aufstellung eines Reinigungs- und Hygieneplans mit festgelegten Reinigungsintervallen erforderlich. Im Rahmen der Unterweisung sind die Beschäftigten über den Reinigungs- und Hygieneplan zu informieren. Seine Einhaltung ist fortlaufend schriftlich zu dokumentieren.

Grundsätzlich ist der Betriebsablauf so zu gestalten, dass in Bereichen, in denen Gefährdungen durch biologische Arbeitsstoffe auftreten, wie z.B. Anlieferung, Materialaufbereitung, Rotte und Nachrotte, etc., keine ständigen Arbeitsplätze bestehen. Bei gelegentlichen Arbeiten in diesen Bereichen sind geeignete persönliche Schutzausrüstungen zu tragen. Ständige Arbeitsplätze dürfen nur in Kabinen und Steuerständen oder Sortierkabinen eingerichtet werden.

In Anlagen, in denen Restabfall aus Haushaltungen behandelt wird, ist die manuelle Sortierung zu vermeiden. Sofern dies nicht vollständig möglich ist, muss der Anteil manueller Sortiertätigkeiten minimiert werden. Die Bereiche Anlieferung, Sortierung und Zwischenlager sind möglichst in baulich abgetrennten Bereichen zu installieren.

Der Arbeitgeber hat dafür Sorge zu tragen, dass durch biologische Arbeitsstoffe, die aus zu behandelnden Abfällen freigesetzt werden, Beschäftigte an benachbarten Arbeitsplätzen nicht gefährdet werden. Ist eine Beeinflussung anderer Arbeitsplätze technologiebedingt nicht auszuschließen, müssen die mikrobiellen Belastungen so gering wie möglich gehalten werden.

Mobile Maschinen (z.B. Siebe, Zerkleinerungsaggregate) sind so auszurüsten und Stellplätze so einzurichten, dass mögliche Gefährdungen für Arbeitnehmer, z.B. durch Verschleppung biologischer Arbeitsstoffe in Windrichtung, minimiert werden. Fahrzeugkabinen und Steuerstände von Maschinen und Anlagen sowie Einrichtungen in Bereichen, in denen mit Belastungen durch biologische Arbeitsstoffe aus den zu behandelnden Abfällen zu rechnen ist, müssen so belüftet sein, dass die Gefährdung der Beschäftigten minimiert ist. Die Wirksamkeit der lüftungstechnischen Einrichtungen ist bei Inbetriebnahme, nach Umbauten und in regelmäßigen Abständen zu prüfen.

Technische Einrichtungen, wie z.B. maschinelle Siebe, Abscheider, Sichter, Förderer und Pressen, sind so zu gestalten und zu betreiben, dass Belastungen durch biologische Arbeitsstoffe dem Stand der Technik entsprechend gering gehalten werden. Anlagen müssen regelmäßig und bei Bedarf gereinigt werden. Dabei müssen auch Bereiche erfasst werden, in denen sich Nager, Vögel und andere Tiere aufhalten. Bei der Entfernung von Staub sind zusätzliche Belastungen durch aufgewirbelten Staub zu vermeiden.

An Arbeitsplätzen und in belasteten Bereichen sind die Aufbewahrung und der Konsum von Getränken, Speisen und Genussmitteln sowie der Gebrauch von Kosmetika verboten. Die Mitarbeiter sind regelmäßig über die möglichen Gefährdungen durch biologische Arbeitsstoffe und die festgelegten Schutzmaßnahmen in der für sie verständlichen Sprache anhand einer Betriebsanweisung zu unterweisen.

Der Arbeitgeber hat dafür Sorge zu tragen, dass geeignete körperbedeckende Schutzkleidung zur Verfügung gestellt wird, die von ihm regelmäßig und bei Bedarf gereinigt wird (bei starker Verschmutzung oder Durchnässung). Der Wechselrhythmus darf nicht länger als eine Arbeitswoche betragen. Bei allen Tätigkeiten, die einen direkten Kontakt mit biologischen Arbeitsstoffen bedingen, sind, ausgehend von der Gefährdungsbeurteilung, persönliche Schutzausrüstungen (PSA) zu benutzen. Direkter Umgang mit biologischen Arbeitsstoffen kann z.B. auch bestehen bei Probenahmen, Qualitätskontrollen und Temperaturmessungen.

Insbesondere bei Reinigungs- und Instandhaltungsarbeiten, bei denen durch unvermeidbare Staubaufwirbelung mikrobiell belastete Aerosole entstehen (z.B. beim Filterwechsel oder bei Kontakt zu Ausscheidungen von Tieren), ist geeigneter Atemschutz zu tragen. Bei diesen Arbeiten ist das Tragen von Kopfbedeckungen aus hygienischen Gründen sinnvoll.

Persönliche Schutzmaßnahmen und -ausrüstungen (PSA)

Den Beschäftigten sind entsprechend der Gefährdungsbeurteilung persönliche Schutzausrüstungen zur Verfügung zu stellen. Die bereitgestellten persönlichen Schutzausrüstungen müssen benutzt werden. Den Beschäftigten ist mindestens folgende PSA zur Verfügung zu stellen:

- Sicherheitsschuhe,
- geeigneter Handschutz,
- körperbedeckender Arbeitsanzug.

Wenn die Gefährdung durch luftgetragene biologische Arbeitsstoffe nicht durch bauliche, technische und organisatorische Maßnahmen verringert werden kann, ist geeigneter Atemschutz zur Verfügung zu stellen. Die Tätigkeiten, bei denen Atemschutz zum Einsatz kommt, sind in der Gefährdungsbeurteilung ausdrücklich zu berücksichtigen. Das gilt insbesondere für:

- Ausfall oder Störungen von technischen Schutzmaßnahmen,
- Instandhaltungsarbeiten (Wartung, Inspektion und Instandsetzung) in baulichen Anlagen und Einrichtungen, bei denen erfahrungsgemäß eine hohe Exposition gegenüber biologischen Arbeitsstoffen besteht,
- Probenahme am Rottematerial,
- Messungen am Rottematerial (z.B. Temperaturmessungen, Sauerstoffmessungen),
- direkten Kontakt mit Abfällen oder Rottematerial.

Für manuelles Sieben ist die persönliche Schutzausrüstung zu ergänzen durch Schutzbrillen (Gestellbrillen mit ausreichendem Seitenschutz mit zusätzlicher oberer Raumabdeckung). Für Sortieranalysen außerhalb von Sortierkabinen ist außerdem sprüh- und staubdichte Einweg-Schutzkleidung (Overall mit Kapuze) zur Verfügung zu stellen.

Überprüfung der Funktion und Wirksamkeit von technischen Schutzmaßnahmen

Der Arbeitgeber hat die Funktion und Wirksamkeit von technischen Schutzmaßnahmen regelmäßig zu überprüfen. An ständigen Arbeitsplätzen in Sortierkabinen, Kabinen und Steuerständen sollte diese Überprüfung unabhängig von der Aufenthaltsdauer durch die Bestimmung der Konzentration biologischer Arbeitsstoffe erfolgen, sofern ein Technischer Kontrollwert (TKW) nach TRBA 405 festgelegt ist.

Die Bewertung der Konzentration biologischer Arbeitsstoffe am Arbeitsplatz anhand eines TKW soll dem Arbeitgeber helfen, die Wirksamkeit der im Rahmen der Gefährdungsbeurteilung getroffenen Schutzmaßnahmen zu beurteilen. Der TKW ist nicht im Sinne eines Grenzwertes für Genehmigungsverfahren heranzuziehen. Der TKW gilt nicht für Betriebssituationen und -bereiche, in denen verfahrens- und technologiebedingt die geforderte Atemluftqualität nicht eingehalten werden kann (z.B. Anlieferung, Intensivrotte).

Ist die Wirksamkeit technischer Schutzmaßnahmen nachweislich gewährleistet, ist eine Überprüfung der Wirksamkeit einem messtechnischen Nachweis gleichwertig (Qualitätssicherung, Dokumentation).

Technischer Kontrollwert (TKW)

Der TKW ist festgelegt auf $5 \cdot 10^4$ koloniebildende Einheiten (KBE) pro m^3 Atemluft als Summenwert für mesophile Schimmelpilze. Er gilt für die Kontrolle von Schutzmaßnahmen für Arbeitsplätze in Sortierkabinen, Kabinen, Führerhäusern und Steuerständen.

Ist das Messergebnis kleiner oder gleich dem TKW, so ist die Wirksamkeit der Schutzmaßnahmen entsprechend dem in der TRBA 214 beschriebenen Stand der Technik bzw. der gleichwertigen Maßnahmen gegeben.

Ist das Messergebnis größer als der TKW, so sind die organisatorischen und vorhandenen technischen Schutzmaßnahmen zu optimieren. Insbesondere ist sicherzustellen, dass:

- die organisatorischen Schutzmaßnahmen und die Hygienemaßnahmen entsprechend den Anforderungen der TRBA 214 festgelegt und durchgeführt werden und
- eine regelmäßige Überprüfung, Wartung und Instandhaltung der technischen Schutzeinrichtung erfolgt.

Ist das Messergebnis größer als $1 \cdot 10^5$ koloniebildende Einheiten (KBE) pro m^3 Atemluft, so hat der Arbeitgeber zusätzlich die Gefährdungsbeurteilung zu wiederholen. Ergibt die Gefährdungsbeurteilung, dass die getroffenen Schutzmaßnahmen nicht ausreichen, so sind diese unverzüglich anzupassen. Die Wirksamkeit der Schutzmaßnahmen ist erneut zu überprüfen.

Arbeitsmedizinische Vorsorge

In der allgemeinen arbeitsmedizinischen Beratung sind die Arbeitnehmer über die möglichen auftretenden Gesundheitsgefahren zu unterrichten. Sie beinhaltet eine für den Laien verständliche Beschreibung der durch Schimmelpilze hervorgerufenen allergischen Krankheitsbilder mit ihren Symptomen (z.B. Asthma), der toxischen Wirkungen der Myko- und Endotoxine mit Symptomen, sowie die Beschreibung möglicher infektiöser Erkrankungen (z.B. Hepatitis B und C, HIV bei Verletzungsgefahr durch Spritzen und Kanülen in Haushaltsmüll) und ihrer Symptome, für die nach der Gefährdungsbeurteilung ein Risiko besteht. Des Weiteren sind die Beschäftigten auf die Vorbeugemöglichkeiten inklusive möglicher Impfungen hinzuweisen. Verhaltensweisen bei Infektionsverdacht sind zu vermitteln.

Inhalt der allgemeinen arbeitsmedizinischen Beratung sollte auch die Beschreibung krankhafter Zustände (z.B. dauerhafte oder vorübergehende Einschränkung der Abwehr bei verschiedenen Erkrankungen wie Diabetes, kortikoidpflichtiges Asthma, etc.) sein, bei deren Vorliegen der Arbeitnehmer besonders gefährdet sein kann oder Schutzmaßnahmen nur eingeschränkt nutzbar sind. Auf das Angebot von Vorsorgeuntersuchungen ist hinzuweisen. Auf mögliche Beeinträchtigungen und Nebenwirkungen durch PSA und erforderliche Vorsorge ist hinzuweisen. Die allgemeine arbeitsmedizinische Beratung ist unter Beteiligung des Arztes durchzuführen, der auch mit der Durchführung der arbeitsmedizinischen Vorsorgeuntersuchungen beauftragt ist.

Bei nichtgezielten Tätigkeiten, die der Schutzstufe 2 zuzuordnen sind, sind Vorsorgeuntersuchungen anzubieten, es sei denn nach der Gefährdungsbeurteilung und den getroffenen Schutzmaßnahmen ist nicht von einer Infektionsgefährdung auszugehen. Dementsprechend müssen auch den Beschäftigten in Abfallbehandlungsanlagen und Sortieranlagen der Abfallwirtschaft in vielen

Fällen arbeitsmedizinische Vorsorgeuntersuchungen angeboten werden. Anzubieten wären Vorsorgeuntersuchungen zum Beispiel bezüglich blutübertragener Erkrankungen (Hepatitis B, C) im Falle der Sortierung von Abfällen aus Haushaltungen, wenn nach der Gefährdungsbeurteilung damit zu rechnen ist, dass häufig Spritzen und Kanülen im Abfall vorhanden sind und eine Verletzungsgefahr gegeben ist. In dem Falle ist auch eine Impfung gegen Hepatitis B vom Arbeitgeber anzubieten.

18.7 Wissensfragen

- Welche Anforderungen werden an die Errichtung, den Betrieb, die Stilllegung und die Nachsorge von Deponien gestellt?
- Wie muss der Standort, die geologische Barriere und das Basis- und Oberflächenabdichtungssystem von Deponien der Klasse 0, I, II oder III geschaffen sein?
- Welche Anforderungen müssen Deponien der Klasse IV erfüllen?
- Wie ist der Deponiebetrieb zu kontrollieren und zu dokumentieren?
- Welche Rolle spielen die Technischen Regeln für Biologische Arbeitsstoffe im Deponiebetrieb?

18.8 Weiterführende Literatur

18.1 Bundesministerium für Umwelt, Naturschutz und Reaktorsicherheit; *Behandlung von Abfällen durch chemische und physikalische Verfahren (CP-Anlagen) sowie Altölaufbereitung*, Bundesanzeiger, **2008,** 978-3-89817-711-5

18.2 Dehoust, G. et al.; *Aufkommen, Qualität und Verbleib mineralische Abfälle,* Umweltbundesamt, **2008**

18.3 Dehoust, G. et al; *Methodenentwicklung für die ökologische Bewertung der Entsorgung gefährlicher Abfälle unter und über Tage und Anwendung auf ausgewählte Abfälle*, Bundesministerium für Bildung und Forschung, **2007**

18.4 DepV - Deponieverordnung; *Verordnung über Deponien und Langzeitlager,* **02.05.2013**

18.5 Kommission Reinhaltung der Luft im VDI und DIN-Normenausschuss KRdL; *VDI 3790: Umweltmeteorologie - Emissionen von Gasen, Gerüchen und Stäuben aus diffusen Quellen - Deponien*, Düsseldorf, **2000**

18.6 Kranert, M. (Hrsg.); *Zeitgemäße Deponietechnik 2008*, Oldenbourg, **2008,** 978-3-8356-3154-0

18.7 Länderausschuss für Arbeitsschutz und Sicherheitstechnik (LASI); *Leitlinien des Arbeitsschutzes in Abfallbehandlungsanlagen*, **o. J.,** 3-936415-13-7

18.8 Lorber, K. E. (Hrsg.); *Depo Tech 2008 - Abfallwirtschaft, Abfalltechnik, Deponietechnik und Altlasten*, VGE Verlag, **2008,** 978-3-86797-028-0

18.9 Rasemann, W.; *8. Freiberger Probenahmetagung: Probenahme und Qualitätssicherung - Repräsentativität der Stoffbestimmung*, TU Freiberg, **2002,** 3-86012-186-3

18.10 Spengler, P.; *Struktur und Funktion der Grundpflicht zur gemeinwohlverträglichen Abfallbeseitigung*, Nomos, **2008,** 978-3-8329-3908-3

18.11 Stegmann, R. (Hrsg.); *Deponietechnik 2008*, Abfallaktuell, **2008,** 3-9810064-6-1

18.12 TRBA 213; *Abfallsammlung: Schutzmaßnahmen*, **06.12.2010**

18.13 TRBA 214; *Abfallbehandlungsanlagen einschließlich Sortieranlagen in der Abfallwirtschaft*, **30.09.2013**

18.14 TRBA 405; *Anwendung von Messverfahren und technischen Kontrollwerten für luftgetragene Biologische Arbeitsstoffe*, **Juli 2006**

18.15 TRBA 500; *Grundlegende Maßnahmen bei Tätigkeiten mit biologischen Arbeitsstoffen,* **24.04.2012**

18.16 VDI 3790 Blatt 2, *Umweltmeteorologie - Emissionen von Gasen, Gerüchen und Stäuben aus diffusen Quellen - Deponien*, Beuth, **Januar 2007**

18.17 VDI 3860 Blatt 1; *Messen von Deponiegas - Grundlagen,* Beuth, **Mai 2006**

Sachverzeichnis

A

Abbruchabfälle 259
Abfälle, gefährliche 390
Abfallannahme 391
Abfallarten 64
Abfalllagerung 391
Abfallaufkommen 1
Abfallbehandlung 183, 389
- anaerob 200
- mechanisch-biologische 207
Abfallbehandlungsanlage 444
Abfallbeseitigung 39, 43
Abfallbewirtschaftungspläne 17, 43
Abfallhierarchie 12, 34
Abfallkataster 439
Abfallrecht 6
Abfallrichtlinie 6
Abfallverbrennungsanlagen 382
Abfallverbringung 20
Abfallvermeidungsmaßnahmen 19
Abfallvermeidungsprogramme 18, 44
Abfallmitverbrennungsanlagen 385
Abfallverzeichnis 13
Abfallverzeichnisverordnung 64
Abgasreinigung 396, 406
Abscheidesysteme 397
Airbag 218
Altfahrzeuge 215, 222
Altfahrzeugverordnung 212
Altholz 263, 390
Altholzkategorien 265
Altholzsortimente 268
Altholzverordnung 263
Altöl 16, 240
Altölaufbereitungsanlage 245
Altölverordnung 240
Aluminium 235, 367
anaerobe Abfallbehandlung 200
Anlagenbetreiber 38
Anodenschlämme 358
Antistatika 326
Anzeigepflichtige 53
Anzeige- und Erlaubnisverordnung 52
Anzeigeverfahren 56
Aquatische Toxizität 121
Aufbereitungstechnologien 327
Aurubis-Verfahren 354
Ausfuhrverbot 27
Ausgabegeräte 294
Autoabgaskatalysatoren 223

B

Basisabdichtungssystem 431
Batrec-Sumitomo-Verfahren 152
Batteriegemische 150
Batteriegesetz 139
Batterien 145, 219
Bauabfälle 259
Beförderer 50, 53
Begleitschein 72
Beleuchtungskörper 293
Beseitigungsverfahren 11, 48
Besitzer 34
Betriebsbeauftragter 61
Betriebsflüssigkeiten 216
Betriebshandbuch 439
Betriebsinhaber 89
Betriebsordnung 439
Betriebsorganisation 61, 87
Betriebsparameter 185
Betriebstagebuch 87, 271, 439
Bewertungskriterien 135
Bildröhren 311
Bioabfall 17, 37, 173
Bioabfallverordnung 177
Biogas 205
Biphenyle 276
Bodenuntersuchungen 181
Boxenkompostierung 191

C

Checklisten 128
Chemischreinigungsanlagen 250

D

Deponiegaszusammensetzung 443
Deponien 429
Deponieoberflächenabdichtungssystem 435
Deponierung 422
Deponieverhalten 442
Deponieverordnung 422
Dioxine 280, 384, 409
Dioxinemissionen 414
DK-Prozess 155
Drehrohrofen 395
Dreiecksmietenkompostierung 190
Durchführungsmaßnahme 102

E

Eigenkontrolle 251
Elektroabscheider 405
Elektro(nik)-Altgeräte 303
elektronische Werkzeuge 293
elektrostatische Trennung 330
Elektro- und Elektronikgeräte 284
Elektro- und Elektronikgerätegesetz 290
Elektro- und Elektronikgeräte-Stoff-Verordnung 300
Emissionsgrenzwerte 174
Emulsionspolymerisation 323
End-of-Life-Recyclingrate 351

Energieaufwand 126
Entsorgergemeinschaften 60
Entsorgung 112
Entsorgungsautarkie 16
Entsorgungsfachbetriebe 59, 86
Entsorgungsfachbetriebeverordnung 86
Entsorgungsnachweis 67, 70
Entwicklung 107
Entwicklungsrichtlinie 128
Entwurfskontrolle 100
Erlaubnispflicht 58
Erlaubnispflichtige 55
Erlaubnisverfahren 58
Ernennungsschreiben 63
Ersatzbrennstoffe 390
Erzeuger 34
Eutrophierungspotenzial 123
Extraktionsanlagen 251
Extruder 333

F
Fachkunde 54
Fällungspolymerisation 323
Fahrzeug-Altbatterien 142
Fahrzeugbatterien 142
Farbmittel 325
Filter 402
Filterstäube 416
Flotation 328
Flüssigkeitskarton 237
Fortbildung 91
Fotooxidantienbildung 125
Fraktionsabscheidegrad 397
Füllstoffe 324
Furane 280, 384, 409
Furanemissionen 414

G
Gasphasenpolymerisation 324
Gefährdungsbeurteilung 445
gefährliche Abfälle 390
Gefahrstoffe 83
GEON-Prozess 341
Geräte-Altbatterien 141
Gesamtholzverwendung 273
Gewerbeabfallverordnung 257
Glas 218, 232
Gurtstraffer 218

H
Händler 50, 53
Halbmetalle 348
Halogenkohlenwasserstoffe 253
Haushaltsgroßgeräte 291
Haushaltskleingeräte 291
Herstellung 108
Herstellungsverfahren 322
Hochdruck-Hydrierverfahren 246
Holz 238
Holzaufkommen 272
Holzverwendung 272
Holzwerkstoffherstellung 268
Humantoxizitätspotenzial 118
Hydrolyseverfahren 194

I
Industrie-Altbatterien 142
Informations- und Telekommunikationsgeräte 292
Instrumente 112
IR-Identifikationsmethode 331
IR-Spektrum 332

J

K
Kapp-Trennverfahren 313
Karton 237
Kautschuk 343
Kennzeichnung 40, 295
Klärschlamm 37, 390
Kompostieranlage 188
Kompostierung 183
Kompostierverfahren 189
Korona-Walzenscheider 331
Kreislaufwirtschaft 35
Kreislaufwirtschaftsgesetz 30
Kreislaufwirtschaftsrecht 30
Kritikalität 348
KTO-Verfahren 162
Kühlgeräte 310
Kunststoffe 219, 234, 317
Kunststoffverwertung 334
Kupfer 354

L
Lebenszyklus 351
LiBRi-Verfahren 167
Life-Cycle-Screening 131
Lithiumbatterien 164
LithoRec-Prozess 165
Lösemittel 249, 255
Lösungspolymerisation 323

M
Makler 50, 53
Managementsystem 100
Massenkraftabscheider 398
Materialeffizienz 1
Materialkennzeichnung 327
MBA-Fraktionen 209
mechanisch-biologische Abfallbehandlung 207

19

Medizinprodukte 294
Methanbildungsaktivität 196
Methanertrag 198
Methanoxidationsschicht 433
Metalle 219, 347
Mitführungspflicht 59, 76
Mitverbrennung 380

N
Nachweisführung 72, 76
Nachweispflicht 49
Nachweisverordnung 67
Nassabscheider 399
Nassfermentation 202
Nebenprodukte 12, 33
Ni/Cd-Recyclingprozess 157
Nickel-Metallhydrid-Akkumulatoren 159
Notifizierung 21
Nutzung 109

O
Oberflächenabdichtungssystem 432
Oberflächenbehandlungsanlagen 249
Oberflächenfiltration 403
Ökobilanz 113
Ökodesign 94
Ökodesign-Anforderungen 96, 99
Ökodesign-Parameter 97
Ökodesign-Richtlinie 94
Ölfilter 218
Oxyreducer-Prozess 150
Ozonzerstörungspotenzial 123

P
Papier 237
Pappe 237
PCB-Kongenere 278
PCB-Nomenklatur 279
PCB/PCT-Abfallverordnung 276
Phasengrenzflächenpolymerisation 324
Platingruppenmetalle (PGM) 363
Polyaddition 322
Polyethylen (PE) 339
Polyethylenterephthalat (PET) 338
Polykondensation 321
Polymerisation 319
Polyreaktionen 319
Polystyrol (PS) 342
Polyurethan (PUR) 342
Polyvinylchlorid (PVC) 340
Primäraluminium 367
Primärbatterien 146, 152
Produktentwicklung 104
Produktgruppen 103
Produktplanung 105
Produktlebenszyklus 106, 132
Produktverantwortung 40, 94
Propan-Extraktionsverfahren 246
Prozessmodule 115
Prozessschema 388
PUR-Produktionsabfälle 343

Q
QSL-Verfahren 164

R
Rauchgasreinigung 409, 417
Recycling 14, 110
Recyclingquoten 3
Recycling-Prozesskette 352
Registerführung 77
Registerpflicht 47
Reifen 217
Rekultivierungsschicht 433
Rohstoffe 347
Rohstoffproduktivität 1
Rostfeuerung 392
Rotschlämme 369
Rottetrommelverfahren 192
Rotteverlauf 185
Rückführungsquote - Elektro(nik)geräte 306
Rückgabepflichten 41
Rücknahmepflichten 41
RVD-Verfahren 159

S
Sachbilanz 116
Salzgestein 436
Salzschlacke 374
Sammelentsorgung 74
Sammelentsorgungsnachweis 71
Sammelkategorien
- Altöle 241
- Elektro(nik)geräte 307
Sammelnotifizierung 25
Sammler 50, 53
Schadgase 406
Schredderanlagen 220
Schredderbetriebe 220
Schredderleichtfraktion 220
Schredderschwerfraktion 220
SCR-Entstickung 418
SCR-Verfahren 407
Schwefelsäure-Bleicherde-Verfahren 243
Schwermetalle 199
Schwermetallgehalte 179
Schwimm-Sink-Anlage 328
SDHL-Wälzrohrverfahren 14

Sekundäraluminium 370
Sekundärbatterien 147, 161
Siedlungsabfälle 389, 415
Siedlungsabfallfraktionen 257
SNCR-Entstickung 417
SNCR-Verfahren 407
Sortieranlagen 444
Sport- und Freizeitgeräte 293
Stabilisatoren 326
Stahl 236
Stand der Technik 33, 430
Strahlwäscher 401
Substanzpolymerisation 322
Substratzusammensetzung 197
Suspensionspolymerisation 323

T
Textilaufrüstungsanlagen 250
Thermocrackanlage 244
Tiefenfiltration 403
Toxikologie 411
Transport 108
Transportverpackungen 228
Treibhausgase 120
Treibhauspotenzial 119, 121
Treibmittel 325
Trockenfermentation 204
Tunnelkompostierung 191

U
Überlassungspflichten 39
Übernahmeschein 74
Überwachung 47, 252
Überwachungs- und Kontroll-instrumente 294
Umicore-Verfahren 357
Umverpackungen 228
Umweltaspekte 104
Umweltrelevanz 128
Umweltschutz 27
Unterhaltungselektronikgeräte 292
Untersuchungsrahmen 114

V
VALDI-Elektrolichtbogenofen 154
Varta-Schachtofenverfahren 161
Venturiwäscher 400
Verbrennung 380
Verbrennungsphasen 393
Verbrennungstechnologien 391
Vergärung 193
Vergärungsanlage 205
Vergärungsprodukte 204
Vergärungsverfahren 201
Verkaufsverpackungen 229
Vermischungsverbote 254
Verpackungen 227
Verpackungsmaterialien 232
Verpackungsverordnung 227
Versauerungspotenzial 122
Versicherungsschutz 88
Verwertung 14, 36, 299
Verwertungsmaßnahmen 35
Verwertungsverfahren 10, 49
VTR-Verfahren 160

W
Waschturm 402
Weichmacher 325
Weißblech 236
Wiederverwendung 14
Wirbelschichtfeuerung 394
Wirbelschichtofen 395
Wirbelwäscher 401
Wirkungsabschätzung 117
Wirkungskategorien 118

X

Y

Z
Zeilenkompostierung 191
Zertifizierung 91
Zuordnungskriterien 436
Zyklon 329, 398

Zeitfracht Medien GmbH
Ferdinand-Jühlke-Straße 7
99095 Erfurt, Deutschland
produktsicherheit@kolibri360.de